Internationale Standardlehrbücher der Wirtschafts- und Sozialwissenschaften

# Makroökonomik

Von

Thomas J. Sargent Ph. D.

Professor für
Wirtschaftswissenschaften
an der
Universität von Minnesota

Übersetzt von
Alfred P. Goßner
und
Robert W. Obermeier

R. Oldenbourg Verlag München Wien

Titel der amerikanischen Originalausgabe Macroeconomic Theory

**Die Deutsche Bibliothek – CIP-Einheitsaufnahme**

**Sargent, Thomas J.:**
Makroökonomie / von Thomas J Sargent. Übers. von Alfred P. Gossner und Robert W. Obermeier. – München , Wien Oldenbourg, 1994
(Internationale Standardlehrbücher der Wirtschafts- und Sozialwissenschaften)
Einheitssacht. Macroeconomic theory ⟨dt.⟩
ISBN 3-486-22969-9



Gesamtherstellung R. Oldenbourg Graphische Betriebe GmbH, München

ISBN 3-486-22969-9

# Inhaltsverzeichnis

# Vorwort

Dieses Buch entstand aus einer Reihe von Vorlesungsnotizen, die für das 1. Jahr eines „graduate course" an der Universität von Minnesota vorbereitet worden waren. Teil I ist einem Überblick über Standardprobleme der nichtstochastischen makroökonomischen Theorie gewidmet. Teil II versucht, eine Einführung in einige Methoden und Problemstellungen der stochastischen Makroökonomik zu geben. Dieses Buch erhebt nicht den Anspruch, eine einheitliche Darstellung einer einzigen, weithin akzeptierten, makroökonomischen Theorie zu bieten, da die wirtschaftswissenschaftliche Lehre sich bis heute noch nicht solch einer einzigen Theorie verschrieben hat. Es läßt sich im Gegenteil eine Vielzahl plausibler makroökonomischer Modelle zusammenstellen, die sich auf demselben wissenschaftlichen Niveau wie das übliche keynesianische Modell bewegen; diese Modelle zeigen dabei sehr unterschiedliche Reaktionen auf hypothetische wirtschaftspolitische Maßnahmen. Die ersten fünf Kapitel und die Übungen verfolgen teilweise das Ziel, einen Eindruck über das Ausmaß dieser Vielfalt zu vermitteln.

Teil II bedient sich eines Produktionsverfahrens mit Umwegen und widmet der Besprechung einiger Instrumente der modernen Makroökonomik etwas Raum: Lag-Operatoren, lineare Kleinst-Quadrat-Prognosen und stochastische Differenzengleichungen werden behandelt. Das Kapitel über stochastische Differenzengleichungen ist bei der ersten Lektüre zum flüchtigen Überfliegen gedacht, da nur einige Teile dieses Kapitels zum Verständnis des Folgenden notwendig sind.

Ich erhielt hilfreiche Anmerkungen von Thomas Doan, Preston Miller, Arthur Rolnick, Gary Skoog, Dale Henderson, Charles Whiteman, Rusdu Saracoglu, Neil Wallace, Mathew Canzoneri und George McCandless. Besonderer Dank gebührt George McCandless für die Durchsicht und Kritik des Manuskripts und für die Erarbeitung des Index.

Ich möchte der Forschungsabteilung der Federal Reserve Bank von Minneapolis für die Unterstützung meiner Arbeiten danken und dafür, daß ich ihr in den letzten sieben Jahren als Berater dienen durfte. Die Bank bot eine ideale Umgebung für Reflexionen über Makroökonomik. Selbstverständlich ist die Federal Reserve Bank für keine der in dieser Arbeit vertretenen Meinungen verantwortlich. Schließlich möchte ich auch noch den Mitarbeitern von Academic Press für ihre Hilfe danken.

# Teil I

# Nichtstochastische Makroökonomik

# Einführung

Auf den folgenden Seiten werden statische und dynamische Analysen einiger makroökonomischer Standardmodelle vorgestellt. Unter **statischer** Analyse wird die Untersuchung von Ereignissen verstanden, die in einem bestimmten Zeitpunkt stattfinden. In der Tat untersucht die statische Analyse die alternativen, momentanen Gleichgewichtswerte **endogener Variablen** zu einem Zeitpunkt in ihrer Abhängigkeit von alternativen, möglichen Werten **exogener Variablen** zu diesem Zeitpunkt. Endogene Variablen werden durch das jeweilige Modell bestimmt, wohingegen exogene Variablen außerhalb des Modelles vorgegeben sind.

Die Aufgabe **dynamischer** Modelle liegt in der Untersuchung der Zeitpfade endogener Variablen in ihrer Abhängigkeit von alternativen möglichen Pfaden der exogenen Variablen. In dynamischen Analysen wird das Verhalten des Modelles im Zeitablauf untersucht. Im Gegensatz dazu begrenzt sich das Interesse in statischen Analysen auf Ereignisse, von denen man annimmt, daß sie unmittelbar eintreten, d.h. zu einem gegebenen Zeitpunkt.

Eine dritte Art der Analyse beschäftigt sich mit **stationären** Zuständen. Sie stellt einen Grenzfall der dynamischen Analyse dar und ist darauf gerichtet, die letztliche Entwicklung bestimmter endogener Variablen – wie zum Beispiel des Kapitalkoeffizienten – festzustellen, wenn beliebige Zeiträume verstreichen und bestimmte wichtige exogene Variablen konstant bleiben. Stationäre Analysen sollten nicht mit statischen verwechselt werden.

Das wesentliche Merkmal einer statischen Analyse ist ihre Fähigkeit, alternative Werte endogener Variablen zu bestimmen, wobei lediglich die Werte der exogenen Variablen zu jenem Zeitpunkt vorgegeben sind. Diese wiederum können Werte exogener und endogener Variablen beinhalten, die in der Vergangenheit bestimmt wurden und somit in der Gegenwart gegeben oder vorherbestimmt sind. Wie wir sehen werden, können einige Modelle, für die eine dynamische Analyse möglich ist, keiner statischen Analyse unterzogen werden. Um eine statische Untersuchung vornehmen zu können, bedarf es der teilweisen Trennung gegenwärtiger von zukünftigen Ereignissen, so daß zukünftiges Geschehen nicht gegenwärtiges beeinflußt. Dies erfordert eine Eingrenzung der Verhaltensannahmen in Bezug auf die Bildung von Zukunftserwartungen der Wirtschaftssubjekte. Insbesondere dürfen sie nicht „vollkommene Voraussicht“ besitzen.

Im allgemeinen werden unsere Modelle aus $n$ **Strukturgleichungen** bestehen, in denen $n$ endogene Variable $y_i(t)$, $i = 1, 2, \ldots, n$, und $m$ exogene Variable $x_i(t), i = 1, 2, \ldots, m$ auftreten:

$$g_i(y_1(t), y_2(t), \ldots, y_n(t), x_1(t), \ldots, x_m(t)) = 0, \qquad i = 1, \ldots, n. \tag{1}$$

Eine **Strukturgleichung** stellt einen Bestandteil des Modells dar, der Verhaltensweisen, eine Gleichgewichtsbedingung oder eine Identitätsbeziehung zusammenfaßt. Im allgemeinen können mehr als eine, möglicherweise alle $n$ endogenen Variablen in jeder gegebenen Strukturgleichung erscheinen. Das System von Gleichungen (1) ist so zu verstehen, daß es zu jedem Zeitpunkt $t$ gilt. Die Zeit selbst verläuft kontinuierlich, d.h. $t$ kann jeden beliebigen Wert entlang der reellen Zahlengeraden annehmen.

der Zeitvariablen wenigstens erster, manchmal höherer Ordnung besitzen und zwar für alle Werte der Zeitvariablen. Eine Funktion $x_i(t)$ ist dann rechtsseitig stetig wenn gilt:

$$\lim_{t \to \bar{t},\, t > \bar{t}} x_i(t) = x_i(\bar{t})$$

$x_i(t)$ strebt somit gegen $x_i(\bar{t})$, wenn sich $t$ von rechts an $\bar{t}$ nähert, d.h. aus der Zukunft. Die Funktion $x_i(t)$ kann jedoch bei $\bar{t}$ eine Sprungstelle aufweisen. Es ist damit nicht notwendig, daß

$$\lim_{t \to \bar{t},\, t < \bar{t}} x_i(t) = x_i(\bar{t}).$$

Betrachten wir zum Beispiel die Funktion

$$x_i(t) = \begin{cases} 0, & t < \bar{t} \\ 1, & t \geq \bar{t}, \end{cases}$$

die in Abbildung 1 graphisch dargestellt ist. Sie ist überall rechtsseitig stetig, obwohl sie eine Sprungstelle besitzt, d.h. sie ist bei $\bar{t}$ unstetig.

Die rechtsseitige Ableitung der Funktion $x_i(t)$ nach der Zeit, die annahmegemäß überall existiert, ist definiert als:

$$\frac{d}{dt} x_i(\bar{t}) \equiv \lim_{t \to \bar{t},\, t > \bar{t}} \frac{x_i(t) - x_i(\bar{t})}{t - \bar{t}}.$$

Die rechtsseitige Ableitung der Funktion in Abbildung 1 ist überall Null, obwohl diese eine Sprungstelle aufweist und deshalb bei $t = \bar{t}$ nicht differenzierbar ist.

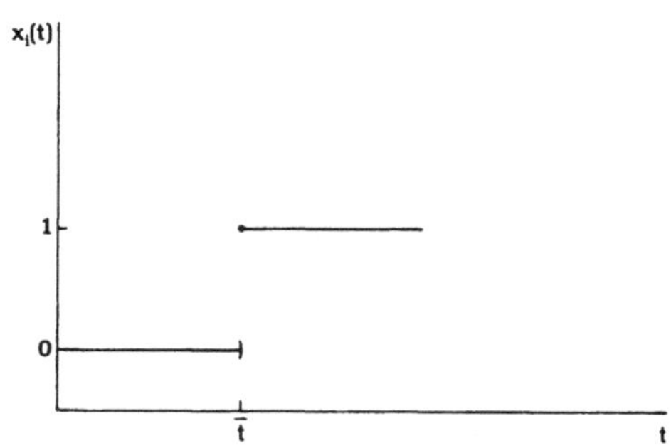


**Abb. 1**

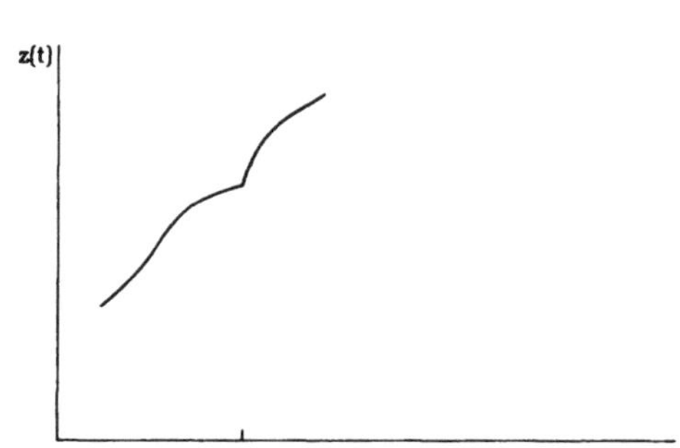


**Abb. 2** $z(t)$ ist stetig; die rechtsseitige Ableitung besitzt aber bei $\bar{t}$ eine Sprungstelle.

Man sagt, daß sich ein Modell zu einem bestimmten Zeitpunkt im statischen **Gleichgewicht** befindet, wenn die endogenen Variablen Werte annehmen, die sicherstellen, daß die Gleichungen (1) alle erfüllt sind. Man beachte, daß diese Gleichgewichtsdefinition nicht beinhaltet, daß die Werte der endogenen Variablen im Zeitablauf konstant sind.

Da sich die Werte der exogenen Variablen im allgemeinen mit Null verschiedenen Raten pro Zeiteinheit verändern, werden die endogenen Variablen ebenso im Zeitablauf variieren. Statische Analysen sind darauf gerichtet, Fragen der folgenden Art zu beantworten: Welche Reaktionen zeigen die endogenen Variablen, wenn sich eine der exogenen Variablen zum Zeitpunkt $\bar{t}$ (ein wenig) unstetig verändert, so daß

$$\lim_{t \to \bar{t},\, t < \bar{t}} x_i(t) \neq x_i(\bar{t})?$$

Das charakteristische Merkmal der endogenen Variablen ist ihre Fähigkeit, sich zu jedem Zeitpunkt diskontinuierlich verändern zu können; damit stellen sie sicher, daß das System (1) bei sprunghaften Veränderungen der $x_i(t)$ erfüllt bleibt. Daher muß sich eine Variable vom Standpunkt einer statischen Analyse aus unmittelbar verändern können, damit sie als endogen gilt. Es ist zu beachten, daß die rechtsseitige, zeitliche Ableitung einer Variablen endogen sein kann, d.h. sich diskontinuierlich verändern kann, obwohl sich die Variable selbst im Zeitablauf stetig verändert (Abbildung 2 zeigt ein Beispiel). Eine Art, den Unterschied zwischen dem klassischen und dem keynesianischen Modell auszudrücken besteht darin, daß im ersteren der Nominallohn in statischen Analysen endogen ist, wohingegen im letzteren die rechtsseitige Ableitung des Nominallohns endogen ist, die Höhe des Nominallohns jedoch eine exogene Variable darstellt.

Um die für statische Analysen typische Frage zu beantworten, müssen die Gleichungen der **reduzierten Form** gefunden werden, die dem System (1) entsprechen. Die Gleichungen der reduzierten Form sind eine Menge von Gleichungen, die jeweils ein $y_i(t)$ ausschließlich als Funktion der $x_i(t)$ ausdrücken:

$$y_i(t) = h_i(x_1(t), x_2(t), \ldots, x_m(t)), \qquad i = 1, \ldots, n. \tag{2}$$

Wir werden allgemein annehmen, daß die Funktionen $g_i(\,)$ in den Strukturgleichungen (1) in alle Richtungen stetig differenzierbar sind, daß die $n$ Strukturgleichungen zu den Zeitpunkten, die unmittelbar vor dem untersuchten Zeitpunkt liegen erfüllt waren, und daß die Jakobische Determinante

$$\left|\frac{\partial g}{\partial y}\right| = \begin{vmatrix} \partial g_1/\partial y_1 & \partial g_1/\partial y_2 & \cdots & \partial g_1/\partial y_n \\ \partial g_2/\partial y_1 & & \cdots & \partial g_2/\partial y_n \\ \vdots & & & \\ \partial g_n/\partial y_1 & & \cdots & \partial g_n/\partial y_n \end{vmatrix}$$

ungleich Null ist, wenn sie für die unmittelbar vorangegangenen Werte aller Variablen berechnet wird. Das bedeutet, daß wir die Annahmen des Theorems der impliziten Funktionen unterstellen.[1] Unter diesen Annahmen existieren stetig diffe-

[1] Vergleiche zum Beispiel A.E. Taylor und W.R. Mann, Advanced Calculus, 2. Auflage, S. 363 (Lexington, Massachusetts: Xerox, 1972).

renzierbare Funktionen der reduzierten Form (2), die für die $x_i(t)$ gelten, die ausreichend nahe an den ursprünglichen Werten der $x_i(t)$ liegen. Falls diese Gleichungen (2) erfüllt sind, ist auch sichergestellt, daß die Strukturgleichungen (1) erfüllt sind. Für sprunghafte Veränderungen von $x_i(t)$, die genügend klein sind, d. h. innerhalb des Bereichs liegen, für den das Theorem der impliziten Funktion gilt, sind die Gleichungen (2) erfüllt und können dazu herangezogen werden, die charakteristische Frage der statischen Analyse zu beantworten. Insbesondere gibt die partielle Ableitung der reduzierten Form

$$\frac{\partial y_i(t)}{\partial x_j(t)} = \frac{\partial h_i}{\partial x_j(t)}(x_1(t), \ldots, x_m(t)) \tag{3}$$

die Reaktion von $y_i(t)$ auf Veränderungen von $x_j(t)$ wieder, die zum Zeitpunkt $t$ eintreten. Im allgemeinen sind wir am Vorzeichen der partiellen Ableitung der reduzierten Form interessiert.

Um die partiellen Ableitungen der reduzierten Form zu berechnen, erweist es sich als praktisch, anstelle der Theorems der impliziten Funktionen die folgende alternative Technik heranzuziehen, die stets zu richtigen Lösungen führt. Zuerst bilden wir das totale Differential aller Gleichungen von (1). Damit erhalten wir:

$$\frac{\partial g_i}{\partial y_1} dy_1 + \cdots + \frac{\partial g_i}{\partial y_n} dy_n + \frac{\partial g_i}{\partial x_1} dx_1 + \cdots + \frac{\partial g_i}{\partial x_m} dx_m = 0, \qquad i = 1, \ldots, n. \tag{4}$$

Dabei werden alle partiellen Ableitungen für die ursprünglichen Werten von $x_j$ und $y_j$ berechnet. Durch sukzessive Elimination der $dy_2, \ldots, dy_n$ aus dem obigen System (4) linearer Gleichungen erhält man eine Gleichung der Form

$$dy_1 = f_1^1\, dx_1 + f_2^1\, dx_2 + \cdots + f_m^1\, dx_m. \tag{5}$$

Dabei sind $f_j^1$ Funktionen der partiellen Ableitungen, die in (4) erscheinen. Gleichung (5) ist das totale Differential der reduzierten Form für $y_1$, da $dy_1$ ausschließlich als Funktion der $dx_1 \ldots, dx_n$ dargestellt wird. Bildet man das Differential der ersten Gleichung von (2) erhält man:

$$dy_1 = \frac{\partial h_1}{\partial x_1} dx_1 + \cdots + \frac{\partial h_1}{\partial x_m} dx_m. \tag{6}$$

Aus (5) und (6) folgt, daß

$$f_j^1 = \partial h_1 / \partial x_j \qquad \text{für} \quad j = 1, \ldots, n.$$

Die $f_j^1$ sind daher die partiellen Ableitungen der reduzierten Form. Natürlich lassen sich die Differentiale der reduzierten Form für die anderen endogenen Variablen genauso durch sukzessives Einsetzen in das System (4) ermitteln, wobei wir gleichzeitig die entsprechenden partiellen Ableitungen der reduzierten Form erhalten. In der Makroökonomik werden die partiellen Ableitungen der reduzierten Form oft als „Multiplikatoren" bezeichnet.

# Kapitel 1

# Das klassische Modell

Unser Modell beschreibt die Bestimmung des volkswirtschaftlichen Outputs* und seine Verwendung. Die Volkswirtschaft stellt ein einziges Gut her, das in Höhe von $Y$ pro Zeiteinheit produziert wird. Dieser Output verteilt sich auf den realen Konsum $C$, die realen Investitionen $I$, die realen Staatsausgaben $G$ und die realen Kapitalabschreibungen $\delta K$.

$$Y = C + I + G + \delta K \tag{1}$$

Gleichung (1) ist die Identitätsgleichung des Volkseinkommens, die den aggregierten Output mit seinen einzelnen Komponenten verknüpft.

Die Vokswirtschaft ist in drei Sektoren unterteilt. **Unternehmungen** beschäftigen zur Güterproduktion Kapital und Arbeit. Der **Staat** zieht Steuern ein, tätigt Güterkäufe, setzt Geld und Schuldverschreibungen in Umlauf und führt Offenmarktoperationen durch. **Haushalte** besitzen Geld, Schuldverschreibungen und sämtliche Aktien der Unternehmungen. Sie entscheiden sowohl über die Höhe ihrer Ersparnisse als auch darüber, wie sie ihr Vermögen auf Schuldverschreibungen, Aktien und Geld aufteilen.

## 1. Unternehmungen

Die Volkswirtschaft besteht aus einer großen Anzahl von $n$ Unternehmungen, die in vollkommener Konkurrenz untereinander stehen. Jede produziert dabei gemäß einer für alle gültigen Produktionsfunktion das gleiche Gut. Der Output der $i$-ten Unternehmung wird zu jedem Zeitpunkt von der Produktionsfunktion

$$Y_i = F(K_i, N_i), \qquad i = 1, \ldots, n, \tag{2}$$

beschrieben; dabei stellt jeweils $Y_i$ den Output pro Zeiteinheit, $K_i$ den Kapitalstock und $N_i$ die Beschäftigung der $i$-ten Unternehmung dar[1]. Jede der Variablen $Y_i$, $K_i$ und $N_i$ muß man sich dabei als Funktion der Zeit vorstellen. Da annahmegemäß die gleiche Produktionsfunktion für alle Unternehmungen gültig ist, haben wir das Subskript $i$ bei der Funktion $F$ weggelassen. Die Produktionsfunktion soll durch positive, aber abnehmende Grenzerträge des Kapitals und der Arbeit gekennzeichnet sein und eine direkte Abhängigkeit des Grenzertrags des Kapitels (der Beschäftigung) von der Beschäftigung (dem Kapital) aufweisen:

$$F_K,\ F_N > 0, \qquad F_{KK},\ F_{NN} < 0, \qquad F_{KN} > 0.$$

---

* In der kontinuierlichen Analyse bezeichnet $Y(t)$ die „rate of output" zum Zeitpunkt $t$. In einem Zeitpunkt kann keine positive Menge produziert werden, sondern nur über einen Zeitraum. Die Produktion im Zeitintervall $(t-1, t)$ beträgt: $Y_{(t-1,t)} \equiv \int_{t-1}^{t} Y(\tau)\,d\tau$. Im folgenden wird aber anstelle der Outputrate $Y$ der Begriff Output bzw. Produktion verwendet, wenn hierdurch keine Verwirrungen entstehen können. Analog für $C$, $I$ und andere Stromgrößen.

[1] Kapital wird dabei in Einheiten des einen Gutes der Volkswirtschaft gemessen, Arbeit durch die Anzahl der Personen.

Es wird unterstellt, daß die Produktionsfunktion $F$ linear-homogen in Bezug auf $K_i$ und $N_i$ ist. Damit gilt:

$$\lambda F(K_i, N_i) = F(\lambda K_i, \lambda N_i), \qquad \lambda > 0.$$

Wegen des Euler'schen Theorems für homogene Funktionen gilt:

$$Y_i = \frac{\partial F}{\partial K_i}(K_i, N_i)\, K_i + \frac{\partial F}{\partial N_i}(K_i, N_i)\, N_i.$$

Ebenso gilt wegen der linearen Homogenität von $F$:

$$\frac{\partial}{\partial K_i} F(K_i, N_i) = \frac{\partial F}{\partial \lambda K_i}(\lambda K_i, \lambda N_i).$$

Für $\lambda = 1/N_i$ erhält man:

$$\frac{\partial}{\partial K_i} F(K_i, N_i) = \frac{\partial F}{\partial (K_i/N_i)}\left(\frac{K_i}{N_i}, 1\right).$$

Der Grenzertrag des Kapitals ist damit lediglich von dem Verhältnis von Kapital zu Arbeit abhängig. Gleichermaßen hängt auch der Grenzertrag der Arbeit ausschließlich von der Kapitalintensität ab.

In dieser „Einprodukt"-Volkswirtschaft stellt Kapital den akkumulierten Bestand dieses einen Produktes dar, der zum Produktionseinsatz zur Verfügung steht. Wir nehmen an, daß der Kapitalstock zu jedem Zeitpunkt sowohl für die Volkswirtschaft, als auch für jede einzelne Unternehmung festgelegt ist. Unsere Annahme, daß der volkswirtschaftliche Kapitalstock gegeben ist bedeutet, daß Geschenke an physischem Kapital vom Ausland oder vom Himmel ebenso wie durch natürliche Katastrophen oder menschliches Mißgeschick eintretende Kapitalstockverminderungen ausgeschlossen sind. Die Festlegung des Kapitalstocks der einzelnen Unternehmung zu jedem Zeitpunkt hingegen impliziert, daß die Existenz eines vollkommenen Marktes für vorhandene Kapitalbestände ausgeschlossen wird, auf welchem einzelne Unternehmungen Kapital kaufen, verkaufen oder mieten können, um dadurch ihren individuellen Kapitalstock zu verändern. Das Fehlen eines Marktes für bestehendes Kapital könnte etwa damit begründet werden, daß einmal installiertes Kapital innerhalb jeder Unternehmung ganz spezielle Funktionen erfüllt. Unternehmungen können das bestehende Kapital anderer Unternehmungen überhaupt nicht benützen. Damit gibt es keine Möglichkeit, einen Markt für bereits vorhandenes Kapital zu eröffnen.[2]

Wie auch immer diese Annahme begründet wird; das Fehlen eines Marktes für vorhandene Kapitalbestände stellt einen fundamentalen Grundzug der Gruppe der „klassischen" und „keynesianischen" Modelle dar, die wir beschreiben werden.

[2] Alternativ dazu wird oft postuliert, daß es innerbetriebliche Anpassungskosten gibt, die bei Zuwächsen der absoluten Investitionsmengen mit zunehmender Rate ansteigen. Wie wir in Kapitel VI sehen werden, kann dieser Umstand eine keynesianische Investitionsnachfragefunktion in der in diesem Kapitel unterstellten Form zur Folge haben. Tatsächlich besteht die Rolle der Anpassungskosten darin, daß die Unternehmungen keinen Wunsch verspüren, zu einem bestimmten Zeitpunkt diskrete Kapitalstockanpassungen vorzunehmen.

Dieses Merkmal ist es, welches der Stromgröße der gesamtwirtschaftlichen Nachfrage eine so entscheidende Bedeutung zukommen läßt. Im Gegensatz dazu spielt in Tobins „dynamischem Ein-Sektor-Modell", in dem es einen vollkommenen Markt für Kapitalbestände gibt, die Stromgröße der gesamtwirtschaftlichen Nachfrage bei der Bestimmung des Outputniveaus zu einem Zeitpunkt keine Rolle. Dieses Modell werden wir in Kapitel III untersuchen.

Zwar können Unternehmungen zu einem bestimmten Zeitpunkt nicht mit Kapital handeln, doch sei angenommen, daß sie das Beschäftigungsvolumen unverzüglich verändern können. Hierbei agieren sie auf einem Wettbewerbsarbeitsmarkt, über den sie jederzeit jede von ihnen gewünschte Arbeitsmenge zum existierenden Nominallohn $w$ erhalten, der für jeden Beschäftigten in DM pro Zeiteinheit bemessen wird. Ebenso herrscht auf dem Gütermarkt vollkommene Konkurrenz. Dabei kann jede Unternehmung jede gewünschte Menge des einen, im Modell auftretenden Gutes zum Preis $p$ verkaufen, der in DM pro Produktionseinheit bemessen wird.

Der Gewinn $\Pi_i$ der repräsentativen Unternehmung ist definiert als

$$\Pi_i = pF(K_i, N_i) - wN_i - (r + \delta - \pi)pK_i. \tag{3}$$

Dabei bedeutet $r$ den augenblicklichen Zinssatz auf staatliche Wertpapiere, $\delta$ die Rate des physischen Kapitalverschleißes und $\pi$ die erwartete Preisänderungsrate für (neu produzierte) Kapitalgüter.

In einem weiter unten noch zu definierenden Sinne ist $r + \delta - \pi$ ein geeignetes Maß der Kapitalkosten, das zur Definition des Unternehmungsgewinnes verwendet werden sollte. Gäbe es einen Markt für Mietkapital, würde $(r + \delta - \pi) \cdot p$ den Mietbetrag in DM pro Zeiteinheit darstellen.

Bei gegebenem Kapitalstock maximiert jede Unternehmung ihren Gewinn pro Zeiteinheit hinsichtlich des Arbeitseinsatzes. Daher ergibt sich die Beschäftigung einer Unternehmung aus der Maximierungsbedingung erster Ordnung der Gleichung (3),

$$\partial\Pi_i/\partial N_i = pF_{N_i}(K_i, N_i) - w = 0$$

oder

$$F_{N_i}(K_i, N_i) = w/p. \tag{4}$$

Gleichung (4) besagt, daß der Grenzertrag der Arbeit dem Reallohn entspricht. Sie stellt eine Nachfragefunktion der Unternehmung nach Arbeit dar. Diese Nachfrage steht – bei gegebenem $K_i$ – in inverser Beziehung zum Reallohn. Da für alle Unternehmungen derselbe Reallohn gilt, bestimmt Gleichung (4) eine ebenfalls für alle Unternehmungen gültige Kapitalintensität. Zu jedem Zeitpunkt besitzen die $n$ Unternehmungen Kapital in Höhe von $K_i$, $i = 1, \ldots, n$. Das eingesetzte Kapital mag von Unternehmung zu Unternehmung verschieden hoch sein; die Beschäftigung variiert dann proportional zu $K_i$.

Unsere Annahmen über eine für alle Unternehmungen gültige Produktionsfunktion und über das gewinnmaximierende Verhalten der Unternehmungen unter den Bedingungen der vollkommenen Konkurrenz auf dem Arbeits- und Gütermarkt bedeuten gewissermaßen, daß man sinnvollerweise von der Existenz einer aggregierten Produktionsfunktion sprechen kann.

Der gesamte Output des einen Gutes der Volkswirtschaft sei $Y$, definiert als

$$Y = \sum_{i=1}^{n} Y_i = \sum_{i=1}^{n} F(K_i, N_i).$$

Wegen des Euler'schen Theorems gilt

$$\sum_{i=1}^{n} Y_i = \sum_{i=1}^{n} (F_{K_i}(K_i, N_i)K_i + F_{N_i}(K_i, N_i)N_i).$$

Da aber die Grenzerträge des Kapitals und der Arbeit lediglich von der Kapitalintensität abhängen, und da dieses Verhältnis wiederum für alle Unternehmungen identisch ist, sind auch die Grenzerträge des Kapitals und der Arbeit für alle Unternehmungen gleich. Daher können wir schreiben:

$$\sum_{i=1}^{n} Y_i = F_K\left(\frac{K_i}{N_i}, 1\right) \sum_{i=1}^{n} K_i + F_N\left(\frac{K_i}{N_i}, 1\right) \sum_{i=1}^{n} N_i.$$

Da das Verhältnis $K_i/N_i$ für alle $n$ Unternehmungen gleich ist, entspricht es auch dem Kapital-Arbeitsverhältnis der gesamten Volkswirtschaft $\sum_{i=1}^{n} K_i / \sum_{i=1}^{n} N_i$. Infolgedessen erhalten wir

$$Y = F_K(K/N, 1)K + F_N(K/N, 1)N.$$

Dabei gilt $K = \sum_{i=1}^{n} K_i$ und $N = \sum_{i=1}^{n} N_i$. Durch die Anwendung des Euler'schen Theorems auf $F$ läßt sich der oben stehende Ausdruck für $Y$ als aggregierte Produktionsfunktion

$$Y = F(K, N) \tag{5}$$

schreiben.

Darüber hinaus ist zu beachten, daß für jede Unternehmung der Grenzertrag der Arbeit mit $\partial F/\partial N$ und der Grenzertrag des Kapitals mit $\partial F/\partial K$ gleichzusetzen ist. Diese Tatsache berechtigt uns dazu, unsere folgenden Untersuchungen nur mit Hilfe der aggregierten Produktionsfunktion (5) und der Gleichung

$$F_N(N, K) = w/p \tag{6}$$

durchzuführen. Gleichung (6) könnte auch durch Maximierung der aggregierten Gewinne bezüglich der Beschäftigung gewonnen werden.

Es sei darauf hingewiesen, daß Gleichung (5) nur dann eine gültige Beschreibung der aggregierten Produktionsbeziehungen zwischen $Y$, $N$ und $K$ darstellt, wenn die sich aus Gleichung (4) ergebende Verteilung der $N_i$ auf die einzelnen Unternehmungen zutrifft. Bei dieser Verteilung erreicht $Y$ für jedes vorgegebene $N$ ein Maximum. Dabei ist die Verteilung von $K$ auf die einzelnen Unternehmungen festgelegt. Bei einer Verteilung der $N_i$ auf die Unternehmungen die Gleichung (4) verletzt, werden die Beziehungen zwischen dem aggregierten Output $Y$, der Gesamtbeschäftigung $N$ und dem aggregierten Kapitalstock $K$ durch Gleichung (5) nicht mehr richtig beschrieben. Für die Belange unserer Arbeit reicht es jedoch, daß (5) nur im oben beschriebenen Sinne gilt.

Zum Schluß muß noch das Verhalten von Unternehmungen hinsichtlich ihrer Kapitalakkumulation im Zeitablauf beschrieben werden. Gäbe es einen vollkommenen Markt, auf dem zu jedem Zeitpunkt mit Kapital gehandelt werden könnte, würden Unternehmungen unverzüglich solange Kapital kaufen (verkaufen) wollen, wie der Grenzertrag des Kapitals die realen Kapitalkosten $r + \delta - \pi$ übersteigt (unterschreitet). Ein derartiger Kapitalmarkt wurde jedoch ausgeschlossen. Statt dessen postulieren wir eine für Unternehmungen gültige keynesianische Investitionsnachfragefunktion. Sie stellt einen direkten Bezug zwischen der Nachfrage der Unternehmungen – pro Zeiteinheit – nach neu produzierten Kapitalgütern und der Differenz zwischen dem Grenzertrag und den Kosten des Kapitals her:

$$\frac{dK}{dt} \equiv I = I\left(\frac{F_K - (r + \delta - \pi)}{r - \pi}\right), \qquad I' > 0. \tag{7}$$

Dabei ist $dK/dt$ als rechtsseitige Ableitung zu verstehen. Gemäß Gleichung (7) sind die Investitionen um so höher, je größer der Grenzertrag des Kapitals und je geringer der Realzins $r - \pi$ ist. Gleichung (7) beschreibt die aggregierte Investitionsgüternachfrage der Volkswirtschaft. Es sei angenommen, daß sie sich aus den Investitionsnachfragefunktionen der einzelnen Unternehmungen zusammensetzt, die wiederum alle die gleiche Form aufweisen. Es wird sich als praktisch erweisen, (7) in der knappen Form

$$I = I(q - 1), \qquad I' > 0 \tag{7'}$$

zu schreiben, wobei $q$ definiert ist als:

$$q = \frac{F_K - (r + \delta - \pi)}{r - \pi} + 1 \equiv q(K, N, r - \pi, \delta). \tag{8}$$

Wir werden $q$ als einen wichtigen relativen Preis interpretieren, dessen Rolle für die Investitionsnachfrage der Unternehmungen plausibel erscheint. Es ist zu beachten, daß $q$ wegen der Abhängigkeit des Grenzertrags des Kapitals von der Kapitalintensität eine Funktion von $K$ und $N$ ist.

## 2. Vermögen im Besitz von Haushalten

Es gibt drei Arten von Finanzaktiva, die ausschließlich Haushalte besitzen: Geld, Schuldverschreibungen und Aktien. Geld, das in DM gemessen wird, stellt ein Finanzaktivum dar, das annahmegemäß als Tauschmittel fungiert. Die Geldmenge wird mit $M$ bezeichnet. Geld wird vom Staat in Umlauf gebracht. Es kann prinzipiell einen nominalen Ertrag abwerfen, der hier jedoch auf Null festgelegt ist, da die Geldhaltung keinen Zinsertrag abwirft. Unter dem **Nominalertrag** versteht man den Ertrag eines Vermögens in Prozent pro Zeiteinheit, den man erhalten kann, ohne den nominalen Wert der Vermögensanlage anzutasten. Der **reale Ertrag** einer Vermögensanlage ergibt sich hingegen nach Abzug des zur realen Werterhaltung des Vermögens notwendigen Teils (in Kaufkrafteinheiten bemessen).

Im allgemeinen ist der reale Geldertrag von Null verschieden. Die reale Geldmenge beträgt $M/p$; sie wird in Outputeinheiten gemessen. Die Ableitung von $M/p$ nach der Zeit lautet[3]

$$\frac{d(M/p)}{dt} = \frac{p\dot{M} - M\dot{p}}{p^2} = \frac{\dot{M}}{p} - \frac{M}{p}\frac{\dot{p}}{p}.$$

[3] Punkte über den Variablen werden zur Kennzeichnung der Ableitung nach der Zeit verwendet; es sind im allgemeinen rechtsseitige Ableitungen.

Damit $M/p$ im Zeitablauf unverändert bleibt, setzen wir obige Ableitung gleich Null. Es ergibt sich:

$$\frac{\dot{M}}{p} = \frac{M}{p}\frac{\dot{p}}{p} \quad \text{oder} \quad \frac{\dot{M}}{M} = \frac{\dot{p}}{p}.$$

Somit muß die nominale Geldmenge mit der Rate $\dot{p}/p$ wachsen, damit die reale Geldmenge unverändert bleibt. Geld hat folglich einen realen Ertrag von $-\dot{p}/p$. Dies bedeutet, daß sein Realwert mit einer Rate von $\dot{p}/p$ pro Zeiteinheit sinkt, wenn $\dot{M}$ gleich Null ist. Die Wirtschaftssubjekte sehen die Preisänderungsrate $\dot{p}/p$ nicht notwendigerweise voraus, da dazu im allgemeinen vollkommene Voraussicht vonnöten wäre. Wir bezeichnen die von den Wirtschaftssubjekten erwartete Preissteigerungsrate mit $\pi$. Sie kann von $\dot{p}/p$ abweichen. Der erwartete reale Geldertrag entspricht dann $-\pi$.

Eine zweite Vermögensart ist eine mit veränderlichem Zinsertrag ausgestattete Schuldverschreibung*, die vom Staat ausgegeben wird. Dieses Wertpapier stellt im wesentlichen eine Spareinlage dar. Der Ertrag variiert mit Veränderungen des Zinses, der Nominalwert jedoch bleibt konstant. Wir bezeichnen den in DM bemessenen nominalen Wert der ausgegebenen Wertpapiere mit $B$. Die Wertpapiere werfen einen nominalen Ertrag $r$ in Prozent pro Zeiteinheit ab. Sie erzielen daher einen Zinsertrag von $rB$, der ebenfalls in DM pro Zeiteinheit gemessen wird. Die Differenz zwischen $r$ und der Prozentrate, mit der Haushalte Wertpapiere zur realen Bestandserhaltung von $B/p$ kaufen müssen, wird als der reale Wertpapierertrag definiert. Der Realwert eines fixen nominalen Wertpapierbestandes sinkt genauso wie der des Geldes mit einer Rate von $\dot{p}/p$. Die Halter von Wertpapieren erwarten somit eine Verzinsung in Höhe von $r-\pi$.

Die dritte Form der Finanzvermögensanlage besteht aus Eigenkapitalanteilen**, die von Unternehmungen zur Finanzierung ihrer Investitionen ausgegeben werden. Wir nehmen an, daß die Unternehmungen weder Schuldverschreibungen ausgeben, noch Gewinne einbehalten, so daß die gesamten Investitionen über Aktienemissionen finanziert werden. Lediglich Haushalte halten, kaufen und verkaufen Aktien. Aufgrund der Annahme des Fehlens eines Marktes, auf welchem Unternehmungen physische Kapitalgüter kaufen oder verkaufen können, müssen wir auch die Möglichkeit ausschließen, daß sie untereinander mit Aktien handeln. Aktien stellen lediglich das finanzielle Pendant zu physischem Kapital dar. Es wird unterstellt, daß Haushalte Aktien und Wertpapiere als vollkommene Substitute betrachten. Dies impliziert, daß die auf Aktien und Wertpapiere bezogenen Ertragserwartungen übereinstimmen. Diese Übereinstimmung wird durch die Weigerung der Haushalte erzwungen, eine niedriger verzinste Vermögensanlage in ihr Portfolio aufzunehmen. Daraus folgt, daß der nominale Zinssatz für Wertpapiere die geeignete Ertragsrate ist, mit der die erwarteten Nettoeinnahmen*** der Unternehmungen (welche gleich den erwarteten, aggregierten Dividenden sind) abdiskontiert werden,

* Im weiteren Verlauf soll mit dem Begriff „Wertpapier" immer genau dieser hier definierte Wertpapiertyp verstanden werden.

** Im weiteren wird dort, wo es keine Mißverständnisse geben kann, der allgemeinere Begriff des „Eigenkapitalanteils" synonym mit dem spezielleren Begriff der „Aktie" verwendet.

*** Im Original findet sich hierfür der Ausdruck „net cash flow". Er wurde durchgängig mit „Nettoeinnahmen" übersetzt. Es ist aber anzumerken, daß der Begriff „net cash flow" im Text eine Art Bruttogewinn darstellt, der die reale Eigenkapitalverzinsung mit enthält.

um den Wert der Unternehmungsanteile zu bestimmen. Zum Zeitpunkt $s$ schütten die Unternehmungen

$$p(s)F(K(s), N(s)) - w(s)N(s) - \delta p(s)K(s),$$

an Dividenden aus, die in DM pro Zeiteinheit bemessen werden. Der nominale Aktienwert der Unternehmungen zum Zeitpunkt $t$, ausgedrückt durch $V(t)$, beträgt:

$$V(t) = \int_t^\infty [p(s)F(K(s), N(s)) - w(s)N(s) - \delta p(s)K(s)]e^{-r(s-t)}\, ds.$$

Wir nehmen an, daß die Preis- und Lohnerwartungen der Unternehmungen und der Haushalte folgenden Pfaden entsprechen:

$$p(s) = p(t)e^{\pi(s-t)}, \qquad w(s) = w(t)e^{\pi(s-t)}.$$

Dabei stellt $\pi$ die antizipierte Inflationsrate dar. Weiterhin wollen wir annehmen, daß die Wirtschaftssubjekte eine im Zeitablauf konstant bleibende reale Dividendenausschüttung erwarten, die der gegenwärtigen entspricht. $V(t)$ kann dann als

$$V(t) = [p(t)F(K(t), N(t)) - w(t)N(t) - p(t)\delta K(t)] \int_t^\infty e^{-(r-\pi)(s-t)}\, ds$$

oder

$$V(t) = \frac{p(t)Y(t) - w(t)N(t) - p(t)\delta K(t)}{r - \pi}.$$

geschrieben werden. Es ist leicht ersichtlich, daß $V(t)$ wie folgt umgeformt werden kann:

$$V(t) = \frac{p(t)(Y(t) - (w(t)/p(t))N(t) - F_K(t)K(t))}{r - \pi} + \frac{(F_K - (r + \delta - \pi))p(t)K(t)}{r - \pi}$$
$$+ p(t)K(t).$$

Das erste Glied dieses Ausdruckes ist wegen der Grenzproduktivitätsbedingung der Beschäftigung und wegen des Euler'schen Theorems gleich Null; damit ergibt sich folgender Ausdruck für den nominalen Aktienwert:

$$V(t) = \left(\frac{F_K - (r + \delta - \pi)}{r - \pi} + 1\right)p(t)K(t). \tag{9}$$

Der Aktienwert verändert sich somit direkt mit der Differenz zwischen dem Grenzertrag und den Kosten des Kapitals. Es ist aufschlußreich, das Verhältnis von nominalem Aktienwert und nominalem Wert des Kapitalstocks, der mit dem Preis ($p$) von neuproduziertem Kapital bewertet wird, zu berechnen:

$$\frac{V(t)}{p(t)K(t)} = \frac{F_K - (r + \delta - \pi)}{r - \pi} + 1 \equiv q.$$

Dieses Verhältnis entspricht dem Argument der aggregierten Investitionsnachfragefunktion (Gleichung 8). In ihr kommt somit zum Ausdruck, daß die Investitionsnachfrage direkt vom Verhältnis von Aktienwert zu Wiederbeschaffungswert des

Kapitalstocks abhängt. In dieser Weise formulierte Tobin die keynesianische Investitionsfunktion (Tobin, 1969).

Wir weisen darauf hin, daß das Verhältnis von Dividende zu Aktienwert folgendermaßen lautet:

$$\frac{pY - wN - p\delta K}{V} = r - \pi.$$

Dieser Ausdruck entspricht der erwarteten Realverzinsung von Schuldverschreibungen und Aktien. Wenn wir dazu die Rate des erwarteten nominalen Wertzuwachses ($\pi$) der vorhandenen Aktien addieren, erhalten wir den nominalen Aktienertrag $r$. Es ist interessant, die Ableitung von $V(t)$ nach der Zeit zu berechnen. Wenn wir $V(t)$ als $p(t)K(t)q(t)$ schreiben, erhalten wir durch logarithmische Ableitung nach der Zeit:

$$\frac{\dot{V}(t)}{V(t)} = \frac{\dot{p}(t)}{p(t)} + \frac{\dot{K}(t)}{K(t)} + \frac{\dot{q}(t)}{q(t)}.$$

Wenn $q$ im Zeitablauf konstant ist, wird $\dot{q}$ Null. Der nominale Aktienwert verändert sich dann aus zwei Gründen; erstens, weil der nominale Wert des vorhandenen Aktienbestandes mit der Rate $\dot{p}/p$ wächst, und zweitens, weil Investitionen in Höhe von $\dot{K}/K$ zur Ausgabe neuer Aktien führen.

Haushalte verteilen ihr vorhandenes Vermögen zu jedem Zeitpunkt auf Geld, sowie auf Schuldverschreibungen und Aktien, die sie als vollkommene Substitute betrachten. Das mit $W$ bezeichnete reale Gesamtvermögen der Haushalte wird definiert als:

$$(V + B + M)/p = W. \tag{10}$$

Die gewünschte Aufteilung des Vermögens zwischen $M$ und $B + V$ wird durch die zwei Vermögensnachfragefunktionen beschrieben:

$$M^D/p = m(r, Y, W), \tag{11}$$

$$(B^D + V^D)/p = b(r, Y, W). \tag{12}$$

Das Superskript $D$ kennzeichnet Nachfragegrößen. Die Nachfragefunktionen sind dabei dergestalt, daß das Gesamtvermögen bei jedem Wert von $r$, $Y$ und $W$ so zwischen $M$ und $B + V$ aufgeteilt wird, daß gilt:

$$(B^D + V^D + M^D)/p = W. \tag{13}$$

Dies hat zur Folge, daß die partiellen Ableitungen der Gleichungen (11) und (12) untereinander in einem bestimmten Zusammenhang stehen.[4] Wir bilden das totale Differential von Gleichung (11) und addieren es zu dem von Gleichung (12):

$$d((M^D + B^D + V^D)/p) = (m_r + b_r)\,dr + (m_Y + b_Y)\,dY + (m_W + b_W)\,dW.$$

Nun substrahieren wir von diesem Ausdruck das totale Differential von Gleichung (13) und erhalten:

$$0 = (m_r + b_r)\,dr + (m_Y + b_Y)\,dY + (m_W + b_W - 1)\,dW.$$

[4] Dies wurde von Tobin ausdrücklich betont (vgl. Tobin 1969).

Das Gleichheitszeichen kann dann und nur dann für alle Werte von $dr$, $dY$ und $dW$ gelten, wenn

$$m_r + b_r = 0, \qquad m_Y + b_Y = 0, \qquad \text{und} \qquad m_W + b_W = 1.$$

Wir wollen unterstellen, daß diese Beschränkungen die Vermögensnachfragefunktionen (1) und (12) charakterisieren.

Ein Portfoliogleichgewicht erfordert, daß die Haushalte mit der Aufteilung ihres Vermögens in Wertpapiere und Aktien auf der einen, in Geld auf der anderen Seite zufrieden sind:

$$M^D/p = M/p \qquad \text{und} \qquad (B^D + V^D)/p = (B + V)/p.$$

Aus den Gleichungen (10) und (13) geht hervor – darauf sei ausdrücklich hingewiesen – daß jede der beiden obenstehenden Gleichungen zur Beschreibung des Portfoliogleichgewichts hinreichend ist. Unter der Annahme des Geldmarktgleichgewichts

$$M/p = M^D/p$$

ergibt die Substraktion dieser Gleichung von (13):

$$\frac{B^D + V^D}{p} = W - \frac{M}{p} = \frac{B + V}{p}.$$

Die Nachfrage nach dem Wertpapier- und Aktienbestand entspricht somit dem Angebot. Dies ist ein Beispiel für das Gesetz von Walras: Wenn Nachfragefunktionen Bilanzrestriktionen berücksichtigen, und die Wirtschaftssubjekte mit $n - 1$ Beständen in ihrem Portfolio zufrieden sind, dann muß auch der Bestand des $n$-ten Aktivums ihres Portfolios ihrem Wunsch entsprechen.

Zur Charakterisierung des Portfoliogleichgewichts wählen wir die Übereinstimmung zwischen Geldangebot und Geldnachfrage:

$$M/p = M^D/p = m(r, Y, W).$$

Wir nehmen an, daß $m_r < 0$, $m_y > 0$ und $m_w = 0$. Daraus folgt, daß $b_r > 0$, $b_y < 0$ und $b_w = 1$. $b_w = 1$ besagt, daß die Haushalte jeden Realvermögenszuwachs ausschließlich in Form von Wertpapieren und Aktien halten wollen. Wir können unsere Bedingung für ein Portfoliogleichgewicht folgendermaßen formulieren:

$$M/p = m(r, Y), \qquad m_r < 0, \quad m_Y > 0. \tag{14}$$

Der reale Output $Y$ steht in Gleichung (14) stellvertretend für das volkswirtschaftliche Transaktionsvolumen. Wir postulieren, daß die reale Geldnachfrage mit dem Transaktionsvolumen steigt. Der Nominalzins entspricht der Differenz zwischen dem realen Ertrag der Wertpapiere und Aktien $r - \pi$ und dem realen Geldertrag $-\pi$. Je größer die Differenz dieser realen Erträge ist, desto stärker wird der Anreiz, die Geldhaltung zu reduzieren, um in einer der höher verzinsten Vermögensformen anlegen zu können. Wir können nun die Portfolios der drei Sektoren der Volkswirtschaft in folgenden Bilanzen zusammenfassen:

| Staat | | Unternehmungen | | Haushalte | |
|---|---|---|---|---|---|
| Aktiva | Passiva | Aktiva | Passiva | Aktiva | Passiva |
| | $B$ | $qpK$ | $V$ | $V$ | |
| | $M$ | | | $B$ | Rein- |
| | Rein- | | | $M$ | vermögen |
| | vermögen | | | | |

Unternehmungen halten weder Schuldverschreibungen noch Geld, während der Staat weder Kapital noch Aktien besitzt. Haushalte besitzen lediglich Finanzvermögen.

## 3. Der Staat

Der Staat zieht pro Zeiteinheit Steuern abzüglich Transferzahlungen mit dem realen Wert $T$ ein und tätigt reale Ausgaben in Höhe von $G$. Da unterstellt wird, daß staatliche Güterkäufe zu keinerlei Bestandserhöhung führen, haben sie den gleichen Charakter wie Konsumgüter. Vom Staat erworbene Güter werden unmittelbar verbraucht und vergrößern daher nicht den Kapitalstock. Die realen Steuern abzüglich der Transferzahlungen werden so eingezogen, daß $T$ weder vom Realeinkommen noch vom Preisniveau abhängig ist.[5] $T$ und $G$ unterliegen der staatlichen Budgetbeschränkung

$$G = T + \frac{\dot{B}}{p} + \frac{\dot{M}}{p}. \tag{15}$$

Hierbei werden $G$, $T$, $\dot{M}/p$ und $\dot{B}/p$ in Gütern pro Zeiteinheit gemessen.

Der Staat führt auch Offenmarktoperationen durch, die einen Austausch von Wertpapieren gegen Geld zu einem bestimmten Zeitpunkt darstellen; er unterliegt der Beschränkung:

$$dM = -dB. \tag{16}$$

## 4. Haushalte

Haushalte treffen zwei verschiedene Arten von Entscheidungen. Erstens entscheiden sie darüber, wie sie ihren zu jedem beliebigen Zeitpunkt gegebenen Vermögensbestand auf die verschiedenen Anlageformen verteilen. Die Portfoliogleichgewichtsbedingung (14) beschreibt diese Entscheidung. Zweitens – und davon losgelöst – bestimmen sie, wie schnell ihr Vermögen anwachsen soll, d.h. sie wählen ihre Sparquote. Diese Entscheidung bestimmt die Aufteilung ihres verfügbaren Einkommens in Konsum und Sparen.[6]

[5] Zu alternativen, komplizierteren Methoden der Steuererhebung vgl. Henderson und Sargent (1973).

[6] Die klare Trennung von Spar- und Portfolioentscheidungen ist ein Kennzeichen der keynesianischen makroökonomischen Analyse. Sie kann aber im allgemeinen nicht aus mikroökonomischen Grundlagen für mengenanpassende Haushalte abgeleitet werden. Vgl. Merton (1971). Wie Merton zeigt, läßt sich unter speziellen Annahmen die Portfolioentscheidung der Haushalte von deren Sparentscheidung trennen.

Das erwartete verfügbare Einkommen der Haushalte entspricht dem Einkommen, das sie für Konsum- und Sparzwecke als verfügbar erachten. Der Konsum führt zu keiner Bestandserhöhung; Sparen hingegen bewirkt, daß das Vermögen der Haushalte in Form von Finanzvermögen mit einer bestimmten Rate pro Zeiteinheit wächst. Die Konsumnachfrage der Haushalte wird in einer Konsumfunktion[7] zusammengefaßt. Der geplante Realkonsum $C$ der Haushalte steht dabei in einem direkten Zusammenhang mit dem realen verfügbaren Einkommen $Y$ und in einer inversen Beziehung zu der realen Verzinsung von Schuldverschreibungen und Aktien:

$$C = C(Y_D, r - \pi), \qquad 1 > C_1 > 0, \quad C_2 < 0. \tag{17}$$

Die Summe aus Konsum und Sparen entspricht dem erwarteten, realen verfügbaren Einkommen:

$$S + C = Y_D.$$

$C_1$ bzw. $C_2$ in Gleichung (17) bezeichnen die partiellen Ableitungen von $C$ nach dem ersten, bzw. zweiten Argument. Es wird angenommen, daß die Konsumneigung in Bezug auf das verfügbare Einkommen positiv aber kleiner als 1 ist, wohingegen die Konsumnachfrage bei einem Anstieg des Realzinses abnimmt.

Das reale verfügbare Einkommen $Y_D$ setzt sich zusammen aus dem realen Wert der Löhne und der Dividendenzahlungen (Dividendenzahlungen entsprechen den gesamten Nettoeinnahmen der Unternehmungen, da diese keine Gewinne einbehalten) abzüglich der um staatliche Transfers bereinigten gesamten realen Steuern und abzüglich des erwarteten Wertverlustes der realen Nettoforderungen, die der private Sektor gegenüber dem Staat hat; hinzuzufügen ist der Wertzuwachs von Aktien abzüglich der zu Zwecken der Investitionsfinanzierung erfolgten Aktienemission der Unternehmungen. Die realen Lohnzahlungen betragen $wp^{-1}N$, die realen Dividendenausschüttungen $Y - wp^{-1}N - \delta K$ und der erwartete Wertverlust der staatlichen Verbindlichkeiten beläuft sich auf $(M + B)^{-1}\pi$. Die Unternehmungen emittieren zur Investitionsfinanzierung Aktien in Höhe von $\dot{K}$; der reale Aktienwert aber wächst um $q\dot{K} + K\dot{q}$. Wir werden annehmen, daß $\dot{q} = 0$ erwartet wird.[8] Damit steigt der reale Aktienwert mit der Rate $q\dot{K}$. Das erwartete, reale verfügbare Einkommen ergibt sich somit als:

$$Y_D = Y - \delta K - T - \frac{M + B}{p}\pi + (q - 1)\dot{K}. \tag{18}$$

Es stellt sich heraus, daß das durch dieses Konzept definierte verfügbare Einkommen mit jenem (erwarteten) gesellschaftlichen Konsumniveau identisch ist, dessen Realisierung das Realvermögen – definiert wie in (10) – unverändert läßt.

---

[7] Wie R. Clower betont hat, unterscheidet sich ein Ansatz, bei dem Haushalte über die Aufteilung ihres verfügbaren Einkommens in Konsum und Ersparnisbildung entscheiden, erheblich von dem mikroökonomischen Verfahren, bei dem Haushalte auf der Basis von gegebenen Löhnen, Preisen und Zinssätzen über ihre intertemporale Allokation von Arbeit und Konsum entscheiden. Clower, Robert Barro und Herschel Grossman haben Situationen untersucht, die die Konsumfunktion rationalisieren könnten. Vergleiche dazu Clower (1965) und Barro, Grossman (1971).

[8] Wie wir sehen werden, müssen im Rahmen einer statischen Analyse die Erwartungen von $\dot{q}$ und $\dot{p}$ exogen gegeben sein.

Um dies zu zeigen, differenzieren wir Gleichung (10) nach der Zeit und erhalten:

$$\dot{W} = \frac{\dot{M} + \dot{B}}{p} - \frac{M + B}{p}\frac{\dot{p}}{p} + q\dot{K} + K\dot{q}.$$

Wir ersetzen $\dot{p}/p$ und $\dot{q}$ durch deren Erwartungsgrößen, wobei das erwartete $\dot{q}$ annahmegemäß Null ist. Es ergibt sich:

$$\dot{W}_e = \frac{\dot{M} + \dot{B}}{p} - \frac{M + B}{p}\pi + q\dot{K}.$$

Dabei ist $\dot{W}_e$ die erwartete Vermögensänderungsrate. Wegen der staatlichen Budgetbeschränkung $(\dot{M} + \dot{B})/p = G - T$ und der Identitätsgleichung des Volkseinkommens $G = Y - \dot{K} - \delta K - C$ läßt sich $\dot{W}_e$ umformulieren zu

$$\dot{W}_e = Y - \delta K - T - \frac{M + B}{p}\pi + (q - 1)\dot{K} - C.$$

Mit Hilfe von Gleichung (18) kann man obige Gleichung als

$$C + \dot{W}_e = Y_D$$

schreiben. Dies zeigt, daß das mit $Y_D$ bezeichnete Konzept des verfügbaren Einkommens impliziert, daß der Konsum in Höhe von $Y_D$ mit der Erwartung eines konstanten Realvermögens vereinbar ist (d.h. $\dot{W}_e = 0$).

## 5. Arbeitsangebot

Wir haben nun genug Gleichungen aufgestellt, um die 6 endogenen Variablen $Y, N, C, I, p$ und $r$ in unserem keynesianischen Modell bestimmen zu können. Als keynesianisch ist dieses Modell deswegen zu bezeichnen, weil der Nominallohn $w$ zu einem bestimmten Zeitpunkt als exogen betrachtet wird. In unserem klassischen Modell hingegen ist $w$ eine Variable, die zu jedem Zeitpunkt durch das Modell bestimmt sein muß; somit bedarf es noch einer weiteren Gleichung. Das klassische Modell enthält eine Arbeitsangebotskurve, die die Arbeits-Freizeitpräferenzen der Arbeiter beschreibt:

$$N^S = N(w/p), \qquad N' > 0. \tag{19}$$

Dabei ist $N^S$ das Arbeitsangebot zum Zeitpunkt $t$. Es wird gefordert, daß das Arbeitsangebot eine zunehmende Funktion des Reallohnes sei. Die Beschreibung der Funktionsweise des klassischen Arbeitsmarktes wird vervollständigt durch die Bedingung, daß die tatsächliche Beschäftigung $N$ und die zum gegebenen Reallohn angebotene Arbeit $N^S$ gleich sein müssen. Das Ersetzen von $N^S$ durch die tatsächliche Beschäftigung $N$ in Gleichung (19) ergibt:

$$N = N(w/p). \tag{20}$$

## 6. Das vollständige Modell

Das klassische Modell kann in Form der Gleichungen (1), (5), (6), (7'), (14), (17) und (20) zusammengefaßt werden, wobei die sieben Gleichungen potentiell sieben Variablen zu jedem Zeitpunkt determinieren können. Aus Gründen der Übersichtlichkeit führen wir die 7 Gleichungen hier noch einmal auf und numerieren sie wie folgt:

$$w/p = F_N(K, N) \tag{I}$$

$$N = N(w/p) \tag{II}$$

$$Y = F(K, N) \tag{III}$$

$$C = C\left(Y - T - \delta K - \frac{M + B}{p}\pi + (q(K, N, r - \pi, \delta) - 1)I, r - \pi\right) \tag{IV}$$

$$I = I(q(K, N, r - \pi, \delta) - 1) \tag{V}$$

$$Y = C + I + G + \delta K \tag{VI}$$

$$M/p = m(r, Y). \tag{VII}$$

In den Gleichungen (IV) und (V) haben wir die Variable $q$ durch die Funktion $q(K, N, r - \pi, \delta)$ ersetzt, die dem $q$ aus Gleichung (8) entspricht. Das Modell setzt sich somit aus sieben Gleichungen zusammen, die zur Bestimmung der sieben Variablen $N$, $w/p$, $Y$, $C$, $I$, $r$ und $p$ dienen sollen. All diese Variablen dürfen sich als Funktionen der Zeit sprunghaft verändern, um die sieben Gleichungen zu jedem Zeitpunkt zu erfüllen. Die Modellparameter bestehen aus den exogenen Variablen $T$, $G$, $\delta$, $\pi$ und $M$, zuzüglich der Parameter, die die zugrundegelegten Funktionsformen determinieren. Es ist zu beachten, daß einer jener Parameter die als einheitlich angenommene erwartete Inflationsrate ist; sie ist – und das sei besonders hervorgehoben – somit nicht von der tatsächlichen Inflationsrate abhängig. Denn hinge $\pi$ von $\dot{p}/p$ ab, definiert als die rechtsseitige logarithmische Ableitung von $p$ nach der Zeit, enthielten die obigen sieben Gleichungen acht Variablen – $\dot{p}$ wäre die achte –, und würden damit kein vollständiges Modell mehr bilden. Aus ähnlichen Gründen haben wir unterstellt, daß die Erwartung in Bezug auf $\dot{q}$ exogen und im besonderen Null sei. Denn wäre das erwartete $\dot{q}$ eine Funktion des tatsächlichen $q$, müßten wir die rechtsseitige Ableitung von $q$ nach der Zeit bestimmen, um die Werte aller übrigen Variablen zu jedem Zeitpunkt zu erhalten. Doch später mehr davon. Im Moment wollen wir $\pi$ und das erwartete $\dot{q}$ einfach als exogen gegeben unterstellen und festhalten, daß in unserem Modell durch diese Annahme die Zahl der Gleichungen mit der Zahl der Variablen übereinstimmt, die durch das Modell zu einem bestimmten Zeitpunkt determiniert werden sollen.[9]

Wir beginnen die Analyse des klassischen Modells damit, daß wir das Gleichungssystem (I)–(VII) bei einem ursprünglichen Gleichgewichtswert linearisieren. Die Existenz eines derartigen ursprünglichen Gleichgewichts wird unterstellt. (Spä-

[9] Wie wir später sehen werden, ist die Bedingung, daß die Anzahl der Gleichungen mit der Zahl der zu bestimmenden Variablen übereinstimmen muß nicht hinreichend, um einen einzigen Gleichgewichtspunkt im Modell zu garantieren.

ter werden wir auf einige von Keynesianern aufgeworfene Probleme eingehen, die die Existenz eines Gleichgewichts in einem klassischen Modell wie dem unsrigen in Frage stellen können.) Um ein lineares System zu erhalten, bilden wir der Reihe nach die totalen Differentiale der Gleichungen (I) bis (VII); die Differentiale müssen als Abweichungen vom ursprünglichen Gleichgewichtswert der einzelnen Variablen verstanden werden:

$$d(w/p) = F_{NN}dN + F_{NK}dK \tag{i}$$

$$dN = N'\,d(w/p) \tag{ii}$$

$$dY = F_N\,dN + F_K\,dK \tag{iii}$$

$$\begin{aligned} dC = {} & C_1\,dY - C_1\,dT - C_1\delta\,dK - C_1\frac{M+B}{p}d\pi \\ & - C_1\pi\left(\frac{dM+dB}{p} - \frac{M+B}{p}\frac{dp}{p}\right) + C_1[(q-1)\,dI + Iq_N\,dN \\ & + Iq_K\,dK + Iq_{r-\pi}\,dr - Iq_{r-\pi}\,d\pi] + C_2\,dr - C_2\,d\pi \end{aligned} \tag{iv}$$

$$dI = I'q_N\,dN + I'q_K\,dK + I'q_{r-\pi}\,dr - I'q_{r-\pi}\,d\pi \tag{v}$$

$$dY = dC + dI + dG + \delta\,dK \tag{vi}$$

$$\frac{dM}{p} - \frac{M}{p}\frac{dp}{p} = m_r\,dr + m_Y\,dY. \tag{vii}$$

Aus der Annahme der Konstanz von $\delta$ folgt, daß $d\delta = 0$. Die Ableitungen von $q$ nach $N$, $K$ und $r - \pi$, die in (iv) und (v) erscheinen, erhalten wir, indem wir Gleichung (8) differenzieren:

$$\begin{aligned} dq &= \frac{(F_{KN}\,dN + F_{KK}\,dK - (dr - d\pi))(r-\pi) - (F_K - (r + \delta - \pi))(dr - d\pi)}{(r-\pi)^2} \\ &= \frac{1}{r-\pi}(F_{KN}\,dN + F_{KK}\,dK - q(dr - d\pi)). \end{aligned}$$

Hieraus ergibt sich:

$$q_N = \frac{1}{r-\pi}F_{KN} > 0, \qquad q_K = \frac{1}{r-\pi}F_{KK} < 0, \qquad q_{r-\pi} = \frac{-q}{r-\pi} < 0.$$

$q$ ist somit eine zunehmende Funktion der Beschäftigung und eine abnehmende Funktion des Kapitals und des Realzinses. Man beachte, daß Gleichung (iv) wegen der Restriktion für Offenmarktoperationen, $dM + dB = 0$, etwas vereinfacht werden kann. Es ist interessant, die Gleichungen (i)–(vii) in der folgenden Matrixform darzustellen:

$$\begin{bmatrix} 1 & -F_{NN} & 0 & 0 & 0 & 0 & 0 \\ -N' & 1 & 0 & 0 & 0 & 0 & 0 \\ 0 & -F_N & 1 & 0 & 0 & 0 & 0 \\ 0 & -C_1 I q_N & -C_1 & 1 & -C_1(q-1) & -(C_1 I q_{r-\pi} + C_2) & -C_1\pi(M+B)/p^2 \\ 0 & -I' q_N & 0 & 0 & 1 & -I' q_{r-\pi} & 0 \\ 0 & 0 & 1 & -1 & -1 & 0 & 0 \\ 0 & 0 & m_Y & 0 & 0 & m_r & M/p^2 \end{bmatrix} \begin{bmatrix} d(w/p) \\ dN \\ dY \\ dC \\ dI \\ dr \\ dp \end{bmatrix}$$

$$= \begin{bmatrix} F_{NK}\, dK \\ 0 \\ F_K\, dK \\ [-C_1\, dT - C_1\delta\, dK - C_1((M+B)/p)d\pi + I q_K\, dK \\ -(C_1 I q_{r-\pi} + C_2)\, d\pi] \\ I' q_K\, dK - I' q_{r-\pi}\, d\pi \\ dG + \delta\, dK \\ dM/p \end{bmatrix}.$$

Die Untersuchung der $7 \times 7$-Matrix auf der linken Seite der obigen Gleichung zeigt eine charakteristische Eigenschaft des klassischen Modells, die sehr wichtig ist. Beachtenswert ist nämlich, daß in den ersten zwei Gleichungen nur zwei Variablen erscheinen: $d(w/p)$ und $dN$. Alle übrigen Variablen haben in den ersten zwei Gleichungen Null-Koeffizienten. Folglich stellen diese zwei Gleichungen ein eigenständiges Subsystem dar, das $d(w/p)$ und $dN$ unabhängig von den verbleibenden Variablen determiniert. Ähnlich bilden auch die ersten drei Gleichungen ein eigenständiges Subsystem, welches unabhängig von den anderen vier Gleichungen des Modells sowohl $dY$ als auch $dN$ und $d(w/p)$ bestimmen kann. Das oben stehende System ist ein Beispiel für ein „blockrekursives" Gleichungssystem. In solch einem System besteht keine allgemeine Interdependenz; es ist vielmehr der Reihe nach lösbar, da wenigstens ein Subsystem von Gleichungen eine unabhängige Teilmenge von Variablen beinhaltet. Wenn jedoch die Variablen des Subsystems einmal bestimmt sind, können sie die verbleibenden Variablen beeinflussen, obwohl sie selbst von diesen unbeeinflußt bleiben.[10] Die Tatsache, daß das klassische Modell diese Eigenschaft besitzt, ist sehr bedeutsam.

[10] Ein Gleichungssystem ist dann blockrekursiv, wenn es in der Form $Ax = b$ geschrieben werden kann, wobei

$$A = \begin{bmatrix} A^{11} & A^{12} & \dots & A^{1N} \\ A^{21} & A^{22} & \dots & A^{2N} \\ \vdots & & & \\ A^{N1} & A^{N2} & \dots & A^{NN} \end{bmatrix}, \quad x = \begin{bmatrix} x^1 \\ x^2 \\ \vdots \\ x^N \end{bmatrix}, \quad b = \begin{bmatrix} b^1 \\ b^2 \\ \vdots \\ b^N \end{bmatrix}.$$

Dabei stellen $A^{IJ}$ Matrizen dar, die für alle $I = 1, \dots, N$ und $J > I$ Null sind. Im Falle des klassischen Modells würde $A^{12}$ aus der $3 \times 4$-Matrix bestehen, die im Text in der oberen rechten Ecke der Matrix auftritt. Die ersten drei Variablen können dann durch

$$x^1 = (A^{11})^{-1} b^1.$$

bestimmt werden.

Wir lösen nun das aus den Gleichungen (i) und (ii) bestehende Subsystem auf, indem wir (ii) in (i) einsetzen. Es ergibt sich:

$$d(w/p) = F_{NN} N' \, d(w/p) + F_{NK} \, dK$$

oder

$$d(w/p) = \frac{F_{NK}}{1 - F_{NN} N'} dK. \tag{21}$$

Aus unseren Annahmen $F_{NK} > 0$, $F_{NN} < 0$ und $N' > 0$ folgt $F_{NK}/(1 - F_{NN} N') > 0$. Gleichung (21) besagt, daß durch eine Erhöhung des Kapitalstocks zu einem bestimmten Zeitpunkt – könnte sie erfolgen – der Reallohn in die Höhe getrieben würde.

Wird Gleichung (21) in (ii) eingesetzt, ergibt sich:

$$dN = N' \frac{F_{NK}}{1 - F_{NN} N'} dK. \tag{22}$$

Da $N' > 0$, besagt Gleichung (22), daß eine Vergrößerung des Kapitalstocks zu einem Zeitpunkt die Beschäftigung erhöhen würde. Sie würde nämlich zu einer vermehrten Arbeitsnachfrage führen, die ihrerseits über einen Anstieg des Reallohns das angebotene Arbeitsvolumen vergrößern würde.

Das totale Differential der Produktionsfunktion beträgt nach Substitution von Gleichung (22) in (ii):

$$dY = \left( \frac{F_N N' F_{NK}}{1 - F_{NN} N'} + F_K \right) dK. \tag{23}$$

Da $F_K$ und $F_N$ beide positiv sind, hat eine einmalige Zunahme des Kapitals eine Outputerhöhung zur Folge; diese Erhöhung des Outputs tritt deswegen ein, weil der Grenzertrag des Kapitals positiv ist, und der Kapitalzuwachs sowohl das Grenzprodukt des Kapitals als auch die Anzahl der beschäftigten Arbeiter erhöht.

Die Gleichungen (21)–(23) zeigen, daß bei gegebener Produktionsfunktion und gegebenem Verlauf des Arbeitsangebots lediglich eine sprunghafte (bleibende) Kapitalstockveränderung eine sprunghafte (bleibende) Änderung des Outputs hervorrufen kann. $K$ ist die einzige exogene Variable, die in die Bestimmung des Outputni-

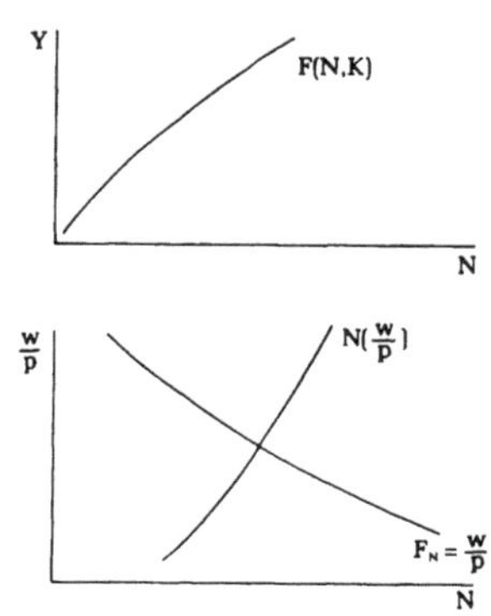


**Abb. 1**

veaus, der Beschäftigung und des Reallohns zu einem Zeitpunkt eingeht. Zwar mögen andere exogene Variablen die zeitlichen Veränderungsraten dieser Variablen beeinflussen, nicht jedoch deren absolute Höhe zu einem gegebenem Zeitpunkt. Von nun an wird unterstellt, daß Kapitalakkumulation nur über Investitionen erfolgen kann. Dadurch schließen wir unstetige Veränderungen des Kapitalstocks aus. Der Output, die Beschäftigung und der Reallohn sind deswegen bei gegebener Produktionsfunktion und gegebenem Arbeitsangebotsverlauf zu einem bestimmten Zeitpunkt Konstanten, die von der staatlichen Politik und den Erwartungen des privaten Sektors unabhängig sind.

Diese Situation wird in Abb. 1 illustriert. Sie zeigt die Produktionsfunktion, deren Ableitung nach der Beschäftigung – sie entspricht zugleich dem Verlauf der Arbeitsnachfragekurve – und die Kurve des Arbeitsangebots. Die Beschäftigungshöhe und der Reallohn ergeben sich aus dem Schnittpunkt der Arbeitsangebots- und der Arbeitsnachfragekurve. Der Output läßt sich durch das Einsetzen der gleichgewichtigen Beschäftigung in die Produktionsfunktion bestimmen.

Die Gleichungen (i)–(iii) kann man sich als Bestimmungsgleichungen des aggregierten Angebots vorstellen. Die verbleibenden vier Gleichungen sollen die Übereinstimmung von aggregierter Nachfrage und aggregiertem Angebot gewährleisten, wobei ausschließlich der aggregierten Nachfrage die Aufgabe des Ausgleichs zufällt. In den meisten Besprechungen des klassischen Modells kommt lediglich den Gleichungen (iv)–(vi) diese Ausgleichsfunktion zwischen gesamtwirtschaftlichem Angebot und der Nachfrage zu. Die Gleichung des Geldmarktgleichgewichts (vii) spielt hierbei keine Rolle. Dann darf $dp$ in den Gleichungen (iv)–(vi) nicht auftreten, da diese drei Gleichungen nur in diesem Falle ein eigenständiges Subsystem für $dC$, $dI$ und $dr$ bilden; die Werte für $dY$, $d(w/p)$ und $dN$, die sich aus dem Subsystem des aggregierten Angebots ergeben, müssen dabei bekannt sein.[11] Diese Bedingung ist aber nur dann erfüllt, wenn der Koeffizient von $dp$ in Gleichung (iv), $(-C_1\pi(M + B)/p^2)$, Null wird. Dies wird dann der Fall sein, wenn $\pi$ oder $M + B$ Null ist. $B$ ist hierbei negativ und steht für staatliche Darlehen an den privaten Sektor.

Da gewöhnlich unterstellt wird, daß der Realkonsum vom Preisniveau unabhängig ist, beginnen wir unsere Analyse, indem wir probeweise annehmen, daß $M + B$ den Wert Null annimmt. Durch Einsetzen von (iv) und (v) in (vi) und Nullsetzen von $dK$, $dY$ und $dN$[12] erhält man:

$$-C_1\,dT + [C_1 Iq_{r-\pi} + C_2 + (1 + C_1(q-1))I'q_{r-\pi}]\,dr$$
$$-[C_1 Iq_{r-\pi} + C_2 + (1 + C_1(q-1))I'q_{r-\pi}]\,d\pi + dG = 0.$$

Die Auflösung nach $dr$ ergibt:

$$dr = \frac{C_1}{H}\,dT - \frac{1}{H}\,dG + d\pi, \tag{24}$$

wobei $H = C_1 Iq_{r-\pi} + C_2 + (1 + C_1(q-1))I'q_{r-\pi}$.

Wir wollen annehmen, daß die partielle Ableitung des verfügbaren Einkommens nach dem Zinssatz der Ungleichung

[11] Anders ausgedrückt: wenn die Koeffizienten von $dp$ alle Null sind, sind die formalen Anforderungen an ein blockrekursives Subsystem bezüglich $dC$, $dI$ und $dr$ erfüllt.

[12] Die Lösung von (i)–(iii) ergab, daß $dY = dN = 0$, wenn $dK = 0$.

$$\frac{-C_2}{C_1} > Iq_{r-\pi} + (q-1)I'q_{r-\pi} = \left.\frac{\partial Y_D}{\partial r}\right|_{dT=dY=d\pi=dp=0}$$

genügt. Dies erfordert, daß – falls die partielle Ableitung positiv sein sollte – ihr absoluter Wert nicht allzu groß ist. Um zu garantieren, daß $H$ negativ ist, ist diese Bedingung hinreichend, wenn auch nicht notwendig. Später werden wir sehen, daß $H$ negativ sein muß, wenn das Modell stabil sein soll. Die Größe $H$ hat eine unmittelbar ökonomische Bedeutung; sie stellt nämlich die totale Ableitung der aggregierten Nachfrage $C + I + G + \delta K$ nach dem Zinssatz dar. Aus Umformungen der Gleichung (24) lassen sich folgende Ausdrücke für die partiellen Ableitungen von $r$ nach den exogenen Variablen $T$, $G$ und $\pi$ bilden:

$$\partial r/\partial T = C_1/H < 0, \qquad \partial r/\partial G = -1/H > 0, \qquad \partial r/\partial \pi = 1.$$

Dies sind die partiellen Ableitungen der „reduzierten Form" von $r$, die $r$ ausschließlich als Funktion der exogenen Variablen zeigt. Die endogenen Variablen wurden alle durch Einsetzen eliminiert. Der Zins steigt in Folge einer Staatsausgabenerhöhung oder einer Steuersenkung. Im Falle einer Erhöhung von $\pi$ steigt $r$ um denselben Betrag wie $\pi$. Dadurch bleibt $r - \pi$ unverändert.[13]

Zur Bestimmung der Effekte, die durch Veränderungen von $T$, $G$ und $\pi$ auf die Nettoinvestitionen hervorgerufen werden, setzen wir Gleichung (24) in (v) ein, und bilden die partiellen Ableitungen der reduzierten Form von $I$ nach diesen exogenen Variablen:

$$\frac{\partial I}{\partial T} = I'q_{r-\pi}\frac{\partial r}{\partial T} > 0,$$

$$\frac{\partial I}{\partial G} = I'q_{r-\pi}\frac{\partial r}{\partial G} < 0,$$

$$\frac{\partial I}{\partial \pi} = I'q_{r-\pi}\frac{\partial r}{\partial \pi} - I'q_{r-\pi} = 0.$$

Man sieht, daß die Nettoinvestitionen $I$ durch eine Steuererhöhung oder eine Verminderung der Staatsausgaben positiv beeinflußt werden. Da Veränderungen von $\pi$ keinen Einfluß auf den Realzins $r - \pi$ haben, bleiben sie auch ohne Auswirkungen auf die Investitionen.

Die Effekte, die durch Veränderungen von $T$, $G$ und $\pi$ auf den Konsum ausgelöst werden, lassen sich dadurch untersuchen, daß man Gleichung (24) in (iv) einsetzt und die folgenden Ableitungen der reduzierten Form berechnet:

$$\frac{\partial C}{\partial T} = -C_1 + (C_2 + C_1 I q_{r-\pi} + C_1(q-1)I'q_{r-\pi})\frac{\partial r}{\partial T},$$

$$\frac{\partial C}{\partial G} = (C_2 + C_1 I q_{r-\pi} + C_1(q-1)I'q_{r-\pi})\frac{\partial r}{\partial G},$$

$$\frac{\partial C}{\partial \pi} = (C_2 + C_1 I q_{r-\pi} + C_1(q-1)I'q_{r-\pi})\frac{\partial r}{\partial \pi}$$
$$-(C_2 + C_1 I q_{r-\pi} + C_1(q-1)I'q_{r-\pi}) = 0.$$

[13] Dieses Ergebnis spielt in Friedmans Artikel (1968) eine wichtige Rolle.

Wenn $q$ nicht sehr viel kleiner als 1 ist, dann ist $C_2 + C_1 Iq_{r-\pi} + C_1(q-1)I'q_{r-\pi}$ und damit auch $\partial C/\partial G$ negativ; $\partial C/\partial T$ ist dann ebenfalls negativ. Der Ausdruck $Iq_{r-\pi} + (q-1)I'q_{r-\pi}$ stellt die partielle Ableitung des verfügbaren Einkommens nach dem Zins dar. Aus unserer Annahme, daß diese Ableitung der Ungleichung

$$-C_2/C_1 > Iq_{r-\pi} + (q-1)I'q_{r-\pi}$$

genügt, folgt, daß die Ableitung des verfügbaren Einkommens nach dem Zins kleiner als $-C_2/C_1$ ist. Deswegen gilt $\partial C/\partial G < 0$. Eine weitere Schlußfolgerung daraus ist, daß $\partial C/\partial T < 0$.

In dieser Version des klassischen Modells mit $M + B = 0$ wird ausschließlich dem Zinssatz die Last des Ausgleichs zwischen der gesamtwirtschaftlichen Nachfrage und dem gesamtwirtschaftlichen Angebot – das sich aus den Gleichungen (I)–(III) ergibt – aufgebürdet. Wir haben bereits gesehen, daß das aggregierte Angebot bei gegebenem Kapitalstock von den übrigen exogenen Variablen unabhängig ist. Wenn sich – ausgehend von einer Gleichgewichtssituation – eine der exogenen Variablen so verändert, daß sie beim herrschenden Zinssatz einen Anstieg der gesamtwirtschaftlichen Nachfrage bewirkt, wird der Zinssatz steigen, um dadurch den gewünschten Konsum und die Investition zu verringern. Die Zinserhöhung erfolgt hierbei genau in dem Maße, daß das Gleichgewicht zwischen aggregierter Nachfrage und unverändertem Angebot – bestimmt durch die Gleichungen (I)–(III) – wiederhergestellt wird. Aus diesem Grund muß beispielsweise der Zins in Folge einer Zunahme der Gesamtnachfrage steigen, die durch Staatsausgabenerhöhungen oder Steuerreduktionen ausgelöst wurde. Eine Zinserhöhung ruft ihrerseits gewöhnlich wiederum Veränderungen des Konsums und der Rate der Kapitalakkumulation hervor. Investition und Konsum bleiben lediglich im Falle einer Variation von $\pi$ unbeeinflußt, da der Realzins $r - \pi$ auf Grund einer Veränderung von $r$ um denselben Betrag konstant bleibt.

Die Bestimmung des Zinses im klassischen Modell kann graphisch leicht illustriert werden. Zunächst ist zu berücksichtigen, daß das verfügbare Einkommen in Sparen und Konsum aufgeteilt wird:

$$S + C = Y - T - \delta K + (q-1)I.$$

Wenn wir die Identitätsgleichung des Volkseinkommens in diese Gleichung einsetzen, erhalten wir einen alternativen Ausdruck für die Gleichgewichtsbedingung zwischen gesamtwirtschaftlicher Nachfrage und Angebot:

$$G + qI = S + T. \tag{25}$$

Gleichung (25) besagt, daß im Gleichgewicht die realen Staatsausgaben zuzüglich der mit dem Marktwert der Aktien gewichteten realen Investitionen der Summe aus Sparen und Steuereinnahmen entsprechen. Gleichung (25) wird oft so interpretiert, daß der „Zufluß“ ($G + qI$) dem „Nachfrageabfluß“ ($S + T$) gleich sein muß, wenn sich die Volkswirtschaft im Gleichgewicht befinden soll. Die Ausgleichsfunktion des Zinses zwischen der aggregierten Nachfrage und dem vorbestimmten Angebot wird in Abb. 2 graphisch dargestellt. Sie zeigt $S + T$ als zunehmende Funktion des Zinses, wohingegen $qI + G$ sich invers zum Zins verändern. Wir wissen, daß $qI$ in einer inversen Beziehung zum Zins steht, weil

$$\frac{\partial q(K, N, r-\pi) I(q(K, N, r-\pi))}{\partial r} = q_{r-\pi} I + qI'q_{r-\pi} < 0,$$

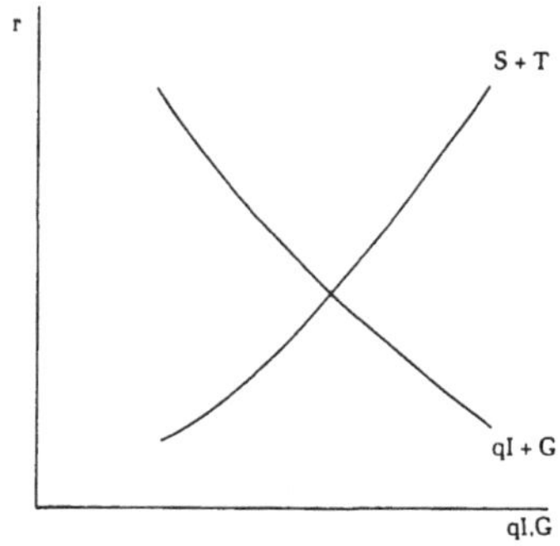




wenn $I > -qI'$; dies wollen wir als richtig unterstellen.

Die Summe aus Sparen und exogenen Steuereinnahmen haben wir so eingezeichnet, daß sie sich direkt mit dem Zins verändert. Dies muß aber nicht in jedem Fall gelten. Da das Sparen als

$$S = Y_D - C(Y_D, r - \pi)$$

definiert ist, ergibt sich folgende Ableitung des Sparens nach dem Zins:

$$\frac{\partial S}{\partial r} = \frac{\partial Y_D}{\partial r} - C_1 \frac{\partial Y_D}{\partial r} - C_2 = \frac{\partial Y_D}{\partial r}(1 - C_1) - C_2.$$

Wir haben unterstellt, daß $\partial Y_D/\partial r$ der Ungleichung $-C_2/C_1 > \partial Y_D/\partial r$ genüge, was lediglich besagt, daß

$$\frac{\partial S}{\partial r} < -\frac{C_2}{C_1}(1 - C_1) - C_2 \quad \text{oder} \quad \frac{\partial S}{\partial r} < -\frac{C_2}{C_1}.$$

Ein zum Zinssatz inverser Verlauf der Sparfunktion wird somit durch unsere Annahmen nicht ausgeschlossen.

Da sich $I$ mit der Beschäftigung, und $S$ mit dem Output verändern, hängen $S + T$ und $G + qI$ zwar auch vom Output ab; jedoch ist der Output vom Standpunkt der Zinsbestimmung aus prädeterminiert. Er bleibt somit bei Variationen von $G$ oder $T$ konstant. Der gleichgewichtige Zinssatz ergibt sich aus dem Schnittpunkt der $qI + G$- und der $S + T$-Kurve. Anhand von Abb. 2 kann leicht gezeigt werden, daß der Zinssatz bei einer Erhöhung der Staatsausgaben steigt, während er bei einer Zunahme der Steuereinnahmen sinkt. Ebenso kann einfach nachgewiesen werden[14], daß sich bei einer Vergrößerung von $\pi$ sowohl die $S + T$- als auch die $G + qI$-Kurve um den gleichen Betrag nach oben verlagert. Da $r$ somit um den gleichen Betrag steigt wie $\pi$ bleibt im Endergebnis der $G + qI$-Gleichgewichtswert erhalten.

Es läßt sich ohne weiteres eine äquivalente „Loanable-Funds"-Interpretation für

[14] Wie stark muß sich beispielsweise $r$ verändern, damit wir bei einer Veränderung von $\pi$ auf der $G + qI$-Kurve bleiben? Wir bilden das Differential der $G + qI$-Funktion und setzen $d(G + qI) = dN = dK = 0$. Man erhält:

$$(Iq_{r-\pi} + qI'q_{r-\pi})\,dr = (Iq_{r-\pi} + qI'q_{r-\pi})\,d\pi.$$

Dies ist gleichbedeutend mit $dr = d\pi$; damit ist nachgewiesen, daß sich die $qI + G$-Kurve um den Betrag der Zunahme von $\pi$ nach oben verschiebt.

den Prozeß der Zinsbestimmung anfügen. Wenn man in Gleichung (25) die Budgetrestriktion des Staates einsetzt, verändert sich diese folgendermaßen:

$$qI + \frac{\dot{M}}{p} + \frac{\dot{B}}{p} = S.$$

Die linke Seite dieser Gleichung steht für die tatsächliche Wachstumsrate des realen Finanzvermögens der Volkswirtschaft, bestehend aus Geld, Wertpapieren und Aktien. Die rechte Seite bringt zum Ausdruck, in welchem Maße der private Sektor seinen Finanzaktivabestand erhöhen will; diese Erhöhung entspricht der geplanten Ersparnisbildung. Im Gleichgewicht muß die tatsächliche Wachstumsrate des Finanzaktivabestands der Volkswirtschaft der Rate entsprechen, mit der die Wirtschaftssubjekte ihr Vermögen aufstocken wollen. Die tatsächliche reale Wachstumsrate des vom Staat in Umlauf gebrachten Finanzvermögens $(\dot{M} + \dot{B})/p$ entspricht dem staatlichen Defizit. Wenn diese Wachstumsrate und die gesamten Steuern $T$ vorgegeben sind, wird durch Zinsveränderung gewährleistet, daß das geplante Sparen den erwarteten Zuwachs $qI$ des realen Aktienwertes genau um den Betrag übersteigt, in dessen Höhe der Staat in Form von Finanzaktiva $(\dot{M} + \dot{B})/p$ über den Bedarf des privaten Sektors hinaus Sparbeträge in Anspruch nehmen will. So führt beispielsweise bei gegebenen realen Steuereinnahmen $T$ eine Erhöhung der Staatsausgaben zu einer Erhöhung von $(\dot{M} + \dot{B})/p$. Damit sich aber wieder ein Gleichgewicht einstellen kann, muß der Zins steigen. Dieser Vorgang bewirkt, daß sich die Investitionen und folglich auch die Aktienemission verringern. Die Zinserhöhung regt dabei die Spartätigkeit an, und zwar genau bis zu jenem Punkt, in welchem der neue, höhere reale Zuwachs des vom Staat in Umlauf gebrachten Finanzvermögens im Einklang mit den Investitionsplänen und der Ersparnisbildung des privaten Sektors steht. Obige Gleichung gibt kurz und bündig das traditionelle Argument wieder, daß staatliche Ausgaben durch Steuererhebungen und nicht etwa durch Drucken von Geld oder Wertpapieren finanziert werden sollen. Der Teil der Ersparnisbildung, der zu einer Erhöhung der Forderungen gegenüber dem Staat führt soll begrenzt werden, um die Wachstumsrate des Sachkapitals nicht zu beeinträchtigen.

Die Differentiale des Zinssatzes und des Outputs wurden in den Gleichungen (i)–(vi) abgeleitet. Die Aufgabe von Gleichung (vii) ist lediglich die Bestimmung des Differentials des Preisniveaus:

$$\frac{dp}{p} = \frac{dM}{M} - m_r \frac{p}{M} dr - m_Y \frac{p}{M} dY. \tag{26}$$

Ändert sich das Geldangebot als einzige exogene Variable, so bewirkt seine Variation nur eine Veränderung des Preisniveaus, und zwar proportional zum Geldangebot. Auf der anderen Seite reagiert das Preisniveau auf Veränderungen des Outputs und des Zinses, die sich aus den Gleichungen (i)–(vi) ergeben. Eine Zunahme des Outputs senkt dabei das Preisniveau, wohingegen ein Anstieg des Zinses preiserhöhend wirkt. Solange in den Gleichungen (i)–(vi) jedoch weder $dp$ noch $dM$ erscheinen, ist Geld ein „Schleier", welcher auf den Output, die Beschäftigung, den Reallohn, den Konsum, die Investition und den Zins keinen Einfluß hat. Wir wollen uns aber ins Gedächtnis zurückrufen, daß wir, um $dp$ aus der Gleichung für $dC$ zu eliminieren, $M + B = 0$ unterstellen mußten.

## 7. Stabilität

Es ist wichtig nachzuweisen, daß die beschriebenen Gleichgewichtspositionen stabil sind, d.h. daß es Kräfte gibt, die das System wieder zum Gleichgewicht zurückführen, wenn es sich davon entfernt hat. Andernfalls wären unsere durchgeführten komparativ-statischen Analysen ohne großen praktischen Nutzen. Die Notwendigkeit, die Stabilität von statischen Gleichgewichten zu untersuchen, bildet den Kern von Samuelsons **„Korrespondenz-Prinzip“** (Samuelson, 1963, S. 257–269).

Im klassischen Modell wird üblicherweise so argumentiert, daß sich bei einer Differenz von aggregierter Güternachfrage und Angebot das Preisniveau verändert, während dem Zins die Ausgleichsfunktion zwischen Geldangebot und -nachfrage zukommt. Diesen Sachverhalt fassen wir in den folgenden zwei Differentialgleichungen zusammen, wobei $s$ hier einen „Zeitindex“ darstellt:

$$\frac{dp}{ds} = \sigma(C(Y_D, r - \pi) + I(q - 1) + G + \delta K - F(K, N)),$$

$$\sigma' > 0, \quad \sigma(0) = 0;$$

$$\frac{dr}{ds} = \beta\left(m(r, Y) - \frac{M}{p}\right), \qquad \beta' > 0, \quad \beta(0) = 0.$$

Die erste Gleichung besagt, daß das Preisniveau steigt, wenn die aggregierte Stromnachfrage größer ist als das Stromangebot. Die zweite Gleichung drückt aus, daß der Zins steigt, wenn die Geldnachfrage das -angebot übertrifft, bzw. wenn – was das Gleiche bedeutet – das Angebot an Wertpapieren und Aktien größer ist als die entsprechende Nachfrage. Die Entwicklung der Taylor-Reihe für diese Gleichungen um die Gleichgewichtswerte der Variablen bis zum Glied der ersten Ableitung führt zu folgender Approximation:

$$\frac{dp}{ds} = \sigma'\{C_2 + I'q_{r-\pi} + C_1[(q - 1)I'q_{r-\pi} + Iq_{r-\pi}]\}(r - r_0)$$

$$\frac{dr}{ds} = \beta' m_r(r - r_0) + \beta' \frac{M}{p^2}(p - p_0).$$

Null-Subskripte kennzeichnen dabei ursprüngliche Gleichgewichtswerte. Nach wie vor gilt die „$M + B = 0$“-Annahme; daher wird $Y_D$ durch das Preisniveau nicht beeinflußt. In Matrix-Form geschrieben, lautet dieses System:

$$\begin{bmatrix} dp/ds \\ dr/ds \end{bmatrix} = \begin{bmatrix} 0 & \sigma' H \\ \beta' M/p^2 & \beta' m_r \end{bmatrix} \begin{bmatrix} p - p_0 \\ r - r_0 \end{bmatrix}.$$

$H$ ist – wie in Gleichung (24) – definiert als:

$$H = C_2 + I'q_{r-\pi} + C_1 q_{r-\pi}((q - 1)I' + I).$$

Dieses System ist ein Beispiel einer linearen Matrixdifferentialgleichung 1. Ordnung der Form $dx/ds = Ax$, wobei $x$ einen $n \times 1$-Vektor, und $A$ eine $n \times n$-Matrix darstellt. Die Lösung dieses Systems besitzt die allgemeine Form:

$$x_j(s) = \sum_{h=1}^{n} k_{jh} e^{\lambda_h s}.$$

Dabei ist $x_j(s)$ der Wert der $j$-ten Komponente von $x$ zum Zeitpunkt $s$, $k_{jh}$ sind Konstanten und $\lambda_h$, $h = 1, \ldots, n$ sind die Wurzeln der charakteristischen Gleichung

$$|A - \lambda I| = 0.$$

Die vertikalen Striche bringen hier zum Ausdruck, daß es sich um eine Determinante handelt. Das System wird dann stabil sein, wenn die reellen Teile der Eigenwerte ($\lambda$) negativ sind. Die charakteristische Gleichung unseres Systems lautet:

$$\begin{vmatrix} -\lambda & \sigma' H \\ \beta' M/p^2 & \beta' m_r - \lambda \end{vmatrix} = 0$$

$$\lambda^2 - \beta' m_r \lambda - \sigma' \beta'(M/p^2)H = 0.$$

Notwendige und hinreichende Bedingung für negative reelle Teile der Eigenwerte ist, daß sowohl der Koeffizient von $\lambda$ als auch der konstante Term positiv sind (Samuelson, S. 430–431). Somit lautet die notwendige und hinreichende Stabilitätsbedingung:

$$\beta' m_r < 0, \qquad \sigma' \beta'(M/p^2)H < 0.$$

Da $\sigma'$, $\beta'$ und $M/p^2$ alle größer Null sind, lauten unsere Stabilitätsbedingungen:

$$m_r < 0, \qquad H = C_2 + I' q_{r-\pi} + C_1 q_{r-\pi}((q-1)I' + I) < 0.$$

Folglich muß die Zinselastizität der Geldnachfrage negativ sein, wohingegen die Zinsabhängigkeit der Konsum- und Investitionsfunktion in der Summe eine negative Zahl ergeben muß.

Man beachte, daß das Modell im Falle von $m_r = 0$ nicht stabil ist; die charakteristische Gleichung wird in diesem Falle zu

$$\lambda^2 - \sigma' \beta'(M/p^2)H = 0$$

mit der Lösung

$$\lambda = \pm\sqrt{\sigma' \beta' H(M/p^2)}.$$

Da $H$ negativ ist, sind die zwei Wurzeln konjugierte, imaginäre Zahlen, d.h. der reelle Teil der Wurzeln ist Null. Infolgedessen hat beispielsweise die Lösung für $r(s) - r_0$ für $\lambda_1 = bi$, $\lambda_2 = -bi$ die Form:

$$\begin{aligned} r(s) - r_0 &= k_{11}e^{bis} + k_{12}e^{-bis} \\ &= k_{11}(\cos bs + i \sin bs) + k_{12}(\cos bs - i \sin bs) \\ &= (k_{11} + k_{12})\cos bs + (k_{11} - k_{12})i \sin bs. \end{aligned}$$

Wenn die Wurzeln – wie im vorliegenden Fall – komplex sind, läßt sich zeigen, daß $k_{12} = k_{11}^*$; dabei kennzeichnet das Sternchen komplexe Konjugation. Wenn $k_{11} = x + iy$, ergibt sich $k_{12} = x - iy$. Unsere Lösung für $r$ lautet somit:

$$r(s) - r_0 = 2x \cos bs - 2y \sin bs.$$

Die Lösung ergibt eine nichtgedämpfte, nichtexplosive, sinusförmige Funktion. Es existiert, unabhängig von der Anpassungsgeschwindigkeit, keine Tendenz im System, sich im „Zeitablauf" einem Gleichgewicht anzunähern[15]. Wir müssen uns aber ins Gedächtnis zurückrufen, daß wir eine lineare Approximation an das tatsächliche dynamische System betrachtet haben, welche diesen Grenzfall von Instabilität mit nichtgedämpften, aber auch nichtexplosiven Schwingungen aufweist. Deswegen kann das System selbst – im Gegensatz zu seiner linearen Approximation – stabil oder instabil sein. Die nichtlinearen Eigenschaften des Systems werden darüber Aufschluß geben, ob Stabilität vorliegt oder nicht. Der geeignete Weg zur Klärung dieses Sachverhalts besteht darin, daß man Ausdrücke höherer Ordnung der Taylor-Reihe bei der Approximation des dynamischen Systems betrachtet.

Die sich aus $m_r = 0$ ergebende mögliche Instabilität bedeutet, daß komparativ-statische Analysen, die auf der Grundlage der Annahme $m_r = 0$ durchgeführt werden, vorsichtig interpretiert werden müssen. Nach dem Korrespondenz-Prinzip sind derartige Analysen nur dann sinnvoll, wenn wir sie als Beschreibung des Systemverhaltens interpretieren für den Fall, daß $m_r$ absolut immer kleiner wird (d.h. sich „von unten" Null annähert).

Die oben angegebenen Differentialgleichungen dürfen nicht als Beschreibung der tatsächlichen zeitlichen Entwicklung des Systems ausgelegt werden. Wir hatten nämlich unterstellt, daß sich die endogenen Variablen mit unendlicher Reaktionsgeschwindigkeit anpassen, um im Zeitablauf die Gleichgewichtsbedingungen zu erfüllen. Infolgedessen werden wir die oben beschriebenen Anpassungsprozesse als Prozesse interpretieren, in welchen $\sigma'$ und $\beta'$ gegen Unendlich gehen. Bei dieser Auslegung erhalten die Stabilitätsüberlegungen wieder ihren Sinn, ohne daß wir die Annahme der sofortigen Anpassung der Modellvariablen aufgeben müssen.

### 8. Das Modell mit $M + B \neq 0$

Bisher unterstellten wir, daß $M + B = 0$. Dies brachte es mit sich, daß weder das erwartete, reale verfügbare Einkommen noch der reale Konsum vom Preisniveau abhängig waren. Wir wollen nun die Folgen untersuchen, die sich bei Aufgabe dieser speziellen Annahme ergeben. Es wird also unterstellt, daß $M + B > 0$. Wenn man die Gleichungen (i)–(vii) betrachtet, sieht man, daß (iv)–(vii) bei gegebenem $dY$, $dN$ und $d(w/p)$ (sie ergeben sich aus (i)–(iii)) ein interdependentes System bilden, in dem $dC$, $dI$, $dr$ und $dp$ determiniert werden. Deshalb können wir vermuten, daß $dM$ — diese Größe erscheint in (vii) – $dI$, $dr$ und $dC$ beeinflußt.

Um das System zu lösen, setzen wir zuerst (iv) und (v) in (vi) ein. Wir erhalten einen Ausdruck für alle $(r, p)$-Kombinationen, die gesamtwirtschaftliches Angebot und Nachfrage ausgleichen. In Differentialschreibweise:

---

[15] Man kann die Rolle, die die reellen und imaginären Teile der Wurzel für die Konvergenz zum Gleichgewicht spielen, deutlich erkennen, wenn man die Lösung für $x(s)$ umformuliert:

$$x_j(s) = \sum_{h=1}^{n} k_{jh} e^{(a_h + b_h i)s},$$

wobei $\lambda_h = a_h + b_h i$. Dann gilt:

$$x_j(s) = \sum_{h=1}^{n} k_{jh} e^{a_h s}(\cos b_h s + i \sin b_h s).$$

Falls alle $a_h < 0$ sind, werden auftretende Schwingungen des Systems gedämpft. Wenn alle $a_h = 0$, gibt es keine Dämpfung.

$$0 = -C_1\,dT + dG + \frac{M+B}{p}\,C_1\pi\,\frac{dp}{p} + H\,dr - \left(H + C_1\,\frac{M+B}{p}\right)d\pi. \quad (27)$$

Dabei ist $H$, wie schon in Gleichung (24), definiert als

$$H = C_2 + C_1 I q_{r-\pi} + [1 + C_1(q-1)]I' q_{r-\pi} < 0.$$

Man beachte, daß die Steigung der in der $(r, p)$-Ebene definierten Ortslinie aller Punkte, bei denen die aggregierte Nachfrage mit dem Angebot übereinstimmt, vom Vorzeichen des Ausdrucks $(M + B)\pi$ abhängt.

Gleichung (26) entspricht dem Differential der Geldmarktgleichgewichtsbedingung. Wenn wir (26) in (27) einsetzen, erhalten wir eine Gleichung, die das Differential der reduzierten Form von $r$ darstellt:

$$\left(H - m_r\,\frac{M+B}{M}\,C_1\pi\right)dr = C_1\,dT - dG - \frac{M+B}{p}\,C_1\pi\,\frac{dM}{M} + \left(H + C_1\,\frac{M+B}{p}\right)d\pi. \quad (28)$$

Wir nehmen an, daß

$$H - m_r\,\frac{M+B}{M}\,C_1\pi < 0.$$

Diese Bedingung garantiert, daß die aggregierte Nachfrage bei einem Anstieg des Zinses fällt. Sie ist für die Stabilität des Systems erforderlich. Mit Hilfe von (28) berechnen wir die folgenden Ableitungen der reduzierten Form:

$$\frac{\partial r}{\partial G} = \frac{-1}{H - m_r((M+B)/M)C_1\pi} > 0, \qquad \frac{\partial r}{\partial T} = \frac{C_1}{H - m_r((M+B)/M)C_1\pi} < 0,$$

$$\frac{\partial r}{\partial \pi} = \frac{H + C_1((M+B)/p)}{H - m_r((M+B)/M)C_1\pi}.$$

Diese Ausdrücke stimmen mit unseren früheren Formeln für diese drei partiellen Ableitungen überein, wenn wir $M + B = 0$ setzen. Bei positiven $M + B$ und $\pi$ bewirkt eine Zunahme der Staatsausgaben oder eine Steuersenkung eine stärkere Zinssteigerung als im Falle von $M + B = 0$, sofern unsere Annahme, daß $H - m_r((M+B)/M)C_1\pi < 0$ zutrifft. Betrachten wir zum Beispiel eine Erhöhung der Staatsausgaben: Sie bewirkt eine Zinserhöhung, die wiederum – wegen Gleichung (vii) – das Preisniveau erhöht. Diese Preisniveauerhöhung verringert nun ihrerseits den realen Wert der Staatschuld, wodurch bei gegebenem exogenem, positivem $\pi$ der antizipierte Wertverlust dieser Finanzanlagen sinkt. Damit steigt das erwartete verfügbare Einkommen. Infolgedessen steigt auch der geplante Konsum, weswegen der Zins noch mehr in die Höhe getrieben wird. Die Zinsreaktionen auf eine Steuererhöhung lassen sich ähnlich erklären. Die Richtungen dieser Effekte hängen offensichtlich vom Vorzeichen von $\pi$ und $(M + B)/p$ ab; sollte eine dieser Größen negativ sein, wird durch eine Preiserhöhung das erwartete verfügbare Einkommen reduziert.

Weiterhin ist zu beachten, daß eine Erhöhung von $\pi$ den Zins nicht mehr um den gleichen Betrag ansteigen läßt. Der Grund dafür liegt darin, daß Änderungen von $\pi$ Einfluß auf das verfügbare Einkommen haben. Es ist denkbar, daß die Zinssteigerung stärker oder auch schwächer als die von $\pi$ ausfällt.

Wir berechnen nun die partielle Ableitung von $r$ nach $M$ in der Gleichung der reduzierten Form:

$$\frac{\partial r}{\partial M} = \frac{-((M + B)/p)C_1\pi}{MH - m_r(M + B)C_1\pi}.$$

Man sieht, daß eine Erhöhung des Geldangebots, wie auch schon zuvor, keinen Einfluß auf den Zins hat, wenn $M + B$ oder $\pi$ Null ist. Falls $\pi$ und $M + B$ aber jeweils positiv sind, wird der Zins bei einer Zunahme von $M$ in die Höhe getrieben. Die Geldangebotserhöhung läßt die Preise steigen, wodurch der erwartete reale Wertverlust des Finanzvermögens sinkt. Damit steigt das erwartete verfügbare Einkommen, wodurch wiederum der geplante Konsum erhöht wird. Der Realzins muß deswegen steigen, um die aggregierte Gesamtnachfrage und das Angebot auszugleichen. Damit hat Geld aufgehört, ein „Schleier“ zu sein. Es kann vielmehr den Realzins – und damit verbunden – die Kapitalakkumulation beeinflussen. Dies verleiht einer geldpolitischen Instanz im gewissen Maße Kontrollmöglichkeiten über die Wachstumsrate der Volkswirtschaft. Doch hinsichtlich der Bestimmung des Outputniveaus zu einem bestimmten Zeitpunkt bleibt Geld nach wie vor wirkungslos.

### 9. Das Modell mit $\pi = \dot{p}/p$

Bisher haben wir stets die Erwartungen in Bezug auf zukünftige Werte einiger endogenen Variablen als exogen unterstellt. Damit schlossen wir die Existenz von „vollkommener Voraussicht“ aber auch jeglichen systematischen Zusammenhang zwischen den Erwartungen und der tatsächlichen, nachfolgenden Entwicklung jener endogenen Variablen, über die Erwartungen gebildet werden, aus. Dies geschah trotz der Tatsache, daß – bei als bekannt vorausgesetzten zeitlichen Entwicklungspfaden der exogenen Variablen – die Werte der endogenen Variablen mit Hilfe des Modells für jeden Zeitpunkt bestimmt werden können. Wir werden im folgenden zeigen, daß die Annahme exogener Erwartungen der Wirtschaftssubjekte in Bezug auf zukünftige endogene Variablen notwendig ist, damit überhaupt Gebrauch von der komparativ-statischen Analyse gemacht werden kann, die die Berechnung alternativer Gleichgewichtswerte endogener Variablen zu einem einzigen Zeitpunkt beinhaltet.

Angenommen wir haben ein Modell, das durch ein System von $m$ Gleichungen der reduzierten Form mit $T$ exogenen Variablen zusammengefaßt werden kann:

$$\begin{aligned} z_1(t) &= f_1(x_1(t), \ldots, x_T(t)) \\ z_2(t) &= f_2(x_1(t), \ldots, x_T(t)) \\ &\vdots \\ z_m(t) &= f_m(x_1(t), \ldots, x_T(t)). \end{aligned} \tag{29}$$

Dabei ist $z_j(t)$ der Wert der $j$-ten endogenen Variablen zum Zeitpunkt $t$ und $x_i(t)$ der Wert der $i$-ten exogenen Variablen zum Zeitpunkt $t$. Die exogenen Variablen reagieren zwar nicht auf gleichzeitige Änderungen der endogenen Variablen, sie können aber von deren Vergangenheitswerten abhängen. Der Kapitalstock steht zum Beispiel mit den vergangenen Investitionen in folgender Beziehung:

$$K(t) = \int_{t_0}^{t} I(s)\,ds + K(t_0), \qquad t > t_0. \tag{30}$$

Der gegenwärtige Kapitalstock ist jedoch von der laufenden Investitionshöhe unabhängig, solange letztere endlich ist. Die zeitliche Entwicklung des Kapitalstocks wird somit durch das Modell bestimmt; doch ist der Kapitalstock zu jedem Zeitpunkt bereits festgelegt.

Durch das Gleichungssystem (29) lassen sich die Werte der endogenen Variablen zu jedem Zeitpunkt bestimmen. Darüberhinaus können die endogenen Variablen zu jedem Zeitpunkt innerhalb eines Zeitintervalls determiniert werden, wenn man beliebige Zeitpfade für die exogenen Variablen spezifiziert oder aber – wo es angebracht ist – zeitliche Entwicklungszusammenhänge zwischen exogenen Variablen und Vergangenheitswerten von endogenen Variablen – ähnlich wie in Gleichung (30) – festlegt. Das Modell beschreibt dann das dynamische Verhalten der endogenen Variablen, obwohl wir uns zuvor darauf beschränkt hatten, alternative Gleichgewichtswerte zu einem Zeitpunkt zu vergleichen. Diese statischen Analysen waren sinnvoll, da im Modell die Gleichgewichtswerte der Variablen bestimmt werden konnten, wobei lediglich die Werte der exogenen Variablen zum selben Zeitpunkt in Betracht gezogen werden mußten.

Angenommen, daß die Gleichungen (29) um die Beziehung

$$x_1(t) = \dot{z}_m(t) \equiv \lim_{\varepsilon \to 0,\, \varepsilon > 0} \frac{z_m(t + \varepsilon) - z_m(t)}{\varepsilon} \tag{31}$$

erweitert werden. Die zuvor als exogen betrachtete Variable $x_1(t)$ steht dabei für die von den Wirtschaftssubjekten für die unmittelbare Zukunft erwartete zeitliche Änderungsrate von $z_m(t)$. $z_m$ könnte zum Beispiel der Logarithmus des Preisniveaus sein. $x_1(t)$ entspräche dann der antizipierten Inflationsrate. Da die Ableitung in (31) rechtsseitig ist, enthält (31) eine Vorstellung von „vollkommener Voraussicht".

Wenn (29) um die Gleichung (31) erweitert wird, haben wir ein System vorliegen, in dem die Werte der endogenen Variablen zu einem Zeitpunkt nicht mehr bestimmt werden können, wenn die Werte der übrigen exogenen Variablen $x_2(t), \ldots, x_T(t)$ desselben Zeitpunkts gegeben sind. Zur Bestimmung einer endogenen Variablen zu einem bestimmten Zeitpunkt muß $\dot{z}_m$ – die rechtsseitige Ableitung von $z_m$ – ebenfalls determiniert werden, und zwar zum gleichen Zeitpunkt. Die Bestimmung von $\dot{z}_m$ erfordert jedoch, daß wir $z_m$ wenigstens für ein kleines zukünftiges Zeitintervall bestimmen. Die Gleichung für $z_m$ findet man, indem (31) in die letzte Gleichung von (29) eingesetzt wird:

$$z_m(t) = f_m(\dot{z}_m(t), x_2(t), \ldots, x_T(t)). \tag{32}$$

Mit dieser Gleichung kann für jeden gegebenen Zeitpunkt lediglich eine Menge von Kombinationen $(z_m(t), \dot{z}_m(t))$ bestimmt werden. Solange wir annehmen, daß $z_m(t)$ und $\dot{z}_m(t)$ im Modell gleichzeitig in einem Zeitpunkt bestimmt werden, kommen wir zu keiner Lösung.

Man könnte nun meinen, unser Problem könne dadurch gelöst werden, daß wir die rechtsseitige Ableitung der Gleichung (32) nach der Zeit bestimmen, um damit eine Gleichung für $\dot{z}_m(t)$ zu erhalten. Die Differentiation von Gleichung (32) ergibt aber folgenden Ausdruck:

$$\dot{z}_m(t) = \frac{\partial f_m}{\partial x_1} \ddot{z}_m(t) + \frac{\partial f_m}{\partial x_2} \dot{x}_2(t) + \cdots + \frac{\partial f_m}{\partial x_T} \dot{x}_T(t). \tag{33}$$

Dabei handelt es sich stets um rechtsseitige Ableitungen. Bei gegebenen Werten von $\dot{x}_2(t), \ldots, \dot{x}_r(t)$ erhält man durch Gleichung (33) nur eine Menge von Kombinationen $(\dot{z}_m, \ddot{z}_m)$, welche diese Gleichung erfüllen. Wenn wir diesen Gedankengang weiterverfolgen, würden wir in unendlichem „Fortschritt" immer höhere Ableitungen von $z_m$ nach der Zeit berechnen. Um $z_m$ unter Annahme (32) zu bestimmen, müssen wir die rechtsseitigen Ableitungen **aller** Ordnungen zum selben Zeitpunkt bilden.

In äquivalenter Weise können wir Gleichung (32) als Differentialgleichung in $z_m(t)$ ansehen, die möglicherweise für einen Zeitpfad von $z_m(t)$ innerhalb eines Zeitintervalls $t_0 \leqq t \leqq t_n$ gelöst werden kann. Dabei könnte $t_n$ beliebig groß sein. Um eine Partikularlösung für $z_m$ zu berechnen, müßte man eine Endbedingung für $z_m$ verwenden. $z_m$ könnte dann als eine Funktion der (erwarteten) zukünftigen Werte der exogenen Variablen ausgedrückt werden, zum Beispiel:

$$z_m(t) = g\left(\int_t^{t_n} W_2(s - t)x_2(s)\,ds, \ldots, \int_t^{t_n} W_T(s - t)x_T(s)\,ds, z_m(t_n)\right) \tag{34}$$

für $t_0 \leqq t \leqq t_n$. Hierbei sind die Koeffizienten $W_2(\ ), \ldots, W_T(\ )$ Funktionen der Parameter des Gleichungssystems (29). Gleichung (34) gibt den momentanen $z_m$-Wert im Zeitablauf als Funktion der (erwarteten) Zeitpfade der exogenen Variablen wieder. Um den Gleichgewichtswert von $z_m$ zu irgendeinem Zeitpunkt zu bestimmen, ist der gleichgewichtige Zeitpfad von $z_m$ wenigstens für die nächste Zukunft zu berechnen.

Damit haben wir gezeigt, daß es, um eine zeitpunktbezogene, komparativ-statische Analyse durchführen zu können, notwendig ist, die Abhängigkeit zwischen den Gleichgewichtswerten der endogenen Variablen zu einem Zeitpunkt und den nachfolgenden Gleichgewichtswerten derselben Variablen aufzulösen. Deswegen muß die Existenz einer Beziehung negiert werden, die – wie Gleichung (31) – eine Abhängigkeit der laufenden endogenen Variablenwerte von nachfolgenden Werten der endogenen Variablen zur Folge hat. Dies erklärt unsere bisherige Forderung, daß die Erwartungen des privaten Sektors nicht durch „vollkommene Voraussicht" geprägt sind, bzw. nicht systematisch von tatsächlichen, zukünftigen Werten endogener Variablen abhängen. Wir haben sie deswegen zu jedem Zeitpunkt als exogen angesehen.

Um diesen Punkt zu veranschaulichen, sei noch einmal das oben beschriebene klassische Modell betrachtet, in dem annahmegemäß $M + B = 0$ ist; Geld ist also ein „Schleier". In diesem Modell besteht zwischen den Größen $Y, N, w/p, C, I, r$ und dem Geldangebot keinerlei Abhängigkeit. Darüber hinaus wurde gezeigt, daß der Realzins $r - \pi$ von der erwarteten Inflationsrate und dem Geldangebot unabhängig ist. Wir können diesen Sachverhalt durch

$$r = (r - \pi) + \pi, \qquad r = \rho + \pi$$

ausdrücken.

**Abb. 3.**

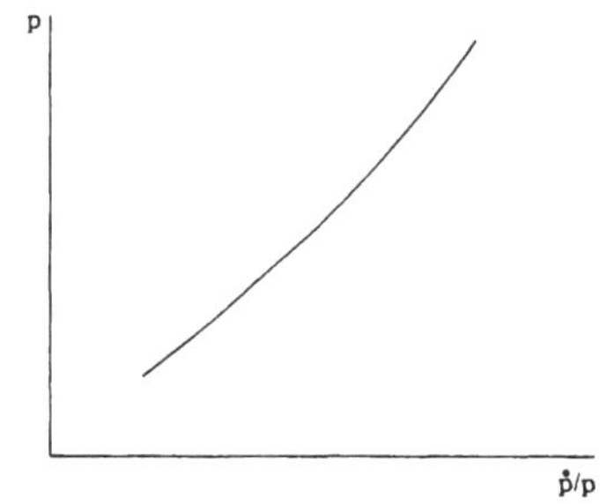


$\rho$ entspricht dabei $r - \pi$ und ist von $\pi$ und $M$ unabhängig. Bei gegebenem $r$ und $Y$ wird mit Gleichung (vii) das Preisniveau bestimmt.

$$M/p = m(r, Y)$$

oder

$$M/p = m(\rho + \pi, Y) \qquad \text{(VII')}$$

Bei gegebenem $M$, $Y$, $\rho$ und $\pi$ wird durch Gleichung (VII′) ein eindeutiges Preisniveau bestimmt.

Es sei nun angenommen, daß $\pi = \dot{p}/p$, wobei $\dot{p}$ als rechtsseitige Ableitung zu interpretieren ist. Die Variable $\dot{p}/p$ soll durch das Modell selbst bestimmt werden. Bei bekanntem $Y$, $M$ und $\rho$ können mit der Gleichung

$$M/p = m(\rho + \dot{p}/p, Y),$$

lediglich $(p, \dot{p}/p)$-Kombinationen determiniert werden, die das Portfoliogleichgewicht erfüllen. Insbesondere wird bei steigendem $\dot{p}/p$ auch das Preisniveau ansteigen, so daß die in Gleichung (VII′) bestimmten $(p, \dot{p}/p)$-Kombinationen der Abb. 3 entsprechen. Die Betrachtung erfolgt dabei stets zum selben Zeitpunkt. Die Werte der exogenen Variablen zu einem Zeitpunkt und die Restriktionen der Gleichungen (I)–(VII) enthalten nicht genügend Informationen, um zum selben Zeitpunkt sowohl $p$ als auch $\dot{p}/p$ zu determinieren.

Es ist nützlich, diese Darstellung mit Hilfe einer konkreten Version eines Modells weiter zu verfolgen, die von Cagan (1956) vorgeschlagen wurde. Cagan nahm an, daß die Geldnachfrage folgender Gleichung entspricht:

$$\ln[M(t)/p(t)] = \alpha\pi(t) \qquad \text{mit} \qquad \alpha < 0.$$

Die Rolle des Einkommens und des Realzinses bleibt hierbei unberücksichtigt. Wir nehmen an, daß die Erwartung $\pi(t)$ des privaten Sektors gleich ist der rechtsseitigen Ableitung $\big((d/dt) \cdot p(t)\big)/p(t) = (d/dt)\big(\ln p(t)\big)$.

Zur Vereinfachung führen wir den Operator $D$ ein, der durch

$$Dx(t) = dx(t)/dt, \qquad D^n x(t) = d^n x(t)/dt^n$$

definiert wird. Für viele Zwecke ist es legitim, $D$ wie ein algebraisches Symbol zu behandeln. Daraus resultiert seine Nützlichkeit. Obige Gleichung kann deshalb folgendermaßen umgeschrieben werden:

$$D \ln p(t) + \alpha^{-1} \ln p(t) = \alpha^{-1} \ln M(t). \qquad (35)$$

Da $M$ eine exogene Variable darstellen soll, haben wir ein Eingleichungsmodell zur Bestimmung von $p$.

Wenn nur der Wert von $M$ zu einem Zeitpunkt gegeben ist, kann mit Gleichung (35) zum selben Zeitpunkt weder $p$ noch $Dp$ determiniert werden. Gleichung (35) stellt nämlich zu jedem Zeitpunkt eine Gleichung dar, die zwei Variablen – $p$ und $Dp$ – enthält.

Wenn man Gleichung (35) als

$$(D + \alpha^{-1}) \ln p(t) = \alpha^{-1} \ln M(t)$$

umschreibt, dann erhält man:

$$\ln p(t) = \frac{\alpha^{-1}}{\alpha^{-1} + D} \ln M(t) \tag{36}$$

oder

$$\ln p(t) = \frac{1}{1 + \alpha D} \ln M(t). \tag{36'}$$

Erinnern wir uns der geometrischen Reihe $1/(1-\lambda) = 1 + \lambda + \lambda^2 + \ldots$, für $|\lambda| < 1$. Analog dazu (vgl. Agnew, 1960) läßt sich $1/(1+\alpha D)$ als folgende Reihe darstellen: $1/(1+\alpha D) = 1 - \alpha D + \alpha^2 D^2 - \alpha^3 D^3 + \ldots$. Dabei behandeln wir $-\alpha D$ so, als wäre es das $\lambda$ in der oben stehenden Formel der geometrischen Reihe. Damit erhalten wir:

$$\begin{aligned} \ln p(t) &= [1 - \alpha D + \alpha^2 D^2 - \alpha^3 D^3 + \cdots] \ln M(t) \\ \ln p(t) &= \ln M(t) - \alpha D \ln M(t) + \alpha^2 D^2 \ln M(t) - \cdots \end{aligned} \tag{37}$$

$\ln(p)$ wird in Form einer unendlichen Anzahl rechtsseitiger Ableitungen von $\ln M(t)$ nach der Zeit zum Zeitpunkt $t$ ausgedrückt. Gleichung (37) läßt sich direkt, ohne Zuhilfenahme des Operators $D$ herleiten, indem man die Geldmarktgleichung wiederholt nach der Zeit differenziert und höhere Ableitungen von $\ln p(t)$ sukzessive eliminiert. Dies zeigt, daß zur Bestimmung von $\ln p(t)$ die zeitlichen Ableitungen aller Ordnungen von $\ln p(t)$ simultan gebildet werden müssen. Damit sind aber auch die zeitlichen Ableitungen von $\ln M(t)$ aller Ordnungen zum Zeitpunkt $t$ zu berücksichtigen. Wenn wir aber die zeitlichen Ableitungen aller Ordnungen von $\ln p(t)$ zum Zeitpunkt $t$ kennen, beinhaltet dann die Idee der Taylor-Entwicklung, daß die Werte von $\ln p(s)$ für $s \geqq t$ ebenfalls bekannt sind? Die Antwort lautet ja, wie die folgende alternative Interpretation der Lösung (36) sofort zeigt. Es gilt:[16]

$$\frac{\alpha^{-1}}{\alpha^{-1} + D} = -\frac{1}{\alpha} \int_t^{\infty} e^{(s-t)(\alpha^{-1}+D)}\, ds = -\frac{1}{\alpha} \left[ \frac{e^{(s-t)(\alpha^{-1}+D)}}{\alpha^{-1} + D} \right]_{s=t}^{s=\infty}.$$

---

[16] Auf der rechten Seite des Ausdrucks behandeln wir $D$ wie eine feste Zahl und unterstellen, daß $(1/\alpha + D) < 0$. Damit konvergiert das Integral. Der Leser, der an einer exakteren Behandlung des hier benützten Operatorkalküls interessiert ist, sei auf eine gute Abhandlungen über Laplace-Transformationen verwiesen, zum Beispiel auf Gabel und Roberts (1973).

Damit kann Gleichung (36) wie folgt geschrieben werden:

$$\ln p(t) = \left[ -\frac{1}{\alpha} \int_t^\infty e^{(s-t)(\alpha^{-1}+D)}\, ds \right] \ln M(t). \tag{38}$$

Nun betrachten wir $e^{(s-t)D}$. Wenn man diesen Ausdruck mit Hilfe der Taylor-Reihe um $(s-t)D = 0$ entwickelt, erhält man:

$$e^{(s-t)D} = 1 + (s-t)D + \frac{(s-t)^2 D^2}{2!} + \cdots .$$

Damit gilt:

$$e^{(s-t)D} x(t) = x(t) + (s-t)Dx(t) + \frac{(s-t)^2 D^2}{2!} x(t) + \cdots = x(t+s-t) = x(s),$$

falls – wie wir annehmen werden – die Taylor-Reihe für $x(t)$ konvergiert. Mit Hilfe der obigen Gleichung läßt sich (38) umformulieren:

$$\ln p(t) = -\frac{1}{\alpha} \int_t^\infty (e^{(s-t)/\alpha})(e^{(s-t)D} \ln M(t))\, ds.$$

Da $e^{(s-t)D} M(t) = M(s)$, kann man dafür auch schreiben:[17]

$$\ln p(t) = -\frac{1}{\alpha} \int_t^\infty e^{(s-t)/\alpha} \ln M(s)\, ds. \tag{39}$$

Durch Differentiation läßt sich nachweisen, daß (39) eine Lösung der Differentialgleichung (35) darstellt. Gleichung (39) ist die Partikularlösung von Gleichung (35), die der „treibenden" Funktion $M(t)$ entspricht. Wie immer, müssen wir zu Gleichung (39) die Lösung der homogenen Gleichung

$$(D + \alpha^{-1}) \ln p(t) = 0$$

[17] Es ist zu beachten, daß wir im Falle von $(1/\alpha + D) > 0$ schreiben können:

$$\frac{\alpha^{-1}}{\alpha^{-1} + D} = \frac{1}{\alpha} \int_{-\infty}^{t} e^{(s-t)(\alpha^{-1}+D)}\, ds.$$

Die Wiederholung der Argumentationsreihe im Text, die uns zu Gleichung (39) führte, ergibt dann:

$$\ln p(t) = \frac{1}{\alpha} \int_{-\infty}^{t} e^{(s-t)\alpha} \ln M(s)\, ds.$$

Diese Gleichung drückt $\ln p(t)$ in Form der Vergangenheitswerte von $M(s)$ aus. Da jedoch $1/\alpha < 0$, konvergiert das Integral auf der rechten Seite nicht, wenn zum Beispiel der Geldangebotsprozeß $M(s) = \bar{M}$, d. h. eine Konstante ist. Für den gleichen Geldangebotsprozeß konvergiert aber das Integral der Gleichung (39). Dies illustriert einen allgemeineren Sachverhalt:
Differentialgleichungen mit „treibenden" Funktionen können im allgemeinen in Form von Vergangenheitswerten der „treibenden" Variablen oder aber auch in Form von zukünftigen Werten dieser Variablen gelöst werden. Wenn die Lösung in einer Richtung einen Grenzwert aufweist, konvergiert die Lösung in der anderen Richtung im allgemeinen nicht. Hier und im folgenden werden wir stets die konvergente Lösung wählen. Dieses Verfahren kann als eine Variante von Samuelsons „Korrespondenz-Prinzip" rationalisiert werden.

addieren, die leicht als $ce^{-t/a}$ bestimmt wird. Hierbei ist $c$ eine beliebige Konstante, die zur Erfüllung einer vorgegebenen Bedingung gewählt wird. Wenn wir die „plausible" Annahme treffen, daß Inflationserwartungen nur dann auftreten, wenn das Geldangebot steigt, wird $c$ zu Null. Gleichung (39) stellt damit die geeignete Lösung dar.

Gemäß Gleichung (39) hängt der Wert von $\ln p(t)$ zum Zeitpunkt $t$ vom Zeitpfad des Geldangebots ab, der von $t$ bis unendlich reicht. Die Werte der endogenen Variablen $p(t)$ lassen sich somit nicht ausschließlich aus den Werten der exogenen Variablen zum Zeitpunkt $t$ bestimmen. Vielmehr muß dazu der gesamte Zeitpfad von $M(s)$ für $s \geqq t$ herangezogen werden. Eine statische oder zeitpunktbezogene Analyse kann einfach nicht durchgeführt werden. Stattdessen müssen wir dynamische Analysen anwenden. Ein Gewinn für uns besteht darin, daß wir so die Lösung des gesamten Zeitpfades der endogenen Variablen erhalten.

## 10. Eine alternative Definition des verfügbaren Einkommens

Bei der bisher verwendeten Definition des verfügbaren Einkommens spielt es in Bezug auf die Gleichgewichtswerte einiger Variablen zum Zeitpunkt $t$ eine Rolle, ob der Staat seine Ausgaben $G$ durch Steuern oder aber durch Drucken von Geld und Wertpapieren finanziert. Dagegen ist es für die Gleichgewichtswerte ohne Bedeutung, in welchem Verhältnis der Staat sein Defizit $p(G - T)$ durch Ausgabe neuen Geldes bzw. neuer Schuldverschreibungen finanziert.[18] (Wir wissen, daß das Verhältnis von $\dot{M}$ zu $\dot{B}$ keine Rolle spielt, da – im Gegensatz zu $G$ und $T$ – weder $\dot{M}$ noch $\dot{B}$ im Gleichungssystem (I)–(VII) auftauchen.) Diese Merkmale unseres Modells ergeben sich unmittelbar aus der verwendeten Definition des erwarteten, realen verfügbaren Einkommens. Wir werden nun zeigen, wie sich diese Merkmale mit der Verwendung eines alternativen und illusionsfreieren Konzeptes des verfügbaren Einkommens verändern. Die alternative Definition des verfügbaren Einkommens leiten wir aus einer Vermögensdefinition ab, bei der der abdiskontierte Wert der zukünftigen Zinszahlungen für den gegenwärtigen staatlichen Schuldenbestand von dem Vermögensbegriff abgezogen wird, von dem unser früheres Konzept des verfügbaren Einkommens herrührt. Diese Definition des Realvermögens lautete:

$$W = qK + \frac{M}{p} + \frac{B}{p}.$$

Unsere neue Definition ist:

$$W_1 = qK + \frac{M}{p} + \frac{B}{p} - \frac{DTL}{p}.$$

Dabei bezeichnet DTL den Gegenwartswert der zukünftigen Zinszahlungen für die gegenwärtige, zinstragende Staatsschuld. Der Grundgedanke dieser Definition ist, daß die Lasten des Schuldendienstes letztlich Lasten sind, für die der private Sektor

[18] Natürlich entspricht die zeitliche Wachstumsrate von $M + B$ dem nominalen Defizit pro Zeiteinheit. Die Art der Defizitfinanzierung beeinflußt die zeitliche Entwicklung von $M$ und $B$. Die mögliche, längerfristige Wirkung hängt davon ab, ob die geldpolitische Instanz nachträglich ausgleichende Offenmarktoperationen durchführt.

durch zukünftig höhere Steuerzahlungen aufzukommen hat. Der Zinszahlungsstrom (gemessen in DM pro Zeiteinheit) für die gegenwärtige Staatsschuld beträgt $rB$. Der Gegenwartswert der zukünftigen Zinszahlungen für den augenblicklichen Schuldenbestand lautet:

$$DTL = \int_{t_0}^{\infty} rBe^{-r(t-t_0)}\,dt = B.$$

$W_1$ kann nun als $W_1 = qK + (M/p)$ geschrieben werden. Das erwartete, reale verfügbare Einkommen ist jetzt so definiert, daß die Haushalte bei dessen vollständiger Verwendung zu Konsumzwecken erwarten, daß ihr reales Vermögen $W_1$ nicht verändert wird. Die folgende Definition des verfügbaren Einkommens genügt dieser Bedingung:

$$Y_D' = Y - T - \delta K - \frac{D\dot{T}L}{p} - \frac{M}{p}\pi + (q-1)I$$

$$= Y - T - \delta K - \frac{\dot{B}}{p} - \frac{M}{p}\pi + (q-1)I.$$

Setzt man die Identitätsgleichung des Volkseinkommens und die staatliche Budgetbeschränkung in diese Definition des verfügbaren Einkommens ein, erhält man:

$$Y_D' = C + qI + \frac{\dot{M}}{p} - \frac{M}{p}\pi.$$

Damit ist nachgewiesen, daß die Wirtschaftssubjekte $Y_D'$ zu Konsumzwecken verwenden können, in der Erwartung, daß ihr reales Vermögen konstant bleibt.

Das $Y_D'$-Konzept unterschiedet sich von $Y_D$ in zweifacher Hinsicht. Der erwartete Wertverlust des verzinslichen Teils der öffentlichen Schuld bleibt unberücksichtigt, da dieser Teil der Staatsschuld keinen Bestandteil des Vermögens darstellt. Weiterhin wird der Wert $\dot{B}/p$ – er entspricht dem realen Zuwachs der abdiskontierten Steuerverbindlichkeiten – abgezogen, der sich durch die Ausgabe von Wertpapieren mit der Rate $\dot{B}$ pro Zeiteinheit ergibt.

Wir betrachten nun die Effekte, die sich durch den Austausch von $Y_D'$ für $Y_D$ in der Konsumfunktion (IV) ergeben. Die Konsumfunktion ist die einzige Gleichung unserer früheren Modellversion, in der $T$ erschien. Eine wichtige Veränderung, die aus der Anwendung unserer neuen Definition des verfügbaren Einkommens resultiert, können wir unmittelbar feststellen. In der alten Version unseres Modells ging weder $\dot{M}$ noch $\dot{B}$ in eine der Bestimmungsgleichungen der sieben Variablen ein. Damit konnten wir auch zeigen, daß die Art der Defizitfinanzierung keine Rolle spielte. Nun erscheint $\dot{B}$ in unserer neuen Version von Gleichung (IV):

$$C = C\left(Y - T - \delta K - \frac{\dot{B}}{p} - \frac{M}{p}\pi + (q-1)I,\ r - \pi\right). \qquad \text{(IV')}$$

Es läßt sich unmittelbar zeigen, daß es nun, bei gegebener Höhe von $G$, keine Rolle mehr spielt, ob der Staat seine Ausgaben durch Steuern oder Wertpapieremission finanziert. Wenn der Staat eine Steuerveränderung $dT$ durch eine Veränderung der Wertpapierausgabe gerade so ausgleicht, daß er sein momentanes Ausgabenniveau $G$ weiterhin finanzieren kann, treten keine Effekte auf das verfügbare Einkommen und damit bei gegebenem $r - \pi$ auch keine Veränderung der gesamtwirtschaftlichen Nachfrage auf. Wenn $G$ und $\dot{M}/p$ konstant gehalten werden, ergibt sich aus der staatlichen Budgetbeschränkung, daß

$$dT = -d(\dot{B}/p).$$

Es ist leicht einzusehen, daß eine derartige simultane Veränderung der Steuern und der Wertpapieremission keinen Einfluß auf das verfügbare Einkommen hat, weswegen auch die gesamtwirtschaftliche Nachfrage konstant bleibt. Daraus folgt, daß sich unsere sieben Variablen nicht verändern, wenn der Staat seine Ausgaben mit einem anderen Finanzierungsverhältnis zwischen $T$ und $\dot{B}/p$ bestreitet.

Unter bestimmten, sehr speziellen, zusätzlichen Annahmen läßt sich ein allgemeineres Ergebnis ableiten, demzufolge es keine Rolle spielt, ob der Staat seine Ausgaben über Steuern, durch Drucken von Geld oder Wertpapieremission finanziert. Insbesondere unterstellen wir eine Zinselastizität der Geldnachfrage von Null, d.h. $m_r = 0$. Ebenso wird angenommen, daß zu jedem Zeitpunkt $\pi = \dot{p}/p$ gilt. Unsere Überlegungen in Teil 9. zeigten, daß diese letzte Annahme nicht ohne weiteres getroffen werden kann. Wir werden so verfahren, daß wir – bei Gültigkeit von $\pi = \dot{p}/p$ – annehmen, daß die Wirtschaftssubjekte eine auf unabsehbare Zeit unveränderte Inflationsrate erwarten. Die Erwartungsgröße $\dot{\pi}$ wird folglich nicht mit der rechtsseitigen Ableitung von $\dot{p}/p$ gleichgesetzt. Stattdessen nehmen wir $\dot{\pi}$ einfach mit Null an. Damit wird unterstellt, daß die Wirtschaftssubjekte zwar die erste zeitliche Ableitung des Logarithmus des Preisniveaus voraussehen können, jedoch nicht dessen zweite Ableitung. Durch diese Annahme wird $\dot{\pi}$ exogen. Damit lassen sich – bei vorgegebenen Werten der exogenen Variablen und deren rechtsseitigen Ableitungen nach der Zeit – sowohl $p$ als auch $\dot{p}/p$ zu einem bestimmten Zeitpunkt bestimmen.

Differenziert man die Portfoliogleichgewichtsbedingung nach der Zeit und löst nach $\dot{p}/p$ auf, ergibt sich folgender Ausdruck:

$$\frac{\dot{p}}{p} = \frac{\dot{M}}{M} - \frac{m_Y}{M/p}\,\dot{Y}.$$

In dem von uns beschriebenen System wird $\dot{Y}$ durch die rechtsseitigen zeitlichen Ableitungen der Gleichungen (I)–(III) bestimmt. Darüber hinaus ist $\dot{K}$ – determiniert durch die Gleichungen (IV)–(VI) – von $\pi$ unabhängig. Daraus folgt, daß $\dot{Y}$ von $\pi$ und $\dot{M}/M$ unabhängig ist. Wenn wir das totale Differential der oben stehenden Gleichung für $\dot{p}/p$ bilden und zusätzlich beachten, daß $\pi = \dot{p}/p$ gilt, erhalten wir:

$$d\pi = d\left(\frac{\dot{M}}{M}\right) - \frac{m_Y((M/p)\,d\dot{Y} - \dot{Y}m_r\,d\pi)}{(M/p)^2}.$$

Weil $d\dot{Y}$ in den folgenden Untersuchungen stets Null sein wird, und $m_r = 0$ ist, können wir das oben stehende Differential wie folgt schreiben:

$$d\pi = d\left(\frac{\dot{M}}{M}\right) = \frac{d\dot{M}}{M} - \frac{\dot{M}}{M}\frac{dM}{M}.$$

Da wir unsere Untersuchung für $dM = 0$ durchführen, gilt $d\pi = d\dot{M}/M$. Wir versuchen nun die Effekte einer Erhöhung der Geldschöpfung auf das verfügbare Einkommen $Y_D'$ zu berechnen. Die vermehrte Geldschöpfung dient zur teilweisen Substitution der Steuer- und Wertpapierfinanzierung der staatlichen Ausgaben. Eine

Wirkung auf das verfügbare Einkommen ergibt sich aus der höheren erwarteten Inflationsrate, die mit der höheren tatsächlichen Inflationsrate einhergeht, welche selbst wiederum das Ergebnis der erhöhten Geldschöpfung ist. Wenn man $d((M/p)\pi)$ – das Differential des erwarteten Wertverlusts der realen Geldmenge – berechnet, erhält man die Wirkungen einer erhöhten Geldschöpfung auf das verfügbare Einkommen:

$$d\left(\frac{M}{p}\pi\right) = \pi m_r \, dr + \frac{M}{p} d\pi = \pi m_r \, d\pi + \frac{M}{p} d\pi = \pi m_r \frac{d\dot{M}}{M} + \frac{d\dot{M}}{p}.$$

Da aber unterstellt wurde, daß $m_r = 0$, erhalten wir:

$$d((M/p)\pi) = d\dot{M}/p.$$

Es ist zu beachten, daß

$$d\left(\frac{\dot{M}}{p}\right) = \frac{d\dot{M}}{p} - \frac{\dot{M}}{p}\frac{dp}{p},$$

und daß eine Erhöhung von $\pi$ wegen $m_r = 0$ keine Veränderung des Preisniveaus zur Folge hat. Damit gilt $d((M/p)\pi) = d(\dot{M}/p)$.

Das totale Differential der staatlichen Budgetbeschränkungsgleichung lautet:

$$dG = dT + d\left(\frac{\dot{M}}{p}\right) + d\left(\frac{\dot{B}}{p}\right).$$

Dafür läßt sich wegen $d((M/p)\pi) = d(\dot{M}/p)$ auch schreiben:

$$dG = dT + d(\dot{B}/p) + d((M/p)\pi).$$

Aus unseren Annahmen folgt damit, daß das verfügbare Einkommen bei gegebenem staatlichen Ausgabenniveau durch eine Veränderung der Finanzierungsform nicht berührt wird, da

$$\begin{aligned} dY_d' &= d(Y + (q-1)I - \delta K) - dT - d\left(\frac{\dot{B}}{p}\right) - d\left(\frac{M}{p}\pi\right) \\ &= d(Y + (q-1)I - \delta K) - dG. \end{aligned}$$

Damit spielt es keine Rolle, ob der Staat seine Ausgaben über Steuern, durch Geldschöpfung oder Wertpapieremission finanziert.

In diesem System gilt das traditionelle Argument für Besteuerung gegenüber Geldschöpfung und Wertpapierausgabe nicht mehr, da eine Zunahme der Steuern, bei konstantem $G$, die Kapitalakkumulation nicht berührt. Wegen $S + C = Y_D'$ erhalten wir folgenden Ausdruck:

$$S + C = Y - \delta K - T + (q-1)I - \frac{M}{p}\pi - \frac{\dot{B}}{p}.$$

Setzt man die Identitätsgleichung des Volkseinkommens und die staatliche Budgetbeschränkung in den oben stehenden Ausdruck ein und stellt um, erhält man:

$$S = qI + \frac{\dot{M}}{p} - \frac{M}{p}\pi.$$

Aus $d(\dot{M}/p) = d(M/p)\pi)$ folgt, daß $dS = qdI$; d.h. die Veränderung der Ersparnisse stimmt mit den marginalen Investitionen überein. Dies ist so zu verstehen, daß sich, bei Konstanz von $G$, $S$ und $qI$ zu einem Zeitpunkt in gleicher Höhe verändern, unabhängig davon, wie $T$ gesetzt wird. Ob der Staat seine Ausgaben über Steuern finanziert oder nicht, hat somit keine Auswirkungen auf die volkswirtschaftliche Kapitalakkumulation und damit auch nicht auf die physische Wachstumsrate.

## 11. Neutralität

Makroökonomische Modelle wie das von uns untersuchte, besitzen das Charakteristikum der Neutralität. Angenommen, wir haben ein makroökonomisches Modell vorliegen, das aus $m$ Strukturgleichungen besteht, die einen Zusammenhang zwischen $m$ endogenen Variablen $z_1 \dots z_m$ und $n$ exogenen Variablen $x_1 \dots x_n$ herstellen. Angenommen, die ersten $m_1$ endogenen Variablen werden in Einheiten ausgedrückt, in denen die monetäre Rechnungseinheit vorkommt, z. B. DM oder DM pro Outputeinheit oder DM pro Stunde. Die verbleibenden $m - m_1$ endogenen Variablen seien in „realen" Einheiten gemessen, Einheiten, die die monetäre Rechnungseinheit nicht enthalten. Analog dazu werden die ersten $n_1$ exogenen Variablen im Gegensatz zu den verbleibenden $n - n_1$ variablen in Geld gemessen. Das System der $m$ Strukturgleichungen kann wie folgt geschrieben werden:

$$
\begin{aligned}
g_1(z_1, \dots, z_m, x_1, \dots, x_n) &= 0 \\
g_2(z_1, \dots, z_m, x_1, \dots, x_n) &= 0 \\
&\vdots \\
g_m(z_1, \dots, z_m, x_1, \dots, x_n) &= 0.
\end{aligned}
\tag{40}
$$

Angenommen, daß sich das System für die speziellen Werte $x_1^0 \dots x_n^0$ der exogenen Variablen im Gleichgewicht befindet. Die endogenen Variablen nehmen dabei die Werte $z_1^0 \dots z_m^0$ an. Diese $z$- und $x$-Werte genügen dem Gleichungssystem (40). Erfüllen nun auch die speziellen Werte $\lambda z_1^0 \dots \lambda z_{m_1}^0$, $z_{m_1+1}^0 \dots, z_m^0$ und $\lambda x_1^0 \dots, \lambda x_{n_1}^0$, $x_{n_1+1}^0, \dots, x_n^0$ die Gleichgewichtsbedingungen (40) für jeden Skalar $\lambda > 0$, besitzt das Modell die Eigenschaft der Neutralität. Das heißt: Ein Modell ist dann neutral, wenn sich – ausgehend von einem ursprünglichen Gleichgewicht – durch Multiplikation der in Geldeinheiten gemessenen endogenen und exogenen Variablen mit einem positiven Skalar das Gleichgewicht nicht verändert.

Es läßt sich leicht nachweisen, daß das von uns untersuchte Modell die Eigenschaft der Neutralität besitzt. Dazu betrachten wir das durch die Gleichungen (I)–(VII) beschriebene Modell. Wir multiplizieren alle in nominallen oder DM-Einheiten gemessenen Variablen mit dem Skalar $\lambda$. Falls sich das System ursprünglich beim Preisniveau $p_0$ und dem Nominallohn $w_0$ im Gleichgewicht befand, wird es sein Gleichgewicht jetzt beim Preisniveau $\lambda p_0$ und dem Nominallohn $\lambda w_0$ besitzen. Die Gleichgewichtswerte von $Y$, $N$, $C$, $I$ und $r$ bleiben dabei unverändert.

Falls ein System so geschrieben werden kann, daß in jeder Gleichung lediglich Größen erscheinen, die in „DM-freien" oder realen Einheiten gemessen werden, besitzt es die Eigenschaft der Neutralität. Folglich werden in einem Modell Beziehungen nur zwischen realen Größen beschrieben, wenn jede in DM ausgedrückte Größe – wie zum Beispiel der Geldbestand, Wertpapiere oder der Nominallohn – durch eine andere, ebenfalls in DM ausgedrückte Größe dividiert wird. Wenn dies zutrifft, kann eine Verdoppelung oder Verdreifachung der nominalen Größen keinen Einfluß auf die Gleichgewichtswerte dieser realen Variablen haben. Die Gleichungen (I)–(VII) stellen ein Beispiel für ein System dar, in dem in DM gemessene Größen nur dann erscheinen, wenn sie durch das Preisniveau dividiert werden. Die Gleichgewichtswerte der im System bestimmten realen Variablen ändern sich infolgedessen nicht, wenn $M$, $B$, $w$ und $p$ mit einem beliebigen $\lambda > 0$ multipliziert werden. Die im Modell bestimmten realen Variablen sind $Y, N, C, I, r, w/p$ und $M/p$.

## 12. Dichotomie

Ein makroökonomisches Modell besitzt die Eigenschaft der Dichotomie, wenn die Werte aller realen Variablen durch ein Subsystem determiniert werden können, wobei die Höhe des Geldangebots für die Bestimmung des Gleichgewichtswerts irgendeiner realen Variablen keine Rolle spielt. Bei gegebenen Gleichgewichtswerten aller realen Variablen geht die Höhe des Geldangebots zwar in die Bestimmung der Gleichgewichtswerte aller nominalen Variablen, die endogen sind, mit ein, sie beeinflußt aber keine der realen Variablen. In einem dichotomischen System sind die Gleichgewichtswerte aller realen Variablen vom absoluten Preisniveau unabhängig. In einem solchen System ist Geld ein „Schleier".

Wie wir gesehen haben, besitzt das durch die Gleichungen (I)–(VII) beschriebene System nur dann die Eigenschaft der Dichotomie, wenn $M + B = 0$. Betrachten wir nun das in Abschnitt 10 behandelte Modell, welches sich durch Substitution von (IV′) für (IV) ergab. Aus Gründen der Bequemlichkeit wird (IV′) hier noch einmal niedergeschrieben:

$$C = C\left(Y - T - \delta K - \frac{\dot{B}}{p} - \frac{M}{p}\pi + (q - 1)I, r - \pi\right). \qquad \text{(IV}')$$

Wenn man in Gleichung (IV′) für $M/p$ den Ausdruck $m(r, Y)$ einsetzt, erhält man:

$$C = C\left(Y - T - \delta K - \frac{\dot{B}}{p} - \pi m(r, Y) + (q - 1)I, r - \pi\right). \qquad \text{(IV}'')$$

Unter bestimmten Annahmen über die Finanzierungsform der Staatsverschuldung besitzt das durch die Gleichungen (I)–(III), (IV″), (V)–(VII) bestimmte Modell die Eigenschaft der Dichotomie. Wir beginnen mit einem einfachen Sonderfall, indem wir annehmen, daß $\dot{B}$ Null ist. Folglich wird ein Defizit durch Geldschöpfung finanziert. Die realen Variablen lassen sich nun ausschließlich durch die Gleichungen (I)–(III), (IV″), (V) und (VI) determinieren. Es ist nicht notwendig, das Geldangebot und das Preisniveau zu kennen, um die Gleichgewichtswerte der realen Variablen zu bestimmen. Wir wollen nun verallgemeinern und annehmen, daß Veränderungen von $M$ und $\dot{M}$ proportional erfolgen. Eine Verdoppelung des Geldangebots bedeutet somit eine doppelt so hohe rechtsseitige Ableitung des Geldangebots nach der Zeit. Unter dieser Restriktion besitzt das von uns untersuchte Modell die Eigenschaft der Dichotomie. Dies läßt sich ohne weiteres zeigen, wenn (IV″) mit Hilfe der staatlichen Budgetbeschränkung folgendermaßen umformuliert wird:

$$C = C\left(Y - T - \delta K - (G - T) + \frac{\dot{M}}{p} - m(r, Y)\pi + (q - 1)I, r - \pi\right).$$

Angenommen, das System befindet sich im Gleichgewicht. Wenn $M$, $\dot{M}$, $p$ und $w$ verdoppelt und alle realen Variablen konstant gehalten werden, wird das ursprüngliche Gleichgewicht nicht verlassen. Beim ursprünglichen $r$ und $Y$ wird durch eine derartige proportionale Veränderung von $M$, $\dot{M}$, $p$ und $w$ die aggregierte Nachfrage nicht beeinflußt.

„Neutralität" und „Dichotomie" sind offensichtlich unterschiedliche Konzepte. Ein System, das die Eigenschaft der Neutralität besitzt, muß nicht dichotomisch sein und ein System, in dem Geld ein „Schleier" ist, muß nicht zwangläufig unserer Definition eines neutralen Systems genügen.

Als (zugegebenermaßen künstliches) Beispiel für ein dichotomisches, aber nicht neutrales System sei das System betrachtet, das aus (I)–(III), (V)–(VII) und – anstelle von (IV) – der folgenden Gleichung besteht:

$$\begin{gathered} C = C(Y - T - \delta K + (q - 1)I, r - \pi, M + B), \\ 1 > C_1 > 0, \quad C_2 < 0, \quad C_3 > 0. \end{gathered} \tag{IV''}$$

Wegen der Restriktion für Offenmarktoperationen besitzt dieses System die Eigenschaft der Dichotomie. Eine Geldangebotserhöhung, die der Gleichung $dM + dB = 0$ genügt, führt zu einer proportionalen Erhöhung des Preisniveaus und des Nominallohns, berührt aber die Höhe der realen Variablen nicht. Die Differentiale der ersten sechs Gleichungen beinhalten lediglich die Differentiale der realen Variablen. Daraus ergibt sich die Eigenschaft der Dichotomie. Andererseits besitzt dieses Modell aber nicht das Charakteristikum der Neutralität, weil es – ausgehend von einer gleichgewichtigen Situation – durch die proportionale Erhöhung von $M$, $B$, $w$ und $p$ nicht im Gleichgewicht bleibt. Die Zunahme von $M + B$ führt vielmehr zu einer Erhöhung des geplanten Konsums, weswegen der Zins steigt, und das Preisniveau sowie der Nominallohn sich überproportional zum Bestand an Geld und Wertpapieren erhöhen.

## 13. Schlußfolgerungen

Im klassischen Modell wird die Höhe der Beschäftigung auf dem Arbeitsmarkt bestimmt. Die Annahme vollkommen flexibler Geldlöhne und Preise bedeutet, daß der Arbeitsmarkt „geräumt" wird, d.h. es ergibt sich ein Reallohn, bei dem die von den Unternehmungen nachgefragte Arbeitsmenge vollkommen mit der von den Arbeitern freiwillig angebotenen übereinstimmt. Da das Beschäftigungsvolumen stets mit der beim herrschenden Reallohn angebotenen Arbeitsmenge übereinstimmt, kann es keine unfreiwillige Arbeitslosigkeit geben. Jeder wird beschäftigt, der beim bestehenden Reallohn arbeiten will. Falls durch unzureichende gesamtwirtschaftliche Nachfrage Unterbeschäftigung entstehen sollte, würde die Konkurrenz der Arbeitslosen den **Nominallohn** senken. Da die Unternehmungen untereinander ebenfalls in Konkurrenzbeziehung stehen, würde dies in der ersten Runde zu einer entsprechenden Verringerung des Preisniveaus führen, weswegen der Reallohn konstant bliebe. Die Senkung des Nominallohns würde damit nichts zur Milderung der Unterbeschäftigung beitragen. Die Verringerung des Preisniveaus würde jedoch das reale Geldangebot erhöhen und zu einer Zinssenkung führen, die ihrerseits die gesamtwirtschaftliche Nachfrage nach Gütern und Dienstleistungen erhöhen würde. Damit stiege das Beschäftigungsniveau.

Die gesamtwirtschaftliche Nachfrage spielt in der Bestimmung des Beschäftigungsvolumens und des Outputs keine Rolle, obwohl sie deren Wachstumsraten beeinflußt. Exogene Veränderungen der gesamtwirtschaftlichen Nachfrage bewirken Zinsanpassungen, die notwendig sind, um die Güternachfrage wieder mit dem „auf dem Arbeitsmarkt" determinierten Güterangebot in Übereinstimmung zu bringen. Dem Zins fällt die Aufgabe zu, jedes „keynesianische Problem" einer unzureichenden gesamtwirtschaftlichen Nachfrage vollkommen aufzuheben.

Die Rolle des Geldes schließlich hängt von der zugrundegelegten Definition des verfügbaren Einkommens ab. Doch wie man es auch immer definiert: Das Geldangebot spielt bei der Bestimmung des Beschäftigungsniveaus und des Outputs keine Rolle, obwohl es – wie wir gesehen haben – unter bestimmten Umständen deren Wachstumsraten beeinflussen kann.

## Literaturhinweise

Agnew, R. P. (1942). *Differential Equations*, 1st ed. New York: McGraw-Hill.

Barro, R. J., and Grossman, H. J. (1971). „A General Disequilibrium Model of Income and Employment." *American Economic Review*, Vol. LXI, No. 1, pp. 82–93.

Cagan, P. (1956). *Studies in the Quantity Theory of Money* (M. Friedman, ed.). Chicago, Illinois: Univ. of Chicago Press.

Friedman, M. (1968). „The Role of Monetary Policy." *American Economic Review*, Vol. LVIII, No. 1, pp. 1–17.

Gabel, R. A., and Roberts, R. A. (1973). *Signals and Linear Systems*. New York: Wiley.

Hahn, F. H., and Breckling, F. P. R. (eds.) (1965). *Theory of Interest Rates, Conference on the Theory of Interest and Money, Royaumont, France, 1962*. London: Macmillan, and New York: St. Martin's.

Henderson, D. W., and Sargent, T. J. (1973). „Monetary and Fiscal Policy in a Two-Sector Aggregate Model." *American Economic Review*, Vol. 63, No. 3, pp. 345–365.

Merton, R. C. (1971). „Optimum Consumption and Portfolio Rules in a Continuous Time Model." *Journal of Economic Theory*, Vol. 3, No. 4, pp. 373–413.

Samuelson, P. A. (1963). *Foundations of Economic Analysis*. Cambridge, Massachusetts: Harvard Univ. Press.

Taylor, A. E., and Mann, W. R. (1972). *Advanced Calculus*, 2nd ed. Lexington, Massachusetts: Xerox.

Tobin, J. (1969). „A General Equilibrium Approach to Monetary Theory." *Journal of Money, Credit, and Banking*, Vol. 1, No. 1, pp. 15–29.

# Kapitel II
# Das keynesianische Modell

## 1. Allgemeine Darstellung

Die hervorstechenden Merkmale des keynesianischen Standardmodells bestehen darin, daß Vollbeschäftigung auf dem Arbeitsmarkt nicht automatisch erreicht wird, und die Beschäftigung zu einem Zeitpunkt teilweise durch Geld- und Fiskalpolitik bestimmt wird. Diese Charakteristika stehen in starkem Kontrast zum klassischen Modell, in dem Vollbeschäftigung stets gilt, und fiskalische und monetäre Variablen keinen Einfluß auf Output und Beschäftigung zu einem Zeitpunkt haben, obwohl sie die Wachstumsrate der Beschäftigung und des Outputs beeinflussen können.

Wir wollen das keynesianische Modell durch folgende sechs Gleichungen darstellen:

$$Y = F(K, N) \tag{1}$$

$$w/p = F_N \tag{2}$$

$$C = C\left(Y - T - \delta K - \frac{M + B}{p}\pi, r - \pi\right) \tag{3}$$

$$I = I(q(K, N, r - \pi, \delta) - 1) \tag{4}$$

$$C + I + G + \delta K = Y \tag{5}$$

$$M/p = m(r, Y). \tag{6}$$

Es gibt zwei Unterschiede – einer davon unbedeutend, einer gravierend – zwischen diesem keynesianischen und dem oben dargestellten klassischen Modell. Um den unbedeutenderen vorwegzunehmen: Die Konsumfunktion im oben stehenden Modell beinhaltet ein einfacheres Konzept des verfügbaren Einkommens als jenes, welches im klassischen Modell Anwendung fand. Insbesondere ignoriert das Konzept

$$Y - T - \delta K - ((M + B)/p)\pi$$

des verfügbaren Einkommens jegliche Wirkung einer Diskrepanz zwischen dem Aktienmarktwert und dem Reproduktionskostenwert des Kapitalstocks, d. h. Abweichungen von $q$ von 1 bleiben unberücksichtigt. Tatsächlich entspricht das hier verwendete Konzept einem Vermögensbegriff $W = ((M + B)/p) + K$ in dem Sinne, daß die Wirtschaftssubjekte glauben, in Höhe dieses verfügbaren Einkommens konsumieren zu können, ohne daß ihr derart definiertes reales Vermögen sich ändert. Wir verwenden diese vereinfachte Definition des verfügbaren Einkommens, um die Darstellung etwas „transparenter" zu machen. Dadurch entsteht kaum ein Nachteil, da die Vorgehensweise einer Analyse mit dem komplizierteren Einkommensbegriff bereits im klassischen Modell aufgezeigt wurde.

Der wesentliche Unterschied zwischen dem klassischen und dem keynesianischen Modell besteht darin, daß im letzteren die klassische Arbeitsangebotskurve im Zusammenhang mit der Gleichgewichtsbedingung auf dem Arbeitsmarkt fehlt. Da das keynesianische Modell eine Gleichung weniger aufweist, kann es nur sechs endogene Variablen und nicht – wie das klassische Modell – sieben bestimmen. Um das keynesianische Modell zu schließen, wird der Nominallohn $w$ als exogene Variable behandelt, die zu einem Zeitpunkt als von außerhalb des Systems vorgegeben betrachtet werden kann, etwa durch ihre eigene vergangene Entwicklung, sowie vergangene endogene oder exogene Variablen. Obwohl $w$ als ein Datum betrachtet wird, das von Veränderungen anderer Modellparameter zum selben Zeitpunkt nicht berührt wird, müssen wir dennoch nicht annehmen, daß $w$ im Zeitablauf konstant bleibt. Die zeitliche Ableitung $dw/dt$ kann von Null verschieden sein und durchaus in einem funktionalen Zusammenhang mit anderen Modellvariablen stehen.[1] Wir müssen jedoch verlangen, daß der Wert von $dw/dt$, der sich aus einem derartigen Zusammenhang ergibt, endlich ist, so daß sich $w$ zu einem bestimmten Zeitpunkt in Folge seiner Interaktionen mit anderen endogenen und exogenen Variablen nicht sprunghaft verändern kann.

Man muß hier betonen, daß die Gleichung $N = N^S(w/p)$, die wir beim Übergang vom klassischen zum keynesianischen Modell gestrichen haben, eine Kombination der zwei Gleichungen

$$N^S = N^S(w/p) \qquad \text{und} \qquad N = N^S$$

darstellt, wobei die erste eine Angebotskurve und die zweite eine Gleichgewichtsbedingung ist. Man beachte, daß nach wie vor erforderlich ist, daß die tatsächliche Beschäftigung der Arbeitsnachfrage (2) entspricht. Wir werden uns die Arbeitsangebotsfunktion als erfüllt vorstellen, $N^S = N^S(w/p)$, und sie zur Bestimmung der Arbeitslosenrate heranziehen. Da aber $N^S$ in keiner der sechs Gleichungen erscheint, spielt es bei der Bestimmung der Gleichgewichtsposition des Modells keine Rolle. Die Bedeutung des Ausschlusses der klassischen Gleichung $N = N^S(w/p)$ sollte so verstanden werden, daß die Gleichgewichtsbedingung auf dem Arbeitsmarkt wegfällt. Tatsächlich kann, solange wir nicht die Übereinstimmung $N = N^S$ fordern, die Arbeitsangebotskurve $N^S = N^S(w/p)$ als siebte Gleichung dem keynesianischen Modell hinzugefügt werden; es ist leicht ersichtlich, daß zwischen dieser und den ersten sechs Gleichungen keinerlei wechselseitige Beeinflussung besteht. Gewöhnlich wird angenommen, daß das Modell eine Gleichgewichtsposition bei $N < N^S$ erreicht, so daß ein Überschußangebot an Arbeit existiert.

Der Ausschluß der Arbeitsangebotsfunktion bzw. der Gleichgewichtsbedingung für den Arbeitsmarkt und die Annahme eines exogen gegebenen Nominallohns sind die wichtigsten Veränderungen, die im klassischen Modell vorgenommen werden müssen, um zum keynesianischen Modell zu gelangen. Die Vermögensstruktur, die dem staatlichen Handeln auferlegten Beschränkungen und die den sechs Gleichungen zugrundeliegenden Annahmen bleiben wie im klassischen Modell. Folglich besteht das keynesianische Modell aus sechs Gleichungen mit den sechs endogenen Variablen $p$, $Y$, $N$, $r$, $C$ und $I$. Die exogenen Variablen sind $w$, $M$, $G$, $T$, $\pi$, $\delta$ und $K$ sowie die Parameter, die die Form der verschiedenen Funktionen bestimmen.

Wir beginnen unsere Modellanalyse, indem wir das totale Differential der Gleichungen (1) – (6) bilden. Im weiteren werden wir annehmen, daß $dK = d\delta = 0$. Damit erhalten wir für unsere sechs Variablen das folgende, aus sechs Gleichungen bestehende System in Differentialform:

[1] Die Phillipskurve ist ein Beispiel dafür.

$$dY = F_N\, dN \tag{i}$$

$$\frac{dw}{w} - \frac{dp}{p} = \frac{F_{NN}}{F_N}\, dN \tag{ii}$$

$$dC = C_1\, dY - C_1\, dT - C_1 \frac{M + B}{p}\, d\pi - C_1\pi\left(\frac{dM + dB}{p} - \frac{dp\,(M + B)}{p^2}\right) + C_2\, dr - C_2\, d\pi \tag{iii}$$

$$dI = I' q_N\, dN + I' q_{r-\pi}\, dr - I' q_{r-\pi}\, d\pi \tag{iv}$$

$$dC + dI + dG = dY \tag{v}$$

$$\frac{dM}{p} - \frac{dp}{p}\frac{M}{p} = m_r\, dr + m_Y\, dY. \tag{vi}$$

Unter Zuhilfenahme der Restriktion für Offenmarktoperationen, $dM = -dB$, läßt sich das Differential der Konsumfunktion vereinfachen. Das System kann dann in folgender Matrixform geschrieben werden:

$$\begin{bmatrix} 1 & -F_N & 0 & 0 & 0 & 0 \\ 0 & F_{NN}/F_N & 0 & 0 & 0 & 1/p \\ -C_1 & 0 & 1 & 0 & -C_2 & -C_1\pi(M + B)/p^2 \\ 0 & -I'q_N & 0 & 1 & -I'q_{r-\pi} & 0 \\ 1 & 0 & -1 & -1 & 0 & 0 \\ m_Y & 0 & 0 & 0 & m_r & M/p^2 \end{bmatrix} \begin{bmatrix} dY \\ dN \\ dC \\ dI \\ dr \\ dp \end{bmatrix} = \begin{bmatrix} 0 \\ dw/w \\ -C_1\, dT - (C_2 + C_1((M + B)/p))\, d\pi \\ I'q_{r-\pi}\, d\pi \\ dG \\ dM/p \end{bmatrix}.$$

Die linke Matrix zeigt, daß das System nicht blockrekursiv ist. Damit ist es unmöglich, ein unabhängiges Subsystem zu finden, welches eine Untergruppe von Variablen determiniert. Vielmehr liegt allgemeine Interdependenz vor; alle sechs Variablen stehen untereinander in Beziehung. Infolgedessen können wir davon ausgehen, daß im allgemeinen eine Veränderung irgendeines Parameters die Gleichgewichtswerte aller Variablen zu einem Zeitpunkt berührt.

Zur Lösung des Systems bedienen wir uns der Technik, die dem Hicks'schen IS-LM-Apparat zugrundeliegt. Sie besagt lediglich, daß die Gleichungen (*i*) – (*vi*) in ein Zweigleichungssystem für $dY$ und $dr$ übergeführt werden müssen. Dies erreicht man, indem $dN$, $dp$, $dC$ und $dI$ durch Einsetzen eliminiert werden. Zuerst erhalten wir das totale Differential der IS-Kurve. Sie ist der geometrische Ort aller Zins-Output-Kombinationen, die sowohl Gleichung (5) – die Übereinstimmung zwischen aggregiertem Angebot und Nachfrage – als auch die Konsum-, Investitions-

und Produktionsfunktion erfüllen. Setzt man (*iii*) und (*iv*) in (*v*) ein, erhält man folgenden Ausdruck:

$$C_1\,dY - C_1\,dT - C_1\,\frac{M+B}{p}\,d\pi + C_1\pi\,\frac{M+B}{p}\frac{dp}{p} + C_2\,dr - C_2\,d\pi$$
$$+ I'q_N\,dN + I'q_{r-\pi}\,dr - I'q_{r-\pi}\,d\pi + dG = dY. \qquad (7)$$

Löst man (*i*) nach $dN$ sowie (*ii*) und (*i*) nach $dp/p$ auf, ergibt sich:

$$dN = \frac{1}{F_N}\,dY, \qquad \frac{dp}{p} = \frac{dw}{w} - \frac{F_{NN}}{F_N^2}\,dY.$$

Diese zwei Ausdrücke setzen wir in (7) ein:

$$C_1\,dY - C_1\,dT - C_1\,\frac{M+B}{p}\,d\pi + C_1\pi\,\frac{M+B}{p}\left(\frac{dw}{w} - \frac{F_{NN}}{F_N^2}\,dY\right)$$
$$+ C_2\,dr - C_2\,d\pi + I'\,\frac{q_N}{F_N}\,dY + I'q_{r-\pi}\,dr - I'q_{r-\pi}\,d\pi + dG = dY.$$

Damit haben wir das totale Differential der IS-Kurve gefunden. Durch Umstellen erhält man:

$$\left(1 - C_1 - I'\,\frac{q_N}{F_N} + C_1\pi\,\frac{M+B}{p}\,\frac{F_{NN}}{F_N^2}\right)dY$$
$$= -C_1\,dT + dG + (C_2 + I'q_{r-\pi})\,dr$$
$$+ \left(-I'q_{r-\pi} - C_2 - C_1\,\frac{M+B}{p}\right)d\pi + C_1\pi\,\frac{M+B}{p}\,\frac{dw}{w}. \qquad (8)$$

Wir werden unsere Analyse, wie schon im klassischen Modell, mit der Annahme $M + B = 0$ beginnen. Dadurch läßt sich Gleichung (8) wie folgt vereinfachen:

$$\left(1 - C_1 - I'\,\frac{q_N}{F_N}\right)dY = -C_1\,dT + dG + (C_2 + I'q_{r-\pi})\,dr - (I'q_{r-\pi} + C_2)\,d\pi. \qquad (9)$$

Die Steigung der IS-Kurve lautet:

$$\left.\frac{dr}{dY}\right|_{IS} = \frac{1 - C_1 - I'q_N/F_N}{C_2 + I'q_{r-\pi}}. \qquad (10)$$

Der Nenner auf der rechten Seite ist negativ, wohingegen das Vorzeichen des Zähler unbestimmt ist. Im Falle von

$$1 - C_1 > I'q_N/F_N$$

ist er positiv. $1 - C_1$ stellt die marginale Sparneigung aus dem verfügbaren Einkommen dar. Der Ausdruck $I'q_N/F_N$ entspricht der marginalen Investitionsneigung aus dem Einkommen. Um dies zu zeigen, bilden wir die partielle Ableitung der Investitionsfunktion nach $Y$:

$$\frac{\partial I}{\partial Y} = \frac{\partial I}{\partial q}\frac{\partial q}{\partial N}\frac{\partial N}{\partial Y} = I'q_N\,\frac{1}{F_N}.$$

Folglich wird die IS-Kurve nur dann fallen, wenn die Grenzneigung des Sparens größer als die marginale Investitionsneigung aus dem Einkommen ist. Wir wollen fortan annehmen, daß diese Bedingung erfüllt ist. (Selbst wenn diese Bedingung verletzt ist, kann das Modell stabil sein, wenn nur die IS-Kurve flacher verläuft als die LM-Kurve.)

Um die Verschiebungen der IS-Kurve bei Parameterveränderungen von $T$, $G$ und $\pi$ zu bestimmen, berechnen wir anhand Gleichung (9) die partiellen Ableitungen von $r$ nach jedem der Parameter, wobei wir $dY$ gleich Null setzen:

$$\left.\frac{\partial r}{\partial T}\right|_{\mathrm{IS}} = \frac{C_1}{C_2 + I'q_{r-\pi}} < 0, \qquad \left.\frac{\partial r}{\partial G}\right|_{\mathrm{IS}} = \frac{-1}{C_2 + I'q_{r-\pi}} > 0, \qquad \left.\frac{\partial r}{\partial \pi}\right|_{\mathrm{IS}} = 1.$$

Eine Abnahme der Steuern bzw. eine Zunahme der Staatsausgaben verschiebt die IS-Kurve nach oben; wenn die Inflationserwartungen steigen, verlagert sich die IS-Kurve genau um den Betrag nach oben, um den die erwartete Inflation zunimmt.

Die LM-Kurve stellt den geometrischen Ort aller Zins-Output-Kombinationen dar, die die Gleichheit zwischen Angebot und Nachfrage nach Geld sicherstellen. Dabei wird angenommen, daß die Gleichung der Produktionsfunktion und die Marginalbedingung der Beschäftigung erfüllt sind. Man erhält das Differential der LM-Kurve, indem mit Hilfe von Gleichung (*i*) und (*ii*) $dp$ aus (*vi*) eliminiert wird. Aus (*i*) und (*ii*) folgt:

$$\frac{dp}{p} = \frac{dw}{w} - \frac{F_{NN}}{F_N^2}\,dY.$$

Wir setzen nun für $dp/p$ in Gleichung (*vi*) den rechtsseitigen Ausdruck ein:

$$\frac{dM}{p} - \frac{M}{p}\frac{dw}{w} + \frac{M}{p}\frac{F_{NN}}{F_N^2}\,dY = m_r\,dr + m_Y\,dY.$$

Nach $dr$ aufgelöst erhalten wir:

$$dr = \frac{1}{m_r}\left(\frac{dM}{p} - \frac{M}{p}\frac{dw}{w} + \left(\frac{F_{NN}}{F_N^2}\frac{M}{p} - m_Y\right)dY\right). \tag{11}$$

Damit ergibt sich die Steigung der LM-Kurve als

$$\left.\frac{dr}{dY}\right|_{\mathrm{LM}} = \frac{1}{m_r}\left(\frac{F_{NN}}{F_N^2}\frac{M}{p} - m_y\right) > 0.$$

Man beachte, daß die LM-Kurve bei einer Annäherung von $m_r$ an Null in eine vertikale Position übergeht, wohingegen die Steigung der LM-Kurve Null wird, wenn $m_r \to -\infty$; dies wird bei der „Liquiditätsfalle" angenommen. Anhand Gleichung (11) läßt sich leicht zeigen, wie sich die LM-Kurve bei $w$- oder $M$-Veränderungen verschiebt. Dazu setzt man $dY = 0$ in (11) ein und erhält:

$$dr = \frac{1}{m_r}\left(\frac{dM}{p} - \frac{M}{p}\frac{dw}{w}\right).$$

Dieser Ausdruck zeigt, daß der Zins bei einer Geldangebotserhöhung und gegebenem Einkommensniveau fallen muß (sofern $-\infty < m_r$), um das Gleichgewicht zwi-

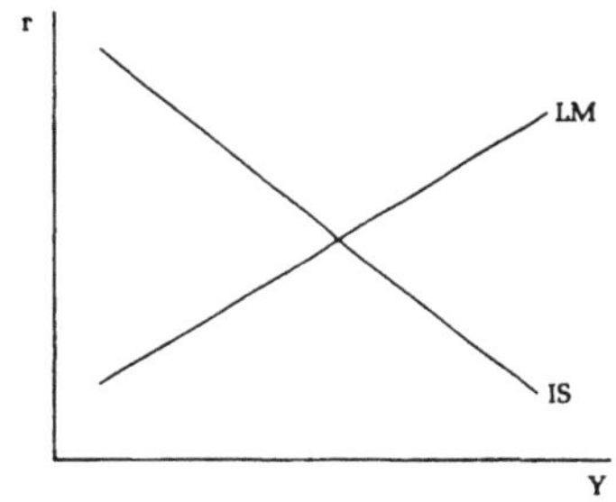


Abb. 1

schen Angebot und Nachfrage nach Geld aufrechtzuerhalten. Analog dazu muß der Zins bei sinkenden Geldlöhnen fallen, um das Geldmarktgleichgewicht zu bewahren (wiederum sofern $-\infty < m_r$).

Im Schnittpunkt der IS- und der LM-Kurve wird die Zins-Einkommens-Kombination bestimmt, die den sechs Gleichungen des Modells genügt. Dies wird in Abbildung 1 illustriert. Solange die IS-Kurve eine negative und die LM-Kurve eine positive Steigung besitzen, wird es nur ein einziges Gleichgewicht geben (falls es existiert). Mit unseren Kenntnissen, wie sich die IS-Kurve und die LM-Kurve bei Veränderungen der verschiedenen Parameter unseres Modells verschieben, lassen sich die Wirkungen derartiger Veränderungen auf das gleichgewichtige Einkommen und den Zins leicht feststellen. Wenn beispielsweise die Staatsausgaben erhöht werden, verlagert sich die IS-Kurve nach rechts oben, wohingegen die LM-Kurve unverändert bleibt. Folglich erhöht sich sowohl das Einkommen als auch der Zins, sofern die LM-Kurve weder vertikal noch horizontal verläuft. Im ersten Fall (vertikale LM-Kurve) erhöht sich lediglich der Zins, im zweiten Fall (horizontale LM-Kurve) ausschließlich das Einkommen. Eine Geldangebotserhöhung verschiebt die LM-Kurve nach rechts. Falls die LM-Kurve nicht horizontal verläuft, nimmt das Einkommen bei sinkendem Zins zu.

Das System läßt sich analytisch lösen, wenn (11) in (9) eingesetzt wird:

$$\left(1 - C_1 - I' \frac{q_N}{F_N}\right) dY = -C_1\, dT + dG - (C_2 + I' q_{r-\pi})\, d\pi + \frac{C_2 + I' q_{r-\pi}}{m_r} \left(\frac{dM}{p} - \frac{M}{p}\frac{dw}{w} + \left(\frac{F_{NN}}{F_N^2}\frac{M}{p} - m_Y\right) dY\right)$$

oder

$$\left(1 - C_1 - I' \frac{q_N}{F_N} - \frac{C_2 + I' q_{r-\pi}}{m_r}\left(\frac{F_{NN}}{F_N^2}\frac{M}{p} - m_Y\right)\right) dY = -C_1\, dT + dG - (C_2 + I' q_{r-\pi})\, d\pi + \frac{C_2 + I' q_{r-\pi}}{m_r}\left(\frac{dM}{p} - \frac{M}{p}\frac{dw}{w}\right). \tag{12}$$

Dies ist das totale Differential der reduzierten Form für $Y$. Der Koeffizient von $dY$ ist wegen unserer Annahme, daß $1 - C_1 > I'q_N/F_N$ positiv. (Es ist zu beachten, daß er selbst bei Verletzung dieser Bedingung positiv sein kann.) Wir bezeichnen den Koeffizienten von $dY$ in (12) mit $H$. Damit lauten die partiellen Ableitungen der reduzierten Form für $Y$ nach $T$, $G$, $\pi$, $M$ und $w$:

$$\frac{\partial Y}{\partial T} = \frac{-C_1}{H} \leq 0, \qquad \frac{\partial Y}{\partial G} = \frac{1}{H} \geq 0,$$

$$\frac{\partial Y}{\partial \pi} = \frac{I'q_{r-\pi} + C_2}{H} \geq 0, \qquad \frac{\partial Y}{\partial M} = \frac{C_2 + I'q_{r-\pi}}{m_r pH} \geq 0,$$

$$\frac{\partial Y}{\partial w} = \frac{-(C_2 + I'q_{r-\pi})M}{m_r pwH} \leq 0.$$

Man beachte, daß $H \to \infty$, wenn $m_r$ gegen Null strebt. Damit nähern sich auch die partiellen Ableitungen $\partial Y/\partial G$, $\partial Y/\partial T$ und $\partial Y/\partial \pi$ Null. Andererseits streben die partiellen Ableitungen $\partial Y/\partial M$ und $\partial Y/\partial w$ gegen Null, wenn $m_r \to -\infty$. Für $C_2 = I' = 0$ sind $\partial Y/\partial M$ und $\partial Y/\partial w$ ebenfalls Null. Veränderungen des Geldangebots und des Nominallohns wirken sich damit nicht auf den Output aus, wenn weder die Konsum- noch die Investitionsnachfrage auf Veränderungen des Zinssatzes reagieren. Diese Spezialfälle lassen sich alle leicht mit Hilfe der IS- und LM-Kurven graphisch veranschaulichen.[2] Die relative Wirksamkeit der Geld- und Fiskalpolitik können wir durch folgendes allgemeine Verhältnis darstellen:*

$$\frac{\partial Y}{\partial G} \bigg/ \frac{\partial Y}{\partial M} p.$$

Dieser Ausdruck stellt das Verhältnis der Ableitung des realen Outputs nach den Staatsausgaben zu der Ableitung des realen Outputs nach dem nominalen Geldangebot dar, das durch das Preisniveau dividert wird. Dieses Verhältnis ist gegeben durch

$$\frac{\partial Y}{\partial G} \bigg/ \frac{\partial Y}{\partial M} p = \frac{m_r}{C_2 + I'q_{r-\pi}}.$$

---

[2] Aus (12) erhalten wir für $m_r = -\infty$:

$$\frac{\partial Y}{\partial G} = \frac{1}{1 - C_1 - I'(q_N/F_N)} \quad \text{und} \quad \frac{\partial Y}{\partial T} = \frac{-C_1}{1 - C_1 - I'(q_N/F_N)}.$$

Der Ausdruck für $\partial Y/\partial G$ ist der Hicks'sche „Supermultiplikator". Er entspricht dem reziproken Wert der Differenz zwischen der marginalen Sparneigung und der marginalen Investitionsneigung aus dem Einkommen. Falls $I' = 0$, d. h. falls die Investitionen auf Einkommensveränderungen nicht reagieren, entsprechen die oben stehenden Ausdrücke den Multiplikatorformeln für das einfache keynesianische Standardmodell. Gleichfalls ist zu beachten, daß der Output für $I' = 0$ auf eine Veränderung der Staatsausgaben, die mit einer gleich großen Steuerveränderung verbunden ist, wie folgt reagiert:

$$\left.\frac{\partial Y}{\partial G}\right|_{dT = dG} = 1.$$

Dies ist eine Version des sogenannten „ausgeglichenen Budget-Multiplikators".

* Im Original findet sich hier der plastische Begriff „bang-per-buck-ratio".

Bei dieser Definition steigt die relative Wirksamkeit einer Staatsausgabenänderung mit steigender Zinsabhängigkeit der Geldnachfrage und abnehmender Realzinsreagibilität der Konsum- und Investitionsnachfrage. (Diese Meßziffer der relativen Wirksamkeit der Fiskal- und Geldpolitik ist jedoch von geringem praktischem Nutzen. Für die praktische Wirtschaftspolitik weitaus wichtiger ist die relative Unsicherheit, die mit der Anwendung dieser wirtschaftspolitischen Instrumente verbunden ist. Wir vernachlässigen hier das Problem der Unsicherheit und können daher außer in bestimmten begrenzten Fällen nichts über die relativen Vorzüge der Geld- bzw. Fiskalpolitik bei der Verfolgung von Realeinkommens- und Preiszielen aussagen.[3])

Nachdem der gleichgewichtige Zins und das gleichgewichtige Einkommen determiniert sind, lassen sich die Gleichgewichtswerte von $N$, $p$, $C$ und $I$ leicht bestimmen. $N$ ergibt sich aus (1), $p$ aus (2), $C$ aus (3) und $I$ aus (4).

## 2. Stabilität

Normalerweise wird gefordert, daß das Preisniveau in die Höhe getrieben wird, wenn die aggregierte Nachfrage das Gesamtangebot überschreitet. Bei einer das Geldangebot übertreffenden Nachfrage nach Realkasse steigt hingegen der Zins. So verfuhren wir auch im klassischen Modell. Im keynesianischen Modell verändert sich mit dem Preisniveau aber auch der Output, wenn sich das System auf der aggregierten Angebotsfunktion

$$p = p(Y, w, K)$$

bewegt. Wir hatten sie oben implizit abgeleitet, indem $N$ aus den Gleichungen (1) und (2) eliminiert wurde. Die partielle Ableitung dieser Funktion nach $Y$ ist, wie oben bereits gezeigt wurde, enthalten in

$$\frac{dp}{p} = -\frac{F_{NN}}{F_N^2}dY$$

oder

$$dY = -\frac{w}{p^2}\frac{F_N}{F_{NN}}dp. \tag{13}$$

Wir werden fordern, daß das System während des Anpassungsprozesses zum Gleichgewicht ständig auf der aggregierten Angebotsfunktion verbleibt, so daß (13) stets erfüllt ist.

Für $p$ und $r$ unterstellen wir die folgenden Differenzialgleichungen, wobei $s$ einen „Zeitindex“ darstellt:

$$dp/ds = \alpha[C(Y - T - \delta K, r - \pi) + I(q(N, K, r - \pi, \delta) - 1) + G + \delta K - Y],$$
$$\alpha' > 0, \quad \alpha(0) = 0,$$

$$dr/ds = \beta[m(r, Y) - M/p], \qquad \beta' > 0, \quad \beta(0) = 0.$$

[3] In Kapitel XV wird die optimale Politik unter Unsicherheit untersucht.

Wenn wir diese Gleichungen in der Umgebung von Gleichgewichtswerten linear approximieren, erhalten wir zusammen mit Gleichung (13):

$$\frac{dp}{ds} = \alpha'\left(1 - C_1 - I'\frac{q_N}{F_N}\right)\frac{w}{p^2}\frac{F_N}{F_{NN}}(p - p_0) + \alpha'(C_2 + I'q_{r-\pi})(r - r_0),$$

$$\frac{dr}{ds} = \beta'\left(\frac{M}{p^2} - m_Y\frac{w}{p^2}\frac{F_N}{F_{NN}}\right)(p - p_0) + \beta' m_r(r - r_0).$$

Dabei bezeichnen Null-Subskripte ursprüngliche Gleichgewichtswerte. Dies ist ein Differentialgleichungssystem erster Ordnung mit der charakteristischen Gleichung:

$$\begin{vmatrix} a - \lambda & b \\ c & d - \lambda \end{vmatrix} = \lambda^2 - (a + d)\lambda + (ad - bc) = 0.$$

Dabei bedeuten:

$$a = \alpha'\left(1 - C_1 - I'\frac{q_N}{F_N}\right)\frac{w}{p^2}\frac{F_N}{F_{NN}}, \qquad b = \alpha'(C_2 + I'q_{r-\pi}),$$

$$c = \beta'\left(\frac{m}{p^2} - m_Y\frac{w}{p^2}\frac{F_N}{F_{NN}}\right), \qquad d = \beta' m_r.$$

Notwendig und hinreichend für die Stabilität des Systems (d. h. daß es Wurzeln mit negativen Realteilen besitzt) ist, daß $-(a+d) > 0$ und $ad - bc > 0$. (Vgl. Samuelson, 1963, S. 430–431.) Die erste Bedingung läßt sich als

$$\alpha'\left(1 - C_1 - I'\frac{q_N}{F_N}\right)\frac{w}{p^2}\frac{F_N}{F_{NN}} + \beta' m_r < 0. \tag{14}$$

schreiben, wohingegen die zweite Bedingung folgendermaßen lautet:

$$m_r\left(1 - C_1 - I'\frac{q_N}{F_N}\right)\frac{w}{p^2}\frac{F_N}{F_{NN}} - (C_2 + I'q_{r-\pi})\left(\frac{M}{p^2} - m_Y\frac{w}{p^2}\frac{F_N}{F_{NN}}\right) > 0.$$

Dies ist gleichbedeutend mit

$$\frac{1 - C_1 - I'q_N/F_N}{C_2 + I'q_{r-\pi}} - \frac{1}{m_r}\left(\frac{M}{w}\frac{F_{NN}}{F_N} - m_Y\right) < 0 \tag{15}$$

oder

$$\left.\frac{\partial r}{\partial Y}\right|_{\text{IS}} - \left.\frac{\partial r}{\partial Y}\right|_{\text{LM}} < 0.$$

Eine notwendige Stabilitätsbedingung ist somit, daß die LM-Kurve steiler als die IS-Kurve verläuft. Wenn die LM-Kurve steigt und die IS-Kurve fällt, ist sie automatisch erfüllt. Selbst im Falle einer steigenden IS-Kurve wird diese Bedingung immer noch erfüllt, wenn die LM-Kurve eine größere Steigung als die IS-Kurve aufweist. Da sowohl $\alpha'$ als auch $\beta'$ positiv sind, wird (14) erfüllt sein, solange $1 - C_1 - I'q_N/F_N > 0$. Dies ist aber genau die Bedingung für eine fallende IS-Kurve. (14) kann aber auch dann noch erfüllt sein, wenn $1 - C_1 - I'q_N/F_N < 0$; doch in diesem Falle hängt es von der relativen Größe der Anpassungsgeschwindigkeiten $\alpha'$ und $\beta'$ ab.

Wie schon zuvor beschreiben diese Differentialgleichungen eigentlich nicht die realzeitliche Entwicklung von $p$ und $r$. Da das Modell $p$, $r$ und die übrigen endogenen Variablen zu jedem Zeitpunkt determiniert, bestimmt es auch ihre zeitliche Entwicklung. Die Differentialgleichungen dieses Abschnittes werden wir, wie schon früher, als Beschreibung des Anpassungsdrucks interpretieren, wobei die Anpassung selbst augenblicklich erfolgt. D. h. wir betrachten diese Differentialgleichungen für Anpassungsgeschwindigkeiten $\alpha'$ und $\beta'$, die gegen unendlich gehen.

### Einige Experimente

Wir benützen eine Technik der graphischen Darstellung (Abbildung 2), bei der die IS-LM-Kurven im oberen Feld erscheinen, die Produktionsfunktion im rechten und die Arbeitsnachfragefunktion im linken unteren Feld. Der gleichgewichtige Zins und Output ergeben sich durch den Schnittpunkt der IS- und LM-Kurven. Durch die Produktionsfunktion wird anschließend die Beschäftigungshöhe festgelegt; bei gegebenem $N$ determiniert die Arbeitsnachfragefunktion dann den Reallohn $w/p$. Da $w$ exogen ist, wird dadurch gleichzeitig $p$ bestimmt.

Wir wollen nun die Wirkungen verschiedener „Schocks" untersuchen.

**Eine Erhöhung der Staatsausgaben:** Eine Erhöhung von $G$ verlagert die IS-Kurve nach außen, löst damit eine nach oben gerichtete Bewegung entlang der LM-Kurve aus und verursacht im allgemeinen sowohl eine Erhöhung von $r$ als auch von $Y$. Ein steigendes $Y$ erfordert ein höheres $N$, welches selbst wiederum eines niedrigeren Reallohns bedarf. Da $w$ aber exogen ist, muß folglich das Preisniveau steigen.

Unsere Stabilitätsuntersuchung legt den Schluß nahe, daß folgende Anpassungskräfte wirksam werden, die das System vom ursprünglichen Gleichgewicht (augen-

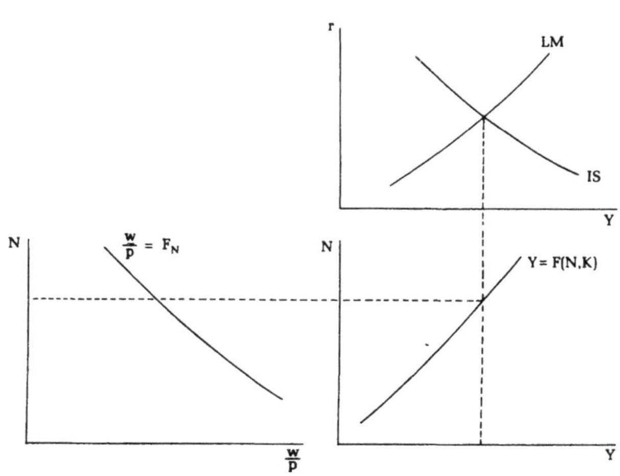


**Abb. 2**

blicklich) zum neuen treiben. Bei den ursprünglichen $r$- und $Y$-Werten führt die Erhöhung von $G$ dazu, daß die gesamtwirtschaftliche Nachfrage $C(\ ) + I(\ ) + G + \delta K$ das gesamtwirtschaftliche Angebot übersteigt. Dies treibt das Preisniveau in die Höhe. Da sich $w$ nicht verändert, sinkt der Reallohn; die Unternehmungen werden infolgedessen ihre Beschäftigung $N$ ausdehnen. Auf diese Weise erhöht sich der Output. Beim ursprünglichen $r$ und dem gestiegenen $Y$ und $p$ erhöht sich die nominale Geldnachfrage, was zu einer Überschußnachfrage auf dem Geldmarkt führt. Die einzelnen Haushalte versuchen nun in den Besitz von mehr Geld zu gelangen, indem sie Wertpapiere und Aktien anbieten. Da der Gesamtbestand an Geld, Wertpapieren und Aktien jedoch fest ist, sind sie dazu in ihrer Gesamtheit nicht in der Lage. Der Zins steigt deswegen solange, bis die Haushalte mit dem vorhandenen Geldbestand zufrieden sind. Der steigende Zins unterstützt durch zurückgehende Investitionsnachfrage und sinkenden Konsum die Verringerung der gesamtwirtschaftlichen Nachfrage, wodurch die zum neuen Gleichgewicht erforderliche $Y$-Zunahme abgeschwächt wird.

**Eine Erhöhung des Geldangebots:** Eine Geldangebotserhöhung verlagert die LM-Kurve nach unten, löst eine nach unten gerichtete Bewegung entlang der IS-Kurve aus und verursacht eine $Y$-Erhöhung sowie eine $r$-Senkung. Die Zunahme von $Y$ bedeutet, daß sich $N$ erhöhen, $w/p$ sinken und $p$ steigen muß. Aufgrund der Wirkungen eines niedrigeren Zinses und eines gestiegenen Einkommens nehmen sowohl $C$ als auch $I$ zu.

Die Anpassungskräfte können wie folgt beschrieben werden. Bei der ursprünglichen $r$-$Y$-Kombination wird das Portfoliogleichgewicht durch die Offenmarktoperation gestört, da die tatsächliche Kassenhaltung der Haushalte die gewünschte übersteigt. Deswegen versuchen sie, Geld in Wertpapiere und Aktien anzulegen. Die Folge davon ist, daß der Zins sinkt. Da die Zinssenkung aber wiederum $I$ und $C$ anregt, übersteigt die aggregierte Gesamtnachfrage das Angebot. Der dadurch ausgelöste Preisanstieg senkt den Reallohn und schafft damit für die Unternehmer Anreize, ihre Beschäftigung auszudehnen. Mit der Zunahme von $N$ steigt auch der Output $Y$.

**Eine Erhöhung des Nominallohns (der Keynes-Effekt):** Eine Erhöhung von $w$ verschiebt die LM-Kurve nach links und löst damit eine nach oben gerichtete Bewegung entlang der IS-Kurve aus. Dies bedeutet, daß $r$ steigen und $Y$ fallen muß. Aus der Produktionsfunktion ergibt sich dann eine $N$-Senkung und aus der Arbeitsnachfragefunktion eine $w/p$-Steigerung. Aus der Portfoliogleichgewichtsbedingung

$$M/p = m(r, Y)$$

wissen wir, daß $p$ steigen muß, da $m(r, Y)$ aufgrund der Abnahme von $Y$ und der Zunahme von $r$ fällt; $p$ muß steigen, damit $M/p$ fallen kann; $C$ und $I$ fallen, weil $Y$ sinkt und $r$ steigt.

Dabei werden folgende Anpassungskräfte wirksam: Bei der ursprünglichen $(r, Y)$-Kombination ruft die Nominallohnsteigerung eine proportionale Erhöhung von $p$ hervor, da kompetitive Produzenten die Lohnerhöhung einfach überwälzen. Das gestiegene $p$ erhöht aber die nominale Geldnachfrage. Dadurch wird das Portfoliogleichgewicht gestört. Durch die Anstrengungen der Haushalte, über einen Verkauf von Wertpapieren und Aktien in den Besitz von mehr Geld zu gelangen, wird der Zins in die Höhe getrieben. Die Zinserhöhung wiederum hat über einen Rückgang von $I$ und $C$ zur Folge, daß die gesamtwirtschaftliche Nachfrage kleiner als das gesamtwirtschaftliche Angebot ist. Die darauf einsetzende Preissenkung erhöht den Reallohn. Damit geht die Beschäftigung und der Output zurück.

Eine Nominallohnerhöhung hat also sehr ähnliche Auswirkungen wie eine Verringerung des Geldangebots. Die nachteilige Wirkung einer Nominallohnerhöhung auf die Beschäftigung und den Output wird gewöhnlich als „Keynes-Effekt" bezeichnet.

Der Leser wird aufgefordert, die Wirkungen zu untersuchen, die aus der Änderung anderer exogener Variablen resultieren und in jedem einzelnen Fall den Anpassungsprozeß zu analysieren, der das System zum neuen Gleichgewicht führt.

### 3. Analyse der „Kostendruck-" und der „Nachfragesoginflation"

Es sollte klar sein, daß wir das Gleichungssystem (*i*) – (*vi*) hätten ebenso einfach lösen können, wenn wir es in zwei Gleichungen für zwei andere Variablen übergeführt hätten, zum Beispiel $dp$ und $dY$. Mit Hilfe der Lösung von (1) und (2) läßt sich die aggregierte Angebotskurve in der $p$-$Y$-Ebene darstellen. Das Differential dieser Lösung – abgeleitet aus (*i*) und (*ii*) – lautet:

$$dY = \frac{F_N{}^2}{F_{NN}}\frac{dw}{w} - \frac{F_N{}^2}{F_{NN}}\frac{dp}{p}.$$

Man sieht, daß sich das aggregierte Angebot direkt mit dem Preisniveau verändert; bei einem gegebenen Preisniveau steigt das aggregierte Angebot, wenn der Nominallohn sinkt. Eine typische gesamtwirtschaftliche Angebotskurve ist in Abb. 3 dargestellt. Aus den Gleichungen (3)–(6) läßt sich die gesamtwirtschaftliche Nachfragekurve in der $p$-$Y$-Ebene ableiten. Ihr Differential, das sich aus (*iii*)–(*vi*) ergibt, lautet:

$$\begin{aligned} dY\left(1 - C_1 - I'\frac{q_N}{F_N} + \frac{C_2 + I'q_{r-\pi}}{m_r}m_Y\right) &= -C_1\,dT + dG - (C_2 + I'q_{r-\pi})\,d\pi \\ &\quad + \frac{(C_2 + I'q_{r-\pi})}{m_r}\frac{dM}{p} - \frac{(C_2 + I'q_{r-\pi})}{m_r}\frac{M}{p^2}\,dp. \end{aligned}$$

Unter unseren üblichen Annahmen fällt die gesamtwirtschaftliche Nachfragefunktion, wie z. B. die in Abb. 3. Die Steigung dieser Kurve beträgt:

$$\left.\frac{dp}{dY}\right|_{\mathrm{Dd}} = -\frac{1 - C_1 - I'\dfrac{q_N}{F_N} + \dfrac{C_2 + I'q_{r-\pi}}{m_r}m_Y}{\dfrac{C_2 + I'q_{r-\pi}}{m_r}\dfrac{M}{p^2}} = -\frac{[m_r(1 - C_1 - I'q_N/F_N) + (C_2 + I'q_{r-\pi})m_Y]p^2}{(C_2 + I'q_{r-\pi})M}.$$

Abb. 3

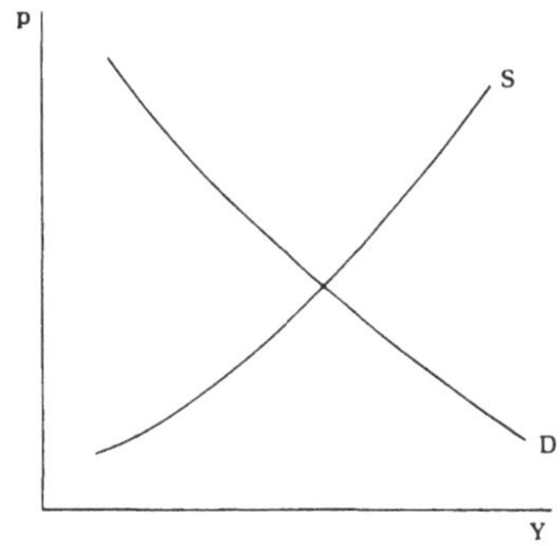


Es ist interessant, die folgenden Grenzwerte zu berechnen:

$$\lim_{m_r \to 0} \left.\frac{dp}{dY}\right|_{Dd} = -m_Y \frac{p^2}{M}, \qquad \lim_{m_r \to -\infty} \left.\frac{dp}{dY}\right|_{Dd} = -\infty,$$

$$\lim_{C_2 + I' q_{r-\pi} \to 0} \left.\frac{dp}{dY}\right|_{Dd} = -\infty.$$

Wenn $m_r \to -\infty$, geht die aggregierte Nachfragekurve in der $p$-$Y$-Ebene in eine Vertikale über. Senkungen des Nominallohns, die die Angebotskurve in der $p$-$Y$-Ebene nach außen verschieben, haben in dieser „Liquiditätsfalle" keine anregende Wirkung auf den Output. Außer in Grenzfällen verschiebt sich bei einer Zunahme von $G$, $\pi$ und $M$ und einer Senkung von $T$ die aggregierte Nachfragekurve nach oben bzw. außen.

Das gleichgewichtige Niveau des Einkommens und der Preise wird im Schnittpunkt der aggregierten Nachfrage- und Angebotskurven bestimmt. Dies wird in Abb. 3 illustriert. Wir überlassen es dem Leser, unter Zuhilfenahme der Zeichnung die Effekte zu untersuchen, die sich aus den verschiedenen Parameterveränderungen ergeben. Dieser Weg wird selbstverständlich zu denselben Ergebnissen führen, wie die, die wir bei der IS-LM-Analyse fanden.

Das Hilfsmittel der aggregierten Nachfrage- und Angebotskurven in der $p$-$Y$-Ebene kann ohne weiteres dazu verwendet werden, den Unterschied zwischen einer durch „Nachfragesog" verursachten Preissteigerung auf der einen Seite und einer durch „Kostendruck" bedingten Preiserhöhung auf der anderen Seite zu erklären. Die aggregierte Angebotskurve – der Ort aller $p$-$Y$-Kombinationen, die die Gleichungen (1) und (2) erfüllen – hängt vom Kapitalstock, dem Nominallohn und den Parametern der Produktionsfunktion ab. Veränderungen dieser Angebotselemente – insbesondere des Nominallohns – sind die sogenannten Kostendruckfaktoren, die das Preisniveau in Bewegung bringen können. Eine exogene Zunahme des Nominallohns wird die Angebotskurve nach oben verschieben und im allgemeinen sowohl das Preisniveau als auch den Reallohn und den Zins in die Höhe treiben. Die Beschäftigung, der Output und der reale Gewinn der Unternehmungen werden hingegen fallen. Wir wissen, daß die realen Gewinne $\Pi_0$ fallen, da

$$\Pi_0 = Y - (w/p)N - (r + \delta - \pi)K.$$

Bildet man das totale Differential, erhält man:

$$d\Pi_0 = (F_N - (w/p))\,dN - N\,d(w/p) - K\,dr = -(N\,d(w/p) + K\,dr).$$

Wir wissen, daß bei einer Erhöhung von $w$ sowohl der Reallohn als auch der Zins steigt. Dadurch ist es eindeutig, daß der Gewinn und die Dividenden sinken.

Preisveränderungen, die auf „Nachfragesog" zurückzuführen sind, resultieren aus Parameterveränderungen, die die Lage der aggregierten Nachfragekurve berühren. Diese Parameter umfassen $\pi$ wie auch die wirtschaftspolitischen Variablen $T$, $G$ und $M$. Erhöhungen von $G$ und $M$ und Senkungen von $T$ verschieben die Nachfragekurve nach oben und bewirken eine Erhöhung von Output, Beschäftigung, realen Dividenden und Preisniveau, wohingegen der Reallohn sinkt. Um zu zeigen, daß die realen Dividenden steigen, wollen wir uns ihrer Definition erinnern:

$$\text{div} = Y - (w/p)N - \delta K.$$

Damit gilt:

$$d(\text{div}) = (F_N - (w/p))\,dN - N\,d(w/p) = -N\,d(w/p).$$

Somit verändern sich die Dividenden invers zum Reallohn. Wenn die Ursache einer Preisniveauerhöhung in einer Zunahme der Nachfragesogfaktoren $\pi$ oder $G$ oder einer Senkung von $T$ liegt, wird der Zins steigen. Falls der auslösende Faktor einer Preissteigerung eine Geldangebotserhöhung ist, wird der Zins fallen. Die Bewegungsrichtung der realen Gewinne hängt gleichermaßen von den speziellen Ursachen des Nachfragesogs ab. Die realen Gewinne wurden wie folgt definiert:

$$\begin{aligned} \Pi_0 &= Y - (w/p)N - (r + \delta - \pi)K \\ &= Y - (w/p)N - F_K K + (F_K - (r + \delta - \pi))K. \end{aligned}$$

Aufgrund des Euler'schen Theorems und der marginalen Produktivitätsbedingung der Beschäftigung gilt:

$$\Pi_0 = (F_K - (r + \delta - \pi))K.$$

Ob die realen Gewinne steigen oder fallen, hängt von der Differenz zwischen dem Grenzprodukt des Kapitals und den realen Kapitalkosten ab. Wenn sich diese Differenz – wie im Falle einer Geldangebotserhöhung – vergrößert, steigen die Gewinne wie auch die Investitionen. Eine Zunahme der Staatsausgaben wird diese Differenz jedoch im allgemeinen verkleinern und sinkende Gewinne und Investitionen hervorrufen.

Sowohl Kostendruck- als auch Nachfragesogfaktoren können Preissteigerungen bewirken. Es ist aber offensichtlich, daß sie sich auf die Beschäftigung, den Reallohn, den Output und die Dividenden mit entgegengesetzten Vorzeichen auswirken. Im Prinzip könnten diese Unterschiede herangezogen werden, um bestimmte inflationäre Perioden als „Kostendruck-" oder „Nachfragesogphänomene" identifizieren zu können (Phelps, 1961).

### 4. Das Modell mit $(M + B)\pi \neq 0$

Wir hatten unsere Untersuchung des keynesianischen Modells bisher unter der Annahme durchgeführt, daß $M + B$ Null sei, bzw. unter der alternativen Annahme, daß reale Wertzuwächse der vom privaten Sektor gehaltenen Forderungen gegenüber dem Staat kein Bestandteil des realen verfügbaren Einkommens sind. Wenn man diese Annahmen aufgibt, sieht man aus Gleichung (8), daß die Lage der IS-Kurve von den Nominallöhnen abhängt. Wird nämlich $dY$ in Gleichung (8) gleich Null gesetzt, muß $dr$ der Gleichung

$$dr = -\frac{C_1\pi((M+B)/p)}{C_2 + I'q_{r-\pi}}\frac{dw}{w}$$

genügen, wenn alle anderen exogenen Variablen konstant sind und die Übereinstimmung zwischen gesamtwirtschaftlichem Angebot und Nachfrage bei einer Nominallohnänderung aufrechterhalten bleiben soll. Der Nenner dieses Ausdrucks ist positiv, wohingegen der Zähler positiv oder negativ sein kann. Dies wird von den Vorzeichen von $\pi$ und $M + B$ abhängen. Falls beide Größen ein positives Vorzeichen besitzen, ist $dr$ mit $dw$ positiv verknüpft. Damit verlagert sich die IS-Kurve bei einer Erhöhung von $w$ nach oben. Eine Zunahme des Nominallohns führt nämlich bei gegebenem Output zu einer Preissteigerung, die den erwarteten realen Wertverlust der im privaten Besitz befindlichen Wertpapiere und Geldbestände senkt. Dadurch erhöht sich das verfügbare Einkommen und die gesamtwirtschaftliche Nachfrage. Unter diesen Bedingungen hat eine Zunahme des Nominallohns somit eine nach oben gerichtete Verlagerung der IS- als auch der LM-Kurve zur Folge. Deshalb wird der Zins dabei immer steigen. Die Veränderung des Outputs hängt dagegen von den relativen Verlagerungen der IS- und der LM-Kurve und deren relativen Steigungen ab.

Um die Lösung für den Fall, daß $\pi\,(M + B)$ nicht notwendigerweise Null ist, zu bestimmen, setzen wir (11) in (8) ein und erhalten:

$$\left(1 - C_1 - I'\frac{q_N}{F_N} + C_1\pi\frac{M+B}{p}\frac{F_{NN}}{F_N^2}\right)dY$$
$$= -C_1\,dT + dG - \left(I'q_{r-\pi} + C_2 + C_1\frac{M+B}{p}\right)d\pi + C_1\pi\frac{M+B}{p}\frac{dw}{w}$$
$$+\frac{C_2 + I'q_{r-\pi}}{m_r}\left(\frac{dM}{p} - \frac{M}{p}\frac{dw}{w} + \left(\frac{F_{NN}}{F_N^2}\frac{M}{p} - m_Y\right)dY\right)$$

bzw.

$$\left(1 - C_1 - I'\frac{q_N}{F_N} + C_1\pi\frac{M+B}{p}\frac{F_{NN}}{F_N^2} - \frac{C_2 + I'q_{r-\pi}}{m_r}\left(\frac{F_{NN}}{F_N^2}\frac{M}{p} - m_Y\right)\right)dY$$
$$= -C_1\,dT + dG - \left(I'q_{r-\pi} + C_2 + C_1\frac{M+B}{p}\right)d\pi$$
$$+\left(C_1\pi\frac{M+B}{p} - \frac{C_2 + I'q_{r-\pi}}{m_r}\frac{M}{p}\right)\frac{dw}{w} + \frac{C_2 + I'q_{r-\pi}}{m_r}\frac{dM}{p}.$$

Man sieht, daß eine Zunahme von $w$ für $\pi(M + B) > 0$ selbst unter der Bedingung, daß $\pi$ so klein ist, daß der Koeffizient von $dY$ positiv ist (eine Stabilitätsbedingung), eine zweideutige Wirkung auf den Output hat, da der Koeffizient von $dw$ sowohl positiv als auch negativ sein kann. Dieses Ergebnis stimmt mit unserer Untersuchung über die Wirkungen einer Nominallohnänderung auf die IS- und die LM-Kurven überein.

### 5. Noch einmal das klassische Modell

Im folgenden wollen wir die Annahme, daß die Nominallöhne zu einem bestimmten Zeitpunkt festgelegt sind fallenlassen, so daß sich die Löhne in Reaktion auf Abweichungen der tatsächlichen Beschäftigung vom Vollbeschäftigungsniveau sofort verändern können. Dies kann durch die Wiedereinführung der klassischen Gleichgewichtsbedingung $N = N(w/p)$ auf dem Arbeitsmarkt bewerkstelligt werden. Diese Veränderungen führen uns wieder zum klassischen Modell zurück. Die Funktionsweise des klassischen Modells – im Begriffsapparat der IS-LM-Kurven – ist in Abbildung 4 dargestellt. Da die IS- und die LM-Kurven aus sechs Gleichungen des klassischen Modells abgeleitet werden, beschreiben sie – bei gegebenem Nominallohn – nach wie vor $(r, Y)$-Kombinationen, für die das Gleichgewicht auf dem Güter- und Geldmarkt gilt. Wir wollen annehmen, daß $\pi(M + B) = 0$. Die IS-Kurve ist damit vom Nominallohn unabhängig.[4] Die Funktionsweise des Modells kann damit folgendermaßen beschrieben werden: Das Outputniveau, die Beschäftigung und der Reallohn werden durch die Angebots- und Nachfragefunktion nach Arbeit zusammen mit der Produktionsfunktion bestimmt. Dies wird durch die unteren zwei Diagramme der Abbildung 4 illustriert. Der gleichgewichtige Zins läßt sich finden, indem man das gleichgewichtige Outputniveau in das Diagramm der IS-Kurve überträgt. Man findet dann den Zins, der eine gesamtwirtschaftliche Nachfrage impliziert, die genau dem aggregierten Angebot entspricht. Die LM-Kurve spielt daher bei der Bestimmung des gleichgewichtigen Zinses keine Rolle. Stattdessen wird – bei gegebenem gleichgewichtigen Zins und Outputniveau – mit Hilfe der LM-Kurve der gleichgewichtige Nominallohn bestimmt. Der Nominallohn spielt sich auf einem solchen Niveau ein, daß die LM-Kurve stets durch die

**Abb. 4**

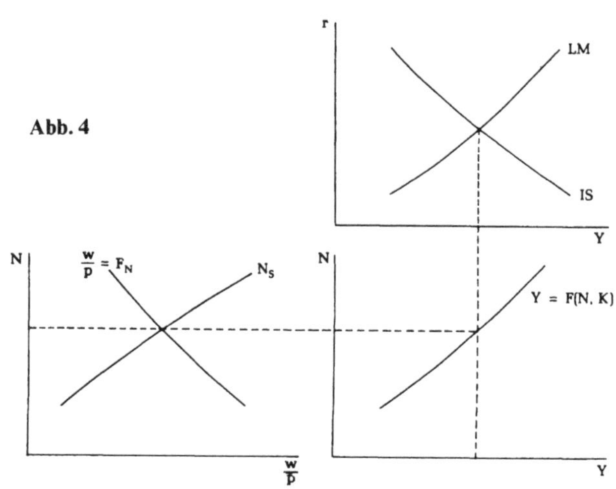


[4] Der Leser ist aufgefordert zu untersuchen, wie die Entwicklung bei Aufgabe dieser Spezifikation verläuft.

$r$, $Y$)-Kombination verläuft, welche in dem Teil des Modells determiniert wird, der sich auf die gesamtwirtschaftliche Nachfrage und das gesamtwirtschaftliche Angebot bezieht. Natürlich läßt sich bei gegebenem, gleichgewichtigen Nominallohn das Preisniveau sehr leicht finden, da der Reallohn bereits auf dem Arbeitsmarkt bestimmt wurde. Im klassischen Modell scheint es daher kein Gleichgewicht bei Unterbeschäftigung geben zu können, da durch die flexiblen Nominallöhne stets gewährleistet ist, daß sich die IS- und die LM-Kurve in dem Outputniveau schneiden, das von der Angebotsseite her bestimmt worden ist.

Es ist jedoch zu beachten, daß obige Analyse vom „guten Verhalten" der IS- und LM-Kurven abhängt. Die Analyse bricht insbesondere dann zusammen, wenn bei irgend einem positiven Zinssatz $m_r = -\infty$. In diesem Falle haben Veränderungen von $w$ keine Zinsvariation zur Folge, die, bei gegebenem Einkommensniveau, den Geldmarkt ins Gleichgewicht bringt. Diese Situation wird in Abb. 5 illustriert. Man sieht, daß das Einkommensniveau, das von der Angebotsseite her bestimmt wurde (es entspricht der vertikalen Linie bei $Y_F$), nicht der Einkommenshöhe entspricht, die sich aus dem Schnittpunkt der IS- und LM-Kurve ergibt. Durch keine noch so starke Nominallohnsenkung kann die LM-Kurve so nach unten verschoben werden, daß sie die IS-Kurve in $r_o$ schneidet, einem Zinssatz, der niedrig genug ist, um eine $Y_F$ entsprechende gesamtwirtschaftliche Nachfrage hervorzurufen. Wenn wir uns einem Bereich nähern, in dem die keynesianische Liquiditätsfalle relevant ist, wird die Flexibilität des Zinses durch die Bereitschaft des privaten Sektors eingeschränkt, praktisch jede beliebige Geldmenge zum herrschenden Zinssatz aufzunehmen. Reale Geldmengenerhöhungen, die über Offenmarktoperationen oder sinkende Nominallöhne bewirkt werden, sind in Bezug auf eine Senkung des Zinses wirkungslos. Damit wird der Zins seiner entscheidenden Rolle als ausgleichender Faktor zwischen aggregiertem Angebot und Nachfrage enthoben. Formal gesehen ist das Outputniveau $Y$ in diesem System überbestimmt. Eine Lösung ergibt sich aus dem Arbeitsmarkt und der Produktionsfunktion, eine andere aus dem Schnittpunkt zwischen der IS- und der LM-Kurve. Es gibt kein Verfahren dafür, wie diese zwei Lösungen für $Y$ miteinander in Einklang gebracht werden können. Die andere Seite der Münze ist, daß der Nominallohn unterbestimmt ist, da das Modell in keinster Weise die Höhe von $w$ begrenzt (das Modell kann in einer Form geschrieben werden, in der $w$ nirgendwo erscheint).

Pigou (1943) reagierte auf diese Argumentation. Er entgegnete, daß selbst in der Liquiditätsfalle die Vollbeschäftigung im klassischen System garantiert ist, wenn die Konsumfunktion um das reale Nettovermögen des privaten Sektors als unabhängiges Argument erweitert wird. Das reale Nettovermögen des privaten Sektors besteht in unserem Modell aus der Summe aus Kapitalstock $K$ und dem realen

**Abb. 5**

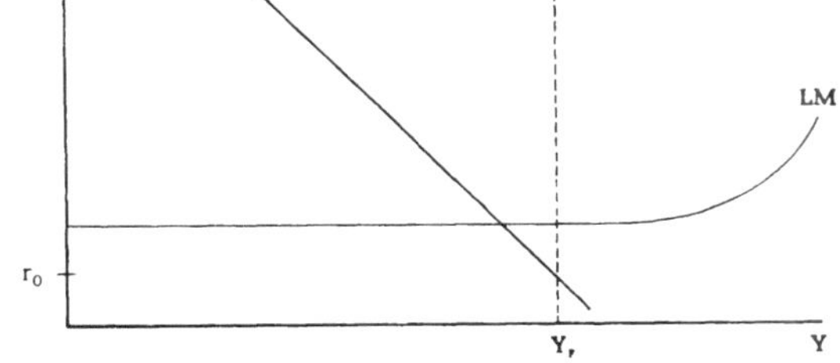

staatlichen Schuldenbestand $(M + B)/p$. In Anlehnung an Pigou wollen wir (3) durch die folgende Konsumfunktion ersetzen:

$$C = C\left(Y - T - \delta K - \pi \frac{M + B}{p}, r - \pi, \frac{M + B}{p} + K\right). \tag{3a}$$

$C_3$ ist dabei annahmegemäß positiv, d. h. eine Zunahme des realen Nettovermögens des privaten Sektors hat, bei gegebener Höhe des verfügbaren realen Einkommens und des Realzinses, eine Erhöhung des Konsums zur Folge. Falls diese Konsumfunktion an die Stelle von (3) tritt, muß das Differential der IS-Kurve – es entspricht Gleichung (8) – wie folgt erweitert werden:

$$\left(1 - C_1 - I' \frac{q_N}{F_N} + C_1 \pi \frac{M + B}{p} \frac{F_{NN}}{F_N^2} - C_3 \frac{M + B}{p} \frac{F_{NN}}{F_N^2}\right) dY$$

$$= -C_1\, dT + dG + (C_2 + I' q_{r-\pi})\, dr - \left(I' q_{r-\pi} + C_2 + C_1 \frac{M + B}{p}\right) d\pi$$

$$+ \left(C_1 \pi \frac{M + B}{p} - C_3 \frac{M + B}{p}\right) \frac{dw}{w}. \tag{8'}$$

Wir nehmen, wie schon zuvor, an, daß der Koeffizient von $dY$ positiv ist. Zur Vereinfachung unterstellen wir desweiteren, daß $\pi$ gleich Null ist. Diese Annahme wird üblicherweise bei der Besprechung des „Pigou-Effekts" getroffen. Wir können somit die Wirkungen einer Nominallohnveränderung bestimmen, indem wir mit Ausnahme von $dr$ und $dw$ alle Differentiale der Gleichung (8′) Null setzen. Es ergibt sich:

$$\left.\frac{\partial r}{\partial w}\right|_{IS} = \frac{C_3((M + B)/pw)}{C_2 + I' q_{r-\pi}}.$$

Dieser Ausdruck ist negativ, solange $M + B$ größer als Null ist. Damit verlagert sich die IS-Kurve bei einer Erhöhung des Nominallohns nach unten. Nominallohnsteigerungen verringern über eine Erhöhung des Preisniveaus den realen Wert des staatlichen Schuldenbestandes, der eine Forderung des privaten Sektors darstellt; der geplante Konsum nimmt deswegen tendenziell ab. Da wir $\pi = 0$ unterstellt haben, kann es keine kompensierenden Effekte auf das verfügbare Einkommen geben, die möglicherweise die Wirkung der Vermögensänderung auf den Konsum aufheben könnten. (Wenn $\pi$ und $M + B$ beide positiv sind, würde eine Erhöhung des Nominallohns anderenfalls über ihre Wirkung auf das reale verfügbare Einkommen den Konsum tendenziell **erhöhen**. Dies könnte einen Teil oder gar den gesamten „Vermögenseffekt" kompensieren.)

Der Pigou-Effekt liefert im Zusammenhang mit dem in Abb. 5 illustrierten keynesianischen Dilemma einen Ansatz, um den Automatismus der Vollbeschäftigung bei vollkommen flexiblen Nominallöhnen aufrechterhalten zu können. Selbst wenn sinkende Nominallöhne die LM-Kurve nicht via „Keynes-Effekt" nach unten verschieben, so werden sie doch über den „Vermögens- oder Pigou-Effekt" die IS-Kurve nach außen verlagern. Vorausgesetzt, daß dieser Effekt groß genug ist, wird sich – selbst wenn der Zins durch die Liquiditätsfalle bestimmt ist – die IS-Kurve schließlich so weit nach außen verlagern, daß die aggregierte Nachfrage dem Vollbeschäftigungsoutput $Y_F$ entspricht.

Es ist wichtig zu erkennen, daß dieses Argument auf einigen sehr kritischen Annahmen beruht. Die wichtigste davon ist, daß keine Effekte auf das verfügbare Einkommen auftreten dürfen, die den durch Lohnveränderungen ausgelösten Vermögenseffekt kompensieren könnten. Bei positivem $\pi$ könnten diese möglicherweise die realen Vermögenseffekte auf den Konsum kompensieren, die von Änderungen des Preisniveaus herrühren.

## 6. Exkurs über Vermögen, Sparen und Zins im klassischen Modell

In „Wealth, Saving and the Rate of Interest" behauptete Lloyd Metzler (1951), daß Geld aufhören würde ein „Schleier" zu sein, wenn der Pigou-Effekt in das klassische makroökonomische Modell einbezogen wird. Eine Geldangebotserhöhung könnte vielmehr den Zins und die Kapitalakkumulation beeinflussen. Metzler betonte, daß das Auftreten dieser Wirkungen davon abhinge, ob die Geldangebotserhöhung durch eine Offenmarktoperation bewerkstelligt würde, oder ob das Geld wie Manna vom Himmel fiele. Obwohl die Metzler'sche Version des klassischen Modells von der unsrigen ein wenig abweicht, kann sein zentraler Gedanke auch aus der Analyse unseres klassischen Modells gewonnen werden.

Wir unterstellen, daß $\pi = 0$. Damit kann man reale Wertzuwächse der im Besitz der Wirtschaftssubjekte befindlichen Finanzaktiva als eine Komponente des verfügbaren Einkommens vernachlässigen. Die Pigou'sche Konsumfunktion (3a) lautet dann:

$$C = C\left(Y - T - \delta K, r - \pi, \frac{M + B}{p} + K\right), \qquad C_1 > 0, \quad C_2 \leq 0, \quad C_3 > 0.$$

Die Bestimmung des gleichgewichtigen Zinses und Preisniveaus erfolgt in einem klassischen Modell mit einer derartigen Konsumfunktion simultan mit Hilfe der Gleichgewichtsbedingungen für Güter- und Geldmarkt:

$$C\left(Y - T - \delta K, r - \pi, \frac{M + B}{p} + K\right)$$
$$+ I(q(K, N, r - \pi, \delta) - 1) + G + \delta K = Y,$$
$$\frac{M}{p} = m(r, Y).$$

Wenn wir die totalen Differentiale dieser zwei Gleichungen bilden und $dY = dK = dN = d\delta = 0$ setzen, erhalten wir:

$$(C_2 + I'q_{r-\pi})\, dr - (C_2 + I'q_{r-\pi})\, d\pi + C_3\left(\frac{dM + dB}{p}\right)$$
$$- C_3 \frac{M + B}{p}\frac{dp}{p} + dG - C_1\, dT = 0,$$
$$\frac{dp}{p} = \frac{dM}{M} - m_r \frac{p}{M} dr.$$

Setzt man den zweiten Ausdruck in den ersten ein und stellt um, erhält man:

$$\left(C_2 + I'q_{r-\pi} + C_3 \frac{M+B}{M} m_r\right) dr - (C_2 + I'q_{r-\pi})\, d\pi$$
$$+ C_3\left(\frac{dM + dB}{p}\right) - C_3 \frac{M+B}{p}\frac{dM}{M} + dG - C_1\, dT = 0. \qquad (16)$$

Diese Gleichung drückt $dr$ durch die Differentiale der Parameter $\pi$, $M$, $B$, $T$, und $G$ aus. Sie entspricht daher dem Differential der reduzierten Form für $r$. Betrachten wir nun die Wirkungen einer Geldangebotserhöhung auf den Zins, die durch den Kauf von Schuldverschreibungen auf dem offenen Markt bewerkstelligt wurde, so daß $dM + dB = 0$. $\delta r / \delta M$ ist dann gegeben durch

$$\left.\frac{\partial r}{\partial M}\right|_{dM=-dB} = \frac{C_3 \dfrac{M+B}{p}\dfrac{1}{M}}{C_2 + I'q_{r-\pi} + C_3 \dfrac{M+B}{M} m_r}.$$

Solange $M + B > 0$, ist die obige Ableitung negativ. Eine über Offenmarktoperation durchgeführte Geldangebotserhöhung läßt das Preisniveau steigen, vermindert dadurch den realen Wert des im Besitz der Wirtschaftssubjekte befindlichen Finanzvermögens, reduziert das reale Vermögen, regt das Sparen an und senkt den Zins. Infolgedessen wirkt sich eine derartige Geldangebotserhöhung auf die realen Variablen der Volkswirtschaft aus.

Betrachten wir andererseits eine Geldangebotserhöhung, die nicht durch eine Offenmarktoperation erreicht wird, sondern einfach über eine einmalige Ausgabe von Geld **und** Wertpapieren. Die Ausgabe soll dabei so erfolgen, daß das Verhältnis zwischen Geld und Wertpapieren unverändert bleibt. Den Zuwachs an Geld und Wertpapieren kann man sich als ein vom Staat verteiltes, einmaliges „Geschenk“ vorstellen. Folglich trifft die Beschränkung für Offenmarktoperationen nicht mehr zu. Stattdessen setzen wir

$$d\left(\frac{M+B}{M}\right) = 0.$$

ein; dieser Ausdruck spiegelt die Bedingung wieder, daß die Wertpapier- und Geldgeschenke die Proportion zwischen Geld- und Wertpapierbestand unverändert lassen. Schreibt man dieses Differential aus, ergibt sich:

$$\frac{dM + dB}{M} - \frac{dM}{M}\left(\frac{M+B}{M}\right) = 0.$$

Nach Multiplikation mit $M/p$ gilt

$$\frac{dM + dB}{p} - \frac{dM}{M}\left(\frac{M+B}{p}\right) = 0.$$

Diese Gleichung genügt unserer Forderung, daß die relativen Geld- und Wertpapierbestände durch das Geschenk nicht beeinflußt werden dürfen. Setzt man sie in (16) ein ergibt sich:

$$\left(C_2 + I'q_{r-\pi} + C_3 \frac{M+B}{M} m_r\right) dr - (C_2 + I'q_{r-\pi})\, d\pi + dG - C_1\, dT = 0.$$

Diese Gleichung stellt das Differential der reduzierten Form für den Zins dar. Da $dM$ in dieser Gleichung nicht erscheint, läßt sich die Schlußfolgerung ziehen, daß eine Geldangebotserhöhung, die das Verhältnis zwischen Geld und Wertpapieren nicht berührt, keine Wirkung auf den Zins hat. Der Grund dafür liegt darin, daß eine derartige einmalige Geld- und Wertpapiererhöhung keine Wirkungen auf das reale Vermögen hat. Das Ergebnis dieser Analyse ist, daß in einem klassischen System mit einer Pigou'schen Konsumfunktion die Wirkungen einer nominalen Geldangebotsveränderung davon abhängen, wie sich gleichzeitig der nominale Wertpapierbestand verändert. Lediglich in dem Spezialfall einer gleichbleibenden Proportion zwischen Geld und Wertpapieren hat eine Geldangebotsveränderung keinen Einfluß auf den Zins und damit auf die Investitionen und den Konsum.

## 7. Keynesianische Theorie und das Gesetz von Walras

Das Walras'sche Gesetz besagt folgendes: Sind Überschußnachfragefunktionen so konstruiert, daß sie den jeweiligen Budgetbeschränkungen genügen, muß die *DM*-Summe aller Überschußnachfragen Null sein. Das bedeutet, daß ein Überschußangebot auf einem Markt anderswo durch eine kompensierende Überschußnachfrage ausgeglichen werden muß.

Es wird oft behauptet, daß die Verletzung des Walras'schen Gesetzes ein wichtiger Aspekt des keynesianischen Modells sei: Es existiert ein Überschußangebot auf dem Arbeitsmarkt, das nirgendwo durch eine kompensierende Überschußnachfrage ausgeglichen wird (vgl. z. B. Clower, 1965). Da das Walras'sche Gesetz in Analysen des keynesianischen Modells oft mißinterpretiert wird, wollen wir auf diesen Punkt kurz eingehen.

Zuerst sollte gesagt werden, daß Haushalte zwei Arten von Beschränkungen unterliegen, deren Erfüllung jeweils eine Version des Walras'schen Gesetzes zur

$$\frac{B^D + V^D + M^D}{p} = \frac{B + V + M}{p} \quad (= W).$$

Folge hat. Haushalte stehen erstens der Bilanzrestriktion gegenüber. Diese Gleichung besagt, daß Haushalte ihr gesamtes Vermögen, aber nicht mehr, zwischen Schuldverschreibungen, Aktien und Geld aufteilen müssen. Die Erfüllung dieser Beschränkung impliziert, daß die „Steigungen" der Vermögensnachfragefunktionen bestimmten (adding-up) Restriktionen genügen müssen: $b_r = -m_r$; $b_Y = -m_y$; $b_W + m_W = 1$. Ferner beachte man, daß die Bilanzrestriktion auch folgendermaßen geschrieben werden kann:

$$\frac{M^D}{p} - \frac{M}{p} = \frac{B - B^D}{p} + \frac{V - V^D}{p}.$$

Diese Gleichung besagt, daß die Überschußnachfrage nach Geld der Summe der Überschußangebote an Schuldverschreibungen und Aktien entspricht. In unserem

Modell ist dies die Form des walrasianischen Gesetzes für Finanzvermögensbestände.

Neben der Bilanzrestriktion stehen die Haushalte der Budgetgleichung

$$C + S = Y_D,$$

gegenüber. Sie besagt, daß die Haushalte ihr verfügbares Einkommen zwischen Konsum und Sparen aufteilen können. Den Term $((M + B)/p)\pi$ wollen wir unberücksichtigt lassen, indem wir beispielsweise unterstellen, daß $\pi$ Null ist. Aktienbesitzer erhalten eine reale Dividende von $Y - (w/p)N - \delta K$. Dabei stellen $Y$ und $N$ die tatsächlichen Niveaus des Outputs und der Beschäftigung dar. $Y$ und $N$ werden hier durch die aggregierte Angebotsfunktion und die Arbeitsnachfragefunktion bestimmt, die jeweils eine Funktion von $w/p$ sind. Bei einem Reallohn von $w/p$ beträgt die angebotene Arbeitsmenge $N^S(w/p)$. Infolgedessen ist das „gewünschte" verfügbare Einkommen, das eine Funktion von $w/p$ darstellt,

$$\begin{aligned} Y_D^* &= Y - \frac{w}{p}N - \delta K + \frac{w}{p}N^S\left(\frac{w}{p}\right) - T \\ &= Y - \frac{w}{p}\left(N - N^S\left(\frac{w}{p}\right)\right) - \delta K - T. \end{aligned}$$

Unter „gewünscht" verstehen wir dabei den Einkommensbetrag, der es den Unternehmungen und Haushalten erlaubt, jedes gewünschte Transaktionsvolumen beim bestehenden Reallohn $w/p$ durchzuführen. Angenommen, wir setzen $Y_d = C + S$; ein Schritt, der im keynesianischen Modell nicht unternommen wird. Wir erhalten:

$$C = Y - \frac{w}{p}\left(N - N^S\left(\frac{w}{p}\right)\right) - \delta K - T - S.$$

Die aggregierte Nachfrage $Y_A$ beträgt somit:

$$Y_A = C + \dot{K} + G + \delta K = Y - \frac{w}{p}\left(N - N^S\left(\frac{w}{p}\right)\right) - T - S + G + \dot{K}.$$

Wegen der staatlichen Budgetbeschränkung $(p(G - T) = \dot{M} + \dot{B})$ bedeutet dies, daß

$$Y_A - Y = \frac{w}{p}\left(N^S\left(\frac{w}{p}\right) - N\right) + \left(\dot{K} + \frac{\dot{M}}{p} + \frac{\dot{B}}{p} - S\right). \tag{17}$$

Dies ist das walrasianische Gesetz für Stromgrößen. Es besagt, daß die gesamtwirtschaftliche Überschußnachfrage nach Gütern $(Y_A - Y)$ der Summe aus dem mit dem Reallohn gewichteten Arbeitsangebotsüberschuß und dem Überschuß der tatsächlichen realen Vermögenszuwachsrate $\dot{K} + \dot{M}/p + \dot{B}/p$ über die geplante Zuwachsrate $S$ (d. h. dem Stromüberschußangebot an realem Vermögen) entspricht.

Ein derartiges Gesetz gilt im keynesianischen Modell **nicht**. Dort haben wir im Gleichgewicht $N^S(w/p) > N$, während gleichzeitig $Y_A = Y$ und $S = \dot{K} + (\dot{M} + \dot{B})/p$. Der Grund für diese offensichtliche Verletzung des walrasianischen Gesetzes liegt darin, daß das keynesianische Modell nicht auf einer Budgetgleichung der Form

$$C + S = Y_D^*$$

beruht, die zur Ableitung der obigen Version des walrasianischen Gesetzes notwendig ist. Statt $C + S$ mit dem **gewünschten** verfügbaren Einkommen $Y_D^*$ gleichzusetzen, wird im keynesianischen Modell $C + S$ mit dem **tatsächlichen** verfügbaren Einkommen $Y_D$ gleichgesetzt. Dabei wird das tatsächliche verfügbare Einkommen mit der Lohnkomponente $(w/p)N$ definiert, wobei $N$ die Höhe der tatsächlichen Beschäftigung ist, die sich aus der Arbeitsnachfragefunktion ergibt. Das Dividendeneinkommen beträgt nach wie vor $Y - (w/p)N - \delta K$. Das tatsächlich verfügbare Einkommen lautet dann:

$$Y_D = Y - \frac{w}{p} N - \delta K + \frac{w}{p} N - T = Y - \delta K - T.$$

Wir setzen nun $C + S = Y_D$. Damit erhält man:

$$C = Y - \delta K - T - S.$$

Die aggregierte Nachfrage beträgt damit:

$$Y_A = C + \dot{K} + G + \delta K = Y - T + G - S + \dot{K}.$$

Wegen der staatlichen Budgetbeschränkung gilt:

$$Y_A - Y = \left(\dot{K} + \frac{\dot{M}}{p} + \frac{\dot{B}}{p} - S\right). \tag{18}$$

Diese Gleichung besagt, daß der gesamtwirtschaftliche Nachfrageüberschuß nach Gütern dem Stromüberschußangebot an Vermögen entspricht. Diese Form des walrasianischen Gesetzes kennt keinen Arbeitsmarkt. Das „Verschwinden" des Arbeitsmarkts wird dadurch erreicht, daß anstelle der mit dem Reallohn multiplizierten gewünschten (angebotenen) Arbeitsmenge das tatsächliche Arbeitseinkommen zur Definition des verfügbaren Einkommens herangezogen wird. Gleichung (18) ist die im keynesianischen Modell implizit vorhandene Version des walrasianischen Gesetzes, die hinter den Beschreibungen des Stromgleichgewichts durch $C + I + G + \delta K = Y$ und $S = \dot{K} + \dot{M}/p + \dot{B}/p$ steckt.

Einige Ökonomen halten es für wichtig, daß das walrasianische Gesetz im Sinne von Gleichung (17) für das keynesianische Modell nicht gilt. Die Begründung lautet folgendermaßen: Da das verwendete Lohneinkommenskonzept kleiner ist als das von den Arbeitern gewünschte, wird die Nachfrage der Arbeiter beschnitten. Das Überschußangebot auf dem Arbeitsmarkt kann daher keine kompensierenden und wahrscheinlich expansiven Nachfrageüberschüsse auf den Märkten für Güter oder Finanzaktiva hervorrufen. Es ist klar, daß nach wie vor die Starrheit der Nominallöhne dafür verantwortlich ist, daß sich das Systemgleichgewicht bei Unterbeschäftigung einstellt. Senkungen des Nominallohns bewirken eine Rechtsverschiebung der aggregierten Angebotskurve in der $p$-$Y$-Ebene und lösen dadurch nach unten gerichtete Bewegungen entlang der aggregierten Nachfragekurve aus (Keynes-Effekt). Auf diese Weise führen sie eine Erhöhung des Outputs und der Beschäftigung herbei.

## Übungsaufgaben

1. Nehmen Sie eine einfache Version des oben beschriebenen keynesianischen Modells, in der $\pi(M + B)/p$ in der Konsumfunktion nicht erscheint.

A. Beschreiben Sie das Verhalten des Modells (d. h. die Reaktionen aller endogenen Variablen auf Veränderungen jeder der exogenen Variablen). Dabei seien $Y$, $N$, $C$, $I$, $r$ und $M$ die endogenen, $G$, $T$, $p$, $\pi$, $w$ und $K$ die exogenen Variablen.

B. Beschreiben Sie das Verhalten des Modells, wenn $Y$, $N$, $C$, $I$, $p$ und $M$ die endogenen und $G$, $T$, $K$, $\pi$, $w$ und $r$ die exogenen Variablen darstellen.

2. Nehmen Sie eine einfache Version des klassischen Modells. Beschreiben Sie das Verhalten dieses Modells; dabei sind die endogenen Variablen $Y$, $N$, $C$, $I$, $w$, $r$ und $M$ wohingegen $G$, $T$, $\pi$, $p$ und $K$ die exogenen sind.

3. Betrachten Sie eine Volkswirtschaft, die durch die folgenden Gleichungen beschrieben wird:

$$Y/K = A(N/K)^{1.10} \qquad \text{(Produktionsfkt, Bodkin und Klein, 1967)}$$
$$N/K = \beta_0(w/p)^{\beta_1} \qquad \beta_1 < 0 \text{ (Nachfragefunktion nach Arbeit)}$$
$$I = I(r) \qquad I' < 0$$
$$C = C(Y - T) \qquad 0 < C' < 1$$
$$C + I + G = Y$$
$$M/p = m(r, Y, W) \qquad m_r < 0, \quad m_Y > 0, \quad m_W = 1$$
$$W = ((M + B)/p) + K.$$

Die endogenen Variablen sind:

$Y$ = Bruttosozialprodukt
$N$ = Beschäftigung
$p$ = Preisniveau
$I$ = Investitionen
$C$ = Konsum
$r$ = Zins
$W$ = reales Vermögen des privaten Sektors

Die exogenen Variablen sind:

$K$ = Kapitalstock
$w$ = Nominallohn
$T$ = Steuern
$G$ = Staatsausgaben, eine Stromgröße
$M$ = Geldbestand, eine Verbindlichkeit des Staates
$B$ = Bestand an zinstragenden, staatlichen Schuldverschreibungen.

Staatliche Schuldverschreibungen haben wie Spareinlagen einen veränderlichen Zins und einen fixen Nominalwert. Beschreiben Sie die Wirkungen auf $Y$, $N$, $p$ und $r$, wenn

A. eine Erhöhung des Geldangebots durch eine Offenmarktoperation, d. h. $dM = -dB$, bewerkstelligt wurde;

B. eine Geldangebotserhöhung über eine einmalige Prämie an Veteranen erfolgt, d. h. $dM > qdB = 0$;

C. eine einmalige Erhöhung des im Umlauf befindlichen Bestands an staatlichen Schuldverschreibungen dadurch erfolgt, daß an Veteranen neue, staatliche Schuldverschreibungen verschenkt werden, d. h. $dB > 0$, $dM = 0$.

4. Betrachten Sie das folgende makroökonomische Modell:

$$Y = F(K, N) \qquad F_K, \quad F_N > 0; \quad F_{KK}, F_{NN} < 0, \quad F_{KN} > 0$$
$$w/p = F_N$$
$$N^S = N^S\left(\frac{w}{p}, r - \pi\right) \qquad N^S_{w/p} > 0, \quad N^S_{r-\pi} > 0$$
$$N = N^S$$

$$I = I(r - \pi) \qquad I' < 0$$

$$C = C(Y - T) \qquad 1 > C' > 0$$

$$C + I + G = Y$$

$$M/p = m(r, Y) \qquad m_r < 0, \quad m_Y > 0.$$

Dabei bezeichnet $Y$ das Bruttosozialprodukt, $K$ den Kapitalstock, $N$ die Beschäftigung, $w$ den Nominallohn, $N^S$ das Arbeitsangebot, $p$ das Preisniveau, $r$ den Zins, $\pi$ die erwartete Inflationsrate, $I$ die Investition, $C$ den Konsum, $G$ die Staatsausgaben, $T$ die Steuern abzüglich der Transferzahlungen. Die endogenen Variablen sind $Y$, $N$, $N^S$, $w$, $p$, $r$, $C$ und $I$. $M$, $K$, $G$, $T$ und $\pi$ stellen die exogenen Variablen dar.

A. Wie verändern sich $Y$, $p$, $r$ und $N$ wenn (1) die Geldmenge $M$ erhöht wird, (2) $G$ bei konstantem $T$ erhöht wird, (3) sich $\pi$ erhöht? Verändert sich durch die Erhöhung von $\pi$ der Realzins?

B. Angenommen der Staat finanziert sein Defizit, indem er Wertpapiere und/oder Geld druckt. Ist gewährleistet, daß der private Sektor bei den Gleichgewichtswerten der Variablen, die das oben stehende System erfüllen, bereit ist, genau das Volumen an neu geschaffenen Wertpapieren und Geld aufzunehmen?

Begründen Sie Ihre Antwort!

5. Die folgende Passage ist dem Buch von Leijonhufvud (1968) entnommen:

„Hansens Demonstration der Rolle der Ersparnisse und der Investition für die Bestimmung der Höhe des Zinssatzes schloß die Beschreibung gewisser Prozesse ein, wie zum Beispiel:
(1) Eine Zunahme der „Sparsamkeit" wird als Aufwärtsverschiebung der Kurve der Ersparnisse ausgelegt;
(2) das führt bei „autonomen" Investitionen zu einer Einkommensverminderung;
(3) da die Geldmenge gegeben ist, erzeugt die Einkommensverminderung ein Überangebot an Geld, das sich
(4) in eine Nachfrage nach Kapitalmarkttiteln umwandelt und den Zinssatz senkt.

Diese Überlegung ist falsch. Eine genaue Analyse würde ergeben, daß bei sich verminderndem Einkommen eine Übernachfrage nach Geld entsteht, die dem Überangebot an Gütern entspricht, auf das sich die Beschreibung ausdrücklich bezieht. Die Verminderung des Einkommens wird gestoppt, wenn die Übernachfrage nach Geld und das Überangebot an Gütern gleichzeitig Null erreichen. Keynes' unklare Erörterung ist schuld an der Verbreitung der Ansicht, die in Analysen dieser Art stillschweigend akzeptiert wurde, der Zinssatz sinke nur dann, wenn ein Überangebot an Geld entstanden sei. Tatsächlich beeinflussen Verschiebungen der Ersparnisse und Investitionen direkt die Wertpapiermärkte und den Zinssatz, oder der Zinssatz unterliegt in dem untersuchten Fall keiner Änderung, da der Prozeß kein Überangebot an Geld bewirkt. In der Einkommen-Ausgaben-Literatur finden wir eine Vielzahl von Beiträgen dieser Art der Analyse, die meistens durch eine mechanische Anwendung der IS-LM-Kurve oder des entsprechenden Gleichungssystems der simultanen Analyse gekennzeichnet sind.*

Stimmen Sie mit Hansens oder Leijonhufvuds Argumentation überein? Gehen Sie bitte in Ihrer Antwort darauf ein, inwiefern einer der beiden Autoren das walrasianische Gesetz unkorrekt anwendet!

6. Betrachten Sie eine Volkswirtschaft, die durch das IS-LM-Diagramm in Abbildung 6 beschrieben wird.

$(Y_e, r_e)$ stellt dabei eine gleichgewichtige Output-Zins-Kombination dar. Betrachten Sie nun die Situation bei $(Y_e, r_1)$.

* Die nachfolgende Passage ist der deutschen Übersetzung von Leijonhufvuds Buch (1968) entnommen. Vergleiche dazu, „Über Keynes und den Keynesianismus", Studienbibliothek, Kiepenheuer & Witch, Köln 1973, S. 45–46.

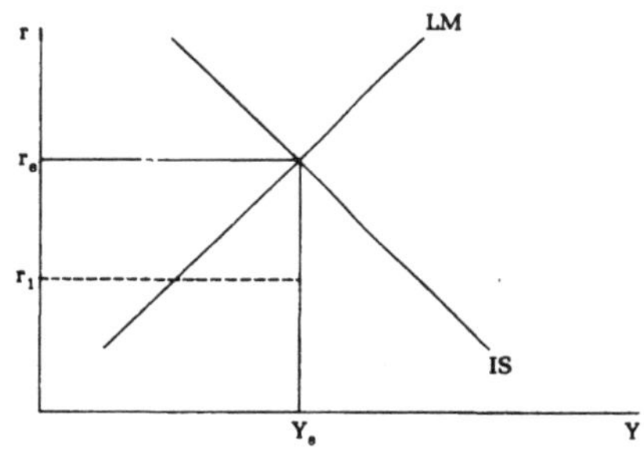


**Abb. 6**

A. Existiert bei $(Y_e, r_1)$ ein Geldangebots- oder Geldnachfrageüberschuß?

B. Existiert bei $(Y_e, r_1)$ ein Güterangebots- oder Güternachfrageüberschuß?

C. Stehen Ihre Antworten zu A und B in Übereinstimmung mit dem Walrasianischen Gesetz?

7. Betrachten Sie eine Volkswirtschaft, in der Geld eine Rolle spielt. Die monetäre Instanz kann zu jedem Zeitpunkt den Zins, den realen Output, die Beschäftigung und das Preisniveau beeinflussen. Die Unternehmungen dieser Volkswirtschaft sind Preisnehmer, zumindest auf dem Arbeitsmarkt. Der Reallohn und der Grenzertrag der Arbeit stimmen daher stets überein. Nehmen Sie nun an, daß ein „Gesetz zur Sicherung konstanter Kaufkraft" verabschiedet wird. Dieses Gesetz verpflichtet alle Unternehmungen, die Arbeitnehmer für jede Veränderung des Preisniveaus durch eine proportionale Erhöhung des Nominallohns zu entschädigen. Was für eine Bedeutung besitzt dieses neue Gesetz für die monetäre Autorität? Kann sie auf den realen Output, die Beschäftigung, den Zins und das Preisniveau immer noch Einfluß nehmen?

8. In einem bestimmten Land finanziert der Staat die gesamten Ausgaben durch Geldschöpfung. Das gesamte Geld stellt eine Verbindlichkeit des Staates dar, da es keine Geschäftsbanken gibt. Die realen staatlichen Ausgaben $G$ bleiben im Zeitablauf konstant; es gilt: $G = \bar{G}$. Infolgedessen beträgt die Geldschöpfung:

$$\frac{dM}{dt} \Big/ p(t) = \bar{G}.$$

Dabei kennzeichnet $M$ das Geldangebot und $p$ den Preisindex. Angenommen der reale Output ist im Zeitablauf konstant und die tatsächliche wie auch die erwartete Inflation entspricht $(dM/dt)/M(t)$. Da $\bar{G}$ keinen vernachlässigbar geringen Teil des BSP ausmacht, herrscht in diesem Land bisher eine hohe Inflationsrate. Die Regierung verbot den Einwohnern dieses Landes, Geld oder andere Vermögensanlagen aus dem Ausland zu halten.

A. Wie ließe sich die maximale reale Ausgabenhöhe ermitteln, die der Staat durch Geldschöpfung finanzieren kann?

B. Angenommen, daß $\bar{G}$ ursprünglich kleiner ist, als das in A beschriebene maximale $G$, und daß dementsprechend die Rate der Geldschöpfung kleiner ist, als die zur Maximierung von $G$ erforderliche. Könnte die Regierung ihre Ausgaben in der gleiche Höhe $\bar{G}$ durch Geldschöpfung leichter oder schwerer finanzieren, wenn die Restriktion bezüglich ausländischer Vermögensanlagen fallengelassen wird?

C. Angenommen, daß es nach der Beseitigung der Restriktion bezüglich ausländischer Vermögensanlagen nach wie vor möglich wäre, $\bar{G}$ ausschließlich durch Geldschöpfung zu finanzieren. Würde die gleichgewichtige Inflationsrate höher oder niedriger als die ursprüngliche sein?

9. Betrachten Sie das folgende Modell eines kleinen Landes:

| | |
|---|---|
| $Y = F(N, K)$ | $F_N, F_K, F_{NK} > 0$; $F_{NN}, F_{KK} < 0$; Produktionsfunktion |
| $w/p = F_N$ | Marginalbedingung für Beschäftigung |
| $I = I(r)$ | Investitionsfunktion, $I' < 0$ |
| $X = X(t)$ | Exportfunktion, $X_t < 0$ |
| $t = \frac{e \cdot p}{p^*}$ | Definition der "terms of trade" |
| $C = c(Y - T)$ | Konsumfunktion, $1 > c' > 0$ |
| $C + I + G + X = Y$ | Gleichgewichtsbedingung auf dem Markt für inländische Güter |
| $M/p = m(r, Y)$ | $m_r < 0$, $m_Y > 0$, Portfoliogleichgewichtsbedingung. |

Hierbei ist $Y$ das BSP, $N$ die Beschäftigung, $K$ das Kapital, $I$ die Investition, $C$ der Konsum, $X$ der Export, $M$ das Geldangebot, $r$ der Zins, $p$ das Preisniveau dieses Landes (gemessen in DM pro Einheit des inländischen Gutes), $p^*$ das Preisniveau der übrigen Welt (gemessen in Dollars pro Einheit des ausländischen Gutes), $t$ die "terms of trade" (gemessen in ausländischen Gutseinheiten pro Einheit des inländischen Gutes) und $e$ der Wechselkurs, gemessen in Dollars pro DM. (Er entspricht dem Preis einer DM gemessen in ausländischer Währung.) Es ist zu beachten, daß die Exporte fallen, wenn sich $t$ erhöht. Da der inländische Zins dem Weltzinssatz entsprechen muß, ist er exogen. $K$, $w$, $p^*$, $G$, $T$ und entweder $M$ oder $e$ sind die übrigen exogenen Variablen. $Y, N, p, I, C, X, t$ und entweder $e$ oder $M$ stellen die endogenen Variablen dar.

A. Stellen Sie sich eine Situation vor, in der die Regierung den Wechselkurs $e$ willkürlich in einer bestimmten Höhe festsetzt, so daß $e$ exogen und $M$ endogen ist. Analysieren Sie in diesem System fester Wechselkurs die Wirkungen auf die endogenen Variablen, wenn
(*i*) $G$ erhöht wird,
(*ii*) der Wechselkurs $e$ erhöht wird,
(*iii*) $w$ erhöht wird.

B. Betrachten Sie ein System flexibler Wechselkurse, in dem durch die Regierung $M$ exogen vorgegeben wird. $e$ ist dabei endogen. Analysieren Sie die Effekte auf die endogenen Variablen, wenn
(*i*) $G$ erhöht wird,
(*ii*) $M$ erhöht wird,
(*iii*) $w$ erhöht wird.

10. Wie lauten die Einheiten folgender Variablen: $\pi, w, N, p, Y, C, I, G, K, M, B, (M + B)/p, ((M + B)/p)\pi$?

11. Von Keynes wurde das reale BSP in „Lohneinheiten" gemessen, d. h. er arbeitete mit der Variablen $pY/w$. Wie lautet die Einheit dieser Variablen?

12. Einige klassische Ökonomen behaupten, daß es keine „Kostendruckinflation" geben kann. Diskutieren Sie diese Behauptung.

## Literaturhinweise


Clower, R. (1965). "The Keynesian Counterrevolution: A Theoretical Appraisal." In *Theory of Interest Rates, Conference on the Theory of Interest and Money. Royaumont, France 1962* (F. H. Hahn and F. P. R. Brechling, eds.). London: Macmillan, and New York: St. Martin's.

Hicks, J. R. (1937). "Mr. Keynes and the 'Classics'; a Suggested Interpretation." *Econometrica,* Vol. 5, No. 1, pp. 147–159.

Leijonhufvud, A. (1968). *On Keynesian Economics and the Economics of Keynes.* London and New York: Oxford Univ. Press.

Metzler, L. (1951). "Wealth, Savings and the Rate of Interest." *Journal of Political Economy,* Vol. LIX, No. 2, pp. 93–116.

Phelps, E. S. (1961). "A Test for the Presence of Cost Inflation in the United States. 1955–57." *Yale Economic Essays,* Vol. 1, No. 1, pp. 28–69.

Pigou, A. C. (1943). "The Classical Stationary State." *Economic Journal,* Vol. LIII, pp. 343–351.

Samuelson, P. A. (1963). *Foundations of Economic Analysis.* Cambridge, Massachusetts: Harvard Univ. Press.

# Kapitel III
# Tobins dynamisches Ein-Sektor-Modell

Eines der wichtigsten Merkmale der „klassischen" und „keynesianischen" Modelle, wie sie bis jetzt dargestellt wurden, ist die Einbeziehung einer Investitionsfunktion, die in gewissem Sinne Abweichungen des tatsächlichen vom erwünschten Kapitalstocks der Unternehmen zu jedem Zeitpunkt erlaubt.

In diesen Modellen konnten die Unternehmen ihren Kapitalstock nicht sofort anpassen, da man annahm, daß es keinen „vollkommenen" Markt für Kapitalbestände gab. So konnte ein Unternehmen, das einer Diskrepanz zwischen Grenzproduktivität des Kapitals und Grenzkosten des Kapitals gegenüberstand, nur durch Investitionen oder Desinvestitionen in begrenzter Höhe pro Zeiteinheit darauf reagieren.

In diesem Kapitel wollen wir ein Modell untersuchen, das entsteht, wenn wir die „keynesianische" Investitionsfunktion als Nachfragefunktion nach einer Stromgröße durch die Annahme eines „vollkommenen" Marktes für bestehende Kapitalgüter ersetzen, auf dem die Unternehmen in jedem Zeitpunkt alle gewünschten Kapitalgüter kaufen, verkaufen oder mieten können. Es soll durch diese Vorgehensweise vor allem die wichtige Rolle, die die Investitionsnachfrage der Unternehmen im einfachen „keynesianischen" Modell spielt, hervorgehoben werden.

Weiter werden wir dadurch mit einigen Problemen konfrontiert, die die Eignung des einfachen „keynesianischen" Ein-Sektor-Modells als Mittel zur Darstellung der wesentlichen Grundsätze der **„General Theory"** von Keynes in Frage stellen.

## 1. Das Optimierungsproblem des Unternehmens

Wir nehmen an, daß das Unternehmen alle gewünschten Kapitalgüter zu jedem Zeitpunkt $t$ und zum Preis $p$ des einen Gutes im Modell kaufen kann. Wenn nicht anders angegeben, bleiben alle anderen Merkmale der Unternehmen, Haushalte und des Staates so, wie sie in den vorangegangenen Kapiteln beschrieben wurden.

Wir nehmen auch weiterhin an, daß die Unternehmen keine Schuldverschreibungen ausgeben, obwohl diese Annahme leicht gelockert werden könnte.

Das Ziel des Unternehmens ist die Maximierung seines Gegenwartswerts, der sich einfach als diskontierter Wert seiner Nettoeinnahmen ergibt.

Der Nettoertrag des $i$-ten Unternehmens zum Zeitpunkt $t$ ist

$$p(t)F_i(K_i(t),\, N_i(t)) - w(t)N_i(t) - p(t)(\dot{K}_i(t) + \delta K_i(t))$$

wobei der Index $i$ die Variablen bezeichnet, die sich auf das $i$-te Unternehmen beziehen.

Der erste Ausdruck $p(t)\,Y_i$ bezeichnet die Einnahmen des Unternehmens, der zweite Ausdruck $w(t)N_i$ seine Lohnzahlung und der dritte Ausdruck $p(t)(\dot{K}_i + \delta\, K_i)$ seine laufenden Ausgaben für Kapitalgüter. Es wendet $p(t)\,\delta\, K_i$ auf, um seinen Kapitalstock zu erhalten und $p(t)\,\dot{K}_i$, um ihn um den Betrag $\dot{K}_i$ pro Zeiteinheit zu erhöhen.

Wir nehmen an, daß Schuldverschreibungen und Aktien für die Vermögensbesitzer vollkommene Substitute sind, so daß der Nominalzins auf Schuldverschreibungen die geeignete Diskontrate für die Nettoeinnahmen der Unternehmen ist.

Der Gegenwartswert des Unternehmens zum Zeitpunkt 0 ist folglich

$$V(K_i, N_i, \dot{K}_i, t) = \int_0^\infty e^{-rt}[p(t)F(K_i(t), N_i(t)) - w(t)N_i(t) - p(t)(\dot{K}_i(t) + \delta K(t)] \, dt. \quad (1)$$

Entsprechend wie bei den vorangegangenen Modellen, nehmen wir an, daß die Unternehmen für die Entwicklung des Preises $p(t)$ und des Lohnsatzes $w(t)$ folgende Zeitpfade erwarten:

$$p(t) = pe^{\pi t}, \qquad w(t) = we^{\pi t}$$

wobei $\pi$ die erwartete Inflationsrate ist. So wird aus (1)

$$V(K_i, N_i, \dot{K}_i, t) = \int_0^\infty e^{-(r-\pi)t}[pF(K_i, N_i) - wN_i - p(\dot{K}_i + \delta K_i)] \, dt \quad (1')$$

wobei $K_i$ und $N_i$ Funktionen der Zeit sind.

Der Ausdruck (1′) hat folgende Form:

$$g(y, X, \dot{X}, t) = \int_0^\infty f(y, X, \dot{X}, t) \, dt.$$

Notwendige Bedingungen für einen Extremwert von $g(\ )$ sind die folgenden „Euler-Gleichungen" (vgl. Intriligator, 1971, Kapitel 12)

$$\frac{\partial f}{\partial y} = 0, \quad t \in [0, \infty); \qquad \frac{\partial f}{\partial X} - \frac{d}{dt}\frac{\partial f}{\partial \dot{X}} = 0, \quad t \in [0, \infty).$$

Damit der Ausdruck (1′) ein Maximum erreicht, muß zu jedem Zeitpunkt gelten:

$$e^{-(r-\pi)t}\left(p\frac{\partial F}{\partial N_i} - w\right) = 0 \qquad \text{und} \qquad e^{-(r-\pi)t}\left(p\frac{\partial F}{\partial K_i} - p(r + \delta - \pi)\right) = 0.$$

Diese Bedingungen besagen einfach, daß das Grenzprodukt jedes Faktors der entsprechenden realen Faktorentlohnung gleichgesetzt werden muß:

$$\partial F/\partial N_i = w/p, \quad (2)$$

$$\partial F/\partial K_i = (r + \delta - \pi). \quad (3)$$

Der Ausdruck (3) bedeutet, daß $r + \delta - \pi$ als ein Maß der realen Kapitalkosten angesehen werden sollte, genauso wie $\frac{w}{p}$ für den realen Arbeitslohn steht. Ferner sollte dieses Konzept der Kapitalkosten verwendet werden, um den Gewinn des Unternehmens zu definieren. Dieser ist dann

$$\Pi_i = p(t)F(K_i, N_i) - w(t)N_i - (r + \delta - \pi)p(t)K_i(t). \quad (4)$$

Bemerkenswert ist, daß die Gewinnmaximierung zu jedem Zeitpunkt dann der Maximierung des Gegenwartswerts gleichwertig ist, d. h. zu den gleichen Marginalbedingungen (2) und (3) führt. Die Gleichwertigkeit der beiden Ansätze – Gewinnmaximierung und Maximierung des Gegenwerts – ergibt sich aus der Verwendung der entsprechenden Kapitalkosten bei der Berechnung des Unternehmensgewinns. Die „Kapitalkosten" sind also ein abgeleitetes Konzept: Es ist diejenige Entlohnung des Kapitals, die die Gleichwertigkeit von Maximierung des Gegenwerts und Gewinnmaximierung zu jedem Zeitpunkt gewährleistet.

Auf folgende Weise kann diese Gleichwertigkeit noch deutlicher gemacht werden. Man wendet auf (1′) die Methode der partiellen Integration an, um folgenden Term zu berechnen:

$$\int_0^\infty e^{-(r-\pi)t}\dot{K}\,dt.$$

Setzt man $du = Kdt$, $u = K$, $v = e^{-(r-\pi)t}$ und $dv = -(r-\pi)e^{-(r-\pi)t}dt$ und verwendet die Formel der partiellen Integration

$$\int v\,du = uv - \int u\,dv,$$

so erhält man

$$\int_0^\infty e^{-(r-\pi)t}\dot{K}\,dt = K(t)e^{-(r-\pi)t}\Big|_0^\infty + \int_0^\infty K(r-\pi)e^{-(r-\pi)t}\,dt$$

$$= -K(0) + \int_0^\infty e^{-(r-\pi)t}(r-\pi)K\,dt,$$

wobei wir annehmen, daß $\lim_{t\to\infty} e^{-(r-\pi)t}K(t) = 0$.

Setzt man den obigen Ausdruck in (1′) ein, ergibt sich

$$V(K_i, N_i, \dot{K}_i, t) = pK(0) + \int_0^\infty e^{-(r-\pi)t}[pF(K_i, N_i) - w_iN_i$$

$$- (r - \pi + \delta)pK_i]\,dt.$$

Dies besagt, daß der Wert des Unternehmens sich aus der Summe des Reproduktionswerts seines anfänglichen Kapitalstocks und dem diskontierten Gegenwartswert seiner Gewinne ergibt.

Das Integral auf der rechten Seite wird maximiert, wenn $pF - wN - (r + \delta - \pi)K$ in jedem Augenblick maximiert wird. $V(K_i, N_i, \dot{K}_i, t)$ ist hier als Funktion der vollständigen Zeitpfade von $K_i(t)$, $N_i(t)$, $\dot{K}_i(t)$ und $t$ zu betrachten, wobei $t$ von Null bis Unendlich läuft.

Auf Grund der linearen Homogenität von $F(K, N)$ sind $F_K$ und $F_N$ beide homogen vom Grade Null in $K$ und $N$, d. h. sie hängen nur vom Verhältnis von $N$ zu $K$ ab. Man kann nämlich unter Verwendung der linearen Homogenität von $F$ schreiben:

$$\mu Y = F(\mu K, \mu N).$$

Setzt man $\mu = 1/K$, so erhält man

$$Y/K = F(1, N/K) \equiv f(\lambda),$$

wobei $\lambda \equiv N/K$. Daraus folgt

$$Y = Kf(N/K)$$

und

$$\frac{\partial Y}{\partial N} = Kf'\left(\frac{N}{K}\right)\frac{1}{K} = f'\left(\frac{N}{K}\right) > 0,$$

was zeigt, daß das Grenzprodukt der Arbeit allein vom Verhältnis $N/K$ abhängt. Es läßt sich dann einfach zeigen, daß $f''(N/K) < 0$, so daß sich die Grenzproduktivität der Arbeit entgegengesetzt zur Arbeitsintensität verändert.

Wir können die Grenzproduktivität des Kapitals berechnen als

$$\frac{\partial Y}{\partial K} = \frac{\partial}{\partial K}\left(Kf\left(\frac{N}{K}\right)\right) = f\left(\frac{N}{K}\right) + Kf'\left(\frac{N}{K}\right)\left(-\frac{N}{K^2}\right) = f\left(\frac{N}{K}\right) - \frac{N}{K}f'\left(\frac{N}{K}\right),$$

was zeigt, daß das Grenzprodukt des Kapitals nur vom Verhältnis Arbeit zu Kapital abhängt. Es ist dann einfach zu zeigen, daß sich das Grenzprodukt gleichgerichtet zur Arbeitsintensität verändert.

Sind $w$, $p$ und $r + \delta - \pi$ fest gegeben, so ergeben (2) und (3) zwei unabhängige Lösungen für die Arbeitsintensität des Unternehmens, die im allgemeinen unterschiedlich sein werden.

Solange die Lösungen unterschiedlich sind, kann man zeigen, daß der Gewinn des Unternehmens entweder positiv oder negativ ist, so daß für das Unternehmen ein Anreiz besteht entweder die Produktion unbegrenzt auszuweiten oder sie einzustellen.[1]

Als Folge dieser Anreize ergeben sich im Gesamtmodell Wirkungen, die die Arbeitsintensitäten aus (2) und (3) miteinander in Einklang bringen. Insbesondere werden sich $p$ und $r$ so anpassen, daß (2) und (3) für die gleiche Arbeitsintensität gelten.

Auf jeden Fall ist aber, da (2) und (3) nur das Verhältnis zwischen Arbeit und Kapital bestimmen, die Größe des Unternehmens, gemessen durch $Y$, $N$ oder $K$, genauso unbestimmt, wie seine Wachstumsrate im Zeitverlauf. Dies ist eine Folge der Annahme einer linear homogenen Produktionsfunktion und vollkommen variabler Produktionsfaktoren.

Zur Vereinfachung wollen wir diese Unbestimmtheit in der Größe und der Wachstumsrate des Unternehmens auflösen, indem wir willkürlich annehmen, daß für alle Zeit $\dot{K} = 0$ gilt. Beim optimalen $N_i/K_i$ liefert diese Festlegung von $\dot{K}_i$ einen genauso großen Gegenwartswert, wie alle anderen Zeitpfade von $\dot{K}_i$, so daß sich diese Annahme als harmlos erweist. (Der Leser kann eine analoge Berechnung für

[1] Zur Analyse eines Unternehmens bei vollkommener Konkurrenz mit einer linear homogenen Produktionsfunktion und variablen Produktionsfaktoren siehe Henderson/Quandt (1971).

den Fall $\dot{K}_i > 0$ durchführen.) Unter der Annahme, daß $\dot{K}_i = 0$, wird aus (1′)

$$
\begin{aligned}
V &= [pF(K_i, N_i) - wN_i - \delta pK_i] \int_0^\infty e^{-(r-\pi)t}\,dt \\
&= \frac{pF(K_i, N_i) - w_i N_i - \delta pK_i}{r - \pi} \\
&= \frac{pF(K_i, N_i) - w_i N_i - (r + \delta - \pi)pK_i}{r - \pi} + \frac{r - \pi}{r - \pi} pK_i \\
&= \frac{p[F(K_i, N_i) - F_N N_i - F_K K_i]}{r - \pi} + pK_i .
\end{aligned}
$$

Aber aufgrund der linearen Homogenität von $F$ in Bezug auf $N_i$ und $K_i$ ist der Klammerausdruck Null, so daß der Wert des Unternehmens der Reproduktionswert seines Kapitalstocks $V = pK_i$ ist. Da das Unternehmen keine ausstehenden Verbindlichkeiten hat, ist $V$ gleich dem Nominalwert der Eigenkapitalanteile am Unternehmen. Also ist $q$ immer gleich eins. Die Nominalertragsrate des Eigenkapitals $\varrho$ ist gleich dem Nettoerlös, bezogen auf den Wert des Eigenkapitals, **plus** dem erwarteten Wertzuwachs des Eigenkapitals:

$$
\begin{aligned}
\rho &= \frac{pY_i - wN_i - p\delta K_i}{pK_i} + \frac{\dot{V}}{pK_i} \\
&= \frac{pY_i - wN_i - (r + \delta - \pi)pK_i}{pK_i} + (r - \pi) + \frac{\dot{p}K_i + \dot{K}_i p}{pK_i}.
\end{aligned}
$$

Setzt man, wie oben, $\dot{K}_i$ gleich Null und ersetzt $\dot{p}/p$ durch die Erwartungsgröße $\pi$, so erhält man

$$\rho = r - \pi + \pi = r.$$

Dies bestätigt, daß die Nominalertragsrate des Eigenkapitals gleich dem Wertpapierzins ist.

Wir nehmen nun an, daß alle Unternehmen der Volkswirtschaft ihren Gegenwartswert maximieren, so daß (3) zu jedem Zeitpunkt für jedes Unternehmen gilt. Infolgedessen nehmen wir an, daß für die gesamte Volkswirtschaft in jedem Augenblick die Bedingung für die Grenzproduktivität des Kapitals gilt:

$$F_K(K, N) = r + \delta - \pi. \tag{5}$$

Diese Bedingung wird verwirklicht durch die Möglichkeit der Unternehmen zu jedem Zeitpunkt mit bestehendem Kapital zu handeln.

Wenn $F_K > r + \delta - \pi$, fragen die Unternehmen mehr Kapital nach, wenn $F_K < r + \delta - \pi$, versuchen sie sofort, Kapital abzustoßen.

Eine Fassung von Tobins dynamischem Ein-Sektor-Modell (Tobin, 1955) läßt sich ableiten, wenn man unsere „keynesianische" Investitionsfunktion durch die Marginalbedingung (5) ersetzt.

Ansonsten stimmt das folgende Modell mit unserem „keynesianischen" Modell vollkommen überein.

Es besteht also aus folgenden sechs Gleichungen:

$$Y = F(K, N) \tag{I}$$

$$w/p = F_N \tag{II}$$

$$(r + \delta - \pi) = F_K \tag{III}$$

$$M/p = m(r, Y) \tag{IV}$$

$$C = c(Y - \delta K - T - ((M + B)/p)\pi, r - \pi) \tag{V}$$

$$C + I + G + \delta K = Y. \tag{VI}$$

Endogene Variable des Modells sind $Y, N, C, I, r$ und $p$. Exogene Variable sind $w$, $K$, $\pi$, $\delta$, $G$, $T$, $B$ und $M$. Für den Staat und das Verhalten der Finanzvermögensbesitzer seien die gleichen Einschränkungen angenommen, wie im „keynesianischen" Modell.

Die Analyse der Funktionsweise des Modells wird erleichtert, wenn wir die totalen Differentiale der Gleichungen (I) – (VI) bilden:

$$dY = F_N\, dN + F_K\, dK \tag{i}$$

$$\frac{dw}{p} - \frac{w}{p}\frac{dp}{p} = F_{NN}\, dN + F_{NK}\, dK \tag{ii}$$

$$dr - d\pi = F_{KN}\, dN + F_{KK}\, dK \tag{iii}$$

$$\frac{dM}{p} - \frac{M}{p}\frac{dp}{p} = m_r\, dr + m_Y\, dY \tag{iv}$$

$$\begin{aligned} dC = {} & c_1\, dY - c_1\delta\, dK - c_1\, dT - c_1\frac{M + B}{p}\, d\pi \\ & + c_1\pi\frac{M + B}{p}\frac{dp}{p} + c_2\, dr - c_2\, d\pi \end{aligned} \tag{v}$$

$$dC + dI + dG + \delta\, dK = dY. \tag{vi}$$

Dieses System läßt sich zusammengefaßt in der folgenden Matrixgleichung darstellen:

$$\begin{bmatrix} 1 & -F_N & 0 & 0 & 0 & 0 \\ 0 & -F_{NN} & -\dfrac{w}{p^2} & 0 & 0 & 0 \\ 0 & -F_{KN} & 0 & 1 & 0 & 0 \\ m_Y & 0 & \dfrac{M}{p^2} & m_r & 0 & 0 \\ -c_1 & 0 & -c_1\pi\dfrac{M + B}{p^2} & -c_2 & 1 & 0 \\ 1 & 0 & 0 & 0 & -1 & -1 \end{bmatrix} \begin{bmatrix} dY \\ dN \\ dp \\ dr \\ dC \\ dI \end{bmatrix}$$

$$
= \begin{bmatrix} F_K\,dK \\ -dw/p + F_{NK}\,dK \\ d\pi + F_{KK}\,dK \\ dM/p \\ -c_2\,d\pi - c_1\delta\,dK - c_1\,dT - c_1\,\dfrac{M+B}{p}\,d\pi \\ dG + \delta\,dK \end{bmatrix}.
$$

Bei der Untersuchung der Matrix auf der linken Seite der Gleichung zeigt sich, daß das System block-rekursiv ist: Die $(4 \times 2)$-Nullmatrix im oberen rechten Eck dieser Matrix bedeutet, daß die ersten 4 Gleichungen des Modells ein unabhängiges Subsystem bilden, in dem sich $Y$, $N$, $p$ und $r$ bestimmen lassen.

Darauf aufbauend läßt sich dann durch die fünfte Gleichung der Konsum bestimmen (man beachte, daß die $(5 \times 1)$-Nullmatrix im oberen rechten Eck unserer Matrix bedeutet, daß die ersten fünf Gleichungen ein unabhängiges Subsystem für $Y$, $N$, $p$, $r$ und $C$ bilden). Schließlich erhält man aus der letzten Gleichung die Investition.

Zur Lösung des Systems wollen wir die vier Gleichungen (i) – (iv) zu 2 Gleichungen mit 2 Unbekannten zusammenfassen. Tobin selbst bildete Gleichungen in $p$ und $N$. Um den Vergleich mit unseren früheren Modellen zu erleichtern, wollen wir zwei Gleichungen in $r$ und $Y$ angeben. Die erste Gleichung beschreibt die LM-Kurve und stimmt mit der LM-Kurve im „keynesianischen" System vollkommen überein.

Ihr totales Differential erhalten wir durch Substitution von (i) und (ii) in (iv):

$$
dr = \frac{1}{m_r}\left(\frac{dM}{p} - \frac{M}{p}\frac{dw}{w} + \left(\frac{F_{NN}}{F_N{}^2}\frac{M}{p} - m_Y\right) dY\right). \tag{6}
$$

Die LM-Kurve ist die Abbildung aller Kombinationen von Zinssatz und Produktion, die die Gleichheit von Geldangebot und Geldnachfrage gewährleisten, wie auch der Produktionsfunktion entsprechen, und die Marginalbedingung für die Beschäftigung erfüllen.

Die zweite Kurve stellt die Kombinationen von Produktion und Zinssatz dar, die die Bedingung für die Grenzproduktivität des Kapitals erfüllen.

Sie ist eine Art Gleichgewichtskurve für den Kapitalmarkt, also eine Abbildung der Kombinationen von $r$ und $Y$, bei denen für die Unternehmen ihr bestehender Kapitalstock auch erwünscht ist. Diese Kurve läßt sich aus den Gleichungen (III) und (I) ableiten. Ihr Differential ergibt sich durch Substitution von (i) in (iii):

$$
dr = d\pi + F_{KN}\,dN, \qquad dr = d\pi + (F_{KN}/F_N)\,dY. \tag{7}
$$

Da $F_{KN}$ positiv ist, hat die Gleichgewichtskurve für den Kapitalmarkt eine positive Steigung in der $r$-$Y$-Ebene.

Abb. 1

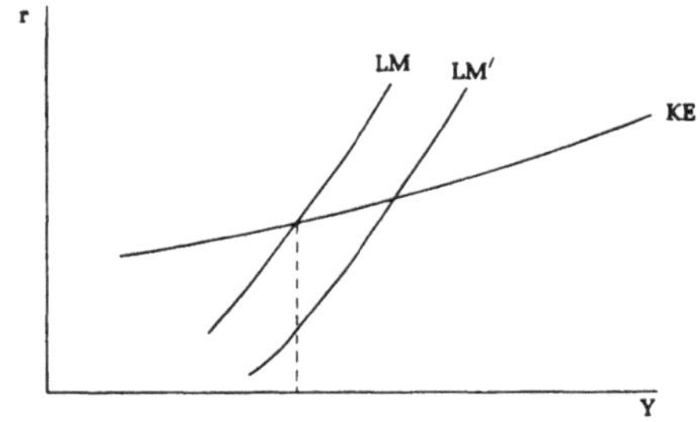


Wir nehmen jedoch eine geringere Steigung an als für die LM-Kurve, was sich als notwendige Stabilitätsbedingung erweisen wird.[2]

Das Modell läßt sich graphisch in Abbildung 1 zusammenfassen, wo sich eine LM-Kurve und eine positiv geneigte Gleichgewichtskurve für den Kapitalmarkt, die wir mit *KE* bezeichnet haben, schneiden.

Der Schnittpunkt der beiden Kurven bestimmt die Lösungen für $r$ und $Y$ in unserem Modell.

Um die Funktionsweise des Modells zu veranschaulichen, wollen wir die Reaktionen von Produktion und Zinssatz auf Veränderungen des Geldangebots und des Lohnsatzes, die die Lage der LM-Kurve beeinflussen, untersuchen, wie auch Reaktionen auf die Veränderung der erwarteten Inflationsrate, die die *KE*-Kurve verschiebt.

Eine Erhöhung des Geldangebots führt, ganz wie in unserem keynesianischen Modell, zu einer Verschiebung der LM-Kurve nach rechts. Beim alten Produktionsniveau könnte ein Portfoliogleichgewicht nur durch eine Zinssenkung erhalten bleiben, da Vermögensbesitzer nur bei einem niedrigeren Zinssatz bereit wären, mehr Geld und weniger Wertpapiere zu halten. Eine Zinssenkung würde aber die Gleichheit zwischen dem Nettogrenzprodukt des Kapitals und dem Realzins beeinträchtigen, so daß die Nachfrage der Unternehmen nach Kapital steigt.

Da aber der Bestand an Kapital fest ist, führt dieser Versuch, mehr Kapital zu erwerben, nur zu einer Preissteigerung für bestehendes Kapital; in unserem Modell ist das der Preis für das eine Gut im Modell.

Die Erhöhung des Preisniveaus würde den Reallohn senken, und damit die Arbeitgeber veranlassen, mehr Arbeitskräfte nachzufragen und die Produktion auszuweiten. Das würde wiederum die Grenzproduktivität des Kapitals erhöhen, und so den Zinssatz, bei dem der bestehende Kapitalstock für die Unternehmen auch erwünscht ist erhöhen.

Die Erhöhung des Preisniveaus und des Produktionsniveaus erfordern jedoch auch zur Erreichung des Portfoliogleichgewichts einen höheren Zinssatz.

Wenn nun die infolge der Produktionserhöhung zur Erreichung des Portfoliogleichgewichts notwendige Zinssatzerhöhung die zur Erreichung des Kapitalmarktgleichgewichts notwendige Zinssatzerhöhung übersteigt, was der Fall ist,

[2] Der Aufsatz von Tobin untersucht, wie sich das Modell verhalten würde, wenn die Stabilitätsbedingung in einem bestimmten Bereich nicht erfüllt wäre.

wenn die LM-Kurve steiler ist als die KE-Kurve,[3] dann gelangt das System zu einem neuen Gleichgewicht bei einer höheren Produktion und einem höheren Zinssatz als im Ausgangsgleichgewicht. Dieser Zustand ist Abbildung 1 dargestellt.

Eine Senkung des Geldlohns wirkt sich in ähnlicher Weise aus, da sie ebenfalls zu einer Verschiebung der LM-Kurve nach rechts führt. Die Senkung des Lohns bewirkt eine Preissenkung, was zur Erhaltung des Portfoliogleichgewichts beim ursprünglichen Einkommensniveau eine Zinssatzsenkung erfordert. Das wiederum stört das Gleichgewicht auf dem Kapitalmarkt, was die Unternehmen zu erhöhter Nachfrage nach Kapital veranlaßt, so eine Erhöhung des Preisniveaus bewirkt, die Produktion anregt und schließlich infolge der Wirkungen der gestiegenen Produktion auf die Geldnachfrage und das Grenzprodukt des Kapitals zu einer Umkehrung der fallenden Tendenz des Zinssatzes führt. Eine Senkung des Geldlohns bewirkt also eine Erhöhung sowohl der Produktion, als auch des Zinssatzes.

Die Wirkung einer Erhöhung der erwarteten Inflationsrate $\pi$ ist in Abbildung 2 dargestellt. Sie bedeutet eine Verschiebung der KE-Kurve um den Betrag nach oben, um den sich $\pi$ erhöht hat. Beim alten Produktionsniveau beeinträchtigt diese Veränderung die Gleichheit zwischen Grenzproduktivität des Kapitals und Kapitalkosten, was die Unternehmen zu erhöhter Kapitalnachfrage anregt, und so wiederum bewirkt, daß Preisniveau und Produktion steigen. Dies erhöht das Grenzprodukt des Kapitals und impliziert, daß zur Wiederherstellung eines Gleichgewichts die Erhöhung des Zinssatzes letztendlich größer sein muß, als die Erhöhung von $\pi$.

Analytisch erhält man die Ergebnisse des Modells, wenn man (6) und (7) gleichgesetzt, und dann nach $dY$ auflöst. Man erhält so das Differential der reduzierten Form von $Y$:

$$\left[\frac{1}{m_r}\left(\frac{F_{NN}}{F_N{}^2}\frac{M}{p} - m_Y\right) - \frac{F_{KN}}{F_N}\right] dY = d\pi - \frac{1}{m_r}\frac{dM}{p} + \frac{1}{m_r}\frac{M}{p}\frac{dw}{w}. \tag{8}$$

Wenn die Stabilitätsbedingungen erfüllt sind, ist der Koeffizient von $dY$ positiv. So ist gewährleistet, daß $Y$ positiv mit $\pi$ und $M$ und negativ mit $w$ korrelliert ist.

**Abb. 2**

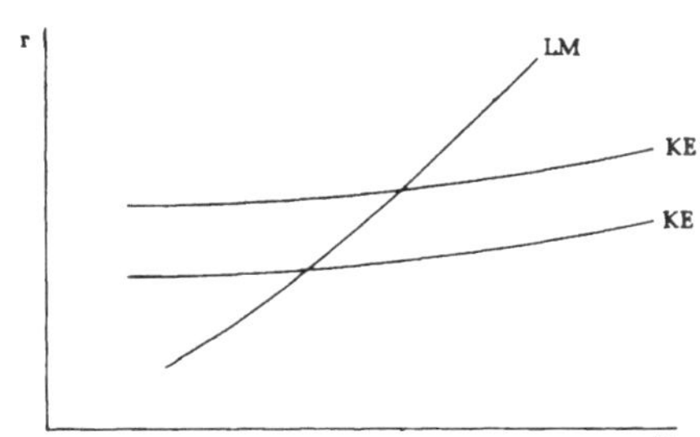


[3] Dies ist eine notwendige, aber keine hinreichende Bedingung für Stabilität. Der Leser ist aufgefordert, die Stabilitätsbedingungen analog zu Kapitel I und II zu bestimmen. Es sei angenommen, daß die Preise steigen, wenn $F_K > r + \delta - \pi$, und der Zinssatz sich erhöht, wenn $m(r, Y) > M/p$.

Wie Ausdruck (8) erkennen läßt, hat Fiskalpolitik keinen Einfluß auf das Produktionsniveau zu einem Zeitpunkt. Weder $dG$ noch $dT$ erscheinen in (8). Darüberhinaus spielt die Konsumfunktion, und damit implizit auch der keynesianische Multiplikator, keine Rolle für die Bestimmung des Produktionsniveaus. Auf der anderen Seite erweist sich die Geldpolitik als wichtiger Faktor für die Bestimmung des Produktionsniveaus, jedoch nicht aufgrund der Beeinflussung der geplanten Konsum- und Investitionsausgaben, was in unserem „keynesianischen" Ein-Sektor-Modell die einzige Form war, in der Geld eine Wirkung erzielen konnte.

Stattdessen erzielt Geld eine Wirkung durch Beeinträchtigung des Gleichgewichts auf dem Markt für bestehendes Kapital. Das regt die Unternehmen zum Kauf oder Verkauf von Kapital an, was wiederum Preisänderungen hervorruft, die bei festem Nominallohn die Voraussetzung für Produktionsveränderungen bilden.

Sind einmal Produktion und Zinssatz durch (6) und (7) bestimmt, lassen sich die Beschäftigung und das Preisniveau einfach aus Gleichungen (I) und (IV) errechnen. Der Konsum wird durch Gleichung (V) bestimmt, und die Investition schließlich durch Gleichung (VI).

Bemerkenswert ist, daß Fiskalpolitik wichtig ist für die Bestimmung von $\dot{K}$ und somit für die Wachstumsrate der Volkswirtschaft im Zeitverlauf, selbst wenn sie nicht in der Lage ist, Produktionsniveau, Beschäftigung, Preisniveau und Zinssatz zu einem Zeitpunkt zu beeinflussen.

## 2. Interpretation als spezielles Zwei-Sektoren-Modell

Wie kommt es, daß eine Erhöhung der Staatsausgaben oder eine Steuersenkung nicht in der Lage sind, Beschäftigung und Produktion zu einem Zeitpunkt zu beeinflussen? Am besten läßt sich der Mechanismus, der jegliche Wirksamkeit der Fiskalpolitik verhindert, erklären, indem man Tobins Modell als Sonderfall eines Zwei-Sektoren-Modells betrachtet, in dem zwischen Konsum- und Investitionsgütern unterschieden wird.

Die Produktion des Investitionsgutes $Y_I$ erfolgt gemäß der linear homogenen Produktionsfunktion

$$Y_I = I(K_I, N_I), I_K, I_N, I_{KN} > 0, I_{NN}, I_{KK} < 0,$$

wobei $K_I$ das in der Investitionsgüterindustrie eingesetzte Kapital und $N_I$ die Beschäftigung in der Investitionsgüterindustrie ist.

Die Produktion des Konsumgutes $Y_C$ erfolgt gemäß der linear homogenen Produktionsfunktion

$$Y_c = C(K_c, N_c), \qquad C_K, C_N, C_{KN}, > 0; \qquad C_{NN}, C_{KK} < 0,$$

wobei $K_C$ und $N_C$ Kapitaleinsatz und Beschäftigung in der Konsumgüterindustrie sind.

Der Preis des Kapitalgutes ist $p_1 p$, der des Konsumgutes ist $p$. Die Unternehmen beider Industriezweige seien in der Lage, jede bei einem bestimmten Nominallohn $w$ gewünschte Beschäftigung zu realisieren, das bei einem bestimmten Preis $p_1 p$ gewünschte Kapital zu erwerben und zum jeweiligen Produktpreis jede gewünschte Produktionsmenge zu verkaufen. Es existieren also vollkommene Märkte für Kapital und Arbeit. Die Unternehmen beider Industriezweige maximieren ihren Gewinn durch Variationen der Beschäftigung und des Kapitaleinsatzes.

Die Gewinne in der Kapitalgüterindustrie sind

$$\Pi_I = p_1 p I(K_I, N_I) - wN_I - (r + \delta - \pi)p_1 p K_I,$$

was zu folgenden Marginalbedingungen führt:

$$I_K = r + \delta - \pi, \qquad I_N = \frac{1}{p_1}\frac{w}{p}.$$

In der Konsumgüterindustrie sind die Gewinne

$$\Pi_c = pC(K_c, N_c) - wN_c - (r + \delta - \pi)p_1 p K_c,$$

was zu folgenden Marginalbedingungen führt:

$$C_K = p_1(r + \delta - \pi), \qquad C_N = w/p.$$

Neben der Erfüllung der obigen Marginalbedingungen fordern wir noch Markträumung für bestehendes Kapital, d. h. $K_I + K_C = K$, wobei $K$ die Gesamtmenge des vorhandenen Kapitals ist.

Unsere Annahmen über die Vermögensstrukturierung und das Sparverhalten der Haushalte bleiben unverändert, wobei $Y = p_1 Y_I + Y_C$, das Sozialprodukt gemessen in Einheiten des Konsumguts, in der Bedingung für das Vermögensgleichgewicht und in der Konsumfunktion auftaucht.

Zusammenfassend erhalten wir folgende Modellgleichungen:

$$Y = p_1 Y_I + Y_c \tag{9}$$

$$Y_I = I(K_I, N_I) \tag{10}$$

$$Y_c = C(K_c, N_c) \tag{11}$$

$$I_K = r + \delta - \pi \tag{12}$$

$$I_N = \frac{1}{p_1}\frac{w}{p} \tag{13}$$

$$C_K = p_1(r + \delta - \pi) \tag{14}$$

$$C_N = \frac{w}{p} \tag{15}$$

$$K_I + K_c = K \tag{16}$$

$$Y_c = c\left(Y - \delta K - T - \frac{M + B}{p}\pi; r - \pi\right) + G \tag{17}$$

$$\frac{M}{p} = m(r, Y). \tag{18}$$

Wir haben also ein System von zehn Gleichungen für die zehn endogenen Variablen

$Y$, $Y_I$, $Y_C$, $N_I$, $N_C$, $K_I$, $K_C$, $r$, $p_1$ und $p$. Exogene Variablen sind $w$, $M$, $T$, $G$, $K$, $B$ und $\pi$. Wichtig ist unsere Annahme, daß die Staatsausgaben als Konsumgüterkäufe in der Höhe $G$ erfolgen. (Zu einer Analyse dieses Modells siehe Henderson/Sargent, 1973.)

Wir betrachten nun den Spezialfall, in dem die Produktionsfunktionen $I(\,,\,)$ und $C(\,,\,)$ identisch sind, so daß

$$I(K, N) = C(K, N) = F(K, N).$$

Unter Verwendung von (12) und (13) erhalten wir

$$\frac{F_K}{F_N} = \frac{I_K}{I_N} = \frac{p_1(r + \delta - \pi)}{w/p}. \tag{19}$$

Unter Verwendung von (14) und (15) ergibt sich

$$\frac{F_K}{F_N} = \frac{C_K}{C_N} = \frac{p_1(r + \delta - \pi)}{w/p}. \tag{20}$$

Aufgrund der linearen Homogenität von $F(K, N)$ gilt

$$F_K(K, N) = F_K(K/N, 1) \qquad \text{und} \qquad F_N(K, N) = F_K(K/N, 1),$$

so daß $F_K/F_N$ eine Funktion von $K/N$ mit folgender Ableitung ist:

$$\frac{d(F_K/F_N)}{d(K/N)} = \frac{F_N F_{KK} - F_K F_{NK}}{F_N{}^2} < 0. \tag{21}$$

Eine Erhöhung der Kapitalintensität führt zu einer Senkung von $F_K/F_N$.

Die Ungleichung (21) hat zur Folge, daß wir die obige Relation auch umkehren können und so die Kapitalintensität als Funktion von $F_K/F_N$ erhalten:

$$\frac{K}{N} = \xi\left(\frac{F_K}{F_N}\right), \qquad \xi' = \left(\frac{F_N{}^2}{F_N F_{KK} - F_K F_{NK}}\right) < 0. \tag{22}$$

Aufgrund der Gleichungen (19) und (20) erhalten wir

$$\frac{F_K(K_I, N_I)}{F_N(K_I, N_I)} = \frac{F_K(K_c, N_c)}{F_N(K_c, N_c)} = \frac{p_1(r + \delta - \pi)}{w/p}.$$

Zusammen mit Gleichung (22) bedeutet das

$$\frac{K_I}{N_I} = \frac{K_c}{N_c} = \xi\left(\frac{p_1(r + \delta - \pi)}{w/p}\right),$$

so daß die Kapitalintensitäten in beiden Industriezweigen identisch sind. Setzt man (15) zu (13) ins Verhältnis, so ergibt sich

$$C_N/I_N = p_1.$$

Da aber $K_I/N_I = K_C/N_C$, ergibt sich $C_N = I_N$, so daß aufgrund der obigen Gleichung $p_1 = 1$ ist.

Infolge des Euler-Theorems erhalten wir nun

$$\begin{aligned} Y &= p_1 Y_I + Y_c \\ &= p_1(F_K K_I + F_N N_I) + (F_K K_c + F_N N_c) \\ &= (p_1 F_K K_I + F_K K_c) + (p_1 F_N N_I + F_N N_c) \\ &= F_K\left(\frac{K}{N}, 1\right)K + F_N\left(\frac{K}{N}, 1\right)N \\ &= F(K, N), \end{aligned} \tag{23}$$

wobei $N = N_C + N_I$.
Da auch gilt

$$\frac{K_I}{N_I} = \frac{K_c}{N_c} = \frac{K_I + K_c}{N_I + N_c},$$

ist darüberhinaus

$$F_K(K_c, N_c) = F_K(K_I, N_I) = F_K(K, N), \tag{24}$$

$$F_N(K_c, N_c) = F_N(K_I, N_I) = F_N(K, N). \tag{25}$$

Aufgrund von $Y = F(K, N)$ und $p_1 = 1$ ergibt sich

$$Y_I + Y_c = F(K, N),$$

als „Transformationskurve" zwischen $Y_I$ und $Y_C$ mit der Steigung $-1$ und dem Achsenabschnitt $F(K, N)$. Diese Kurve gibt die maximal mögliche Produktion $Y_I$ (oder $Y_C$) bei gegebenen Werten von $K$, $N$ und $Y_C$ (oder $Y_I$) an. Wir erhalten die Transformationskurve, indem wir $Y_I = F(K_I, N_I)$ unter der Nebenbedingung $\bar{Y}_C = F(K - K_I, N - N_I)$ maximieren, also durch einfache Maximierung von

$$J = F(K_I, N_I) + \lambda(\bar{Y}_c - F(K - K_I, N - N_I)),$$

wobei $\lambda$ der Lagrange-Multiplikator ist.

Die ersten Ableitungen ergeben dann folgende Bedingungen:

$$\frac{\partial J}{\partial K_I} = F_{K_I} + \lambda F_{K_c} = 0, \qquad \frac{\partial J}{\partial N_I} = F_{N_I} + \lambda F_{N_c} = 0,$$

$$Y_c = F(K - K_I, N - N_I).$$

Teilt man die erste Marginalbedingung durch die zweite, ergibt sich

$$F_{K_I}/F_{N_I} = F_{K_c}/F_{N_c}.$$

Daraus folgt wegen der linearen Homogenität von $F(\ )$

$$K_I/N_I = K_c/N_c = K/N,$$

was, wiederum aufgrund der linearen Homogenität von $F$, bedeutet, daß

$$F_{K_I}(K_I, N_I) = F_{K_c}(K_c, N_c) = F_K(K, N),$$
$$F_{N_I}(K_I, N_I) = F_{N_c}(K_c, N_c) = F_N(K, N).$$

Das Euler-Theorem impliziert dann, daß

$$\begin{aligned} Y_I + Y_c &= F_{K_c}(K_c, N_c)K_c + F_{N_c}(K_c, N_c)N_c + F_{K_I}(K_I, N_I)K_I + F_{N_I}(K_I, N_I)N_I \\ &= F_K(K, N)K + F_N(K, N)N \\ &= F(K, N). \end{aligned}$$

Da die Transformationskurve die Steigung $-1$ hat, muß $p_1$ gleich eins sein, solange die Marginalbedingungen für die Produktionsfaktoren Geltung haben und sowohl $Y_I$ als auch $Y_C$ positiv sind.

Als Folge von (23) – (25) und der Tatsache, daß $p_1 = 1$, kann nun für den Sonderfall identischer Produktionsfunktionen in beiden Industriezweigen das aus den Gleichungen (9) – (18) bestehende Modell zum folgenden System zusammengefaßt werden:

$$\begin{aligned} Y &= F(K, N) \\ r + \delta - \pi &= F_K(K, N) \\ w/p &= F_N(K, N) \\ Y &= Y_c + Y_I \\ Y_c &= c\left(Y - T - K - \frac{M + B}{p}\pi, r - \pi\right) + G \\ M/p &= m(r, Y). \end{aligned}$$

Dieses enthält sechs Gleichungen für die endogenen Variablen $Y, N, r, p, Y_C$ und $Y_I$ und die exogenen Variablen $M, w, B, \pi, G, T$ und $K$. Dieses Modell ist identisch mit Tobins dynamischem Ein-Sektor-Modell.

Wir sind nun in der Lage, zu untersuchen, warum Veränderungen von $G$ keinen Einfluß auf das gesamtwirtschaftliche Produktions- und Beschäftigungsniveau haben. Angenommen, $G$ erhöht sich um $dG$. Im Modell ergibt sich daraus eine Erhöhung von $Y_C$ um $dG$, während $Y_I$ um $dG$ sinkt, so daß sich Kapitaleinsatz und Beschäftigung in den beiden Industriezweigen wie folgt verändern:

$$dN_c = \frac{N_c}{Y_c}dG = \frac{N_I}{Y_I}dG = -dN_I, \qquad dK_c = \frac{K_c}{Y_c}dG = \frac{K_I}{Y_I}dG = -dK_I.$$

Die Werte von $p_1, p, w$ und $r$ bleiben bei diesen Änderungen fest, so daß sowohl der Arbeitskoeffizient, als auch der Kapitalkoeffizient unverändert bleibt. Man beachte, daß aufgrund der Annahme identischer Produktionsfunktionen für beide Industriezweige $N_C/Y_C = N_I/Y_I$ und $K_C/Y_C = K_I/Y_I$ ist.

Welche Marktkräfte veranlassen nun die Produzenten der Investitionsgüter auf genau die Kapital- und Arbeitsmengen zu verzichten, die die Produzenten der Konsumgüter benötigen, um die gestiegene Nachfrage nach ihrer Produktion befriedigen zu können?

Bei den anfänglichen Gleichgewichtswerten für $Y$, $Y_I$ und $Y_C$ hat die durch die Erhöhung von $G$ bewirkte Nachfragesteigerung nach Konsumgütern zur Folge, daß sich $p$ „leicht erhöht", während $p_1 p$ konstant bleibt.

Das bedeutet eine Erhöhung der Gewinne bei den Konsumgüterproduzenten, während die Gewinne in der Investitionsgüterindustrie unverändert bleiben:

$$\left.\frac{d\Pi_I}{dp}\right|_{d(p_1 p)=0} = 0, \qquad \left.\frac{d\Pi_c}{dp}\right|_{d(p_1 p)=0} = Y_c > 0.$$

Die Verzinsung des Kapitals in der Konsumgüterindustrie übersteigt damit die Kapitalverzinsung in der Investitionsgüterindustrie. Die Unternehmen in der Konsumgüterindustrie werden also mehr Kapital nachfragen und die Unternehmen der Investitionsgüterindustrie werden es ihnen verkaufen bzw. vermieten, um für sich die höchstmögliche Kapitalverzinsung zu erreichen.

Wir stark muß nun $p$ steigen, damit diese Veränderung der Verteilung von Kapital und Arbeit zustandekommt? Die geringste Erhöhung von $p$ (oder Senkung von $p_1$) ist ausreichend, um eine beliebig große Veränderung der Verteilung von Kapital und Arbeit zwischen den Industriezweigen herbeiführen. Das heißt, wenn $p_1$ unter eins fällt, wird sich das System entlang der Transformationskurve auf das Eck zu bewegen, wo alle Ressourcen auf die Produktion von Konsumgütern verwendet werden.

Folglich bleiben im Gleichgewicht $p$ und $p_1$, wie auch $Y$ und $M$ auf ihrem ursprünglichen Niveau. Denn sollte $p_1$ unter eins fallen, würden alle Ressourcen auf die Produktion von Konsumgütern verwendet, was sicher kein Gleichgewicht sein kann, vorausgesetzt, der ursprüngliche Wert von $Y_I$ übersteigt das neue Niveau von $G$.

### 3. Investition und Sparen

Man beachte, daß sich die Höhe der Nettoinvestition der Volkswirtschaft als „Residualgröße" aus Gleichung (VI) ergibt. Setzt man in Gleichung (VI) die Definition für das verfügbare Einkommen ein, so läßt sie sich auch folgendermaßen schreiben:

$$I + G = S + T + \frac{M + B}{p}\pi.$$

Unter der Annahme, daß der Staatshaushalt ausgeglichen, $G$ also gleich $T$ ist, und die erwartete Inflationsrate Null ist, erhalten wir dann

$$I = S, \tag{26}$$

als die vertraute Gleichheit zwischen Investition und Ersparnis.

Im Anschluß an die Veröffentlichung der **„General Theory"** von Keynes gab es einige Meinungsverschiedenheiten über die Bedeutung dieser Gleichheit, die natürlich sowohl im „klassischen" und „keynesianischen" Modell, wie auch im hier untersuchten Modell besteht.

Insbesondere drehte sich die Diskussion darum, ob die Investition, wie sie in (26) erscheint, als „geplante" bzw. **ex ante** Investition interpretiert werden sollte oder nicht und ob man in der Gleichheit eine Gleichgewichtsbedingung oder eine zwangsläufige Beziehung zwischen **ex post** Größen sehen sollte. Diese alten Meinungsverschiedenheiten sind im Hinblick auf das Tobinsche Modell von gewissem Interesse, da dieses keine ex ante Investitionsnachfragefunktion enthält. Dementsprechend ist (26) hier nicht als gleichgewichtige Beziehung zwischen ex ante Größen zu verstehen, sondern es besagt vielmehr, daß die Sparvorhaben realisiert werden, und dann zusammen mit den fiskalpolitischen Variablen die Kapitalbildung der Volkswirtschaft festlegen. In diesem Sinn ist die Investition vollkommen von der „Angebotsseite" her bestimmt, d. h. durch den freiwilligen Konsumverzicht von Konsumenten und Staat. Man beachte, daß das Modell das Einverständnis der Unternehmen mit jeder auf diese Weise bestimmten Investition gewährleistet. Die Höhe der Investition bestimmt die weitere Entwicklung des Kapitalstocks.

Das Modell erzeugt dann Zeitpfade für die Preise, den Zinssatz und die Produktion, die sicherstellen, daß der zu jedem Zeitpunkt jeweils bestehende Kapitalstock für die Unternehmen auch erwünscht ist.

In diesem Modell ist es also nicht zweckmäßig, zwischen geplanter und realisierter Investition zu unterscheiden.[4]

Das Modell kommt offensichtlich zu eher „monetaristischen" Aussagen. Fiskalpolitik hat keinerlei Bedeutung, Änderungen des Geldangebots dagegen haben Auswirkungen auf die Produktion zu einem Zeitpunkt. Überdies erzielt Geld diese Wirkung nicht über eine Beeinflussung der geplanten Konsum- und Investitionsausgaben, wie im Falle des keynesianischen Modells, sondern durch seinen Einfluß auf dem Markt für bestehendes Sachkapital. Von der veränderten Nachfrage auf diesem Markt geht dann ein Druck auf das Preisniveau aus, dessen Änderungen schließlich Auswirkungen auf die Produktion zu einem Zeitpunkt ermöglichen.

Aus dieser Sicht ist es nicht überraschend, daß Monetaristen gelegentlich die wichtige Rolle von Märkten für Sachkapitalbestände für den Transmissionsprozeß einer Geldangebotsänderung betont haben. (Siehe zum Beispiel Friedman und Meiselman 1963, insbesondere S. 217–222.)

Die Wirkungslosigkeit der Fiskalpolitik im Rahmen dieses Modells mag seltsam erscheinen, angesichts der Keynesschen Aussagen zur Grenzeffizienz des Kapitals, die darauf schließen lassen, daß im formalen Modell der **General Theory** ein vollkommener Markt besteht, auf dem die Unternehmen bestehendes Sachkapital zu jeder Zeit kaufen und verkaufen können. (Siehe Keynes 1937, insbesondere S. 221–222 des Nachdrucks bei Clower.) Die Grenzeffizienz des Kapitals wurde als diejenige Diskontrate definiert, die zu einem Gegenwartswert der Erträge eines Kapitalguts in der Höhe seines Anschaffungspreises führt. Keynes meinte, daß die Unternehmen ihren Kapitalbestand solange ausdehnen werden, bis die Grenzeffizienz des Kapitals gleich dem Zinssatz ist, was, wie er betonte, gleichbedeutend mit der Annahme sei, daß die Unternehmen ihren Gegenwartswert maximieren.[5]

---

[4] Man kann durchaus die Meinung vertreten, daß das vorliegende Modell die keynesianischen Ansichten über die Bestimmungsgründe der Kapitalbildung korrekter wiedergibt, als unser „keynesianisches" Modell. Auf diese Weise trägt es zur Erklärung des Keynesschen Standpunkts in der gerade erwähnten Diskussion um die Gleichheit zwischen Investition und Ersparnis bei.

[5] Keynes wies auch darauf hin, daß seine Grenzeffizienz des Kapitals gleichbedeutend ist mit Irving Fishers "rate of return over cost". Siehe dazu "General Theory", Kapitel 11. Zur Analyse des Konzepts der internen Verzinsung siehe Alchian (1955).

Aus der Sicht unseres Ein-Sektor-Modells sind die Kosten einer zusätzlichen Kapitaleinheit ganz einfach der herrschende Preis $p$ für das eine Gut im Modell.

Die laufenden Nettoerträge einer zusätzlichen Kapitaleinheit zum Zeitpunkt sind $p(t)F_K - p(t)\delta$. Also ist die Grenzeffizienz des Kapitals $\xi$ als die Diskontrate definiert, die die folgende Gleichung erfüllt:

$$p = \int_0^\infty e^{-\xi t}[p(t)F_K - \delta p(t)]\,dt.$$

Angenommen, daß für $p(t)$ der Zeitpfad $p(t) = pe^{\pi t}$ erwartet wird, so vereinfacht sich die obige Gleichung zu

$$p = (pF_K - p\delta)\int_0^\infty e^{-(\xi-\pi)t}\,dt, \qquad p = \frac{pF_K - p\delta}{\xi - \pi}.$$

Die Grenzeffizienz des Kapitals ist also $\xi = F_K + \pi - \delta$. Nach Keynes kaufen oder verkaufen die Unternehmen solange Kapital, bis $\xi$ gleich $r$ ist: $r = \xi = F_K + \pi - \delta$; das läßt sich aber auch schreiben als $F_K = r + \delta - \pi$, so daß es gleichbedeutend mit der Marginalbedingung für den Kapitaleinsatz bei Maximierung des Gegenwartswerts ist.

## Übungsaufgaben

**1.** Man betrachte eine Volkswirtschaft, wie sie durch die folgenden Gleichungen beschrieben wird:

$$\begin{aligned}
Y &= F(K, N) && \text{wobei} \quad F_K, F_N, F_{KN} > 0; \quad F_{NN}, F_{KK} < 0\\
w/p &= F_N\\
r &= F_K\\
C &= C(Y - T) && \text{wobei} \quad 0 < C' < 1\\
Y &= C + I + G\\
M/p &= H(r, C + I) && \text{wobei} \quad H_r < 0, \quad H_{C+I} > 0.
\end{aligned}$$

$Y$ bezeichnet das BSP, $N$ die Beschäftigung, $K$ das eingesetzte Kapital, $w$ den Nominallohn, $p$ das Preisniveau, $C$ den Konsum, $I$ die Investition, $T$ die Steuern abzüglich Transferzahlungen, $G$ die Staatsausgaben und $M$ das Geldangebot. Exogene Variablen sind $K$, $M$, $G$, $T$ und $w$. Endogen sind $Y$, $N$, $C$, $I$, $r$ und $p$.

Beschreiben Sie die Auswirkungen auf alle sechs endogenen Variablen bei

A. einer Erhöhung von $M$ durch Offenmarktoperationen
B. einer Erhöhung von $T$
C. einer Erhöhung von $G$.

**2.** Man betrachte eine Volkswirtschaft, wie sie durch die folgenden Gleichungen beschrieben wird:

| | | | |
|---|---|---|---|
| $Y = F(K, N)$ | wobei | $F_K, F_N, F_{KN} > 0$; $F_{NN}, F_{KK} < 0$ | (Produktionsfunktion) |
| $w/p = F_N$ | | | (Marginalbedingung für die Beschäftigung) |
| $r = F_K$ | | | (Marginalbedingung für den Kapitaleinsatz) |
| $C = C(Y_D)$ | wobei | $0 < C' < 1$ | (Konsumfunktion) |
| $Y_D = Y - T$ | | | |
| $C + I + G = Y$ | | | |
| $M/p = m(r, Y_D)$ | wobei | $m_r < 0$, $m_{r_D} > 0$ | (Bedingung für das Vermögensgleichgewicht) |

Endogene Variable sind:
$Y$ = BSP
$N$ = Beschäftigung
$p$ = Preisniveau
$I$ = Investition
$C$ = Konsum
$r$ = Zinssatz
$Y_D$ = verfügbares Einkommen

Exogene Variable sind:
$K$ = Kapitalstock
$w$ = Nominallohn
$T$ = Steueraufkommen
$M$ = Geldmenge als Verschuldung des Staates
$G$ = Staatsausgaben

Beschreiben Sie die Auswirkungen auf die endogenen Variablen bei:

A. einer Erhöhung des Nominallohns
B. einer Erhöhung der Staatsausgaben
C. einer Steuererhöhung

## Literaturhinweise:


Alchian, A. A. (1955). "The Rate of Interest, Fisher's Rate of Return Over Cost and Keynes' Internal Rate of Return." *The American Economic Review*, Vol. XLV, No 5, pp. 938–942.

Friedman, M., and Meiselman, D. (1963). "The Relative Stability of Monetary Velocity and the Investment Multiplier in the United States, 1897–1958." *Stabilization Policies*, pp. 217–222. Commission on Money Credit, Englewood Cliffs, New Jersey: Prentice-Hall.

Henderson, D. W., and Sargent, T. (1973). "Monetary and Fiscal Policy in a Two-Sector-Aggregative Model." *American Economic Review*, Vol. LXIII, No. 3, pp. 345–365.

Henderson, J. M., and Quandt, R. E. (1971). *Microeconomic Theory*, 2nd ed. New York: McGraw-Hill.

Hirshleifer, J. (1958). "On the Theory of Optimal Investment Decision." *The Journal of Political Economy*, Vol. LXVI, No. 4, pp. 329–352.

Intriligator, M. D. (1971). *Mathematical Optimization and Economic Theory*, Chapter 12. Englewood Cliffs, New Jersey: Prentice-Hall.

Keynes, J. M. (1937). "The General Theory of Employment." *The Quarterly Journal of Economics*, Vol. LI, No. 2, pp. 209–223. Reprinted in R. Clower, ed. (1969). *Monetary Theory*, pp. 215–225. Baltimore, Maryland: Penguin Book Ltd.

Tobin, J. (1955). "A Dynamic Aggregative Model." *The Journal of Political Economy*, Vol. LXIII, No. 2, pp. 103–115.

# Kapitel IV
# Ausgewählte Probleme der Makroökonomik

## 1. Die „Real-Bills"-Doktrin

Bis jetzt haben wir das Geldangebot als Parameter betrachtet, der auf irgendeine Weise durch den Staat exogen festgelegt wird. Der Staat hat es jedoch nicht immer als seine Aufgabe betrachtet, das Geldangebot zu kontrollieren, selbst wenn er dazu in der Lage gewesen wäre. Stattdessen hielt man es oft für zweckmäßiger, daß die geldpolitischen Instanzen den Zinssatz in einer angemessenen Höhe festsetzen, so daß sich die Geldmenge einstellen kann, die zur Befriedigung der bei diesem Zins herrschenden Geldnachfrage notwendig ist.

In der Tat hat man bei der Errichtung des "Federal-Reserve-System" in den Vereinigten Staaten einen solchen Grundsatz in das ursprüngliche Gesetz aufgenommen. Er wurde bekannt als "real-bills"-Doktrin.

Man war der Meinung, daß sich die Geldmenge ganz von selbst richtig einstellen würde, wenn die geldpolitischen Institutionen nur dafür Sorge tragen, daß die Banken immer ausreichend Reserven zur Verfügung haben, um die Kreditnachfrage befriedigen zu können, die sich bei einem Zins, der „in Einklang mit den Bedürfnissen von Handel und Gewerbe steht", zur Finanzierung „realer" (im Gegensatz zu „spekulativen") Investitionen ergab.

Wir wollen nun die Auswirkungen einer solchen Bestimmung im Rahmen des bereits besprochenen „klassischen Modells" untersuchen. Sie hat zur Folge, daß der Zins zu einer exogenen Variablen wird, festgelegt durch die geldpolitischen Instanzen, das Geldangebot dagegen wird endogen.

Zur Erreichung des gewünschten Zinssatzes führt die geldpolitische Instanz einfach die dazu erforderlichen Offenmarktoperationen durch, d. h. sie ist bereit, zum angekündigten Zinssatz staatliche Schuldverschreibungen in beliebiger Menge zu kaufen oder zu verkaufen.

Betrachten wir nun die Fassung des „klassischen" Modells, wie es in Kapitel I besprochen wurde, bestehend aus den folgenden sieben Gleichungen:

$$Y = F(K, N) \tag{1}$$

$$w/p = F_N(K, N) \tag{2}$$

$$N = N^S(w/p) \tag{3}$$

$$C = c\left(Y - T - \delta K - \frac{M + B}{p}\pi, r - \pi\right) \tag{4}$$

$$I = I(q(K, N, r - \pi) - 1) \tag{5}$$

$$C + I + G + \delta K = Y \tag{6}$$

$$M/p = m(r, Y). \tag{7}$$

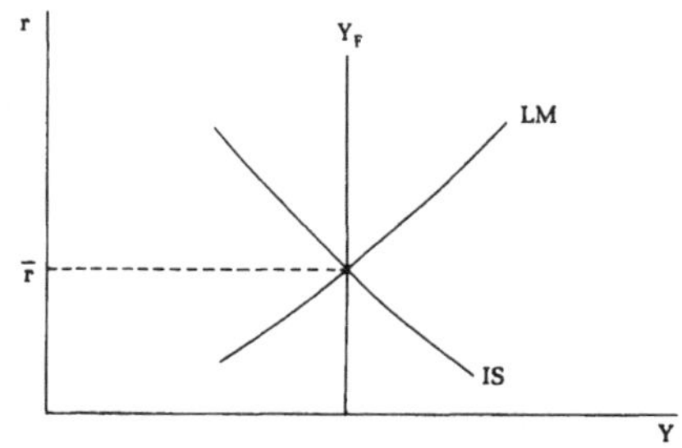


**Abb. 1**

Endogene Variable sind $Y, N, p, w, C, I$ und $M$; exogen sind dagegen $G, T, K, \pi$ und $r$.

Es sei angenommen, daß die geldpolitische Instanz $r$ festlegt und folglich sich das Geldangebot so einspielt, daß es der bei diesem Zins herrschenden Geldnachfrage gleich ist.

Da allein die Gleichungen (1)–(3) $Y$, $N$ und $w/p$ bestimmen, ist das System blockrekursiv. $Y$ ist somit gegeben und es lassen sich mit den drei Gleichungen (4)–(6) drei weitere endogene Variablen, $C$, $I$ und $p$, bestimmen. Schließlich erhält man, nachdem nun auch $Y$ und $p$ bekannt sind, aus der letzten Gleichung $M$.

Die Funktionsweise des Modells läßt sich durch Abbildung 1 veranschaulichen. Der Zinssatz sei durch die Geldpolitik auf $\bar{r}$ festgesetzt. Aus den ersten drei Gleichungen ergibt sich die Produktion bei Vollbeschäftigung, die wir mit $Y_F$ bezeichnen. Die drei folgenden Gleichungen bestimmen das Niveau der gesamtwirtschaftlichen Nachfrage, das beim festgelegten Zins $\bar{r}$ gleich $Y_F$ ist. Da $\bar{r}$ fest ist und daher die Ausgleichsfunktion zwischen gesamtwirtschaftlicher Nachfrage und gesamtwirtschaftlichem Angebot nicht wahrnehmen kann, fällt die gesamte Last der Anpassung dem Preisniveau zu, das mittels seiner Wirkung auf das reale, verfügbare Einkommen den Konsum beeinflußt. Das Preisniveau paßt sich so an, daß die IS-Kurve durch den Schnittpunkt von $\bar{r}$ und $Y_F$ verläuft.

Aus der Gleichung für das Geldmarktgleichgewicht läßt sich dann schließlich die Geldmenge bestimmen. Um den Zinssatz festzulegen, muß der Staat ausreichend Geld in Umlauf bringen, um zu gewährleisten, daß auch die LM-Kurve durch den Schnittpunkt von $Y_F$ und $\bar{r}$ verläuft.

Um die Funktionsweise des Modells zu illustrieren, wollen wir von einer Erhöhung der Staatsausgaben ausgehen. Da der Zinssatz und die Produktion schon feststehen, muß sich das Preisniveau anpassen und so das verfügbare Einkommen und damit den Konsum gerade soweit verringern, daß dieser die Erhöhung von $G$ ausgleicht.

Im einzelnen müssen die Änderungen von $p$ und $G$ sich in der folgenden Weise entsprechen:

$$dG = -c_1\left(\frac{M+B}{p^2}\pi\right)dp.$$

Wenn sowohl $M + B$, als auch $\pi$ positiv sind, müssen die Preise fallen, um den Realwert der Staatsschulden und damit die erwarteten Realwertverluste auf diese Schulden zu erhöhen und so das verfügbare Einkommen und den Konsum zu verringern. Die Senkung des Preisniveaus wiederum bedingt infolge der Gleichgewichtsbedingung für den Geldmarkt eine Senkung von $M$.

Man beachte, daß es vom Vorzeichen von $((M + B)/p)\pi$ abhängt, ob das System bei einer Änderung von $G$ stabil ist. Denn infolge der Erhöhung von $G$ besteht bei gegebenem $r$, $p$ und $Y$ eine Übernachfrage nach Gütern, die üblicherweise zu steigenden Preisen führt. Ist $((M + B)/p)\pi$ aber positiv, so müßte zur Wiederherstellung des Gleichgewichts $p$ fallen; das System würde sich also vom Gleichgewicht weg bewegen. Ist $((M + B)/p)\pi$ jedoch negativ, so ist das System stabil.

Nehmen wir nun an, daß $\pi(M + B) = 0$, so erscheint $p$ nicht mehr in der Konsumfunktion. Die vierte, fünfte und sechste Gleichung unseres Systems bestimmen dann nur zwei Variablen, $C$ und $I$, denn $p$ erscheint nicht mehr. Durch diese drei Gleichungen sind die beiden Variablen $I$ und $C$ in der Regel „überbestimmt". Die Investitionsfunktion bestimmt $I$, die Konsumfunktion $C$. Im allgemeinen werden die so ermittelten Werte von $C$ und $I$ jedoch die gesamtwirtschaftliche Gleichgewichtsbedingung (6) verletzen, in der $Y$, wie es durch (1)–(3) bestimmt wird, erscheint.

Einerseits sind $C$ und $I$ „überbestimmt", $p$ und $M$ sind dagegen „unterbestimmt". Diese beiden Variablen erscheinen nur in der siebten Gleichung und lassen sich somit nicht bestimmen.

Das Problem bei diesem Modell ist in Abbildung 2 dargestellt. Die ersten drei Gleichungen bestimmen $Y_F$, die drei weiteren legen eine IS-Kurve fest. Es ist jedoch nicht gewährleistet, daß die IS-Kurve durch den Punkt $(Y_F, \bar{r})$ verläuft. Das Modell stellt zu viele voneinander unabhängige Beziehungen zwischen $r$ und $Y$ auf, um zu einem eindeutig bestimmten Gleichgewicht gelangen zu können.

Das Problem kann auch nicht dadurch umgangen werden, daß $r$ in der „richtigen" Höhe, d. h. beim Schnittpunkt der $Y_F$-Geraden und der IS-Kurve festgesetzt wird.

Zwar wird dadurch der durch den Arbeitsmarkt und die Produktionsfunktion ermittelte Wert von $Y$ mit dem der IS-Kurve in Einklang gebracht, mit der Kurve für das Geldmarktgleichgewicht kann jedoch nur das Verhältnis $M/p$, nicht aber $M$ und $p$ selbst bestimmt werden.

Dieses Modell veranschaulicht die Gefahr, die sich ergibt, wenn man meint durch einfaches „Zählen von Gleichungen" entscheiden zu können, ob ein Modell eine eindeutige Gleichgewichtslösung besitzt.

Unser Modell besteht aus sieben Gleichungen mit sieben Variablen. Die Gleichheit zwischen der Zahl der Gleichungen und der Zahl der Variablen ist jedoch nicht

**Abb. 2**

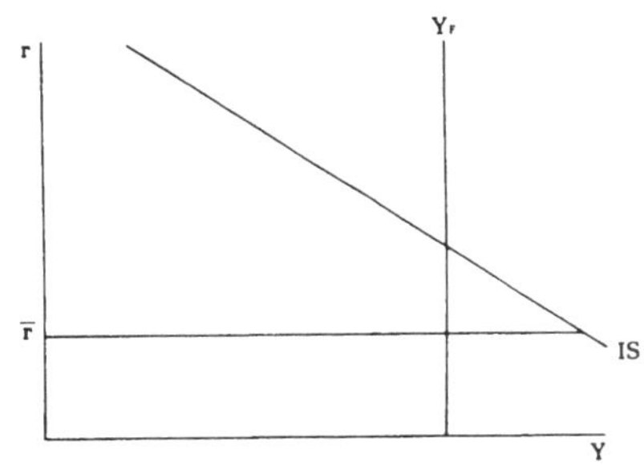

ausreichend, um eine Lösung für dieses Gleichungssystem zu gewährleisten. Das Problem ergibt sich bei den letzten vier Gleichungen, die bei gegebenem $Y$, $N$ und $w/p$ ein System von vier Gleichungen mit vier Unbekannten bilden.

Das Modell zerlegt sich aber auf unglückliche Weise, indem die vierte, fünfte und sechste Gleichung ein unabhängiges Subsystem nur für $I$ und $C$ bilden, und die siebte als unabhängige Gleichung sowohl für $p$, als auch für $M$ verbleibt.

Die grundlegenden Einwände gegen die "real-bills"-Doktrin beruhen auf den obigen Darlegungen. Man argumentiert, daß der Versuch den Zinssatz festzusetzen zumindest destabilisierend wirke. Wicksell (1965), zum Beispiel, meinte, daß ein zu niedrig festgesetzter Zinssatz Erhöhungen des Preisniveaus und der Geldmenge in unbestimmtem Ausmaß auslösen würde. Das Modell besitzt kein Gleichgewicht, wenn die geldpolitischen Instanzen den Zins auf einer solchen Höhe festlegen; die „Stabilitätsbedingungen" bewirken jedoch,daß Preisniveau und Geldmenge unbegrenzt steigen, solange die geldpolitischen Instanzen diese Politik verfolgen.

Es versteht sich von selbst, daß die Kritik an der "real-bills"-Doktrin im Rahmen dieses klassischen Modells nur dann formal korrekt ist, wenn in diesem Modell weder ein Pigou-Effekt noch erwartete Realwertgewinne oder -verluste auf die Staatsschulden existieren. Diese Tatsache liefert damit eine weitere Illustration der Behauptung von Metzler, daß die Existenz des Pigou-Effekts einige wichtige Aussagen der klassischen Makroökonomik in grundlegender Weise verändert.

Das obige Modell spielt eine wichtige Rolle in der Geschichte der ökonomischen Theorie. Durch die Analyse eines derartigen, überbestimmten Systems betrieb Wicksell (1965) schon früh eine ökonomische Analyse „keynesianischer" Prägung.

## 2. Innen- und Außengeld[1]

Bis jetzt waren wir von der Annahme ausgegangen, daß die Unternehmen selbst keine Schuldverschreibungen ausgeben, sondern ihre gesamten Investitionen durch Emission von Aktien finanzieren. Darüberhinaus waren wir davon ausgegangen, daß der Staat keine Forderungen gegen den Unternehmenssektor hält.

Wie wollen diese Annahmen nun aufgeben, um so ein System zu schaffen, in dem die Unterscheidung zwischen Innengeld und Außengeld verständlich wird. Wir nehmen dazu Bezug auf eine Variante von Tobins dynamischem Ein-Sektor-Modell.

Im folgenden nehmen wir an, daß die Unternehmen sowohl Schuldverschreibungen mit variablem Koupon, deren Nominalwert sich auf $B_f$ beläuft, als auch Aktien mit dem Nominalwert $V$ begeben. Von den Haushalten werden Aktien und Schuldverschreibungen der Unternehmen als vollkommene Substitute eingeschätzt, wenn ihre Realverzinsung gleich ist. In gleicher Weise betrachten sie Schuldverschreibungen der Unternehmen und des Staates als vollkommene Substitute. Diese Annahmen implizieren, daß Schuldverschreibungen des Staates, der Unternehmen, wie auch Aktien den selben (erwarteten) Realzins $r - \pi$ aufweisen. Der Wert des Eigenkapitals ergibt sich dann als kapitalisierter Wert der Nettoerträge, diesmal nach Abzug der Zinszahlungen an die Gläubiger:

[1] Ein guter Aufsatz hierzu ist Patinkin (1961).

$$V(t) = \int_t^{\infty} [p(s)Y(s) - w(s)N(s) - \delta p(s)K(s) - r(s)B_f(s)]e^{-r(s-t)}\,ds.$$

Unter der Annahme, daß für die Werte von $Y$, $N$, $K$ und $B_f$ mit keinen Veränderungen gerechnet wird, für die Entwicklung von $w$ und $p$ jedoch die folgenden Zeitpfade erwartet werden:

$$w(s) = w(t)e^{\pi(s-t)}, \qquad p(s) = p(t)e^{\pi(s-t)},$$

ergibt sich für $V(t)$:

$$V(t) = [pY - wN - \delta pK] \int_t^{\infty} e^{-(r-\pi)(s-t)}\,ds - rB_f(t) \int_t^{\infty} e^{-r(s-t)}\,ds.$$

$$= \frac{pY - wN - \delta pK}{r - \pi} - B_f(t).$$

Infolge der linearen Homogenität von $F$ und den Bedingungen für $K$ und $N$ bei Gewinnmaximierung erhält man

$$V(t) = p(t)K(t) - B_f(t).$$

Der Wert der Ansprüche von Eigentümern und Gläubigern am Unternehmen, $V(t) + B_f(t)$, ist also gleich dem Marktwert des Kapitalstocks.

Die konsolidierte Bilanz der Unternehmen bietet somit folgendes Bild:

| Aktiva | Passiva |
|---|---|
| $pK$ | $B_f$<br>$V$ |

Die Bilanz des Haushaltssektors ergibt sich dann folgendermaßen:

| Aktiva | Passiva |
|---|---|
| $B_f(h)$<br>$B_G$<br>$V$<br>$M$ | <br><br><br>Reinvermögen |

$B_f(h)$ bezeichnet hierbei den Nominalwert der privaten Schuldverschreibungen im Besitz der Haushalte; $B_G$ bezeichnet den Nominalwert der staatlichen Schuldverschreibungen, die sich in ihrer Gesamtheit im Besitz der Haushalte befinden. Die Haushalte halten darüberhinaus alle Aktien und das gesamte Geld des Systems in Händen.

Die Verschuldung des Staates erfolgt durch Emission von Geld und staatlichen Schuldverschreibungen, deren Bestand sich auf $B_G$ beläuft. Darüberhinaus hält der Staat auch einen Betrag an Schuldverschreibungen der Unternehmen, der mit $B_f(G)$ bezeichnet ist. Als Bilanz des Staates ergibt sich also:

| Aktiva | Passiva |
|---|---|
| $B_f(G)$ | $M$<br>$B_G$<br>Reinvermögen |

Man beachte, daß $B_f = B_f(h) + B_f(G)$. Die Offenmarktoperationen des Staates unterliegen der Restriktion $dM + dB_G = dB_f(G)$.

Die Wirtschaft sei durch folgende „klassische" Variante von Tobins dynamischem Ein-Sektor-Modell (1955) beschrieben:

$$Y = F(K, N) \tag{8}$$

$$w/p = F_N \tag{9}$$

$$N = N^S\left(\frac{w}{p}\right) \tag{10}$$

$$r = F_K - \delta \tag{11}$$

$$M/p = m(r, Y) \tag{12}$$

$$C = C(Y - T - \delta K, r, W), \qquad C_3 > 0 \tag{13}$$

$$C + I + G + \delta K = Y. \tag{14}$$

$\pi$ sei Null. Mit Gleichung (10) haben wir dem Tobin'schen Modell eine klassische Arbeitsangebotsfunktion hinzugefügt. Das Realvermögen der Haushalte ergibt sich als

$$W = \frac{M + V + B_G + B_f(h)}{p}.$$

Gleichung (13) stellt eine Konsumfunktion im Sinne Pigou's dar, in der der reale Konsum positiv vom Realvermögen der Haushalte abhängt.

Wie im klassischen Modell bilden die Gleichung (8)–(10) ein unabhängiges Subsystem für $Y$, $w/p$ und $N$. Gleichung (11) bestimmt $r$, Gleichung (12) $p$. Aus Gleichung (13) und (14) ergeben sich dann $C$ und $I$, und damit die Wachstumsrate der Volkswirtschaft im Zeitverlauf. Die Bestimmung von $Y$, $N$, $w/p$ und $r$ ist in Abbildung 3 dargestellt.

Wir wollen nun untersuchen, unter welchen Umständen man von einem „Geldschleier" sprechen kann, d.h. in welchen Fällen Geld keinen Einfluß auf die realen Größen des Modells hat. Wir wissen bereits, daß $Y$, $w/p$ und $N$ zu jedem Zeitpunkt durch die Gleichungen (8)–(10) bestimmt sind, durch Veränderungen des staatlichen Budgets also nicht beeinflußt werden können.

Es ist jedoch möglich, $C$ und $I$ und damit die Wachstumsrate der Volkswirtschaft durch solche Veränderungen zu beeinflußen.

Ob die Geldpolitik eine Wirkung auf $C$ und $I$ hat, hängt ausschließlich davon ab, ob sie in der Lage ist, einen Einfluß auf das Vermögen auszuüben, und so den Konsum zu verändern.

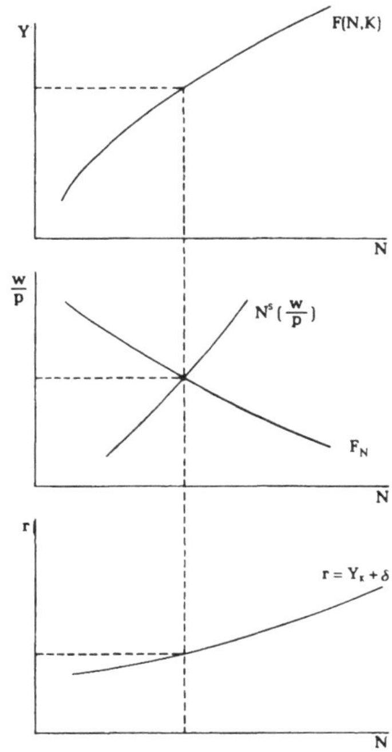


**Abb. 3**

Wir betrachten dazu ein System, in dem alles Geld aus „Innengeld" besteht. Das besagt, daß der Staat keine Wertpapiere emittiert und im Wert der ausstehenden Geldmenge Schuldverschreibungen der Unternehmen hält:

$$M = B_f(G) \qquad \text{und} \qquad B_G = 0.$$

Die gesamte Geldmenge ist als „gedeckt" durch staatliche Forderungen gegenüber dem privaten Sektor. Das so geschaffene Geld wird deshalb als „Innengeld" bezeichnet, weil dadurch keine Nettoposition des privaten Sektors, d. h. der Unternehmen und Haushalte gegenüber einem anderen Sektor entsteht. Die Ansprüche, die das Geld beinhaltet, werden gerade aufgewogen durch die Ansprüche des Staates gegenüber den Unternehmen. In einem solchen System ergibt sich das Vermögen der Haushalte als

$$W = \frac{M + V}{p} + \frac{B_f - B_f(G)}{p} = \frac{M + V}{p} + \frac{B_f - M}{p}$$
$$= \frac{V + B_f}{p} = K.$$

Das Realvermögen der Haushalte ist gleich dem Realwert des Kapitalstocks. Daraus folgt, daß eine Offenmarktoperation, d. h. ein Tausch „Geld gegen Schuldverschreibungen der Unternehmen", keinen Einfluß auf das Realvermögen der Haushalte, und damit auch weder auf $C$ noch auf $I$ hat. Als einziger Effekt wird sich eine proportionale Veränderung des Preisniveaus ergeben.

Betrachten wir nun dagegen ein System, in dem alles Geld aus „Außengeld" besteht. Das bedeutet, daß der Staat keine Schuldverschreibungen von Unternehmen hält, so daß $B_f(G) = 0$. Die gesamte Geldmenge stellt somit eine Nettoposition der Haushalte gegen einen anderen Sektor, den Staat, dar.

In diesem System ergibt sich das Realvermögen der Haushalte als

$$W = \frac{M + B_G + V + B_f}{p} = \frac{M + B_G}{p} + K.$$

Als Restriktion für Offenmarktoperationen ergibt sich nun $dM = dB_G$, da annahmegemäß $B_f(G)$ Null bleibt. Wenn man beachtet, daß aufgrund der Gleichungen (8)–(12) $dM/M = dp/p$, und dann das Differential von $W$ berechnet, so erhält man:

$$dW = \frac{p(dM + dB_G) - dp(M + B_G)}{p^2} = \frac{dM + dB_G}{p} - \frac{M + B_G}{p}\frac{dM}{M}. \quad (15)$$

Werden die Geldmengenveränderungen durch Offenmarktoperationen erreicht, so reduziert sich (15) auf

$$dW = -\frac{M + B_G}{p}\frac{dM}{M},$$

was besagt, daß eine Erhöhung der Geldmenge das Realvermögen der Haushalte verringert: Sie läßt $M + B_G$ unverändert, bewirkt aber eine Erhöhung des Preisniveaus. Diese Vermögensänderung berührt den Konsum aufgrund von Gleichung (13) und die Investition durch Gleichung (14). Geldmengenveränderungen mittels Offenmarktoperationen in einem System, in dem alles Geld aus „Außengeld" besteht, berühren also auch einige reale Größen.

Um festzustellen, unter welchen Bedingungen Geldmengenänderungen in einem solchen System keine Auswirkungen haben, setzen wir $dW$ in (15) gleich Null. Durch Umstellen erhält man so die Bedingung:

$$dM/M = dB_G/B_G.$$

Damit ist gesagt, daß Geldmengenveränderungen nur dann keine realen Auswirkungen haben, wenn sie begleitet werden von einer Veränderung des staatlichen Wertpapierbestands mit gleicher Rate.

Um keine realen Auswirkungen zu haben, muß das Verhältnis zwischen staatlichen Wertpapieren und Geld in Händen der Haushalte von der Geldmengenveränderung unberührt bleiben.

Betrachten wir nun ein System, in dem alles Geld aus Innengeld besteht, so daß immer gilt $M = B_f(G)$. Jedoch sollen auch staatliche Wertpapiere umlaufen, so daß $B_G > 0$. Der Staat führt nur mit den Schuldverschreibungen der Unternehmen Offenmarktoperationen durch; es gilt also $dM = dB_f(G)$. Als Realvermögen der Haushalte ergibt sich dann

$$W = \frac{M + V}{p} + \frac{B_G + B_f - M}{p} = \frac{V + B_f}{p} + \frac{B_G}{p} = K + \frac{B_G}{p}.$$

Das Differential von $W$ ist

$$dW = \frac{p\,dB_G - B_G\,dp}{p^2} = \frac{dB_G}{p} - \frac{B_G}{p}\frac{dM}{M}.$$

Dieser Ausdruck wird nur Null, wenn

$$dB_G/B_G = dM/M,$$

d.h., nur wenn die Geldmengenveränderungen verbunden sind mit Veränderungen des Bestandes an staatlichen Wertpapieren mit gleicher Rate.

Solche Änderungen ließen sich nicht durch Offenmarktoperationen erreichen, sondern müßten sich als Folge staatlicher Transferzahlungen ergeben. Im soeben betrachteten System haben also durch Offenmarktoperationen entstandene Geldmengenveränderungen Einfluß auf $W$ und somit auf $C$ und $I$.

### 3. Gewerkschaften und Reallöhne

Wir wollen an dieser Stelle eine „klassische" Analyse der Auswirkungen von Gewerkschaften auf die Reallöhne und andere Makro-Größen vorstellen.

Wir gehen dazu von zwei verschiedenen Arten von Arbeitsplätzen aus: für den einen werden $N$ gelernte Arbeiter beschäftigt, für den anderen $n$ ungelernte Arbeiter. Das gesamte Arbeitsangebot beläuft sich auf $N + n = \bar{N}$ Arbeiter, und sei als fix angenommen. Es gebe eine Gewerkschaft der gelernten Arbeiter, die einen bestimmten Nominallohn $W_N$ für ihre Mitglieder durchsetzt. Die Gewerkschaft legt den Lohn für die gelernten Arbeiter so fest, daß er immer über dem für ungelernte Arbeiter liegt und, daß immer einige gelernte Arbeiter keine ihrer Qualifikationen entsprechende Arbeit finden. Wenn ein gelernter Arbeiter keine entsprechende Arbeit finden kann, schließt er sich den ungelernten Arbeitskräften an und nimmt eine unqualifizierte Tätigkeit zum Nominallohn $W_n$ auf.

Dort findet er immer Arbeit, da auf diesem Markt Wettbewerb herrscht, und der Nominallohn $W_n$ durch den Markt bestimmt ist.

Die Produktion des einen Gutes im Modell erfolgt gemäß der Produktionsfunktion

$$Y = F(N, n, K), \qquad F_N, F_n, F_K > 0; \quad F_{NN}, F_{nn}, F_{KK} < 0;$$
$$F_{Nn} = F_{NK} = F_{nK} = 0. \tag{16}$$

Der Rest des Modells ergibt sich aus

| | | | |
|---|---|---|---|
| (17) | $W_N/p = F_N$ | | Marginalbedingung für gelernte Arbeit |
| (18) | $W_n/p = F_n$ | | Marginalbedingung für ungelernte Arbeit |
| (19) | $N + n = \bar{N}$ | | Vollbeschäftigungsbedingung |
| (20) | $C = C(Y - T)$, | $1 > C' > 0$ | Konsumfunktion |
| (21) | $I = I(r - \pi)$, | $I' < 0$ | Investitionsfunktion |
| (22) | $C + I + G = Y$ | | |
| (23) | $M/p = m(r, Y)$, | $m_r < 0 < m_Y$ | Portfoliogleichgewicht |

Das Modell besteht aus acht Gleichungen für die acht endogenen Variablen $Y$, $N$, $n$, $C$, $I$, $r$, $p$ und $W_n$. Exogen sind $M$, $G$, $T$, $\pi$, $K$, $W_N$ und $\bar{N}$.

Die Gleichungen (20)–(22) beschreiben eine IS-Kurve in der $r$-$Y$-Ebene. Die Gleichungen (16), (17) und (19) beschreiben eine gesamtwirtschaftliche Angebotskurve in der $p$-$Y$-Ebene, die zusammen mit der Bedingung für das Vermögensgleichgewicht eine LM-Kurve bildet.

Um das Differential der gesamtwirtschaftlichen Angebotskurve zu ermitteln, berechnen wir die Differentiale von (16) und (19):

$$dY = F_N\,dN + F_n\,dn + F_K\,dK, \qquad dN + dn = d\bar{N} = 0,$$

bzw.

$$dn = -dN.$$

Wir erhalten so

$$dY = (F_N - F_n)\,dN + F_K\,dK. \tag{24}$$

Aufgrund unserer Annahme, daß die Gewerkschaft $W_N > W_n$ durchsetzen kann, ergibt sich

$$F_N = W_N/p > W_n/p = F_n \qquad \text{oder} \qquad F_N - F_n > 0,$$

so daß, wie aus (24) ersichtlich, die Produktion steigt, wenn die Beschäftigung der gelernten Arbeiter zunimmt und die der ungelernten Arbeiter abnimmt. Dies ist eine Folge der höheren Grenzproduktivität der gelernten Arbeit.

Als totales Differential von (17) erhält man

$$\frac{dp}{p} = \frac{-F_{NN}}{F_N}\,dN + \frac{dW_N}{W_N}.$$

Setzt man das in (24) ein, so ergibt sich das totale Differential der gesamtwirtschaftlichen Angebotsfunktion

$$\frac{dp}{p} = \frac{-F_{NN}}{F_N}\,\frac{1}{F_N - F_n}\,dY + \frac{F_K F_{NN}}{F_N(F_N - F_n)}\,dK + \frac{dW_N}{W_N}, \tag{25}$$

mit positiven Koeffizienten für $dY$ und $dW_N$, und einem negativen Koeffizienten für $dK$. Die Angebotskurve hat also eine positive Steigung in der $p$-$Y$-Ebene, denn eine Erhöhung von $Y$ erfordert eine Erhöhung von $N$ zu Lasten von $n$. Man erreicht dies durch eine Preissteigerung, die eine Senkung von $W_N/p$ und damit auch von $F_N$ ermöglicht.

Setzt man nun das Differential der gesamtwirtschaftlichen Angebotskurve (25) in das Differential der Bedingung für das Portfoliogleichgewicht ein, so erhält man

$$dr = \frac{1}{m_r}\frac{dM}{p} - \frac{1}{m_r}\left(m_Y - \frac{F_{NN}}{F_N}\frac{M}{p}\frac{1}{F_N - F_n}\right)dY - \frac{1}{m_r}\frac{M}{p}\frac{F_{NN}}{F_N}$$
$$\times \frac{F_K}{F_N - F_n}\,dK - \frac{1}{m_r}\frac{M}{p}\frac{dW_N}{W_N},$$

also das totale Differential der LM-Kurve. Die LM-Kurve ist positiv geneigt in der

$r$-$Y$-Ebene und verlagert sich nach unten, wenn $M$ oder $K$ sich erhöhen und wenn $W_N$ zurückgeht.

Im Schnittpunkt von IS- und LM-Kurve befindet sich das System im Gleichgewicht.

Um die Funktionsweise des Modells zu veranschaulichen, betrachten wir nun die Auswirkungen einer Erhöhung der Staatsausgaben $G$, die, wie wir wissen, die IS-Kurve nach außen verlagert und so sowohl den Zins als auch die Produktion in die Höhe treibt.

Die Erhöhung der gesamtwirtschaftlichen Nachfrage führt zu einer Preissteigerung, was bei festem $W_N$ den Reallohn der gelernten Arbeiter senkt, und so einen Anreiz schafft, weitere einzustellen. Die Beschäftigung der ungelernten Arbeiter geht zurück, da der Nominallohn $W_n$ überproportional zum Preisniveau steigt.

Das Modell kommt zu dem Ergebnis, daß bei hohem Produktionsniveau die Differenz zwischen den Lohnsätzen von hochqualifizierten und weniger qualifizierten Arbeitern kleiner wird.[2]

Die Erhöhung von $W_N$ durch die Gewerkschaft ist ein Beispiel für eine "cost-push"-Inflation. Die LM-Kurve verschiebt sich nach links, was die Produktion senkt und den Zinssatz in die Höhe treibt. Wenn die Produktion zurückgeht, steigt, wie wir wissen, die Beschäftigung der ungelernten Arbeiter. Aus der Bedingung für das Portfoliogleichgewicht wissen wir, daß aufgrund des gestiegenen Zinssatzes und der verringerten Produktion $m(r, Y)$ zurückgegangen sein muß; also muß auch $M/p$ zurückgehen, was bedeutet, daß $p$ steigen muß. Diese Preissteigerung trägt nun zur Senkung von $W_n/p$ bei, die als Anreiz zur Beschäftigung ungelernter Arbeiter erforderlich ist. Aus Gleichung (18) erhalten wir das Differential von $W_n$

$$\frac{dW_n}{p} = \frac{dp}{p}\frac{W_n}{p} + F_{nn}\,dn.$$

Da $dn > 0$ und $dp > 0$, läßt sich nicht entscheiden, ob $W_n$ steigt oder fällt.

Die Erhöhung des Preisniveaus $p$ drückt $W_n$ nach oben, die gestiegene Zahl der Arbeiter, die infolge der gewerkschaftlichen Erhöhung von $W_N$ auf der Suche nach einer unqualifizierten Tätigkeit sind, drückt $W_n$ nach unten.

Insgesamt führt die von Gewerkschaft erzwungene Erhöhung von $W_N$ zwar zu einem höheren Reallohn für qualifizierte Tätigkeit, aber zu einem niedrigeren Reallohn für die unqualifizierte.

Die Auswirkung auf einen „durchschnittlichen" Reallohnsatz der Volkswirtschaft bleibt jedoch unklar, genauso wie der Einfluß auf ein durchschnittliches Nominallohnniveau.

Es gibt eine umfangreiche Literatur über die Frage, ob die Gewerkschaftspolitik das durchschnittliche Reallohnniveau in Amerika beeinflußt hat. Modelle, wie das hier beschriebene, besitzen dafür eine gewisse Relevanz, da in der amerikanischen Wirtschaft nur ungefähr ein Viertel der Arbeitskräfte gewerkschaftlich organisiert ist.

[2] Wachter hat darauf hingewiesen, daß in Zeiten hohen Produktionsniveaus eine Tendenz zur Annäherung zwischen den Lohnsätzen verschiedener Industriezweige besteht. Siehe dazu Wachter (1970).

## 4. Langes Kritik an der klassischen Dichotomie

In einem berühmten, aber verwirrenden Gedankengang hat Oscar Lange kritisiert, daß klassische Modelle, die dichotomisch zerlegbar sind, in Widerspruch zum Walras'schen Gesetz stehen.[3]

Wir sollten eine solche Kritik mit einem gewissen Vorbehalt behandeln, nachdem wir selbst Modelle konstruiert haben, für die, auch wenn sie dichotomisch zerlegbar sind, das Walrassche Gesetz gilt.

Lange beschrieb den realen Sektor durch die folgenden Gleichungen:

$$q_i = d_i(p_1, \ldots, p_n) = d_i(\lambda p_1, \ldots, \lambda p_n), \qquad i = 1, \ldots, n, \tag{26}$$

$$\begin{aligned} 0 = q_i - q_i^o &= e_i(p_1, \ldots, p_n) \\ &= e_i(\lambda p_1, \ldots, \lambda p_n), \qquad i = 1, \ldots, n, \quad \lambda > 0. \end{aligned} \tag{27}$$

$p_1$ ist dabei der Preis des $i$-ten Gutes, gemessen in DM pro Einheit dieses Gutes. $q_i$ bezeichnet die Produktion des $i$-ten Gutes, $q_i$ die Nachfrage nach diesem Gut. Die Gleichungen (26) beschreiben eine Menge von $n$ Nachfragefunktionen, die homogen vom Grad Null in Bezug auf alle Preise sind. Die Gleichungen (27) besagen, daß alle Überschußnachfragen Null sein müssen; sie sind als Gleichgewichtsbedingungen zu verstehen und sind ebenfalls homogen vom Grad Null in Bezug auf alle Preise.[4]

Die Gleichungen (26) und (27) bestimmen die Konsummengen $q_i$, $i = 1, \ldots, n$, und die $n - 1$ relativen Preise $p_i/p_1$, $i = 2, \ldots, n$.

Die Nachfrage- und Überschußnachfragefunktionen unterliegen Budgetbeschränkungen der Form $\sum_{i=1}^{n} p_i (q_i - q_i^o) = 0$, wobei $q_i^o$, $i = 1, \ldots, n$, Angebotsmengen sind. Eine der Überschußnachfragegleichungen ist als überflüssig (sie kann aus den anderen abgeleitet werden, so daß das Gleichungssystem (26) und (27) aus $2n-1$ voneinander unabhängigen Gleichungen für die $n$, nachgefragten Mengen $q_i, q = 1, \ldots, n$, und die $n-1$ relativen Preise $p_i/q_1$, $i = 2, \ldots, n$, besteht. Die absoluten Preise $p_1, \ldots, p_n$ bleiben unbestimmt.

Betrachten wir nun den Fall, daß diesem realwirtschaftlichen System ein einziger Vermögensgegenstand, nämlich Geld, hinzugefügt wird, dessen Bestand wir mit $M$ bezeichnen. Weiter nehmen wir an, daß der Bestand dieses Vermögensgegenstandes dem von den Wirtschaftssubjekten erwünschten entspricht, wenn die folgende quantitätstheoretische Beziehung gilt:

$$M \Big/ \sum_{i=1}^{n} \delta_i p_i = k \sum_{i=1}^{n} \sigma_i q_i, \qquad k > 0, \tag{28}$$

wobei die $\delta_i$ und $\sigma_i$ feste (Index-)Gewichte, $M$ eine exogene Variable und $k$ ein Parameter sind. Man beachte, daß das aus den Gleichungen (26)–(28) bestehende System in der Lage ist, sowohl die absoluten Preise $p_1, \ldots, p_n$, als auch die nachgefragen Mengen $q_1, \ldots, q_n$ zu bestimmen. Gleichung (28) hat dabei nur die Funktion, den gesamtwirtschaftlichen Preisindex $\Sigma_{i=1}^{n} \delta_i p_i$ zu ermitteln, der dann bei gegebenen relativen Preisen $p_2/p_1, \ldots, p_n/p_1$, die durch (26) und (27) bestimmt

[3] Lange (1944). Trotz einiger grundlegender Abweichungen in einigen Details entsprechen die Aussagen diese Abschnitts im wesentlichen denen von Archibald und Lipsey (1958).

[4] Zur Darstellung des allgemeinen Marktgleichgewichts, siehe Henderson/Quandt (1971).

wurden, die absoluten Preise $p_1, \ldots, p_n$ festlegt. Das System ist also dichotomisch zerlegbar.

Langes Kritik an dieser Dichotomie war nun folgende: Angenommen das System befinde sich ursprünglich im Gleichgewicht und die Gleichungen (26)–(28) seien erfüllt für die Werte $\bar{p}_1, \ldots, \bar{p}_n, \bar{q}_1, \ldots, \bar{q}_n$. Nun erhöht sich das Geldangebot. Bei den ursprünglichen Preisen und Mengen besteht ein Überschußangebot an Geld, da Gleichung (28) verletzt ist. Man beachte jedoch, daß bei den ursprünglichen Preisen und Mengen die Gleichungen (26) und (27) weiterhin erfüllt bleiben. Wir stehen also vor einer Situation, in der zwar ein Überschußangebot an Geld besteht, das aber nirgends durch eine kompensierende Überschußnachfrage ausgeglichen wird. Lange sah darin eine Verletzung des Walras'schen Gesetzes und somit einen Fehler in der klassischen Dichotomie.

Ein Überschußangebot an Geld scheint keinen Druck auf die Preise der $n$ einzelnen Güter auszulösen.

Diese Argumentation ist in zweifacher Weise problematisch. Erstens sind die $q_i$ Stromgrößen, $M/\Sigma\,\delta_i p_i$ ist dagegen eine Bestandsgröße, so daß die Überschußnachfragen und Überschußangebote in der obigen Weise gar nicht vergleichbar sind. Zweitens kann man nicht einfach Überschußnachfragegleichungen aufstellen und dann erwarten, daß das Walras'sche Gesetz gilt, wenn nicht gewährleistet ist, daß die Nachfragefunktionen simultan bestimmt werden, so daß sie einer Budgetbeschränkung genügen.

Im obigen Modell ist Geld die einzige Bestandgröße. Das Problem der Wahl zwischen verschiedenen Vermögensanlagen entfällt somit, da keine alternativen Anlageformen bestehen. Gleichung (28) ist also **nicht** eine Bedingung für ein Portfoliogleichgewicht, obwohl sie formal an diese erinnert. Sie ist zu verstehen als Zielvorstellung über das Vermögen oder ein Verhältnis zwischen Vermögen und Einkommen. Im Falle einer Abweichung des tatsächlichen Vermögens $M/\Sigma\,\delta_i p_i$ vom gewünschten Vermögen $k\Sigma\,\sigma_i q_i$ werden die Wirtschaftsubjekte sinnvollerweise darauf mit der Erhöhung oder Senkung ihrer Kassenhaltung in einem bestimmten Ausmaß pro Zeiteinheit reagieren. Wir gehen also von folgendem Anpassungsmechanismus aus:

$$\frac{\dot{M}}{\sum \delta_i p_i} = \phi \cdot \left[ k \sum \sigma_i q_i - \frac{M}{\sum \delta_i p_i} \right], \qquad \phi > 0.$$

Gleichzeitig muß auch die Budgetbeschränkung, der die Wirtschaftssubjekte unterliegen, modifiziert werden

$$\sum_{i=1}^{n} p_i(q_i - q_i^{\circ}) + \dot{M} = 0$$

bzw.

$$\sum_{i=1}^{n} p_i(q_i - q_i^{\circ}) + \phi \sum_{i=1}^{n} \delta_i p_i \left[ k \sum_{i=1}^{n} \sigma_i q_i - M \Big/ \sum_{i=1}^{n} \delta_i p_i \right] = 0. \tag{29}$$

In einem System von Überschußnachfragegleichungen für die $n$ Güter mit der Budgetbeschränkung (29) ist ein Überschußangebot an Geld selbstverständlich immer verbunden mit einer kompensierenden Überschußnachfrage nach Gütern, da die Wirtschaftssubjekte versuchen, ihre Geldbestände abzubauen, so daß die Nachfrage nach Gütern das vorhandene Angebot übersteigt.

Man beachte aber, daß es das Überschußbestandsangebot an Geld multipliziert mit dem Faktor $\Phi\Sigma\delta_i p_i$ ist, das sich mit der Überschußstromnachfrage nach Gütern ausgleicht.

Man könnte Nachfrage- und Überschußnachfragefunktionen unter Berücksichtigung von (29) in der folgenden Weise schreiben:

$$\begin{aligned} q_i &= d_i(p_1, \ldots, p_n, \phi \sum \delta_i p_i[k \sum \sigma_i q_i - M/\sum \delta_i p_i]) \\ &= d_i(\lambda p_1, \ldots, \lambda p_n, \lambda\phi \sum \delta_i p_i[k \sum \sigma_i q_i - M/\sum \delta_i p_i]), \qquad \lambda > 0 \qquad (26') \end{aligned}$$

$$\begin{aligned} 0 = q_i - q_i^\circ &= e_i(p_1. \ldots, p_n, \phi \sum \delta_i p_i[k \sum \sigma_i q_i - M/\sum \delta_i p_i]) \\ &= e_i(\lambda p_1, \ldots, \lambda p_n, \lambda\phi \sum \delta_i p_i[k \sum \sigma_i q_i - M/\sum \delta_i p_i], \qquad \lambda > 0. \qquad (27') \end{aligned}$$

Diese sind homogen vom Grad Null in Bezug auf alle Argumente (nicht nur die Preise). Die Gleichungen (26'), (27') und (28) bilden nun ein System, das in der Lage ist, $p_1, \ldots, p_n$ und $q_1, \ldots, q_n$ zu bestimmen, und in dem das Walras'sche Gesetz gilt.

Man beachte, daß die komparative Statik dieses System formal identisch mit dem durch die Gleichungen (26)–(28) beschriebenen System ist; das heißt, es ist dichotomisch zerlegbar.

Setzt man Gleichung (28) in (26') und (27') ein, so erhält man

$$q_i = d_i(p_1, \ldots, p_n, 0), \qquad 0 = q_i - q_i^\circ = e_i(p_1, \ldots, p_n, 0),$$

zur Bestimmung der $q_i$ und der $n-1$ relativen Preise.

Im folgenden wollen wir an einem Beispiel zeigen, wie das durch (26'), (27') und (28) beschriebene System von einem Gleichgewicht zum nächsten gelangt. Angenommen das System befinde sich anfänglich im Gleichgewicht, und es kommt nun zu einer plötzlichen Erhöhung des Geldangebots (ein Geschenk des Himmels, denn in einer Welt mit nur einer Vermögensanlageform sind Offenmarktoperationen nicht möglich). Bei den ursprünglichen Preisen und Mengen ist damit das Gleichgewicht aus (26'), (27') und (28) gestört, da das tatsächliche Vermögen der Wirtschaftssubjekte größer ist, als ihr gewünschtes.

Durch den Kauf zusätzlicher Güter werden sie versuchen, dieses Geld allmählich „loszuwerden". Das führt solange zu steigenden Preisen bis das Preisniveau sich proportional mit dem Geldangebot erhöht hat; die relativen Preise und Mengen bleiben dabei die selben wie im Ausgangsgleichgewicht. Die plötzliche Erhöhung des Geldangebots führt als unmittelbar zu höheren Preisen bei unveränderten Werten aller realwirtschaftlichen Größen.

Der Gegenstand dieses Abschnitts hat zu einer umfangreichen und vielschichtigen Literatur geführt, die sich oft durch eine etwas sorglose Behandlung des Unterschieds zwischen Bestandsgrößen und Stromgrößen auszeichnet. Meist wurde dabei ein Modell mit Geld als einziger Vermögensanlage verwendet, für das also keine Theorie des Portfoliogleichgewichts erforderlich war.

Ein solches Modell unterscheidet sich daher beträchtlich von den Modellen, wie wir sie in früheren Abschnitten verwendet haben.

## 5. Die „Loanable-funds“-Gleichung

Betrachten wir nun eine Fassung unseres klassischen Modells, in dem $\pi$ gleich Null ist, um uns die weitere Beachtung der lästigen Ausdrücke für die Kapitalgewinne ersparen zu können.

Die klassische Zinstheorie behauptet, daß (bei Abwesenheit eines Pigou-Effekts) die IS-Kurve den Zinssatz determiniert. (Bei Existenz eines Pigou-Effekts oder für den Fall, daß $\pi$ von Null verschieden ist, bestimmen die IS-Kurve und die Bedingung für das Portfoliogleichgewicht gemeinsam Zinssatz und Preisniveau.) Die klassische Zinstheorie kommt also zu dem folgenden Ergebnis: Der Zins paßt sich so an, daß Ersparnis plus Steuern und Investition plus Staatsausgaben sich entsprechen. Das verfügbare Einkommen $Y_D$ ergibt sich als

$$C + S = Y_D = Y - T - \delta K.$$

Setzt man für $Y$ die Identitätsgleichung des Volkseinkommens ein, so erhält man

$$C + S = C + I + G + \delta K - T - \delta K$$

bzw.

$$S + T = I + G. \tag{30}$$

Wir können die Sparfunktion als

$$\begin{aligned} S &= Y - T - \delta K - C(Y - T - \delta K, r - \pi) \\ &\equiv s(Y - T - \delta K, r - \pi), \qquad 1 > s_1 > 0, \quad s_2 > 0, \end{aligned} \tag{31}$$

schreiben, wenn wir die Definition für das verfügbare Einkommen und die Konsumfunktion berücksichtigen. Die Investitionsfunktion ist wie vorher

$$I = I(q(K, N, r - \pi)). \tag{32}$$

Die Gleichungen (30)–(32) legen $I$, $S$ und $r$ fest. Setzt man (31) und (32) in (30) ein, erhält man die IS-Kurve

$$s(Y - T - \delta K, r - \pi) + T = I(q(K, N, r - \pi)) + G. \tag{33}$$

als eine Gleichung für die endogene Variable $r$, denn $Y$ und $N$ sind durch den Arbeitsmarkt und die Produktionsfunktion schon bestimmt.

Das ist die übliche Darstellung der klassischen Zinstheorie. Sie ist zwar durch besondere Annahmen, die einen Pigou-Effekt und Kapitalgewinne auf die Staatsschulden ausschließen, etwas vereinfacht, aber logisch widerspruchsfrei.

Die bekannte „loanable-funds“-Gleichung wird oft zur Darstellung der klassischen Zinstheorie herangezogen. Die „loanable-funds“-Gleichung selbst ist zwar durchaus richtig, diese Darstellungen der klassischen Zinstheorie sind aber in der Regel falsch.

Zur Ableitung der "loanable-funds"-Gleichung ist zu beachten, daß im klassischen Modell das Portfoliogleichgewicht ununterbrochen besteht. Daraus folgt, daß

$$\dot{M}/p = \dot{M}^D/p, \tag{34}$$

wobei die Punkte über den Variablen rechtsseitige Ableitungen nach der Zeit und der hochgestellte Index $D$ die Nachfrage bezeichnen.

Addiert man (30) und (34), so erhält man die bekannte "loanable-funds"-Gleichung

$$S + \frac{\dot{M}}{p} = I + (G - T) + \frac{\dot{M}^D}{p}, \tag{35}$$

die besagt, daß die Summe aus realer Ersparnis und Geldschöpfung der Summe aus Investition, „Horten" und dem Budgetdefizit des Staates entsprechen muß.

Im Prinzip besagt diese Gleichung, daß der Angebotsstrom an Schuldverschreibungen und Aktien dem Nachfragestrom an Schuldverschreibungen und Aktien entsprechen muß. Um das zu verdeutlichen, führe man sich vor Augen, daß für die Ersparnis gilt

$$S = \frac{\dot{M}^D}{p} + \frac{(\dot{B} + \dot{V})^D}{p},$$

wobei $(\dot{B} + \dot{V})^D$ der gesamte Nachfragestrom der Haushalte nach Aktien der Unternehmen und verzinslichen Schuldverschreibungen des Staates ist.

Setzt man die obige Gleichung und die staatliche Budgetbeschränkung in (35) ein, so erhält man

$$\frac{\dot{M}^D}{p} + \frac{(\dot{B} + \dot{V})^D}{p} + \frac{\dot{M}}{p} = I + \frac{\dot{M} + \dot{B}}{p} + \frac{\dot{M}^D}{p}$$

bzw.

$$\frac{(\dot{B} + \dot{V})^D}{p} = I + \frac{\dot{B}}{p}, \tag{36}$$

also die Gleichheit zwischen dem Nachfragestrom nach Schuldverschreibungen und Aktien und dem Angebotsstrom. (Die Unternehmen emittieren Aktien zur Finanzierung der realen Investitionen $I$ in entsprechendem Umfang pro Zeiteinheit.) Gleichung (36) formuliert also eine Bedingung, die mit der "loanable-funds"-Gleichung (35) äquivalent ist.

Vertreter der "loanable-funds"-Theorie behaupten nun, daß (35) in Verbindung mit (31), (32) und zusätzlichen Gleichungen für $\dot{M}$ und $\dot{M}^D$ den Zinssatz determiniert. Im Rahmen eines klassischen Modells ist das jedoch nicht der Fall, da dort schon (30)–(32) zur Bestimmung von $S$, $I$ und $r$ genügen.

Im einfachen klassischen Modell bestimmt dann die Bedingung für das Portfoliogleichgewicht das Preisniveau. Die "loanable-funds"-Gleichung gilt zwar, spielt aber keine eigenständige Rolle, da sie nur die Summe aus (30) und (34) bildet. Sie dient nur zum Beweis, daß der Angebotsstrom an Schuldverschreibungen und Aktien dem Nachfragestrom entspricht, und zeigt, daß die Rechnung stimmt.

Im Anschluß an die Veröffentlichung der **"General Theory"** hat sich eine umfangreiche und oft verwirrende Literatur über die Beziehung der "loanable-funds"-Theorie zur Keynes'schen Liquiditätspräferenztheorie entwickelt, die jedoch voller Fehler in Bezug auf die Unterscheidung zwischen Strom- und Bestandsgrößen steckt. Auch hat man nicht erkannt, daß insbesondere das Keynes'sche, aber auch das klassische Modell eine makroökonomische Zinstheorie beinhalten, die gerade nicht auf einem partiellen Gleichgewicht beruht.

## 6. Warum es gerechtfertigt sein kann, die staatliche Budgetbeschränkung in keynesianischen Analysen zu vernachlässigen

In der letzten Zeit wurde in verschiedenen Lehrbüchern am keynesianischen Modell Kritik geübt, weil es die Tatsache nicht beachte, daß der Staat einer Budgetbeschränkung unterliegt. Christ (1958) und andere behaupten, daß mehrere keynesianische Multiplikatoren falsch seien, da sie die staatliche Budgetbeschränkung vernachlässigen.

Man stellte die Behauptung auf, daß die Budgetbeschränkung des Staates eine wichtige Rolle spielt, was von keynesianischen Ökonomen übersehen wurde und zur Veränderung einiger grundlegender Ergebnisse des keynesianischen Modells führt. Wir meinen dagegen, daß das keynesianische Modell, wie es in den Lehrbüchern behandelt wird, von diesem Vorwurf nicht betroffen ist.

Betrachten wir dazu im folgenden ein einfaches keynesianisches Makromodell:

| | | | |
|---|---|---|---|
| $Y = (FN, K),$ | $F_N, F_K, F_{NK} > 0;\ F_{KK}, F_{NN} < 0$ | (37) | Produktionsfunktion |
| $w/p = F_N(N, K)$ | | (38) | Marginalbedingung für die Beschäftigung |
| $I = I(F_K(N, K) - (r - \pi))$ | $I' > 0,$ | (39) | Investitionsfunktion |
| $C = C(Y - T)$ | $1 > C' > 0$ | (40) | Konsumfunktion |
| $C + I + G = Y$ | | (41) | Identitätsgleichung des Volkseinkommens |
| $M/p = m(r, Y)$ | $m_r < 0, \quad m_Y > 0$ | (42) | Bedingung für das Portfoliogleichgewicht |
| $\frac{\dot{w}}{w} = f\left(\frac{N^S - N}{N^S}\right) + \alpha\pi$ | $f' < 0, \ 0 \leqq \alpha \leqq 1.$ | (43) | Phillips-Kurve |
| $\dot{K} = I$ | | (44) | |
| $\dot{M} + \dot{B} = p(G - T).$ | | (45) | |

$Y$ bezeichnet hier das BSP, $N$ die Beschäftigung, $K$ den Kapitalstock, $w$ den Nominallohn, $p$ das Preisniveau, $I$ die reale Investition, $C$ den realen Konsum, $G$ die realen Staatsausgaben, $T$ das reale Steueraufkommen, $M$ die Geldmenge (eine Verbindlichkeit des Staates), $r$ den Zinsatz, $\pi$ die erwartete Inflationsrate, $N^S$ das Arbeitsangebot und $B$ den Bestand an staatlichen Wertpapieren in Händen der Privaten.

Die Variablen $Y$, $C$, $I$, $G$ und $T$ sind reale Stromgrößen gemessen in Gütern pro Zeiteinheit; $M$ und $B$ sind in DM gemessene Bestände; auch $N$, $N^S$ und $K$ sind Bestandsgrößen; $\pi$ und $r$ sind einfach Zahlen pro Zeiteinheit. Alle Variablen des

Gleichungssystems (37)–(45) sind als Funktion der Zeit zu verstehen. Wir gehen von einem kontinuierlichen Zeitverlauf aus.[5]

Die Vorgehensweise ist in der Regel folgendermaßen:[6] Man gibt zuerst Zeitpfade der exogenen Variablen $G(t)$, $T(t)$, $M(t)$, $N(t)$ und $\pi(t)$ für ein bestimmtes Zeitintervall $[t_0, t_1]$, $t_1 > t_0$, an, wobei $t_1$ gegen Unendlich gehen kann. Darüberhinaus müssen die Ausgangswerte von $K$, $w$ und $B$ zum Zeitpunkt $t_0$, also $K(t_0)$, $w(t_0)$ und $B(t_0)$ bekannt sein. Mit den so gegebenen Daten ist das Modell, bestehend aus den Gleichungen (37)–(45), in der Lage, fortlaufende Zeitpfade für die endogenen Variablen $Y$, $N$, $p$, $r$, $C$ und $I$ über das Zeitintervall $[t_0, t_1)$ zu beschreiben und für die restlichen drei endogenen Variablen $K$, $w$ und $B$ Zeitpfade über das Intervall $(t_0, t_1)$.

Im allgemeinen lassen sich zwei unterschiedliche Verfahren auf das Modell anwenden. Die **komparative Dynamik** untersucht alternative Zeitpfade der endogenen Variablen in ihrer Zuordnung zu unterschiedlichen Zeitpfaden der exogenen Variablen. In der **komparativen Statik** wird die Zeit angehalten und dann gefragt, wie sich die endogenen Variablen zu diesem einen Zeitpunkt ändern würden bei hypothetisch anderen Werten der exogenen Variablen für diesen Zeitpunkt. Es ist wichtig, darauf hinzuweisen, daß manche Variablen, die, wie in diesem Modell $K$, $w$ und $M + B$, bei dynamischer Betrachtung endogen, in einer statischen Analyse jedoch exogen sind; exogen deshalb, weil sie aus der Vergangenheit übernommen werden und bei plötzlichen Veränderungen der exogenen Variablen nicht durch sofortige Anpassung zur Wiederherstellung eines Gleichgewichts beitragen können.

Denn $w$, $K$ und $M + B$ ergeben sich als Lösungen der Differentialgleichungen (43), (44) und (45); sie sind also stetige Funktionen der Zeit und daher in einer statischen oder Zeitpunkt-Analyse vorgegeben. Die Variablen $Y$, $N$, $p$, $r$, $C$ und $I$ unterliegen jedoch dieser Beschränkung nicht, und können durch sprunghafte Anpassungen das Modell ins Gleichgewicht bringen. Deshalb sind diese sowohl bei dynamischer, als auch bei statischer Betrachtung endogen.

Wir stellen nun folgende Behauptungen auf:

Behauptung 1: Der Zeitpfad von $M$ hat einen Einfluß auf einige der endogenen Variablen $Y$, $N$, $p$, $r$, $C$ und $I$.

Behauptung 2: Zur Bestimmung der Zeitpfade von $Y$, $N$, $p$, $r$, $C$ und $I$ ist Gleichung (45), die staatliche Budgetbeschränkung, zu beachten.

Behauptung 1 wird seit langem in sachgerechten Darstellungen des keynesianischen Modells anerkannt. (Vgl. z. B. Ackley (1961) und Bailey (1962))

Einige Autoren haben nun aber der Behauptung 2 den größeren Stellenwert eingeräumt, und der keynesianischen Analyse vorgeworfen, daß sie dem nicht Rechnung tragen würde. Behauptung 2 ist jedoch bestenfalls eine Neuformulierung eines Teils von Behauptung 1, oder aber sie ist ganz einfach falsch.

---

[5] Die exogenen Variablen $M$, $G$, $T$, $\pi$ und $N^S$ seien rechtsseitig stetige Funktionen der Zeit; es existiert auch überall die rechtsseitige Ableitung nach der Zeit. Sie wird bezeichnet durch einen Punkt über der Variablen. Man beachte, daß eine Variable, z. B. $M(t)$, linksseitig eine Sprungstelle haben kann und dennoch an der gleichen Stelle $t$ eine rechtsseitige Ableitung nach der Zeit.

[6] Wir führen hier einen grundlegenden Ansatz vor, der aber nicht der einzig mögliche ist. Diese Ansätze unterscheiden sich durch die Einteilung in exogene und endogene Variablen.

Zuerst einmal ist zu beachten, daß bei statischer Betrachtung die Gleichungen (37)–(42) dann ein Subsystem zur Bestimmung von $Y$, $N$, $p$, $r$, $C$ und $I$ zu einem Zeitpunkt bilden, wenn die exogenen Variablen $K$, $M$, $G$, $T$ und $\pi$ für diesen Zeitpunkt gegeben sind.

Man beachte insbesondere, daß $Y, N, p, r, C$ und $I$ schon vor und unabhängig von $\dot{M} + \dot{B}$, das sich erst aus (45) ergibt, bestimmt werden. In einer statischen Analyse ist es dann vollkommen legitim bei der Bestimmung von $Y, N, p, r, C$ und $I$ (45) zu vernachlässigen, denn $\dot{M} + \dot{B}$ erscheint gar nicht in den Gleichungen (37)–(42).

Die Behauptung 2 muß also, wenn überhaupt, für die dynamische Analyse gelten. Doch auch da scheint sie falsch zu sein. Diese für Behauptung 2 ungünstige Interpretation ergibt sich, weil unser Modell dynamisch rekursiv in Bezug auf $B$ ist. Gleichung (45), die Budgetbeschränkung des Staates, bestimmt nur den Zeitpfad von $B(t)$ für das Intervall $(t_0, t_1)$. Läßt man Gleichung (45) weg, wie es oft in Lehrbuchdarstellungen des keynesianischen Systems geschieht, so ist das Modell weiter uneingeschränkt in der Lage, die Zeitpfade der „interessanten" endogenen Variablen $Y$, $N$, $p$, $r$, $C$ und $I$ zu bestimmen.

Eine für Behauptung 2 besonders vorteilhafte Interpretation läßt sich folgendermaßen erreichen. Angenommen, man verwendet bei der Analyse des Modells einen Ansatz[7], in dem $B(t) = B(t_0)$ für das gesamte Intervall $[t_0, t_1)$ gilt. In diesem Ansatz kann man für $M$ nur seinen Ausgangswert $M(t_0)$, nicht aber seinen Zeitpfad exogen vorgeben. Unter der Restriktion, daß $B(t) = B(t_0)$ ist, bestimmt Gleichung (45) $\dot{M}$ und damit schließlich den gesamten Zeitpfad von $M$ in dem offenen Intervall $(t_0, t_1)$. Der so ermittelte Zeitpfad von $M(t)$ ist stetig, da er sich als Lösung der Differentialgleichung (45) ergibt. Man beachte, daß dieser Ansatz Offenmarktoperationen ausschließt, die zu sprunghaften Veränderungen von $M$ führen, bei denen $M + B$ aber eine stetige Funktion der Zeit bleibt. In diesem Spezialfall ist Behauptung 2 richtig, da aufgrund der besonderen Umstände Gleichung (45) den Zeitpfad von $M$ bestimmt, was im allgemeinen bei einem Ansatz, der Offenmarktoperationen zuläßt nicht der Fall ist. Es ist aber zu beachten, daß Behauptung 2 absolut nichts zu dem hinzufügt, was nicht schon in Behauptung 1 gesagt ist. In diesem Spezialfall ist Behauptung 2 zwar richtig, aber überflüssig.

Man kann also bei der Anwendung des keynesianischen Modells die Behauptung 2 getrost vergessen, wenn man Behauptung 1 ohne weiteres akzeptiert.

Eine Möglichkeit, um der Behauptung 2 doch noch eine gewisse Bedeutung zu geben, besteht in einer Erweiterung des Modells, die (40) und (42) durch folgende Gleichungen ersetzt:

$$C = c\left(Y - T - \frac{M + B}{p}\pi\right) \qquad 1 > c' > 0 \tag{40'}$$

$$\frac{M}{p} = m\left(r, Y, \frac{M + B}{p} + K\right) \qquad m_r < 0, \quad m_Y > 0 \qquad 1 > m_{(M+B)/p)+K} > 0. \tag{42'}$$

Wir haben hier den Realwert der staatlichen Schuld bei den Privaten in die Defini-

[7] Die anderen exogenen Variablen sind auch weiterhin Zeitpfade über das Intervall $[t_0, t_1)$, die abhängen von $G$, $T$ und $\Pi$, sowie den Ausgangswerten $K(t_0)$ und $w(t_0)$.

tion des verfügbaren Einkommens und des Vermögensgleichgewichts in der üblichen Weise miteinbezogen.

In dem durch Substitution von (40′) und (42′) für (40) und (42) entstandenen Modell spielt nicht nur die Aufteilung der Staatsschuld zwischen $M$ und $B$, sondern auch ihr Gesamtbestand $M + B$ eine Rolle bei der Bestimmung der Variablen $Y$, $N$, $p$, $r$, $C$, und $I$. Da Gleichung (45) den Zeitpfad von $M + B$ festlegt, muß man sie berücksichtigen. Diese Tatsache läßt sich aber auch in einer erweiterten Fassung von Behauptung 1 subsumieren, die der Substitution von (40′) und (42′) für (40) und (42) Rechnung trägt.

Behauptung 1′: Die Zeitpfade von $M$ und $M + B$ haben einen Einfluß auf einige der endogenen Variablen $Y$, $N$, $p$, $r$, $C$ und $I$.

Diese Behauptung ist seit langem in den Darstellungen des keynesianischen Modells anerkannt, wie die umfangreiche Literatur über den Pigou-Effekt und zur Staatsverschuldung illustriert (siehe zum Beispiel Metzler (1951)). Akzeptiert man Behauptung 1′, so kann man auf Behauptung 2 verzichten.

Das Modell mit (40′) und (42′) hat zwar die Behauptung 2 in ein sehr günstiges Licht gerückt, es ist aber nicht das Modell, aus dem Christ seine Kritik an den keynesianischen Multiplikatoren ableitete.[8]

## Literaturhinweise


Ackley, G. (1961). *Macroeconomic Theory*. New York: Macmillan.

Archibald, G. C., and Lipsey, R. G. (1958). "Monetary and Value Theory: A Critique of Lange and Patinkin." *Review of Economic Studies*, Vol. 26 (1), No. 69, pp. 1–22.

Bailey, M. J. (1962). *National Income and the Price Level*. New York: McGraw-Hill.

Christ, C. F. (1968). "A Simple Macroeconomic Model with a Government Budget Restraint." *Journal of Political Economy*, Vol. 76, January–February.

Henderson, J. M., and Quandt, R. E. (1971). *Microeconomic Theory*, 2nd ed. New York: McGraw-Hill.

Lange, O. R. (1944). *Price Flexibility and Employment*. Bloomington, Indiana: The Principia Press.

Metzler, L. (1951). "Wealth, Saving, and the Rate of Interest." *Journal of Political Economy*, Vol. LIX, No. 2, pp. 93–116.

Patinkin, D. (1961). "Financial Intermediaries and the Logical Structure of Monetary Theory." *American Economic Review*, Vol. 51, No. 1, pp. 95–116.

Tobin, J. (1966). *National Economic Policy*. New Haven, Connecticut: Yale Univ. Press.

Wachter, M. L. (1970). "Cyclical Variation in the Interindustry Wage Structure." *American Economic Review*, Vol. 60, No. 1, pp. 75–84.


[8] Christ hat die statischen keynesianischen Multiplikatoren deshalb angegriffen, weil sie nicht mit den langfristigen Multiplikatoren übereinstimmten, die er aufgrund von – wie wir meinen – merkwürdigen Stationaritätsbedingungen erhielt, insbesondere der Bedingung, daß das Budgetdefizit des Staates langfristig Null sei. Die statischen keynesianischen Multiplikatoren beruhen auf einer Zeitpunktanalyse und sind einfach nicht vergleichbar mit den langfristigen dynamischen Multiplikatoren, die Christ errechnet. Man beachte außerdem, daß Christ's langfristige Multiplikatoren den Kapitalbildungsprozeß und die Preis- und Lohndynamik nicht berücksichtigen und schon deshalb nicht mit der Lösung des vollständigen keynesianischen Modells übereinstimmen können. Eine interessante Diskussion dieser Fragen findet sich in Wallace (1971).

Wallace, N. (1971). "A Static Nonstationary Analysis of the Interaction Between Monetary and Fiscal Policy." University of Minnesota, Center for Economic Research, Discussion Paper No. 9, August.

Wicksell, K. (1965). *Interest and Prices*. New York: Augustus Kelly.

# Kapitel V
# Eine dynamische Analyse des keynesianischen Modells

In diesem Kapitel wollen wir die Dynamik des keynesianischen Modells unter zwei alternativen Hypothesen über die Bildung der Inflationserwartungen darstellen.[1]

Im einen Fall unterstellen wir eine „adaptive" Erwartungsbildung, so daß $\pi$ durch die Differentialgleichung

$$D\pi = \beta\left(\frac{Dp}{p} - \pi\right), \qquad \beta > 0$$

bestimmt wird. $D$ bezeichnet darin den Operator für die rechtsseitige Ableitung nach der Zeit.[2]

Die Lösung der obigen Differentialgleichung ist[3]

$$\pi(t) = \pi(t_0)e^{-\beta(t-t_0)} + \beta \int_{t_0}^{t} e^{-\beta(t-s)} \frac{Dp}{p}(s)\, ds,$$

so daß sich $\pi(t)$ als geometrisch gewichtete Summe der tatsächlichen Inflationsraten der Vergangenheit ergibt.

Im anderen Fall analysieren wir das Modell unter der Hypothese, daß vollkommene Voraussicht besteht, also $\pi = Dp/p$ ist. Es wird sich zeigen, daß der Wechsel der Hypothesen über die Erwartungsbildung zu einer Transformation unseres keynesianischen Modells in ein klassisches führen wird, obwohl die Strukturgleichungen des Modells unverändert bleiben.

## 1. Das Modell bei adaptiven Erwartungen

Das Modell ist identisch mit dem oben beschriebenen keynesianischen Modell, nur daß wir noch eine Phillips-Kurve hinzunehmen wollen. Außerdem werden wir uns die lineare Homogenität der Produktionsfunktion zunutze machen und alle Variablen auf den Kapitalstock beziehen. Also

---

1 Die Kenntnis von Solow (1956) wird hierbei vorausgesetzt.

2 Die Hypothese der adaptiven Erwartungen $D\pi = \beta(Dp/p - \pi)$ wurde durch Cagan (1956) und Friedman (1956) eingeführt.

3 Der Beweis erfolgt durch Anwendung der Leibniz'schen Regel. $\varphi(t)$ sei definiert im Intervall $[c, d]$ durch

$$\varphi(t) = \int_{\alpha(t)}^{\beta(t)} f(x, t)\, dx$$

wobei $f$ und $f_t$ stetig und $\alpha$ und $\beta$ differenzierbar im Zeitintervall $[c, d]$ seien. $\varphi$ besitzt dann in jedem Punkt von $[c, d]$ eine Ableitung der folgenden Form

$$\varphi'(t) = f(\beta(t), t)\beta'(t) - f(\alpha(t), t)\alpha'(t) + \int_{\alpha(t)}^{\beta(t)} f_t(x, t)\, dx.$$

Zur Ableitung dieser Regel, siehe Bartle (1964, S. 307–308).

$$Y/K = F(1, N/K) = f(N/K)$$

bzw.

$$y = f(\lambda), \qquad f'(\lambda) > 0, \quad f''(\lambda) < 0, \tag{1}$$

wobei $y = Y/K$ und $\lambda = N/K$.

Die Marginalbedingung für die Beschäftigung läßt sich dann schreiben als

$$\frac{w}{p} = f'(\lambda) \quad \left(= \frac{\partial}{\partial N} Kf\left(\frac{N}{K}\right) = \frac{\partial}{\partial N} F(K, N)\right). \tag{2}$$

Die keynesianische Investitionsfunktion lautet auf den Kapitalstock bezogen

$$\dot{K}/K = I(F_K - (r + \delta - \pi)), \qquad I' > 0$$

bzw.

$$i = I/K = I(f(\lambda) - \lambda f'(\lambda) - (r + \delta - \pi)). \tag{3}$$

Es ist zu beachten, daß

$$F_K(K, N) = \frac{\partial}{\partial K}\left(Kf\left(\frac{N}{K}\right)\right) = f\left(\frac{N}{K}\right) + Kf'\left(\frac{N}{K}\right)\left[-\frac{N}{K^2}\right] = f(\lambda) - \lambda f'(\lambda).$$

Auch die Konsumfunktion sei linear und proportional; sie läßt sich dann ebenfalls auf den Kapitalstock bezogen schreiben als

$$\frac{C}{K} = z\left[\frac{Y}{K} - \frac{T}{K} - \frac{\delta K}{K}\right], \qquad 0 < z < 1$$

bzw.

$$c = z(y - \tilde{t} - \delta), \tag{4}$$

wobei $\tilde{t} = T/K$. Der Parameter $z$ bezeichnet die marginale Konsumneigung.

Die Identitätsgleichung des Volkseinkommens läßt sich dann als

$$y = c + i + g + \delta \tag{5}$$

schreiben, wobei $g = G/K$ und $c = C/K$.

Die Bedingung für das Portfoliogleichgewicht habe folgende Form

$$M/pK = m(r, y), \tag{6}$$

was verständlich wird, wenn man annimmt, daß die Geldnachfrage linear homogen in Bezug auf das Volkseinkommen ist.

Die Entwicklung des Nominallohns soll durch die Phillips-Kurve bestimmt werden:

$$\frac{Dw}{w} = h\left(\frac{N}{N^S}\right) + \pi, \qquad h' > 0, \quad h(1) = 0, \tag{7}$$

wobei $N^S$ das Arbeitsangebot bezeichnet.

Bei gegebenem $\pi$ beschreibt Gleichung (7) einen "Trade-Off" zwischen der Höhe der Beschäftigung in Bezug auf das Arbeitsangebot und dem Wachstum des Nominallohns. Eine Erhöhung von $\pi$ verlagert die Phillips-Kurve um den Betrag dieser Erhöhung nach oben.

Das Arbeitsangebot sei exogen durch die folgende Bestimmungsgleichung gegeben:

$$N^S(t) = N^S(t_0)e^{n(t-t_0)}. \tag{8}$$

$n$ bezeichnet die proportionale Wachstumsrate des Arbeitsangebots.

Führt man schließlich noch ein, daß sich die Inflationserwartungen adaptiv bilden

$$\pi(t) = \pi(t_0)e^{-\beta(t-t_0)} + \beta\int_{t_0}^{t} e^{-\beta(t-s)}\frac{Dp(s)}{p(s)}ds, \tag{9}$$

und faßt die Gleichungen zusammen, so ergibt sich das vollständige Modell:

$$y = f(\lambda) \tag{1}$$

$$\frac{w}{p} = f'(\lambda) \tag{2}$$

$$i = I(f(\lambda) - \lambda f'(\lambda) - (r + \delta - \pi)) = \dot{K}/K \tag{3}$$

$$c = z(y - \tilde{t} - \delta) \tag{4}$$

$$y = c + i + g + \delta \tag{5}$$

$$\frac{M}{pK} = m(r, y) \tag{6}$$

$$\frac{Dw}{w} = h\left(\frac{\lambda K}{N^S}\right) + \pi \tag{7}$$

$$N^S(t) = N^S(t_0)e^{n(t-t_0)} \tag{8}$$

$$\pi(t) = \pi(t_0)e^{-\beta(t-t_0)} + \beta\int_{t_0}^{t} e^{-\beta(t-s)}\frac{Dp(s)}{p(s)}ds \tag{9}$$

$$K(t) = K(t_0) + \int_{t_0}^{t} i(s)K(s)\,ds.$$

Bei gegebenen Ausgangswerten $w(t_0)$, $\pi(t_0)$, $K(t_0)$ und gegebenen Zeitpfaden der exogenen Variablen $M$, $g$ und $\tilde{t}$ für $t > t_0$, erzeugt das Modell die Zeitpfade der endogenen Variablen $y$, $\lambda$, $K$, $c$, $w$, $p$, $r$ und $\pi$.

Man beachte, daß $w$, $\pi$ und $K$ zwar zu jedem Zeitpunkt fix bzw. exogen sind, da sie aus der Vergangenheit übernommen werden, aus der Sicht unserer dynamischen Analyse aber endogene Variablen sind, denn diese bestimmt ihre Entwicklung im Zeitverlauf.

Das momentane Gleichgewicht unseres Systems erhalten wir durch Auflösung der Gleichungen (1)–(6) in IS- und LM-Kurven. Die IS-Kurve ist die Abbildung der Kombinationen von $r$ und $y$, die den Ausgleich von Angebot und Nachfrage nach Gütern gewährleisten. Sie ergibt sich, wenn man (3) und (4) in (5) einsetzt:

$$y = z(y - \tilde{t} - \delta) + I(f(\lambda) - \lambda f'(\lambda) - (r + \delta - \pi)) + g + \delta. \tag{10}$$

Da $f'(\lambda) > 0$, läßt sich (1) invertieren, und man erhält

$$\lambda = \lambda(y), \qquad \lambda'(y) = \frac{1}{f'(\lambda)} > 0, \qquad \lambda''(y) = \frac{-f''(\lambda)\lambda'(y)}{f'(\lambda)^2} > 0.$$

Setzt man das in (10) ein, so erhält man die IS-Kurve:

$$y = z(y - \tilde{t} - \delta) + I\left(y - \frac{\lambda(y)}{\lambda'(y)} - (r + \delta - \pi)\right) + g + \delta.$$

Ihre Steigung in der $r$-$y$-Ebene ist

$$\left.\frac{dy}{dr}\right|_{\mathrm{IS}} = \frac{-I'}{1 - z - I'(\lambda(y)\lambda''(y)/\lambda'(y)^2)}.$$

Da $\lambda''(y) > 0$ bleibt ihre Steigung ungewiß. Der Nenner des obigen Ausdrucks bezeichnet den Hicksschen Supermultiplikator, der Ausdruck $I'\lambda\,\lambda''/\lambda'^2$ die marginale Investitionsneigung in bezug auf das Einkommen. Es sei angenommen, daß dieser Ausdruck kleiner als die marginale Sparneigung ist, so daß die IS-Kurve negativ geneigt ist. Die Lage der IS-Kurve hängt im übrigen in üblicher Weise von den Parametern $g$, $\tilde{t}$ und $\pi$ ab. Eine Erhöhung von $\pi$ verlagert die IS-Kurve um den gleichen Betrag nach oben.

Die Marginalbedingung für die Beschäftigung läßt sich schreiben als

$$p = w\lambda'(y).$$

Setzt man diesen Ausdruck für $p$ in (6) ein, so ergibt sich die LM-Kurve

$$M = w\lambda'(y)Km(r, y),$$

die, wie sich leicht zeigen läßt, eine positive Steigung in der $r$-$y$-Ebene hat. Auf der LM-Kurve liegen Kombinationen von $r$ und $y$, bei denen Portfoliogleichgewicht herrscht. Ihre Lage hängt von $M$, $w$ und $K$ ab, die in einer Zeitpunktbetrachtung alle Parameter sind.

Im Schnittpunkt der IS- und LM-Kurve befindet sich das System im momentanen Gleichgewicht. Dieses Gleichgewicht ist jedoch im allgemeinen nicht stationär, da sich der Zinssatz, der Reallohn und die Kapitalintensität im Zeitverlauf möglicherweise ändern. Es kann jedoch sein, daß bei fest gegebenen Werten von $g$, $\tilde{t}$ und $\dot{M}/M$, sich das System im Zeitverlauf einem steady-state-Wachstumspfad annähert, auf dem der Zinssatz, der Reallohn und die Arbeitsintensität konstant sind, Preise und Löhne sich aber mit der Rate $\dot{M}/M$ minus $n$ verändern.

Zur Darstellung des steady-state-Wachstumspfads in der $r$-$y$-Ebene wollen wir uns zweier Kurven bedienen. Die erste ist einfach eine vertikale Gerade auf der Höhe der im steady-state-Gleichgewicht bestehenden Kapitalproduktivität, die wir mit $y^*$ bezeichnen. Aus Gleichung (5) ergibt sich die Wachstumsrate des Kapitalstocks als

$$i = y - z(y - \tilde{t} - \delta) - g - \delta.$$

Da

$$D(K/N)/(K/N) = DK/K - DN/N = i - n,$$

erhalten wir

$$\frac{D(K/N)}{K/N} = y - z(y - \bar{t} - \delta) - g - \delta - n.$$

Setzt man $D(K/N)$ gleich Null und löst nach $y$ auf, ergibt sich der Wert von $y^*$:

$$y^* = \frac{n + g + \delta(1 - z) - z\bar{t}}{1 - z}.$$

Dies ist der Wert der Kapitalproduktivität, bei der die Kapitalintensität stationär, d. h. im Zeitverlauf unveränderlich ist.

Wir stellen $y^*$ in Abbildung 1 als vertikale Gerade dar, da entsprechend unserer Annahmen der Wert von $y$ im steady-state-Gleichgewicht unabhängig vom Zinssatz ist.

Wenn die Unternehmen veranlaßt werden sollen, den Kapitalstock mit der steady-state-Wachstumsrate $n$ zu erhöhen, so daß $i - n$ gleich Null ist, müssen wir fordern, daß

$$I\left(y - \frac{\lambda(y)}{\lambda'(y)} - (r + \delta - \pi)\right) - n = 0. \tag{11}$$

Diese Gleichung sagt uns implizit, welchen Wert $r + \delta - \pi$ annehmen muß, damit bei gegebenem $y$ das System sich in einem steady-state-Gleichgewicht befindet.

Bilden wir das totale Differential der obigen Gleichung, so erhalten wir nach Umstellen

$$\frac{d(r + \delta - \pi)}{dy} = \frac{\lambda''\lambda}{\lambda'^2} > 0.$$

Dies ist die Steigung der Kurve in der $r$-$y$-Ebene, auf der (11) erfüllt ist.

Sie hat eine positive Steigung, was auf die direkte Abhängigkeit zwischen dem Grenzprodukt des Kapitals und der Kapitalproduktivität zurückzuführen ist. Wir wollen (11) als Kapitalmarktgleichgewichtskurve ansehen, und sie mit KE bezeichnen.

Man beachte, daß eine Erhöhung von $\pi$ eine Aufwärtsverlagerung der KE-Kurve um den gesamten Betrag dieser Erhöhung bewirkt.

Die Ermittlung des momentanen und des steady-state-Gleichgewichts läßt sich durch Abbildung 1 veranschaulichen. Man beachte, daß die IS-Kurve so verläuft, daß sie die KE-Kurve bei $y^*$, der Kapitalproduktivität im steady-state-Gleichgewicht, schneidet. Wie sich zeigen läßt, muß das so sein. Wir wissen, daß auf der KE-Kurve Gleichung (11) erfüllt ist.

Setzt man $I(\ )$ aus (11) in die IS-Kurve ein, dann ist

$$y = z(y - \bar{t} - \delta) + n + g + \delta \quad \text{oder} \quad y = \frac{n + g + \delta(1 - z) - z\bar{t}}{1 - z},$$

und es ergibt sich derselbe Ausdruck wie für $y^*$. Im Schnittpunkt der IS- und der

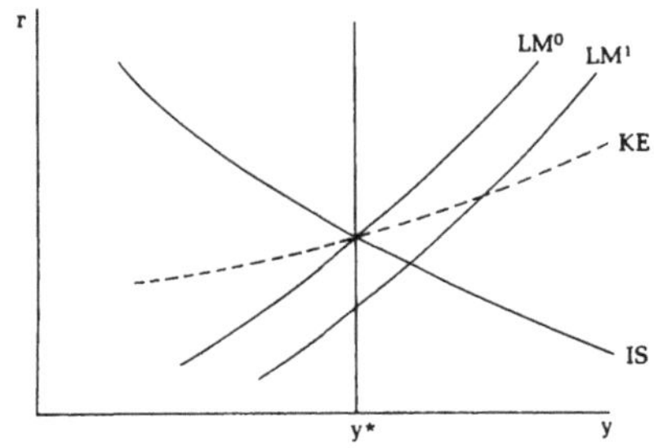


**Abb. 1**

LM-Kurve befindet sich das System in einem momentanen Gleichgewicht. Schneiden sich die IS- und die LM-Kurve unterhalb der KE-Kurve, so wächst der Kapitalstock in diesem Augenblick mit einer Rate, die größer ist als $n$.

Die Funktionsweise des Modells führt dazu, daß sich im Lauf der Zeit der Schnittpunkt der IS- und LM-Kurve auf den Schnittpunkt der IS- und KE-Kurve zubewegt. Veränderungen des Kapitalstocks und des Nominallohns spielen dabei eine Schlüsselrolle.

Um diese Funktionsweise zu veranschaulichen, sei angenommen, daß sich das System anfänglich in einem vollständigen steady-state-Gleichgewicht befindet, die IS-, die LM- und die KE-Kurve sich also wie in Abbildung 1 bei $y^*$ schneiden. Weiter sei angenommen, daß $\dot{M}/M = n$ ist, so daß die gleichgewichtige Inflationsrate gleich Null ist; denn, wie wir wissen, sind im steady-state-Gleichgewicht $r$ und $y$, und damit auch $m(r, y)$ im Zeitverlauf konstant. Es muß deshalb auch $M/pK$ im Zeitverlauf fix sein, was bedeutet, daß $\dot{M}/M - \dot{p}/p - \dot{K}/K = 0$ bzw. $\dot{M}/M - \dot{p}/p - n = 0$. Im steady-state-Gleichgewicht sind die IS-, die LM- und die KE-Kurve im Zeitverlauf unveränderlich.

Da im steady-state-Gleichgewicht auch $\dot{w}/w = \dot{p}/p = \pi = \dot{M}/M - n = 0$, muß, wie aus der Phillips-Kurve zu ersehen ist, $N/N^S$ gleich eins sein. Es erfolgt nun durch Offenmarktoperationen eine einmalige sprunghafte Erhöhung von $M$, die $\dot{M}/M$ unverändert läßt. Um die Dinge zu vereinfachen, wollen wir annehmen, daß $\pi$ auch im Verlauf der Anpassung an ein neues steady-state-Gleichgewicht unverändert seinen alten Gleichgewichtswert von Null beibehält. Wir heben also (9) einstweilig auf und ersetzen es durch $\pi(t) = 0$.

Weiter seien auch $g$ und $\bar{t}$ im Zeitverlauf konstant. Als unmittelbarer Effekt einer sprunghaften Erhöhung des Geldangebots ergibt sich eine Verlagerung der LM-Kurve nach rechts, wie in Abbildung 1 durch $LM^1$ angedeutet. Das führt unmittelbar zu einer Erhöhung der Beschäftigung und der Kapitalproduktivität. Die Beschäftigung übersteigt nun das Arbeitsangebot und bewirkt infolge der Phillips-Kurven-Relation (7) eine allmähliche Anpassung des Nominallohns nach oben. Außerdem ist der Nominalzins gesunken, was zu einer weiteren Abweichung des gestiegenen Grenzprodukts des Kapitals vom Realzins führt. Die Unternehmen reagieren darauf mit einer verstärkten Kapitalbildung, die die Rate $n$ übersteigt. Zu dieser Reaktion kommt es immer, solange sich das momentane Gleichgewicht bei einer $(r, y)$-Kombination unterhalb der KE-Kurve einstellt. Da das Wachstum des Kapitalstocks das des Geldangebots übersteigt, und der Nominallohn wächst, verlagert sich die LM-Kurve im Zeitverlauf wieder nach oben, also von $LM^1$ in Richtung auf $LM^0$ in Abbildung 1. Dies läßt sich zeigen, wenn man bei festen Werten von $y$ die LM-Kurve logarithmiert und nach der Zeit differenziert:

$$\dot{r}|_{LM} = \frac{m(r, y)}{m_r}\left[\frac{\dot{M}}{M} - \frac{\dot{K}}{K} - \frac{\dot{w}}{w}\right]. \tag{12}$$

Wenn der in Klammern stehende Ausdruck negativ ist, dann muß bei jedem Wert von $y$, $r$ zur Erhaltung des Portfoliogleichgewichts ansteigen.

Wenn nach einiger Zeit $LM^1$ sich auf $LM^0$ zurückverlagert hat, so daß $y$ und $r$ wieder bei ihren Ausgangswerten sind, ist der Anpassungsprozeß jedoch noch nicht abgeschlossen.

Zwar sind $y$ und $\lambda$ wieder zu ihren ursprünglichen Werten zurückgekehrt, aber da in der Zwischenzeit $\dot{K}/K$ ständig größer als $n$ war, wird $N/N^S$, dessen Wert im Ausgangsgleichgewicht eins war, bei $\dot{w}/w = 0$, nun den Wert von eins übersteigen. Dies folgt, weil $N/N^S = \lambda K/N^S$, $\lambda$ auf seinen Ausgangswert zurückgekehrt ist, die Wachstumsrate von $K$ aber in der Zwischenzeit immer größer als $n$ war.

Die Phillipskurven-Relation hat daher zur Folge, daß $\dot{w}/w > 0$, die LM-Kurve sich also weiter nach oben verlagert (siehe (12)), denn $\dot{M}/M - \dot{K}/K - \dot{w}/w$ ist immer noch kleiner als Null, auch wenn $\dot{K}/K$ wieder seinen steady-state-Wert annimmt, sobald die LM-Kurve in ihre Ausgangsposition zurückgekehrt ist. Es kommt zu einem „Überschießen" des Systems, bei dem $y$ auf einen Wert unterhalb von $y^*$ zurückgeht, wenn infolge der Lohnerhöhungen die LM-Kurve sich zu einem Schnittpunkt mit der IS-Kurve oberhalb der KE-Kurve bewegt. Solange dieser Schnittpunkt aber oberhalb der KE-Kurve liegt, ist $DK/K < n$, was zur Erhöhung von $\dot{M}/M - \dot{K}/K - \dot{w}/w$ beiträgt, und somit die Bewegungsrichtung der LM-Kurve allmählich umkehrt. Ist das System stabil, so wird dieser Effekt schließlich die Verlagerung der LM-Kurve aufgrund steigender Löhne überkompensieren, und es kommt zu einer Rückverlagerung der LM-Kurve nach rechts. Da auch $\lambda$ und das Verhältnis $K/N^S$ im Laufe der Zeit sinken (man beachte, daß $K$ langsamer wächst als $N^S$, solange die LM-Kurve und die IS-Kurve sich oberhalb der KE-Kurve schneiden) werden $N/N^S$ und somit $Dw/w$ allmählich sinken.

Je nach den Parametern ist es möglich, wenn auch nicht notwendig, daß $N/N^S$ wieder auf einen Wert kleiner als eins sinkt, wobei dann $Dw/w$ negativ wird. Das bedeutet, daß $w$ auch über seinen neuen steady-state-Gleichgewichtswert „hinausgeschossen" ist und wieder steigen muß, was eine weitere Periode des „Booms" mit $N/N^S > 1$ erfordert.

Wenn also bei der Rückverlagerung der LM-Kurve auf ihre Ausgangsposition $w$ sinkt (und $N/N^S < 1$), so führt das zu einer weiteren Verlagerung der LM-Kurve nach rechts, was ein erneutes Überschießen von $y$ über $y^*$ hinaus bewirkt. Es ist also möglich, daß es bei der Anpassung an das steady-state-Gleichgewicht zu zyklischen Schwankungen kommt, die durch wechselnde Perioden des „Booms" und der Rezession gekennzeichnet sind. Das Modell enthält also implizit, bei entsprechenden Parameterwerten, eine Theorie der Konjunkturschwankungen.

Die andere Möglichkeit besteht darin, daß im Anschluß an die anfängliche Erhöhung, $y$ nur einmal über seinen steady-state-Gleichgewichtswert hinausschießt. Während die LM-Kurve sich nach links verlagert und ihr Schnittpunkt mit der IS-Kurve den Wert $y^*$ passiert, würde $w$ stetig bis zu seinem neuen steady-state-Gleichgewichtswert ansteigen, ohne ihn zu überschreiten, so daß während des gesamten Anpassungsprozesses $N/N^S \geq 1$ gilt. Unter diesen günstigen Umständen folgt auf den Boom kein Zusammenbruch. Man beachte, daß in diesem Fall die stabilisierende Wirkung dadurch entsteht, daß $DK/K < n$, wenn die LM-Kurve und die IS-Kurve sich oberhalb der KE-Kurve schneiden, was die LM-Kurve nach rechts, auf das steady-state-Gleichgewicht zu, verlagert.

Der auf eine einmalige Erhöhung von $M$ folgende Anpassungsprozeß wäre noch komplexer, wenn man eine Reaktion von $\pi$ auf die tatsächliche Inflation zulassen würde, indem man z. B. unsere Gleichung (9) wieder einführt. Dann würden die IS-Kurve und die KE-Kurve sich schon im frühen Stadium des Anpassungsprozesses nach oben verlagern, da $\pi$ sich in Reaktion auf die entstehende Inflation erhöht.

Man kann leicht zeigen, daß trotz der Änderungen von $\pi$ die IS-Kurve und die KE-Kurve sich weiterhin bei $y^*$ schneiden. Wenn man zuläßt, daß $\pi$ von den vergangenen Werten von $\dot{p}/p$ abhängt, so bedeutet das im Ergebnis eine Betonung des „Überschießens" bzw. des zyklischen Phänomens. Im Anschluß an die ursprüngliche Erhöhung von $M$, bewegt sich die LM-Kurve nun auf einen Schnittpunkt zwischen $y^*$ und einer IS-Kurve zu, die infolge der bereits herrschenden Inflation einer positiven Inflationserwartung Rechnung trägt. Da $\pi$ positiv, und, wie schon gezeigt, $N/N^S > 1$ ist, wenn sich die LM-Kurve wieder auf den Schnittpunkt einer IS-Kurve mit $y^*$ zurückverlagert hat, steigen die Löhne in diesem Augenblick sogar schneller, als es der Fall gewesen wäre, wenn $\pi$ während des gesamten Anpassungsprozesses Null gewesen wäre.

Wenn man unterstellt, daß das System dynamisch stabil ist, dann führt dieser Anpassungsprozeß zu den gleichen Endwerten aller Variablen, wie für den Fall, daß $\pi$ während des gesamten Anpassungsprozesses auf seinem steady-state-Gleichgewichtswert verharrt; der Pfad der Anpassung an das steady-state-Gleichgewicht kann jedoch ganz unterschiedlich sein.

Die einmalige Erhöhung von $M$ hat also im Ende, nachdem das System wieder zum steady-state-Gleichgewicht zurückgekehrt ist, keine Auswirkungen auf die realen Größen; nur das Preisniveau und der Nominallohn erhöhen sich proportional mit der Geldmenge. Die steady-state-Gleichgewichtswerte von $r$ und $y$ ergeben sich durch den Schnittpunkt von IS- und KE-Kurve; der wird aber durch die Erhöhung von $M$ nicht berührt. Im neuen steady-state-Gleichgewicht muß $\dot{w}/w$ Null, und damit $N/N^S$ eins sein, was bedeutet, daß $K/N^S$ auf seinen anfänglichen steady-state-Gleichgewichtswert zurückgekehrt sein muß, da auch $\lambda$ wieder auf seinem ursprünglichen Gleichgewichtswert ist. Das besagt, daß, wenn im Anschluß an die Offenmarktoperation genug Zeit verstrichen ist, $K(t)$ den gleichen Wert annimmt, wie wenn diese nie getätigt worden wäre. Oder mit anderen Worten: Die Offenmarktoperationen beeinflussen zwar die Verteilung der Investitionen im Zeitverlauf, jedoch nicht die Höhe des Kapitalstocks in ferner Zukunft. Da für $M/pK = m(r, y)$ unveränderte Gleichgewichtswerte gelten und $K$ schließlich auf seinen ursprünglichen Wachstumspfad zurückkehrt, muß $p$ proportional mit der anfänglichen Erhöhung von $M$ gestiegen sein.

Obwohl dieses Modell im Rahmen einer kurzfristigen oder Zeitpunkt-Betrachtung eindeutig keynesianische Merkmale besitzt, sind die langfristigen Ergebnisse für das steady-state-Gleichgewicht in dem Sinne „klassisch", daß die realen Größen vom Geldangebot unabhängig sind. Die realen Größen werden im Schnittpunkt der KE- und IS-Kurve bestimmt, die sich wiederum aus den Spar- und Investitionsneigungen und der Fiskalpolitik des Staates ergeben. Im steady-state-Gleichgewicht paßt sich das Preisniveau so an, daß die LM-Kurve durch den Schnittpunkt von IS- und KE-Kurve verläuft.[4]

## 2. Vollkommene Voraussicht ($\pi = Dp/p$)

Wir geben nun Gleichung (9) auf und unterstellen stattdessen vollkommene Voraussicht bzw. „Rationalität":

$$\pi(t) = Dp(t)/p(t), \tag{9'}$$

wobei $D$ weiterhin als Operator für die rechtsseitige Ableitung nach der Zeit zu verstehen ist. Gleichung (9') besagt, daß die Wirtschaftssubjekte die rechtsseitige Ableitung des logarithmierten Preisniveaus, also den Fortgang der Inflation richtig einschätzen.

Die dynamische Reaktion des Modells auf exogene Schocks ändert sich grundlegend, wenn man (9) durch (9') ersetzt. Zur Lösung des Systems setzen wir zuerst (9') in (7) ein und erhalten so

$$\frac{Dw}{w} = h\left(\frac{\lambda K}{N^S}\right) + \frac{Dp}{p}. \tag{13}$$

Die logarithmierte Ableitung von (2) nach der Zeit ergibt

$$\frac{Dw}{w} = \frac{f''(\lambda)}{f'(\lambda)} D\lambda + \frac{Dp}{p}. \tag{14}$$

Setzt man (13) und (14) gleich,

$$h\left(\frac{\lambda K}{N^S}\right) = \frac{f''(\lambda)}{f'(\lambda)} D\lambda, \qquad \text{wobei} \quad \frac{f''(\lambda)}{f'(\lambda)} < 0, \tag{15}$$

so hat man mit (15) eine Differentialgleichung zur Bestimmung von $\lambda$; man erhält dabei $\lambda$ als Ausdruck vergangener Werte von $K$ und $N^S$. Um das zu verdeutlichen, sei für $f(\lambda)$ eine Cobb-Douglas-Funktion angenommen, so daß

$$y = f(\lambda) = A\lambda^{1-\alpha}.$$

Es gilt dann

$$f'(\lambda) = A(1-\alpha)\lambda^{-\alpha}, \qquad f''(\lambda) = -\alpha(1-\alpha)A\lambda^{-\alpha-1}, \qquad \frac{f''(\lambda)}{f'(\lambda)} = \frac{-\alpha}{\lambda}.$$

Weiter sei unterstellt, daß $h(\lambda K/N^S)$ folgende Form hat:

$$h\left(\frac{\lambda K}{N^S}\right) = \gamma \ln \frac{N}{N^S} = \gamma \ln N - \gamma \ln N^S, \qquad \gamma > 0,$$

wobei *ln* den natürlichen Logarithmus bezeichnet. (15) wird dann zu

[4] Es gibt auch Modelle, in denen das monetäre Wachstum den Kapitalkoeffizienten im steady-state-Gleichgewicht beeinflußt. Siehe Tobin (1965). Zu einem Modell, in dem das monetäre Wachstum keinen Einfluß auf den steady-state-Kapitalkoeffizienten hat, siehe Sidrausky (1967).

$$\gamma \ln N - \gamma \ln N^S = -\alpha \frac{\dot{\lambda}}{\lambda} = -\alpha D \ln N + \alpha D \ln K. \tag{16}$$

Durch Umstellen erhält man

$$(\gamma + \alpha D) \ln N = \gamma \ln N^S + \alpha D \ln K$$

bzw.

$$\left(\frac{\gamma}{\alpha} + D\right) \ln N = \frac{\gamma}{\alpha} \ln N^S + D \ln K.$$

Dies ist eine lineare Differentialgleichung erster Ordnung für *ln N*. Nach Division durch $\gamma/\alpha + D$ erhält man als Lösung

$$\ln N = \frac{1}{D + (\gamma/\alpha)} \left[\frac{\gamma}{\alpha} \ln N^S + D \ln K\right].$$

Man beachte, daß

$$\frac{1}{D + (\gamma/\alpha)} = \frac{e^{(s-t)((\gamma/\alpha)+D)}}{(\gamma/\alpha) + D}\Bigg|_{s=-\infty}^{t}$$

$$= \int_{-\infty}^{t} e^{(s-t)((\gamma/\alpha)+D)}\, ds = \int_{-\infty}^{t} e^{(s-t)(\gamma/\alpha)} e^{(s-t)D} \cdot ds.$$

Wenn man bedenkt, daß $e^{(s-t)D} x(t) = x(s)$, so erhält man

$$\ln N(t) = \int_{-\infty}^{t} e^{(s-t)(\gamma/\alpha)} e^{(s-t)D} \left[\frac{\gamma}{\alpha} \ln N^S(t) + D \ln K\right] ds,$$

$$\ln N(t) = \frac{\gamma}{\alpha} \int_{-\infty}^{t} e^{(s-t)(\gamma/\alpha)} \ln N^S(s)\, ds + \int_{-\infty}^{t} e^{(s-t)(\gamma/\alpha)} \frac{DK(s)}{K(s)}\, ds. \tag{17}$$

Gleichung (17) ist die Lösung von Gleichung (16) und beschreibt *ln N* zum Zeitpunkt *t* als gewichtete „Summe" vergangener Werte des Arbeitsangebots und des Kapitalstocks.

Da diese zum Zeitpunkt *t* vorbestimmt sind, erkennt man, daß die Beschäftigung und damit die Produktion nicht sofort auf die Einwirkung exogener Schocks auf das System reagieren wird.

Wenn der Wert von $N$ zum Zeitpunkt $t$ durch irgendeine Fassung von (17) ermittelt wurde und auch die Höhe von $K$ aus der Vergangenheit übernommen und damit gegeben ist, dann bestimmt Gleichung (1) die Produktion, (2) den Reallohn und (4) $c$. Sind $c$ und $y$ gegeben, legt (5) $i$ fest. Sind $i$ und $\lambda$ gegeben, so erhält man aus (3) $r - \pi$ zum Zeitpunkt $t$. Gleichung (7) bestimmt $Dw/w - Dp/p$. Man beachte, daß bei vollständig und zeitlich unbegrenzt gegebenen Zeitpfaden der fiskalpolitischen Variablen $g$ und $\bar{t}$, das Modell vollständige Zeitpfade aller realen Variablen ohne Rückgriff auf die Bedingung für das Portfoliogleichgewicht bestimmt. Das Modell ist also dichotomisch zerlegbar.

Nachdem alle realen Größen feststehen, sind nur noch die Werte von $p$ und $Dp/p$ zum Zeitpunkt $t$ zu bestimmen. Sie ergeben sich aus der Bedingung für das Portfoliogleichgewicht in der in Kapitel I aufgezeigten Weise. Um das zu verdeutlichen, sei unterstellt, die Bedingung für das Portfoliogleichgewicht (6) habe folgende Gestalt:

$$M/pK = e^{\beta r}y, \qquad \beta < 0. \tag{18}$$

Bekanntlich wird $r$ in diesem System durch (3) bestimmt; wir invertieren also (3) und schreiben

$$r = f(\lambda) - \lambda f'(\lambda) - \delta + \pi + \xi(i), \qquad \xi' < 0.$$

Setzt man das in (18) ein, ergibt sich

$$M/pK = y \exp \beta(f(\lambda) - \lambda f'(\lambda) - \delta + \pi + \xi(i))$$

bzw.

$$\ln M - \ln p - \ln K = \ln y + \beta[f(\lambda) - \lambda f'(\lambda) - \delta + \pi + \xi(i)].$$

Ersetzt man $\pi$ durch $Dp/p$, so erhält man nach Umstellen

$$\left[\frac{1}{\beta} + D\right] \ln p = \frac{1}{\beta}[\ln M - \ln K - \ln y - \beta[f(\lambda) - \lambda f'(\lambda) - \delta + \xi(i)]].$$

Gehen wir genauso wie in Kapitel I vor, so ergibt sich als Lösung dieser Differentialgleichung

$$\ln p(t) = -\frac{1}{\beta}\int_t^{\infty} e^{(s-t)/\beta}[\ln M(s) - \ln K(s) - \ln y(s)$$
$$- \beta[f(\lambda(s)) - \lambda(s)f'(\lambda(s)) - \delta + \xi(i(s))]]\, ds. \tag{19}$$

(Wir legen eine Endbedingung wieder so fest, daß der Ausdruck $ce^{-t/\beta}$, um den die obige Lösung ergänzt werden müßte, wegfällt.)

Gleichung (19) bringt zum Ausdruck, daß das herrschende Preisniveau von den gesamten **zukünftigen** Zeitpfaden des Geldangebots, des Kapitalstocks, der Kapitalintensität $\lambda$ und der Investition abhängt. Durch rechtsseitige Ableitung des durch (19) gegebenen Zeitpfads von $ln\ p$ nach der Zeit, läßt sich dann der Wert von $\pi$ bestimmen.

Man beachte, daß es in diesem Modell möglich ist, die gesamten Zeitpfade aller Variablen auf der rechten Seite von Gleichung (19) noch vor der Ermittlung des herrschenden Preisniveaus zu bestimmen. Denn, wie wir gezeigt haben, legt (17) die Werte von $N$ und $\lambda$ zum Zeitpunkt $t$ fest, so daß sich daraufhin ohne weiteres die Wachstumsrate des Kapitalstocks $i$, berechnen läßt. Das wiederum ermöglicht es, den neuen Stand des Kapitalstocks zu ermitteln, um so die folgenden Werte von $N$ bestimmen zu können. Geht man in dieser Weise vor, so lassen sich, wenn die fiskalpolitischen Variablen exogen gegeben sind, die Zeitpfade aller realen Größen bestimmen noch bevor das Preisniveau zu irgendeinem Zeitpunkt bekannt ist.

Da alle Strukturgleichungen unverändert geblieben sind, läßt sich das Modell auch weiterhin durch die IS-, LM- und KE-Kurve veranschaulichen. Das steady-state-Gleichgewicht ergibt sich im Schnittpunkt der IS- und der KE-Kurve.

Den kurzfristigen Wert von $y$ erhält man jedoch, wenn man den Wert von $\lambda$ in die Produktionsfunktion einsetzt, der sich durch die Lösung von (15), so wie z. B. in

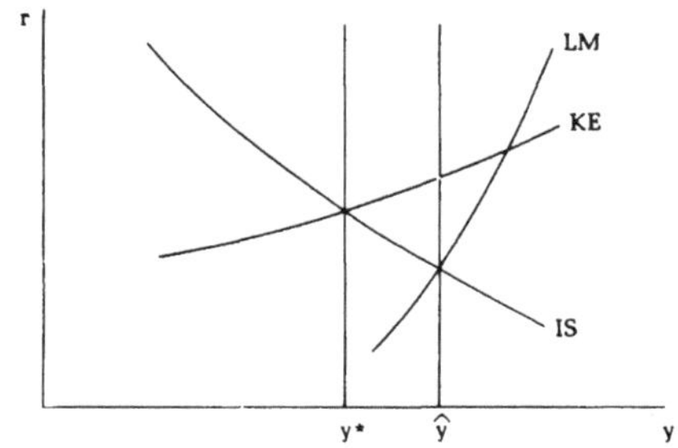


**Abb. 2**

(17) geschehen, ergibt. Mit dem so ermittelten momentanen Gleichgewichtswert von $y$ – er ist in Abbildung 2 dargestellt und mit $\hat{y}$ bezeichnet – läßt sich durch Einsetzen in die IS-Kurve der momentane Wert von $r - \pi$ bestimmen. Die LM-Kurve muß durch den Schnittpunkt der IS-Kurve mit der vertikalen Geraden bei $\hat{y}$ verlaufen, was durch sprunghafte Anpassungen des Preisniveaus gewährleistet wird.

Wenn wir auf den Fall zurückkommen, den wir schon bei adaptiven Erwartungen untersucht haben, wird sich zeigen, wie grundlegend die Substitution von (9) durch (9′) die Dynamik des Anpassungsprozesses verändert. Wir gehen dazu davon aus, daß sich das System anfänglich in einem steady-state-Gleichgewicht befindet, und daß $\dot{M}/M = n$, so daß $\dot{w}/w = \dot{p}/p = \pi = 0$. In diesem Augenblick erfolgt eine plötzliche und **unerwartete** Erhöhung von $M$, die die rechtsseitige Ableitung $DM/M$ unberührt läßt.[5]

Als einziges Ergebnis erhalten wir eine sofortige Erhöhung von $p$ und $w$ proportional zur Erhöhung von $M$, während die realen Größen unverändert bleiben.

Da die Lösung von (15), wie z. B. (17), impliziert, daß $y$ nicht auf die Erhöhung von $M$ reagiert, muß sich das Preisniveau sprunghaft anpassen, um zu gewährleisten, daß die LM-Kurve durch den Schnittpunkt der KE- und IS-Kurve verläuft. Um das anhand der beispielhaft gewählten Bedingung für das Portfoliogleichgewicht, die zu der Lösung für das Preisniveau in Gleichung (19) führt, zu zeigen, gehen wir davon aus, daß ursprünglich der folgende Zeitpfad für den Logarithmus des Geldangebots erwartet wurde:

$$\ln M(s), \qquad s \geq t.$$

Nach einer einmaligen Erhöhung des Geldangebots, bei der $DM/M$ unverändert bleibt, erwartet man nun als neuen Zeitpfad für den Logarithmus des Geldangebots

$$\phi + \ln M(s), \qquad s \geq t, \quad \phi > 0.$$

[5] Wenn die Erhöhung von $M$ im Zeitpunkt $t$ schon vorher erwartet worden wäre, würde sie keine sprunghafte Erhöhung von $p$ auslösen. Denn aus Gleichung (19) folgt, daß $p(s)$ zum Zeitpunkt $t$ eine stetige Funktion der Zeit ist, auch dann, wenn $M(s)$ im Punkt t oder auch sonst eine Sprungstelle hat. Jedoch führt die Reaktion auf die schon vorher erwartete Erhöhung von $M$ im Punkt $t$ zu einer sprunghaften Erhöhung von $\pi(t)$. Im Gegensatz dazu weicht in unserem Fall die geldpolitische Instanz im Zeitpunkt $t$ plötzlich und unerwartet von einem geplanten Geldangebotspfad $M(s)$, $s \geq t$, ab und verfolgt nun einen neuen Pfad $e^{\phi} M(s)$, $s \geq t$.

Das neue Preisniveau $p'(\ )$ unterscheidet sich vom ursprünglichen, durch (19) bestimmten Preisniveau wie folgt:

$$\ln p'(t) - \ln p(t) = -\frac{1}{\beta}\int_t^\infty e^{(s-t)/\beta}[\ln M(s) + \phi]\,ds + \frac{1}{\beta}\int_t^\infty e^{(s-t)/\beta}\ln M(s)\,ds$$

$$= -\frac{1}{\beta}\int_t^\infty \phi e^{(s-t)/\beta}\,ds = \phi.$$

Das Preisniveau erhöht sich also um den gleichen multiplikativen Faktor $\phi$ wie das Geldangebot. Man beachte, daß wir bei den obigen Berechnungen die Tatsache genutzt haben, daß die Zeitpfade $K(s)$, $\lambda(s)$ und $i(s)$ von der Erhöhung des Geldangebots nicht berührt werden.

Betrachten wir nun die Reaktion des Systems auf eine Erhöhung des Geldangebots, die schon vorher erwartet worden war. Angenommen, das Geldangebot beschreibt den folgenden Zeitpfad:

$$\ln M(s) = \ln M(t_0) + n(s - t_0), \qquad t_0 + \theta > s,$$

$$\ln M(s) = \ln M(t_0) + \phi + n(s - t_0), \qquad t_0 + \theta \leq s.$$

Es wird also erwartet, daß sich das Geldangebot im Zeitpunkt $t_0 + \theta$ sprunghaft erhöht.

Unter Verwendung von (19), wobei wir die Ausdrücke für die realen Größen weglassen, errechnet sich der Zeitpfad des Preisniveaus für $t < t_0 + \theta$ als

$$\ln p(t) = -\frac{1}{\beta}\int_t^{t_0+\theta} e^{(s-t)/\beta} n(s - t_0)\,ds - \frac{1}{\beta}\int_{t_0+\theta}^{x} e^{(s-t)/\beta}(n(s - t_0) + \phi)\,ds$$

$$+ \text{ weitere Ausdrücke}, \qquad t_0 \leq t \leq t_0 + \theta$$

$$= -\frac{1}{\beta}\int_t^\infty e^{(s-t)/\beta} n(s - t_0)\,ds - \frac{\phi}{\beta}\int_{t_0+\theta}^{\infty} e^{(s-t)/\beta}\,ds + \text{ weitere Ausdrücke},$$

$$= -\frac{1}{\beta}\int_t^\infty e^{(s-t)/\beta} n(s - t_0)\,ds + \phi e^{(t_0+\theta-t)/\beta}$$

$$+ \text{ weitere Ausdrücke}, \qquad t_0 \leq t \leq t_0 + \theta.$$

Für $t \geq t_0 + \theta$ erhält man als Lösung

$$\ln p(t) = -\frac{1}{\beta}\int_t^\infty e^{(s-t)/\beta} n(s - t_0)\,ds + \phi + \text{ weitere Ausdrücke.}$$

Die sprunghafte Erhöhung des Geldangebots zum Zeitpunkt $t_0 + \theta$ schlägt sich schon in früheren Werten des Preisniveaus nieder.

Die obigen Berechnungen haben gezeigt, daß das Preisniveau bei $t_0 + \theta$ stetig ist, d. h. die sprunghafte Erhöhung von $M$ führt nicht im gleichen Augenblick zu einer sprunghaften Erhöhung von $p$. Die erwartete Inflationsrate $\pi$ jedoch steigt bei $t_0 + \theta$ sprunghaft an, denn es gilt

$$\frac{d}{dt}\phi e^{(t_0+\theta-t)/\beta} = -\phi/\beta \exp((t_0+\theta-t)/\beta).$$

Bei $t_0+\theta$ übersteigt demnach die linksseitige Ableitung des logarithmierten Preisniveaus die rechtsseitige Ableitung um den Betrag $-\phi/\beta > 0$. Es kommt also bei $t_0 + \theta$ zu einer plötzlichen Senkung von $\pi$, so daß auch $r$ sprunghaft abfällt, was die Geldnachfrage bei $t_0+\theta$ soweit anregt, daß angesichts der Erhöhung von $M$ in diesem Augenblick die Erhaltung des Portfoliogleichgewichts gewährleistet ist.

Diese beiden Fälle zeigen, wie wichtig es ist, zwischen erwarteten und unerwarteten Änderungen der wirtschaftspolitischen Variablen in einem Modell mit vollkommener Voraussicht zu unterscheiden.

Die Substitution der Annahme adaptiver Erwartungen (9) durch die der vollkommenen Voraussicht hat bewirkt, daß sich das Modell auch kurzfristig nicht mehr keynesianisch, sondern klassisch verhält.

In dem System mit vollkommener Voraussicht (9′) kann man also von einem „Geldschleier" sprechen, sowohl kurzfristig, wie auch langfristig, denn plötzliche Erhöhungen des Geldangebots bewirken keine Veränderungen der realen Größen, wie in einem System mit adaptiven Erwartungen.

Mathematisch ist der Unterschied zwischen den Modellen bei (9) und bei (9′) subtil. Bei adaptiven Erwartungen (9) erfolgt die Analyse des Modells unter der „keynesianischen" Annahme, daß der Nominallohn sich in einem Zeitpunkt nicht verändert, so daß die Phillips-Kurve (7) seine Ableitung nach der Zeit bestimmt (wobei gilt: rechtsseitige Ableitung = linksseitige Ableitung). Dies ergibt sich im wesentlichen daraus, daß aufgrund von Gleichung (8) und (9) $N^S(t)$ und $\pi(t)$ in jedem Zeitpunkt durch Variablenwerte der Vergangenheit vorbestimmt sind. Auch $K(t)$ wird aus der Vergangenheit übernommen, so daß die Gleichungen (1)–(7) ein System von sieben Gleichungen für die sieben endogenen Variablen $y(t)$, $\lambda(t)$, $i(t)$, $c(t)$, $p(t)$, $r(t)$ und $Dw(t)/w(t)$ bilden.

Das Modell ist somit nicht in der Lage, die Werte weiterer Variablen, insbesondere von $w(t)$ zum Zeitpunkt $t$ festzulegen. $w(t)$ muß also in jedem Zeitpunkt als fix und aus der Vergangenheit übernommen gelten.

In einem System mit $\pi = Dp/p$ ist dagegen die Beschäftigung in jedem Zeitpunkt durch die Differentialgleichung (15) vorbestimmt. Damit sind aber auch $y$, $\lambda$, und $w/p$ vorbestimmt, ihre Veränderung erfolgt als stetige Funktion der Zeit, womit sprunghafte Veränderungen zu einem Zeitpunkt ausgeschlossen sind.

Wenn sich aber bei einer plötzlichen Erhöhung von $M$ weder $w/p$, noch $K$ oder $y$ sofort anpassen können, müssen, wie wir wissen, $p$ und $w$ steigen, damit die Bedingung für das Portfoliogleichgewicht jederzeit erfüllt ist.

## Übungsaufgaben

**1.** Führen Sie sowohl bei adaptiven Erwartungen, als auch bei vollkommener Voraussicht eine dynamische Analyse von Tobins dynamischem Ein-Sektor-Modell durch; ersetzen Sie dazu Gleichung (3) durch die Gleichung

$$r + \delta - \pi = f(\lambda) - \lambda f'(\lambda).$$

Das kurzfristige Gleichgewicht befindet sich nun im Schnittpunkt der KE- mit der LM-Kurve, das steady-state-Gleichgewicht im Schnittpunkt der KE-Kurve mit der $y^*$-Geraden.

**2.** Man untersuche die Dynamik des Modells, sowohl bei adaptiven Erwartungen, als auch bei vollkommener Voraussicht, wenn die Phillips-Kurve in der folgenden Weise modifiziert wird

$$\dot{w}/w = h(N/N^S) + \alpha\pi, \quad h' > 0, \quad h(1) = 0, \quad 0 < \alpha < 1.$$

**3.** Man untersuche die Dynamik des Modells, sowohl bei adaptiven Erwartungen, als auch bei vollkommener Voraussicht, wenn die geldpolitischen Instanzen den nominalen Zinssatz festsetzen, und sich das Geldangebot so einstellen kann, daß die Erhaltung des Portfoliogleichgewichts gewährleistet ist.

**4.** Man betrachte eine Volkswirtschaft, wie sie durch folgende Gleichungen beschrieben wird:

$$\begin{aligned}
Y/K &= f(N/K) \quad \text{wobei } f' > 0, \quad f'' < 0 \\
w/p &= f'(N/K) \\
DK/K &= 0.0004/(r - \pi) \\
C &= z(Y - T); \quad 0 < z < 1 \\
Y &= C + DK + G \\
M/pK &= g(r, Y/K) \qquad g_1 < 0, \quad g_2 > 0 \\
N &\equiv N^S \\
DN^S/N^S &\equiv n \\
\pi &\equiv Dp/p.
\end{aligned}$$

$Y$ bezeichnet hierbei das BSP, $K$ das Kapital, $N$ die Beschäftigung, $N^S$ das Arbeitsangebot, $C$ den Konsum, $r$ den Zinssatz, $\pi$ die erwartete Inflationsrate, $M$ das Geldangebot, $G$ die Staatsausgaben, $T$ Steuern abzüglich Subventionen, $p$ das Preisniveau und $w$ den Nominallohn; $D$ ist der Operator für die (rechtsseitige) Ableitung nach der Zeit, also $Dx(t) \equiv dx(t)/dt$. Die Ausgangswerte von $K$ und $N^S$, wie auch die Zeitpfade der exogenen wirtschaftspolitischen Variablen $M$, $G$ und $T$ sind in diesem Modell Daten. Sind die Pfade von $DM/M$, $G/K$ und $T/K$ konstant im Zeitablauf, dann besitzt das Modell ein steady-state-Gleichgewicht.

A. Man leite die Formel für den steady-state-Gleichgewichtswert von $Y/K$ ab.

B. Es sei $n = 0{,}02$ und $DM/M = 0{,}05$. Man berechne den steady-state-Gleichgewichtswert des nominalen Zinssatzes $r$.

C. Man bestimme die Auswirkung einer einmaligen Erhöhung von $G/K$ auf den steady-state-Gleichgewichtswert des realen Zinssatzes.

## Literaturhinweise

Bartle, R. G. (1964). *The Elements of Real Analysis*, pp. 307–308. New York: Wiley.

Cagan, P. (1956). "The Monetary Dynamics of Hyperinflation." In *Studies in the Quantity Theory of Money* (M. Friedman, ed.). Chicago: University of Chicago Press.

Friedman, M. (1956). *A Theory of the Consumption Function*. New York: National Bureau of Economic Research.

Sidrauski, M. (1967). "Rational Choice and Patterns of Growth in a Monetary Economy." *American Economic Review*, Vol. 2, No. 2, pp. 534–544.

Solow R. M. (1956). "A Contribution to the Theory of Economic Growth." *Quarterly Journal of Economics*, Vol. 70, No. 1, pp. 65–94.

Tobin, J. (1965). "Money and Economic Growth" *Econometrica*, Vol. 33, No. 4, pp. 671–684.

# Kapitel VI
# Die Investitionsfunktion

## 1. Das Anpassungskosten-Modell

Wie der Vergleich des keynesianischen Modells mit Tobins dynamischem Ein-Sektor-Modell zeigt, hat es beträchtliche theoretische Konsequenzen, ob man annimmt, daß zu jedem Zeitpunkt ein Markt für bestehendes Kapital existiert oder nicht. Diese Konsequenzen betreffen insbesondere die Frage nach der Eignung der Fiskalpolitik als Mittel zur kurzfristigen Beeinflussung von Produktion und Beschäftigung.

Die Struktur des keynesianischen Modells ist ganz entscheidend dadurch geprägt, daß es die Existenz eines vollkommenen Marktes für bestehendes Kapital ausschließt, und stattdessen eine Nachfragefunktion der Unternehmen nach pro Zeiteinheit begrenzten Zuwächsen zum bestehenden Kapitalstock unterstellt. Dies ist vielleicht das wichtigste Element des keynesianischen Modells; denn es sind gerade die im keynesianischen Modell ausgeschlossenen Kapitalbewegungen zwischen Unternehmen und Industriezweigen, die im Tobin'schen Modell die Fiskalpolitik scheitern lassen.

Gleichzeitig aber ist die Investitionsfunktion aus theoretischer Sicht eine Schwachstelle des keynesianischen Modells, da sie (wenigstens bis vor kurzem) nur auf einer ad-hoc Basis begründet wurde.

Dieses Kapitel beschreibt den erfolgreichsten Versuch, eine vernünftige Erklärung für die keynesianische Investitionsfunktion zu finden; er beruht auf Arbeiten von Eisner und Strotz (1963), Lucas (1967), Gould (1968) und Treadway (1969).

Der Ausgangspunkt dieser Theorie ist die Annahme, daß die schnelle Anpassung des Kapitalstocks Kosten verursacht, und daß diese Kosten umso schneller steigen, je höher der absolute Betrag der Investition ist, sodaß kein Unternehmen versuchen wird, seinen Kapitalstock in einem Augenblick sprunghaft anzupassen. Diese Anpassungskosten belaufen sich auf einen bestimmten Betrag pro Zeiteinheit (gemessen in Kapitalgütern pro Zeiteinheit) und lassen sich durch die zweifach differenzierbare Funktion $C(\dot{K})$ beschreiben, wobei

$$C'(\dot{K}) \gtrless 0 \text{ wenn } \dot{K} \gtrless 0, \qquad C''(\dot{K}) > 0, \qquad C(0) = 0.$$

Siehe dazu Abbildung 1. Die Anpassungskosten sind nichtnegativ und erhöhen sich überproportional zum absoluten Betrag der Investition. Die diskontierten Netto-

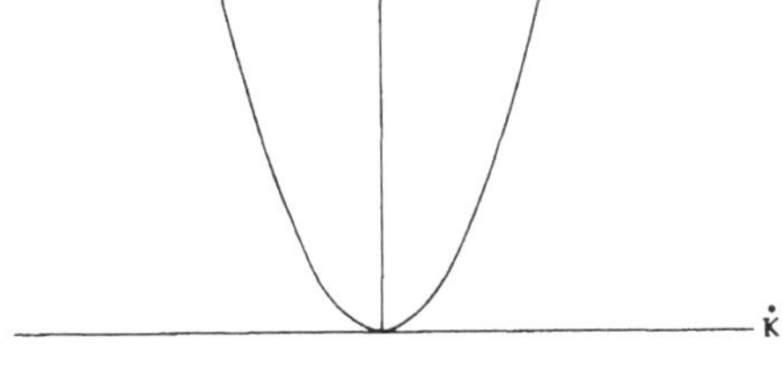


**Abb. 1**

einnahmen (net cash flow) des Unternehmens abzüglich der Anpassungskosten sind dann wie folgt definiert:

$$f(N(t), K(t), \dot{K}(t), t) = e^{-rt}[p(t)F(K(t), N(t)) - w(t)N(t) - J(t)\delta K(t) - J(t)\dot{K}(t) - J(t)C(\dot{K})].$$

$J(t)$ ist hierbei der Preis der Kapitalgüter zum Zeitpunkt $t$ und $r$ der herrschende Zinssatz, der im Intervall $[0, \infty)$ konstant sei. Weiterhin sei $F(K, N)$ linear homogen in Bezug auf $K$ und $N$. Das Unternehmen wählt Zeitpfade von $N$ und $K$, bei denen es seinen Gegenwartswert für das Zeitintervall $[0, \infty)$ maximiert; dieser ergibt sich als

$$PV = \int_0^\infty f(N(t), K(t), \dot{K}(t), t)\, dt,$$

wobei $K(0) = K_0$ gegeben ist.

Auf dem Güter- und Arbeitsmarkt herrscht vollkommene Konkurrenz, so daß das Unternehmen zum Lohn $w$ jede gewünschte Arbeitsnachfrage realisieren und zum Preis $p$ jedes beliebige Güterangebot absetzen kann. Den Ausgangspunkt bildet für das Unternehmen ein Kapitalstock $K(0)$.

Zu den notwendigen Bedingungen, damit der Gegenwartswert ein Extremum annimmt, zählen die folgenden Euler-Gleichungen (siehe dazu Intriligator, 1971, Kapitel 12):

$$\frac{\partial f}{\partial N} = 0, \qquad t \in [0, \infty),$$

$$\frac{\partial f}{\partial K} - \frac{d}{dt}\frac{\partial f}{\partial \dot{K}} = 0, \qquad t \in [0, \infty).$$

Die Berechnung der Ableitungen ergibt:

$$\frac{\partial f}{\partial N} = e^{-rt}\left[p(t)\frac{\partial F}{\partial N} - w(t)\right],$$

$$\frac{\partial f}{\partial K} = e^{-rt}\left[p(t)\frac{\partial F}{\partial K} - J(t)\delta\right],$$

$$\frac{\partial f}{\partial \dot{K}} = -e^{-rt}[J(t) + J(t)C'(\dot{K})],$$

$$\frac{d}{dt}\frac{\partial f}{\partial \dot{K}} = -e^{-rt}[\dot{J}(t) + \dot{J}(t)C'(\dot{K}) + J(t)C''(\dot{K})\ddot{K}] + re^{-rt}[J(t) + J(t)C'(\dot{K})].$$

In unserem Fall lauten die Euler-Gleichungen also

$$p(t)\frac{\partial F}{\partial N} - w(t) = 0 \qquad \text{or} \qquad \frac{\partial F}{\partial N} = \frac{w(t)}{p(t)} \tag{1}$$

und

$$p\frac{\partial F}{\partial K} - J\delta - rJ + \dot{J} - (rJ - \dot{J})C'(\dot{K}) + JC''(\dot{K})\ddot{K} = 0. \tag{2}$$

Gleichung (1) besagt, daß das Grenzprodukt der Arbeit in jedem Augenblick gleich dem Reallohn sein muß, sie bestimmt also die Arbeitsintensität zu jedem Zeitpunkt (denn $F(K, N)$ ist linear homogen)

Gleichung (2) ist eine Differentialgleichung zur Bestimmung der Wachstumsrate des Kapitalstocks in jedem Augenblick

Um die Dinge zu vereinfachen, sei unterstellt, daß die Unternehmen für den insgesamt betrachteten Zeithorizont die **gleiche** konstante Wachstumsrate $\pi$ pro Zeiteinheit für die Preise $J(t)$, $p(t)$ und $w(t)$ erwarten Es gilt also für alle $t$ $\dot{J}/J = \dot{p}/p = \dot{w}/w = \pi$, so daß die relativen Preise und Löhne im Zeitablauf konstant bleiben Es sei angenommen, daß $r - \pi > 0$ Weiterhin gehen wir zur Vereinfachung von folgender quadratischen Anpassungskostenfunktion aus

$$C(\dot{K}) = \tfrac{1}{2}\gamma\dot{K}^2, \qquad \gamma > 0.$$

Dadurch wird Gleichung (2) zu

$$p\frac{\partial F}{\partial K} - J\delta - rJ + \dot{J} - (rJ - \dot{J})\gamma\dot{K} + J\gamma\ddot{K} = 0.$$

Dividiert man durch $J$ und löst nach $\ddot{K}$ auf, so ergibt sich

$$\ddot{K} = \frac{1}{\gamma}\left(r + \delta - \frac{\dot{J}}{J} - \frac{p}{J}F_K\right) + \left(r - \frac{\dot{J}}{J}\right)\dot{K}. \tag{3}$$

Da aufgrund unserer Annahmen alle relativen Preise, wie auch $r$ und $\dot{J}/J$ im Zeitverlauf konstant sind, bildet die obige Gleichung eine lineare Differentialgleichung für $\dot{K}$ mit festen Koeffizienten

$$\frac{d\dot{K}}{dt} = A + B\dot{K}, \quad \text{wobei} \quad A = \frac{1}{\gamma}\left(r + \delta - \pi - \frac{p}{J}F_K\right), \quad B = r - \pi > 0. \tag{4}$$

Es sei angenommen, daß $A \leqq 0$. Da $w/p$ im Zeitverlauf konstant ist, ist es auch $N/K$, so daß auch $F_K$ und damit $A$ im Zeitverlauf konstant sind Als Lösung der Differentialgleichung (4) ergibt sich dann

$$\dot{K} = \alpha e^{Bt} - (A/B), \tag{5}$$

wobei die Wahl der Konstanten $\alpha$ die Erfüllung einer Ausgangs- oder Endbedingung gewährleisten soll. Ist $\alpha = 0$, dann ist $\dot{K} = -A/B$ für alle $t$ Ist jedoch $\alpha \neq 0$, folgt $\dot{K}$ einem exponentiellen Wachstumspfad, auf dem der Absolutbetrag der Investition (nach einiger Zeit) mit exponentieller Rate wächst (Siehe Abbildung 2) Ist der Zeitpfad von $\dot{K}$ durch Gleichung (5) gegeben, so wird der Zeitpfad von $K$ beschrieben durch

$$K(t) = \frac{\alpha}{B}e^{Bt} - \frac{A}{B}t + K(0) - \frac{\alpha}{B}. \tag{6}$$

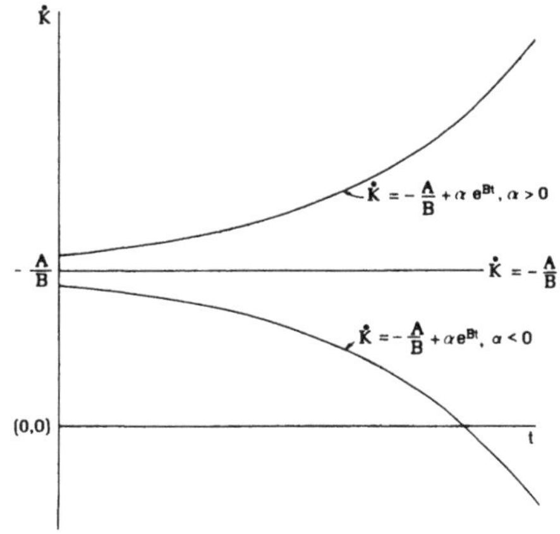


Abb. 2

Mit den Gleichungen (5) und (6) lassen sich die diskontierten Nettoeinnahmen des Unternehmens $f(\ )$ errechnen als

$$
\begin{aligned}
f(N(t), K(t), \dot K(t), t) &= e^{-rt}\left(p\frac{F}{K} - w\frac{N}{K} - J\delta\right)K(t) - e^{-rt}J\dot K - e^{-rt}J\frac{\gamma}{2}\dot K^2 \\
&= e^{-(r-\pi)t}D\left[-\frac{A}{B}t + \frac{\alpha}{B}e^{Bt} + K(0) - \frac{\alpha}{B}\right] \\
&\quad - e^{-(r-\pi)t}J(0)\left(\alpha e^{Bt} - \frac{A}{B}\right) - e^{-(r-\pi)t}\left(\alpha e^{Bt} - \frac{A}{B}\right)^2\frac{\gamma}{2}J(0),
\end{aligned}
$$

wobei $D = [p(0)F/K - w(0)N/K - J(0)\delta]$ und $p(t) = e^{\pi t}p(0)$, $w(t) = e^{\pi t}w(0)$ und $J(t) = e^{\pi t}J(0)$. Wenn man beachtet, daß $B = r - \pi$, so ergibt sich

$$
\begin{aligned}
f(\ ) &= e^{-Bt}D\left[-\frac{A}{B}t + \frac{\alpha}{B}e^{Bt} + K(0) - \frac{\alpha}{B}\right] - e^{-Bt}J(0)\left(\alpha e^{Bt} - \frac{A}{B}\right) \\
&\quad - e^{-Bt}\left[\alpha^2 e^{2Bt} - 2\alpha\frac{A}{B}e^{Bt} + \left(\frac{A}{B}\right)^2\right]J(0)\frac{\gamma}{2}, \\
f(N(t), K(t), \dot K(t), t) &= D\left\{-\frac{A}{B}te^{-Bt} + \frac{\alpha}{B} + \left(K(0) - \frac{\alpha}{B}\right)e^{-Bt}\right\} \\
&\quad - J(0)\left\{\alpha - \frac{A}{B}e^{-Bt}\right\} \\
&\quad - J(0)\frac{\gamma}{2}\left\{\alpha^2 e^{Bt} - 2\alpha\frac{A}{B} + \frac{A^2}{B^2}e^{-Bt}\right\}.
\end{aligned}
$$

Wenn $t \to \infty$, geht der erste Klammerausdruck gegen $\alpha/B$; der zweite Klammerausdruck geht gegen $\alpha$ und der dritte gegen $\infty$; nur für den Fall, daß $\alpha = 0$, geht letzterer gegen Null.

Diese Berechnungen zeigen also, daß die diskontierten Nettoeinnahmen $f(\ )$ mit fortschreitendem $t$ immer „größere" negative Werte annehmen (da der letzte Klammerausdruck mit $-\gamma/2$ multipliziert wird), ausgenommen im Fall, daß $\alpha = 0$. Das erklärt sich daraus, daß die Investition mit annähernd exponentieller Rate wächst, und so Anpassungskosten verursacht, deren exponentielle Wachstumsrate sogar noch größer ist.

Diese Anpassungskosten werden schließlich so groß, daß sie die Einnahmen des Unternehmens aufzehren und zu hohen negativen Nettoerträgen führen, so daß der Gegenwartswert einen sehr großen negativen Wert annimmt. Offensichtlich sind diese Zeitpfade für das Unternehmen nicht optimal, auch wenn sie den Euler-Gleichungen genügen.

Um solche Zeitpfade auszuschließen, muß die Bedingung $\alpha = 0$ erfüllt sein, was bedeutet, daß wir als Lösung unserer Differentialgleichung (4)

$$\dot{K} = -A/B$$

bzw.

$$\dot{K} = \frac{1}{\gamma}\left[\frac{pJ^{-1}F_K - (r + \delta - \pi)}{r - \pi}\right]. \tag{7}$$

erhalten.

Man beachte, daß im Rahmen eines Ein-Sektor-Modells $p = J$ ist, so daß sich (7) als eine Fassung unserer keynesianischen Investitionfunktion

$$\dot{K} = I(q - 1), \qquad I' > 0$$

erweist, wobei $q = (F_K - (r + \delta - \pi))/(r - \pi) + 1$.

Die Bedingung $\alpha = 0$ stellt für unseren Fall eines unbegrenzten Zeithorizonts eine Art Transversalitätsbedingung dar, die von allen Lösungen für Gleichung (5) diejenige auswählt, bei der der Gegenwartswert ein Maximum erreicht.

Wir wollen kurz den Fall eines begrenzten Zeithorizonts des Unternehmens betrachten. Es maximiert dann

$$PV = \int_0^T f(N(t), K(t), \dot{K}(t), t)\, dt,$$

wobei $K(0) = K_0$, und die diskontierten Nettoeinnahmen $f(N, K, \dot{K})$ genau wie oben definiert sind. In diesem Fall sind die notwendigen Bedingungen für ein Maximum die Euler-Gleichungen

$$\frac{\partial f}{\partial N} = 0, \qquad t \in [0, T],$$

$$\frac{\partial f}{\partial K} - \frac{d}{dt}\frac{\partial f}{\partial \dot{K}} = 0, \qquad t \in [0, T],$$

und die Transversalitätsbedingung[1]

[1] Siehe dazu Arrow und Kurz (1970, S. 37–38, Satz 1 und 3). Um unsere Bezeichnungsweise mit der von Arrow und Kurz in Einklang zu bringen, setze man $U(x, v, t) = f(N, K, \dot{K}, t)$, wobei der Vektor $x = (N, K)$ und die ‚Kontrollvariable' $v = \dot{K}$. Die Bedingung (b) bei Arrow und Kurz wird dann zu $\partial f/\partial \dot{K} + \lambda = 0$ bzw. $\lambda = -\partial f/\partial \dot{K}$. Wir haben hierbei das bei

$$\frac{\partial f}{\partial \dot{K}}(T)K(T) = 0, \qquad \frac{\partial f}{\partial \dot{K}}(T) \leq 0.$$

In unserem Modell lautet diese Transversalitätsbedingung

$$-e^{-rT}J(T)[1 + C'(\dot{K}(T))]K(T) = 0, \qquad -[1 + C'(\dot{K}(T))] \leq 0,$$

oder einfach

$$[1 + C'(\dot{K}(T))]K(T) = 0, \qquad 1 + C'(\dot{K}(T)) \geq 0.$$

In unserem Beispiel mit der quadratischen Anpassungskostenfunktion und der Erwartung konstanter relativer Preise, was zu Gleichung (5) geführt hat, wird diese Bedingung zu

$$[1 + \gamma \dot{K}(T)]K(T) = 0.$$

Danach erfolgt die Bestimmung von $\alpha$ auf folgende Weise. Man wähle $\alpha$ zuerst so, daß $1 + \gamma \dot{K}(T) = 0$; bei dem so ermittelten Wert von $\alpha$ muß sichergestellt sein, daß $K(T) \geq 0$. Wenn das nicht der Fall ist, wähle man $\alpha$ entsprechend Gleichung (6) so, daß $K(T) = 0$.

Wir wollen nur den Fall betrachten, bei dem $\alpha$ so gewählt wurde, daß $1 + \gamma \dot{K}(T) = 0$ und sichergestellt ist, daß $K(T) \geq 0$. Die Analyse des anderen Falls wollen wir dem Leser überlassen.

Aufgrund von Gleichung (5) muß dann gelten:

$$\dot{K}(T) = \alpha e^{BT} - \frac{A}{B} = -\frac{1}{\gamma} \quad \text{bzw.} \quad \alpha = e^{-BT}\left(\frac{A}{B} - \frac{1}{\gamma}\right).$$

Da $B > 0$, geht nach dieser Formel $\alpha$ gegen Null, wenn $T \to \infty$. (Damit diese Formel bei einem gegebenen Wert von $T$ gilt, muß natürlich sichergestellt sein, daß bei dem dafür ermittelten Wert von $\alpha$ sich in Gleichung (6) ein Wert $K(T) \geq 0$ ergibt.)

Der Zeitpfad der Investition ist in Abbildung 3 dargestellt. Da annahmegemäß $B > 0$, $A < 0$, folgt, daß $\alpha < 0$. Er hat die folgende ‚turnpike'-Eigenschaft: Ist $T$ nur ausreichend groß, so beläuft sich die Investition die meiste Zeit auf einen Wert, der beliebig nahe bei dem Wert $-A/B$ liegt, welcher im Fall des unbegrenzten Zeithorizonts realisiert würde. Die Lösung für den Fall des unbegrenzten Zeithorizonts ergibt sich als Grenzwert der Lösung bei begrenztem Zeithorizont für $T \to \infty$.

Es muß betont werden, daß wir nur aufgrund von sehr restriktiven Annahmen über die vom Unternehmen für die Zukunft erwarteten Zeitpfade von $w(t)$, $p(t)$ und $J(t)$, in der Lage waren, die keynesianische Investitionsfunktion (7) abzuleiten:

$$I = \frac{1}{\gamma}\left[\frac{pJ^{-1}F_K - (r + \delta - \pi)}{r - \pi}\right] \tag{7}$$

---

Arrow und Kurz verwendete $p$ durch $\lambda$ ersetzt, um eine Verwechslung mit dem bei uns verwendeten $p$ zu vermeiden. Daraus ergibt sich, zusammen mit der Bedingung $\lambda = -\partial f/\partial \dot{K}$ bei Arrow und Kurz, unsere Euler-Gleichung für $K$, $(d/dt)\partial f/\partial \dot{K} = \partial f/\partial K$. Da $\lambda = -\partial f/\partial \dot{K}$, entspricht Bedingung ($d$) bei Arrow und Kurz unserer Transversalitätsbedingung).

Abb. 3

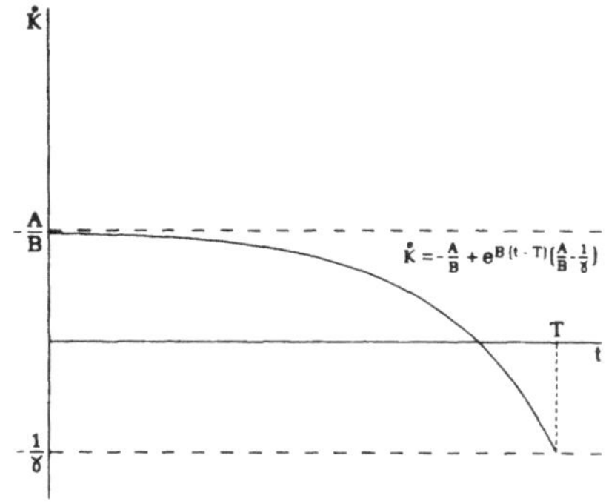

Insbesondere waren wir davon ausgegangen, daß das Unternehmen für $w$, $p$ und $J$ die gemeinsame Inflationsrate $\pi$ und somit keine Veränderung der relativen Preise erwartete. Man kann folglich **nicht** davon ausgehen, daß (7) die Investitionsnachfrage beschreibt, wenn das Unternehmen sich **beliebigen** Zeitpfaden von $w(t)$, $p(t)$ und $J(t)$ gegenübersieht.

Die optimale Kapitalbildung des Unternehmens wird also im allgemeinen nicht nach einer so einfachen Regel wie Gleichung (7) ablaufen; sie wird vielmehr in komplizierter Weise davon abhängen, wie das Unternehmen die Entwicklung von $w$, $p$ und $J$ einschätzt.

Wir werden später in einem stochastischen Ansatz die Abhängigkeit der optimalen Entscheidungen des Unternehmens von den erwarteten (stochastischen) Preisbildungsprozessen explizit darstellen.

Ableitungen der keynesianischen Investitionsfunktion, die dem oben skizzierten Verfahren folgen, stellen bis jetzt die am ehesten befriedigende theoretische Fundierung dar. Diese Theorie hängt entscheidend von der Annahme ab, daß die Anpassungskosten mit steigendem Absolutbetrag der Investition überproportional anwachsen ($C'' > 0$).

## 2. Eine alternative Ableitung

Interessanterweise läßt sich die keynesianische Investitionsfunktion im Rahmen des vorhergehenden Ansatzes auch auf etwas andere Weise ableiten.

Der reale Gegenwartswert des Unternehmens, gemessen in Konsumgütern ist

$$\mathrm{RPV}(0) = \int_0^\infty e^{-rt}\left[F(K,N) - \frac{w}{p}N - \delta\frac{J}{p}K - \frac{J}{p}C(\dot{K}) - \frac{J}{p}\dot{K}\right]dt,$$

was sich für $0 < \varepsilon < \infty$ auch schreiben läßt als

$$\mathrm{RPV}(0) = \int_0^\varepsilon e^{-rt}\left[F(K,N) - \frac{w}{p}N - \delta\frac{J}{p}K - \frac{J}{p}\dot{K} - \frac{J}{p}C(\dot{K})\right]dt + e^{-r\varepsilon}\mathrm{RPV}(\varepsilon).$$

Ist $\varepsilon$ klein, so ergibt sich als gute Annäherung der obigen Gleichung

$$\mathrm{RPV}(0) = \varepsilon\left[F(K, N) - \frac{w}{p}N - \delta\frac{J}{p}K - \frac{J}{p}\dot{K} - \frac{J}{p}C(\dot{K})\right] + e^{-r\varepsilon}\mathrm{RPV}(\varepsilon), \quad (8)$$

wobei der Ausdruck in Klammern zu einem Zeitpunkt $t$ mit $0 \leq t < \varepsilon$, z.B. $t = 0$, bestimmt ist.

Der RPV ist zu verstehen als der Wert des Unternehmens, gemessen in Konsumgütern, auf dem Markt für Aktien. Das Unternehmen strebt bei seiner Investitionsentscheidung die Maximierung des (diskontierten) zukünftigen Werts aller gegenwärtig bestehenen Eigenkapitalanteile am Unternehmen an. Der diskontierte künftige Wert des Unternehmens beläuft sich für einen Zeitpunkt $\varepsilon > 0$ auf $e^{-r\varepsilon}\mathrm{RPV}(\varepsilon)$.

Ein Teil davon ist jedoch im Besitz von Aktionären, die zur Finanzierung von neuem Kapital, das das Unternehmen in der Zeit zwischen 0 und $\varepsilon$ erworben hat, die neu emittierten Aktien gekauft haben. In der Zeit zwischen 0 und $\varepsilon$ erwirbt das Unternehmen Kapital im Umfang von (annähernd) $\varepsilon I(0)$ und muß zur Finanzierung dieser Investitionen Aktien im Wert (in Konsumgütern gemessen) von $\varepsilon[Jp^{-1}I(0) + Jp^{-1}C(I(0))]$ emittieren. (Man beachte, daß die Kosten einer Investition in Höhe von $\dot{K}$ sich auf $J\dot{K} + JC(\dot{K})$ belaufen.)

Als diskontierter zukünftiger Wert gegenwärtig bestehender Eigenkapitalanteile am Unternehmen ergibt sich somit

$$e^{-r\varepsilon}\mathrm{RPV}(\varepsilon) - \varepsilon\left[\frac{J}{p}I(0) + \frac{J}{p}C(I(0))\right].$$

Es ist vorteilhaft, dies in folgender Weise zu schreiben:

$$e^{-r\varepsilon}\frac{\mathrm{RPV}(\varepsilon)}{K(\varepsilon)}[K(0) + \varepsilon I(0)] - \varepsilon\left[\frac{J}{p}I(0) + \frac{J}{p}C(I(0))\right]. \quad (9)$$

Wir betrachten RPV$(\varepsilon)$/K$(\varepsilon)$ als eine Konstante, die für das Unternehmen durch den Aktienmarkt gegeben und von $I(0)$ unabhängig ist. Bei Maximierung von (9) bezüglich $I(0)$ ergibt sich aus der ersten Ableitung die folgende Bedingung:

$$e^{-r\varepsilon}\frac{\mathrm{RPV}(\varepsilon)}{K(\varepsilon)}\varepsilon - \varepsilon\left[\frac{J}{p} + \frac{J}{p}C'(I(0))\right] = 0$$

bzw.

$$e^{-r\varepsilon}\frac{\mathrm{RPV}(\varepsilon)}{K(\varepsilon)} = \frac{J}{p}(1 + C'(I(0))). \quad (10)$$

Gleichung (10) besagt, daß die Investition soweit ausgedehnt wird, bis die Kosten einer zusätzlichen Investitionseinheit dem diskontierten Wert einer Einheit des Kapitalguts auf dem Aktienmarkt, jeweils gemessen in Konsumgütern, entsprechen. Setzt man (10) in (8) ein, so ergibt sich

$$\mathrm{RPV}(0) = \varepsilon\left[F(K, N) - \frac{w}{p}N - \delta\frac{J}{p}K - \frac{J}{p}\dot{K} - \frac{J}{p}C(\dot{K})\right] + \frac{J}{p}(1 + C'(I(0)))(K(\varepsilon)). \quad (11)$$

Der Grenzwert von (11), wenn $\varepsilon \to 0$ geht, ergibt

$$\mathrm{RPV}(0) = \frac{J}{p}(1 + C'(I(0)))K(0)$$

bzw.

$$\frac{pJ^{-1}\mathrm{RPV}(0)}{K(0)} - 1 = C'(I(0)).$$

Da $C'' > 0$, läßt sich die obige Gleichung invertieren, so daß man mit

$$I(0) = g\left(\frac{pJ^{-1}\mathrm{RPV}(0)}{K(0)} - 1\right), \qquad g' > 0, \tag{12}$$

eine Fassung der keynesianischen Investitionsfunktion erhält. Ist nämlich $p = J$, so wird (12) zu der bekannten keynesianischen Investitionsfunktion für das Ein-Sektor-Modell $I(0) = g(q - 1)$, wobei $q = \mathrm{RPV}/K$. Ganz allgemein läßt sich einfach zeigen, daß bei Gültigkeit unserer früheren Annahmen über die Zeitpfade von $J, p, w$ und $r$

$$\frac{p}{J}\frac{\mathrm{RPV}}{K} = \frac{pJ^{-1}F_K - (r + \delta - \pi)}{r - \pi} + 1,$$

so daß (12) und (7) äquivalent sind.

Wir haben also gezeigt, daß in diesem Ansatz das Unternehmen mit der Maximierung des diskontierten erwarteten zukünftigen Werts der gegenwärtig bestehenden Eigenkapitalanteile in Wirklichkeit seinen Gegenwartswert maximiert.

## Literaturhinweise

Arrow, K.J., and Kurz, M. (1970). *Public Investment, the Rate of Return and Optimal Fiscal Policy*, Baltimore, Maryland: John Hopkins Press.

Eisner, R., and Strotz, R.H. (1963). „Determinants of business investment", Research Study Two in *Impacts of Monetary Policy*, Englewood Cliffs, New Jersey: Prentice-Hall.

Intriligator, M.D. (1971). *Mathematical Optimization and Economic Theory*, Chapter 12. Englewood Cliffs. New Jersey: Prentice-Hall.

Lucas, R.E. Jr. (1967). „Adjustment costs and the theory of supply." *The Journal of Political Economy*, Part 1, Vol. 75, No. 4, pp. 321-334.

Gould, J.P. (1968). „Adjustment costs in the theory of investment of the firm." *The Review of Economic Studies*, Vol. XXXV (1), No. 101, pp. 47–56.

Treadway, A.B. (1969). „On rational entrepreneurial behavior and the demand for investment." *The Review Economic Studies*, Vol. XXXVI (2), No. 106, pp. 227–240.

# Teil II

# Einführung in die stochastische Makroökonomik

# Kapitel VII
# Verhalten bei Unsicherheit[1]

## 1. Das Zustandspräferenz-Modell

Dieses Kapitel beschreibt Elemente der Zustandspräferenz-Analyse der Wahl unter Unsicherheit und einige ihrer Anwendungen, die für den Makroökonomen von Interesse sind. Zu den untersuchten Anwendungen gehören die Tobin'sche Analyse der diversifizierten Geldnachfrage, das Modigliani-Miller-Theorem und im nächsten Kapitel die Analyse der Arbeitsverträge und unflexibler Löhne von Azariadis. Der Begründer des Zustandspräferenz-Ansatzes ist Arrow (1964).

Man geht von der Annahme aus, die Präferenzen der Wirtschaftseinheit können durch eine Nutzenfunktion beschrieben werden, welche den Nutzen in Abhängigkeit von der Menge des von der Wirtschaftseinheit konsumierten Gutes darstellt. Man schreibt daher:

$$\text{Nutzen} = U(C), \tag{1}$$

wobei $C$ die Menge des konsumierten Gutes ist. Es wird unterstellt, daß $U(C)$ stetige erste und zweite Ableitungen besitzt und eine steigende Funktion von $C$ ist, also $U'(C) > 0$. Der positive Grenznutzen des Konsums nimmt mit steigendem $C$ ab, $U''(C) < 0$; ferner ist $U(C)$ für $C \in [0, \infty)$ beschränkt.[2]

Wir nehmen an, die Wirtschaftseinheit macht Pläne für die Zukunft, welche sich zunächst alle auf einen einzigen Zeitpunkt in der Zukunft beziehen mögen. Zur Einführung der Unsicherheit in die Analyse setzen wir voraus, daß es $n$ sich gegenseitig ausschließende Umweltsituationen gibt, die mit dem Index $\theta = 1, 2, \ldots, n$ versehen werden. Die Wirtschaftseinheit hat eine Menge von subjektiven Wahrscheinlichkeiten $\pi(\theta) \geqq 0$, die angeben, welche Wahrscheinlichkeit das Individuum dem Eintreten des Zustandes $\theta$ beimißt.

Der Anspruch des Individuums auf zukünftige Konsumgüter wird im allgemeinen von der sich zufällig einstellenden Umweltsituation abhängen. $C(\theta)$ soll seinen Konsum bezeichnen, wenn sich die Situation $\theta$ ereignet. Das Individuum möge seinen erwarteten Nutzen[3]

$$v = \sum_{\theta=1}^{n} \pi(\theta) U(C(\theta))$$

unter Beachtung bestimmter Nebenbedingungen maximieren.

Angenommen es gibt nur zwei Umweltzustände, so daß $n = 2$. Der Erwartungswert des Nutzens ist für das Individuum dann

$$v = \pi(1)U(C(1)) + \pi(2)U(C(2)).$$

---

[1] Dem Leser wird die Lektüre von zwei Aufsätzen von Hirshleifer (1965, 1966) empfohlen. Siehe auch Friedman und Savage (1948), wiederabgedruckt in Boulding und Stigler (1952).

[2] Auf die Annahme der Beschränktheit kann man unter bestimmten Bedingungen verzichten (vgl. S. 153ff.).

[3] Vgl. Luce und Raiffa (1957, Kapitel 2). Dort werden die Restriktionen für die Präferenzen diskutiert, mit deren Hilfe man diese Annahme rechtfertigen kann.

Wir können diese Funktion im $(C(2), C(1))$-Diagramm durch Indifferenzkurven repräsentieren. Entlang jeder dieser Kurven ist der erwartete Nutzen konstant, d.h. es gilt

$$dv = 0 = \pi(1)U'(C(1))\,dC(1) + \pi(2)U'(C(2))\,dC(2).$$

Daraus folgt, daß

$$\left.\frac{dC(2)}{dC(1)}\right|_{dv=0} = -\frac{\pi(1)U'(C(1))}{\pi(2)U'(C(2))}. \tag{2}$$

Ausdruck (2) gibt die Steigung der Indifferenzkurve an. Die Krümmung der Indifferenzkurven ergibt sich durch Differentiation von (2):

$$\frac{d^2C(2)}{dC(1)^2} = -\frac{\pi(1)U''(C(1))}{\pi(2)U'(C(2))} + \frac{\pi(1)U'(C(1))U''(C(2))\,dC(2)/dC(1)}{\pi(2)U'(C(2))^2} > 0.$$

Die Steigung der Indifferenzkurven nimmt mit wachsendem $C(1)/C(2)$ zu. Die Indifferenzkurven sind somit konvex.

Beachte: Für $C(1) = C(2)$ erhalten wir

$$\left.\frac{dC(2)}{dC(1)}\right|_{dv=0,\,C(1)=C(2)} = -\frac{\pi(1)}{\pi(2)}. \tag{3}$$

Bündel von $C(1)$, $C(2)$ für die $C(1) = C(2)$ entsprechen sicheren Ansprüchen, da das Individuum, ungeachtet des Zustandes der eintritt, die gleiche Menge konsumieren kann. Eine 45°-Linie durch den Ursprung der $C(1)$, $C(2)$-Ebene ist der geometrische Ort aller sicheren Bündel. Wir bezeichnen diese Linie entsprechend als „Sicherheitsgerade" (vgl. Abb. 1). Entlang der Sicherheitsgeraden ist die Steigung der Indifferenzkurven – unabhängig von der Form der Nutzenfunktion – immer gleich $-\pi(1)/\pi(2)$, so lange die Form der Nutzenfunktion nicht selbst von der eintretenden Umweltsituation abhängig ist. Die Sicherheitsgerade kann daher als „Expansionspfad" interpretiert werden.

Wir betrachten nun ein Individuum, dessen Anfangsausstattung aus einem sicheren Anrecht auf $Y_0$ Einheiten von Konsumgütern bestehen möge. Dem Individuum wird eine Wette angeboten, die es in jeder Höhe $\alpha$ eingehen kann, solange $\alpha \leqq Y_0$. Ist sein Einsatz $\alpha > 0$ Einheiten, erhält das Individuum $\alpha X(1)$ Einheiten des Konsumguts zusätzlich, falls sich die Umweltsituation 1 einstellt. Realisiert sich der Zustand 2, muß es auf $\alpha$ Einheiten seiner Ausstattung verzichten. Die Auszahlung bzw. die Kosten $(dC(1), dC(2))$, die mit dem Einsatz von $\alpha$ Gütern für eine Wette

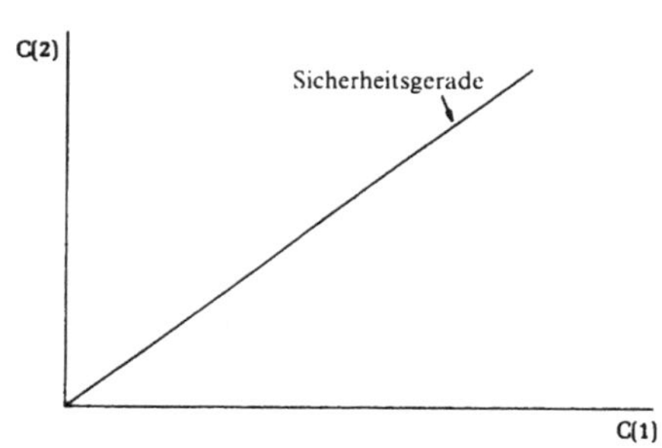


**Abb. 1**

verbunden sind, sind daher $(\alpha X(1), -\alpha)$. Man bezeichnet die Wette als „günstig", wenn ihr Erwartungswert in Form von Gütern positiv ist. Der Erwartungswert des Netto-Ertragsstroms der Wette ist

$$\pi(1)\alpha X(1) - \pi(2)\alpha = \pi(1)\alpha X(1) - (1 - \pi(1))\alpha = \pi(1)\alpha(X(1) + 1) - \alpha.$$

Die Wette ist dann günstig, wenn $\pi(1)\alpha(X(1)+1) - \alpha > 0$ oder

$$\pi(1) > \frac{1}{X(1) + 1}. \tag{4}$$

Die Wette wird als „fair" bezeichnet, wenn in (4) das „>"-Zeichen durch ein Gleichheitszeichen ersetzt wird.

Wenn das Individuum $\alpha$ Einheiten für die Wette einsetzt, ergeben sich je nach Umweltsituation seine Konsumansprüche als

$$C(1) = Y_0 + \alpha X(1), \qquad C(2) = Y_0 - \alpha.$$

Daraus können wir schließen, daß das Individuum durch Variation des Wetteinsatzes $\alpha$ $C(1)$ durch $C(2)$ mit der (konstanten) Rate

$$dC(2)/dC(1) = -1/X(1) \tag{5}$$

substituieren kann. Der Ausdruck $-1/X(1)$ ist die Steigung der „Budgetgeraden" durch $(Y_0, Y_0)$. Auf ihr kann das Individuum Konsumanrechte in Situation 1 gegen Konsumanrechte in Situation 2 austauschen. Ist $\alpha = 0$, bleiben dem Individuum die Ansprüche $(Y_0, Y_0)$. Ist $\alpha = Y_0$, sind die Anrechte des Individuums $(Y_0 X(1) + Y_0, 0)$. Die Budgetgerade des Individuums verbindet diese beiden Punkte (vgl. Abb. 2).

Solange die Steigung der Budgetgeraden größer ist, als die Steigung der Indifferenzkurve des Individuums im Punkt $(Y_0, Y_0)$, kann die Wirtschaftseinheit durch sukzessive, kleine Erhöhungen des Wetteinsatzes ihren erwarteten Nutzen steigern. Dies erfordert, daß

$$-\frac{1}{X(1)} > -\frac{\pi(1)}{\pi(2)} = -\frac{\pi(1)}{1 - \pi(1)},$$

was sich aus Gleichung (3) und (5) ergibt. Die obige Ungleichung kann zu

$$\pi(1) > \frac{1}{X(1) + 1}$$

umformuliert werden. Dieser Ausdruck ist mit der Ungleichung (4), der Bedingung für eine günstige Wette identisch. Für unseren Spezialfall haben wir die Aussage von Arrow bewiesen, wonach das Individuum immer wenigstens einen kleinen Einsatz für eine günstige Wette tätigt (Arrow, 1971, S. 100).

Innerhalb dieses Systems betrachten wir nun Wertpapiere, die dem Individuum für die beiden möglichen Umweltsituationen alternatives Konsumverhalten gestatten. Betrachten wir eine Einheit eines Wertpapiers, die den Eigentümer zum Konsum von $X(1)$ Einheiten des Konsumgutes bei Realisation der Situation 1 und von $X(2)$ Einheiten bei Realisation der Situation 2 berechtigen. Kauft das Individuum $\alpha$ Einheiten des Wertpapiers, erzielt es – je nach Umweltsituation – die Ertragsstruk-

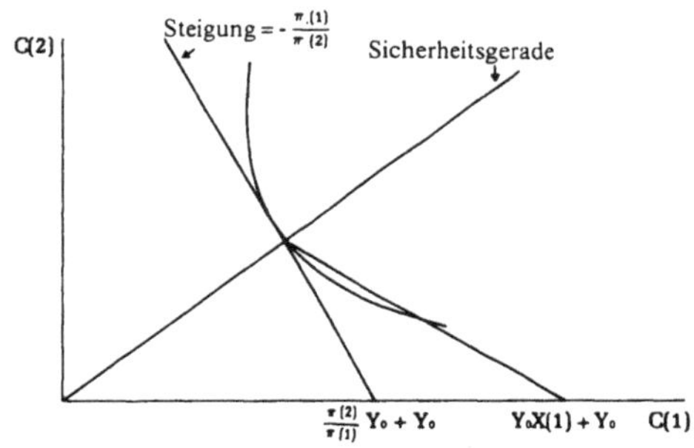


**Abb. 2**

tur $(\alpha X(1), \alpha X(2))$. In Abb. 3 gibt Punkt A den Ertrag einer Einheit des Wertpapiers an. Wir nehmen an, eine Einheit des Wertpapiers kostet $S_X$ Einheiten der gegenwärtigen Konsumgütermenge. Umfaßt das Wertpapierportefeuille der Wirtschaftseinheit $Y_0$ Einheiten des gegenwärtigen Outputs, kann sie $Y_0/S_X$ Wertpapiereinheiten kaufen und je nach Umweltsituation die Erträge $(Y_0 X(1)/S_X,\ Y_0 X(2)/S_X)$ in der Zukunft realisieren. Diese Ertragsstruktur wird in Abb. 3 durch den Punkt B veranschaulicht.

Wir führen nun ein zweites Wertpapier ein. Eine Einheit dieses zweiten Wertpapiers führt zu der Ertragsstruktur $(Z(1), Z(2))$, je nach eintretender Situation. $Z(1)$ und $Z(2)$ bezeichnen Konsumgütermengen. Bei einem Preis von $S_Z$ für eine Wertpapiereinheit kann das Individuum maximal $Y_0/S_Z$ Wertpapiereinheiten kaufen, wenn es sein ganzes Portefeuille von $Y_0$ Gegenwartsgütern in diesem Wertpapier anlegt. In Abhängigkeit von der jeweiligen Umweltsituation sieht sich die Wirtschaftseinheit der Ertragsstruktur $(Y_0 Z(1)/S_Z,\ Y_0 Z(2)/S_Z)$ gegenüber. In Abb. 3 wird diese Struktur durch Punkt D verdeutlicht. Nehmen wir an, die zwei situationsabhängigen Ertragsvektoren $[X(1)/S_X,\ X(2)/S_X]$ und $[Z(1)/S_Z,\ Z(2)/S_Z]$ seien linear unabhängig. Bei linearer Unabhängigkeit genügen nur die beiden Skalare $b_1 = b_2 = 0$ der Gleichung

$$b_1 \begin{bmatrix} X(1)/S_X \\ X(2)/S_X \end{bmatrix} + b_2 \begin{bmatrix} Z(1)/S_Z \\ Z(2)/S_Z \end{bmatrix} = 0.$$

Diese Annahme schließt den Fall aus, in dem die Punkte $(X(1)/S_X,\ X(2)/S_X)\ Y_0$ und $(Z(1)/S_Z,\ Z(2)/S_Z)\ Y_0$ in Abb. 3 beide auf einer Geraden durch den Ursprung liegen.

Die Wirtschaftseinheit möchte jetzt den Anteil $\lambda\ (0 < \lambda < 1)$ ihres Portefeuilles in Wertpapier $X$ und den Anteil $(1 - \lambda)$ in Wertpapier $Z$ anlegen. Sie erwirbt also

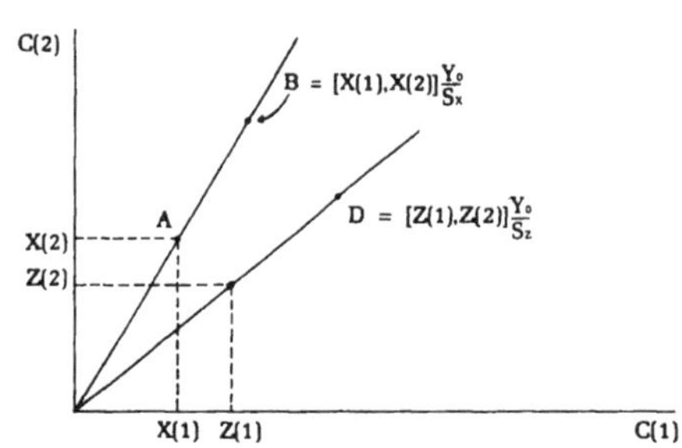


**Abb. 3**

$\lambda Y_0/S_X$ Einheiten von Wertpapier $X$ und $(1-\lambda)\, Y_0/S_Z$ Einheiten von Wertpapier $Z$. Damit hat die Wirtschaftseinheit die situationsabhängige Ertragsstruktur

$$(C(1), C(2)) = Y_0\left(\lambda\frac{X(1)}{S_X} + (1-\lambda)\frac{Z(1)}{S_Z}, \lambda\frac{X(2)}{S_X} + (1-\lambda)\frac{Z(2)}{S_Z}\right). \quad (6)$$

Punkte wie $(C(1), C(2))$ sind Linearkombinationen von $(X(1), X(2))\, Y_0/S_X$ und $(Z(1), Z(2))\, Y_0/S_Z$ und liegen auf der Geraden, die in Abb. 3 die Punkte B und D verbinden würde. Eine Änderung von $\lambda$ verändert den Konsumstrom der jeweilig eintretenden Umweltsituation:

$$dC(1) = \left[\frac{X(1)}{S_X} - \frac{Z(1)}{S_Z}\right] Y_0\, d\lambda, \qquad dC(2) = \left[\frac{X(2)}{S_X} - \frac{Z(2)}{S_Z}\right] Y_0\, d\lambda.$$

Die „Budgetgerade" als geometrischer Ort aller möglichen Kombinationen von Konsumchancen für die beiden Umweltsituationen hat die Steigung

$$\frac{dC(2)}{dC(1)} = \left(\frac{X(2)}{S_X} - \frac{Z(2)}{S_Z}\right)\bigg/\left(\frac{X(1)}{S_X} - \frac{Z(1)}{S_Z}\right).$$

Die Steigung ist nur dann negativ, wenn Zähler und Nenner des Bruchs ein unterschiedliches Vorzeichen haben. Dies bedeutet, daß die eine Wertpapieranlage der anderen nur in einer Umweltsituation überlegen ist, nicht jedoch in beiden Situationen. Wenn also der Wert von Wertpapier $X$, in einer Einheit des gegenwärtigen Güterbestandes ausgedrückt, mehr Konsum bei Realisation der Situation 1 ermöglicht als Wertpapier $Z$, dann erlaubt Wertpapier $Z$ bei Verwirklichung von Situation 2 mehr Konsum als Wertpapier $X$ und vice versa. Das Verhältnis

$$\frac{dC(2)}{dC(1)} = \left(\frac{X(2)}{S_X} - \frac{Z(2)}{S_Z}\right)\bigg/\left(\frac{X(1)}{S_X} - \frac{Z(1)}{S_Z}\right)$$

mißt also den relativen Preis zu dem das Individuum $C(1)$ gegen $C(2)$ – mittels Tausch von Wertpapier $X$ gegen Wertpapier $Z$ – substituieren kann.

Durch geeignete Wahl von $\lambda$ (welches nicht notwendigerweise zwischen 0 und 1 liegen muß) kann das Individuum jede Kombination von $C(1)$ und $C(2)$ im nichtnegativen Quadranten erhalten, die der Gleichung (6) genügt. Ist $\lambda$ negativ oder größer als eins, wird entweder eines der beiden Wertpapiere ohne Deckung verkauft oder von der Wirtschaftseinheit selbst begeben (vgl. Abb. 4). Man beachte, daß das Individuum durch geeignete Wahl seines Portefeuilles $C(1)$ mit $C(2)$ gleichsetzen kann. Wenn es dies wünscht, trägt es keinerlei Risiko.

Das Individuum legt sein Portefeuille so fest, daß sein erwarteter Nutzen unter Berücksichtigung der Budgetbeschränkung (6) maximiert wird. $\lambda$ wird üblicherweise so gewählt, daß es einem Tangentialpunkt zwischen einer Indifferenzkurve und der Budgetgeraden entspricht. Wie immer sind jedoch Ecklösungen möglich.

Wir erweitern nun unseren Ansatz um ein drittes Wertpapier $Y$. Die situationsbedingten Erträge des Wertpapiers sind $(Y(1)/S_Y, Y(2)/S_Y)$. Sie werden in Einheiten der Konsumansprüche in Umweltsituation 1 bzw. 2 pro Einheit des gegenwärtigen Konsumgutes gemessen; $S_Y$ ist der Preis einer Wertpapiereinheit ausgedrückt in Konsumgütereinheiten der Gegenwart. Benutzt das Individuum am Anfang sein

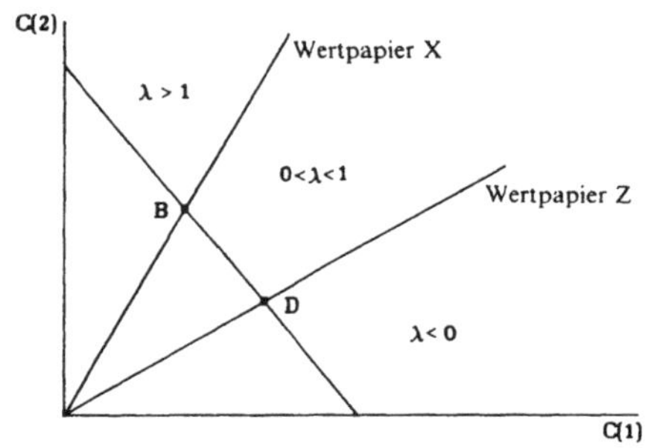


**Abb. 4**

gesamtes Wertpapierportefeuille um entweder $X$, $Y$ oder $Z$ zu kaufen, erreicht es die $[C(1), C(2)]$-Kombinationen, die in Abb. 5 durch die Punkte $x$, $y$, oder $z$ repräsentiert werden. Die Annahme linearer Unabhängigkeit der Ertragsvektoren der Wertpapiere $X$ und $Z$ für jeden Umweltzustand impliziert, daß der Ertragsvektor des Wertpapiers $Y$ eine Linearkombination der Ertragsvektoren von $X$ und $Z$ im Zustandsraum ist, da es nur zwei Umweltsituationen gibt:

$$\begin{bmatrix} Y(1)/S_Y \\ Y(2)/S_Y \end{bmatrix} = \alpha \begin{bmatrix} X(1)/S_X \\ X(2)/S_X \end{bmatrix} + \beta \begin{bmatrix} Z(1)/S_Z \\ Z(2)/S_Z \end{bmatrix}.$$

$\alpha$ und $\beta$ sind Skalare. Gibt es zwei ($n$) Umweltsituationen, kann es höchstens zwei ($n$) Wertpapiere geben, deren Ertragsvektoren im Zustandsraum linear unabhängig sind. Da es drei Wertpapiere gibt, und da von den Wirtschaftseinheiten angenommen wird, daß sie bei Kauf, Verkauf und Emission dieser Papiere in vollkommener Konkurrenz stehen, gibt es 3 Verhältnisse, die die Möglichkeiten, $C(1)$ gegen $C(2)$ zu tauschen, zusammenfassen. Ein Tauschverhältnis beschreibt den Tausch von $C(1)$ gegen $C(2)$ durch Substitution des Papiers $X$ gegen $Z$, ein zweites Tauschverhältnis bezieht sich auf die Substitution von $X$ gegen $Y$ und schließlich das dritte Tauschverhältnis auf die Substitution von $Y$ gegen $Z$:

$$\frac{dC(2)}{dC(1)} = \left(\frac{X(2)}{S_X} - \frac{Z(2)}{S_Z}\right) \Big/ \left(\frac{X(1)}{S_X} - \frac{Z(1)}{S_Z}\right) \qquad X \text{ gegen } Z,$$

$$\frac{dC(2)}{dC(1)} = \left(\frac{X(2)}{S_X} - \frac{Y(2)}{S_Y}\right) \Big/ \left(\frac{X(1)}{S_X} - \frac{Y(1)}{S_Y}\right) \qquad X \text{ gegen } Y,$$

$$\frac{dC(2)}{dC(1)} = \left(\frac{Y(2)}{S_Y} - \frac{Z(2)}{S_Z}\right) \Big/ \left(\frac{Y(1)}{S_Y} - \frac{Z(1)}{S_Z}\right) \qquad Y \text{ gegen } Z.$$

Wenn diese drei Tauschverhältnisse nicht gleich sind, sind Arbitragemöglichkeiten vorhanden. Damit ist gemeint, daß die Wirtschaftssubjekte aus Unterschieden zwischen diesen Verhältnissen Kapital schlagen und eine Reihe von Transaktionen durchführen können, durch die ein sicherer Ertrag in unbegrenzter Höhe erwirtschaftet wird. Nehmen wir zum Beispiel die Situation an, die in Abb. 5 dargestellt wird. Die drei Tauschverhältnisse sind in diesem Falle nicht gleich, sonst müßten $x$, $y$ und $z$ auf einer Geraden liegen. Angenommen, das Individuum legt in der Ausgangssituation sein gesamtes Wertpapierportefeuille in $X$-Papieren an. Dann möge es das Wertpapier $Z$ auflegen und mit dem Erlös zusätzliche $X$-Papiere kau-

**Abb. 5**

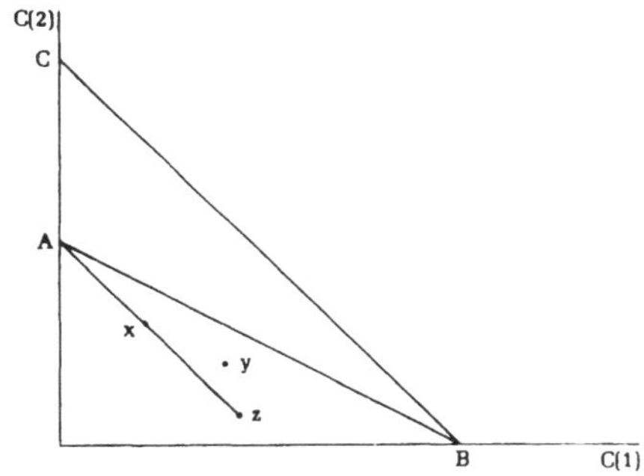


fen. Durch diese Transaktionen wandert das Wirtschaftssubjekt von Punkt $x$ zu Punkt A in Abb. 5. Nun unterstellen wir, daß sich das Individuum auf der Strecke $\overline{AB}$ durch Verkauf des $X$-Papiers und Ankauf des $Y$-Papiers auf den Punkt B zubewegt. Hat es Punkt B erreicht, kann das Individuum durch Verkauf von $Z$ und zusätzlichen Ankauf von $X$ den Punkt $C$ ansteuern. Im Punkte $C$ angelangt, ist eine Verbesserung durch eine weitere Emission von $X$ und zusätzlichem Ankauf von $Y$ möglich usw.. Solange das Wirtschaftssubjekt diese Transaktionen durchführt, gibt es keine Grenze für erreichbare $(C(1), C(2))$-Kombinationen. Die Wirtschaftseinheit kann also auf Wunsch einen unbegrenzt großen, aber vollkommen sicheren $(C(1) = C(2))$-Konsumstrom erhalten, wenn sie diese Möglichkeiten ausnutzt. Dieses Beispiel zeigt, daß reine Arbitragegeschäfte keinerlei Risiko beinhalten.

Die Schlußfolgerung dieser Überlegungen ist die Forderung nach der Gleichheit der obigen drei Austauschrelationen $dC(2)/dC(1)$. Graphisch ist diese Bedingung erfüllt, wenn alle drei Punkte $x$, $y$ und $z$ in Abb. 5 auf der gleichen Geraden liegen. In dem eben diskutierten Beispiel werden wahrscheinlich die Versuche der Investoren die Arbitragemöglichkeiten auszuschöpfen, die Preise $S_X$, $S_Z$ und $S_Y$ so verändern, daß $x$, $y$ und $z$ schließlich auf einer Geraden liegen. Um dies formal zu zeigen schreiben wir:

$$x(j) = X(j)/S_X, \qquad y(j) = Y(j)/S_Y, \qquad z(j) = Z(j)/S_Z \qquad \text{für} \quad j = 1, 2.$$

Gleichheit der drei Austauschverhältnisse bedeutet:

$$\frac{x(2) - z(2)}{x(1) - z(1)} = \frac{x(2) - y(2)}{x(1) - y(1)} = \frac{y(2) - z(2)}{y(1) - z(1)}.$$

Da $(y(1), y(2))$ von $(x(1), x(2))$ und $(z(1), z(2))$ linear abhängig ist, gilt:

$$y(1) = \alpha x(1) + \beta z(1), \qquad y(2) = \alpha x(2) + \beta z(2).$$

Wir setzen diese beiden Gleichungen in den Ausdruck mit den drei Austauschverhältnissen ein und erhalten nach einigen Umformungen die Bedingung $\alpha + \beta = 1$, d.h. in Abb. 5 müßte der Punkt $y$ auf der Verbindungsgeraden zwischen den Punkten $x$ und $z$ liegen.

Im vorangegangenen Beispiel gab es nur die beiden Güter $C(1)$ und $C(2)$. Die Wertpapiere $X$, $Y$ und $Z$ hatten einzig und allein deshalb einen Wert, da sie Ansprüche auf $[C(1), C(2)]$-Bündel verkörperten. Bekamen wir Ertragsvektoren der drei Wertpapiere, die nicht auf der gleichen Geraden lagen, so führte dies zu drei mögli-

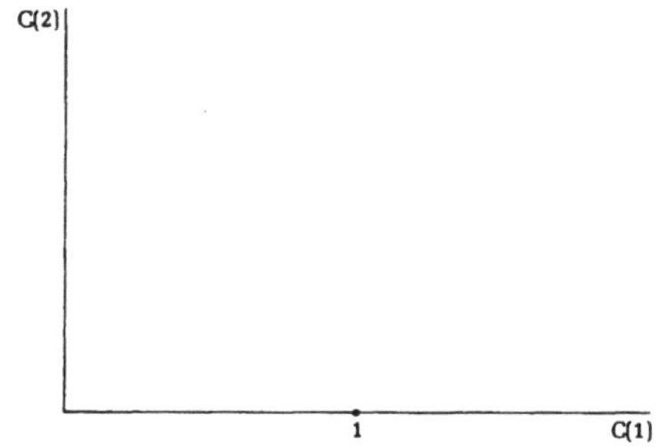


**Abb. 6** Ertragsvektor eines (theoretischen) Arrow-Debreu-Zertifikats.

chen Preisrelationen für die beiden Güter und den damit verbundenen Arbitragemöglichkeiten, die oben diskutiert wurden. Um die Logik dieses und anderer Probleme klar herauszustellen, ist es manchmal für die Analyse nützlich, mit „theoretischen" Wertpapieren zu arbeiten, die nur in der Umweltsituation $i$ eine Konsumeinheit auszahlen. In allen anderen Zuständen beträgt die Auszahlung Null. Arrow hat diese Papiere in die Analyse eingeführt, und sie sind allgemein als Arrow-Debreu-Zertifikate bekannt. Der Ertragsvektor eines solchen Wertpapiers fällt mit einer der Koordinatenachsen zusammen. In unserem Beispiel mit zwei Umweltsituationen offeriert eine Einheit eines Zertifikats des Zustands 1 den Ertragsvektor $(1, 0)$, während das Zertifikat des Zustands 2 den Ertragsvektor $(0, 1)$ anbietet (vgl. Abb. 6).

Selbst wenn diese Arrow-Debreu-Zertifikate eigentlich nicht existieren, ist es möglich, mit ihnen effektiv zu handeln und implizite Preise zu berechnen, falls die Zahl der „gewöhnlichen" Wertpapiere größer oder gleich der Zahl der Umweltzustände ist. Betrachten wir wieder unser Beispiel mit zwei Zuständen und den beiden Wertpapieren $X$ und $Z$. Das $X$-Papier leitet seinen Wert aus dem Nutzen ab, den der Konsument dem durch das Wertpapier garantierten Konsumstrom zumißt. Mit $p(i)$ bezeichnen wir diejenige Menge der Anfangsausstattung, die ein Wirtschaftssubjekt opfern würde, um im Zustand $i$ eine zusätzliche Einheit des Konsumgutes zu erhalten. Es muß also gelten, daß

$$\begin{aligned} S_X &= X(1)p(1) + X(2)p(2), \\ S_Z &= Z(1)p(1) + Z(2)p(2), \end{aligned} \tag{7}$$

d.h. der Preis jedes tatsächlichen Wertpapiers muß den Gegenwert des Konsumstroms widerspiegeln, auf den durch das Wertpapier ein Anspruch besteht. Das Gleichungssystem (7) kann nach $p(1)$, $p(2)$, den impliziten Preisen der Arrow-Debreu-Zertifikate, aufgelöst werden, wenn $X(1)\,Z(2) - Z(1)\,X(2) \neq 0$, d.h. wenn die Erträge der Wertpapiere $X$ und $Z$ linear unabhängig sind.

Dividiert man beide Seiten der obigen Gleichungen durch $S_X$ bzw. $S_Z$, so erhält man:

$$1 = \frac{X(1)}{S_X}p(1) + \frac{X(2)}{S_X}p(2) = x(1)p(1) + x(2)p(2),$$

$$1 = \frac{Z(1)}{S_Z}p(1) + \frac{Z(2)}{S_Z}p(2) = z(1)p(1) + z(2)p(2).$$

Die Auflösung nach $p(1)$, $p(2)$ ergibt:

$$\begin{bmatrix} p(1) \\ p(2) \end{bmatrix}_{x,z} = \begin{bmatrix} z(2) & -x(2) \\ -z(1) & x(1) \end{bmatrix} \Big/ [x(1)z(2) - x(2)z(1)],$$

wobei (wie vorher schon) $x\,(i) = X(i)/S_X$ usw.. Auch für ein drittes Wertpapier $Y$ kann man nach $p(1)$, $p(2)$ auflösen, wenn man die beiden Gleichungen

$$\begin{aligned} 1 &= x(1)p(1) + x(2)p(2), \\ 1 &= y(1)p(1) + y(2)p(2) \end{aligned}$$

heranzieht. Für $p(1)$, $p(2)$ erhält man dann als Lösung:

$$\begin{bmatrix} p(1) \\ p(2) \end{bmatrix}_{x,y} = \begin{bmatrix} y(2) & -x(2) \\ -y(1) & x(1) \end{bmatrix} \Big/ (x(1)y(2) - y(1)x(2)).$$

Schließlich besagt das Gesetz der „Unterschiedslosigkeit der Preise", daß

$$\begin{bmatrix} p(1) \\ p(2) \end{bmatrix}_{x,y} = \begin{bmatrix} p(1) \\ p(2) \end{bmatrix}_{x,z} = \begin{bmatrix} p(1) \\ p(2) \end{bmatrix}_{y,z}.$$

Es läßt sich anhand der expliziten Lösungen für $(p(1), p(2))$ einfach zeigen, daß die Arbitragebedingung $\alpha + \beta = 1$ dem Gesetz der Unterschiedslosigkeit der Preise äquivalent ist. Der implizite Wert, der einer Einheit des Ertrags im Zustand $i$ beigemessen wird, ist also bei jedem Wertpapier gleich.

Wir verallgemeinern jetzt unsere Überlegungen und nehmen $n$ Zustände der Umwelt an. Für die $n$ Arrow-Debreu-Zertifikate existieren keine tatsächlichen Märkte, und Forderungen über eine DM, falls Zustand $\theta$ eintritt, werden nicht gehandelt. Stattdessen unterstellen wir, wie in unserer realen Welt, $n'$ verschiedene Unternehmungen, von denen jede Anteilswerte verkauft, die zur Partizipation am Unternehmensgewinn berechtigen. Solange die Zahl der Unternehmungen die Zahl der Umweltzustände übersteigt, und ein bestimmtes Rangkriterium erfüllt ist, ist es als ob Märkte für die $n$ Arrow-Debreu-Zertifikate existieren. Denn ein Individuum kann durch entsprechenden An- und Verkauf von tatsächlichen Wertpapieren jede gewünschte Ertragsstruktur für die zukünftig möglichen Zustände der Welt aufbauen.

Angenommen, die Erträge der Unternehmung $i$ seien für die verschiedenen Umweltsituationen mit $x_i(\theta)$, $\theta = 1, \ldots, n$ gegeben. Weiter nehmen wir an, es sei möglich $n$ dieser Unternehmungen auszuwählen, wobei bei jeder dieser Firmen die Struktur der zukünftigen Erträge für die verschiedenen Umweltzustände von den Erträgen der übrigen $n - 1$ Unternehmen linear unabhängig ist. Das bedeutet, für kein $i = 1, \ldots, n$ kann der Vektor $(x_i(1), x_i(2), \ldots, x_i(n))$ als Linearkombination der $n - 1$ Vektoren $(x_j(1), x_j(2), \ldots, x_j(n))$ mit $j \neq i$ geschrieben werden. Die Marktwerte unserer $n$ Unternehmungen seien $V_1, V_2, \ldots, V_n$. Wenn es $n$ Arrow-Debreu-Zertifikate gäbe, von denen jedes die Zahlung von einer DM bei Eintreten des Zustands $\theta$ verspricht und den Preis $p(\theta)$ hat, müssen die Kurswerte der $n$ Unternehmungen den Gleichungen

$$V_1 = \sum_{\theta=1}^{n} x_1(\theta)p(\theta), \qquad V_2 = \sum_{\theta=1}^{n} x_2(\theta)p(\theta), \qquad \ldots, \qquad V_n = \sum_{\theta=1}^{n} x_n(\theta)p(\theta),$$

genügen. In Matrixschreibweise gilt:

$$V = xp, \tag{8}$$

wobei

$$V = \begin{bmatrix} V_1 \\ \vdots \\ V_n \end{bmatrix}, \quad x = \begin{bmatrix} x_1(1) & x_1(2) & \cdots & x_1(n) \\ \vdots & & & \\ x_n(1) & x_n(2) & \cdots & x_n(n) \end{bmatrix}, \quad p = \begin{bmatrix} p(1) \\ \vdots \\ p(n) \end{bmatrix}.$$

Da $x$ vollen Rang hat, kann (8) nach $p$ aufgelöst werden:

$$p = x^{-1}V. \tag{9}$$

Gleichung (9) beschreibt, wie man die impliziten Preise der $n$ impliziten Zertifikate aus den Kurswerten der $n$ Unternehmungen und ihrer Ertragsstruktur für die verschiedenen Zustände der Welt gewinnt.

## 2. Liquiditätspräferenz als Verhaltensweise bei Risiko

Der Ansatz von Tobin (1958), die Geldnachfrage zum Teil als Ergebnis des Wunsches der Vermögensbesitzer nach Anlagediversifikation zu interpretieren, kann als Anwendung der gerade dargelegten Theorie betrachtet werden. Wir nehmen wieder 2 Umweltzustände an und es mögen zwei Vermögenswerte existieren: Eine risikobehaftete Anlage, die in der Situation $\theta = 1, 2$ zu einem Ertrag von $x(\theta)$ führt, wenn der Wert einer Einheit Anfangsausstattung investiert wird, und eine risikolose Anlage, die wir als „Geld" bezeichnen. Letztere bringt dem Investor in jeder Situation den gleichen Anteil an Anfangsausstattung, den er ursprünglich investiert hat. Aus der bisherigen Diskussion wissen wir, daß ein Haushalt zumindest einen kleinen Anteil der unsicheren Anlage in sein Portefeuille aufnehmen wird, wenn die erwartete Rendite positiv ist, d.h. vorausgesetzt, das Risiko der Wertpapierhaltung entspricht dem einer günstigen Wette. Der Investor erzielt durch die Anlage einer sicheren Outputeinheit („Geld") in das riskobehaftete Wertpapier einen erwarteten Ertrag von $\pi(1)\ x(1) + \pi(2)\ x(2)$. Das Wertpapier stellt für die Wirtschaftseinheit nur dann das Äquivalent für eine günstige Wette dar, wenn der erwartete Ertrag größer als eins ist. Damit Geld gehalten wird, ist zu beachten, daß entweder $x(1) < 1$ oder $x(2) < 1$ sein muß, da die Wertpapierhaltung die Kassenhaltung sonst völlig verdrängen würde. Die erwartete Rendite $r$ der mit Risko behafteten Finanzanlage ist:

$$r = \pi(1)x(1) + \pi(2)x(2) - 1.$$

Beginnen wir in einer Situation, in der $r = 0$. Es läßt sich dann leicht zeigen, daß eine Erhöhung von $r$ (d.h. entweder $x(1)$ oder $x(2)$ steigt) den Investor veranlaßt, vermehrt Wertpapiere in sein Portefeuille aufzunehmen und die Kassenhaltung zu verringern. (Wir haben hier ein Beispiel für die Aussage von Arrow, daß bei einer günstigen Wette zumindest ein kleiner Einsatz gewagt wird. Es bleibt dem Leser überlassen, die Argumentationskette im einzelnen nachzuvollziehen.) Ist das Wirtschaftssubjekt risikoscheu und ist $r = 0$, so wird zweifellos sein gesamtes Portefeuille nur aus Geld bestehen. Wir haben damit gezeigt, daß die Kassenhaltung des Investors – bei ausreichend niedrigen Zinssätzen – mit dem Zinssatz des Wertpapiers reziprok variiert.

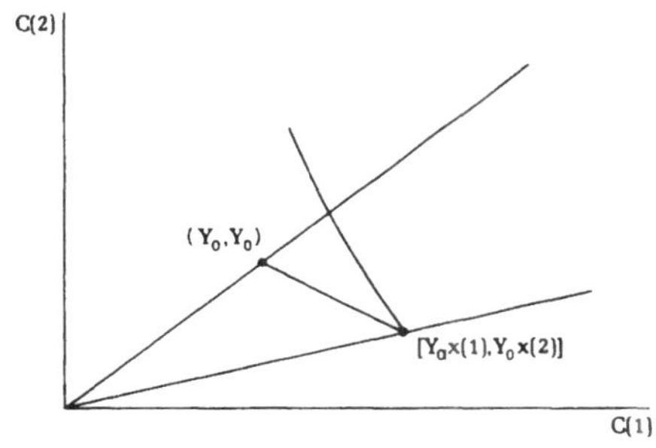


**Abb. 7** $(Y_0, Y_0)$ = Ertragsvektor falls das ganze Portefeuille nur aus Geld besteht. $(Y_0 x(1), Y_0 x(2))$ = Ertragsvektor wenn das ganze Budget im risikobehafteten Wertpapier angelegt wird.

Bei höheren Zinssätzen läßt sich bei Erhöhung von $r$ (d.h. entweder von $x(1)$ oder von $x(2)$) nicht eindeutig sagen, ob sich die Kassenhaltung verringert. Wie immer müssen wir hier zwei Wirkungen berücksichtigen: Der **Substitutionseffekt** beschreibt eine Wanderung auf der Indifferenzkurve, bei der eine Reallokation des Portefeuilles in Richtung „niedrigere Kassenbestände" erfolgt. Über das Vorzeichen des **Einkommens**- oder **Vermögenseffekts** wissen wir a priori nichts. Je nachdem, welche Gestalt das Indifferenzkurvensystem des Wirtschaftssubjekts hat, ist entweder eine Verstärkung oder aber eine Aufhebung des Substitutionseffekts möglich.

Denkbar ist auch der Fall, daß der Investor keinerlei Kassenhaltung wünscht (wenn $r > 0$, wird er immer einen bestimmten Anteil Wertpapiere halten wollen). Dieser Fall tritt genau dann ein, wenn der Zinssatz des Wertpapiers so hoch ist wie in Abb. 7 veranschaulicht: Die Budgetgerade verläuft sogar in dem Punkt, in dem das gesamte Portefeuille nur aus Wertpapieren besteht, flacher als die Indifferenzkurve.

Die oben beschriebene Theorie wurde oft in leicht veränderter Form dargestellt. Die berühmte „Mittelwert-Varianz-Analyse"* wurde von Tobin bekanntgemacht. Wie bisher das Individuum seinen erwarteten Nutzen maximiert:

$$v = \sum_{\theta=1}^{n} \pi(\theta) U(C(\theta)).$$

Wenn $C(\theta)$ und $\pi(\theta)$ für jedes $\theta$ bekannt ist, läßt sich sehr einfach eine Wahrscheinlichkeitsverteilung $g(C)$ ableiten. Sie gibt die Wahrscheinlichkeit dafür an, daß der Konsum den Wert $C$ annimmt. Es gilt also:

$$g(\tilde{C}) = \left[ \sum_{\theta \in T} \pi(\theta),\ T = \{\theta \mid C(\theta) = \tilde{C}\} \right].$$

In dem hier von uns betrachteten Fall mit endlich vielen Zuständen wird $g(C)$ nur für eine endliche Zahl $n' \leqq n$ von Werten $C$ für den Konsum positiv und von Null verschieden sein. Wir bezeichnen diese Werte für den Konsum mit $C_1, C_2, \ldots, C_{n'}$. Der erwartete Nutzen $v$ läßt sich dann schreiben als

$$v = \sum_{i=1}^{n'} U(C_i) g(C_i), \tag{10}$$

wobei $\sum_{i=1}^{n'} g(C_i) = 1$.

* In der deutschen Literatur besser als $(\mu, \sigma)$-Analyse bekannt.

In einem Ansatz mit einem Kontinuum von Umweltsituationen, in dem $C$ folglich jeden reellen Wert annehmen kann, ist die Konsumwahrscheinlichkeit in einem Intervall um $C$ mit der Länge $\varepsilon$ durch $\varepsilon f(C; B)$ approximativ geben. $f(C; B)$ ist die Wahrscheinlichkeitsdichtefunktion für $C$, und $B$ ist eine Liste der Parameter, die diese Verteilung bestimmen. Als erwarteten Nutzen $v$ bekommen wir in diesem Fall:

$$v = v(B) = \int_{-\infty}^{\infty} U(C) f(C; B)\, dC. \tag{11}$$

Wenn $U(C)$ gegeben ist, ist der erwartete Nutzen nur noch eine Funktion der Parameter in $B$, die die Verteilung des Konsums determinieren. Enthielte die Liste B nur einen Parameter, wenn also $C$ z.B. Poisson-verteilt wäre, hinge der erwartete Nutzen nur vom Wert dieses einen Parameters ab. Umfaßt $p$ $B$ Parameter, dann hängt der erwartete Nutzen von allen $p$ Parametern ab.

Die Theorie ist für solche Verteilungen $f(C; B)$ entwickelt worden, die durch zwei Parameter beschrieben werden können: Mittelwert und Standardabweichung. Die Normalverteilung ist ein Beispiel für eine Verteilung, die durch ihren Mittelwert und ihre Standardabweichung vollständig charakterisiert wird. Auch Verteilungen aus der Klasse der stabilen Verteilungen von Paul Lévy sind durch zwei Parameter eindeutig bestimmt.

Die weitere Analyse wird durch die Annahme, auch $f(C; B)$ sei eine „stabile" Verteilung, sehr erleichtert. Eine Merkmalsvariable $Z$ mit der Dichte $f(Z; B_Z)$ wird dann als stabil bezeichnet, wenn im Falle der Addition mit einer anderen Variablen $y$ (mit einer gleichartigen Dichtefunktion $f(y; B_y)$, wobei vielleicht $B_Z \neq B_y$)) als Ergebnis eine Merkmalsvariable $X = Z + y$ entsteht, die dem gleichem Wahrscheinlichkeitsgesetz $f(X; B_X)$ gehorcht. Die Stabilität der Verteilung $f(C; B)$ ist eine selbstverständliche Annahme, da stabile Verteilungen die einzigen Verteilungen sind, die für zentrale Grenzwert-Theoreme als Grenzverteilungen in Frage kommen. Die bekannteste stabile Verteilung ist die Normalverteilung; die Cauchy-Verteilung besitzt ebenfalls diese Eigenschaft. Der zentrale Grenzwert-Satz für stabile Verteilungen ist in diesem Zusammenhang sehr nützlich, da man sich die Zufallsvariable $C$ oft als Linearkombination einer sehr großen Zahl von unabhängig verteilten Erträgen verschiedener Investitionen vorstellt. Dies impliziert, daß $C$ approximativ stabil verteilt ist.[4]

Wir nehmen an, $f(C; B)$ habe als Parameter den Mittelwert $\mu_c$ und die Standardabweichung $\sigma_c$. Zusammen mit der Annahme, daß $f(C; B)$ eine stabile Verteilung ist, impliziert dies, daß $f(C; B)$ eine Normalverteilung[5] darstellt. Dies gilt, weil sie die einzige (symmetrische) stabile Verteilung ist, für die die Standardabweichung existiert. Der erwartete Nutzen $v$ ist dann:

---

[4] Näheres über Stabilitätseigenschaften und zentrale Grenzwerttheoreme findet man bei Feller (1966, Bd. II, 1. Aufl.).

[5] Die Dichtefunktion für die Normalverteilung ist

$$f(C; \mu_C, \sigma_C) = \frac{1}{\sigma_C\sqrt{2\pi}} \exp\left(-\frac{(C-\mu_C)^2}{2\sigma_C^2}\right).$$

Damit bei dieser Verteilung der erwartete Nutzen wohldefiniert ist, muß die Nutzenfunktion $U(C)$ der Bedingung

$$|U(C)| \leq Ae^{BC^2}, \qquad A > 0, \quad B > 0$$

für einige $A$ und $B$ genügen. Vgl. Chipman (1973).

$$v(\mu_C, \sigma_C) = \int_{-\infty}^{\infty} U(C) f(C; \mu_C, \sigma_C)\, dC.$$

$Z$ sei eine standardisierte Variable mit $Z = (C - \mu_c)/\sigma_c$, oder $C = \mu_c + \sigma_c Z$. Dann gilt:

$$v = v(\mu_C, \sigma_C) = \int_{-\infty}^{\infty} U(\mu_C + \sigma_C Z) f(Z; 0, 1)\, dZ,$$

wobei $f(Z; 0, 1)$ die standardisierte Normalverteilung mit einer Varianz von eins ist. Da der erwartete Nutzen $v(\mu_c, \sigma_c)$ ausschließlich von den beiden Parametern $\mu_c$ und $\sigma_c$ abhängt, können wir in eine $(\mu_c, \sigma_c)$-Ebene Indifferenzkurven einzeichnen, d.h. Kombinationen von $\mu_c$ und $\sigma_c$, die ein konstantes Niveau des erwarteten Nutzens ergeben. Entlang solcher Kurven gilt:

$$dv = 0 = d\mu_C \int_{-\infty}^{\infty} U'(\mu_C + \sigma_C Z) f(Z; 0, 1)\, dZ + d\sigma_C \int_{-\infty}^{\infty} Z U'(\mu_C + \sigma_C Z) f(Z; 0, 1)\, dZ.$$

Als Steigung der Indifferenzkurven in der $(\mu_c, \sigma_c)$-Ebene erhalten wir:

$$\frac{d\mu_C}{d\sigma_C} = - \frac{\int_{-\infty}^{\infty} Z U'(\mu_C + \sigma_C Z) f(Z; 0, 1)\, dZ.}{\int_{-\infty}^{\infty} U'(\mu_C + \sigma_C Z) f(Z; 0, 1)\, dZ} \tag{12}$$

Da $U'' < 0$ ergibt sich – obwohl $f(Z; 0, 1)$ symmetrisch ist –, daß der Zähler des rechtsseitigen Bruches für $\sigma_c > 0$ negativ ist (die negativen $Z$-Werte werden mit größeren $U'$-Werten als die positiven $Z$-Werte multipliziert); der Nenner ist wegen $U' > 0$ positiv. Die Steigung (12) ist daher positiv. Um die Krümmungsrichtung der Indifferenzkurven zu bestimmen, differenzieren wir (12) nach $\sigma_c$ und erhalten:

$$\frac{d^2\mu_C}{d\sigma_C{}^2} = - \frac{\int_{-\infty}^{\infty} (Z + d\mu_C/d\sigma_C)^2 U''(\mu_C + \sigma_C Z) f(Z; 0, 1)\, dZ}{\int_{-\infty}^{\infty} U'(\mu_C + \sigma_C Z) f(Z; 0, 1)\, dZ}.$$

Dieser Ausdruck ist positiv, da $U'' < 0$ und $U' > 0$. Dies besagt, daß bei jeder Indifferenzkurve die Steigung bei einer Aufwärtswanderung auf der Kurve zunimmt. Ein Beispiel für diesen Sachverhalt gibt die Abb. 8.

**Abb. 8**

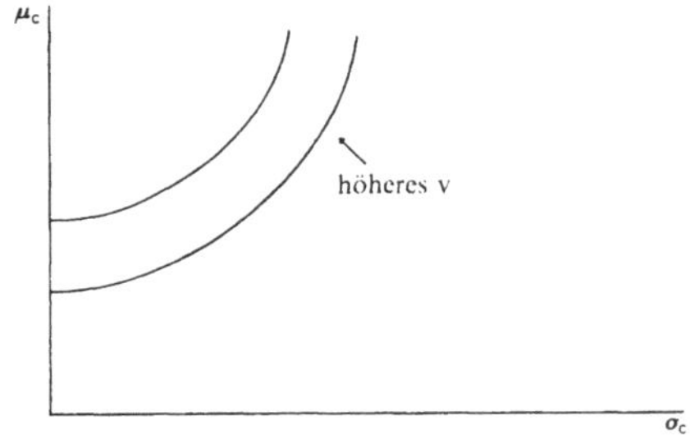

Aus Gleichung (12) kann man leicht die Steigung der Indifferenzkurven bei einer Standardabweichung von Null berechnen. Es ist

$$\left.\frac{d\mu_C}{d\sigma_C}\right|_{\sigma_C=0} = -\frac{\int ZU'(\mu_C)f(Z;0,1)\,dZ}{\int U'(\mu_C)f(Z;0,1)\,dZ} = \frac{-\int Zf(Z;0,1)\,dZ}{\int f(Z;0,1)\,dZ} = \frac{-E(Z)}{1} = 0.$$

Der Zähler ist gleich Null, da die Normalverteilung bei $Z = 0$ symmetrisch ist, und da $U'(\mu_c)$ unabhängig von $Z$ ist. Bei $\sigma_c = 0$ haben also die Indifferenzkurven eine Steigung von Null. Diese Eigenschaft der Indifferenzkurven kann als Illustration der Tatsache angesehen werden, daß ein Individuum immer zumindest einen kleinen Teil eines günstigen Risikos akzeptiert.

Um ein spezielles Beispiel zu betrachten sei angenommen, daß $U(C) = -e^{-\lambda C}$, $\lambda > 0$. Beachte, daß

$$U'(C) = \lambda e^{-\lambda C} > 0 \qquad \text{für} \quad C \in (-\infty, \infty),$$

$$U''(C) = -\lambda^2 e^{-\lambda C} < 0 \qquad \text{für} \quad C \in (-\infty, \infty).$$

Die Dichtefunktion für die Normalverteilung ist

$$f(C;\mu,\sigma) = \frac{1}{\sigma\sqrt{2\pi}}\exp\left(-\frac{(C-\mu)^2}{2\sigma^2}\right).$$

Folglich ergibt sich daraus als erwarteter Nutzen:

$$E(U(C)) = \frac{1}{\sigma\sqrt{2\pi}}\int_{-\infty}^{\infty} -e^{-\lambda C}\exp\left(-\frac{(C-\mu)^2}{2\sigma^2}\right)dC$$

$$= \frac{1}{\sigma\sqrt{2\pi}}\int_{-\infty}^{\infty} -\exp\left[-\left(\lambda C + \frac{(C-\mu)^2}{2\sigma^2}\right)\right]dC. \qquad (13)$$

Zu beachten ist, daß

$$\lambda C + \frac{(C-\mu)^2}{2\sigma^2} = \frac{2\lambda C\sigma^2 + C^2 - 2\mu C + \mu^2}{2\sigma^2}$$

$$= \frac{[C-(\mu-\lambda\sigma^2)]^2 + 2\lambda\mu\sigma^2 - \lambda^2\sigma^4}{2\sigma^2}$$

$$= \frac{[C-(\mu-\lambda\sigma^2)]^2}{2\sigma^2} + \lambda(\mu - \tfrac{1}{2}\lambda\sigma^2).$$

Wird dieser Ausdruck in (13) eingesetzt, ergibt sich:

$$E[U(C)] = -e^{-\lambda(\mu-(1/2)\lambda\sigma^2)}\frac{1}{\sigma\sqrt{2\pi}}\int_{-\infty}^{\infty}\exp\left(-\frac{(C-(\mu-\lambda\sigma^2))^2}{2\sigma^2}\right)dC.$$

Wir wissen aber, daß

$$\frac{1}{\sigma\sqrt{2\pi}}\int_{-\infty}^{\infty}\exp\left(-\frac{(C-\mu')^2}{2\sigma^2}\right)dC = 1$$

für jedes $\mu'$, und $\sigma > 0$. Dann ist

$$E[U(C)] = -\exp(-\lambda(\mu - \tfrac{1}{2}\lambda\sigma^2)).$$

Auf Kurven mit konstantem erwarteten Nutzen muß gelten:

$$\mu - \tfrac{1}{2}\lambda\sigma^2 = \text{konstant}.$$

Die von Mittelwert und Standardabweichung abhängige Indifferenzkurve genügt also der Bedingung:

$$d\mu - \lambda\sigma\, d\sigma = 0.$$

Ihre Steigung ist daher:

$$d\mu/d\sigma = \lambda\sigma > 0 \qquad \text{für} \quad \sigma > 0.$$

Als Konkavitätsbedingung finden wir:

$$d^2\mu/d\sigma^2 = \lambda > 0.$$

Damit ist die Diskussion eines speziellen Beispiels der Nutzenfunktion $U(C)$ abgeschlossen.

Nach der Analyse der individuellen Präferenzen, wenden wir uns jetzt den Wahlmöglichkeiten des Wirtschaftssubjekts zu. Das Individuum hat die Gelegenheit, einen sicheren Vermögenswert zu erwerben, der bei Anlage des gesamten Portefeuilles in diesem Aktivum einen Konsumstrom mit dem Mittelwert $C_0$ und der Standardabweichung Null erzeugt. Daneben existiere eine alternative Vermögensanlage (oder auch ein Portefeuille von anderen Aktiva), die dem Individuum einen Konsum in Höhe von $C_0 X$ gestattet, falls es sich entschließt, nur diese letztere Vermögensanlage in sein Portefeuille aufzunehmen. $X$ sei eine normal-verteilte Zufallsvariable mit $\mu_X$ als Mittelwert und $\sigma_X^2$ als Varianz. Wird der Anteil $1 - \lambda$ in der unsicheren und der Anteil $\lambda$, $0 \leqq \lambda \leqq 1$, in der sicheren Anlage investiert, ist der Konsum

$$C = \lambda C_0 + (1 - \lambda)C_0 X$$

realisierbar. Der Mittelwert des Konsums ist dann:

$$\mu_C = \lambda C_0 + (1 - \lambda)C_0 \mu_X. \tag{14}$$

Die Differenz $C - \mu_c$ ergibt $(1 - \lambda)\, C_0(X - \mu_X)$, so daß

$$\sigma_C = (1 - \lambda)C_0 \sigma_X. \tag{15}$$

Wird die Gleichung (15) nach $\lambda$ aufgelöst und in (14) eingesetzt, erhalten wir nach einigen Umformungen:

$$\mu_C = C_0 + \left(\frac{\mu_X - 1}{\sigma_X}\right)\sigma_C, \qquad 0 \leq \sigma_C \leq C_0 \sigma_X. \tag{16}$$

Der Ausdruck (16) stellt alle Kombinationen von $\mu_C$, $\sigma_C$ dar, die durch Variation von $\lambda$ erreichbar sind. Der Mittelwert $\mu_C$ wächst linear mit der Standardabweichung $\sigma_C$ und hat die Steigung $(\mu_X - 1)/\sigma_X$. Damit die Portfoliokurve eine positive Steigung hat, muß die erwartete Rendite $\mu_X - 1$ größer als Null sein. Dies entspricht der Bedingung für ein günstiges Risiko. Der Verlauf einer solchen Möglichkeitskurve wird in Abb. 9 dargestellt.

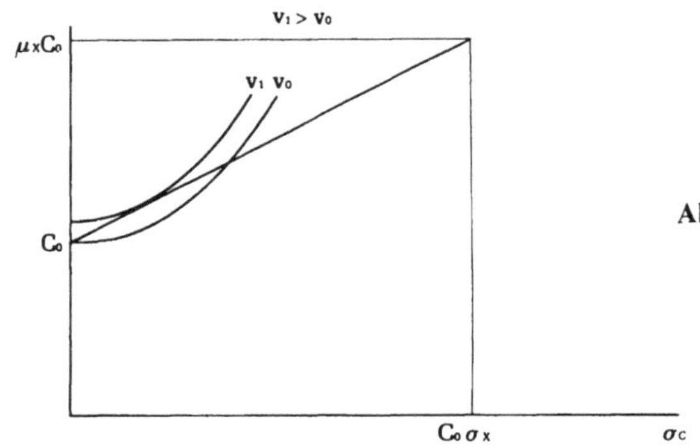


**Abb. 9**

Wie wir schon oben gesehen haben, ist die Steigung der Indifferenzkurven im Punkt $\sigma_C = 0$ gleich Null. Wenn die Steigung der Portfoliokurve durch den Punkt $(0, C_0)$ positiv ist, d.h. wenn $\mu_X - 1 > 0$, dann wird der Investor immer eine marginale Erhöhung des Risikos vornehmen, da dadurch eine Steigerung des erwarteten Nutzenniveaus möglich wird. Geht man von einer Situation, in der $\mu_X - 1 = 0$ aus, so wird jede Steigerung der Rendite $\mu_X - 1$ des mit Risiko behafteten Wertpapiers zu einer Abnahme der Kassenhaltung und zu einer Zunahme der Wertpapierbestände führen. Folglich wird bei einer genügend niedrigen Rendite des mit Risiko behafteten Wertpapiers, eine Steigerung derselben einen Rückgang der „Geldnachfrage" des Investors bewirken. Bei höheren Werten der Wertpapierrendite wird jedoch deren Steigerung nicht notwendigerweise einen Rückgang der Kassenhaltung nach sich ziehen, da der Substitutionseffekt möglicherweise durch den Vermögenseffekt konterkariert wird. Es bleibt dem Leser überlassen, sich diese sich gegenseitig kompensierenden Effekte anhand der graphischen Darstellung der Theorie klarzumachen. Selbstverständlich entspricht unsere gegenwärtige Analyse der Version der Theorie, die wir zu Anfang des Kapitel beschrieben haben.

Die eben skizzierte Theorie weist eine Reihe von Mängeln auf. Um sie in Form von Mittelwert und Standardabweichung des Konsums darstellen zu können, müssen wir die Annahme machen, daß der Konsum normalverteilt ist. Dies impliziert, daß wir so tun, als könnte der Konsum einen unbeschränkt negativen Zahlenwert annehmen. Ein negativer Konsum läßt sich nur sehr schwer vorstellen. Wenn wir diese Schwierigkeit umgehen und den Konsum auf positive Zahlenwerte beschränken wollen, müssen wir auf eine Wahrscheinlichkeitsfunktion für den Konsum, die die Stabilitätseigenschaft im statistischen Sinne aufweist, verzichten, wodurch natürlich die Anziehungskraft unserer Theorie stark vermindert wird. Wie wir aber schon vorher gesehen haben, kann der Kern der Theorie auch durch die Zustandspräferenzanalyse entwickelt werden. Dort spielt die Annahme eines normalverteilten Konsums keine Rolle.

In ihrer Eigenschaft als Theorie der Geldnachfrage ist ihre Anwendbarkeit etwas eingeschränkt. Einmal wird Geld beim Auftreten von nicht vorhergesehenen Preisniveauänderungen hinsichtlich der Güter zu einer risikobehafteten Vermögensanlage, so daß das „Geld" im obigen Modell nicht mit dem Aktivum, das in der realen Welt als Geld bezeichnet wird, in Einklang steht. Ferner gibt es neben Geld auch noch andere Wertpapiere wie kurzfristige Schatzwechsel und Spareinlagen, die ebenso risikofreie Vermögenstitel wie Geld sind, jedoch eine positive Nominalverzinsung versprechen. Die obige Theorie ist daher eher geeignet, die Nachfrage nach solchen Wertpapieren zu analysieren; für die Erklärung der Geldnachfrage ist sie nur bedingt anwendbar. Die Berücksichtigung von Transaktionskosten scheint für die Erklärung der Geldnachfrage unabdingbar zu sein.[6]

### 3. Das Modigliani-Miller-Theorem

In den bisherigen Erörterungen waren wir davon ausgegangen, daß die Unternehmen keine ausstehenden Schuldverschreibungen haben, keine Gewinne thesaurieren und damit ihre gesamten Investitionen durch die Emission von Eigenkapitalanteilen finanzieren. Eine Implikation des Modigliani-Miller-Theorems ist, daß diese von uns gemachten Annahmen nicht einschränkend sind (Modigliani und Miller, 1958). Insbesondere folgt aus der Analyse von Modigliani und Miller, daß es für die Kapitalkosten der Unternehmung bei Fehlen einer Körperschaftssteuer ohne Bedeutung ist, ob die Mittel durch Gewinnthesaurierung, durch Emission von Schuldverschreibungen oder durch Ausgabe von Eigenkapitalanteilen beschafft werden. Überdies wurde das Modigliani-Miller-Theorem im Rahmen eines Modells bewiesen, in dem die Annahme von Unsicherheit explizit enthalten war. Wir verwenden in diesem Abschnitt die Darstellung von Stiglitz (1969), um die Argumentationskette von Modigliani und Miller zu skizzieren.

Die gesamte Zukunft fällt mit einem einzigen Punkt der Zukunft zusammen. Unser Zustandsraum bestehe wieder aus einer endlichen Zahl von $n$ möglichen zukünftigen Zuständen der Welt. Jeder Zustand der Welt ist eine bestimmte Ergebniskonstellation für alle Arten von zukünftigen Ereignissen. Die möglichen Zustände werden wieder durch den Index $\theta = 1, 2, \ldots, n$ angezeigt. Zum Beispiel könnte $\theta = 1$ ein kompliziertes Ereignis symbolisieren wie: „am 1.1.1990 regnet es 2,54 cm in Eugene, Oregon; Minnesota spielt gegen Kalifornien um den Rosen-Pokal; ein Demokrat ist Präsident, usw.". Die Zustände $\theta = 2, \ldots, n$ repräsentieren andere Ausprägungen von solchen Ereignissen. Das Wohlbefinden eines Individuums, indiziert durch $U$, hängt im Falle der Realisation der Umweltsituation $\theta$ in üblicher Weise von den Mengen der $m$ von ihm konsumierten Güter ab:

$U = U(q_1(\theta), \ldots, q_m(\theta))$, $\partial U/\partial q_i(\theta) > 0$ und $U(\ldots)$ konkav,
wobei $q_i(\theta)$ die Menge des Gutes $i$ ist, die vom Individuum im Zustand $\theta$ konsumiert wird; $i = 1, \ldots, m$. Wir haben bereits die Annahme getroffen, daß die Gestalt der Nutzenfunktion $U(\;)$ vom Zustand $\theta$ unabhängig ist.

Die Einschätzung des Konsumenten in bezug auf die Wahrscheinlichkeit, mit der die verschiedenen Umweltzustände eintreten können, sei durch ein Bündel von subjektiven Wahrscheinlichkeiten zusammengefaßt: $\pi(1), \pi(2), \ldots, \pi(n)$, wobei $\sum_{\theta=1}^{n} \pi(\theta) = 1$; $\pi(\theta)$ ist die Wahrscheinlichkeit, die der Konsument der Realisation des Zustands $\theta$ beimißt. Wie nehmen an, daß die Individuen ihren erwarteten Nutzen $v$ maximieren:

$$v = \sum_{\theta=1}^{n} \pi(\theta) U(q_1(\theta), \ldots, q_m(\theta)). \tag{17}$$

Im Falle des Eintretens von Zustand $\theta$, $\theta = 1, \ldots, n$, soll dem Wirtschaftssubjekt eine sichere Ausstattung $q_i^0(\theta)$ an Güteransprüchen zuteil werden, $i = 1, \ldots, m$. Vor Eintreten des Zustands $\theta$ können die Wirtschaftssubjekte auf kompetitiven Zu-

[6] Ansätze hierzu finden sich bei Baumol (1952) und Tobin (1956).

kunftsmärkten ihre Ansprüche auf Gut $i$ in Zustand $\theta$ handeln. Zu einem Marktpreis $p_i(\theta)$ kann das Individuum beliebig viele Rechte an dem Gut $i$ für den Zustand $\theta$ kaufen oder verkaufen. Der Wert der Ausstattung des Konsumenten ist daher:

$$\sum_{\theta=1}^{n} \sum_{i=1}^{m} p_i(\theta) q_i^0(\theta).$$

Der Konsument maximiert seinen erwarteten Nutzen unter der Nebenbedingung

$$\sum_{\theta=1}^{n} \sum_{i=1}^{m} p_i(\theta) q_i^0(\theta) = \sum_{\theta=1}^{n} \sum_{i=1}^{m} p_i(\theta) q_i(\theta), \tag{18}$$

d.h. der Marktwert seiner Ausstattung ist gleich dem Marktwert des von ihm gekauften Bündels von Kontingenzgütern. Das Maximierungsproblem des Konsumenten kann mit $\lambda$ als Lagrange-Multiplikator folgendermaßen formuliert werden:

$$J = \sum_{\theta=1}^{n} \left\{ \pi(\theta) U(q_1(\theta), \ldots, q_m(\theta)) + \lambda \left( \sum_{i=1}^{m} p_i(\theta)(q_i(\theta) - q_i^0(\theta)) \right) \right\}.$$

Als Bedingungen erster Ordnung erhalten wir:

$$\begin{aligned} \pi(\theta) \frac{\partial U}{\partial q_i(\theta)} + \lambda p_i(\theta) = 0, \qquad i = 1, \ldots, m, \quad \theta = 1, \ldots, n. \\ \frac{\partial J}{\partial \lambda} = 0. \end{aligned} \tag{19}$$

Wir dividieren (19) für $\theta$ und $i$ durch (19) für $\tilde{\theta}$ und $j$:

$$\frac{\partial U / \partial q_i(\theta)}{\partial U / \partial q_j(\tilde{\theta})} = \frac{\pi(\tilde{\theta})}{\pi(\theta)} \frac{p_i(\theta)}{p_j(\tilde{\theta})}. \tag{20}$$

Gleichung (20) ist das Analogon zur bekannten Gleichheit von Grenznutzen- und Preisverhältnis im statischen Haushaltsgleichgewicht. Aus Gleichung (20) und der Budgetbeschränkung (18) kann man für die $nm$ Kontingenzgüter Nachfragekurven ableiten. Werden diese Nachfragekurven über alle Konsumenten aggregiert, erhält man die Gesamtnachfragefunktion des jeweiligen Marktes. Zusammen mit den gesamten Ausstattungsmengen (Angebot) läßt sich das allgemeine Marktgleichgewicht ableiten, in dem die Preise $p_i(\theta)$ ($i = 1, \ldots, m$; $\theta = 1, \ldots, n$) bestimmt werden.

Arrow (1964) hat nachgewiesen, daß sich die Situation der Konsumenten nicht verändert, wenn die $nm$ Märkte für die vom jeweiligen Zustand $\theta$ ($\theta = 1, \ldots, n$) abhängigen $m$ Güter durch $n$ Märkte für jeweils ein Arrow-Debreu-Zertifikat pro Zustand $\theta$ ersetzt werden. Jedes Zertifikat garantiert die Zahlung einer DM falls der Zustand $\theta$ eintreten sollte. Ist dann ein bestimmter Zustand der Welt eingetreten, handeln die Wirtschaftssubjekte $m$ Güter genau wie im statischen Standardmodell.

Wir gehen von einem Konkurrenzmodell aus, in dem für jedes der $n$ Arrow-Debreu-Zertifikate ein Markt existiert und jedes Zertifikat die Zahlung einer DM verbrieft, falls in der Zukunft Zustand $\theta$ realisiert wird. In dem Modell möge sich ein Totalgleichgewicht einstellen, und der Gleichgewichtspreis für den Anspruch auf die Zahlung einer DM in Zustand $\theta$ sei $p(\theta)$. Die Einheiten von $p(\theta)$ sind sichere DM in der Gegenwart, mit denen der Anspruch auf eine DM in Zustand $\theta$ erworben wird. Der Preis einer sicheren DM in der nächsten Periode ist $\sum_{\theta=1}^{n} p(\theta)$. Dies kann als der Kehrwert von eins plus dem risikofreien Zinsfuß interpretiert werden. Die Annahme vollkommener Märkte für die Zertifikate aller $n$ Zustände der Welt bedeutet, daß es möglich ist, sich gegen jedes Risiko zu versichern. Die Individuen müssen also – wenn sie dies vorziehen – keinerlei Risiko eingehen.

Nun nehmen wir weiter an, es gäbe keine Steuern. Eine Unternehmung habe voraussichtliche Erträge in Höhe von $X(\theta)$ DM im Zustand $\theta$. Diese Erträge seien um Arbeits- und Materialkosten bereinigt, enthalten aber noch die Kapitalkosten. Das Unternehmen begebe Obligationen in Höhe von $B$ DM. Die Obligationen verbriefen den Fremdkapitalgebern eine Zahlung von $(r+1)B$ DM in der nächsten Periode, vorausgesetzt, das Unternehmen geht nicht in Konkurs; d.h. vorausgesetzt, daß $X(\theta) \geqq (r+1)B$. Im Falle eines Konkurses, d.h. wenn $X(\theta) \leqq (r+1)B$, erhalten die Obligationäre nur $X(\theta)$. Somit hängt die realisierte Verzinsung des Fremdkapitals $r(\theta)$ von den Zuständen der Welt ab:

$$r(\theta) + 1 = \begin{cases} r + 1 & \text{wenn} \quad X(\theta) \geq (r + 1)B \\ X(\theta)/B & \text{wenn} \quad X(\theta) < (r + 1)B. \end{cases}$$

Nur wenn $X(\theta) \geqq (r+1)B$ für alle $\theta$, ist $r(\theta)$ gleich dem auf dem Zinsschein verbrieften Zinssatz $r$ für alle $\theta$.

Der Wert der Schuldverschreibungen des Unternehmens muß genauso groß sein, wie die Wertsumme der einzelnen Arrow-Debreu-Zertifikate, aus denen die Obligation implizit besteht. Für jeden Zustand der Welt, in dem das Unternehmen nicht in Konkurs geht, erzielt man mit den Obligationen einen Gesamterlös von $(r+1)B$. Der Gegenwartswert dieser Erlöse ist

$$(r + 1)B \sum_{\theta \in S} p(\theta), \quad \text{wobei} \quad S = \{\theta \,|\, X(\theta) \geq (r + 1)B\}.$$

In Zuständen $\theta$ von $S' = \{\theta \,|\, X(\theta) < (r+1)B\}$, in denen die Unternehmung in Konkurs gerät, werden die Fremdkapitalforderungen nur in Höhe von $X(\theta)$ getilgt. Der Gegenwartswert der Schuldrückzahlungen ist in diesen Zuständen

$$B \sum_{\theta \in S'} \frac{X(\theta)}{B} p(\theta).$$

Der gesamte Gegenwartswert der Firmenobligationen ist daher

$$B = (r + 1)B \sum_{\theta \in S} p(\theta) + B \sum_{\theta \in S'} \frac{X(\theta)}{B} p(\theta).$$

Wir dividieren durch $B$ und lösen nach $r+1$ auf:

$$r + 1 = \frac{1 - \sum_{\theta \in S'} X(\theta)B^{-1}p(\theta)}{\sum_{\theta \in S} p(\theta)}, \tag{21}$$

d.h. der Obligationszinssatz hängt von der Wahrscheinlichkeit, mit der das Unternehmen zahlungsunfähig wird, und von der Zahl der ausgegebenen Obligationen ab. Sollte die Wahrscheinlichkeit eines Konkurses gleich Null sein, d.h. $S'$ enthielte keine Elemente, dann wäre $r$ genauso groß wie der risikofreie Zinssatz.

Die Eigenkapitalgeber erhalten je nach Zustand der Welt eine Dividende von

$$\begin{array}{ll} X(\theta) - (r + 1)B & \text{wenn } X(\theta) \geq (r + 1)B, \\ 0 & \text{wenn } X(\theta) < (r + 1)B. \end{array}$$

Genau wie bei den Schuldverschreibungen, muß der Wert der Eigenkapitalanteile gleich der Wertsumme der Arrow-Debreu-Zertifikate sein, welche implizit in den Eigenkapitalanteilen enthalten sind. Wir erhalten als Gegenwartswert $E$ der Eigenkapitalanteile

$$E = \sum_{\theta \in S} (X(\theta) - (r + 1)B)p(\theta). \tag{22}$$

Für $r + 1$ setzten wir die rechte Seite von Gleichung (21) ein:

$$\begin{aligned} E &= \sum_{\theta \in S} p(\theta)X(\theta) - B\left(\frac{1 - \sum_{\theta \in S'} X(\theta)B^{-1}p(\theta)}{\sum_{\theta \in S} p(\theta)}\right)\sum_{\theta \in S} p(\theta) \\ &= \sum_{\theta \in S} p(\theta)X(\theta) - B + \sum_{\theta \in S'} X(\theta)p(\theta) \\ &= \sum_{\theta \in S \cup S'} p(\theta)X(\theta) - B, \end{aligned} \tag{23}$$

oder

$$E + B = \sum_{\theta \in S \cup S'} p(\theta)X(\theta). \tag{24}$$

Aus Gleichung (24) ist ersichtlich, daß der Gesamtwert von Schulden plus Eigenkapitalanteile des Unternehmens gleich dem Gegenwartswert der Unternehmenserlöse für die jeweiligen Zustände der Welt ist. Die Erlöse werden mit den Preisen bewertet, die für die Forderung über die Zahlung einer DM in der Zukunft (für die verschiedenen Zustände) in der Gegenwart bestehen. Folglich ist der Gesamtwert $E + B$ von dem Verhältnis Schulden/Eigenkapitalanteile unabhängig. Genau dies ist die Aussage des Modigliani-Miller-Theorems.

Wir nehmen an, die Unternehmung fasse ein Projekt mit sicheren Anschaffungskosten von $C$ DM in der Gegenwart ins Auge. Allerdings würde sich der Erlös bei Eintreten von Zustand $\theta$ in der Zukunft um $dX(\theta)$ ändern. Gleichung (23) gibt den Wert des Eigenkapitals an, falls das Projekt nicht realisiert wird. Wird das Projekt aber durchgeführt, verändert sich der Wert der Gründungsanteile zu

$$E' = \sum_{\theta} p(\theta)X(\theta) - B + \sum_{\theta} p(\theta)\, dX(\theta) - C.$$

Der Wert der Gründungsanteile steigt bei Realisation des Projekts, wenn

$$\sum_{\theta} p(\theta)\, dX(\theta) - C > 0.$$

Solange diese Ungleichung erfüllt ist, sollte die Unternehmung das Projekt durchführen, weil sie damit den Wert der Gründeranteile steigert. Diese Empfehlung gilt unabhängig davon, ob das Projekt nun durch Emission von Obligationen oder durch Ausgabe von neuen Anteilen finanziert wird. Insbesondere ist darauf hinzuweisen, daß der Zinssatz $r$ der Unternehmensobligationen, welcher vom Volumen der bereits begebenen Schuldverschreibungen abhängt, für das Investitionskalkül keine Rolle spielt.

Wir unterstellen nun einen Spezialfall und nehmen an, das Projekt werde durch die Emission von Schuldverschreibungen finanziert. Der Wert des Unternehmens ist bei Unterlassung des Projekts

$$E^0 + B^0 = \sum_\theta p(\theta) X^0(\theta).$$

Bei Realisation des Projekts ist der Unternehmenswert hingegen

$$E' + B' = \sum_\theta p(\theta)(X^0(\theta) + dX(\theta)).$$

Dann ist

$$E' + B' = E^0 + B^0 + \sum_\theta p(\theta)\, dX(\theta),$$

oder

$$E' - E^0 = \sum_\theta p(\theta)\, dX(\theta) - (B' - B^0).$$

Bei Fremdfinanzierung durch Ausgabe von Obligationen sind $B' - B^0 = C$ die Kosten des Projekts. Je nachdem, ob das Projekt ausgeführt wird oder nicht, variiert der Wert des Eigenkapitals um

$$E' - E^0 = \sum_\theta p(\theta)\, dX(\theta) - C,$$

wobei die Differenz größer als Null sein muß, damit das Projekt zur Durchführung gelangt.

Im Falle der vollständigen Finanzierung durch Ausgabe neuer Anteile, d.h. $B' = B^0$, gilt:

$$E' = E^0 + \sum_\theta p(\theta)\, dX(\theta).$$

Um das Projekt zu finanzieren, muß die Unternehmung neue Anteile im Wert von DM $C$ ausgeben. Der veränderte Wert der Gründeranteile ist dann $E' - C$. Man erhält ihn, wenn auf beiden Seiten der obigen Gleichung $C$ subtrahiert wird:

$$E' - C = E^0 + \sum_\theta p(\theta)\, dX(\theta) - C.$$

Die Differenz $E' - C$ ist dann größer als $E^0$, wenn $\sum_\theta p(\theta)\, dX(\theta) - C$ größer als Null ist.

### 4. Wirkungen einer Körperschaftsteuer

Wir untersuchen nun eine Unternehmung, deren Profite nach der Zinszahlung an die Obligationäre einer Körperschaftssteuer mit dem Steuersatz $t_K$ unterworfen werden. Die Anteilseigner erzielen einen Ertrag in Höhe von $(1 - t_K)\big(X(\theta) - (r+1)B\big)$, falls Zustände von $S$ eintreten, d.h. Zustände in denen gilt: $X(\theta) \geqq (r+1)B$. In Zuständen, in denen das Unternehmen Konkurs anmeldet, ist die Dividendenzahlung gleich Null. Der Zinssatz $r$ für die Schuldverschreibungen der Unternehmung genügt nach wie vor der Bedingung (21). Als Wert der Eigenkapitalanteile erhalten wir nun:

$$E = \sum_{\theta \in S} (1 - t_{\mathrm{K}})(X(\theta) - (r + 1)B)p(\theta).$$

Setzt man für $r$ in diese Gleichung den Ausdruck (21) ein, erhält man nach einigen Umformungen:

$$E = (1 - t_{\mathrm{K}}) \sum_{\theta=1}^{n} X(\theta)p(\theta) - B + t_{\mathrm{K}} B. \tag{25}$$

Der Wert des Unternehmens $E + B$ variiert direkt mit dem ausstehenden Obligationskapital, falls $t_K > 0$. Nach Gleichung (25) liegt es im Interesse der Anteilseigner einen unbegrenzt hohen Verschuldungsgrad der Unternehmung anzustreben. Bei Existenz einer Körperschaftssteuer gibt es ein optimales Verhältnis von Fremd- zu Eigenkapital (und dieses ist unbegrenzt groß). In diesem Fall verliert das Modigliani-Miller-Theorem seine Gültigkeit.

Im nächsten Schritt der Analyse nehmen wir an, das Unternehmen habe in der Ausgangssituation Obligationen in Höhe von $B$ ausstehen, ferner sei der Wert der ausgegebenen Anteile durch $E$ in Ausdruck (25) gegeben. Die Unternehmung erwäge nun, zusätzliche Schuldverschreibungen in Höhe von $B' - B > 0$ aufzulegen und mit den Erlösen ausgegebene Anteile zurückzukaufen. Es gelte wieder die Annahme, daß die Verteilung der Erlöse $X(\theta)$ und Preise $p(\theta)$ für die verschiedenen Zustände der Welt von der Finanzierungsentscheidung der Unternehmung unabhängig ist. Unter Verwendung von (25) berechnen wir den Wert der ausgegebenen Anteile bei ausstehenden Obligationen in Höhe von $B'$:

$$E' = E - (B' - B) + t_{\mathrm{K}}(B' - B),$$

oder

| Wert der übrig-<br>gebliebenen Anteile<br>**nach** der Kapital-<br>umschichtung | = **Ursprünglicher**<br>Wert der Anteile,<br>die nach der<br>Transaktion noch<br>im Besitz der<br>Eigenkapitalgeber sind | + $t_K\cdot$ (Betrag der<br>zurückgekauften<br>Eigenkapitalanteile). |
|---|---|---|

Hier ist $E$ der Ausgangswert der ausgegebenen Anteile und $B' - B$ ist der Umfang der zurückgekauften Anteile, so daß $E - (B' - B)$ der ursprüngliche Wert der im Unternehmen belassenen Eigenkapitalanteile ist, nachdem einige Eigenkapitalgeber ausbezahlt worden sind.

Abschließend sei noch bemerkt, daß die Analyse sehr viel komplizierter wird, wenn man eine Einkommenssteuer für natürliche Personen mit unterschiedlichen Steuersätzen für Zinseinkommen und Vermögenswertzuwächse in die Betrachtung einbezieht.

**Literaturhinweise**


Arrow, K. (1964). „The role of securities in the optimal allocation of risk bearing." *Review of Economic Studies*, Vol. 31, S. 91–96.

Arrow, K.J. (1971). *Essays in the Theory of Risk Bearing*, S. 100, Chicago, Illinois: Markham Publishing Company.

Baumol, W.J. (1952). „The transactions demand for cash: An inventory theoretic approach." *The Quarterly Journal of Economics*, Vol. LXVI, No. 4, S. 545–556.

Chipman, J.S. (1973). „The ordering of portefolios in terms of mean and variance." *The Review of Economic Studies*, Vol. XL (2), No. 122, S. 167–190.

Feller, W. (1966). *An Introduction to Probability Theory and Its Applications*, Vol. II, 1st ed., New York: Wiley.

Friedman, M. und Savage, L.J. (1948). „The utility analysis of choices involving risk." *The Journal of Political Economy*, Vol. LVI, No. 4, S. 279–304.

Hirshleifer, J. (1965). „Investment decision under uncertainty-choice-theoretic approaches." *The Quarterly Journal of Economics*, Vol. LXXIX, No. 4, S. 509–536.

Hirshleifer, J. (1966). „Investment decision under uncertainty: Applications of the state-preference approach." *The Quarterly Journal of Economics*, Vol. LXXX, No. 2, S. 252–277.

Luce, R.D. und Raiffa, H. (1957). *Games and Decisions*, New York: Wiley.

Modigliani, F. und Miller, M.H. (1958). „The cost of capital, corporation finance and the theory of investment." *American Economic Review*, Vol. 48, No. 63, S. 261–297.

Stigler, G.J. und Boulding, K.E. (1952). *Readings in Price Theory*. Chicago, Illinois: American Economic Association, R.D. Irwin.

Stiglitz, J.E. (1969). „A re-examination of the Modigliani-Miller theorem." *American Economic Review*, Vol. 59, No. 5, S. 784–793.

Tobin, J. (1956). „The interest-elasticity of transactions demand for cash." *The Review of Economics and Statistics*, Vol. 38, No. 3, S. 241–247.

Tobin, J. (1958). „Liquidity Preference as Behavior Towards Risk." *The Review of Economic Studies*, Vol. 25 (2), No. 7, S. 65–86.

# Kapitel VIII
# Implizite Arbeitsverträge und unflexible Löhne

## 1. Vorbemerkung

Dieses Kapitel versucht mit einem einfachen Modell die Frage zu beantworten, warum Geldlöhne nicht völlig flexibel sind, d. h. warum sie sich nicht rasch genug anpassen, um in jedem Zeitpunkt eine Räumung der Arbeitsmärkte herbeizuführen, so daß es nie zu Freisetzungen* kommt und sich Arbeitsangebot und -nachfrage stets ausgleichen.[1] In vielen makroökonomischen Modellen spielt die Annahme unflexibler Geldlöhne bei der Erklärung von Schwankungen der Arbeitslosenquote eine zentrale Rolle. Die Unflexibilität der Geldlöhne wird in der folgenden Analyse der unterschiedlichen Haltung gegenüber Risikoübernahme bei Unternehmen auf der einen und Arbeitern auf der anderen Seite zugeschrieben.

## 2. Die Entstehung von zustandsunabhängigen Löhnen

Wir gehen von einem Konkurrenzunternehmen aus, das jede Menge seines verderblichen Outputs in Periode $t$ zum Preis $p(\theta)$ absetzen kann. Der Preis $p(\theta)$ ist von dem Zustand der Welt abhängig, der sich im Zeitpunkt $t$ tatsächlich einstellt. Für jeden Zeitpunkt $t$ mögen zwei Zustände der Welt ($\Theta = 1, 2$) existieren, und es gelte $p(1) > p(2)$. Es sei angenommen, die beiden von den jeweiligen Zuständen $\theta = 1, 2$ abhängigen Preise $p(1)$ und $p(2)$ gelten für alle $t$ (d. h. die Preisverteilung ist annahmegemäß stationär). Die Unternehmung und ihre Arbeiter haben die gleichen Vorstellungen bezüglich $\pi(1), \pi(2)$. Wir unterstellen, daß $\pi(1)$ und $\pi(2)$ für jedes $t$ gleich groß bleiben und haben so zusammen mit unseren anderen Annahmen ein stationäres System spezifiziert. Es soll gelten, daß $0 < \pi(1) < 1$, natürlich ist $\pi(1) + \pi(2) = 1$.

Die Funktion $f(n(\theta))$ gibt die Produktion der Unternehmung für den Zustand $\theta$ in Periode $t$ an, wobei $n(\theta) \geqq 0$ die Beschäftigung der Unternehmung in Zustand $\theta$, gemessen in Beschäftigtenzahlen, ist. Die Produktionsfunktion genügt den Bedingungen 1. und 2. Ordnung $f' > 0$ und $f'' < 0$; das Grenzprodukt der Arbeit ist positiv aber abnehmend. Ferner sei $lim_{n \to 0} f'(n) = \infty$ und $lim_{n \to \infty} f'(n) = 0$.

Die Arbeiter der Unternehmung bekommen einen Geldlohn $w(\theta)$ im Zustand $\theta$ in Periode $t$ ausbezahlt. Der Lohn möge zwar vom Zustand $\theta$, nicht aber vom Zeitpunkt $t$ abhängig sein. Diese letzte Annahme ist keine Einschränkung, weil dies aus unseren Stationaritätsannahmen als hinreichende Bedingung für das Optimierungsverhalten der Unternehmung folgt. Die Gewinne der Unternehmung im Zustand $\theta$ der Periode $t$ sind

$$p(\theta) f(n(\theta)) - w(\theta) n(\theta).$$

Die Zielfunktion der Unternehmung beinhaltet die Maximierung des diskontierten

---

* Damit bezeichnen wir hier und im folgenden stets eine vorübergehende, d. h. zeitlich befristete Arbeitslosigkeit. Die Arbeitnehmer kehren dann wieder zu ihrem früheren Arbeitgeber zurück.

[1] Das in diesem Kapitel dargestellte Modell ist eine sehr starke Vereinfachung des Modells von Azariadis (1975). Unsere Spezifikation ist aber nicht völlig mit der seinen identisch.

Erwartungswerts ihres Gewinnstroms für das Zeitintervall $t = 1, \ldots, T$:

$$V = \sum_{t=1}^{T} \sum_{\theta=1}^{2} \delta^t \pi(\theta)(p(\theta)f(n(\theta)) - w(\theta)n(\theta))$$

$$= D \sum_{\theta=1}^{2} \pi(\theta)(p(\theta)f(n(\theta)) - w(\theta)n(\theta)),$$

wobei $\delta$ der Diskontierungsfaktor ist und $D = \sum_{t=1}^{T} \delta^t$. Da $D$ fest ist, können wir ebenso annehmen, daß die Unternehmung die Maximierung von $V/D$, unter Beachtung der Beschränkungen des Arbeitsmarktes, anstrebt. Die Forderung nach Maximierung der erwarteten Unternehmensgewinne bedeutet, daß sich die Unternehmung risikoneutral verhält und bereit ist, faire Wetten in unbegrenzter Höhe zu akzeptieren.[2]

Der repräsentative Arbeiter habe eine Nutzenfunktion, die sein Wohlbefinden in Periode $t$ als Funktion seines erhaltenen Lohnes und seiner Freizeit darstellt. Der Arbeiter möge in Periode $t$ entweder ganztägig arbeiten – in diesem Fall steht ihm Freizeit in Höhe von $L = L_0$ zur Verfügung –, oder er sei arbeitslos, dann hat er Freizeit in Höhe von $L_1 > L_0$. Die Möglichkeit von Teilzeitarbeit oder Überstunden sei hier ausgeschlossen.[3] Das Wohlbefinden des Arbeiters sei durch folgende Nutzenfunktion gegeben:

$$U = g(w(\theta), L), \qquad g_1 > 0,\ g_{11} < 0, \quad g_2 \geq 0,\ g_{22} \leq 0.$$

Die Nutzenfunktion ist konkav und hat stetige, zweite partielle Ableitungen. Wenn der Arbeiter beschäftigt ist, läßt sich sein Nutzen als alleinige Funktion seines Lohnes ausdrücken:

$$U = U(w(\theta)) = g(w(\theta), L_0),$$

da $L_0$ ein Parameter ist. Unsere Annahmen bezüglich $g$ implizieren, daß $U' > 0$, $U'' < 0$. Damit wird dem Arbeiter risikoscheues Verhalten unterstellt. Mit $r$ bezeichnen wir den Geldwert, den der Arbeiter dem Wunsch, lieber Freizeit in Höhe von $L_1$ statt in Höhe von $L_0$ zu haben, beilegt, d. h. $r$ wäre der Betrag, den man ihm zahlen müßte, damit er zwischen Arbeiten und Nicht-Arbeiten indifferent ist. Der Betrag $r$ wird durch folgende Gleichung definiert:

$$g(0, L_1) = g(r, L_0) = U(r).$$

Das Geldeinkommen des Arbeiters in Zustand $\theta$ ist somit $w(\theta)$, falls er in Zustand $\theta$ beschäftigt ist und $r$, falls er arbeitslos ist. Der Arbeiter maximiert seinen erwarteten Nutzen, der – gemäß unserer Definition von $r$ — als alleinige Funktion der Verteilung seines Geldeinkommens über die verschiedenen Zustände der Welt dargestellt werden kann.

Zu jedem Zeitpunkt beschäftige die Unternehmung $n(1)$ Arbeiter in Zustand 1 und $n(2)$ Arbeiter in Zustand 2. Sie verfährt dabei so, daß sie Stellungen bis zu einer Zahl von $\max(n(1), n(2))$ Arbeitern anbietet, und dann Arbeiter nach einem Zufallsmechanismus in dem Zustand entläßt, für den $n(\theta) < \max(n(1), n(2))$. In unse-

[2] Dies entspricht einer Situation, in der die Unternehmen versuchen, den erwarteten Nutzen ihrer Gewinne mit einer Nutzenfunktion zu maximieren, die linear in bezug auf die Gewinne ist.

[3] Diese Annahme wird sich als kritisch herausstellen; vgl. die Übungsaufgabe am Ende dieses Kapitels.

rem Fall, in dem $p(1) > p(2)$, können wir vermuten, daß die Unternehmung $n(1) > n(2)$ setzt, so daß $\max(n(1), n(2)) = n(1)$. Die Arbeiter kennen die Strategie des Unternehmens für diesen Fall, und wissen natürlich, wenn sich in einer bestimmten Periode Zustand 2 realisiert, werden nur $n(2)/n(1)$ der Belegschaft in dieser Periode tatsächlich beschäftigt. Da die Unternehmung Freisetzungen zufällig vornimmt, glaubt der Arbeiter bei Eintreten von Zustand 2, daß seine Beschäftigungschancen $n(2)/n(1)$ sind, während die Chancen für seine Freisetzung $(n(1) - n(2))/n(1)$ sind. Freigesetzte Arbeiter erhalten vom Unternehmen keine Lohnzahlungen.

Der Arbeiter strebt die Maximierung seines erwarteten diskontierten Nutzens an:

$$u = \sum_{t=1}^{T} \delta^t(\pi(1)U(w(1)) + \pi(2)\frac{n(2)}{n(1)}U(w(2)) + \pi(2)\frac{n(1) - n(2)}{n(1)}U(r)),$$

oder

$$u = D\left[\pi(1)U(w(1)) + \pi(2)\frac{n(2)}{n(1)}U(w(2)) + \pi(2)\left(1 - \frac{n(2)}{n(1)}\right)U(r)\right],$$

wobei wie oben $D = \sum_{t=1}^{T} \delta^t$. Da $D$ eine Konstante ist, können wir ebenso annehmen, der Arbeiter maximiere

$$v \equiv \frac{u}{D} = \pi(1)U(w(1)) + \pi(2)\frac{n(2)}{n(1)}U(w(2)) + \pi(2)\left(1 - \frac{n(2)}{n(1)}\right)U(r).$$

Die Unternehmung möge soviele Arbeitskräfte anwerben können, wie sie benötigt. Allerdings muß sie dabei die Nebenbedingung beachten, daß ihre Stellenangebote den Arbeitern ein erwartetes Nutzungsniveau $v$ ermöglicht, das mindestens so groß ist, wie $\bar{v}$. Das Niveau des erwarteten Nutzens $\bar{v}$ ist marktbestimmt und die Arbeiter können durch Annahme von Stellen bei anderen Unternehmen dieses Nutzenniveau realisieren. Als Maximierungsproblem für die erwarteten Gewinne der Unternehmung ergibt sich:

$$\pi(1)(p(1)f(n(1)) - w(1)n(1)) + \pi(2)(p(2)f(n(2)) - w(2)n(2)), \tag{1}$$

unter der Nebenbedingung

$$\bar{v} = \pi(1)U(w(1)) + \pi(2)\frac{n(2)}{n(1)}U(w(2)) + \pi(2)\left(1 - \frac{n(2)}{n(1)}\right)U(r). \tag{2}$$

Die Unternehmung wählt $w(1)$, $w(2)$, $n(1)$ und $n(2)$ so, daß (1) unter Beachtung der Nebenbedingung (2) maximiert wird.[4] Das Problem der Unternehmung besteht darin, eine solche Lohn- und Freisetzungspolitik zu wählen, die die Gewinne bezüglich der Beschränkungen des Arbeitsmarktes maximiert. Aus Gleichung (2) können wir ablesen, daß die Arbeiter bereit sind, in Zustand 2 etwas Lohn für mehr Beschäftigungssicherheit zu opfern, d. h. für ein größeres $n(2)/n(1)$. Die Maximierung von (1) unter Beachtung von (2) läßt sich als Lagrange-Ansatz formulieren:

[4] Dies kann so aussehen, daß die Unternehmung von vornherein einen „Kontingenzplan" aufstellt und bekanntmacht, indem $w$ und $n$ in Abhängigkeit vom eintretenden Zustand (d. h. Preis) festgelegt werden.

$$J(n(1), n(2), w(1), w(2), \lambda) = \pi(1)(p(1)f(n(1)) - w(1)n(1)) + \pi(2)(p(2)f(n(2)) - w(2)n(2)) + \lambda\left[\bar{v} - \pi(1)U(w(1)) - \pi(2)\frac{n(2)}{n(1)} \cdot U(w(2)) - \pi(2)\left(1 - \frac{n(2)}{n(1)}\right)U(r)\right], \quad (3)$$

wobei $\lambda$ der unbestimmte Lagrange-Multiplikator ist. Als Bedingungen 1. Ordnung für ein Maximum von (3) erhalten wir:

$$\frac{\partial J}{\partial n(1)} = \pi(1)p(1)f'(n(1)) - \pi(1)w(1) + \lambda\pi(2)\frac{n(2)}{n(1)^2}(U(w(2)) - U(r)) = 0, \quad (4)$$

$$\frac{\partial J}{\partial n(2)} = \pi(2)p(2)f'(n(2)) - \pi(2)w(2) - \lambda\pi(2)\frac{1}{n(1)}(U(w(2)) - U(r)) = 0, \quad (5)$$

$$\frac{\partial J}{\partial w(1)} = -\pi(1)n(1) - \lambda\pi(1)U'(w(1)) = 0, \quad (6)$$

$$\frac{\partial J}{\partial w(2)} = -\pi(2)n(2) - \lambda\pi(2)\frac{n(2)}{n(1)}U'(w(2)) = 0, \quad (7)$$

$$\frac{\partial J}{\partial \lambda} = \bar{v} - \pi(1)U(w(1)) - \pi(2)\frac{n(2)}{n(1)}U(w(2)) - \pi(2)\left(1 - \frac{n(2)}{n(1)}\right)U(r) = 0. \quad (8)$$

Für Gleichung (6) können wir schreiben: $n(1) = -\lambda U'(w(1))$; Gleichung (7) kann geschrieben werden als $n(1) = -\lambda U'(w(2))$. Beide Gleichungen sind nur dann erfüllt, wenn gilt:

$$U'(w(2)) = U'(w(1)). \quad (9)$$

Da aber $U'(w)$ eine monotone Funktion von $w$ ist (erinnern wir uns an die Annahme $U'' < 0$), ist Gleichung (9) nur dann erfüllt, wenn

$$w(1) = w(2) = w. \quad (10)$$

Der Lohnsatz muß gemäß (10) unabhängig vom eintretenden Zustand der Welt sein. Die Unternehmung sollte also einen fixen Lohn $w$ anbieten und diesen beispielsweise in Zustand 2 nicht nach unten anpassen, nur weil $p(1) > p(2)$.

Um die Determinanten des von den Umweltsituationen unabhängigen Lohnes besser herauszuarbeiten, betrachten wir die Indifferenzkurven der Arbeiter und der Unternehmung bezüglich $w(1)$ und $w(2)$. Wird sowohl der erwartete Nutzen $v$ als auch $n(2)/n(1)$ konstant gehalten, können $w(1)$ und $w(2)$ gemäß folgender Gleichung variiert werden:

$$0 = dv = \pi(1)U'(w(1))\,dw(1) + \pi(2)\frac{n(2)}{n(1)}U'(w(2))\,dw(2).$$

Hieraus ergibt sich in der $(w(1), w(2))$-Ebene als Steigung für die Indifferenzkurven des Arbeiters

$$\frac{dw(2)}{dw(1)} = -\frac{\pi(1)}{\pi(2)}\frac{n(1)}{n(2)}\frac{U'(w(1))}{U'(w(2))} < 0.$$

Durch Differentiation dieser Gleichung nach $w(1)$ erhalten wir:

$$\frac{d^2w(2)}{dw(1)^2} = -\frac{\pi(1)}{\pi(2)}\frac{n(1)}{n(2)}\frac{U''(w(1))}{U'(w(2))} - \left(\frac{\pi(1)}{\pi(2)}\frac{n(1)}{n(2)}\right)^2 \frac{U'(w(1))^2U''(w(2))}{U'(w(2))^3} > 0,$$

d. h. die Indifferenzkurven sind konvex.

Wenn sowohl die erwarteten Gewinne $V/D$ als auch $n(1)$ und $n(2)$ konstant gehalten werden, stimmt die Unternehmung solchen Bewegungen von $w(1)$ und $w(2)$ zu, die folgende Bedingung erfüllen:

$$-\pi(1)n(1)\,dw(1) - \pi(2)n(2)\,dw(2) = d\left(\frac{V}{D}\right) = 0,$$

oder

$$\frac{dw(2)}{dw(1)} = -\frac{\pi(1)}{\pi(2)}\frac{n(1)}{n(2)} < 0.$$

Dies ist die Steigung der Unternehmens-Indifferenzkurve in der $(w(1), w(2))$-Ebene, auf der die erwarteten Gewinne konstant sind. Durch Differentiation obiger Gleichung nach $w(1)$ erhält man $d^2w(2)/dw(1)^2 = 0$, und man sieht, daß das Indifferenzkurvensystem der Unternehmung aus Geraden besteht. Dies ist eine Konsequenz des risikoneutralen Verhaltens der Unternehmung. Höheren erwarteten Gewinnen entsprechen näher am Ursprung liegende Unternehmens-Indifferenzkurven, wohingegen einem höheren erwarteten Nutzen für den Arbeiter die Indifferenzkurven entsprechen, die weiter weg vom Ursprung liegen (vgl. Abb. 1). Die Unternehmung maximiert ihre erwarteten Gewinne für ein fixes Niveau von $v$ durch Gleichsetzung der Steigung ihrer (erwarteten) Isogewinnlinie mit der Steigung der Indifferenzkurve des Arbeiters:

$$\frac{-\pi(1)}{\pi(2)}\frac{n(1)}{n(2)} = -\frac{\pi(1)}{\pi(2)}\frac{n(1)}{n(2)}\frac{U'(w(1))}{U'(w(2))},$$

oder

$$U'(w(1)) = U'(w(2)).$$

**Abb. 1**

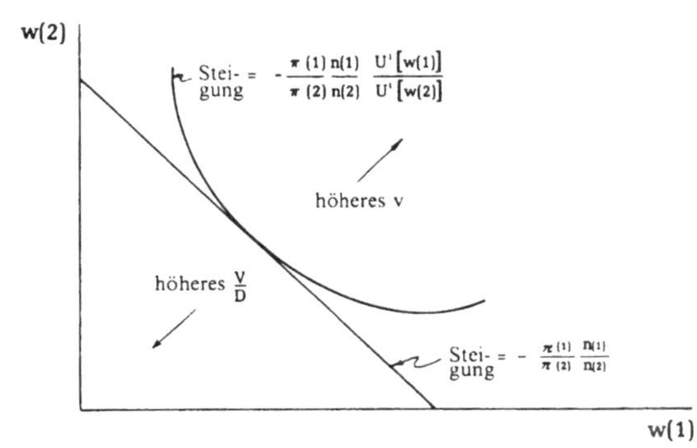

Diese Bedingung wird nur dann erfüllt, wenn $w(1) = w(2)$. Die Unternehmung maximiert somit bei gegebenem $n(1)$ und $n(2)$ ihre erwarteten Gewinne für ein konstantes Nutzenniveau $v$, indem sie jedes Risiko eliminiert, das durch die Abhängigkeit des Lohns von dem jeweiligen Zustand der Nachfrage nach dem Unternehmensprodukt (d. h. von $p(\theta)$) bedingt ist.

### 3. Die Existenz von temporärer Arbeitslosigkeit

Im nächsten Schritt analysieren wir nun die Determinanten von $n(1)$ und $n(2)$ und damit die Beschäftigungswahrscheinlichkeit $n(2)/n(1)$. Wir beginnen mit einem interessanten Grenzfall und nehmen an, daß $r = 0$ sei. Die Arbeiter ziehen also aus der zusätzlichen Freizeit bei Arbeitslosigkeit in Periode $t$ keinen zusätzlichen Nutzen. Unter dieser Annahme ergibt sich $n(1) = n(2)$, d. h. die Beschäftigung ist für alle Zustände der Welt gleich groß und die Beschäftigungswahrscheinlichkeit ist gleich eins. Um dies auf einfache Art zu zeigen, gehen wir im Gegenteil einmal davon aus, daß die Unternehmung im Zustand $\theta$ $n(\theta)^0$ Arbeiter beschäftigen möge, wobei $n(2)^0 < n(1)^0$. Für die verschiedenen Zustände werde ein fixer Lohn $w^0$ gezahlt. Als erwartete Gewinne erhält man dann

$$(V/D)^\circ = \pi(1)p(1)f(n(1)^\circ) + \pi(2)p(2)f(n(2)^\circ) - n(1)^\circ w^\circ(\pi(1) + \pi(2)n(2)^\circ/n(1)^\circ).$$

Da die Arbeiter risikoscheu sind, präferieren sie einen sicheren Lohn $\tilde{w}$ gegenüber einem Lohnbündel, bei dem $w^0$ mit der Wahrscheinlichkeit $\pi(1) + \pi(2)n(2)^0/n(1)^0$, und Null mit der Wahrscheinlichkeit $\pi(2)(1 - n(2)^0/n(1)^0)$ gezahlt wird:

$$\tilde{w} = w^\circ\left(\pi(1) + \pi(2)\frac{n(2)^\circ}{n(1)^\circ}\right) < w^\circ.$$

Die Arbeiter stellen sich besser, wenn die Unternehmung in jedem Zustand der Welt $n(1)^0$ Arbeiter zu dem reduzierten Lohn $\tilde{w}$ beschäftigt. Vergleichen wir die bisherigen erwarteten Lohnkosten der Unternehmung mit den jetzt erwarteten, so stellen wir keine Veränderung fest. Die neuen, erwarteten Lohnkosten belaufen sich auf

$$n(1)^\circ\tilde{w} = n(1)^\circ w^\circ(\pi(1) + \pi(2)n(2)^\circ/n(1)^\circ).$$

Bei sicherem Geldlohn $\tilde{w}$ und $n(1) = n(1)^0$, $n(2) = n(1)^0$ sind die erwarteten Unternehmensgewinne bestimmt durch

$$(V/D)' = \pi(1)p(1)f(n(1)^\circ) + \pi(2)p(2)f(n(1)^\circ) - n(1)^\circ\tilde{w}.$$

Wir subtrahieren $(V/D)^0$ von $(V/D)'$ und erhalten:

$$(V/D)' - (V/D)^\circ = \pi(2)p(2)(f(n(1)^\circ) - f(n(2)^\circ)).$$

Wenn $n(1)^0 > n(2)^0$ ist dieser Ausdruck positiv. Somit sind die erwarteten Gewinne der Unternehmung höher und die Arbeiter erreichen bei $n(2) = n(1)^0$ ein höheres Nutzenniveau; gewissermaßen hat die Unternehmung in Zustand 2 zusätzliche unbeschäftigte Arbeitskräfte umsonst, wenn $n(2)^0 < n(1)^0$. Da das Grenzprodukt der Arbeiter positiv ist, lohnt es sich für die Unternehmung $n(1) = n(2)$ zu setzen.

Wir sehen also, wenn $r = 0$ sind Beschäftigung, Produktion und Lohnsatz jeweils von den verschiedenen Zuständen der Welt unabhängig, obwohl der Güterpreis je nach Zustand der Welt unterschiedlich hoch ist. Die Angebotskurve der Unternehmung ist demnach offensichtlich vertikal, während die Arbeitsnachfrage vom Reallohn (gemessen in von der Unternehmung hergestellten Gütereinheiten) unabhängig ist. Es ist hervorzuheben, daß das Gleichgewicht, in dem $w(1) = w(2)$ und $n(1) = n(2)$, für die Arbeitskräfte keinerlei Risiko beinhaltet, da sie einen sicheren Lohn in Höhe von $w(1)$ erhalten. Das gesamte Risiko wird vom Unternehmen getragen. Dies folgt als Konsequenz aus der Risikoneutralität der Unternehmung und der Risikoaversion der Arbeiter. Die Unternehmung ist immer bereit, eine faire Wette zu akzeptieren, während die Arbeiter versuchen, jeder fairen Wette aus dem Weg zu gehen. Daraus resultiert der Anreiz für die Unternehmung und die Individuen, Risiken zu handeln, so daß die Unternehmung jedes zu tragende Risiko akzeptiert. Diese Ergebnisse lassen sich direkt aus dem von uns unterstellten, asymmetrischen Risikoverhalten des Unternehmens einerseits und der Arbeiter andererseits ableiten.

Wir analyisieren nun den Fall, in dem $r > 0$. Zuerst bilden wir das totale Differential der erwarteten Unternehmensgewinne:

$$d(V/D) = -(\pi(1)n(1) + \pi(2)n(2))\,dw + \pi(1)[p(1)f'(n(1)) - w]\,dn(1) + \pi(2)[p(2)f'(n(2)) - w]\,dn(2).$$

Wir unterstellen, daß anfänglich $n(1) = n(2)$ sei. Weiterhin sei $n(1)$ fix (d. h. es sei $dn(1) = 0$). Dann gilt

$$d(V/D) = -n(1)\,dw + \pi(2)[p(2)f'(n(2)) - w]\,dn(2).$$

Solange sich die erwarteten Gewinne nicht ändern $(d(V/D) = 0)$, ist die Unternehmung bezüglich Variationen von $w$ und $n(2)$ indifferent, d. h. solange Veränderungen von $w$ und $n(2)$ folgender Bedingung genügen:

$$dw = \pi(2)(p(2)f'(n(2)) - w)\,dn(2)/n(1). \tag{11}$$

Da $p(2)f'(n(2)) - w < 0$,[5] ist die Unternehmung bereit, $w$ zu erhöhen, wenn damit $n(2)$ vermindert werden kann. Ferner gilt

$$d\left(\frac{n(2)}{n(1)}\right) = \frac{dn(2)}{n(1)} - \frac{n(2)}{n(1)}\frac{dn(1)}{n(1)}, \tag{12}$$

und da wir angenommen haben, daß $dn(1) = 0$, ist $d(n(2)/n(1)) = dn(2)/n(1)$.

Werden aber bei $r > 0$ immer noch Verträge abgeschlossen, so daß $n(2) = n(1)$? Das erwartete Geldeinkommen des Arbeiters bei $r > 0$ ist:

$$E(\tilde{w}) = \pi(1)w + \pi(2)\frac{n(2)}{n(1)}w + \pi(2)\left(1 - \frac{n(2)}{n(1)}\right)r.$$

---

[5] Die Marginalbedingungen (6) und (7) implizieren $\lambda = -n(1)/U'(w)$. Einsetzen in Marginalbedingung (5) ergibt:

$$p(2)f'(n(2)) - w = -\left(\frac{U(w) - U(r)}{U'(w)}\right) < 0,$$

da $U(w) - U(r) > 0$ und $U'(w) > 0$.

Wir bilden das totale Differential der obigen Gleichung und setzen $n(2)/n(1) = 1$ Wir erhalten

$$dE(\tilde{w}) = dw + \pi(2)[w - r]\, d\left(\frac{n(2)}{n(1)}\right). \tag{13}$$

Wenn in der Ausgangssituation $n(2) = n(1)$ gilt, ist das Unternehmen zu einer Lohnerhöhung und einer Senkung von $n(2)$ nur dann bereit, wenn sich $dw$ und $dn(2)$ gemäß Gleichung (11) verhalten. Diese Gleichung läßt sich mit Hilfe von (12) umformen zu:

$$dw = \pi(2)(p(2)f'(n(2)) - w)\, d(n(2)/n(1)). \tag{14}$$

Wir finden die Wirkungen einer solchen Variation von $w$ und $n(2)$ in der Ausgangssituation (dort gilt: $n(1) = n(2)$) auf das erwartete Lohneinkommen der Arbeitnehmer durch Einsetzen von (14) in die Gleichung (13)

$$dE(\tilde{w}) = \pi(2)[p(2)f'(n(2)) - r]\, d(n(2)/n(1)). \tag{15}$$

Wenn $p(2)f'(n(2)) - r < 0$, wird das erwartete Geldeinkommen des Arbeiters dann steigen, wenn $n(2)/n(1)$ **gesenkt** wird, da $sgn\, dE(\tilde{w}) = -sgn\, d(n(2)/n(1))$ ist. Dies bedeutet, daß die Unternehmung bei $p(2)f'(n(2)) - r < 0$ und $n(2)/n(1) = 1$ in der Lage ist, dem Arbeiter eine günstige Wette zu offerieren Der Arbeiter kann sein erwartetes Geldeinkommen durch Übernahme eines kleinen Risikoanteils erhöhen, d. h. er müßte ein $n(2)/n(1)$ akzeptieren, welches kleiner als eins ist. Wie wir schon oben gesehen haben, wird ein risikoscheues Individuum, das sich wie unser Arbeiter verhält, immer wenigstens einen kleinen Einsatz bei einer günstigen Wette wagen (diesem Satz von Arrow sind wir schon an verschiedenen Stellen begegnet) Dies heißt, daß sowohl die Arbeiter wie auch die Unternehmung bestrebt sind, einen Vertrag, in dem $n(2)/n(1) < 1$ ist, abzuschließen. Somit kann $n(2)/n(1)$ bei $p(2)f'(n(2)) - r < 0$ nicht gleich eins sein, und im Zustand 2 wird es einige Arbeitslose geben

## 4. Anreize für eine „Arbeitslosenunterstützung"

In den folgenden Überlegungen soll auf heuristische Weise versucht werden, die hier relevanten Zusammenhänge zu erklären. Stellen wir uns vor, in der Ausgangssituation sei $n(2)/n(1) = 1$ Da $p(2)f'(n(2)) - w < 0$, hätte die Unternehmung bei gegebenem $w$ höhere erwartete Gewinne, wenn $n(2)$ kleiner wäre. Wird $n(2)$ um $dn(2)$ verringert, steigen die erwarteten Gewinne der Unternehmung um $(p(2)f'(n(2)) - w)\, dn(2)$. Die Unternehmung wäre dann sogar bereit, eine Arbeitslosenunterstützung bis zu einer Höhe von $-[p(2)f'(n(2)) - w]$ pro Arbeiter zu zahlen, um im Zustand 2 $dn(2)$ weniger Arbeitskräfte beschäftigen zu müssen, d. h. die Unternehmung wäre bereit, diese Summe zu zahlen, um einige Leute zu bewegen, nicht zu arbeiten Ein Arbeiter würde vom Unternehmen eine Zahlung in Höhe von $w - r$ verlangen, damit er in Zustand 2 nicht arbeitet. Dieser Betrag ist die Differenz zwischen seinem monetären Arbeitseinkommen und seinem monetären Freizeiteinkommen Die Unternehmung würde dann, einem Arbeiter für den Arbeitsverzicht mehr bezahlen, als dieser für den Fall einer Nichtbeschäftigung verlangt, wenn

$$w - p(2)f'(n(2)) - (w - r) > 0, \qquad r - p(2)f'(n(2)) > 0 \tag{16}$$

Dieser Ausdruck ist äquivalent mit der Bedingung, daß $n(2)/n(1)$ kleiner als eins ist.

In unserem Ansatz ist die Unternehmung gehindert, tatsächlich eine Arbeitslosenunterstützung zu bezahlen. Jedoch wird ein Teil des Überschusses, der verfügbar ist, wenn Bedingung (16) erfüllt ist, an die Arbeiter in der Form verteilt, daß ihnen eine günstige Wette angeboten wird. In unserem Ansatz können die Arbeiter nur dann an diesem „Überschuß" partizipieren, wenn sie ein gewisses Risiko eingehen. Das heißt, wir haben die Möglichkeit ausgeschlossen, daß die Unternehmung direkt Arbeiter gegen Arbeitslosigkeit versichert, in dem sie ihnen im Fall der Arbeitslosigkeit einen bestimmten Betrag zu zahlen anbietet. Wegen der Risikoaversion der Arbeiter scheint ein Anreiz für das Entstehen einer solchen Einrichtung gegeben zu sein.

Um zu zeigen, daß dies tatsächlich der Fall sein kann, nehmen wir an, die Unternehmung erwäge, jedem Arbeiter, der in Zustand 2 nicht beschäftigt ist, einen Betrag in Höhe von $w(3)$ zu bezahlen. Als erwarteten Gewinn der Unternehmung erhält man dann

$$\begin{aligned} V/D = {} & \pi(1)(p(1)f(n(1)) - w(1)n(1)) + \pi(2)(p(2)f(n(2)) \\ & - w(2)n(2)) - \pi(2)w(3)(n(1) - n(2)), \end{aligned}$$

wobei $n(1) - n(2)$ die Zahl der Personen in Zustand 2 ist, die von der Unternehmung eine Arbeitslosenunterstützung beziehen. Der erwartete Nutzen eines Arbeiters ist

$$v = \pi(1)U(w(1)) + \pi(2)\frac{n(2)}{n(1)}U(w(2)) + \pi(2)\left(1 - \frac{n(2)}{n(1)}\right)g(w(3), L_1).$$

Das Maximierungsproblem der Unternehmung kann formuliert werden als

$$\begin{aligned} J = {} & \pi(1)(p(1)f(n(1)) - w(1)n(1)) + \pi(2)(p(2)f(n(2)) \\ & - w(2)n(2)) - \pi(2)w(3)(n(1) - n(2)) \\ & + \lambda\left[\bar{v} - \pi(1)U(w(1)) - \pi(2)\frac{n(2)}{n(1)}U(w(2)) - \pi(2)\left(1 - \frac{n(2)}{n(1)}\right)g(w(3), L_1)\right], \end{aligned}$$

wobei $\lambda$ wiederum ein Lagrange-Multiplikator ist. Die mit (6) und (7) identischen Marginalbedingungen für $w(1)$ und $w(2)$ können wie folgt geschrieben werden:

$$n(1) = -\lambda U'(w(1)), \tag{6'}$$

$$n(1) = -\lambda U'(w(2)). \tag{7'}$$

Wir setzen die partiellen Ableitungen von $J$ bezüglich $w(3)$ gleich Null und erhalten

$$-\pi(2)(n(1) - n(2)) - \lambda\pi(2)\left(\frac{n(1) - n(2)}{n(1)}\right)\frac{\partial g(w(3), L_1)}{\partial w(3)} = 0,$$

oder

$$n(1) = -\lambda\frac{\partial g(w(3), L_1)}{\partial w(3)}. \tag{17}$$

Aus den Gleichungen (6′), (7′) und (17) zusammen folgt

$$U'(w(1)) = U'(w(2)) = \partial g(w(3), L_1)/\partial w(3). \tag{18}$$

Wegen der Monotonie von $U'(\ )$ folgt aus dieser Gleichung, daß $w(1) = w(2)$.

Betrachten wir nun die spezielle Nutzenfunktion

$$U = g(w, L) = h(w + BL), \qquad B > 0; \quad h' > 0, \quad h'' < 0. \tag{19}$$

Die Indifferenzlinien dieser Nutzenfunktion sind Geraden zwischen Lohn und Freizeit. Lohn und Freizeit sind also vollkommene Substitute. Bei dieser Nutzenfunktion ist $U(w)$ gegeben durch

$$U(w) = h(w + BL_0);$$

$r$ wird durch $h(r + BL_0) = h(BL_1)$ definiert, oder

$$r + BL_0 = BL_1, \qquad r = B(L_1 - L_0).$$

Beachte, daß

$$\begin{aligned} g(w(3), L_1) &= h(w(3) + BL_1) = h(w(3) + r + BL_0) \\ &= g(w(3) + r, L_0) = U(w(3) + r). \end{aligned}$$

Dies impliziert, daß

$$\partial g(w(3), L_1)/\partial w(3) = U'(w(3) + r).$$

Wird diese Gleichung in (18) eingesetzt, erhält man

$$U'(w(1)) = U'(w(2)) = U'(w(3) + r).$$

Daraus folgt zusammen mit der Monotonie von $U'(\ )$:

$$w(1) = w(2) = w(3) + r = w.$$

Ist also in der Ausgangssituation $n(2) = n(1)$ und gilt $r > p(2)f'(n(2))$ (Bedingung (16)), wird das Unternehmen $n(2) < n(1)$ setzen, aber eine Arbeitslosenunterstützung in Höhe von $w(3) = w - r$ zahlen. Auf diese Weise wird der Arbeitsvertrag für eine spezielle Nutzenfunktion (19) so ausgestaltet, daß die Arbeiter kein Risiko übernehmen müssen. Das gesamte Risiko wird auf die Unternehmung verlagert.

Für Nutzenfunktionen, die eine andere Form als (19) haben, wird die Gleichung $w(3) + r = w(1) = w(2)$ wohl im allgemeinen nicht erfüllt sein. Dennoch wird es bei vielen Nutzenfunktionen zutreffen, daß (18) durch ein $w(3) > 0$ erfüllt wird, so daß sich die Unternehmung dafür entscheidet, $n(1) > n(2)$ zu setzen und eine Arbeitslosenunterstützung zu bezahlen, falls Bedingung (16) nicht verletzt wird. Offensichtlich ist diese institutionelle Regelung derjenigen, die am Anfang des Kapitels dargestellt wurde, im paretianischen Sinne überlegen. Dort war es der Unternehmung nicht erlaubt, den Arbeitern eine Arbeitslosenversicherung anzubieten. Dadurch war ein sicherer (Arbeits-)Markt ausgeschlossen.

## Übungsaufgabe

**(Kurzarbeit).** Im obigen Modell mußte jeder Arbeiter $L_1 - L_0$ Stunden arbeiten, egal ob Zustand 1 oder 2 vorlag. Bei keinem Arbeiter war eine Kürzung der Arbeitsstunden zulässig, lediglich in Zustand 2 konnte es zu Entlassungen kommen. Stattdessen sei nun angenommen, die Unternehmung biete $n(1)$ Arbeitern Arbeitsplätze an, wobei in Zustand 1 alle $(L_1 - L_0)$ Stunden arbeiten, in Zustand 2 aber alle nur $\alpha(L_1 - L_0)$ Stunden $(\alpha < 0)$.

A. Es ist zu zeigen, wie $\alpha$, $w(1)$ und $w(2)$ bestimmt werden.

B. Ist diese Vereinbarung besser oder schlechter als die im Text beschriebene? Gibt es irgendwelche Anreize, die auf einen Ersatz der im Text beschriebenen Vereinbarung durch die hier vorgestellte Lösung des Problems hindeuten? (Hinweis: Bei gegebenem exogenen, marktbestimmten erwarteten Nutzenniveau des Arbeiters ist für jede der beiden Strategien der erwartete Gewinn der Unternehmung zu berechnen.)

## Literaturhinweis

Azariadis, C. (1976). "On the incidence of unemployment." *Review of Economic Studies*, Vol. XLIII (1), No. 133, pp. 115–126.

# Kapitel IX
# Differenzengleichungen und Lag-Operatoren[1]

## 1. Lag-Operatoren

Der Lag-Operator (der Variablen „zurückdatiert") wird definiert durch

$$\begin{aligned} LX_t &= X_{t-1} \\ L^n X_t &= X_{t-n} \qquad \text{für} \quad n = \cdots, -2, -1, 0, 1, 2, \ldots . \end{aligned} \tag{1}$$

Die Multiplikation der Variablen $X_t$ mit $L^n$ ergibt also den um $n$ Perioden zurückdatierten Wert von $X$. Man beachte, daß in (1) für den Fall $n < 0$, die Multiplikation von $X_t$ mit $L^n$ (genauer, die Anwendung des Operators $L^n$ auf $X_t$) zu einer **vorwärtsgerichteten** Verschiebung von $X$ um $-n$ Perioden führt.[2] Dieser Sprachgebrauch ist wenig präzise. Genau genommen gehen wir von einer **Folge** $\{X_t\}_{t=-\infty}^{\infty}$ aus, die jeder ganzen Zahl $t$ eine reelle Zahl $X_t$ zuordnet. Auf die Folge $\{X_t\}$ wenden wir den Operator $L^n$ an und erhalten so eine neue Folge $\{y_t\}_{t=-\infty}^{\infty} = \{X_{t-n}\}_{t=-\infty}^{\infty}$. Formal gesehen, bildet der Operator $L^n$ eine Folge auf eine andere ab.

Betrachten wir nun Polynome des Lag-Operators

$$A(L) = a_0 + a_1 L + a_2 L^2 + \cdots = \sum_{j=0}^{\infty} a_j L^j,$$

wobei die $a_j$ Konstanten sind und $L^0 \equiv 1$ ist. Durch Anwendung des Operators $A(L)$ auf $X_t$ erhalten wir die gleitende Summe der $X$

$$\begin{aligned} A(L)X_t &= (a_0 + a_1 L + a_2 L^2 + \cdots)X_t \\ &= a_0 X_t + a_1 X_{t-1} + a_2 X_{t-2} + \cdots = \sum_{j=0}^{\infty} a_j X_{t-j}. \end{aligned}$$

Es ist im allgemeinen zweckmäßig, sich auf „rationale" Polynome zu beschränken, d. h. auf Polynome, die sich als Verhältnis zweier Polynome (endlicher Ordnung) ausdrücken lassen.

$$A(L) = B(L)/C(L),$$

wobei

$$B(L) = \sum_{j=0}^{m} b_j L^j, \qquad C(L) = \sum_{j=0}^{n} c_j L^j;$$

$b_j$ und $c_j$ sind hierbei Konstanten. Die Unterstellung, daß $A(L)$ rational ist, bedeutet eine Beschränkung der Parameter $a_j$ auf einfachere Werte.

---

[1] Die Kenntnis der Abschnitte über Differenzengleichungen bei Allen (1960) und Baumol (1959) ist empfehlenswert.

[2] Wir wollen in diesem Kapitel nur die Handhabung von Lag-Operatoren darstellen, und werden dabei den mathematischen Grundlagen geringe Aufmerksamkeit widmen. Das Riesz-Fischer-Theorem, das die Anwendung dieser Methoden rechtfertigt, wird in Kapitel XI, S. 228–233 kurz dargestellt. Für eine weitergehende Behandlung dieser Methoden, sei an Gabel und Roberts (1973, Kapitel 4) verwiesen.

Um ein besonders einfaches Beispiel für ein rationales Polynom in $L$ zu nehmen, betrachten wir[3]

$$A(L) = \frac{1}{1 - \lambda L}. \tag{2}$$

Für einen Skalar $|C| < 1$ gilt bekanntlich

$$\frac{1}{1 - C} = 1 + C + C^2 + \cdots. \tag{3}$$

Verfahren wir mit $\lambda L$ in (2) genauso wie mit $C$ in (3), so erhalten wir mit

$$\frac{1}{1 - \lambda L} = 1 + \lambda L + \lambda^2 L^2 + \cdots \tag{4}$$

eine Entwicklung, die jedoch manchmal nur von Nutzen ist, solange $|\lambda| < 1$. Zur Begründung von Gleichung (4) sei angenommen, daß $|\lambda| < 1$, und dann auf beiden Seiten von (4) der Operator $1 - \lambda L$ angewandt wird:

$$\frac{1 - \lambda L}{1 - \lambda L} = 1 = (1 + \lambda L + \lambda^2 L^2 + \cdots) - \lambda L(1 + \lambda L + \lambda^2 L^2 + \cdots) = 1.$$

Der Grund für unsere Behauptung, daß (4) nur manchmal von Nutzen ist, wenn $|\lambda| < 1$, ergibt sich aus den folgenden Überlegungen. Oft werden wir $1/(1 - \lambda L)$ mit $X_t$ multiplizieren, um so die unendliche gleitende Summe

$$\frac{1}{1 - \lambda L} X_t = (1 + \lambda L + \lambda^2 L^2 + \cdots)X_t = \sum_{i=0}^{\infty} \lambda^i X_{t-i} \tag{5}$$

zu erhalten. Man betrachte nun diese Summe für einen Zeitpfad von $X$, der im Zeitablauf konstant ist, so daß $X_{t-i} = \bar{X}$ für alle $i$ und alle $t$. Aus der Summe (5) wird dann

$$\frac{1}{1 - \lambda L} X_t = \bar{X} \sum_{i=0}^{\infty} \lambda^i.$$

Die Summe $\sum_{i=0}^{\infty} \lambda^i$ ist gleich $1/(1 - \lambda)$, wenn $|\lambda| < 1$. Ist aber $|\lambda| \geq 1$, so ist die Summe unbeschränkt, also $+\infty$ im Fall $\lambda \geq 1$. Wir werden manchmal, wenn auch nicht immer, das Polynom des Lag-Operators (4) auf Fälle anwenden, in denen es sich als zweckmäßig erweist, unendlich weit im Zeitverlauf zurückzugehen, es ist dann wichtig, daß in diesem Fall die unendliche Summe (5) existiert, wenn $X$ im Zeitverlauf konstant ist. Aus diesem Grund wird es erforderlich sein, daß $|\lambda| < 1$ in (4). Wie sich zeigen wird, ist es jedoch für die normalen Analysen von Differenzengleichungen, die Prozesse mit einem nur endlich weit in der Vergangenheit zurückliegenden Ausgangspunkt beschreiben, nicht erforderlich, daß in (4) $|\lambda| < 1$.

Es gibt auch noch eine andere Entwicklung des „geometrischen" Polynoms $1/(1 - \lambda L)$ nämlich

---

[3] Eigentlich sollte es heißen $A(L) = I/(I - \lambda L)$, wobei $I$ den Identitäts-Operator bezeichnet, der definiert ist durch $I \equiv 1 + 0L + 0L^2 + \cdots$. Für $I$ gilt also $Ix_t = x_t$, so daß $I$ wie eine Eins behandelt werden kann.

$$\frac{1}{1-\lambda L} = \frac{-(\lambda L)^{-1}}{1-(\lambda L)^{-1}} = \frac{-1}{\lambda L}\left(1 + \frac{1}{\lambda}L^{-1} + \left(\frac{1}{\lambda}\right)^2 L^{-2} + \cdots\right)$$
$$= \frac{-1}{\lambda}L^{-1} - \left(\frac{1}{\lambda}\right)^2 L^{-2} - \left(\frac{1}{\lambda}\right)^3 L^{-3} - \cdots. \quad (6)$$

Diese Entwicklung ist von besonderem Nutzen, wenn $|\lambda| > 1$, d. h. wenn $|1/\lambda| < 1$. Aus (6) folgt somit

$$\frac{1}{1-\lambda L}X_t = -\frac{1}{\lambda}X_{t+1} - \left(\frac{1}{\lambda}\right)^2 X_{t+2} - \cdots = -\sum_{i=1}^{\infty}\left(\frac{1}{\lambda}\right)^i X_{t+i},$$

was zeigt, daß sich $(1/(1-\lambda L))X_t$ als gewogene Summe **zukünftiger** Werte von $X$ darstellen läßt, wobei diese Gewichte geometrisch abnehmen. Damit diese unendliche Summe bei einem konstantem Zeitpfad $X_{t+i} = \bar{X}$ für alle $i$ und $t$ einen endlichen Wert annimmt, muß die Reihe $\sum_{i=1}^{\infty}(1/\lambda)^i$ konvergent sein, was nur bei $|1/\lambda| < 1$ der Fall ist.

Ganz allgemein gilt: Ist $\{x_t\}_{t=-\infty}^{\infty}$ irgendeine beschränkte Folge reeller Zahlen, d. h. es gibt ein $M > 0$, so daß $|x_t| < M$ für alle $t$; dann ergibt die Anwendung des Operators $1/(1-\lambda L)$ auf die Folge $\{x_t\}_{t=-\infty}^{\infty}$ entweder die Folge $\{y_t\}_{t=-\infty}^{\infty}$, wobei

$$y_t = \frac{1}{1-\lambda L}x_t = \sum_{j=0}^{\infty}\lambda^j x_{t-j},$$

oder die Folge $\{z_t\}_{t=-\infty}^{\infty}$, wobei

$$z_t = \frac{-(\lambda L)^{-1}}{1-(\lambda L)^{-1}}x_t = -\sum_{j=1}^{\infty}\left(\frac{1}{\lambda}\right)^j x_{t+j}.$$

Im allgemeinen ist $\{y_t\}$ beschränkt, wenn $|\lambda| < 1$, $\{z_t\}$ dagegen ist beschränkt, wenn $|\lambda| > 1$. Bei der Anwendung des Operators $(1-\lambda L)^{-1}$ versuchen wir meistens (wenn auch nicht immer) eine beschränkte Folge wieder auf eine beschränkte Folge abzubilden; wir werden deshalb eine Entwicklung in die Vergangenheit wählen, wenn $|\lambda| < 1$ und eine Entwicklung in die Zukunft, wenn $|\lambda| > 1$.

Um zu veranschaulichen, wie Polynome des Lag-Operators gehandhabt werden, wollen wir die folgende Differenzengleichung betrachten:

$$Y_t = \lambda Y_{t-1} + bX_t + a, \qquad t = -\infty, \ldots, 0, 1, 2, \ldots. \quad (7)$$

$X_t$ ist hierbei eine exogene Variable, $Y_t$ ist endogen und $\lambda \neq 1$. $X_t$ ist eine Folge reeller Zahlen für $t = \ldots, -1, 0, 1, 2, \ldots$. Schreiben wir die obige Gleichung als

$$(1-\lambda L)Y_t = a + bX_t$$

und wenden auf beiden Seiten dieser Gleichung den Operator $(1-\lambda L)^{-1}$ an, so ergibt sich

$$Y_t = \frac{a}{1-\lambda L} + \frac{b}{1-\lambda L}X_t + c\lambda^t$$
$$= \frac{a}{1-\lambda} + b\sum_{i=0}^{\infty}\lambda^i X_{t-i} + c\lambda^t, \quad (8)$$

da $a/(1-\lambda L) = a\sum_{i=0}^{\infty}\lambda^i = a/(1-\lambda)$. $c$ ist hierbei irgendeine Konstante. Der Grund, daß der Ausdruck $c\lambda^t$ in (8) hinzugenommen werden muß, läßt sich ersehen, wenn man den Operator $1-\lambda L$ auf beiden Seiten von (8) anwendet; es ergibt sich dann nämlich wieder Gleichung (7), denn für jede Konstante $c$ gilt, $(1-\lambda L)c\lambda^t = c\lambda^t - c\lambda\lambda^{t-1} = 0$.[4]

Gleichung (8) ist dementsprechend die „allgemeine Lösung" der Differenzengleichung (7) und beschreibt den gesamten Zeitpfad von $Y$ bei einem gegebenen Zeitpfad von $X$. Zur Ermittlung einer „partikulären Lösung" muß die Konstante $c$ festgelegt werden. Dazu benötigen wir weitere Informationen in Form eines festen Werts von $Y_t$ zu einem bestimmten Zeitpunkt oder in Form von Bedingungen, denen der Zeitpfad von $\{Y_t\}$ genügen muß, wie z. B. der Bedingung, daß $\{Y_t\}$ beschränkt sei. Damit der durch (8) beschriebene Wert von $Y_t$ endlich ist, muß $\lambda^i X_{t-i}$ „klein" werden für große $i$. Genaugenommen muß gelten

$$\lim_{n\to\infty}\sum_{i=n}^{\infty}\lambda^i X_{t-i} = 0, \qquad \text{für alle } t. \tag{9}$$

Für den Fall, daß $X$ im Zeitverlauf konstant ist, $X_{t-i} = \bar{X}$ für alle $i$ und $t$, besagt diese Bedingung, daß $|\lambda| < 1$ sein muß. Man beachte, daß die unendliche Summe $a\sum_{i=0}^{\infty}\lambda^i$ in (8) nur dann einen endlichen Wert annimmt, wenn $|\lambda| < 1$. Dann entspricht sie dem Ausdruck $a/(1-\lambda)$. Wenn $a = 0$, ist die Reihe Null, unabhängig vom Wert von $\lambda$. Versuchsweise nehmen wir einmal an, daß $|\lambda| < 1$.

Bei der Analyse von Differenzengleichungen mit beliebigen Ausgangsbedingungen erweist es sich als zweckmäßig, Gleichung (8) für $t > 0$ zu schreiben als

$$\begin{aligned} Y_t &= a\sum_{i=0}^{t-1}\lambda^i + a\sum_{i=t}^{\infty}\lambda^i + b\sum_{i=0}^{t-1}\lambda^i X_{t-i} + b\sum_{i=t}^{\infty}\lambda^i X_{t-i} + c\lambda^t \\ &= \frac{a(1-\lambda^t)}{1-\lambda} + \frac{a\lambda^t}{1-\lambda} + b\sum_{i=0}^{t-1}\lambda^i X_{t-i} + b\lambda^t\sum_{i=0}^{\infty}\lambda^i X_{0-i} + c\lambda^t, \end{aligned}$$

$$Y_t = \frac{a(1-\lambda^t)}{1-\lambda} + b\sum_{i=0}^{t-1}\lambda^i X_{t-i} + \lambda^t\left\{\frac{a}{1-\lambda} + b\sum_{i=0}^{\infty}\lambda^i X_{0-i} + c\lambda^0\right\}, \qquad t \geq 1. \tag{10}$$

Der Ausdruck in geschweiften Klammern entspricht $Y_0$, wie ein Blick auf Gleichung (8) deutlich macht. Aus (10) wird also

$$Y_t = \frac{a(1-\lambda^t)}{1-\lambda} + b\sum_{i=0}^{t-1}\lambda^i X_{t-i} + \lambda^t Y_0$$

bzw.

$$Y_t = \frac{a}{1-\lambda} + \lambda^t\left(Y_0 - \frac{a}{1-\lambda}\right) + b\sum_{i=0}^{t-1}\lambda^i X_{t-i}, \qquad t \geq 1. \tag{11}$$

Lehrbücher über Differenzengleichungen untersuchen oft den Spezialfall, daß $X_t = 0$ für alle $t \geq 0$. Unter diesen besonderen Umständen wird (11) zu

[4] Theoretisch ist die Hinzufügung jeder beliebigen Funktion $f(t)$ erlaubt, für die gilt, $(1-\lambda L)f(t) = 0$. Es läßt sich jedoch zeigen, daß $f(t) = c\lambda^t$ die einzig mögliche dieser Funktionen ist.

$$Y_t = \frac{a}{1-\lambda} + \lambda^t\left(Y_0 - \frac{a}{1-\lambda}\right). \tag{12}$$

Dies ist die Lösung der Differenzengleichung erster Ordnung $Y_t = a + \lambda Y_{t-1}$ unter der Anfangsbedingung, daß $Y$ zum Zeitpunkt 0 einen beliebigen Wert $Y_0$ annimmt. Man beachte, daß im Falle $Y_0 = a/(1-\lambda)$ Gleichung (12) impliziert, daß $Y_t = Y_0$ für alle $t \geq 0$, was $a/(1-\lambda)$ als „stationären Punkt" bzw. langfristigen Gleichgewichtswert von $Y$ ausweist. Man beachte auch, daß aufgrund unserer Annahme $|\lambda| < 1$, Gleichung (12) die Stabilität des Systems beweist. Denn aufgrund von Gleichung (12) gilt

$$\lim_{t\to\infty} Y_t = \frac{a}{1-\lambda},$$

so daß sich das System im Lauf der Zeit dem stationären Punkt annähert.

Betrachten wir nun das System erster Ordnung (7) unter der Annahme, daß $a = 0$; dann ist $a\sum_{i=0}^{\infty}\lambda^i$ gleich Null, unabhängig vom Wert von $\lambda$. Entsprechend zu (10) ergibt sich dann

$$Y_t = b\sum_{i=0}^{t-1}\lambda^i X_{t-i} + \lambda^t\left\{b\sum_{i=0}^{\infty}\lambda^i X_{0-i} + c\lambda^0\right\}.$$

Unter der Annahme, daß Bedingung (9) selbst für den Fall $|\lambda| > 1$ erfüllt ist (so daß der zweite Ausdruck in der obigen Gleichung endlich wird), ergibt sich dafür

$$Y_t = b\sum_{i=0}^{t-1}\lambda^i X_{t-i} + \lambda^t Y_0, \qquad t \geq 1.$$

Wie vorher wollen wir den Spezialfall betrachten, daß $X_t = 0$ für alle $t > 0$. Die obige Gleichung wird dann zu

$$Y_t = \lambda^t Y_0, \qquad t \geq 1.$$

Als stationärer Punkt ergibt sich hier Null, da für den Fall $Y_0 = 0$, $Y$ immer Null bleiben wird, unabhängig von $\lambda$. Ist $|\lambda| > 1$, so wird sich jedoch für den Fall, daß $Y_0 > 0$ oder $Y_0 < 0$, das System immer weiter vom stationären Punkt entfernen. Ist $\lambda > 1$, so geht $Y_t$ gegen $+\infty$, wenn $t\to\infty$ und $Y_0 > 0$; $Y_t$ geht gegen $-\infty$, wenn $t\to\infty$ und $Y_0 < 0$. Ist $\lambda < -1$, so kommt es zu explosiven Schwingungen mit einer Zyklusdauer von zwei Perioden.

Wir erhalten eine allgemeine Lösung von (7) auch durch Anwendung der Vorwärts-Inversen von $1-\lambda L$, die die Entwicklung in die Zukunft bewirkt.

$$Y_t = \frac{-\lambda^{-1}L^{-1}}{1-\lambda^{-1}L^{-1}}\,a + b\left(\frac{-\lambda^{-1}L^{-1}}{1-\lambda^{-1}L^{-1}}\right)X_t + d\lambda^t,$$

$$Y_t = \frac{a}{1-\lambda} - b\sum_{i=0}^{\infty}\left(\frac{1}{\lambda}\right)^{i+1}X_{t+i+1} + d\lambda^t, \tag{8'}$$

$d$ ist hierbei eine Konstante, die sich durch irgendeine Randbedingung in Form einer Anfangs- oder Endbedingung für den Zeitpfad von $Y_t$ ergibt. Ist $a = 0$, so bilden für **jeden** Wert $\lambda \neq 1$ (8) **und** (8′) im allgemeinen Lösungen der Differenzengleichung (7). Sie sind einfach alternative Darstellungen der Lösung, in dem Sinn, daß sich bei jeder beliebigen Anfangsbedingung oder einer anderen Randbedingung Werte von $d$ und $c$ bestimmen lassen, die gewährleisten, daß (8) und (8′) der Gleichung (7) genügen. Die Äquivalenz der Lösungen (8) und (8′) gilt jedoch nur solange $(b/(1-\lambda L))X_t$ und $(b\lambda^{-1}L^{-1}/(1-\lambda^{-1}L^{-1}))X_t$ beide endliche Werte für alle $t$ annehmen.

Es kommt jedoch oft vor, daß entweder $(b/(1-\lambda L))X_t$ oder

$$\frac{b\lambda^{-1}L^{-1}}{1-\lambda^{-1}L^{-1}}X_t$$

nicht endlich ist, d. h. eine der unendlichen Summen konvergiert nicht. In diesem Fall bricht die eine oder die andere der Darstellungen (8) und (8′) zusammen, d. h. sie ergibt keine endliche Folge $Y_t$ für alle endlichen Werte von $t$. Ist zum Beispiel die Folge $\{X_t\}$ beschränkt, so ist dies, wenn $|\lambda| < 1$, eine hinreichende Bedingung dafür, daß auch $\{(b/(1-\lambda L))X_t\}$ eine beschränkte Folge ist; es reicht jedoch nicht aus, um sagen zu können, daß auch

$$\frac{b\lambda^{-1}L^{-1}}{1-\lambda^{-1}L^{-1}}X_t$$

für alle $t$ eine konvergente Reihe bildet. Entsprechend ist im Fall $|\lambda| > 1$ die Beschränktheit der Folge $\{X_t\}$ eine hinreichende Bedingung dafür, daß

$$\left\{\frac{b\lambda^{-1}L^{-1}}{1-\lambda^{-1}L^{-1}}X_t\right\}$$

eine beschränkte Folge bildet, es kann jedoch nicht gewährleisten, daß auch $(b/(1-\lambda L))X_t$ endlich ist.

In den Fällen, in denen entweder nur $(b/(1-\lambda L))X_t$ oder

$$\frac{b\lambda^{-1}L^{-1}}{1-\lambda^{-1}L^{-1}}X_t$$

immer endlich ist, wollen wir als Lösung für (7) entweder (8) nehmen, wenn die Summe der vergangenen Wert von $X$ endlich ist, oder (8′), wenn die Summe der zukünftigen Werte endlich ist. Auf diese Weise ist sichergestellt, daß wir zu einer eindeutigen Lösung von (7) gelangen, die für alle endlichen Werte von $t$ endlich ist. Diese Lösung existiert, wenn $\{X_t\}$ eine beschränkte Folge ist.

Falls wir auch verlangen, daß die durch (8) oder (8′) bestimmte Folge $\{Y_t\}$ beschränkt ist – was uns freigestellt ist, solange keine weiteren Randbedingungen bestehen –, dann müssen wir offensichtlich in (8) $c = 0$ oder in (8′) $d = 0$ setzen. Das erweist sich deshalb als notwendig, weil im Fall $\lambda > 1$ und $c > 0$

$$\lim_{t\to\infty} c\lambda^t = \infty;$$

und im Fall $\lambda < 1$ und $c > 0$

$$\lim_{t\to-\infty} c\lambda^t = \infty.$$

$Y_t$ ist also nur beschränkt für alle $t$, wenn $c$ oder $d$ gleich Null ist.

Damit auch die Lösung mit den zukünftigen Werten von $X$ endlich ist für endliche $t$, muß natürlich auch die folgende zu (9) analoge Bedingung erfüllt sein.

$$\lim_{n\to\infty} \sum_{i=n}^{\infty} \left(\frac{1}{\lambda}\right)^i X_{t+i} = 0. \tag{9'}$$

Das Verfahren der Lösung „stabiler Wurzeln“ ($|\lambda| < 1$) in die Vergangenheit und „instabiler Wurzeln“ ($|\lambda| > 1$) in die Zukunft wurde bereits in Kapitel I angesprochen. Auf diese Weise wird gewährleistet, daß die Lösung der Differential- (bzw. Differenzen-)Gleichung beschränkte Funktionen (oder Folgen) wiederum auf beschränkte Funktionen (oder Folgen) abbildet.

Wir werden später sehen, daß sich eine formale Begründung dieses Verfahrens manchmal im Rahmen von Differenzengleichungen ergibt, die bei Optimierungsproblemen entstehen.

## 2. Differenzengleichungen zweiter Ordnung

Betrachten wir folgende Differenzengleichung zweiter Ordnung

$$Y_t = t_1 Y_{t-1} + t_2 Y_{t-2} + a + bX_t, \tag{13}$$

wobei $X_t$ wieder eine exogene Folge reeller Zahlen für $t = \ldots, -1, 0, 1, \ldots$ bezeichnet. Unter Anwendung des Lag-Operators läßt sich (13) schreiben als

$$(1 - t_1 L - t_2 L^2) Y_t = a + bX_t.$$

Als Lösung dieser Differenzengleichung ergibt sich dann

$$Y_t = \frac{a}{1 - t_1 L - t_2 L^2} + \frac{b}{1 - t_1 L - t_2 L^2} X_t, \tag{14}$$

wobei wir den Ausdruck, der analog zu $c\lambda^t$ in der allgemeinen Lösung der Gleichung erster Ordnung noch angefügt werden müßte, vorläufig vernachlässigen. Durch unabgekürzte Division läßt sich leicht zeigen, daß

$$\frac{b}{1 - t_1 L - t_2 L^2} = \sum_{i=0}^{\infty} w_i L^i, \tag{15}$$

wobei $w_0 = b$, $w_1 = bt_1$ und

$$w_j = t_1 w_{j-1} + t_2 w_{j-2} \qquad \text{für} \quad j \geq 2.$$

Es gilt:

$$\begin{array}{r|l}
 & 1 + t_1 L + (t_2 + t_1^2)L^2 + (t_1(t_2 + t_1^2) + t_1 t_2)L^3 + \cdots \\ \hline
1 - t_1 L - t_2 L^2 & 1 \\
 & \underline{1 - t_1 L - t_2 L^2} \\
 & \quad t_1 L + t_2 L^2 \\
 & \quad \underline{t_1 L - t_1^2 L^2 \qquad - t_1 t_2 L^3} \\
 & \qquad (t_2 + t_1^2)L^2 + t_1 t_2 L^3 \\
 & \qquad \underline{(t_2 + t_1^2)L^2 - t_1(t_2 + t_1^2)L^3 - t_2(t_2 + t_1^2)L^4} \ \ldots
\end{array}$$

Man beachte, daß die Gewichte in (15) eine geometrische Folge bilden, wenn $t_2 = 0$; dies war nicht anders zu erwarten, da sich dann (13) auf eine Gleichung erster Ordnung reduziert.

Es wird sich als zweckmäßig erweisen, das Polynom $1 - t_1 L - t_2 L^2$ **in Faktoren zu zerlegen** und dann wie folgt zu schreiben:

$$\begin{aligned} 1 - t_1 L - t_2 L^2 &= (1 - \lambda_1 L)(1 - \lambda_2 L) \\ &= 1 - (\lambda_1 + \lambda_2)L + \lambda_1\lambda_2 L^2. \end{aligned} \tag{16}$$

Hierbei gilt $\lambda_1 + \lambda_2 = t_1$ und $-\lambda_1\lambda_2 = t_2$. Um zu verstehen, in welcher Beziehung $\lambda_1$ und $\lambda_2$ zu den **Wurzeln** bzw. **Nullstellen** von $1 - t_1 z - t_2 z^2$ stehen, beachte man, daß gilt

$$(1 - \lambda_1 z)(1 - \lambda_2 z) = \lambda_1\lambda_2\left(\frac{1}{\lambda_1} - z\right)\left(\frac{1}{\lambda_2} - z\right).$$

Die Gleichung

$$0 = (1 - \lambda_1 z)(1 - \lambda_2 z) = \lambda_1\lambda_2\left(\frac{1}{\lambda_1} - z\right)\left(\frac{1}{\lambda_2} - z\right)$$

ist dann erfüllt, wenn $z = 1/\lambda_1$ und $z = 1/\lambda_2$ die beiden Wurzeln sind. Ist das Polynom $1 - t_1 z - t_2 z^2$ gegeben, so erhält man die Wurzeln $1/\lambda_1$ und $1/\lambda_2$ durch Auflösung der **charakteristischen Gleichung**

$$1 - t_1 z - t_2 z^2 = 0 \quad \text{bzw.} \quad t_2 z^2 + t_1 z - 1 = 0$$

nach den beiden Werten für $z$. Die Wurzeln ergeben sich dabei aus der quadratischen Formel

$$z = \frac{-t_1 \pm \sqrt{t_1^2 + 4t_2}}{2t_2}. \tag{17}$$

Mit Hilfe der Formel (17) sind wir in der Lage, $\lambda_1$ und $\lambda_2$ für gegebene Werte von $t_1$ und $t_2$ zu ermitteln.

Es sei angenommen, daß $\lambda_1 \neq \lambda_2$, $\lambda_1 \neq 1$ ist. Dann läßt sich die Differenzengleichung zweiter Ordnung ohne Einschränkung der Allgemeinheit schreiben als

$$(1 - \lambda_1 L)(1 - \lambda_2 L)Y_t = a + bX_t.$$

Die allgemeine Lösung dieser Differenzengleichung ist

$$Y_t = \frac{a}{(1 - \lambda_1 L)(1 - \lambda_2 L)} + \frac{b}{(1 - \lambda_1 L)(1 - \lambda_2 L)} X_t + c_1\lambda_1^t + c_2\lambda_2^t, \tag{18}$$

wobei $c_1$ und $c_2$ beliebige Konstanten sind. Zum Beweis, daß für beliebige Werte von $c_1$ und $c_2$ (18) die Lösung der Differenzengleichung darstellt, wende man auf beide Seiten von (18) den Operator $(1 - \lambda_1 L)(1 - \lambda_2 L)$ an und beachte, daß $(1 - \lambda_1 L)(1 - \lambda_2 L)c_1\lambda_1^t = (1 - \lambda_1 L)(1 - \lambda_2 L)c_2\lambda_2^t = 0$. Zur Ermittlung einer partikulären Lösung der Differenzengleichung benötigen wir nun noch zwei Randbedingungen über den Zeitpfad von $Y_t$. Zwei Ausgangsbedingungen in der Form, daß die Werte von $Y$ zum Zeitpunkt 0 und 1 gegeben sind, reichen zum Beispiel aus, um $c_1$ und $c_2$ zu bestimmen.

Wie sich unmittelbar zeigen läßt, gilt für den Fall, daß $\lambda_1 \neq \lambda_2$

$$\frac{1}{(1-\lambda_1 L)(1-\lambda_2 L)} = \frac{1}{\lambda_1 - \lambda_2}\left(\frac{\lambda_1}{1-\lambda_1 L} - \frac{\lambda_2}{1-\lambda_2 L}\right).$$

Damit läßt sich (18) schreiben als

$$\begin{aligned} Y_t &= \frac{a}{(1-\lambda_1)(1-\lambda_2)} + \frac{\lambda_1 b}{\lambda_1 - \lambda_2}\frac{1}{1-\lambda_1 L} X_t \\ &\quad - \frac{\lambda_2 b}{\lambda_1 - \lambda_2}\frac{1}{1-\lambda_2 L} X_t + c_1\lambda_1^t + c_2\lambda_2^t \\ &= a\sum_{i=0}^{\infty}\lambda_1^i \sum_{j=0}^{\infty}\lambda_2^j + \frac{\lambda_1 b}{\lambda_1 - \lambda_2}\sum_{i=0}^{\infty}\lambda_1^i X_{t-i} \\ &\quad - \frac{\lambda_2 b}{\lambda_1 - \lambda_2}\sum_{i=0}^{\infty}\lambda_2^i X_{t-i} + c_1\lambda_1^t + c_2\lambda_2^t, \end{aligned} \tag{19}$$

wobei wir uns die Tatsache zunutze machen, daß für eine Konstante $a$ gilt

$$H(L)a = \sum_{i=0}^{\infty} h_i L^i a = a\sum_{i=0}^{\infty} h_i = aH(1).$$

Man beachte, daß gilt

$$\frac{1}{1-\lambda_1 L}\,\frac{1}{1-\lambda_2 L} = \sum_{i=0}^{\infty}\lambda_1^i L^i \sum_{j=0}^{\infty}\lambda_2^j L^j,$$

so daß die Summe der Gewichte der verteilten Lags $\sum_{i=0}^{\infty}\lambda_1^i \sum_{i=0}^{\infty}\lambda_2^i$ endlich ist und sich auf $1/((1-\lambda_1)(1-\lambda_2))$ beläuft, vorausgesetzt, daß sowohl $|\lambda_1| < 1$ als auch $|\lambda_2| < 1$. In Gleichung (19) muß also entweder sowohl $|\lambda_1|$ als auch $|\lambda_2|$ kleiner eins oder $a = 0$ sein, damit $a\sum_{i=0}^{\infty}\lambda_1^i \sum_{i=0}^{\infty}\lambda_2^i$ definiert ist. Außerdem muß

$$\lim_{n\to\infty}\sum_{i=n}^{\infty}\lambda_j^i X_{t-i} = 0$$

für alle $t$ und für $j = 1{,}2$ gelten, so daß die beiden geometrischen Reihen in (19) endlich sind.

Unter der Annahme, daß $a = 0$ ist, läßt sich (19) für $t \geq 1$ schreiben als

$$\begin{aligned} Y_t &= \frac{\lambda_1 b}{\lambda_1 - \lambda_2}\sum_{i=0}^{t-1}\lambda_1^i X_{t-i} - \frac{\lambda_2 b}{\lambda_1 - \lambda_2}\sum_{i=0}^{t-1}\lambda_2^i X_{t-i}, \\ &\quad + \frac{\lambda_1 b}{\lambda_1 - \lambda_2}\sum_{i=t}^{\infty}\lambda_1^i X_{t-i} - \frac{\lambda_2 b}{\lambda_1 - \lambda_2}\sum_{i=t}^{\infty}\lambda_2^i X_{t-i} + c_1\lambda_1^t + c_2\lambda_2^t \end{aligned}$$

bzw.

$$Y_t = \frac{\lambda_1 b}{\lambda_1 - \lambda_2}\sum_{i=0}^{t-1}\lambda_1^i X_{t-i} - \frac{\lambda_2 b}{\lambda_1 - \lambda_2}\sum_{i=0}^{t-1}\lambda_2^i X_{t-i} + \lambda_1^t\theta_0 + \lambda_2^t\eta_0,\ t \geq 1, \tag{20}$$

wobei

$$\theta_0 = \left\{c_1 + \frac{b\lambda_1}{\lambda_1 - \lambda_2} \sum_{i=0}^{\infty} \lambda_1^i X_{0-i}\right\} \quad \text{und} \quad \eta_0 = \left\{c_2 - \frac{b\lambda_2}{\lambda_1 - \lambda_2} \sum_{i=0}^{\infty} \lambda_2^i X_{0-i}\right\}.$$

Wie für die Gleichung erster Ordnung wird auch hier oft der Fall betrachtet, daß $X_t = 0$ für $t \geq 1$. In diesem Fall wird (20) zu

$$Y_t = \lambda_1^t \theta_0 + \lambda_2^t \eta_0, \qquad t \geq 1. \tag{21}$$

Ist $\theta_0 = \eta_0 = 0$, so ist $Y_t = 0$ für alle $t \geq 0$, unabhängig von den Werten von $\lambda_1$ und $\lambda_2$. Der Wert $Y = 0$ bildet also den stationären Punkt bzw. das langfristige Gleichgewicht von (21).

Sind $\lambda_1$ und $\lambda_2$ reell, so wird der $\lim_{t \to \infty} Y_t$ nur Null, wenn $|\lambda_1| < 1$ und $|\lambda_2| < 1$ ist, unabhängig von den Werten der Parameter $\theta_0$ und $\eta_0$, solange diese endlich sind.

Ist $\lambda_1 > 1$, $|\lambda_2| < |\lambda_1|$ und $\theta_0 > 0$, dann wird der $\lim_{t \to \infty} Y_t = +\infty$. Ist $\lambda_1 > 1$, $|\lambda_2| < |\lambda_1|$, aber $\theta_0 < 0$, dann wird der $\lim_{t \to \infty} Y_t = -\infty$. $Y$ wird sich also im Lauf der Zeit auf den stationären Punkt Null zubewegen, vorausgesetzt, daß sowohl $|\lambda_1| < 1$, als auch $|\lambda_2| < 1$. Ist also eines der beiden $\lambda$'s dem Absolutbetrag nach größer als eins, so wird der Verlauf von $Y$ schließlich durch den Ausdruck in (21) bestimmt, der mit dem größeren $\lambda$ verbunden ist; d. h. das Wachstum von $Y$ wird schließlich annähernd dem von $\lambda_m^t$ entsprechen, wobei $\lambda_m$ das $\lambda_j$ mit dem größeren Absolutbetrag ist.

Nehmen wir nun an, daß die Wurzeln komplex sind. In diesem Fall ergeben sie sich, wie die quadratische Formel (17) zeigt, als ein konjugiert komplexes Paar. Die komplexen Wurzeln lassen sich dann schreiben als

$$\lambda_1 = re^{iw} = r(\cos w + i \sin w), \qquad \lambda_2 = re^{-iw} = r(\cos w - i \sin w),$$

wobei $r \cos w$ den Realteil und $\pm r \sin w$ den Imaginärteil bezeichnen.

Man beachte,daß

$$\lambda_1 - \lambda_2 = r(e^{iw} - e^{-iw}) = 2ri \sin w. \tag{22}$$

Aus Gleichung (21) wird dann

$$\begin{aligned} Y_t &= \theta_0(re^{iw})^t + \eta_0(re^{-iw})^t \\ &= \theta_0(r^t e^{iwt}) + \eta_0(r^t e^{-iwt}) \\ &= \theta_0 r^t[\cos wt + i \sin wt] + \eta_0 r^t[\cos wt - i \sin wt] \\ &= (\theta_0 + \eta_0)r^t \cos wt + i(\theta_0 - \eta_0)r^t \sin wt. \end{aligned} \tag{23}$$

Da $Y_t$ für alle $t$ eine reelle Zahl ergeben muß, muß $\theta_0 + \eta_0$ reell und $\theta_0 - \eta_0$ imaginär werden. Folglich müssen $\theta_0$ und $\eta_0$ konjugiert komplexe Zahlen sein, wie z. B. $\theta_0 = pe^{i\theta}$, $\eta_0 = pe^{-i\theta}$. Es läßt sich dann schreiben

$$\begin{aligned} Y_t = pe^{i\theta}r^t e^{iwt} + pe^{-i\theta}r^t e^{-iwt} &= pr^t[e^{i(wt+\theta)} + e^{-i(wt+\theta)}] \\ &= 2pr^t \cos(wt + \theta). \end{aligned} \tag{24}$$

Dies ist die Lösung einer Differenzengleichung zweiter Ordnung mit komplexen Wurzeln, die freie bzw. nicht erzwungene Schwingungen beschreibt (d. h. $X_t = 0$ für alle $t$). Die Parameter $p$ und $\theta$ seien so gewählt, daß sie zwei Randbedingungen für den Zeitpfad von $Y_t$, z. B. zwei Anfangsbedingungen erfüllen. Die Frequenz der Schwingung von $Y_t$ wird durch $w$ bestimmt. Der „Dämpfungsfaktor" $r^t$ ergibt sich aus der Amplitude $r$ der komplexen Wurzeln. Der Wert $Y_t = 0$ bildet den stationären Punkt der Differenzengleichung, dem sich $Y$ bei beliebigen Ausgangsbedingungen annähert, wenn $t \to \infty$ geht, für den Fall, daß $r < 1$. Ist $r > 1$, so beschreibt der Zeitpfad von $Y_t$ explosive Schwingungen, wenn nicht zwei Anfangsbedingungen gelten, die, wie z. B. $Y_0 = 0$, $Y_1 = 0$, zwei aufeinanderfolgende Werte von $Y$ auf den stationären Punkt festlegen. Ist $r < 1$, so kommt es zu gedämpften Schwingungen, vorausgesetzt, daß $w > 0$, was immer gilt, wenn die Wurzeln komplex sind. Ist $r = 1$, so beschreibt $Y_t$ fortgesetzte periodische Schwingungen mit unveränderlicher Amplitude.

Sind $\lambda_1$ und $\lambda_2$ komplex, so läßt sich leicht zeigen, daß es auch bei den Gewichten der verteilten Lags in (19) zu Schwingungen kommt. Es gilt nämlich

$$\frac{b}{\lambda_1 - \lambda_2} \sum_{j=0}^{\infty} (\lambda_1^{j+1} - \lambda_2^{j+1}) X_{t-j} = \frac{b}{re^{iw} - re^{-iw}} \sum_{j=0}^{\infty} [(re^{iw})^{j+1} - (re^{-iw})^{j+1}] X_{t-j}$$

$$= \frac{b}{2ri \sin w} \sum_{j=0}^{\infty} 2r^{j+1} i \{\sin w(j+1)\} X_{t-j} = b \sum_{j=0}^{\infty} r^j \frac{\sin w(j+1)}{\sin w} X_{t-j}.$$

Da die Wurzeln komplex sind ist $\sin w > 0$. Man beachte, daß der Dämpfungsfaktor $r^j$ die Sinusfunktion gewichtet, so daß die Amplitude der Lag-Gewichte abnimmt, wenn $j$ zunimmt, vorausgesetzt, daß $r < 1$ ist.

Wie oben schon bemerkt, entsprechen die Wurzeln $\lambda_1$ und $\lambda_2$ den reziproken Werten der Wurzeln des Polynoms

$$1 - t_1 z - t_2 z^2 = 0. \tag{25}$$

Denn es gilt bekanntlich $1 - t_1 z - t_2 z^2 = (1 - \lambda_1 z)(1 - \lambda_2 z)$, so daß $1/\lambda_1$ und $1/\lambda_2$ die Wurzeln bezeichnen. Dagegen erhält man durch Multiplikation der obigen Gleichung mit $z^{-2}$

$$z^{-2} - z^{-1} t_1 - t_2 = 0 = (z^{-1} - \lambda_1)(z^{-1} - \lambda_2)$$

bzw.

$$s^2 - t_1 s - t_2 = 0, \tag{26}$$

wobei $s = z^{-1}$. Man beachte, daß die Wurzeln von (26) den reziproken Werten der Wurzeln von (25) entsprechen. Somit ergeben sich $\lambda_1$ und $\lambda_2$ als Wurzeln von (26).

Es ist von gewissem Interesse, zu wissen, welche Werte von $t_1$ und $t_2$ zu komplexen Wurzeln führen. Unter Verwendung der quadratischen Formel ergeben sich als Wurzeln von (26)

$$\lambda_i = s = \frac{t_1 \pm \sqrt{t_1^2 + 4t_2}}{2}.$$

Damit diese komplex werden, muß der Ausdruck unter der Quadratwurzel negativ sein, also

$$t_1^2 + 4t_2 < 0, \tag{27}$$

was bedeutet, daß $t_2 < 0$. Für den Fall, daß (27) erfüllt ist, ergeben sich als Wurzeln

$$\lambda_1 = \frac{t_1}{2} + \frac{i\sqrt{-(t_1^2 + 4t_2)}}{2} = a + bi, \qquad \lambda_2 = \frac{t_1}{2} - \frac{i\sqrt{-(t_1^2 + 4t_2)}}{2} = a - bi.$$

Um $a + bi$ in Polarform schreiben zu können, beachte man, daß gilt

$$a + bi = r\cos w + ri\sin w = re^{iw},$$

wobei $r = \sqrt{a^2 + b^2}$ und $\cos w = a/r$. Somit ergibt sich

$$r = \sqrt{\left(\frac{t_1}{2}\right)^2 - \frac{(t_1^2 + 4t_2)}{4}} = \sqrt{-t_2}$$

und

$$\cos w = \frac{t_1}{2\sqrt{-t_2}} \quad \text{bzw.} \quad w = \cos^{-1}\left(\frac{t_1}{2\sqrt{-t_2}}\right).$$

Damit es zu gedämpften Schwingungen kommt, muß $r = \sqrt{-t_2} < 1$ sein, was erforderlich macht, daß $-t_2 < 1$ ist.

Die Zyklusdauer, d. h. die Anzahl der Perioden zwischen zwei aufeinanderfolgenden Schwingungsgipfeln, beläuft sich auf $2\pi/\cos^{-1}(t_1/2\sqrt{-t_2})$.

Sind die Wurzeln reell, so kommt es zu gedämpften Bewegungen, wenn beide Wurzeln in ihrem Absolutbetrag kleiner als eins sind. Es muß also gelten

$$-1 < \frac{t_1 + \sqrt{t_1^2 + 4t_2}}{2} < 1 \qquad \text{und} \qquad -1 < \frac{t_1 - \sqrt{t_1^2 + 4t_2}}{2} < 1.$$

Die Bedingung $1/2(t_1 + \sqrt{t_1^2 + 4t_2}) < 1$ impliziert, daß

$$\sqrt{t_1^2 + 4t_2} < 2 - t_1, \qquad t_1^2 + 4t_2 < 4 + t_1^2 - 4t_1,$$
$$t_1 + t_2 < 1. \tag{28}$$

Die Bedingung $1/2(t_1 - \sqrt{t_1^2 + 4t_2}) > -1$ bedeutet, daß

$$-\sqrt{t_1^2 + 4t_2} > -2 - t_1, \qquad \sqrt{t_1^2 + 4t_2} < 2 + t_1,$$
$$t_1^2 + 4t_2 < t_1^2 + 4 + 4t_1,$$
$$t_2 < 1 + t_1. \tag{29}$$

Die Bedingungen (28) und (29) müssen erfüllt sein, damit die Wurzeln, falls sie reell sind, in ihrem Absolutbetrag kleiner als eins sind.

Man beachte, daß beide Wurzeln reell und negativ werden, wenn

$$t_1^2 + 4t_2 > 0 \qquad \text{und} \qquad \frac{t_1 + \sqrt{t_1^2 + 4t_2}}{2} < 0,$$

was bedeutet, daß

$$t_1 < -\sqrt{t_1^2 + 4t_2}, \qquad t_1^2 > t_1^2 + 4t_2, \qquad 0 > t_2.$$

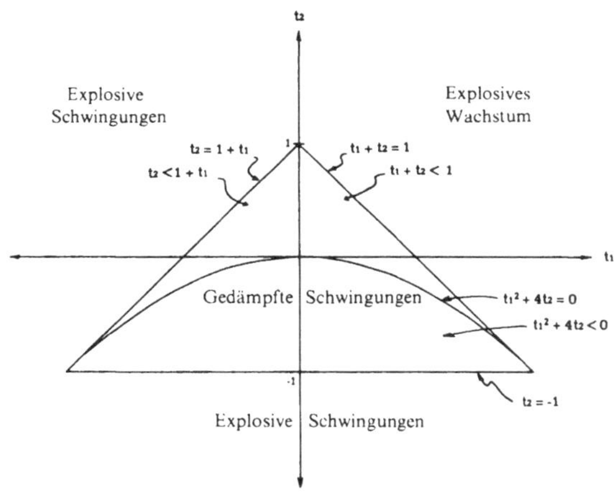


**Abb. 1** (Quelle: W. Baumol, *Economic Dynamics*, 2nd ed., p. 221, New York: Macmillan. Copyright 1959 by Macmillan Publishing Co., Inc.)

Abbildung 1 bietet eine Darstellung der Bereiche in der $t_1$-$t_2$-Ebene, in denen die Bedingungen (27), (28) oder (29) entweder erfüllt oder aber nicht erfüllt sind. Sie weist damit die Kombinationen von $t_1$ und $t_2$ aus, bei denen es zu gedämpften Schwingungen, explosiven Schwingungen usw. kommt.

### A. Ein Beispiel

Das wohl bekannteste Beispiel für die Anwendung einer Differenzengleichung zweiter Ordnung in der ökonomischen Theorie ergibt sich aus dem Multiplikator-Akzelerator-Modell von Samuelson (siehe dazu Samuelson [1944]). Samuelson stellte das folgende Modell auf:

$$\begin{aligned} C_t &= cY_{t-1} + \alpha, && 1 > c > 0 \quad \text{(Konsumfunktion)} \\ I_t &= \gamma(Y_{t-1} - Y_{t-2}), && \gamma > 0 \quad \text{(Akzelerator)} \\ C_t + I_t &= Y_t, \end{aligned}$$

wobei $C_t$ den Konsum und $I_t$ die Investition bezeichnet. Durch Einsetzen der ersten beiden Gleichungen in die dritte erhält man

$$Y_t = (c + \gamma)Y_{t-1} - \gamma Y_{t-2} + \alpha$$

bzw.

$$Y_t = t_1 Y_{t-1} + t_2 Y_{t-2} + \alpha,$$

wobei $t_1 = c + \gamma$ und $t_2 = -\gamma$. Man beachte, daß $t_1 + t_2 = c$. Veränderungen des Parameters $\gamma$ bewirken also Verschiebungen der Parameter $t_1$ und $t_2$ auf der in Abbildung 2 dargestellten Geraden $t_1 + t_2 = c$ nach rechts unten. Mit Hilfe von Abbildung 2 läßt sich ganz einfach erkennen, ob die Werte von $c$ und $\gamma$ zu gedämpften Schwingungen, explosiven Schwingungen und so weiter führen.

Abbildung 3 zeigt einige Realisationen einer Differenzgleichung zweiter Ordnung bei verschiedenen Werten von $t_1$ und $t_2$. In allen Fällen wurden für $Y_1$ und $Y_2$ zwei beliebige Werte als Anfangsbedingungen festgesetzt. Es läßt sich leicht über-

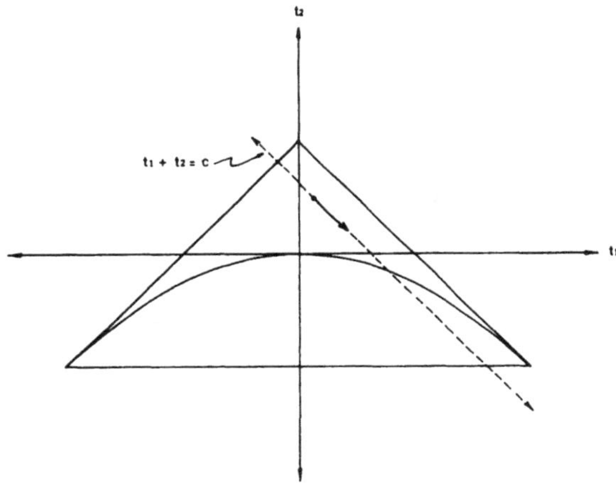


Abb. 2

prüfen, daß diese Realisationen mit den in Abbildung 1 vorhergesagten übereinstimmen.

### 3. Differenzengleichungen zweiter Ordnung (gleiche Wurzeln)

In der vorangehenden Betrachtung haben wir unterstellt, daß $\lambda_1 \neq \lambda_2$. (Man beachte, daß wir (19) nach Division durch $\lambda_1 - \lambda_2$ erhielten.) Ist jedoch $\lambda_1 = \lambda_2$, so wird das folgende Polynom relevant

$$\begin{aligned}\frac{1}{(1-\lambda L)(1-\lambda L)} &= \frac{1}{1-\lambda L}(1 + \lambda L + \lambda^2 L^2 + \cdots) \\ &= (1 + \lambda L + \lambda^2 L^2 + \cdots) + \lambda L(1 + \lambda L + \lambda^2 L^2 + \cdots) \\ &\quad + \lambda^2 L^2(1 + \lambda L + \lambda^2 L^2 + \cdots) + \cdots \\ &= 1 + 2\lambda L + 3\lambda^2 L^2 + \cdots,\end{aligned}$$

$$\frac{1}{(1-\lambda L)^2} = \sum_{i=0}^{\infty} (i+1)\lambda^i L^i. \tag{30}$$

Die durch das Polynom in (30) gebildete Lag-Verteilung ist eine sogenannte Pascal-Lag-Verteilung 2. Ordnung. Sie entsteht als Produkt bzw. durch „Faltung" von zwei geometrischen Lag-Verteilungen, die die gleiche Verfallsrate $\lambda$ haben.[5]

Mit Hilfe von (30) läßt sich die Lösung von Differenzengleichungen der folgenden Form ermitteln:

$$(1-\lambda L)^2 Y_t = a + bX_t.$$

[5] Es sei $w(L) = \sum_{j=-\infty}^{\infty} w_j L^j$ und $v(L) = \sum_{j=-\infty}^{\infty} v_j L^j$. Als **Faltung** zweier Folgen $\{w_j\}_{j=-\infty}^{\infty}$ und $\{v_j\}_{j=-\infty}^{\infty}$ wird die Folge bezeichnet, für deren $j$-tes Element gilt, $h_j = \sum_{k=-\infty}^{\infty} w_k v_{j-k}$. Man kann dann beweisen, daß
$\sum_{j=-\infty}^{\infty} h_j L^j = h(L) = w(L)v(L) = v(L)w(L)$.

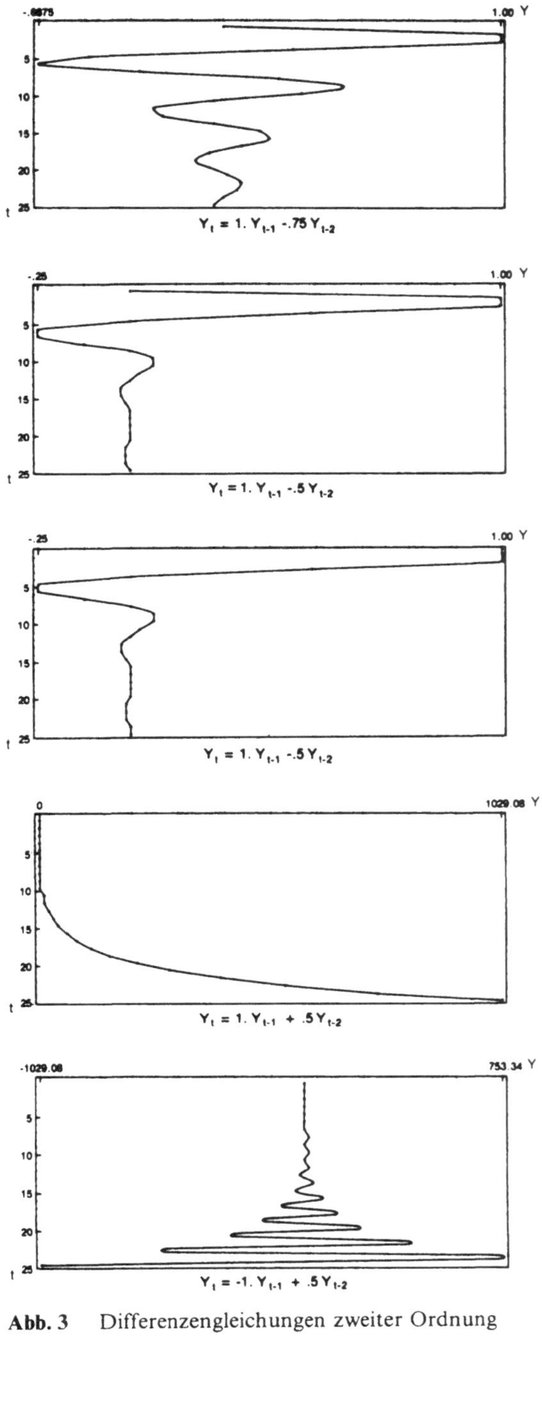


**Abb. 3** Differenzengleichungen zweiter Ordnung

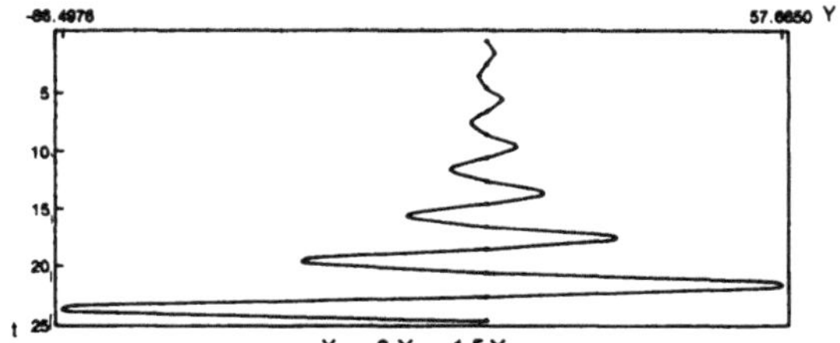


$Y_t = 0\ Y_{t-1} - 1.5\ Y_{t-2}$

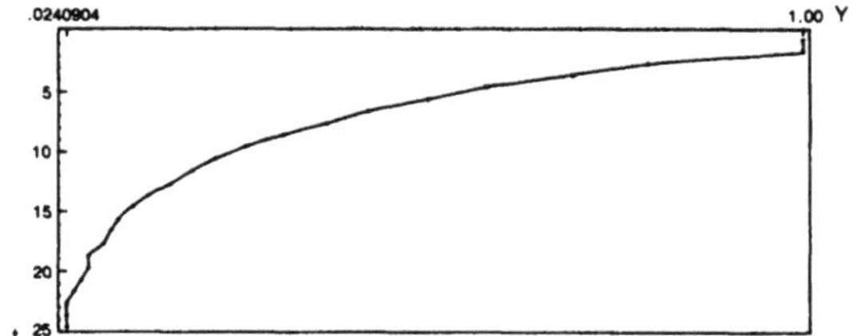


$Y_t = .5\ Y_{t-1} + .3\ Y_{t-2}$

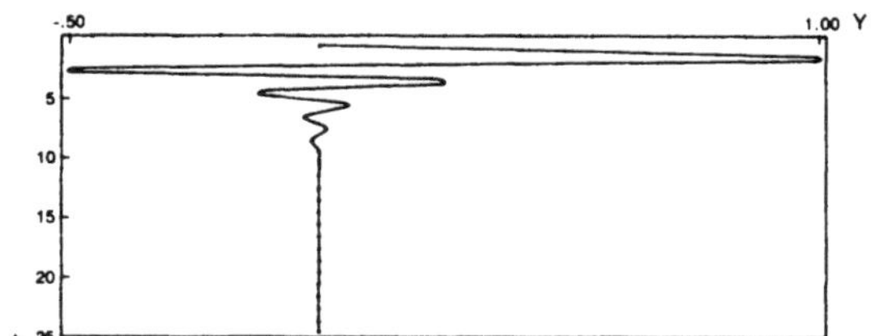


$Y_t = -.5\ Y_{t-1} - .3\ Y_{t-2}$

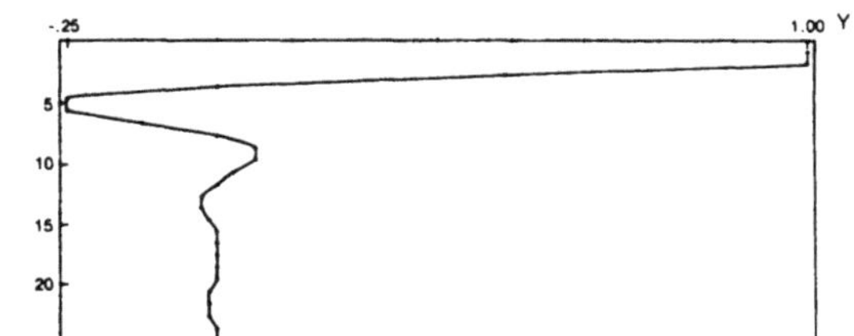


$Y_t = 1.\ Y_{t-1} - .5\ Y_{t-2}$

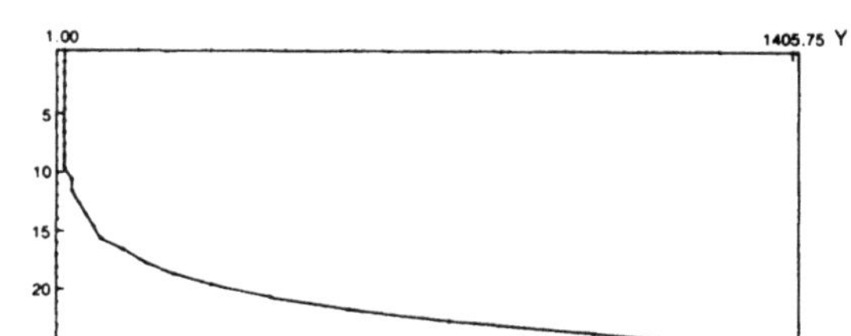


$Y_t = 1.\ Y_{t-1} + .5\ Y_{t-2}$

**Abb. 3** (Fortsetzung)

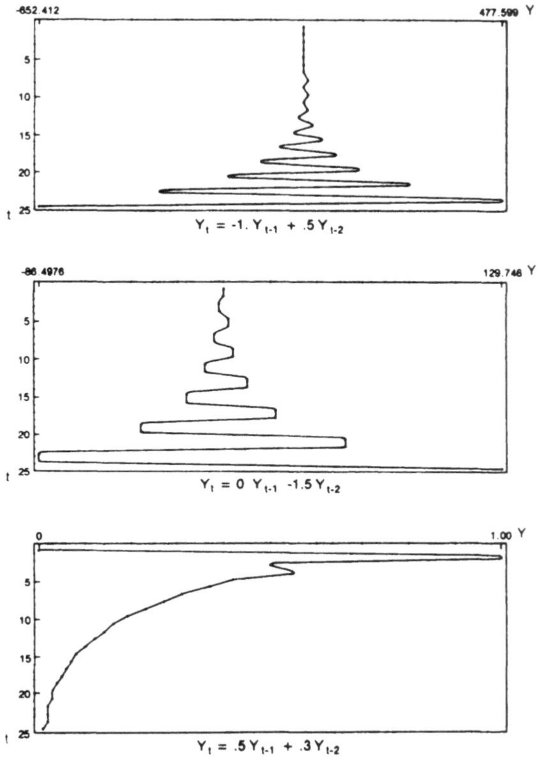


**Abb. 3** (Fortsetzung)

Als allgemeine Lösung ergibt sich

$$Y_t = a \sum_{i=0}^{\infty} (i+1)\lambda^i + b \sum_{i=0}^{\infty} (i+1)\lambda^i X_{t-i} + c_1 \lambda^t + c_2 t \lambda^t \tag{31}$$

wobei $c_1$ und $c_2$ beliebige reelle Konstanten bezeichnen. Zum Beweis, daß (31) die Lösung ist, wende man auf beide Seiten den Operator $(1 - \lambda L)^2$ an; es zeigt sich, daß für beliebige Werte von $c_1$ und $c_2$ $(1 - \lambda L)^2 \{c_1 \lambda^t + c_2 t \lambda^t\} = 0$. Zur Ermittlung einer partikulären Lösung benötigt man noch zwei Randbedingungen für den Zeitpfad von $Y_t$, durch die die beiden Konstanten $c_1$ und $c_2$ bestimmt werden. Damit $a\sum_{i=0}^{\infty}(1+i)\lambda^i$ endlich wird, muß entweder $|\lambda| < 1$ oder $a = 0$ sein.

Es sei angenommen, daß $a = 0$; man beachte, daß sich (31) für $t \geq 1$ dann auch schreiben läßt als

$$Y_t = b \sum_{i=0}^{t-1} (1+i)\lambda^i X_{t-i} + b \sum_{i=t}^{\infty} (1+i)\lambda^i X_{t-i} + c_1 \lambda^t + c_2 t \lambda^t. \tag{32}$$

Für die zweite Summe schreiben wir

$$b \sum_{j=0}^{\infty} (j+1+t)\lambda^{t+j} X_{0-j} = b\lambda^t \sum_{j=0}^{\infty} (j+1)\lambda^j X_{0-j} + bt\lambda^t \sum_{j=0}^{\infty} \lambda^j X_{0-j}.$$

Aus (32) wird somit

$$Y_t = b\sum_{i=0}^{t-1}(1+i)\lambda^i X_{t-i} + \lambda^t\theta_0 + t\lambda^t\eta_0 \tag{33}$$

wobei

$$\theta_0 = \left\{c_1 + b\sum_{j=0}^{\infty}(j+1)\lambda^j X_{0-j}\right\} \quad \text{und} \quad \eta_0 = \left\{c_2 + b\sum_{j=0}^{\infty}\lambda^j X_{0-j}\right\}.$$

Wie schon früher, ergibt sich für $t \geq 1$ die Lösung (33) als Summe des verteilten Lags in $X_1, X_2, \ldots, X_t$ und der beiden Anfangsbedingungen. Ist $X_t = 0$ für $t \geq 1$, so nähert sich die Folge $Y_t$ dem stationären Wert Null an, falls $|\lambda| < 1$. Ist jedoch $|\lambda| > 1$, so weicht die Folge $Y_t$ immer weiter vom stationären Punkt Null ab, außer wenn $\theta_0 = \eta_0 = 0$.

### 4. Differenzengleichungen $n$-ter Ordnung (ungleiche Wurzeln)

Betrachten wir ein rationales Polynom mit einem Polynom $n$-ter Ordnung als Nenner:

$$A(L) = \frac{F(L)}{G(L)} = \frac{F(L)}{(1-\lambda_1 L)(1-\lambda_2 L)\cdots(1-\lambda_n L)}.$$

Wir unterstellen dabei, daß das Polynom im Nenner eine höhere Ordnung hat als das Polynom im Zähler. Als Nullstellen von $G(z) = 0$ ergeben sich $z_1 = 1/\lambda_1$, $z_2 = 1/\lambda_2, \ldots, z_n = 1/\lambda_n$, da jeder dieser Werte für $z$ die folgende Gleichung erfüllt:

$$G(z) = (1-\lambda_1 z)(1-\lambda_2 z)\cdots(1-\lambda_n z) = 0.$$

Angenommen, die $n$ Wurzeln sind ungleich; dann läßt sich $A(L)$ mit der Methode der Partialbruchzerlegung auch ausdrücken als

$$\frac{F(L)}{(1-\lambda_1 L)\cdots(1-\lambda_n L)} = \frac{A_1}{1-\lambda_1 L} + \frac{A_2}{1-\lambda_2 L} + \cdots + \frac{A_n}{1-\lambda_n L}. \tag{34}$$

wobei $A_1, A_2, \ldots, A_n$ Konstanten bezeichnen, die noch zu bestimmen sind. Dazu multiplizieren wir beide Seiten der obigen Gleichung mit $(1-\lambda_1 L)\ldots(1-\lambda_n L)$ und erhalten dann

$$\begin{aligned} F(L) = {} & A_1(1-\lambda_2 L)\cdots(1-\lambda_n L) + A_2(1-\lambda_1 L)(1-\lambda_3 L)\cdots(1-\lambda_n L) \\ & + \cdots + A_n(1-\lambda_1 L)\cdots(1-\lambda_{n-1} L). \end{aligned}$$

Berechnet man die obige Gleichung bei $L = 1/\lambda_1$, der ersten Wurzel von $G(L) = 0$, so ergibt sich

$$A_1 = \frac{F(1/\lambda_1)}{(1-(\lambda_2/\lambda_1))\cdots(1-(\lambda_n/\lambda_1))}.$$

Der allgemeine Ausdruck $A_i$ lautet dann

$$A_i = \frac{F(1/\lambda_i)}{(1-(\lambda_1/\lambda_i))\cdots(1-(\lambda_{i-1}/\lambda_i))(1-(\lambda_{i+1}/\lambda_i))\cdots(1-(\lambda_n/\lambda_i))}. \tag{35}$$

Betrachten wir zum Beispiel die Anwendung von (34) für den Fall, daß ein Polynom zweiter Ordnung im Nenner steht.

$$A(L) = \frac{1}{(1-\lambda_1 L)(1-\lambda_2 L)} = \frac{A_1}{1-\lambda_1 L} + \frac{A_2}{1-\lambda_2 L}.$$

Wie erhalten dann

$$A_1 = \frac{1}{1-(\lambda_2/\lambda_1)} = \frac{\lambda_1}{\lambda_1-\lambda_2} \quad \text{und} \quad A_2 = \frac{1}{1-(\lambda_1/\lambda_2)} = \frac{\lambda_2}{\lambda_2-\lambda_1}.$$

Also ergibt sich

$$\frac{1}{(1-\lambda_1 L)(1-\lambda_2 L)} = \frac{1}{\lambda_1-\lambda_2}\left(\frac{\lambda_1}{1-\lambda_1 L} - \frac{\lambda_2}{1-\lambda_2 L}\right),$$

was wir schon früher benutzt haben, um damit (19) abzuleiten.

Wir gehen von folgender Differenzengleichung $n$-ter Ordnung aus:

$$(1-\lambda_1 L)(1-\lambda_2 L)\cdots(1-\lambda_n L)Y_t = bX_t. \tag{36}$$

Die allgemeine Lösung von (36) ergibt sich nach „Division“[6] durch $(1-\lambda_1 L)\ldots(1-\lambda_n L)$

$$Y_t = \frac{b}{(1-\lambda_1 L)\cdots(1-\lambda_n L)} X_t + c_1\lambda_1^t + \cdots + c_n\lambda_n^t,$$

wobei $c_1, \ldots, c_n$ beliebige Konstanten sind.Zum Beweis, daß dies die Lösung ist, wende man auf beide Seiten der obigen Gleichung den Operator $(1-\lambda_1 L)\ldots(1-\lambda_n L)$ an. Zur Bestimmung der $n$ Konstanten $c_1, \ldots, c_n$ sind noch $n$ Randbedingungen für den Zeitpfad von $Y_t$ erforderlich. Unter der Annahme, daß alle $\lambda_i$ ungleich sind, führt die Anwendung von (34) auf die obige Gleichung zu

$$Y_t = b\sum_{r=1}^{n}\left(\frac{A_r}{1-\lambda_r L}\right)X_t + \sum_{j=1}^{n} c_j\lambda_j^t. \tag{37}$$

Somit läßt sich $Y_t$ ausdrücken als gewogene Summe von $n$ geometrisch verteilten Lags mit $\lambda_1, \ldots, \lambda_n$ als Verfallsraten.

Sind $n$ Anfangswerte gegeben, und unterstellen wir, daß immer $X_t = 0$, so ist es möglich, die Differenzengleichung (36) endlich weit in der Vergangenheit einsetzen zu lassen; als Lösung ergibt sich dann

$$Y_t = \lambda_1^t\eta_1 + \lambda_2^t\eta_2 + \cdots + \lambda_n^t\eta_n,$$

wobei die $\eta_1, \ldots, \eta_n$ so gewählt wurden, daß sie den $n$ Anfangsbedingungen genügen. Die obige Gleichung läßt sich aus (37) ableiten; man geht dazu in gleicher Weise vor wie bei den Gleichungen erster und zweiter Ordnung.

[6] Das heißt, nach „Anwendung der Inversen des Operators

$$(1-\lambda_1 L)(1-\lambda_2 L)\cdots(1-\lambda_n L)$$

auf beiden Seiten“.

### 5. Differenzengleichungen *n*-ter Ordnung (*n* gleiche Wurzeln)

Man betrachte die Differenzengleichung *n*-ter Ordnung

$$(1 - \lambda L)^n Y_t = bX_t \tag{38}$$

mit der folgenden Lösung:

$$Y_t = \frac{b}{(1 - \lambda L)^n} X_t + c_1 \lambda^t + c_2 t \lambda^t + \cdots + c_n t^{n-1} \lambda^t.$$

Das Polynom $1/(1 - \lambda L)^n$ erzeugt eine Pascal-Lag-Verteilung *n*-ter Ordnung; diese entsteht durch Multiplikation (Faltung) von *n* geometrischen Lag-Verteilungen, die die gleiche Verfallsrate $\lambda$ haben. Den Fall einer Pascal-Verteilung zweiter Ordnung haben wir bereits betrachtet.

Die binomische Entwicklung bei negativem Exponenten lautet

$$(1 - x)^{-n} = 1 + nx + \frac{n(n+1)}{2!} x^2 + \frac{n(n+1)(n+2)}{3!} x^3 + \cdots$$
$$+ \frac{n(n+1)\cdots(n+i-1)}{i!} x^i + \cdots, \qquad |x| < 1.$$

Es gilt: $n(n+1) \ldots (n+i-1) = (n+i-1)!/(n-1)!$ Allgemein lassen sich die Koeffizienten von $x$ in der obigen Entwicklung also schreiben als

$$\binom{n+i-1}{i} \equiv \frac{(n+i-1)!}{i!(n-1)!},$$

so daß die Entwicklung sich in folgende Form bringen läßt:

$$(1 - x)^{-n} = \sum_{i=0}^{\infty} \binom{n+i-1}{i} x^i.$$

Für eine Lag-erzeugende Funktion[7] mit *n* gleichen Wurzeln ergibt sich somit

$$\frac{1}{(1 - \lambda L)^n} = \sum_{i=0}^{\infty} \binom{n+i-1}{i} \lambda^i L^i. \tag{39}$$

Dieser Ausdruck stimmt mit unseren früheren Formeln für die Spezialfälle $n = 1$ und $n = 2$ überein.

Um (39) auch noch auf andere Weise abzuleiten, geht man davon aus, daß

$$f(\lambda L) = \frac{1}{(1 - \lambda L)} = \sum_{i=0}^{\infty} (\lambda L)^i.$$

Differenziert man nun nach $\lambda L$, so ergibt sich

$$f'(\lambda L) = \frac{1}{(1 - \lambda L)^2} = \sum_{i=0}^{\infty} i(\lambda L)^{i-1} = \sum_{i=0}^{\infty} (i+1)(\lambda L)^i.$$

[7] Dieser Ausdruck wird als Synonym zu „Polynom des Lag-Operators“ verwendet.

Damit hat man (39) für den Fall $n = 2$. Durch nochmaliges Differenzieren nach $\lambda L$ erhält man

$$f''(\lambda L) = \frac{2}{(1 - \lambda L)^3} = \sum_{i=0}^{\infty} i(i-1)(\lambda L)^{i-2}$$

bzw.

$$\frac{1}{(1 - \lambda L)^3} = \sum_{i=0}^{\infty} \frac{(i+1)(i+2)}{2} (\lambda L)^i = \sum_{i=0}^{\infty} \binom{i+2}{i} (\lambda L)^i,$$

und hat somit (39) für den Fall $n = 3$.
Mit Hilfe von (39), läßt sich die Lösung von (38) dann schreiben als

$$Y_t = b \sum_{i=0}^{\infty} \binom{n+i-1}{i} \lambda^i X_{t-i} + c_1 \lambda^t + c_2 t \lambda^t + \cdots + c_n t^{n-1} \lambda^t.$$

## 6. Ein Beispiel für ein System erster Ordnung

Wir betrachten dazu ein Modell, wie es von Cagan (1956) untersucht wurde.

Es sei $m_t$ der Logarithmus des Geldangebots, $p_t$ der Logarithmus des Preisniveaus und $p^e_{t+1}$ der Logarithmus des Preisniveaus, das bei der im Zeitpunkt $t$ verfügbaren Information für den Zeitpunkt $t+1$ erwartet wird. Das Modell besteht aus der folgenden Bedingung für ein Portfoliogleichgewicht:

$$m_t - p_t = \alpha(p^e_{t+1} - p_t), \qquad \alpha < 0. \tag{40}$$

Die Geldnachfrage steht in umgekehrter Beziehung zur erwarteten Inflation $p^e_{t+1} - p_t$. Die Variable $m_t$ ist exogen.

Unterstellen wir zuerst

$$p^e_{t+1} - p_t = \gamma(p_t - p_{t-1}), \tag{41}$$

so daß sich die für die nächste Periode erwartete Inflation durch Multiplikation der herrschenden Inflationsrate $p_t - p_{t-1}$ mit einer Konstanten $\gamma$ ergibt. Gleichung (40) wird dann zu

$$m_t - p_t = \alpha\gamma p_t - \alpha\gamma p_{t-1}.$$

Unter Verwendung des Lag-Operators läßt sich dies schreiben als

$$[(\alpha\gamma + 1) - \alpha\gamma L] p_t = m_t$$

bzw.

$$\left[1 - \frac{\alpha\gamma}{1 + \alpha\gamma} L\right] p_t = \frac{1}{1 + \alpha\gamma} m_t.$$

Als Lösung ergibt sich somit

$$p_t = \frac{1}{1 + \alpha\gamma} \sum_{i=0}^{\infty} \left(\frac{\alpha\gamma}{1 + \alpha\gamma}\right)^i m_{t-i} + \left(\frac{\alpha\gamma}{1 + \alpha\gamma}\right)^t c,$$

wobei $c$ eine Konstante bezeichnet, die noch zu bestimmen ist, z. B. durch Angabe eines Werts von $p$ zu irgendeinem Zeitpunkt. Bei einem Zeitpfad $m_t = \bar{m}$ für alle $t$ ergibt sich eine endliche Lösung für $p_t$, vorausgesetzt, daß

$$\left|\frac{\alpha\gamma}{1 + \alpha\gamma}\right| < 1.$$

Diese Ungleichung entspricht im wesentlichen der von Cagan in seinem Aufsatz entwickelten „Stabilitätsbedingung". Sie gewährleistet, daß $p_t$ für alle $t \geq 0$ beschränkt wird, wenn die Folge $\{m_t\}$ beschränkt ist. Man beachte, daß gilt

$$\frac{1}{1 + \alpha\gamma} \sum_{i=0}^{\infty} \left(\frac{\alpha\gamma}{1 + \alpha\gamma}\right)^i = \frac{(1 + \alpha\gamma)^{-1}}{1 - \alpha\gamma(1 + \alpha\gamma)^{-1}} = 1.$$

Langfristig bewirkt also eine einmalige Erhöhung von $m$ eine Erhöhung von $p$ um den gleichen Betrag (vorausgesetzt, daß die obige „Stabilitätsbedingung" erfüllt ist).

Wir kehren nun zu (40) zurück, geben aber (41) auf und unterstellen stattdessen vollkommene Voraussicht:

$$p^e_{t+1} = p_{t+1}. \tag{42}$$

Setzt man (42) in (40) ein, so erhält man

$$m_t - p_t = \alpha p_{t+1} - \alpha p_t \quad \text{bzw.} \quad \alpha p_{t+1} + (1 - \alpha)p_t = m_t.$$

Dies läßt sich schreiben als

$$\left(L^{-1} + \frac{1 - \alpha}{\alpha}\right)p_t = \frac{1}{\alpha} m_t$$

bzw.

$$\left(1 - \frac{\alpha - 1}{\alpha} L\right)p_t = \frac{1}{\alpha} m_{t-1}. \tag{43}$$

Da $\alpha < 0$, muß folglich $(\alpha - 1)/\alpha > 1$ sein. Diese Tatsache fordert praktisch dazu auf, (43) „in die Zukunft", d. h. durch Anwendung von (6), zu lösen.

Dividiert man beide Seiten von (43) durch $[1 - ((\alpha - 1)/\alpha)L]$, so ergibt sich

$$p_t = \left(\frac{\alpha^{-1}}{1 - (\alpha - 1)\alpha^{-1}L}\right)m_{t-1} + c\left(\frac{\alpha - 1}{\alpha}\right)^t,$$

wobei $c$ eine beliebige Konstante ist. Durch Anwendung von (6) wird dies zu

$$\begin{aligned} p_t &= \left(\frac{\alpha^{-1}(-\alpha(\alpha - 1)^{-1}L^{-1})}{1 - \alpha(\alpha - 1)^{-1}L^{-1}}\right)m_{t-1} + c\left(\frac{\alpha - 1}{\alpha}\right)^t \\ &= -\frac{1}{\alpha - 1}\left(\sum_{i=0}^{\infty}\left(\frac{\alpha}{\alpha - 1}\right)^i L^{-i}\right)m_t + c\left(\frac{\alpha - 1}{\alpha}\right)^t, \end{aligned}$$

$$p_t = \frac{1}{1 - \alpha} \sum_{i=0}^{\infty} \left(\frac{\alpha}{\alpha - 1}\right)^i m_{t+i} + c\left(\frac{\alpha - 1}{\alpha}\right)^t. \tag{44}$$

Da $\alpha < 0$, muß $0 < \alpha/(\alpha - 1) < 1$ sein, so daß die Summe der Lag-Gewichte endlich wird. Gleichung (44) drückt also den Logarithmus des herrschenden Preisniveaus als gleitende Summe gegenwärtiger und **zukünftiger** Werte des logarithmierten Geldangebots aus Es ist

$$\frac{1}{1-\alpha}\sum_{i=0}^{\infty}\left(\frac{\alpha}{\alpha-1}\right)^i = \frac{(1-\alpha)^{-1}}{1-\alpha(\alpha-1)^{-1}} = 1,$$

so daß $p$ sich als gewogenes **Mittel** gegenwärtiger und zukünftiger Werte von $m$ ergibt.

Die Lösung für $p_t$ in (44) wird endlich für endliche $t$, wenn es eine Konstante $K > 0$ und ein $x$, $1 \leq x < (\alpha - 1)/\alpha$, gibt, so daß gilt $|m_t| < Kx^t$ für alle $t$. Diese Bedingung soll das Geldmengenwachstum begrenzen.

Damit die Lösung in (44) bei beschränkten Zeitpfaden des Geldangebots beschränkt wird, ist es notwendig, daß $c = 0$ ist, was nichts anderes bedeutet, als daß wir durch eine beliebige Endbedingung das Auftreten von galoppierender Inflation ohne entsprechendem Geldmengenwachstum ausschließen.

## 7. Ein Beispiel für ein System zweiter Ordnung

Betrachten wir dazu das folgende Modell, wie es von Muth (1961) untersucht wurde.

Es sei $p_t$ der Preis eines Gutes zum Zeitpunkt $t$, $C_t$ die laufende Konsumnachfrage, $I_t$ der Lagerbestand dieses Gutes, $Y_t$ die Produktion des Gutes und $p_t^e$ der Preis zum Zeitpunkt $t$, wie er vorher erwartet wurde. $\{X_t\}$ ist eine beschränkte Folge reeller Zahlen, die den Einfluß des Wetters auf das Angebot darstellt. Es gilt das folgende Modell:

$$C_t = -\beta p_t, \qquad \beta > 0 \qquad \text{(Nachfragekurve)}$$
$$Y_t = \gamma p_t^e + X_t, \qquad \gamma > 0 \qquad \text{(Angebotskurve)}$$
$$I_t = \alpha(p_{t+1}^e - p_t), \qquad \alpha > 0 \qquad \text{(Nachfrage nach Lagerbeständen)}$$
$$Y_t = C_t + (I_t - I_{t-1}). \qquad \text{(Markträumung)}$$

Wir unterstellen vollkommene Voraussicht, so daß $p_t^e = p_t$ für alle $t$. Setzt man daraufhin die ersten drei Gleichungen in die vierte ein, so erhält man

$$\gamma p_t + X_t = \alpha(p_{t+1} - p_t) - \alpha(p_t - p_{t-1}) - \beta p_t$$

bzw.

$$\alpha p_{t+1} - (2\alpha + \beta + \gamma)p_t + \alpha p_{t-1} = X_t.$$

Nach Division durch $\alpha$ ergibt sich

$$p_{t+1} - \frac{2\alpha + \beta + \gamma}{\alpha} p_t + p_{t-1} = \alpha^{-1} X_t$$

bzw.

$$(L^{-1} - \phi + L)p_t = \alpha^{-1} X_t,$$

wobei $\phi = ((\beta + \gamma)/\alpha) + 2 > 0$. Multiplikation mit $L$ führt zu

$$(1 - \phi L + L^2)p_t = \alpha^{-1}X_{t-1}. \tag{45}$$

Zerlegen wir das Polynom $1 - \phi\, L + L^2$ in Faktoren

$$1 - \phi L + L^2 = (1 - \lambda_1 L)(1 - \lambda_2 L) = 1 - (\lambda_1 + \lambda_2)L + \lambda_1\lambda_2 L^2$$

so muß gelten

$$\lambda_1 + \lambda_2 = \phi, \qquad \lambda_1\lambda_2 = 1.$$

Die zweite Gleichung besagt, daß $\lambda_1 = 1/\lambda_2$, so daß die beiden Wurzeln in reziprokem Verhältnis zueinander stehen. Es läßt sich dann schreiben

$$1 - \phi L + L^2 = (1 - \lambda L)(1 - \lambda^{-1}L)$$

wobei $\lambda$ so gewählt ist, daß $\lambda + \lambda^{-1} = \phi$ gilt. Wir können (45) somit wie folgt schreiben

$$(1 - \lambda L)(1 - \lambda^{-1}L)p_t = \alpha^{-1}X_{t-1}. \tag{46}$$

Da $(\beta + \gamma)/\alpha > 0$, folgt, daß $\phi = ((\beta + \gamma)/\alpha) + 2 > 2$. Damit kann $\lambda$ nicht gleich 1 sein, denn es gilt, $\lambda + \lambda^{-1} = \phi$. Man beachte, daß für den Fall, daß $\lambda > 1$ ist, $\lambda^{-1} < 1$ sein muß. Eine unserer beiden Wurzeln muß also immer größer als 1 sein, die andere kleiner als 1.

Wenn wir beide Seiten von (46) durch $(1 - \lambda L)(1 - \lambda^{-1} L)$ dividieren, erhalten wir

$$p_t = \frac{1}{\alpha}\frac{1}{(1 - \lambda L)(1 - \lambda^{-1}L)}X_{t-1} + c_1\lambda^t + c_2\left(\frac{1}{\lambda}\right)^t, \tag{47}$$

wobei $c_1$ und $c_2$ beliebige Konstanten sind. Ohne Einschränkung der Allgemeinheit können wir unterstellen, daß $\lambda < 1$ und $\lambda_2 = 1/\lambda$.

Durch Anwendung von (6) und (19) läßt sich die Lösung wie folgt schreiben

$$\begin{aligned} p_t &= \frac{\alpha^{-1}\lambda}{\lambda - \lambda_2}\left(\frac{1}{1 - \lambda L}\right)X_{t-1} - \frac{\alpha^{-1}\lambda_2}{(\lambda - \lambda_2)}\left(\frac{-(\lambda_2 L)^{-1}}{1 - (\lambda_2)^{-1}L^{-1}}\right)X_{t-1} + c_1\lambda^t + c_2\left(\frac{1}{\lambda}\right)^t \\ &= \frac{\alpha^{-1}\lambda}{\lambda - \lambda^{-1}}\left(\frac{1}{1 - \lambda L}\right)X_{t-1} + \frac{\alpha^{-1}\lambda^{-1}}{\lambda - \lambda^{-1}}\left(\frac{\lambda L^{-1}}{1 - \lambda L^{-1}}\right)X_{t-1} + c_1\lambda^t + c_2\lambda^{-t} \\ &= \frac{\alpha^{-1}\lambda}{\lambda - \lambda^{-1}}\left(\frac{1}{1 - \lambda L}\right)X_{t-1} + \frac{\alpha^{-1}}{\lambda - \lambda^{-1}}\left(\frac{1}{1 - \lambda L^{-1}}\right)X_t + c_1\lambda^t + c_2\lambda^{-t}, \end{aligned}$$

$$p_t = \frac{\alpha^{-1}}{\lambda - \lambda^{-1}}\sum_{i=1}^{\infty}\lambda^i X_{t-i} + \frac{\alpha^{-1}}{\lambda - \lambda^{-1}}\sum_{i=0}^{\infty}\lambda^i X_{t+i} + c_1\lambda^t + c_2\lambda^{-t},$$

$$p_t = \frac{\alpha^{-1}}{\lambda - \lambda^{-1}}\sum_{i=-\infty}^{\infty}\lambda^{|i|}X_{t-i} + c_1\lambda^t + c_2\lambda^{-t}. \tag{48}$$

Die Lösung (48) drückt $p_t$ als „zweiseitig" verteilten Lag von $X_t$ aus, d.h. als gewogene Summe vergangener, gegenwärtiger und zukünftiger Werte von $X$. In diesem Modell hängt also der herrschende Preis vom gesamten, vergangenen **und** zukünftigen Zeitpfad des exogenen Schocks $X$ ab. Wie üblich werden die beiden Konstanten $c_1$ und $c_2$ durch zwei Randbedingungen für den Zeitpfad von $p_t$ bestimmt. Zum Beispiel führen die beiden Randbedingungen $\lim_{t \to -\infty} |p_t| < \infty$, $\lim_{t \to +\infty} |p_t| < \infty$, d. h. die Forderung, daß der Zeitpfad von $p_t$ beschränkt ist, wenn die Folge $\{X_t\}$ beschränkt ist, dazu, daß $c_1 = c_2 = 0$ sein muß.

## 8. Ein Optimierungsbeispiel: Lösung eines Systems von Euler-Gleichungen

Bis jetzt war unser Verfahren, stabile Wurzeln in die Vergangenheit und instabile Wurzeln in die Zukunft zu lösen etwas willkürlich, denn es beruhte zum Teil auf der Forderung, daß die Lösung beschränkt sein sollte. Wenn aber eine lineare Differenzengleichung aus einem dynamischen quadratischen Optimierungsproblem entsteht, treten weitere notwendige Optimalitätsbedingungen auf, die eben dazu führen, daß man stabile Wurzeln in die Vergangenheit und instabile Wurzeln in die Zukunft löst.

Wir wollen das am Fall eines Unternehmens veranschaulichen, das Arbeit als einzigen Produktionsfaktor beschäftigt und sich einer quadratischen Produktionsfunktion sowie einer quadratischen Anpassungskostenfunktion in Bezug auf seine Arbeitskräfte gegenübersieht.

Wir gehen davon aus, daß das Unternehmen im Zeitpunkt $t$ die Beschäftigung wählt, bei der es seinen Gegenwartswert maximiert:

$$v_t = \sum_{j=0}^{\infty} b^j \left\{ (f_0 + a_{t+j}) n_{t+j} - \frac{f_1}{2} n_{t+j}^2 - \frac{d}{2} (n_{t+j} - n_{t+j-1})^2 - w_{t+j} n_{t+j} \right\}, \quad (49)$$

$n_{t-1}$ sei hierbei gegeben; weiter seien $f_0, f_1, d > 0$ und für den Diskontierungsfaktor $b$ gelte $0 < b < 1$. $w_{t+j}$ bezeichnet den Reallohn, dem sich das Unternehmen zum Zeitpunkt $t+j$ gegenübersieht, $n_{t+j}$ ist die Beschäftigung des Unternehmens zum Zeitpunkt $t+j$. Die Folge $\{a_{t+j}\}_{j=0}^{\infty}$ ist dem Unternehmen bekannt; $a_{t+j}$ bezeichnet einen exogenen Anstoß des Grenzprodukts der Arbeit zum Zeitpunkt $t+j$. Wir nehmen an, daß es für alle $t$ ein $K > 0$ gibt, so daß $|w_t| < K(x)^t$, $|a_t| < K(x)^t$ gilt, wobei $1 \leqq x < 1/b$; eine Folge, die diese Ungleichungen für $K > 0$ und $1 \leq x < 1/b$ erfüllt, wollen wir „von exponentieller Ordnung kleiner $1/b$" nennen.

Die schnelle Anpassung von Arbeitskräften verursacht Kosten für das Unternehmen, denen wir in diesem Modell dadurch Rechnung tragen, daß wir den Ausdruck $(1/2) \cdot d(n_{t+j} - n_{t+j-1})^2$ in jeder Periode von den realen Einnahmen abziehen. Das Unternehmen sieht sich den beiden ihm bekannten Folgen $\{w_{t+j}\}_{j=0}^{\infty}$ und $\{a_{t+j}\}_{j=0}^{\infty}$ gegenüber und wählt die Folge $\{n_{t+j}\}_{j=0}^{\infty}$, bei der es $v_t$ maximiert.

Zur Lösung des Problems erweist sich eine Betrachtung bei begrenztem Zeithorizont als zweckmäßig: Zu maximieren ist

$$v_t^T = \sum_{j=0}^{T} b^j \left\{ (f_0 + a_{t+j}) n_{t+j} - \frac{f_1}{2} n_{t+j}^2 - \frac{d}{2} (n_{t+j} - n_{t+j-1})^2 - w_{t+j} n_{t+j} \right\}, \quad (50)$$

wobei $n_{t-1}$ gegeben ist. Lassen wir $T$ gegen unendlich gehen, so kommt es zur Übereinstimmung mit dem Problem bei unbegrenztem Zeithorizont. (50) ist nur dann maximiert, wenn die Folge $\{n_{t+j}\}_{j=0}^{T}$ das folgende System notwendiger Bedingungen erster Ordnung erfüllt; es ergibt sich, wenn wir (50) nach $n_t, n_{t+1}, \ldots, n_{t+T}$ differenzieren:

$$f_0 + a_{t+j} - w_{t+j} - f_1 n_{t+j} - d(n_{t+j} - n_{t+j-1}) + db(n_{t+j+1} - n_{t+j}) = 0, \qquad j = 0, 1, \ldots, T-1 \quad (51)$$

$$b^T[f_0 + a_{t+T} - w_{t+T} - f_1 n_{t+T} - d(n_{t+T} - n_{t+T-1})] = 0. \quad (52)$$

Gleichung (51) bildet ein System linearer Differenzengleichungen zweiter Ordnung, die wir als Euler-Gleichungen kennen; wir wollen sie wie folgt schreiben:

$$dbn_{t+j+1} - (f_1 + d(1+b))n_{t+j} + dn_{t+j-1} = w_{t+j} - a_{t+j} - f_0$$

bzw.

$$bn_{t+j+1} + \phi n_{t+j} + n_{t+j-1} = \frac{1}{d}(w_{t+j} - a_{t+j} - f_0), \qquad j = 0, 1, \ldots, T-1$$

$$\phi = -\left(\frac{f_1}{d} + (1+b)\right). \quad (53)$$

Zur Lösung dieser Differenzengleichung zweiter Ordnung benötigen wir noch zwei Randbedingungen. Die eine ergibt sich aus dem Ausgangsniveau von $n_{t-1}$, die andere bildet die Endbedingung (52). Letztere – wir kennen sie als Transversalitätsbedingung – ist eine notwendige Optimalitätsbedingung. Um die Endbedingung im Falle eines unbegrenzten Zeithorizonts zu erhalten, ist es zweckmäßig

$$\lim_{T\to\infty} b^T[f_0 + a_{t+T} - w_{t+T} - f_1 n_{t+T} - d(n_{t+T} - n_{t+T-1})] = 0 \quad (54)$$

als Transversalitätsbedingung zu nehmen. Es erweist sich als hinreichend für die Erfüllung der Transversalitätsbedingung, wenn erstens $\{a_{t+j}\}$ und $\{w_{t+j}\}$ von exponentieller Ordnung kleiner $1/b$ sind und wenn zweitens die Lösung für $\{n_{t+j}\}$ von exponentieller Ordnung kleiner $1/b$ ist. Denn für den Fall, daß $\{w_t\}$, $\{a_t\}$ und $\{n_t\}$ jeweils von exponentieller Ordnung kleiner $1/b$ sind, gilt

$$\begin{aligned}
&|b^T[f_0 + a_{t+T} - w_{t+T} - f_1 n_{t+T} - d(n_{t+T} - n_{t+T-1})]| \\
&\quad \leq b^T f_0 + b^T|a_{t+T}| + b^T|w_{t+T}| + b^T(f_1 + d)|n_{t+T}| + b^T d|n_{t+T-1}| \\
&\quad \leq b^T f_0 + b^T K(x)^{t+T} + b^T K(x)^{t+T} + b^T(f_1 + d)K(x)^{t+T} + b^T dK(x)^{t+T-1} \\
&\quad = b^T f_0 + K(x)^t(bx)^T + K(x)^t(bx)^T + K(f_1 + d)x^t(bx)^T + (dKx^{t-1})(bx)^T.
\end{aligned}$$

Da $bx < 1$, ist der Grenzwert jedes Ausdrucks in der letzten Zeile für $T \to \infty$ gleich Null. Demzufolge sind die Bedingungen, daß $\{a_t\}$, $\{w_t\}$ und $\{n_t\}$ von exponentieller Ordnung kleiner $1/b$ sind, hinreichend für die Erfüllung der Transversalitätsbedingung. Bis auf wenige Ausnahmefälle sind diese Bedingungen auch notwendig für die Erfüllung der Transversalitätsbedingung (54). Gelingt es uns eine Lösung der Differenzengleichung

$$bn_{t+j+1} + \phi n_{t+j} + n_{t+j-1} = d^{-1}(w_{t+j} - a_{t+j} - f_0)$$

unter Berücksichtigung der Transversalitätsbedingung und bei bekanntem Ausgangswert von $n_{t-1}$ zu finden, so sind die notwendigen Optimalitätsbedingungen für den Fall des unbegrenzten Zeithorizonts erfüllt.

**Abb. 4**

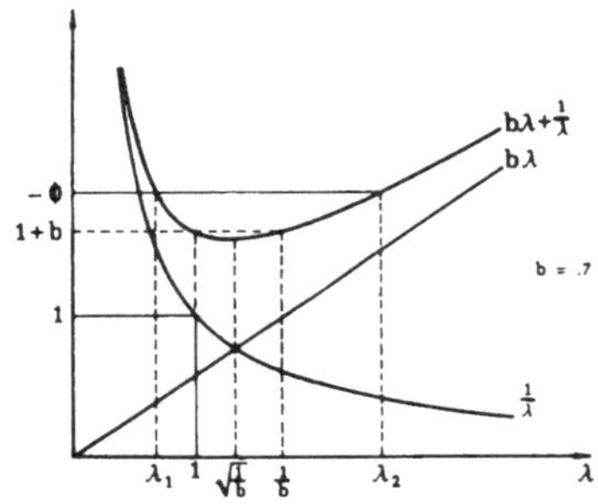


Wir schreiben die Differenzengleichung dazu als

$$b\left(1 + \frac{\phi}{b} L + \frac{1}{b} L^2\right) n_{t+j+1} = \frac{1}{d}(w_{t+j} - a_{t+j} - f_0).$$

Die Zerlegung in Faktoren ergibt

$$\left(1 + \frac{\phi}{b} L + \frac{1}{b} L^2\right) = (1 - \lambda_1 L)(1 - \lambda_2 L) = 1 - (\lambda_1 + \lambda_2)L + \lambda_1\lambda_2 L^2.$$

Aus dem Vergleich der Koeffizienten von $L$ folgt

$$-\phi/b = (\lambda_1 + \lambda_2), \qquad 1/b = \lambda_1\lambda_2, \qquad \text{bzw.} \quad 1/\lambda_1 b = \lambda_2.$$

Für $\lambda_1$ muß also gelten

$$-\frac{\phi}{b} = \left(\lambda_1 + \frac{1}{\lambda_1 b}\right) \qquad \text{oder} \qquad \frac{f_1}{d} + (1 + b) = -\phi = \lambda_1 b + \frac{1}{\lambda_1}.$$

In Abbildung 4 ist die Bestimmung von $\lambda_1$ und $\lambda_2$ dargestellt. Die Funktion $\lambda b + \lambda^{-1}$ hat bei $\lambda = \sqrt{1/b}$ ein Minimum mit dem Wert $2\sqrt{b}$. Ist $0 < b < 1$, so ist immer $1 + b \geq 2\sqrt{b}$, wobei das Gleichheitszeichen gilt, wenn $b = 1$; also selbst wenn $f_1 = 0$ ist, was bedeutet, daß $\phi = -(1 + b)$, ergibt sich $-\phi \geq 2\sqrt{b}$. Damit ist sichergestellt, daß für $f_1 > 0$ die Lösungen für $\lambda_1$ und $\lambda_2$, wie in Abbildung 4 dargestellt, reell und ungleich werden. Ohne dadurch den Allgemeinheitsgrad einzuschränken, wollen wir annehmen, daß $\lambda_1$ die kleinere Wurzel sei. Es folgt dann aus dem Gesagten, daß $\lambda_1 < 1/\sqrt{b} < \lambda_2$. Mit Hilfe von Abbildung 4 läßt sich auch erkennen, daß $\lambda_1 < 1 < 1/b < \lambda_2$. Da $-\phi = ((f_1/d) + 1 + b)$, muß gelten $-\phi > 1 + b$, denn $f_1/d > 0$. Wäre $-\phi$ gleich $1 + b$, so würden sich $\lambda_1$ und $\lambda_2$ ergeben aus

$$1 + b = \lambda b + \lambda^{-1}$$

bzw.

$$b\lambda^2 - (1 + b)\lambda + 1 = 0, \qquad (\lambda b - 1)(\lambda - 1) = 0,$$

so daß $\lambda_1 = 1$, $\lambda_2 = 1/b$. Da aber $-\phi > 1 + b$, ist, wie uns Abbildung 4 zeigt, eins die obere Schranke für $\lambda_1$ und $1/b$ die untere Schranke für $\lambda_2$.

Nach dieser Zerlegung in Faktoren können wir die Differenzengleichung schreiben als

$$b(1 - \lambda_1 L)(1 - \lambda_2 L)n_{t+j+1} = d^{-1}(w_{t+j} - a_{t+j} - f_0).$$

Damit die Transversalitätsbedingung erfüllt wird, wenden wir auf beide Seiten dieser Gleichung die „Vorwärts-Inverse" des Operators $1 - \lambda_2 L$ an und erhalten dann

$$(1 - \lambda_1 L)n_{t+j+1} = \frac{-(b\,d\lambda_2)^{-1}L^{-1}}{1 - \lambda_2^{-1}L^{-1}}(w_{t+j} - a_{t+j} - f_0) + c\lambda_2{}^t,$$

wobei $c$ eine Konstante bezeichnet. Da jedoch $\lambda_2 > 1/b$, müssen wir $c = 0$ setzen, um die Transversalitätsbedingung zu erfüllen, denn sonst wäre $\{n_{t+j}\}$ nicht von exponentieller Ordnung kleiner $1/b$. Setzen wir $c = 0$ und beachten, daß $1/\lambda_2 = b\lambda_1$, so ergibt sich

$$n_{t+j+1} = \lambda_1 n_{t+j} - \frac{\lambda_1}{d}\sum_{i=0}^{\infty}\left(\frac{1}{\lambda_2}\right)^i (w_{t+j+1+i} - a_{t+j+1+i} - f_0), \qquad j = 0, 1, \ldots. \tag{55}$$

Wir erhalten somit eine Arbeitsnachfragefunktion, bei der sich die laufende Beschäftigung als Funktion der Beschäftigung der Vorperiode, der gegenwärtigen sowie aller zukünftigen Werte des Reallohns und des exogenen Produktivitätsanstoßes ergibt.

Da $\lambda_2 > 1/b$, ist $1/\lambda_2 < b$, so daß die unendliche gewogene Summe auf der rechten Seite von (55) konvergiert, wenn $\{a_{t+j}\}$ und $\{w_{t+j}\}$ Folgen von exponentieller Ordnung kleiner $1/b$ sind. Die Summe auf der rechten Seite der Gleichung wird also endlich für endliche $j = 0, 1, 2, \ldots$

Es ist nun noch zu zeigen, daß (55) auch für $j = -1$ gilt. Wir verwenden dazu die Lösung (55) für $j = 0$ und eliminieren damit $n_{t+1}$ aus der Euler-Gleichung (53) für $j = 0$; wir erhalten dann

$$\{b\lambda_1 + \phi\}n_t + n_{t-1} = z_t + \frac{b\lambda_1}{1 - \lambda_2^{-1}L^{-1}} z_{t+1},$$

wobei $z_t = d^{-1}(w_t - a_t - f_0)$. Da $\lambda_1 + \lambda_2 = -\phi/b$ und $b\lambda_1 = \lambda_2^{-1}$, läßt sich die obige Gleichung nach einer Umformung auch schreiben als

$$n_t = \lambda_1 n_{t-1} - \frac{\lambda_1}{1 - \lambda_2^{-1}L^{-1}} z_t,$$

was besagt, daß (55) auch für $j = -1$ gilt. (55) beschreibt also den optimalen Plan des Unternehmens zur Festlegung von $n_{t+j+1}$ für $j = -1, 0, 1, \ldots$

Die Transversalitätsbedingung hat also dazu geführt, daß wir erstens die „instabile" Wurzel $\lambda_2$ verwendet haben, um das System „in Zukunft" zu lösen und zweitens $c\lambda_2^t = 0$ in (55) gesetzt haben.

Um das zu verdeutlichen, schreiben wir (55) als

$$(1 - \lambda_1 L)n_{t+j+1} = \varepsilon_{t+j+1}, \qquad j = -1, 0, 1, 2, \ldots, \tag{56}$$

wobei

$$\varepsilon_{t+j+1} \equiv -\frac{\lambda_1}{d}\frac{1}{1 - \lambda_2^{-1}L^{-1}}(w_{t+j+1} - a_{t+j+1} - f_0).$$

Da $\{w_{t+j}\}$ und $\{a_{t+j}\}$ von exponentieller Ordnung kleiner $1/b$ sind, ist auch die Folge $\{\varepsilon_{t+j+1}\}$ von exponentieller Ordnung kleiner $1/b$ und somit endlich für endliche $t+j$.[8] Ist $n_{t-1}$ gegeben, so erhalten wir schließlich als Lösung der Differenzengleichung (55)

$$n_{t+j+1} = \lambda_1^{j+2} n_{t-1} + \sum_{i=0}^{j+1} \lambda_1^i \varepsilon_{t+j+1-i}, \qquad j = -2, -1, 0, 1, \ldots. \tag{57}$$

Dies ist die einzige Lösung der Euler-Gleichung, die die Anfangsbedingung und die Transversalitätsbedingung (54) erfüllt. Man kann ganz einfach zeigen, daß sowohl die Anfangsbedingung, als auch die Transversalitätsbedingung durch diese Lösung erfüllt wird, letztere aufgrund der exponentiellen Ordnung kleiner $1/b$ der Folge $\{\varepsilon_{t+j}\}$ und der Tatsache, daß $|\lambda_1| < 1$. Denn es gilt

$$\left| \sum_{i=0}^{j+1} \lambda_1{}^i \varepsilon_{t+j+1-i} \right| < \sum_{i=0}^{j+1} \lambda_1{}^i K(x)^{t+j+1-i} \le K(x)^{t+j+1} \left( \frac{1}{1-(\lambda_1/x)} \right),$$

was beweist, daß $\sum_{i=0}^{j+1} \lambda_1^i \varepsilon_{t+j-i}$ von exponentieller Ordnung kleiner $1/b$ ist. Damit impliziert (57), daß $n_{t+j}$ von exponentieller Ordnung kleiner $1/b$ ist, und somit die Transversalitätsbedingung erfüllt ist.

Es ist zu betonen, daß uns also die Transversalitätsbedingung zwingt, instabile Wurzeln in die Zukunft zu lösen. Denn hätten wir die instabile Wurzel $\lambda_2$ in die Vergangenheit gelöst, würde die Lösung für $n_{t+j+1}$ schließlich vor allem durch Ausdrücke von exponentieller Ordnung $\lambda_2$ bestimmt. Da $\lambda_2 > 1/b$, würde diese Lösung die Transversalitätsbedingung verletzen.

Abschließend läßt sich als Lösung unseres Maximierungsproblems bei unendlichem Zeithorizont die folgende Arbeitsnachfragefunktion bzw. Entscheidungsregel für das Unternehmen aufstellen:

$$n_{t+j+1} = \lambda_1 n_{t+j} - \frac{\lambda_1}{d} \frac{1}{1-\lambda_2^{-1}L^{-1}} (w_{t+j+1} - a_{t+j+1} - f_0),$$

für $j = -1, 0, 1, 2, \ldots.$

**Übungsaufgaben**

**1.** Man zeige, daß die Beschäftigung der **Vorperiode** und die **zukünftigen** Werte von $w_t$ und $a_t$ nur dann auf der rechten Seite der Entscheidungsregel für die Beschäftigung (55) (Nachfragefunktion) erscheinen, wenn der Anpassungskostenparameter $d$ positiv ist. (Man setze $d = 0$ und bearbeite dann nochmals das Optimierungsproblem des Unternehmens.)

**2.** Man bestimme die Auswirkung einer Erhöhung von $d$ auf die Parameter für die Anpassungsgeschwindigkeit $\lambda_1$ und $\lambda_2$. Reagiert ein Unternehmen, das einem kleinen $d$ gegenübersteht langsamer oder schneller auf die herrschenden Bedingungen als ein Unternehmen, für das der Wert von $d$ groß ist? (**Hinweis:** Man verwende Abbildung 4)

[8] Da z. B. $|w_{t+j+i}| < K(x)^{t+j+i}$ für $K > 0$ und $1 \le x < 1/b$, gilt

$$F_{t+j+1} \equiv \left| \sum_{i=0}^{\infty} \left(\frac{1}{\lambda_2}\right)^i w_{t+j+i+1} \right| < K \sum_{i=0}^{\infty} \left(\frac{1}{\lambda_2}\right)^i (x)^{t+j+i+1} = K\left(\frac{1}{1-\lambda_2{}^{-1}x}\right) x^{t+j+1},$$

wobei $1/\lambda_2 < b$ und $x < 1/b$. $F$ ist demzufolge von exponentieller Ordnung kleiner $1/b$.

**3 (Eine keynesianische Investitionsfunktion)** Ein Unternehmen legt die Folge $\{k_{t+j}\}_{j=0}^{\infty}$ seines Kapitalstocks so fest, daß es

$$v_t = \sum_{j=0}^{\infty} b^j \left\{ a_0 k_{t+j} - \frac{a_1}{2} k_{t+j}^2 - J_{t+j}(k_{t+j} - k_{t+j-1}) - \frac{d}{2}(k_{t+j} - k_{t+j-1})^2 \right\}$$

maximiert, wobei $k_0 > 0$ gegeben, $a_0, a_1, d > 0$ und $\{J_{t+j}\}_{j=0}^{\infty}$ eine bekannte Folge des relativen Preises für Kapital bezüglich des Preises für das Produkt des Unternehmens darstellt Die Folge $\{J_{t+j}\}$ ist von exponentieller Ordnung kleiner $1/b$, wobei $b$, mit $0 < b < 1$, den Diskontierungsfaktor (den reziproken Wert von eins plus dem realen Zinssatz) bezeichnet

A Leiten Sie die Euler-Gleichungen und die Transversalitätsbedingung ab

B Man zeige, daß die optimale Entscheidungsregel des Unternehmens die folgende Form hat

$$k_{t+j+1} = \lambda_1 k_{t+j} + c_0 + \frac{c_1}{1 - \lambda_2^{-1} L^{-1}} (bJ_{t+j+2} - J_{t+j+1}),$$

wobei $0 < \lambda_1 < 1 < \lambda_2$ und $c_0$ und $c_1$ Konstanten sind Man bestimme $c_0$ und $c_1$, weiter bestimme man $\lambda_1$ und $\lambda_2$ und zeige, daß diese den obigen Ungleichungen genügen

**4. (Keynesianische Stabilisierungspolitik)** Für die reduzierte Form des BSP ($Y$) gelte

$$Y_t = \alpha + BS_t + cg_t, \qquad B > 0, \quad c > 0,$$

wobei $g$ die Staatsausgaben bezeichnet Die Exporte $S_t$ sind exogen und unterliegen nicht dem Einfluß des Staates Die Folge $\{S_t\}_{t=0}^{\infty}$ der Exporte sei von exponentieller Ordnung kleiner $1/b$, wobei $0 < b < 1$ Es sei angenommen, daß der Staat $g_t$ so festlegt, daß er die Verlustfunktion

$$T = \sum_{t=0}^{\infty} b^t \{(Y_t - Y_t^*)^2 + d(g_t - g_{t-1})^2\}, \qquad d \geq 0,$$

minimiert $\{Y_t^*\}_{t=0}^{\infty}$ ist hierbei eine angestrebte Folge des BSP von exponentieller Ordnung kleiner $1/b$, $d$ ist nicht negativ und gibt die Kosten an, die entstehen, wenn $g$ von seinem vorhergehenden Wert abweicht

A Bestimmen Sie die optimale Entscheidungsregel für $g_t$, unter der Annahme, daß $d = 0$

B Bestimmen Sie die optimale Entscheidungsregel für $g_t$, unter der Annahme, daß $d > 0$

**5. (Cass-Koopmans Problem des optimalen Wachstums)** Jemand plant (Konsum-, Kapital-)Folgen so, daß er

$$\sum_{t=0}^{\infty} \beta^t \left( u_0 c_t - \frac{u_1}{2} c_t^2 \right), \qquad u_0, u_1 > 0$$

maximiert, unter der Nebenbedingung $c_t + k_{t+1} \leq f_0 k_t$, wobei $k_0$ gegeben ist und die Ungleichung $0 < k_0 < (u_0/u_1)(1/(f_0 - 1))$ erfüllt $c_t$ ist hierbei der Konsum pro Kopf, $k_t$ das Kapital pro Kopf Es sei angenommen, daß $f_0 > 1/\beta > 1$, wobei $\beta$ den Diskontierungsfaktor bezeichnet Es besteht die Randbedingung, daß die Folge $\{k_t\}$ beschränkt sei (Eigentlich wäre nur notwendig, daß $k_t$ nicht negativ ist, aber die Beschränktheit erfüllt den gleichen Zweck und ist zudem einfacher zu handhaben )

A Man bestimme die Euler-Gleichungen und die Transversalitätsbedingung Man interpretiere die Transversalitätsbedingung (**Hinweis:** Man benutze die Nebenbedingung, um $c_t$ aus der Zielfunktion zu eliminieren und differenziere dann nach den aufeinanderfolgenden $k$'s )

B Man löse die Euler-Gleichung für den steady-state-Gleichgewichtswert von $k$, sagen wir $\bar{k}$ Man bestimme den steady-state-Gleichgewichtswert von $\bar{c}$ (**Hinweis:** Folgende Ergebnisse sollte man erhalten

$$\bar{k} = \left( \frac{1}{f_0 - 1} \right) \frac{u_0}{u_1}, \qquad \bar{c} = \frac{u_0}{u_1} \; )$$

Man interpretiere den steady-state-Wert von $\bar{c}$

C. Man zeige, daß sich als optimale Rückkopplungsformel für $k$ ergibt

$$k_{t+1} = \frac{1}{f_0\beta} k_t - \left(\frac{1}{f_0 - 1}\right)\left(\frac{u_0}{u_1}\left(\frac{1}{\beta f_0} - 1\right)\right). \tag{*}$$

(**Hinweis:** Man löse die Euler-Gleichung) Erfüllt diese Lösung die Transversalitätsbedingung? Wäre sie erfüllt, wenn man die „andere" Wurzel in die Vergangenheit, statt in die Zukunft gelöst hätte?

D. Man zeige, daß für $t \to \infty$ die Lösung für $k_{t+1}$ in (*) gegen $\bar{k}$ konvergiert.

E. Man zeige, daß sich der Konsum erhöht, wenn sich das Kapital auf seinen steady-state-Gleichgewichtswert zubewegt.

**6.** Ein Konsument unterliege einer Folge von Budgetbeschränkungen

$$A_{t+1} = (1 + r)A_t + (1 + r)(y_t - c_t), \qquad t = 0, 1, 2, \ldots, \tag{†}$$

wobei $A_t$ den Besitz an Aktiva zu Beginn der Periode $t$, $y_t$ das exogene Einkommen und $c_t$ den Konsum der Periode $t$ bezeichnen. $r > 0$ sei die Realverzinsung der Aktiva; sie soll im Zeitverlauf konstant sein. Der Bestand an Aktiva (Passiva) zu Beginn jeder Periode ergibt sich als Summe aus $1 + r$ mal dem Vorperiodenbestand an Aktiva und $1 + r$ mal dem Betrag, um den das Vorperiodeneinkommen größer (kleiner) als der Vorperiodenkonsum war. Es sei angenommen, daß sowohl $c_t$ als auch $y_t$ von exponentieller Ordnung kleiner $1 + r$ sind. Der Konsument unterliegt des weiteren der Randbedingung

$$\lim_{t \to \infty} (1 + r)^{-t} A_t = 0.$$

Man zeige, daß die Folge der Budgetbeschränkungen (†) somit impliziert, daß

$$A_t + \sum_{i=0}^{\infty} \frac{y_{t+i}}{(1 + r)^i} = \sum_{i=0}^{\infty} \frac{c_{t+i}}{(1 + r)^i}, \qquad t = 0, 1, 2, \ldots.$$

Interpretieren Sie dieses Ergebnis. Es sei angenommen, daß der Konsument im Zeitpunkt 0 über den Ausgangsbestand $A_0$ verfügt.

Man zeige, daß die Folge der Budgetbeschränkungen (†) impliziert, daß

$$A_t = \sum_{i=0}^{t-1} (1 + r)^{i+1}(y_{t-1-i} - c_{t-i-1}) + (1 + r)^t A_0.$$

Interpretieren Sie das Ergebnis.

**7.** Angenommen das Vermögensgleichgewicht werde durch die Cagan'sche Gleichung beschrieben:

$$m_t - p_t = -1(p_{t+1}^e - p_t), \qquad t = 0, 1, 2, \ldots,$$

wobei $m_t$ den Logarithmus des Geldangebots, $p_t$ den Logarithmus des Preisniveaus und $p_{t+1}^e$ die Erwartungen der Privaten über $p_{t+1}$ zum Zeitpunkt $t$ bezeichnen. Angenommen diese Erwartungen seien „rational", so daß

$$p_{t+1}^e = p_{t+1}.$$

A. Es sei $\{m_t\}$, $t = 0, 1, \ldots$, gegeben durch

$$m_t = 10\lambda^t, \qquad t = 0, 1, 2, \ldots.$$

Berechnen Sie die Gleichgewichtswerte von $p_t$ für $t = 0, 1, 2$ und $t = 5, 6$ bei folgenden Werten von $\lambda$:

(i) $\lambda = 1$;
(ii) $\lambda = 1.5$;
(iii) $\lambda = 2.0$.

B. Angenommen, $m_t$ beschreibe den Zeitpfad

$$m_t = 10\lambda^t, \qquad t = 0, 1, 2, 3, 4.$$

$$m_t = 11\lambda^t, \qquad t = 5, 6, 7, 8, \ldots.$$

Berechnen Sie die Gleichgewichtswerte von $p_t$ für $t = 0, 1, 2, 3, 4, 5, 6$ unter der Annahme, daß $\lambda = 1, 5$. Wie verhält sich dieser Zeitpfad zu dem in *A (ii)* berechneten? Zeichnen Sie die Graphen der beiden Zeitpfade.

## Literaturhinweise

Allen, R. G. D. (1960). *Mathematical Economics*, 2nd ed., London: Macmillan.

Baumol, W. J. (1959). *Economic Dynamics*, New York, Macmillan.

Cagan, P. (1956). "The monetary dynamics of hyperinflation" *Studies in the Quantity Theory of Money* (M. Friedman, ed.), Chicago: University of Chicago Press.

Gabel, R. A., and Roberts, R. A. (1973). *Signals and Linear Systems*, New York: Wiley.

Muth, J. F. (1961). "Rational expectations and the theory of price movements." *Econometrica*, Vol. 29, No. 3, pp. 315–335.

Samuelson, P. (1944). "Interaction between the multiplier analysis and the principle of acceleration," *Readings in Business Cycle Theory*, American Economic Association, New York: McGraw-Hill.

# Kapitel X

# Lineare Kleinstquadratprojektionen (Regressionen)

Das Konzept der linearen Regression findet sich in vielen bedeutenden Anwendungen in der Makroökonomik. Einige davon werden wir in den folgenden Kapiteln darstellen. Ein sehr wichtiger Anwendungsfall ergibt sich bei der modellmäßigen Behandlung des Problems der „Signalentnahme" *. Dieses Problem stellt sich Wirtschaftssubjekten in einer Situation, in der sie bezüglich einer Variablen, die ihre individuelle Wohlfahrt beeinflußt unvollkommene Information haben. Durch die Verwendung einer linearen Regression können die Wirtschaftssubjekte diese unbeobachtete Variable in einer Weise schätzen, die in einem bestimmten Sinne optimal ist. Zwei bedeutende Anwendungen des Modells der Signalentnahme in der Makroökonomik sind das Phillipskurvenmodell von Robert Lucas und die Theorie der Konsumfunktion von Milton Friedman. Weiterhin werden wir lineare Regressionen verwenden, um das Problem optimaler Kontrolle, das sich geld- und fiskalpolitischen Instanzen stellt zu charakterisieren und analysieren.

## 1. Lineare Kleinstquadratregression: Die Orthogonalitätsbedingung

Wir betrachten eine Menge von Zufallsvariablen $y, x_1, x_2, \ldots, x_n$. Die Erwartungswerte** dieser Zufallsvariablen bezeichnen wir mit $Ey, Ex_1, \ldots, Ex_n$. Wir nehmen an, daß diese Mittelwerte ebenso wie die Momente zweiter Ordnung $Ey^2$, $Ex_1^2, \ldots, Ex_n^2$ endlich sind. Aus der Cauchy-Schwarzschen Ungleichung folgt, daß die nachstehenden gemischten Momente zweiter Ordnung existieren und endliche Werte annehmen:

$$\begin{array}{lllll} Eyx_1 & Ex_1^2 & Ex_1x_2 & \cdots & Ex_1x_n \\ Eyx_2 & Ex_2x_1 & Ex_2^2 & \cdots & Ex_2x_n \\ \vdots & \vdots & & & \\ Eyx_n & Ex_nx_1 & Ex_nx_2 & \cdots & Ex_n^2. \end{array}$$

Wir überlegen, wie wir die Zufallsvariable $y$ schätzen können, wenn wir lediglich Werte der Zufallsvariablen $x_1, \ldots, x_n$ sowie alle oben aufgelisteten Mittelwerte und Momente zweiter Ordnung kennen.[1]

Weiterhin beschränken wir uns darauf, $y$ durch folgende lineare Funktion[2] der $x_i$ zu schätzen:

---

* Im amerikanischen Original steht „signal extraction".

** Die Begriffe Mittelwert, Varianz etc. bezeichnen hier immer die entsprechenden Momente der Zufallsvariablen (im Original: population moments), **nicht** Momente von Stichproben.

[1] Ein Leser mit einigem ökonometrischen Hintergrund wird bemerken, daß wir nicht das „allgemeine lineare Modell" studieren (vgl. z.B. Johnston, 1963, Kap. 4), bei dem angenommen wird, daß die „rechtsseitigen" $x$-Variablen nichtstochastisch sind.

[2] Die Verwendung einer linearen Funktion stellt im allgemeinen eine Einschränkung dar. Wenn man $E(y - g(x_1, \ldots, x_n))^2$ durch geeignete Wahl von $g(.)$ minimieren will, läßt sich zeigen, daß das optimale Vorgehen darin besteht, $g(.)$ gleich $E(y|x_1, \ldots, x_n)$ zu setzen. Im allgemeinen ist dieser bedingte Erwartungswert (von $y$) nicht eine lineare Funktion der $x_1, \ldots, x_n$. Diese lineare Spezifikation ergibt sich jedoch dann, wenn die Variablen $(y, x_1, \ldots, x_n)$ gemeinsam normalverteilt sind.

$$\hat{y} = a_0 + a_1 x_1 + \cdots + a_n x_n. \tag{1}$$

Wir wollen die $a_i$ so wählen, daß die Zufallsvariable $\hat{y}$ der Variablen $y$ „so nahe wie möglich" ist. Dies präzisieren wir im Sinne des Prinzips der kleinsten Quadrate ($KQ$). Die mittlere quadratische Abweichung

$$E(y - (a_0 + a_1 x_1 + \cdots + a_n x_n))^2 \tag{2}$$

soll minimiert werden bezüglich $a_0, a_1, \ldots, a_n$. Zur Vereinfachung definieren wir die neue (triviale) Zufallsvariable $x_0 \equiv 1$.

Wir können nun das **Orthogonalitätsprinzip** formulieren: Die Koeffizienten $a_0, a_1, \ldots, a_n$ minimieren (2) genau dann, wenn die folgenden (notwendigen und hinreichenden) Bedingungen erfüllt sind:

$$E\{(y - (a_0 + a_1 x_1 + \cdots + a_n x_n))x_i\} = 0, \qquad i = 0, 1, \ldots, n. \tag{3}$$

Zum Verständnis sei folgendes angemerkt: Zwei Zufallsvariablen $w$ und $z$ werden **orthogonal** genannt, wenn $E(wz) = 0$. Die Bedingungen (3) besagen daß $y - \hat{y}$ orthogonal zu jedem $x_i$, $i = 0, \ldots, n'$, ist. Das Orthogonalitätsprinzip behauptet, daß die Bedingungen (3) $\hat{y}$ eindeutig bestimmen. (Sie bestimmen auch die $a_i$ eindeutig, falls zwischen den $x_i$ keine lineare Abhängigkeit besteht).

Zum Beweis des Orthogonalitätsprinzips minimieren wir

$$J = E\left(y - \sum_{i=0}^{n} a_i x_i\right)^2.$$

Wir differenzieren $J$ nach $a_k$ und erhalten

$$-\frac{\partial J}{\partial a_k} = 2E\left(y - \sum_{i=0}^{n} a_i x_i\right)x_k = 0, \qquad k = 0, 1, \ldots, n,$$

bzw.

$$Eyx_k - \sum_{i=0}^{n} a_i Ex_i x_k = 0, \qquad k = 0, 1, \ldots, n. \tag{4}$$

Offensichtlich sind diese „Normalgleichungen" und die Orthogonalitätsbedingungen (3) äquivalent. Bezeichnen wir den $(1 \times (n+1))$-Zeilenvektor $(x_0, x_1, \ldots, x_n)$ mit $x$ und den $((n+1) \times 1)$-Spaltenvektor $(a_0, a_1, \ldots, a_n)'$ mit $a$. Dann können wir die Normalgleichungen (4) in kompakter Darstellung schreiben:

$$Ex'y = (Ex'x)a.$$

$Ex'x$ ist eine nichtnegative definite (positiv semidefinite) Matrix. Daher wissen wir aus den Bedingungen zweiter Ordnung, daß der mittlere quadratische Fehler $J$ durch jene $a_0, \ldots, a_n$ minimiert wird, die (4) erfüllen. Damit ist der Beweis des Orthogonalitätsprinzips vollständig. Die Orthogonalitätsbedingungen (3) besagen daß der „Prognosefehler" $y - \hat{y}$ orthogonal ist zu jedem $x_i$ und daher auch zu jeder Linearkombination der $x_i$. Wenn wir den Prognosefehler definieren als $\varepsilon = y - \hat{y}$ können wir

$$y = \sum_{i=0}^{n} a_i x_i + \varepsilon \tag{5}$$

schreiben, wobei gilt:

$$E(\varepsilon \textstyle\sum_{i=0}^{n} a_i x_i) = 0 \text{ und } E\varepsilon x_i = 0 \text{ für } i = 0, 1, \ldots, n.$$

Gemäß Gleichung (5) läßt sich $y$ in orthogonale Teile zerlegen. Wegen der Orthogonalität der Zufallsvariablen $\sum_{i=0}^{n} a_i x_i$ und $\varepsilon$ gilt folgende Zerlegung:

$$Ey^2 = E\left(\sum_{i=0}^{n} a_i x_i\right)^2 + E\varepsilon^2.$$

Die Zufallsvariable $\sum_{i=0}^{n} a_i x_i$, deren Koeffizienten $a_i$ die Bedingungen (3) erfüllen, nennen wir die Projektion von $y$ auf $x_0, x_1, \ldots, x_n$. Es erweist sich als bequem, diese Projektion wie folgt zu schreiben:

$$\sum_{i=0}^{n} a_i x_i \equiv P[y \mid 1, x_1, x_2, \ldots, x_n].$$

Die Orthogonalitätsbedingungen (3) können ausführlich in Form der üblichen Normalgleichungen geschrieben werden, wie sie sich aus der Methode der kleinsten Quadrate ergeben:

$$\begin{bmatrix} Ey \\ Eyx_1 \\ Eyx_2 \\ \vdots \\ Exy_n \end{bmatrix} = \begin{bmatrix} 1 & Ex_1 & Ex_2 & \cdots & Ex_n \\ Ex_1 & Ex_1{}^2 & Ex_1x_2 & \cdots & Ex_1x_n \\ Ex_2 & Ex_1x_2 & Ex_2{}^2 & \cdots & Ex_2x_n \\ \vdots & & & & \\ Ex_n & Ex_1x_n & Ex_2x_n & \cdots & Ex_n{}^2 \end{bmatrix} \begin{bmatrix} a_0 \\ a_1 \\ a_2 \\ \vdots \\ a_n \end{bmatrix}. \tag{6}$$

Unter der Annahme, daß die Inverse der $((n+1) \times (n+1))$-Matrix existiert, erhalten wir die folgende, explizite Gleichung für die $a_i$:

$$\begin{bmatrix} a_0 \\ a_1 \\ \vdots \\ a_n \end{bmatrix} = [Ex_i x_j]^{-1}[Eyx_k]. \tag{7}$$

Dabei steht $[Ex_i x_j]^{-1}$ für die Inverse der Matrix in (6) und $[Eyx_k]$ bezeichnet den $((n+1) \times 1)$-Spaltenvektor auf der linken Seite von (6).

Betrachten wir ein Beispiel. Die Variable $y$ wird auf $x_1$ sowie auf die (triviale) Variable $x_0 = 1$ projiziert. Gleichung (6) vereinfacht sich zu

$$\begin{bmatrix} Ey \\ Eyx_1 \end{bmatrix} = \begin{bmatrix} 1 & Ex_1 \\ Ex_1 & Ex_1{}^2 \end{bmatrix} \begin{bmatrix} a_0 \\ a_1 \end{bmatrix}.$$

Als Lösung erhalten wir

$$a_0 = Ey - a_1 Ex_1, \qquad a_1 = \frac{E(y - Ey)(x_1 - Ex_1)}{E(x_1 - Ex_1)^2}.$$

Wir bezeichnen die Kovarianz von $y$ und $x_1$ mit $\sigma_{x_1 y} = E\{(y - Ey)(x_1 - Ex_1)\}$ und die Varianz von $x_1$ mit $\sigma_{x_1}^2 = E\{(x_1 - Ex_1)^2\}$. Dann ergeben sich die Lösungen für $a_0$ und $a_1$ in der üblichen Form

$$a_0 = Ey - a_1 Ex_1, \qquad a_1 = \frac{\sigma_{x_1 y}}{\sigma_{x_1}^2}. \tag{8}$$

## 2. Rekursive Projektion

Die einfachen Formeln (8) können zum rekursiven Aufbau von Projektionen auf $n$ Variablen verwendet werden. Dies vereinfacht oft die Berechnungen und vermittelt Einsichten in sequentielles Lernen.

Wir schreiben die Zerlegung (5) für $n = 2$ wie folgt:

$$y = P[y \mid 1, x_1, x_2] + \varepsilon, \qquad y = a_0 + a_1 x_1 + a_2 x_2 + \varepsilon. \tag{9}$$

Dabei gilt: $E\varepsilon = 0$, $E\varepsilon x_1 = 0$, $E\varepsilon x_2 = 0$.

Diese drei Orthogonalitätsbedingungen bewirken, daß die $a_i$ Werte entsprechend dem Prinzip der kleinsten Quadrate annehmen. Wir projizieren nun beide Seiten von (9) auf $x_0 = 1$ und $x_1$ und erhalten die Gleichung[3]

$$P[y \mid 1, x_1] = a_0 + a_1 x_1 + a_2 P[x_2 \mid 1, x_1]. \tag{10}$$

Der Ableitung liegt zugrunde, daß

$$P[a_0 \mid 1, x_1] = a_0, \qquad P[x_1 \mid 1, x_1] = x_1, \qquad P[\varepsilon \mid 1, x_1] = 0.$$

Die beiden ersten Ausdrücke resultieren aus der direkten Anwendung des Orthogonalitätsprinzips. Offensichtlich wird $E(a_0 - t_0 - t_1 x_1)^2$ minimiert, wenn wir $t_0 = a_0$ und $t_1 = 0$ setzen. In analoger Weise wird $E(x_1 - t_0 - t_1 x_1)^2$ durch $t_0 = 0$ und $t_1 = 1$ minimiert. Der dritte Ausdruck folgt direkt aus den Orthogonalitätsbedingungen für (9), $E\varepsilon = E\varepsilon x_1 = 0$, zusammen mit den Normalgleichungen für die Projektion $P[\varepsilon \mid 1, x_1]$.

Wir subtrahieren (10) von (9) und erhalten

$$y - P[y \mid 1, x_1] = a_2(x_2 - P[x_2 \mid 1, x_1]) + \varepsilon. \tag{11}$$

Wenn wir $P[x_2 \mid 1, x_1] = b_0 + b_1 x_1$ schreiben, folgt aus den Orthogonalitätsbedingungen von (9), daß

$$\begin{aligned} E[\varepsilon(x_2 - P[x_2 \mid 1, x_1])] &= E[\varepsilon(x_2 - b_0 - b_1 x_1)] \\ &= E\varepsilon x_2 - b_0 E\varepsilon - b_1 E\varepsilon x_1 = 0. \end{aligned}$$

[3] Der Projektionsoperator ist linear in dem Sinne, daß für zwei beliebige Zufallsvariablen $y_1$ und $y_2$ und beliebige reelle Konstanten $c$ und $d$ gilt:

$$P[cy_1 + dy_2 \mid x_0, x_1, \ldots, x_n] = cP[y_1 \mid x_0, x_1, \ldots, x_n] + dP[y_2 \mid x_0, \ldots, x_n].$$

Der Beweis dieser Gleichung ergibt sich, wenn wir die Normalgleichungen der Projektionen auf beiden Seiten ausschreiben und miteinander vergleichen.

Folglich ist $\varepsilon$ orthogonal zu $x_2 - P[x_2|1, x_1]$. Das Orthogonalitätsprinzip impliziert daher, daß $a_2(x_2 - P[x_2|1, x_1])$ die Projektion von $y - P[y|1, x_1]$ auf $x_2 - P[x_2|1, x_1]$ ist. Gleichung (11) kann infolgedessen geschrieben werden als

$$y = P[y|1, x_1] + P[(y - P[y|1, x_1])|(x_2 - P[x_2|1, x_1])] + \varepsilon. \quad (12)$$

Wegen der Orthogonalitätsbedingungen bezüglich $\varepsilon$ folgt aus (12)

$$P[y|1, x_1, x_2] = P[y|1, x_1] + P[(y - P[y|1, x_1])|(x_2 - P[x_2|1, x_1])].$$

Wir setzen

$$\begin{aligned} P[y|1, x_1] &= c_0 + c_1 x_1, \\ P[x_2|1, x_1] &= b_0 + b_1 x_1, \\ P[(y - P[y|1, x_1])|(x_2 - P[x_2|1, x_1])] &= d_0 + d_1(x_2 - b_0 - b_1 x_1). \end{aligned}$$

(In der Tat wissen wir aus (11) daß $d_0 = 0$).

Dann kann (12) geschrieben werden als

$$\begin{aligned} y &= c_0 + c_1 x_1 + d_0 + d_1(x_2 - b_0 - b_1 x_1) + \varepsilon \\ &= (c_0 + d_0 - d_1 b_0) + (c_1 - b_1 d_1)x_1 + d_1 x_2 + \varepsilon. \end{aligned} \quad (13)$$

Wir vergleichen (9) mit (13) und erhalten

$$a_0 = (c_0 + d_0 - d_1 b_0) = (c_0 - d_1 b_0), \qquad a_1 = (c_1 - b_1 d_1), \qquad a_2 = d_1. \quad (14)$$

Die Gleichungen (14) geben uns die Koeffizienten der bivariaten Projektion $P[y|1, x_1, x_2]$ in Abhängigkeit von den Koeffizienten in drei einfachen Projektionen. Gleichung (12) enthält eine nützliche Beschreibung von optimalem Lernen (nach dem Prinzip der kleinsten Quadrate) bzw. sequentiellem Schätzen. Nehmen wir eine Ausgangssituation in der wir nur Daten für die Variable $x_1$ besitzen. Als lineare Kleinstquadratschätzungen für $y$ und $x_2$ erhalten wir $P[y|1, x_1]$ und $P[x_2|1, x_1]$. Wenn eine Beobachtung $x_2$ verfügbar wird, können wir unsere Schätzung für $y$ verbessern, indem wir zu $P[y|1, x_1]$ die Projektion des „unbeobachteten Prognosefehlers" $y - P[y|1, x_1]$ auf den „beobachteten Prognosefehler" $x_2 - P[x_2|1, x_1]$ addieren. Wenn diese Prognosefehler korreliert sind enthält die zusätzliche Beobachtung $x_2$ nützliche Information für die Schätzung von $y$.

Durch Induktion (oder geeignete Interpretation von $x$ in (12) als Vektor von Zufallsvariablen) gelangen wir von (12) zu der folgenden Vektordarstellung:

$$P[y|\Omega, x] = P[y|\Omega] + P[(y - P[y|\Omega])|(x - P[x|\Omega])]. \quad (15)$$

Dabei bezeichnet $\Omega$ eine Liste von Zufallsvariablen und $x$ steht für eine Zufallsvariable. Die praktische Bedeutung von (12) und (15) besteht darin, daß die multiple Regression (15) sequentiell aus einfachen Regressionen aufgebaut werden kann.

Noch allgemeiner können wir $x = (x_1, \ldots, x_n)$ als Zufallsvektor interpretieren und erhalten die (formal identische) rekursive Projektionsformel[4]

[4] Zum Beweis von Gleichung (15') beachten wir, daß wegen des Orthogonalitätsprinzips jedes Element des Vektors $x - P[x|\Omega]$ orthogonal zu jedem Element von $\Omega$ ist. Weiterhin

$$P[y|\Omega, x] = P[y|\Omega] + P[y - P(y|\Omega)|(x - P(x|\Omega)]. \qquad (15')$$

Dabei bezeichnet $x - P(x|\Omega)$ den Vektor $(x_1 - P(x_1|\Omega), \ldots, x_n - P(x_n|\Omega))$.

Die rekursive Beziehung (15) bildet die Grundlage der von Ingenieuren häufig benutzten Kalman-Filtertechnik. Weiter unten werden wir sehen, wie Lucas bei der Ableitung seines Modells der Phillipskurve Gleichung (15), interpretiert als Mechanismus sequentiellen Lernens, verwendete.

### 3. Das Gesetz der iterierten Projektionen

Aus Gleichung (15) können wir eine fundamentale Beziehung ableiten, die unter der Bezeichnung **Gesetz der iterierten Projektionen** bekannt ist. Wir projizieren die Zufallsvariable $P[y|\Omega, x]$ auf die „Informationsmenge" $\Omega$. Dann gilt unserem Gesetz zufolge:

$$P[P[y|\Omega, x]|\Omega] = P[y|\Omega].$$

Zum Beweis schreiben wir (15) in der Form

$$P[y|\Omega, x] = P[y|\Omega] + a(x - P[x|\Omega]).$$

Die Zahl $a$ ist gegeben durch die Formel

$$a = \frac{E(y - P[y|\Omega])(x - P[x|\Omega])}{E(x - P[x|\Omega])^2}.$$

Wir projizieren beide Seiten der obigen Gleichung auf $\Omega$. Wegen des Orthogonalitätsprinzips erhalten wir $P[(x - P(x|\Omega))|\Omega] = 0$ sowie $P[P(y|\Omega)|\Omega] = P[y|\Omega]$, da $P[y|\Omega]$ eine Linearkombination von Elementen aus $\Omega$ ist. Damit ist das Gesetz bewiesen.

### 4. Das Problem der Signalentnahme

Nehmen wir an, ein Wirtschaftssubjekt möchte eine Zufallsvariable $s$ schätzen, beobachtet aber lediglich die Zufallsvariable $x$, die in folgendem Zusammenhang mit $s$ steht:

$$x = s + n.$$

Es gilt: $Esn = 0$; $Es^2$, $En^2 < \infty$; $Es = En = 0$.
Eine Interpretation besteht darin, daß $x$ von $s$ um den Meßfehler $n$ abweicht. Die lineare Kleinstquadratschätzung von $s$ ist

$$P[s|1, x] = a_0 + a_1 x.$$

---

gilt, daß der lineare Raum, der von $(\Omega, x)$ aufgespannt wird, identisch ist mit dem von $(\Omega, x - P[x|\Omega])$ aufgespannten Raum. Daher können wir schreiben:

$$P[y|\Omega, x] = P[y|\Omega] + P[y|x - P(x|\Omega)]. \qquad (*)$$

Weil $x - P[x|\Omega]$ orthogonal ist zu $\Omega$ und daher auch zu $P[y|\Omega]$ erhalten wir, daß $P[P[y|\Omega]|x - P(x|\Omega)] = 0$. Die Formel (15') folgt daher, wenn wir $0 = P[P(y|\Omega)|x - P(x|\Omega)]$ von (*) subtrahieren.

Aus den Normalgleichungen ergibt sich

$$a_1 = \frac{E(xs)}{Ex^2} = \frac{E((s+n)s)}{E(s+n)^2}, \qquad a_1 = \frac{Es^2}{Es^2 + En^2}, \qquad a_0 = 0.$$

In unserem zweiten Beispiel betrachten wir einen Arbeiter, der den Logarithmus seines Reallohnes $w-p$ schätzen möchte. Er beobachtet die Zufallsvariable $w$, kennt aber nicht die (für ihn relevante) Variable $p$ zu der Zeit, wenn er seine Arbeits(angebots)entscheidung trifft. Annahmegemäß seien $w$ und $p$ durch die folgenden Beziehungen bestimmt:

$$w = z + u, \qquad p = z + v.$$

Dabei soll gelten: $Ezu = Ezv = Euv = Eu = Ez = Ev = 0$. $z$ repräsentiert neutrale Bewegungen des aggregierten Preisniveaus, die den Reallohn nicht beeinflussen. Die Variablen $u$ und $v$ stehen für Faktoren die Reallohnänderungen bewirken. Der Arbeiter bestimmt eine Kleinstquadratschätzung von $w-p$ auf der Basis seiner Beobachtung von $w$ und seiner Kenntnis der ersten und zweiten Momente aller Zufallsvariablen:

$$P[(w-p)|1, w] = a_0 + a_1 w.$$

Es gilt: $w-p = u-v$, $w = z+u$.

Die Normalgleichungen implizieren

$$a_0 = 0, \qquad a_1 = \frac{E[(u-v)(z+u)]}{E[(z+u)^2]}, \qquad a_1 = \frac{Eu^2}{Ez^2 + Eu^2}.$$

Wir stellen fest, daß $0 < a_1 < 1$. Je größer der Quotient $Eu^2/Ez^2$, desto näher kommt $a_1$ dem Wert Eins. Dies erscheint sinnvoll, da mit wachsendem $Eu^2/Ez^2$ der Anteil der Varianz von $w$ zunimmt, der auf Variationen des reallohnbeeinflussenden Faktors $u$ zurückzuführen ist.

## 5. Die Fristigkeitsstruktur der Zinssätze

Unsere Resultate über rekursive Regressionen können verwendet werden, um Meiselmans[5] Lernmodell der Zinsstruktur ebenso kompakt wie elegant zu beschreiben.

Die Fristigkeitsstruktur der Zinssätze wird relevant, wenn wir Finanzaktiva von vergleichbarer Qualität, aber mit unterschiedlichen Restlaufzeiten betrachten. Die **Renditekurve** (yield curve) bildet den Zusammenhang zwischen Renditen und Restlaufzeiten ab. Die **Rendite** einer Schuldverschreibung wird definiert im Sinne von Keynes' „internem Zinssatz". Sie ist jener Diskontierungssatz, der den Gegenwartswert der Schuldverschreibung an deren gegenwärtigen Marktpreis angleicht.

Wir bezeichnen mit $R_{nt}$ die Rendite einer Schuldverschreibung im Zeitpunkt $t$, die zum Zeitpunkt $t+n$ zurückgezahlt wird. Irving Fisher und John Hicks schlugen vor, die $n$-Periodenrendite als einen Durchschnittswert der laufenden Einperioden-

[5] Unsere Darstellung von Meiselmans Modell folgt den Entwicklungen durch Mincer, Pye, Diller, Shiller und Nelson im Anschluß an Meiselmans Arbeit. Ein nützlicher Überblick über diese Literatur findet sich in Shiller (1977).

rendite und einer Folge von Einperiodenterminrenditen zu betrachten. Diesen Durchschnitt approximieren wir mit der Formel

$$R_{nt} = n^{-1}[R_{1t} + {}_{t+1}F_{1t} + {}_{t+2}F_{1t} + \cdots + {}_{t+n-1}F_{1t}], \qquad n = 1, 2, \ldots. \quad (16)$$

Dabei bezeichnet ${}_{t+j}F_{1t}$ die Einperiodenterminrendite im Zeitpunkt $t$ für Einperiodendarlehen, die zum Zeitpunkt $t+j$ gewährt werden und eine Periode später zurückgezahlt werden müssen.[6] Gleichung (16), geschrieben für $n = 1, 2, \ldots$, **definiert** die Terminrenditen ${}_{t+j}F_{1t}$ als Funktionen der beobachtbaren Renditen $R_{1t}$, $R_{2t}$, $R_{3t}, \ldots$. Zum Beispiel können wir berechnen

$$2R_{2t} = R_{1t} + {}_{t+1}F_{1t} \qquad \text{bzw.} \qquad {}_{t+1}F_{1t} = 2R_{2t} - R_{1t}.$$

In ähnlicher Weise erhalten wir

$${}_{t+j}F_{1t} = (j+1)R_{j+1,t} - jR_{jt}, \qquad j = 1, 2, \ldots.$$

Der Ausdruck Termindarlehen bezieht sich auf Darlehensverträge die zum Zeitpunkt $t$ abgeschlossen werden und die Gewährung von Darlehen zwischen zwei künftigen Zeitpunkten $t+j$ und $t+k$, $k > j$, zum Inhalt haben. Märkte für Termindarlehen gibt es in der wirtschaftlichen Praxis im allgemeinen nicht, im Gegensatz zu Terminmärkten für einige Güter wie Weizen, Getreide etc.. Fisher und Hicks hielten es für nützlich, das Konzept der Termindarlehen in die Analyse einzuführen, um gegebene langfristige Renditen in implizite Einperiodenterminrenditen zu zerlegen. In dieser Betrachtung erscheint ein Zweiperiodendarlehen, das im Zeitpunkt $t$ gewährt wird, als Kombination aus einem Einperiodendarlehen, gewährt in $t$, und einem Termindarlehen, das in $t$ abgeschlossen wird und die Darlehenssumme für die zweite Periode zur Verfügung stellt.

Da Gleichung (16) die Terminrenditen **definiert**, sind die Überlegungen bisher tautologisch. Hicks führte die Erwartungshypothese – und damit inhaltliche Substanz – ein, indem er behauptete, daß Spekulatoren die Gleichheit der Terminrenditen mit den von ihnen erwarteten, künftigen Einperiodenrenditen erzwingen würden:

$${}_{t+j}F_{1t} = \hat{R}_{1,t+j}. \quad (17)$$

$\hat{R}_{1,t+j}$ bezeichnet die von Spekulanten im Zeitpunkt $t$ für $t+j$ prognostizierte (erwartete) Einperiodenrendite. Hicks' Argument beruht auf rationalem Spekulantenverhalten. Wenn (17) nicht gilt können Spekulanten stets ihre erwarteten Erträge durch eine geeignete Kombination der Vergabe und Aufnahme von Darlehen verschiedener Laufzeiten erhöhen. Betrachten wir folgende Situation:

$$(R_{1t} = 0.05, \quad R_{2t} = 0.04) \quad \Rightarrow \quad {}_{t+1}F_{1t} = 0.03;$$
$$\hat{R}_{1t+1} = 0.05.$$

Spekulanten erwarten, daß die Einperiodenrendite für die zweite Periode sich gegenüber Periode Eins nicht ändert. Die Zweiperiodenrendite liegt unter der Einperiodenrendite, d.h. die Einperiodenterminrendite liegt unter der Einperiodenrendite. In dieser Situation können Spekulanten ihre erwarteten Erträge erhöhen,

[6] Diese Formel ist eine arithmetische Approximation von Hicks' Formel. Letztere bezieht sich auf abgezinste Wertpapiere ohne laufende Zinszahlungen. Vgl. Hicks (1939).

wenn sie ein Darlehen für zwei Perioden aufnehmen (zum Periodensatz von 0,04) und den Betrag in der ersten Periode in einperiodige Schuldverschreibungen investieren (zum Ertragssatz von 0,05) mit der Absicht, dies in der zweiten Periode zu wiederholen (wobei sie wieder 0,05 erwarten). Bei dieser Transaktion erwartet jeder Spekulant einen Nettoertrag pro Periode von einem Prozent des aufgenommenen Betrages. (Der Spekulant muß kein Eigenkapital aufbringen. Er tätigt eine mit Risiko behaftete Investition. Der Ertrag ist nicht sicher – im Gegensatz zur Situation bei einem Arbitragegeschäft.)

Hicks stellte die Hypothese auf, daß Spekulanten die entsprechenden Märkte dominieren und daher Gleichung (17) gilt.

Zur Operationalisierung von (17) verwenden wir eine Version von Muths (1961) Hypothese der „rationalen Erwartungen". Wir nehmen an, daß die Erwartung $\hat{R}_{1,t+j}$ als die Projektion von $R_{1,t+j}$ auf gegenwärtige und frühere Einperiodenrenditen $R_{1t}$, $R_{1t-1}$ ... geformt wird. Statt (17) schreiben wir

$$_{t+j}F_{1t} = P[R_{1t+j} \mid 1, R_{1t}, R_{1t-1}, \ldots]. \tag{18}$$

Wir wenden unsere Formel (15) der rekursiven Regression an und erhalten

$$\begin{aligned} P[R_{1t+j} \mid 1, R_{1t+1}, R_{1t}, \ldots] = {} & P[R_{1t+j} \mid 1, R_{1t}, R_{1t-1}, \ldots] \\ & + b_j(R_{1t+1} - P[R_{1t+1} \mid 1, R_{1t}, R_{1t-1}, \ldots]). \end{aligned} \tag{19}$$

Nach Substitution von (18) in (19) ergibt sich

$$_{t+j}F_{1t+1} - {}_{t+j}F_{1t} = b_j(R_{1t+1} - {}_{t+1}F_{1t}). \tag{20}$$

Gleichung (20) entspricht genau dem von Meiselman vorgeschlagenen und analysierten „Lernmodell". Da keine stochastische Störgröße auftritt, sollte (20) genaugenommen „perfekt passen", d.h. das Bestimmtheitsmaß $R^2$ sollte den Wert Eins annehmen. Hohe Werte für $R^2$ bestätigen in diesem Sinne die Theorie. Meiselman schätzte Gleichung (20) mit jährlichen US-Daten für die Periode 1901–1954. Er erhielt positive und statistisch signifikante Werte für $b_j$. In Übereinstimmung mit (20) ergaben sich keine von Null verschiedenen, konstanten Glieder. (John Wood und Reuben Kessel wiesen allerdings daraufhin, daß auch andere Modelle mit letzterem Resultat in Einklang stehen können). Meiselman berechnete mäßig hohe Werte für das Bestimmtheitsmaß $R^2$, die jedoch nicht sehr nahe bei Eins lagen (sie lagen zwischen 0,91 für $j = 1$ und 0,34 für $j = 8$).

Es ist ohne weiteres möglich, Gleichung (20) in eine Regressionsgleichung mit einer Störvariablen umzuformen. Nehmen wir beispielsweise an, daß Spekulanten ihre Erwartungen im Zeitpunkt $t$ bilden, indem sie $R_{1t+j}$ auf die Menge $\{R_{1t}, R_{1t-1}, \ldots, y_t, y_{t-1}, \ldots\}$ projizieren. Dabei bezeichnet $y_t$ eine von $R_{1t}$ verschiedene Zufallsvariable, die von Nutzen ist für die Prognose von $R_{1t+j}$. Wir schreiben daher

$$_{t+j}F_{1t} = P[R_{1t+j} \mid \Omega_t]$$

mit $\Omega_t = \{R_{1t}, R_{1t-1}, \ldots, y_t, y_{t-1}, \ldots\}$. Ohne Schwierigkeiten können wir nun die folgende bivariate Version unserer rekursiven Lernformel (15) ableiten:

$$\begin{aligned} P[R_{1t+j} \mid \Omega_{t+1}] - P[R_{1t+j} \mid \Omega_t] = {} & \gamma_j(R_{1t+1} - P[R_{1t+1} \mid \Omega_t]) \\ & + \beta_j(y_{t+1} - P[y_{t+1} \mid \Omega_t]). \end{aligned} \tag{21}$$

$\gamma_j$ und $\beta_j$ sind die Regressionskoeffizienten in der bivariaten Regression von $R_{1t+j} - P[R_{1t+j}|\Omega_t]$ auf $R_{1t+1} - P[R_{1t+1}|\Omega_t]$ und $y_{t+1} - P[y_{t+1}|\Omega_t]$.

Gleichung (21) entspricht (15) und besagt, daß Prognosen revidiert werden nach Maßgabe der „überraschenden" Information in den neuen Beobachtungen $y_{t+1}$ und $R_{1t+1}$. Gleichung (21) kann auch geschrieben werden in der Form

$$_{t+j}F_{1t+1} - {}_{t+j}F_{1t} = \gamma_j(R_{1t+1} - P[R_{1t+1}|\Omega_t]) + \beta_j(y_{t+1} - P[y_{t+1}|\Omega_t]). \tag{22}$$

Wir projizieren die rechte Seite dieser Gleichung auf $R_{1t+1} - P[R_{1t+1}|\Omega_t]$ und erhalten die Darstellung

$$\begin{aligned}&\gamma_j(R_{1t+1} - P[R_{1t+1}|\Omega_t]) + \beta_j(y_{t+1} - P[y_{t+1}|\Omega_t]) \\ &\quad = \phi_j(R_{1t+1} - P[R_{1t+1}|\Omega_t]) + \varepsilon_{t+1}\end{aligned} \tag{23}$$

mit

$$\phi_j = \frac{\beta_j E(R_{1t+1} - P[R_{1t+1}|\Omega_t])(y_{t+1} - P[y_{t+1}|\Omega_t])}{E(R_{1t+1} - P[R_{1t+1}|\Omega_t])^2} + \gamma_j.$$

Das Orthogonalitätsprinzip impliziert, daß $\varepsilon_{t+1}$ und $R_{1t+1} - P[R_{1t+1}|\Omega_t]$ orthogonal sind. Wir substituieren Gleichung (22) in (23) und erhalten

$$_{t+j}F_{1t+1} - {}_{t+j}F_{1t} = \phi_j(R_{1t+1} - {}_{t+1}F_{1t}) + \varepsilon_{t+1}, \tag{24}$$

eine Regressionsgleichung in der Form von Meiselmans Lernmodell. Das Auftreten der Zufallsgröße $\varepsilon_{t+1}$ bedeutet allerdings, daß sich für Gleichung (24) nicht notwendigerweise ein hoher Wert des Bestimmtheitsmaßes $R^2$ ergeben muß.[7] Hohe $R^2$-Werte besagen, daß ein großer Teil der für die Prognose von Zinssätzen nützlichen Information in den laufenden und verzögerten Einperiodenrenditen enthalten ist.

## 6. Anwendung des Gesetzes der iterierten Projektionen

Wir schreiben die Erwartungstheorie der Zinsstruktur in der Form

$$_{t+j}F_{1t} = P[R_{1t+j}|\Omega_t], \qquad j = 1, 2, \ldots, \quad t \text{ ganzzahlig}. \tag{25}$$

Dabei gilt $\Omega_t \supset \Omega_{t-1} \supset \Omega_{t-2} \supset \ldots$, d.h. $\Omega_t$ ist eine Informationsmenge, die alle zum Zeitpunkt $t-1$ verfügbare Information einschließt und möglicherweise noch zusätzliche Information enthält. Wir wenden das Gesetz der iterierten Projektionen auf (25) an und erhalten

$$\begin{aligned}P[{}_{t+j}F_{1t}|\Omega_{t-1}] &= P[P[R_{1t+j}|\Omega_t]|\Omega_{t-1}] \\ &= P[R_{1t+j}|\Omega_{t-1}] = {}_{t+j}F_{1t-1},\end{aligned}$$

also

$$P[{}_{t+j}F_{1t}|\Omega_{t-1}] = {}_{t+j}F_{1t-1}. \tag{26}$$

---

[7] Weiterhin halten wir fest, daß sich keine Restriktionen für die Vorzeichen der $\phi_j$ ergeben; sie können positiv oder negativ sein, abhängig von den verschiedenen Kovarianzen zwischen den „Überraschungen", die in die Formeln für $\phi_j$ eingehen.

Eine Folge von Zufallsvariablen

$$_{t+j}F_{1t-n}, \quad _{t+j}F_{1t-n+1}, \quad \ldots, \quad _{t+j}F_{1t} \tag{27}$$

mit der Eigenschaft (26) heißt ein (schwaches) Martingal bezüglich $\Omega_{t-1}$.

Samuelson wies als Erster daraufhin, daß die Theorie der Terminmärkte unter der Annahme rationaler Erwartungen für Sequenzen von Terminpreisen wie (27) die Martingaleigenschaft inpliziert. (Samuelson, 1965)[8]

Ein weiteres nützliches Resultat des Gesetzes der iterierten Projektionen besagt, daß $P[_{t+j}F_{1t} - {}_{t+j}F_{1t-1} | \Omega_{t-1}] = 0$. Die zwischen $t-1$ und $t$ erfolgten Korrekturen der Prognose von $R_{1t+j}$ können nicht durch eine lineare Funktion der Information in $\Omega_{t-1}$ „erklärt" werden. Dies ist eine gehaltvolle, überprüfbare Implikation der Theorie.

### Übungsaufgaben

1. Die Geldnachfrage sei gegeben durch

$$m_t = p_t + ky + u_t$$

mit $Eu_t = 0 = Eu_t m_t$. $m_t$ bezeichnet den Logarithmus des Geldangebotes, $p_t$ den Logarithmus des Preisniveaus, $y$ den konstanten Wert des Logarithmus des realen Volkseinkommens. Wir nehmen an, daß $Em_t^2$ und $Ep_t^2$ existieren.
Ein Wirtschaftsforscher versucht nachzuweisen, daß in dieser Wirtschaft keine Geldillusion besteht indem er die Gleichung

$$m_t = ap_t \quad + b + v_t$$

mit Hilfe der Methode der kleinsten Quadrate schätzt und die Hypothese $a = 1$ testet. Wird dieses Verfahren, für beliebig große Stichproben, zu der „richtigen" Schlußfolgerung, $a = 1$, führen? Falls dieses Verfahren sich als fehlerhaft erweist, stellen Sie ein besseres auf und begründen Sie es!

2. Wir nehmen an daß die Erwartungstheorie der Zinsstruktur zutrifft und daß gilt:

$$R_{2t} = \tfrac{1}{2}[R_{1t} + E_t R_{1t+1}].$$

Dabei bezeichnet $R_{nt}$ die Rendite einer Schuldverschreibung mit einer Restlaufzeit von $n$ Perioden. $E_t\{x\}$ steht für die bedingte mathematische Erwartung von $x$. Die Bedingung bezieht sich auf Information, die zum Zeitpunkt $t$ verfügbar ist und die annahmegemäß Beobachtungen vergangener und gegenwärtiger Werte von $R_1$ und $R_2$ einschließt. Leiten Sie die Konsequenzen der Theorie für die Koeffizienten $\alpha$, $\beta$ und $\lambda$ der folgenden Kleinstquadratregression ab (beliebig große Stichprobe):

$$R_{2t} - \tfrac{1}{2}[R_{1t} + R_{1t+1}] = \alpha + \beta R_{2t-1} + \lambda R_{1t-1} + u_t.$$

$u_t$ ist das *KQ*-Residuum mit $Eu_t = Eu_t R_{2t-1} = Eu_t R_{1t-1} = 0$.

[8] Samuelson bewies, daß eine zu (26) analoge Eigenschaft gilt, wenn die linearen Projektionen durch bedingte mathematische Erwartungen ersetzt werden. Eine Folge mit dieser Eigenschaft wird ein Martingal bezüglich der bedingenden Information genannt. Für bedingte Erwartungswerte gibt es ein Gesetz der iterierten Erwartungen, das genau dem Gesetz der iterierten Projektionen entspricht. Mit Hilfe dieses Gesetzes kann Samuelsons Theorem in ähnlicher Weise bewiesen werden wie das Theorem schwacher Martingale in unserem Text.

## Literaturhinweise

Hicks, J. R. (1953). *Value and Capital*, London and New York: Oxford University Press.

Johnston, J. (1963). *Econometric Methods*. New York: McGraw-Hill.

Meiselman, D. (1963). *The Term Structure of Interest Rates*, Englewood Cliffs, New Jersey: Prentice-Hall.

Muth, J. F. (1961). „Rational Expectations and the Theory of Price Movements." *Econometrica*, Vol. 29, No. 3, pp. 315–335.

Samuelson, P. A. (1965). „Proof that properly anticipated prices fluctuate randomly." *Industrial Management Review*, Vol. 6, No. 2, pp. 41–50.

Shiller, R. (1978). „Rational expectations and the dynamic structure of macroeconomic models: A critical review." *Journal of Monetary Economics*, Vol. 4, No. 1.

# Kapitel XI
# Lineare stochastische Differenzengleichungen

## 1. Einführung

Deterministische Differenzengleichungen niedriger Ordnung können „Zyklen" generieren, jedoch entsprechen diese nicht der Art von Zyklen, die man üblicherweise als charakteristisch für ökonomische Variablen ansieht. Wir haben z. B. festgestellt, daß Differenzengleichungen zweiter Ordnung Zyklen mit konstanter Periodenlänge erzeugen können, die gedämpft, explosiv oder – in dem Spezialfall, wenn die Amplitude den Wert $r = 1$ annimmt – gleichförmig verlaufen. Die „Zyklen" ökonomischer Variablen scheinen jedoch weder gedämpft noch explosiv zu sein. Auch ist die Zykluslänge von einem Zyklus zum nächsten nicht konstant; z. B. dauern einige Rezessionen ein Jahr während andere sich über achtzehn Monate hinziehen. Unter dem „Konjunkturzyklus" verstehen wir das Phänomen, daß bestimmte ökonomische Variablen tendenziell beständige Zyklen aufweisen, deren Amplituden in etwa konstant sind und deren Zyklusdauer über mehrere Zyklen hinweg nicht ganz regelmäßig ist. Das entscheidende Merkmal „des" Konjunkturzyklus besteht darin, daß offensichtlich wichtige ökonomische Aggregate sich „tendenziell zusammen" bewegen in dem Sinne, daß Zeitstrukturen zwischen den Variablen von einem Expansions-Rezessions-Zyklus zum nächsten konstant bleiben. Das National Bureau of Economic Research (NBER) hat für die USA umfangreiche Datenmengen untersucht, die die Existenz eines Konjunkturzyklus mit einer durchschnittlichen Länge von etwa drei Jahren für viele wichtige ökonomische Aggregate der amerikanischen Wirtschaft nahelegen. Diese Untersuchungen des NBER bestätigen auch die annähernd konstante Zeitstruktur zwischen Variablen über mehrere Zyklen hinweg.

Abb. 1 zeigt sechs Zeitreihen aus den Vereinigten Staaten für die Zeit nach dem Zweiten Weltkrieg: das reale Bruttosozialprodukt, die Arbeitslosenquote, den Zinssatz*, die Wachstumsrate der realen Geldmenge, die Inflationsrate des BSP-Deflators, den realen Ausstoß pro Arbeitsstunde. Dazu kommt eine geschätzte Reihe des Reallohns (pro Stunde).[1]

Auf die logarithmischen Kurven der geschätzten Spektren werden wir später zurückkommen. Der „Konjunkturzyklus" zeigt sich in den unregelmäßigen, kumulativen Bewegungen der Reihen des realen BSP, der Arbeitslosenquote und des Ausstosses pro Arbeitsstunde. Für die Jahre 1954, 1958, 1960, 1970 und 1974–1975 finden wir Rezessionen, gekennzeichnet durch Rückgang des realen BSP und sub-

---

* Der Zinssatz wird durch die in den USA publizierte Baa bond rate gemessen.

[1] Die Daten stammen von der NBER Troll-Datenbank. Im einzelnen gilt: Die Arbeitslosenquote bezieht sich auf den zivilen, nichtlandwirtschaftlichen Sektor; Moody's Baa rate ist nicht saisonbereinigt; die reale Geldmenge wird gemessen als Bargeldumlauf plus Sichteinlagen (M 1) dividiert durch den BSP-Deflator; Ausstoß pro Arbeitsstunde wird gemessen als reales BSP dividiert durch die mit der Beschäftigtenzahl (nichtlandwirtschaftlicher privater plus öffentlicher Sektor) multiplizierte durchschnittliche wöchentliche Stundenzahl im industriellen Bereich (manufacturing); der Reallohn wird gemessen als durchschnittlicher Stundenverdienst im industriellen Bereich, nicht saisonbereinigt, dividiert durch den BSP-Deflator. Die Spektraldichten beziehen sich auf die Periode 1948 I bis 1976 IV.

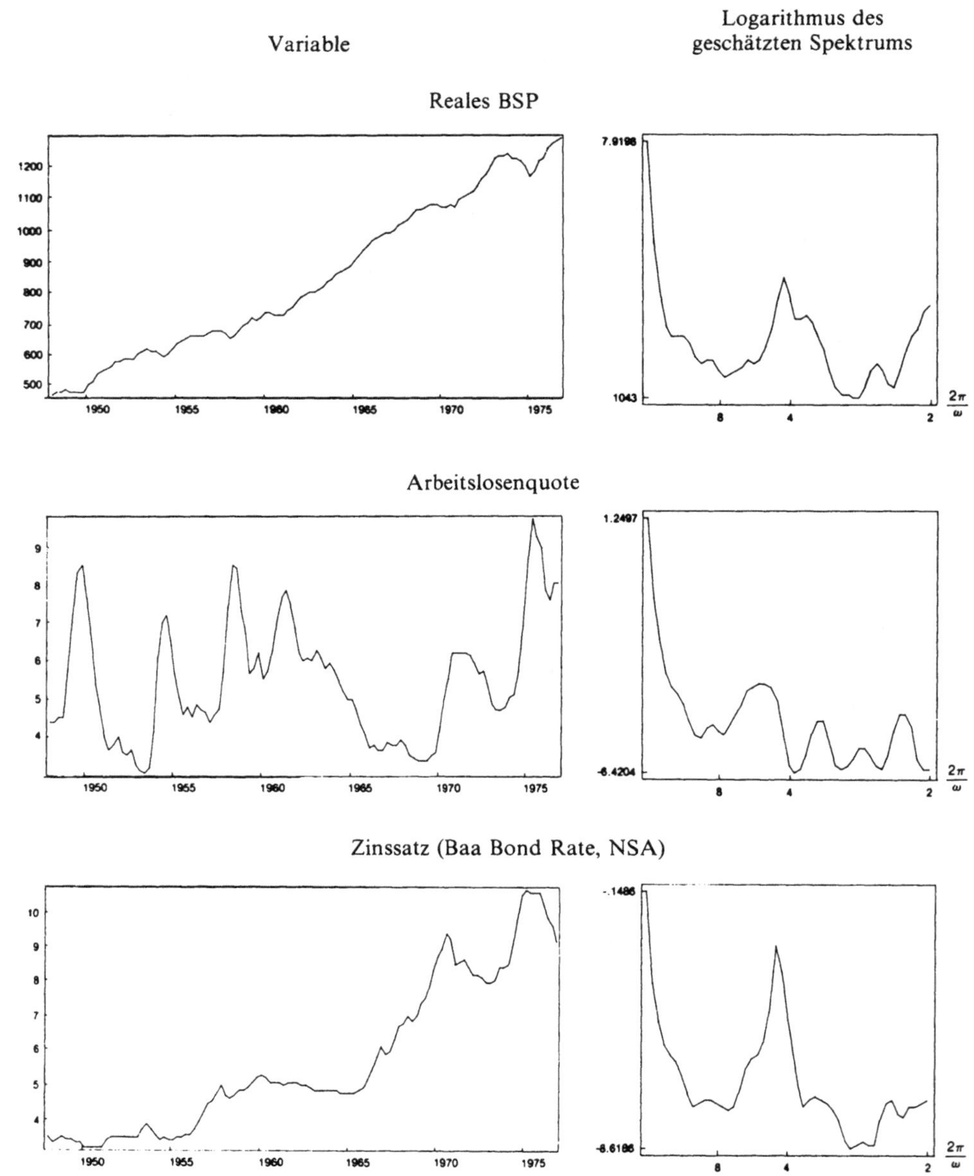
Variable
Logarithmus des geschätzten Spektrums
Reales BSP
1200
1100
1000
900
800
700
600
500
1950
1955
1960
1965
1970
1975
7.9198
1043
8
4
2
$\frac{2\pi}{\omega}$
Arbeitslosenquote
9
8
7
6
5
4
1950
1955
1960
1965
1970
1975
1.2497
-6.4204
8
4
2
$\frac{2\pi}{\omega}$
Zinssatz (Baa Bond Rate, NSA)
10
9
8
7
6
5
4
1950
1955
1960
1965
1970
1975
-.1486
-6.6186
8
4
2
$\frac{2\pi}{\omega}$

**Abb. 1**

Variable

Logarithmus des geschätzten Spektrums

Wachstumsrate der realen Geldmenge

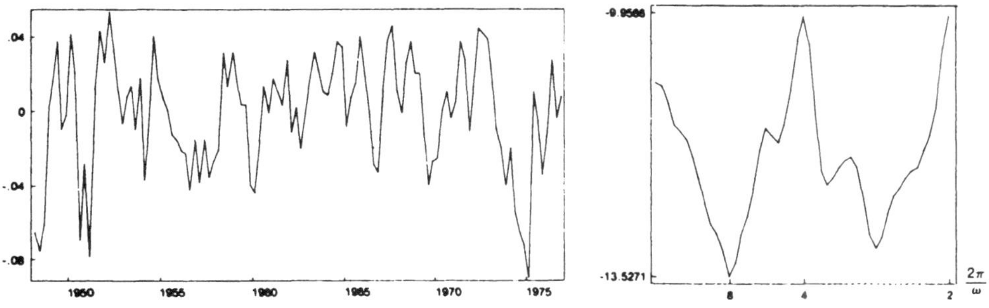


Inflationsrate

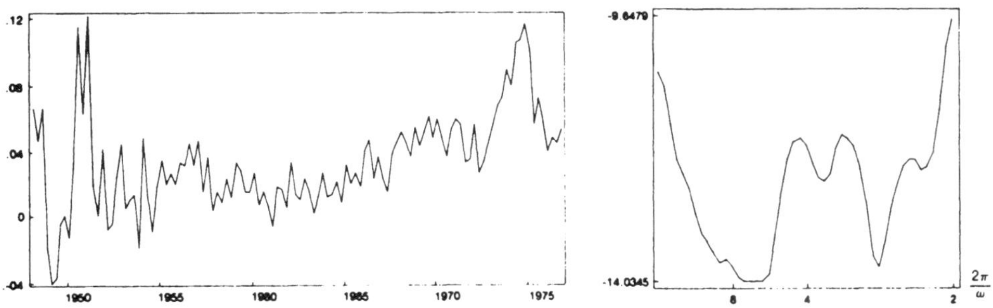


Output pro Arbeitsstunde

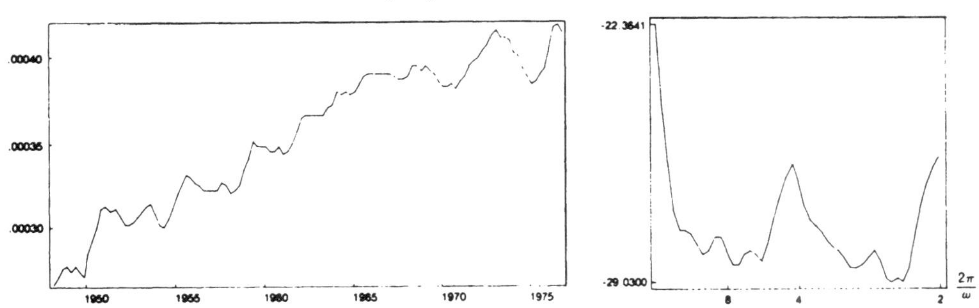

Variable

Reallohn

Logarithmus des geschätzten Spektrums

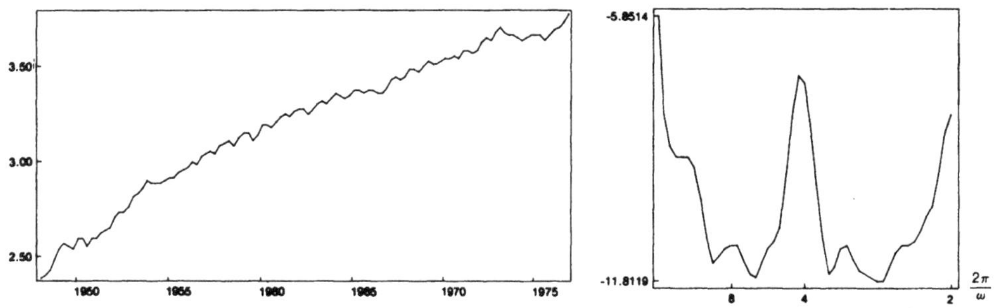


stantielle Zunahme der Arbeitslosenquote. Die Variable „Output pro Arbeitsstunde“ verhält sich deutlich „prozyklisch“, d. h. sie bewegt sich in etwa parallel zu den BSP-Schwankungen. Dieses Verlaufsmuster steht nicht im Einklang mit einer direkten Anwendung des Ertragsgesetzes, da die Arbeitsintensität ($N/K$) auch prozyklisch variiert. In Kapitel XVI werden wir eine mögliche Erklärung des paradoxen zyklischen Verhaltens der Variablen Output pro Arbeitsstunde analysieren. Wir weisen darauf hin, daß die „Zyklen“ der angesprochenen Variablen unregelmäßige Länge besitzen. Sie ähneln keinesfalls den von deterministischen Differenzengleichungen niedriger Ordnung erzeugten Zyklen.

Allerdings können nichtstochastische Differenzengleichungen hoher Ordnung Verläufe hervorbringen, die Zeitreihen ökonomischer Variablen ähnlich sehen. Wenn beispielsweise $y_t$ durch eine nichtstochastische, homogene Differenzengleichung $n$-ter Ordnung bestimmt wird, kann die Lösung in der Form

$$y_t = \sum_{j=1}^{n} a_j \lambda_j^t \tag{1}$$

geschrieben werden. Die Koeffizienten $\lambda_j$ sind die Lösungen der charakteristischen Gleichung. Die $a_j$ werden so gewählt, daß $n$ Anfangsbedingungen erfüllt sind. Wenn man $n$ groß genug macht, kann jede Datenreihe beliebig gut mit der deterministischen Gleichung (1) modellmäßig nachgebildet werden. Im allgemeinen gilt jedoch die Verwendung deterministischer Differenzengleichungen höherer Ordnung als ein Verfahren, das mit Nachteilen behaftet ist. Zwei Gründe werden vor allem genannt. Um ein Modell zu erhalten, das „realistische“ Zeitreihen erzeugen kann, muß eine Gleichung relativ hoher Ordnung spezifiziert werden. Dem entspricht eine große Anzahl von Parametern. Zum zweiten impliziert ein Modell wie (1) genaugenommen, daß vollkommene Prognosen künftiger $y$-Werte gemacht werden können. Die meisten Ökonomen glauben, daß Prognosen immer fehlerbehaftet sein werden und daß es daher ratsam ist, Modelle zu verwenden, die dem Rechnung tragen.

Im Gegensatz zu deterministischen, linearen Differenzengleichungen niedriger Ordnung liefern die entsprechenden stochastischen Gleichungen geeignete Modelle zur Erklärung der Zyklen in ökonomischen Reihen. Wenn die Anfangsbedingungen von deterministischen Differenzengleichungen niedriger Ordnung durch wiederholte Zufallsschocks gekennzeichnet sind, entstehen möglicherweise Zyklen jener unregelmäßigen Gestalt, wie sie ökonomischen Reihen eigen zu sein scheint. Diese bedeutende Idee, die die Basis makroökonometrischer Modelle ist, wurde durch Slutsky (1937) und Frisch (1933) in die Wirtschaftswissenschaften eingeführt. Neben ihrer Verwendung für die Konjunkturanalyse im Sinne von Slutsky und Frisch bilden stochastische Differenzengleichungen die Grundlage für zwei bedeutende, neuere Entwicklungen in der Makroökonomik: Sims' Methode, die „kausale" Struktur zwischen verschiedenen Zeitreihen zu analysieren (Frage der Exogeneität), sowie die Konstruktion stochastischer Modelle mit rationalen Erwartungen, wie sie von Muth und Lucas eingeführt wurden. Dieses Kapitel beschreibt die Elemente linearer, stochastischer Differenzengleichungen und einige ihrer ökonomischen Anwendungen.[2]

## 2. Grundbegriffe

Ein **stochastischer Prozeß** ist eine Folge von Zufallsvariablen. Als Index der Folge verwenden wir die Variable $t$. Im folgenden wird $t$ als Zeitvariable verstanden und nimmt (nur) ganzzahlige Werte an, d. h. wir arbeiten mit diskreten Modellen. Der stochastische Prozeß $y_t$ läßt sich schreiben $\ldots y_{-1}, y_0, y_1, y_2, \ldots$. Zu jedem Zeitpunkt $t \in T$ gibt es eine Zufallsvariable. In etwas anderer Sichtweise betrachten wir die ganze Folge $\{y_k\}_{k=-\infty}^{\infty}$ als eine zufällige Realisierung des stochastischen Prozesses $y_t$. Wir sind an der Wahrscheinlichkeitsverteilung solcher Folgen interessiert.

Wir charakterisieren das Wahrscheinlichkeitsgesetz des stochastischen Prozesses mit Hilfe der Mittelwerte der $y_t$ und der Kovarianzen zwischen $y$-Variablen verschiedener Zeitpunkte. (Bei einem normalverteilten, stochastischen Prozeß beschreiben diese Parameter die Wahrscheinlichkeitsverteilung vollständig. Selbst wenn $y$ nicht der Normalverteilung folgt, enthalten die Momente erster und zweiter Ordnung wichtige Informationen, die ausreichen, um die lineare Struktur des Prozesses zu kennzeichnen.) Wir schreiben die Mittelwerte des Prozesses in der Form

$$Ey_t = \mu_t, \qquad t \in T.$$

$E$ bezeichnet den mathematischen Erwartungsoperator. Die Kovarianzen werden definiert durch

$$E[(y_t - \mu_t)(y_s - \mu_s)] = \sigma_{t,s}.$$

Ein stochastischer Prozeß wird stationär im weiten Sinne (oder **schwach stationär**)* genannt, wenn $\mu_t$ unabhängig von $t$ ist und $\sigma_{t,s}$ nur von $t - s$ abhängt. Im weiteren beschäftigen wir uns mit derartigen Prozessen. Die Momente erster und zweiter Ordnung fassen wir zusammen in dem Mittelwert $\mu$ und in der (Auto-) **Kovarianzfunktion** $c(\tau)$, definiert durch

$$E[(y_t - \mu)(y_s - \mu)] = \sigma_{t,s} = E[(y_t - \mu)(y_{t-\tau} - \mu)] = \sigma_{t,t-\tau} \equiv c(\tau).$$

Dabei ist $\tau = t - s$. Man sieht sofort, daß die Kovarianzfunktion symmetrisch ist, d. h. $c(\tau) = c(-\tau)$, und daß $c(0) > |c(\tau)|$ für alle $\tau$. Letzteres folgt aus der Schwarz'schen Ungleichung.

---

[2] Der Leser sollte mit Komplexen Variablen vertraut sein. Eine gute Darstellung findet sich bei Allen (1960).

* Wenn wir im folgenden von stationären Prozessen sprechen, sind in der Regel schwach stationäre Prozesse gemeint.

Um weitere Restriktionen für die Kovarianzfunktion zu finden, betrachten wir den (schwach) stationären Prozeß $x_t$ mit Mittelwert Null und Kovarianzfunktion $c(\tau)$. Wir bilden eine gewogene Summe von $x$-Variablen verschiedener Zeitpunkte

$$y = \sum_{j=1}^{n} a_j x_{t_j}.$$

Die $a_j$ sind beliebige reelle Zahlen, $t_1, \ldots, t_n$ ganze Zahlen. Wir müssen fordern, daß die Zufallsvariable $y$ eine nichtnegative Varianz besitzt, d. h.

$$\begin{aligned} Ey^2 &= E\left(\sum_{j=1}^{n} a_j x_{t_j} \sum_{k=1}^{n} a_k x_{t_k}\right) = \sum_{j=1}^{n} \sum_{k=1}^{n} a_j a_k E x_{t_k} x_{t_j} \\ &= \sum_{j=1}^{n} \sum_{k=1}^{n} a_j a_k c(t_k - t_j) \geq 0. \end{aligned}$$

Diese Ungleichung muß erfüllt sein für beliebiges $n$, beliebige $a_j$ und jede Auswahl $(t_1, t_2, \ldots, t_n)$. Eine Folge $c(\tau)$, die dieser Bedingung genügt, wird „positiv semidefinit“ genannt. Diese Bedingung ist notwendig und hinreichend dafür, daß $c(\tau)$ die Kovarianzfunktion eines wohldefinierten stochastischen Prozesses ist.[3]

Ein elementarer Baustein ist der „seriell unkorrelierte“ Zufallsprozeß $\varepsilon_t$, mit den Eigenschaften

$$\begin{aligned} E(\varepsilon_t) &= 0 && \text{für alle } t, \\ E(\varepsilon_t^2) &= \sigma_\varepsilon^2 && \text{für alle } t, \\ E(\varepsilon_t \varepsilon_{t-s}) &= 0 && \text{für alle } t \text{ und alle } s \neq 0. \end{aligned} \tag{2}$$

Dieser Prozeß ist (schwach) stationär und nicht autokorreliert. Er wird oft als „Weißes Rauschen“ bezeichnet.* Wir werden sehen, daß er als elementarer Baustein einer großen Klasse stationärer stochastischer Prozesse betrachtet werden kann.

Zur Veranschaulichung, wie man mit Hilfe des Prozesses $\varepsilon_t$ kompliziertere Prozesse konstruieren kann, betrachten wir den Prozeß

$$y_t = \sum_{j=0}^{\infty} b_j \varepsilon_{t-j} = B(L)\varepsilon_t \tag{3}$$

mit $B(L) = \sum_{j=0}^{\infty} b_j L^j$.

Damit die Varianz von $y$ einen endlichen Wert annimmt, müssen wir verlangen, daß $\sum_{j=0}^{\infty} b_j^2 < \infty$. Gleichung (3) besagt, daß der Prozeß $y_t$ eine „halbseitige**“ gleitende Summe des Prozesses $\varepsilon_t$ ist.

[3] Diese Bedingung ist äquivalent zu der Bedingung, daß die Spektraldichte von $x$ nichtnegativ ist. Letztere Bedingung ergibt sich ebenfalls aus der Forderung, daß die Varianz jeder Linearkombination von $x$-Variablen verschiedener Zeitpunkte nichtnegativ ist.

* In der deutschsprachigen Literatur findet man häufig die Bezeichnung „reiner Zufallsprozeß“. Wir schließen uns dem an und sprechen abkürzend von einem RZ-Prozeß, wenn im amerikanischen Original "white noise" steht.

** Wir übersetzen "one-sided" oft mit „halbseitig“. Gemeint ist eine Summe, deren Summationsindex von 0 bis $\infty$ (bzw. $-\infty$) läuft.

Wir suchen die Kovarianzfunktion des Prozesses $y_t$, d. h. die Werte von $c_y(k) = E(y_t y_{t-k})$ für alle $k$. Es erweist sich als praktisch, die kovarianzerzeugende Funktion $g_y(z)$ einzuführen, die wie folgt definiert ist:

$$g_y(z) = \sum_{k=-\infty}^{\infty} c_y(k) z^k. \tag{4}$$

Der Koeffizient bei $z^k$ in (4) ist die Kovarianz (k-ter Ordnung) $c_y(k)$.

Wir bilden die mathematische Erwartung auf beiden Seiten von (3) und erhalten

$$E(y_t) = \sum_{j=0}^{\infty} b_j E(\varepsilon_{t-j}) = 0 \qquad \text{für alle } t.$$

Daraus folgt

$$c_y(k) = E\{(y_t - Ey_t)(y_{t-k} - Ey_{t-k})\} = Ey_t y_{t-k} \qquad \text{für alle } k.$$

Da der Prozeß $\varepsilon_t$ seriell unkorreliert ist, gilt

$$Ey_t y_{t-k} = E\left(\sum_{j=-\infty}^{\infty} b_j \varepsilon_{t-j} \cdot \sum_{h=-\infty}^{\infty} b_h \varepsilon_{t-k-h}\right) = \sigma_\varepsilon^2 \sum_{j=-\infty}^{\infty} b_j b_{j-k}.$$

Nur für $j = k + h$ (bzw. $h = j - k$) ist $E\varepsilon_{t-j}\varepsilon_{t-k-h}$ von Null verschieden und gleich $\sigma_\varepsilon^2$. In unserer Schreibweise können die $j$- und $h$-Indices auch über negative Werte laufen. Allerdings ist in dem betrachteten Fall $b_j = 0$ für $j < 0$. (Die Formel gilt auch für $b_j \neq 0$, $j < 0$).

Als kovarianzerzeugende Funktion erhalten wir

$$g_y(z) = \sigma_\varepsilon^2 \sum_{k=-\infty}^{\infty} z^k \sum_{j=-\infty}^{\infty} b_j b_{j-k} = \sigma_\varepsilon^2 \sum_{j=-\infty}^{\infty} \sum_{k=-\infty}^{\infty} b_j b_{j-k} z^k.$$

Wir setzen $h = j - k$ bzw. $k = j - h$ und schreiben

$$g_y(z) = \sigma_\varepsilon^2 \sum_{j=-\infty}^{\infty} \sum_{h=-\infty}^{\infty} b_j b_h z^{j-h} = \sigma_\varepsilon^2 \sum_{j=-\infty}^{\infty} b_j z^j \sum_{h=-\infty}^{\infty} b_h z^{-h}.$$

Diese Gleichung lautet in kompakter Notation

$$g_y(z) = \sigma_\varepsilon^2 B(z^{-1}) B(z) \tag{5}$$

mit

$$B(z^{-1}) = \textstyle\sum_{j=-\infty}^{\infty} b_j z^{-j}, \; B(z) = \sum_{j=-\infty}^{\infty} b_j z^j.$$

Gleichung (5) gibt uns die kovarianzerzeugende Funktion $g_y(z)$ in Abhängigkeit von den $b_j$ und der Varianz $\sigma_\varepsilon^2$ des RZ-Prozesses $\varepsilon$.

Als Beispiel für die Nützlichkeit von (5) betrachten wir den Prozeß erster Ordnung

$$y_t = \lambda y_{t-1} + \varepsilon_t \qquad \text{bzw.} \qquad y_t = \left(\frac{1}{1 - \lambda L}\right)\varepsilon_t = \sum_{i=0}^{\infty} \lambda^i \varepsilon_{t-i}, \qquad |\lambda| < 1. \tag{6}$$

$\varepsilon_t$ bezeichnet (wie immer) einen RZ-Prozeß mit Varianz $\sigma_\varepsilon^2$.

Wir können schreiben

$$B(L) = \frac{1}{1-\lambda L}, \qquad B(z) = \frac{1}{1-\lambda z} = 1 + \lambda z + \lambda^2 z^2 + \cdots$$

$$B(z^{-1}) = \frac{1}{1-\lambda z^{-1}} = 1 + \lambda z^{-1} + \lambda^2 z^{-2} + \cdots.$$

Nach Anwendung von Gleichung (5) erhalten wir

$$g_y(z) = \sigma_\varepsilon^2 \left(\frac{1}{1-\lambda z^{-1}}\right)\left(\frac{1}{1-\lambda z}\right). \tag{7}$$

Aus unserer Erfahrung mit Differenzengleichungen wissen wir, daß der Ausdruck (7) als Summe geschrieben werden kann:

$$g_y(z) = \frac{k_1 \sigma_\varepsilon^2}{1-\lambda z} + \frac{k_2 \sigma_\varepsilon^2 z^{-1}}{1-\lambda z^{-1}}. \tag{8}$$

Um die Konstanten $k_1$ und $k_2$ zu bestimmen, formulieren wir (8) um:

$$g_y(z) = \sigma_\varepsilon^2 k_1 (1 + \lambda z + \lambda^2 z^2 + \cdots) + \sigma_\varepsilon^2 k_2 (z^{-1} + \lambda z^{-2} + \lambda^2 z^{-3} + \cdots).$$

Daher gilt: $c_y(0) = k_1 \sigma_\varepsilon^2$ und $c_y(1) = \sigma_\varepsilon^2 \lambda k_1 = \sigma_\varepsilon^2 k_2 = c_y(-1)$. Durch direkte Berechnung der Momente mittels (6) erhalten wir

$$Ey_t^2 = \sum_{i=0}^{\infty} \lambda^{i2} E\varepsilon_t^2 = \frac{\sigma_\varepsilon^2}{1-\lambda^2},$$

$$Ey_t y_{t-1} = E \sum_{i=0}^{\infty} \lambda^i \varepsilon_{t-i} \sum_{j=1}^{\infty} \lambda^{j-1} \varepsilon_{t-j} = E \sum_{i=1}^{\infty} \lambda^i \lambda^{i-1} \varepsilon_{t-i}^2 = \sigma_\varepsilon^2 \lambda \sum_{i=1}^{\infty} \lambda^{2(i-1)} = \frac{\lambda \sigma_\varepsilon^2}{1-\lambda^2}.$$

Aus dem Vergleich der entsprechenden Ausdrücke folgen die Werte

$$k_1 = \frac{1}{1-\lambda^2}, \qquad k_2 = \frac{\lambda}{1-\lambda^2}.$$

Mit ihrer Hilfe können wir direkt bestätigen, daß

$$\sigma_\varepsilon^2 \left[\frac{1/(1-\lambda^2)}{1-\lambda z} + \frac{z^{-1}(\lambda/(1-\lambda^2))}{1-\lambda z^{-1}}\right] = \sigma_\varepsilon^2 \frac{1}{1-\lambda^2}\left[\frac{(1-\lambda z^{-1}) + \lambda z^{-1} - \lambda^2}{(1-\lambda z)(1-\lambda z^{-1})}\right]$$

$$= \sigma_\varepsilon^2 \frac{1}{(1-\lambda z)(1-\lambda z^{-1})},$$

Also sind (7) und (8) äquivalent.

Gleichung (8) ist die bequemere Formulierung, insbesondere in der Schreibweise

$$g_y(z) = \sigma_\varepsilon^2 \frac{1}{1-\lambda^2}\left[\frac{1}{1-\lambda z} + \frac{\lambda z^{-1}}{1-\lambda z^{-1}}\right]$$

$$= \sigma_\varepsilon^2 \frac{1}{1-\lambda^2}\left[\{1 + \lambda z + \lambda^2 z^2 + \cdots\} + \{\lambda z^{-1} + \lambda^2 z^{-2} + \lambda^3 z^{-3} + \cdots\}\right].$$

Daraus ergibt sich für den Markov-Prozeß (6) erster Ordnung

$$c_y(k) = \frac{\sigma_\varepsilon{}^2}{1 - \lambda^2}\lambda^{|k|}, \qquad k = 0, \pm 1, \pm 2, \ldots .$$

Die Kovarianz nimmt für wachsende $k$ geometrisch ab. Damit $y_t$ eine endliche Varianz besitzt, muß $|\lambda| < 1$ gelten. Wir können dieses Resultat in unmittelbarer Weise erhalten, wenn wir die stochastische Differenzengleichung $y_t = \lambda y_{t-1} + \varepsilon_t$ mit $y_{t-k}$, $k > 0$, multiplizieren,

$$y_t y_{t-k} = \lambda y_{t-1} y_{t-k} + \varepsilon_t y_{t-k},$$

und auf beiden Seiten den Erwartungswert bilden, wobei $E\varepsilon_t y_{t-k} = 0$. Dies führt zur bekannten **Yule-Walker-Gleichung**

$$E(y_t y_{t-k}) = \lambda E(y_{t-1} y_{t-k}) \quad \text{bzw.} \quad c_y(k) = \lambda c_y(k-1), \qquad k > 0,$$

mit der Lösung

$$c_y(k) = \lambda^k c_y(0), \qquad k > 0.$$

Aus der Symmetrie der Kovarianzfunktion folgt, daß $c_y(k) = \lambda^{|k|} c_y(0)$ für alle $k$. Die Kovarianzfunktion entspricht der Lösung des nichtstochastischen (homogenen) Teils der Differenzengleichung mit der Anfangsbedingung $c_y(0)$.

Als weiteres Beispiel betrachten wir den Prozeß 2. Ordnung

$$y_t = \left(\frac{1}{1 - \lambda_1 L}\right)\left(\frac{1}{1 - \lambda_2 L}\right)\varepsilon_t, \qquad |\lambda_1 + \lambda_2| < 1, \quad \lambda_1 \neq \lambda_2. \tag{9}$$

$\varepsilon_t$ bezeichnet einen RZ-Prozeß mit Varianz $\sigma_\varepsilon^2$. Wir multiplizieren beide Seiten von (9) mit $(1 - \lambda_1 L)(1 - \lambda_2 L)$ und erhalten

$$y_t = t_1 y_{t-1} + t_2 y_{t-2} + \varepsilon_t. \tag{10}$$

mit $t_1 = \lambda_1 + \lambda_2$ und $t_2 = -\lambda_1\lambda_2$. Nach Multiplikation mit $y_{t-k}$, $k > 0$, haben wir

$$y_t y_{t-k} = t_1 y_{t-1} y_{t-k} + t_2 y_{t-2} y_{t-k} + \varepsilon_t y_{t-k}$$

und, nach Anwendung des Erwartungsoperators,

$$E(y_t y_{t-k}) = t_1 E(y_{t-1} y_{t-k}) + t_2 E(y_{t-2} y_{t-k}), \qquad k > 0,$$

da $E\varepsilon_t y_{t-k} = 0$. Also wird $c_y(k)$ durch folgende Differenzengleichung (die Yule-Walker-Gleichung) bestimmt:

$$c_y(k) = t_1 c_y(k-1) + t_2 c_y(k-2). \tag{11}$$

Die Kovarianzfunktion eines Prozesses zweiter ($n$-ter) Ordnung wird durch die Lösung der deterministischen Differenzengleichung zweiter ($n$-ter) Ordnung (des homogenen Teils von (10)) beschrieben. Diese Lösung haben wir in Kapitel IX analysiert. Wir betrachten das der Gleichung (11) entsprechende Polynom

$$1 - t_1 k - t_2 k^2 = 0 \tag{12}$$

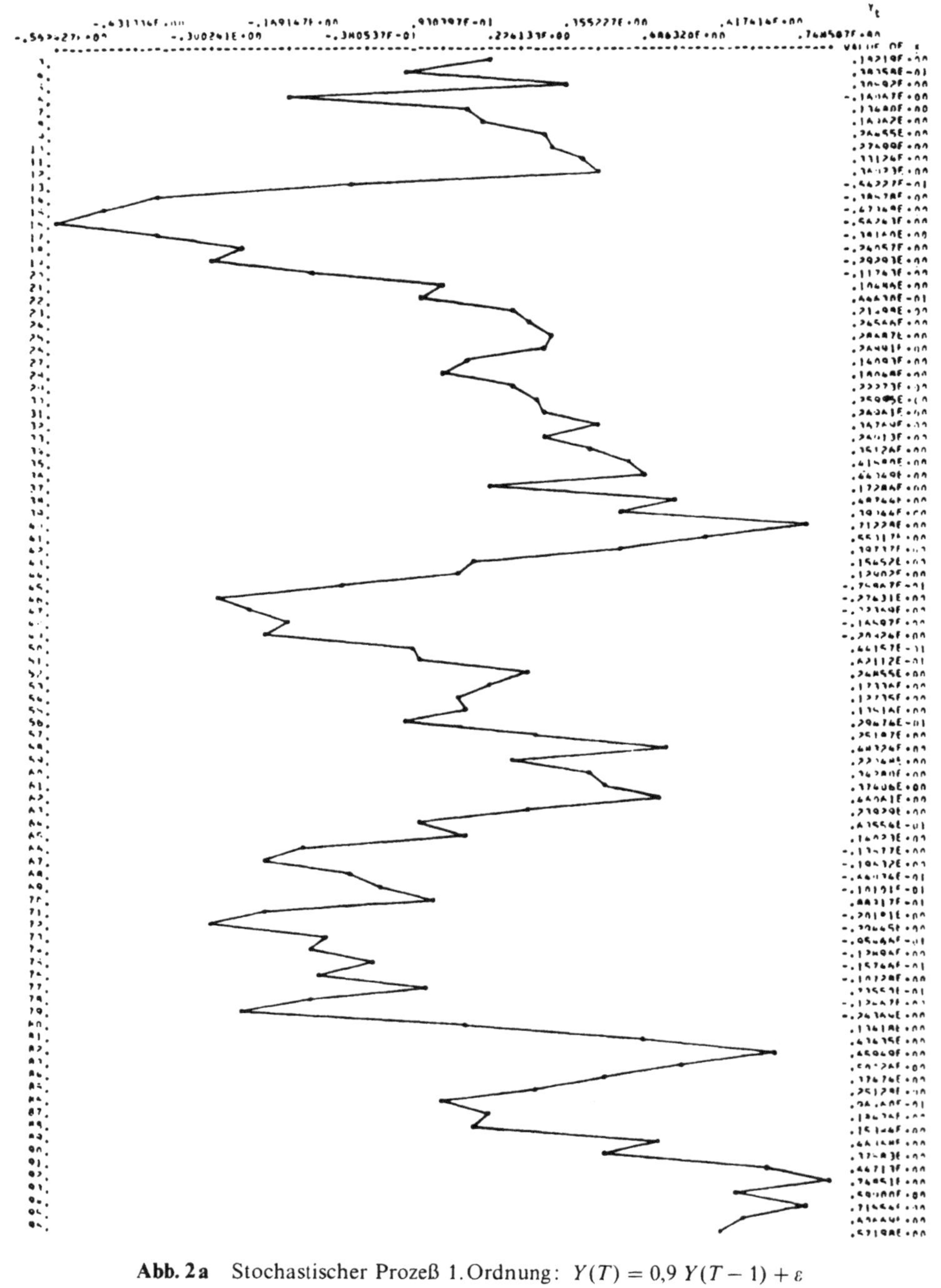

**Abb. 2a** Stochastischer Prozeß 1. Ordnung: $Y(T) = 0{,}9\, Y(T-1) + \varepsilon$

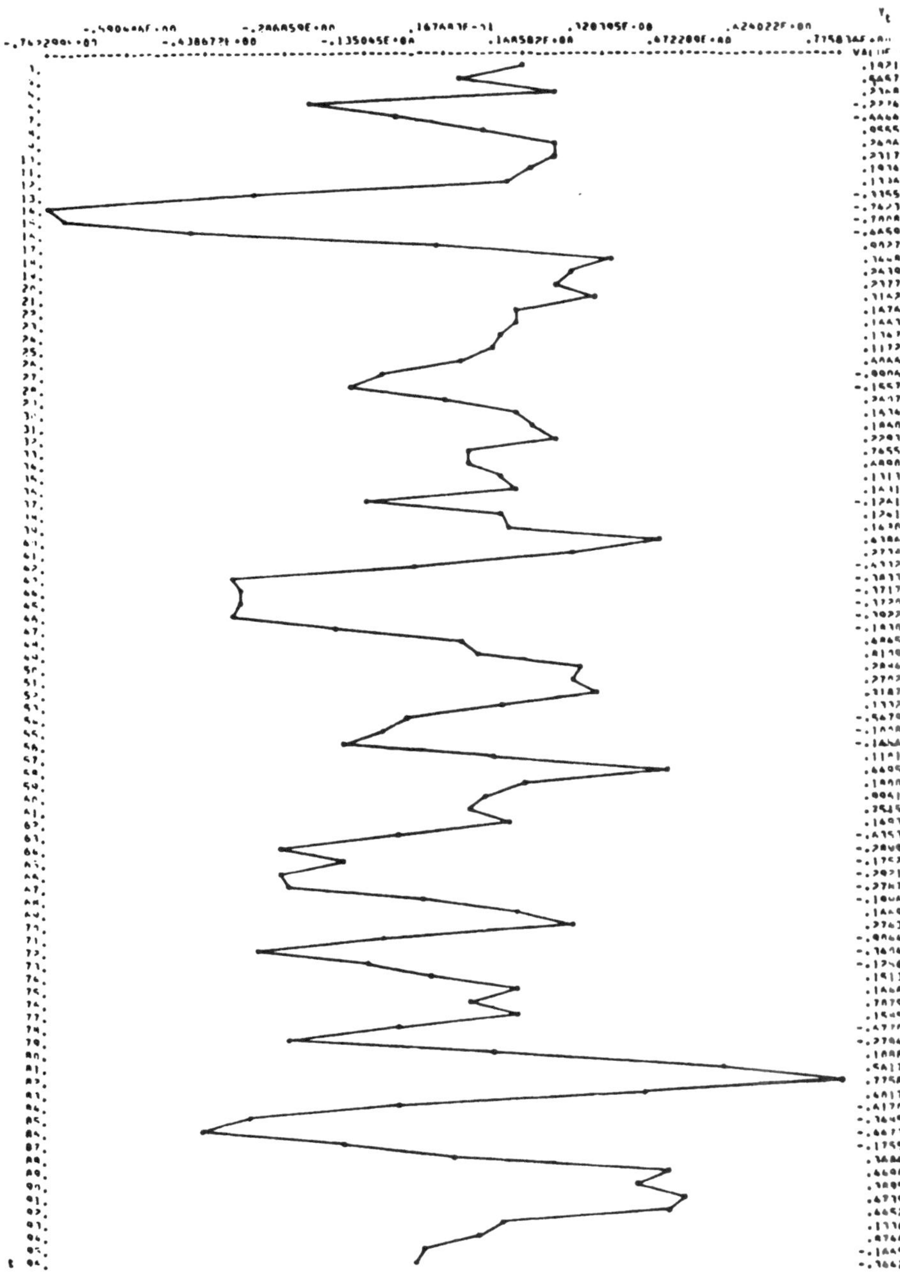

**Abb. 2b** Stochastischer Prozeß 2. Ordnung: $Y(T) = Y(T-1) - 0{,}5\, Y(T-2) + \varepsilon$

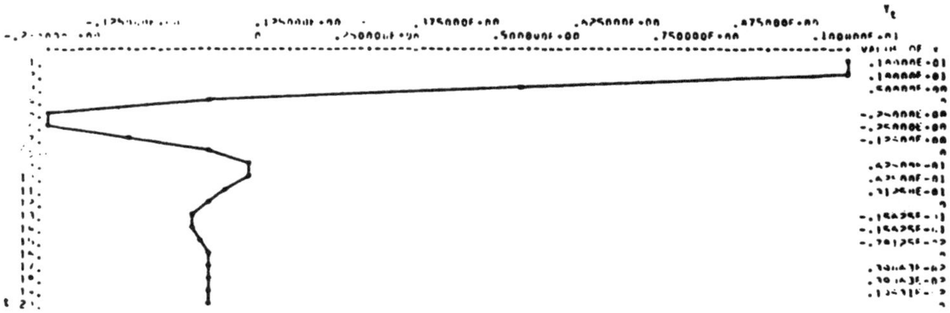

**Abb. 2c** Deterministischer Prozeß 2. Ordnung: $Y(T) = Y(T-1) - 0{,}5\,Y(T-2)$

mit den Wurzeln $1/\lambda_1$ und $1/\lambda_2$. (Wir wissen, daß $1 - t_1 k - t_2 k = (1 - \lambda_1 k)(1 - \lambda_2 k)$). Wenn wir (12) mit $k^{-2}$ multiplizieren und $x := k^{-1}$ setzen, ergibt sich

$$k^{-2} - t_1 k^{-1} - t_2 = 0, \qquad \text{bzw.} \qquad x^2 - t_1 x - t_2 = 0 \tag{13}$$

Offensichtlich verhalten sich die Wurzeln von (13) reziprok zu den Wurzeln von (12). Daher kennen wir ihre Werte: $\lambda_1$ und $\lambda_2$.

Wie wir wissen, besitzt die Lösung der deterministischen Differenzengleichung (11) die Form

$$c_y(k) = \lambda_1{}^k z_0 + \lambda_2{}^k z_1, \qquad k \geq 0, \tag{14}$$

Dabei sind $z_0$ und $z_1$ Konstanten, die so gewählt werden, daß $c_y(0)$ und $c_y(1)$ gegebenen Größen gleich sind. Falls die Wurzeln $\lambda_1$ und $\lambda_2$ komplexe Werte annehmen, gilt

$$c_y(k) = 2pr^k \cos(\omega k) \qquad \text{bzw.} \quad c_y(k) = c_y(0) r^k \cos(\omega k), \tag{15}$$

wie wir von unserer Analyse deterministischer Differenzengleichungen und wegen der Symmetrie von Kovarianzfunktionen wissen. Der Zusammenhang zu den Wurzeln ist gegeben durch $\lambda_1 = re^{i\omega}$ und $\lambda_2 = re^{-i\omega}$. Die Kovarianzfunktion weist gedämpfte ($r < 1$ ist erforderlich) Schwingungen mit Frequenz $\omega$ auf. Ein kompletter Zyklus ereignet sich, wenn $\omega k$ Werte von Null ($k = 0$) bis $2\pi$ ($k = 2\pi/\omega$, falls dies möglich ist) durchläuft. Die für komplexe Wurzeln und damit für eine oszillierende Kovarianzfunktion erforderlichen Restriktionen bezüglich der $t_1$ und $t_2$ können direkt von Abb. 1 in Kapitel 9 abgelesen werden. Abb. 2b zeigt eine Realisation eines Prozesses zweiter Ordnung, dessen Werte für $t_1$ und $t_2$ komplexe Wurzeln implizieren. Diese Reihe „neigt" zu zyklischem Verlauf, jedoch ist die Zykluslänge einigermaßen variabel von Zyklus zu Zyklus.

Die vorangegangene Diskussion legt eine vorläufige Definition eines Zyklus einer einzelnen Reihe nahe: Wir nennen eine Reihe „zyklisch", falls ihre Kovarianzfunktion (gedämpfte) Schwingungen aufweist. Die typische „Dauer" des Zyklus kann durch $2\pi/\omega$ gemessen werden. Dabei bezeichnet $\omega$ ein Maß der Frequenz der gedämpften Schwingungen der Kovarianzfunktion (vgl. z. B. (15)). Von Konjunkturzyklen sprechen wir erst, wenn die Zyklusdauer länger als ein Jahr ist. (Zyklen von einjähriger Dauer nennen wir Saisonschwankungen). Wir betonen die Vorläufigkeit dieser Definition und stellen die Diskussion ihrer Angemessenheit vorerst zurück.

### 3. Die Kreuzkovarianzfunktion

Wir gehen von zwei schwach stationären, stochastischen Prozessen $y_t$ und $x_t$ aus. Die Prozesse werden **(schwach) stationär korreliert** genannt, wenn die „Kreuzkovarianz" $E(y_t - Ey_t)(x_{t-k} - Ex_{t-k})$ nur von $k$ und nicht von $t$ abhängt. Die **Kreuzkovarianzfunktion** ist die „Liste" dieser Kovarianzen, interpretiert als eine Funktion von $k$. Wir schreiben sie als

$$c_{yx}(k) = E(y_t - Ey_t)(x_{t-k} - Ex_{t-k}).$$

Wir nehmen nun an, daß $y_t$ und $x_t$ als (möglicherweise zweiseitig) verteilte Verzögerungen eines einzigen RZ-Prozesses $\varepsilon_t$ dargestellt werden können:

$$y_t = B(L)\varepsilon_t, \qquad x_t = D(L)\varepsilon_t,$$

mit

$$B(L) = \textstyle\sum_{j=-\infty}^{\infty} b_j L^j,\ D(L) = \sum_{j=-\infty}^{\infty} d_j L^j,\ \sum_{j=-\infty}^{\infty} b_j{}^2 < \infty,\ \sum_{j=-\infty}^{\infty} d_j{}^2 < \infty.$$

Da $E\varepsilon_t = 0$, erhalten wir

$$\begin{aligned} c_{yx}(k) = Ey_t x_{t-k} &= E \sum_{j=-\infty}^{\infty} b_j \varepsilon_{t-j} \sum_{h=-\infty}^{\infty} d_h \varepsilon_{t-h-k} \\ &= \sigma_\varepsilon{}^2 \sum_{j=-\infty}^{\infty} b_j d_{j-k}. \end{aligned}$$

Die kreuzkovarianzerzeugende Funktion $g_{yx}(z)$ ist definiert durch

$$g_{yx}(z) = \sum_{k=-\infty}^{\infty} c_{yx}(k) z^k.$$

In unserem Fall haben wir

$$g_{yx}(z) = \sigma_\varepsilon{}^2 \sum_{k=-\infty}^{\infty} \sum_{j=-\infty}^{\infty} b_j d_{j-k} z^k,$$

und, nachdem wir $h = j - k$ bzw. $k = j - h$ gesetzt haben,

$$\begin{aligned} g_{yx}(z) = \sigma_\varepsilon{}^2 \sum_{j=-\infty}^{\infty} \sum_{h=-\infty}^{\infty} b_j d_h z^{j-h} &= \sigma_\varepsilon{}^2 \sum_{j=-\infty}^{\infty} b_j z^j \sum_{h=-\infty}^{\infty} d_h z^{-h} \\ &= \sigma_\varepsilon{}^2 B(z) D(z^{-1}). \end{aligned} \tag{16}$$

Dies ist analog zu Gleichung (5) und schließt (5) als Spezialfall ein.

Als nächstes gehen wir aus von dem allgemeineren System

$$y_t = A(L)\varepsilon_t + B(L)u_t, \qquad x_t = C(L)\varepsilon_t + D(L)u_t. \tag{17}$$

$\varepsilon_t$ und $u_t$ sind zwei gegenseitig unkorrelierte (für alle Verzögerungen) RZ-Prozesse mit den Varianzen $\sigma_\varepsilon^2$ und $\sigma_u^2$. $Eu_t\varepsilon_{t-k} = 0$ für alle $k$. Wenn wir Umformungen analog zu den obigen vornehmen, können wir die kreuzkovarianzerzeugende Funktion für $y$ und $x$ in der folgenden Form schreiben:

$$g_{yx}(z) = \sigma_\varepsilon{}^2 A(z) C(z^{-1}) + \sigma_u{}^2 B(z) D(z^{-1}). \tag{18}$$

Es zeigt sich, daß (17) eine sehr allgemeine Beschreibung bivariater stochastischer Prozesse darstellt, die sehr viele solcher Prozesse einschließt.[4] Wir definieren $c_{xy}(k)$ und $g_{xy}(z)$ symmetrisch. Genauer definieren wir

$$c_{xy}(k) = E(x_t - Ex_t)(y_{t-k} - Ey_{t-k}) = c_{yx}(-k).$$

Für $g_{xy}(z)$ können wir schreiben:

$$g_{xy}(z) = \sum_{k=-\infty}^{\infty} c_{xy}(k)z^k = \sum_{h=-\infty}^{\infty} c_{yx}(h)z^{-h}.$$

Das spezifische System (17) impliziert

$$g_{xy}(z) = \sigma_\varepsilon^2 A(z^{-1})C(z) + \sigma_u^2 B(z^{-1})D(z).$$

## 4. Mathematischer Exkurs über Fouriertransformationen und Z-Transformationen[5]

Das folgende Theorem liefert die Grundlage für Verfahren, die sich auf Fouriertransformierte, Z-Transformierte und Verzögerungsoperatoren stützen. Solche Verfahren werden wir in den folgenden Abschnitten immer wieder verwenden. Das Theorem, das wir nicht beweisen werden,[6] ist eine Version des Riesz-Fischer-Theorems.

**Theorem (Riesz-Fischer):** $\{c_n\}_{n=-\infty}^{\infty}$ sei eine Folge von komplexen Zahlen mit der Eigenschaft $\sum_{n=-\infty}^{\infty} |c_n|^2 < \infty$. Dann gibt es eine komplexwertige Funktion $f(\omega)$, definiert für reelle $\omega$ aus dem Intervall $[-\pi, \pi]$, so daß

$$f(\omega) = \sum_{j=-\infty}^{\infty} c_j e^{-i\omega j}. \tag{19}$$

Die unendliche Reihe konvergiert im quadratischen Mittel, d. h.

$$\lim_{n\to\infty} \int_{-\pi}^{\pi} \left| \sum_{j=-n}^{n} c_j e^{-i\omega j} - f(\omega) \right|^2 d\omega = 0.$$

Die Funktion $f(\omega)$ wird **Fouriertransformierte** der Folge $\{c_k\}$ genannt. Sie erfüllt die Bedingung

$$\int_{-\pi}^{\pi} |f(\omega)|^2 dw < \infty.$$

Das Integral ist im Lebesgueschen Sinne zu verstehen (d. h. $f$ gehört zu $L_2[-\pi, \pi]$). Wenn $f(\omega)$ gegeben ist lassen sich die $c_k$ mit Hilfe der folgenden Inversionsformel bestimmen:

$$c_k = \frac{1}{2\pi} \int_{-\pi}^{\pi} f(\omega) e^{+i\omega k} d\omega. \tag{20}$$

---

[4] Alle stationär korrelierten nichtdeterministischen Prozesse sind eingeschlossen.

[5] Dieser Abschnitt kann beim ersten Lesen ausgelassen werden.

[6] Ein Beweis des Riesz-Fischer-Theorems findet sich bei Apostol (1974, Kapitel 11).

Die Funktion $f(\omega)$ und die $c_k$ erfüllen die Parsevalsche Gleichung

$$\frac{1}{2\pi}\int_{-\pi}^{\pi} |f(\omega)|^2\, d\omega = \sum_{j=-\infty}^{\infty} |c_j|^2.$$

Damit ist unser Theorem komplett.

Wir betrachten den Raum aller zweiseitig unendlichen Folgen $\{x_k\}_{k=-\infty}^{\infty}$ mit der Eigenschaft $\sum_{n=-\infty}^{\infty} |x_k|^2 < \infty$, d. h. den Raum quadratisch summierbarer Folgen. Wir bezeichnen ihn mit $l_2(-\infty, \infty)$. Dieser Raum ist **linear** in dem Sinne, daß er die beiden folgenden Eigenschaften (neben anderen) besitzt:[7]

1. $\alpha$ sei ein Skalar und $\{x_t\}$ ein Element von $l_2(-\infty, \infty)$. Dann gehört $\{\alpha x_k\}$ zu $l_2(-\infty, \infty)$, d. h. $\sum_{n=-\infty}^{\infty} |\alpha x_k|^2 < \infty$.

2. $\{x_k\}$ und $\{y_k\}$ seien Elemente von $l_2(-\infty, \infty)$. Dann gehört $\{x_k + y_k\}$ zu $l_2(-\infty, \infty)$, d. h. $\sum_{n=-\infty}^{\infty} |x_k + y_k|^2 < \infty$.

Als nächstes betrachten wir den Raum $L_2[-\pi, \pi]$ aller Funktionen $f(\omega)$ mit der Eigenschaft $\int_{-\pi}^{\pi} |f(\omega)|^2\, d\omega < \infty$. Dies ist der Raum der in $[-\pi, \pi]$ (im Sinne von Lebesgue) quadratintegrablen Funktionen.

Dieser Raum ist linear in dem Sinne, daß er die beiden folgenden Eigenschaften (neben anderen) besitzt:

1. $\alpha$ sei ein Skalar und $f(\omega)$ ein Element von $L_2[-\pi, \pi]$. Dann gehört $\alpha f(\omega)$ zu $L_2[-\pi, \pi]$, d. h. $\int_{-\pi}^{\pi} |\alpha f(\omega)|^2 d\omega < \infty$.

2. $f(\omega)$ und $g(\omega)$ seien Elemente von $L_2[-\pi, \pi]$. Dann gehört $f(\omega) + g(\omega)$ zu $L_2[-\pi, \pi]$, d. h. $\int_{-\pi}^{\pi} |f(\omega) + g(\omega)|^2 d\omega < \infty$.

Die Räume $l_2(-\infty, \infty)$ und $L_2[-\pi, \pi]$ sind beide **metrische Räume** in dem Sinne, daß jeder eine wohldefinierte Metrik („Entfernungsfunktion") besitzt. Speziell wird im $l_2(-\infty, \infty)$ der „Abstand" zwischen den beiden Folgen $\{x_y\}$ und $\{y_k\}$ durch die reellwertige Funktion

$$d_2(x, y) = \left[\sum_{k=-\infty}^{\infty} |x_k - y_k|^2\right]^{1/2}$$

gemessen. Die Funktion $d_2(x, y)$ ist für alle $\{x_k\}$ und $\{y_k\}$ aus $l_2(-\infty, \infty)$ definiert und stellt ein „natürliches" Maß des Abstandes dar (sie genügt der Dreiecksungleichung $d(x, y) \leqq d(x, z) + d(z, y)$ für alle Folgen $x, y, z$ aus $l_2$). Im $L_2[-\pi, \pi]$ ist die reellwertige Funktion

$$D_2(f, g) = \left\{\frac{1}{2\pi}\int_{-\pi}^{\pi} |f(\omega) - g(\omega)|^2\, d\omega\right\}^{1/2}$$

---

[7] Eine Darstellung der definierenden Charakteristika linearer Räume findet sich bei Naylor und Sell (1971).

eine Metrik,[8] die die „Entfernung" zwischen zwei Funktionen $f(\omega)$ und $g(\omega)$ mißt. Die Metrik $D_2(f, g)$ ist für alle $f(\omega)$ und $g(\omega)$ aus $L_2[-\pi, \pi]$ definiert.

Nun betrachten wir die durch die Fouriertransformierte

$$f(\omega) = \sum_{k=-\infty}^{\infty} c_k e^{-i\omega k}, \qquad \omega \in [-\pi, \pi], \tag{19}$$

definierte Abbildung von $l_2(-\infty, \infty)$ in $L_2[-\pi, \pi]$.

Die inverse Abbildung ist

$$c_j = \frac{1}{2\pi} \int_{-\pi}^{\pi} f(\omega) e^{+i\omega j} d\omega, \qquad j = 0, \pm 1, \pm 2, \ldots . \tag{20}$$

Es läßt sich zeigen, daß auch eine Umkehrung des Riesz-Fischer-Theorems gilt:

$f(\omega)$ sei ein Element aus $L_2[-\pi, \pi]$. Dann gibt es eine Folge $\{c_k\}$ mit der Eigenschaft $\sum |c_k|^2 < \infty$, so daß

$$f(\omega) = \sum_{k=-\infty}^{\infty} c_k e^{-i\omega k},$$

wobei

$$c_k = \frac{1}{2\pi} \int_{-\pi}^{\pi} f(\omega) e^{+i\omega k} d\omega.$$

Die unendliche Reihe konvergiert im quadratischen Mittel.

Dieses Umkehrtheorem sagt uns, daß die Abbildung (19) von $l_2(-\infty, \infty)$ **auf** $L_2[-\pi, \pi]$ definiert ist. Mehr noch, diese Abbildung ist eineindeutig (bijektiv). Ihr praktischer Wert liegt darin, daß sie ein **isometrischer Isomorphismus** von $l_2$ auf $L_2$ ist, d. h., sie „bewahrt" sowohl die lineare Struktur (Isomorphismus!) der Räume als auch die Abstände zwischen deren „Punkten" (isometrische Abbildung!). Konkret bedeutet dies: Wenn $\{x_k\}$ und $\{y_k\}$ Elemente von $l_2(-\infty, \infty)$ sind und $x(\omega)$, $y(\omega)$ definiert sind durch

$$x(\omega) = \sum_{k=-\infty}^{\infty} x_k e^{-i\omega k}, \qquad y(\omega) = \sum_{k=-\infty}^{\infty} y_k e^{-i\omega k},$$

dann gilt (wie man direkt nachprüfen kann)

$$x(\omega) + y(\omega) = \sum_{k=-\infty}^{\infty} (x_k + y_k) e^{-i\omega k}, \qquad \alpha x(\omega) = \sum_{k=-\infty}^{\infty} \alpha x_k e^{-i\omega k},$$

wobei $\alpha$ ein Skalar ist.

„Die Fouriertransformierte einer Summe von zwei Folgen ist gleich der Summe der Fouriertransformierten dieser Folgen. Die Fouriertransformierte der Folge $\{\alpha x_k\}$ ist gleich der Fouriertransformierten von $\{x_k\}$ multipliziert mit $\alpha$." Dies ist die

[8] Wir übernehmen die übliche Konvention, daß wir die Funktionen $f$ und $g$ gleich nennen, wenn $f = g$ außer auf Mengen mit Lebesgue-Maß Null. Nach dieser Konvention ist $D_2(f, g)$ eine Metrik. Mehr Details finden sich bei Naylor und Sell (1971).

Bedeutung der Aussage, daß (19) einen Isomorphismus definiert. Weiterhin gilt:

$$\left\{\frac{1}{2\pi}\int_{-\pi}^{\pi} |x(\omega) - y(\omega)|^2\, d\omega\right\}^{1/2} = \left(\sum_{k=-\infty}^{\infty} |x_k - y_k|^2\right)^{1/2}$$

bzw.

$$D_2(x(\omega), y(\omega)) = d_2(x, y).$$

Daher ist der Isomorphismus isometrisch.

Die Fouriertransformation (19) stellt eine umkehrbar eindeutige Beziehung her zwischen quadratisch summierbaren Folgen $\{x_k\}$ und quadratintegrablen Funktionen $f(\omega)$ definiert auf $[-\pi, \pi]$. Die Transformation „bewahrt" die lineare Struktur und ein Abstandsmaß. Der Nutzen der Transformation liegt darin, daß Operationen, die in einem Raum kompliziert sind, manchmal einfachen Operationen in einem anderen Raum entsprechen. Betrachten wir speziell die **Faltung** zweier Folgen $\{x_k\}$ und $\{y_k\}$, die definiert wird als die neue Folge

$$\{y * x_k\}_{k=-\infty}^{\infty} \equiv \left\{\sum_{s=-\infty}^{\infty} y_s x_{k-s}\right\}_{k=-\infty}^{\infty}.$$

Die Fouriertransformierte von $(y * x)_k$ hat die Form

$$\sum_{k=-\infty}^{\infty}\sum_{s=-\infty}^{\infty} y_s x_{k-s} e^{-i\omega k} = \sum_{s=-\infty}^{\infty} y_s e^{-i\omega s} \sum_{k=-\infty}^{\infty} x_{k-s} e^{-i\omega(k-s)} = y(\omega)x(\omega)$$

mit

$$y(\omega) = \sum_{k=-\infty}^{\infty} y_k e^{-i\omega k},\ x(\omega) = \sum_{k=-\infty}^{\infty} x_k e^{-i\omega k}.$$

Die Fouriertransformierte der Faltung von $\{x_k\}$ und $\{y_k\}$ ist gleich dem Produkt der Fouriertransformierten von $\{x_k\}$ und $\{y_k\}$. Die komplizierte Operation der Faltung entspricht einfach der Multiplikation von Fouriertransformierten.

Alle Transformationstechniken nützen Eigenschaften wie die eben besprochene. Das Ziel besteht darin, ein Problem von einem Raum, wo es kompliziert erscheint, in einen anderen, isometrisch isomorphen Raum zu transformieren, wo die Operationen einfacher sind. Nach Ausführung der Operationen wird mit Hilfe der Umkehrabbildung in den ursprünglichen Raum zurücktransformiert.

Wenn wir beim Riesz-Fischer-Theorem einen Variablenwechsel $z = e^{i\omega}$ vornehmen, erhalten wir den folgenden Satz, der die Basis unserer Z-Transformationsmethoden bildet.

**Korollar:** $\{c_n\}_{n=-\infty}^{\infty}$ sei eine Folge von komplexen Zahlen mit der Eigenschaft $\sum_{n=-\infty}^{\infty} |c_n|^2 < \infty$. Dann gibt es eine komplexwertige Funktion $g(z)$, deren Definitionsbereich in der komplexen Ebene liegt, so daß

$$g(z) = \sum_{j=-\infty}^{\infty} c_j z^j.$$

Dabei konvergiert die unendliche Reihe im quadratischen Mittel, d. h.

$$\lim_{n\to\infty} \int_\Gamma \left| \sum_{j=-n}^{n} c_j z^j - g(z) \right|^2 \frac{dz}{z} = 0.$$

$\Gamma$ bezeichnet den Einheitskreis und das Integral ist im Sinne eines Kurvenintegrals zu verstehen. Die Funktion $g(z)$ ist zumindest auf dem Einheitskreis in der komplexen Ebene definiert. Sie erfüllt die Bedingung

$$\left| \frac{1}{2\pi i} \int_\Gamma |g(z)|^2 \frac{dz}{z} \right| < \infty.$$

Die Funktion $g(z)$ wird die **Z-Transformierte** der Folge $\{c_k\}$ genannt. Die $c_k$ können bei gegebenem $g(z)$ durch

$$c_k = (2\pi i)^{-1} \int_\Gamma g(z) z^{-k-1}\, dz$$

bestimmt werden. Damit ist das Korollar vollständig formuliert

So lange wir uns auf Folgen mit der Eigenschaft $\Sigma |c_k|^2 < \infty$ beschränken, wird durch das Theorem bzw. das Korollar garantiert, daß die Z-Transformierten und die Fouriertransformierten mit denen wir umgehen, wohl definiert sind. Die Z-Transformation ordnet der Folge $\{c_k\}$ eine komplexwertige Funktion zu, die auf dem Einheitskreis in der komplexen Ebene definiert ist. Die Fouriertransformation ordnet der Folge $\{c_k\}$ eine komplexwertige Funktion zu, die auf dem Intervall $[-\pi, \pi]$ der reellen Geraden definiert ist. Es läßt sich zeigen, daß die komplexwertigen Funktionen $e^{i\omega j}$, $j = 0, \pm 1, \pm 2, \ldots$ eine orthogonale Menge auf dem Intervall $[-\pi, \pi]$ bilden. Für $n \neq m$ erhalten wir

$$\begin{aligned}
\frac{1}{2\pi} \int_{-\pi}^{\pi} e^{i\omega n} e^{-i\omega m}\, d\omega = \frac{1}{2\pi} \int_{-\pi}^{\pi} e^{i\omega(n-m)}\, d\omega &= \frac{1}{2\pi i(n-m)} [e^{i\omega(n-m)}]_{-\pi}^{\pi} \\
&= \frac{1}{2\pi i(n-m)} [e^{i\pi(n-m)} - e^{-i\pi(n-m)}] \\
&= \frac{1}{\pi(n-m)} \sin \pi(n-m) = 0,
\end{aligned}$$

da $\sin \pi(n-m) = 0$, wenn $n - m$ ganzzahlig ist.

Das Riesz-Fischer-Theorem und sein Korollar genügen im wesentlichen für unsere Bedürfnisse. Weiter unten werden wir kurz einen deterministischen Prozeß behandeln bei dem die Bedingung $\sum |c_k|^2 < \infty$ verletzt ist (die $c_k$ beschreiben die Kovarianzfunktion). Dann genügt das Theorem nicht, die Fouriertransformierte der $c_k$ zu definieren. Es stellt sich jedoch heraus, daß wir dennoch in einem gewissen Sinn die Fouriertransformierte solcher „problematischer" Folgen definieren können.

### 5. Das Spektrum

Eine alternative Darstellung der kovarianzerzeugenden Funktion von $y$ bildet das Spektrum des $y$-Prozesses. Zur Erinnerung schreiben wir die kovarianzerzeugende Funktion von $y$ wie sie in (4) definiert wurde:

$$g_y(z) = \sum_{k=-\infty}^{\infty} c_y(k) z^k. \tag{4}$$

Für den Prozeß $y_t = B(L)\varepsilon_t$ erhielten wir

$$g_y(z) = B(z)B(z^{-1})\sigma_\varepsilon^2.$$

Wenn wir (4) an der Stelle $z = e^{-i\omega}$ bestimmen, ergibt sich

$$g_y(e^{-i\omega}) = \sum_{k=-\infty}^{\infty} c_y(k) e^{-i\omega k}, \qquad -\pi < \omega < \pi. \tag{21}$$

Der Ausdruck $g_y(e^{-i\omega})$, interpretiert als eine Funktion der Frequenz $\omega$, wird das Spektrum von $y$ genannt. Das Spektrum ist die Fouriertransformierte der Kovarianzfunktion.

Wie aus der Umkehrformel (20) ersichtlich, ist das Spektrum selbst eine Art kovarianzerzeugender Funktion. Wenn $g_y(e^{-i\omega})$ gegeben ist, können wir einfach die Kovarianzen $c_y(k)$ mit Hilfe der Umkehrformel (20) bestimmen. Wir leiten dies her, indem wir (21) mit $e^{i\omega h}$ multiplizieren und dann bezüglich $\omega$ von $-\pi$ zu $\pi$ integrieren:

$$\int_{-\pi}^{\pi} g_y(e^{-i\omega}) e^{i\omega h} \, d\omega = \int_{-\pi}^{\pi} \sum_{k=-\infty}^{\infty} c_y(k) e^{i\omega(h-k)} \, d\omega = \sum_{k=-\infty}^{\infty} c_y(k) \int_{-\pi}^{\pi} e^{i\omega(h-k)} \, d\omega. \tag{22}$$

Für $h = k$ erhalten wir

$$\int_{-\pi}^{\pi} e^{i\omega(h-k)} \, d\omega = \int_{-\pi}^{\pi} 1 \, d\omega = 2\pi$$

und für $h \neq k$

$$\begin{aligned}\int_{-\pi}^{\pi} e^{i\omega(h-k)} \, d\omega &= \int_{-\pi}^{\pi} \cos \omega(h-k) \, d\omega + i \int_{-\pi}^{\pi} \sin \omega(h-k) \, d\omega \\ &= -\sin \omega(h-k)]_{-\pi}^{\pi} + i \cos \omega(h-k)]_{-\pi}^{\pi} = 0.\end{aligned}$$

Daher lautet (22)

$$\int_{-\pi}^{\pi} g_y(e^{-i\omega}) e^{i\omega h} \, d\omega = 2\pi c_y(h).$$

Wenn wir das Spektrum mit $e^{i\omega h}$ multiplizieren und von $-\pi$ bis $\pi$ integrieren, erhalten wir die Kovarianz $h$-ter Ordnung multipliziert mit $2\pi$. Für den Spezialfall $h = 0$ haben wir

$$\int_{-\pi}^{\pi} g_y(e^{-i\omega}) \, d\omega = 2\pi c_y(0).$$

Die Fläche unter dem Spektrum zwischen $-\pi$ und $\pi$ entspricht der Varianz von $y$ multipliziert mit $2\pi$. Daher können wir das Spektrum interpretieren als ein Konzept zur Zerlegung der Varianz einer Reihe nach Frequenzen. Der Anteil der Varianz, der sich zwischen zwei beliebigen Frequenzen „realisiert“, wird gemessen durch die Fläche unter dem Spektrum zwischen diesen beiden Frequenzen.

Aus Gleichung (21) können wir ableiten

$$g_y(e^{-i\omega}) = \sum_{k=-\infty}^{\infty} c_y(k)e^{-i\omega k}$$
$$= c_y(0) + \sum_{k=1}^{\infty} c_y(k)(e^{i\omega k} + e^{-i\omega k})$$
$$= c_y(0) + 2\sum_{k=1}^{\infty} c_y(k)\cos\omega k. \qquad (23)$$

Dies besagt, daß das Spektrum für jede Frequenz reelle Werte annimmt und berechnet werden kann, indem wir die Kovarianzfunktion von $y$ mit einer Kosinusfunktion der entsprechenden Frequenz multiplizieren. Da $\cos x = \cos(-x)$ folgt aus (23)

$$g_y(e^{i\omega}) = g_y(e^{-i\omega}),$$

d. h. das Spektrum ist symmetrisch bezüglich $\omega = 0$. Wegen $\cos(\omega + 2\pi k) = \cos\omega$, $k = 0, \pm 1, \pm 2, \ldots$, gilt, daß das Spektrum eine periodische Funktion von $\omega$ mit Periode $2\pi$ ist. Deshalb können wir unsere Aufmerksamkeit auf das Intervall $[-\pi, \pi]$ beschränken, oder sogar auf $[0, \pi]$ wegen der Symmetrie des Spektrums.

Wir leiten nun eine grundlegende Formel ab, die das Spektrum eines (schwach) stationären Prozesses $y_t$ zum Spektrum eines anderen stationären Prozesses $x_t$ in Beziehung setzt. Beide Prozesse besitzen annahmegemäß einen Mittelwert von Null. Wir betrachten die Projektionsgleichung

$$y_t = \sum_{j=-\infty}^{\infty} b_j x_{t-j} + \varepsilon_t \equiv B(L)x_t + \varepsilon_t,$$

mit $E\varepsilon_t x_{t-j} = 0$ für alle $j$.

$B(L)x_t$ ist die Projektion von $y_t$ auf den ganzen $x$-Prozeß gemäß dem Orthogonalitätsprinzip. Daraus ergibt sich

$$y_t y_{t-j} = \left(\sum_{s=-\infty}^{\infty} b_s x_{t-s}\right)\left(\sum_{r=-\infty}^{\infty} b_r x_{t-j-r}\right)$$
$$+ \left(\sum_{s=-\infty}^{\infty} b_s x_{t-s}\right)\varepsilon_{t-j} + \left(\sum_{r=-\infty}^{\infty} b_r x_{t-j-r}\right)\varepsilon_t + \varepsilon_t\varepsilon_{t-j}.$$

Wir bilden auf beiden Seiten den Erwartungswert und wenden die Orthogonalitätsbedingungen an:

$$c_y(j) = E(y_t y_{t-j}) = \sum_{s=-\infty}^{\infty}\sum_{r=-\infty}^{\infty} b_s b_r c_x(j + r - s) + c_\varepsilon(j).$$

Das Spektrum von $y$ ist definiert als

$$g_y(e^{-i\omega}) = \sum_{k=-\infty}^{\infty} c_y(k)e^{-i\omega k}$$
$$= \sum_{k=-\infty}^{\infty}\sum_{s=-\infty}^{\infty}\sum_{r=-\infty}^{\infty} b_r b_s c_x(k + r - s)e^{-i\omega k} + g_\varepsilon(e^{-i\omega}). \qquad (24)$$

Wir führen den Index $h = k + r - s$ ein, d. h. $k = h - r + s$. Nun können wir schreiben

$$e^{-i\omega k} = e^{-i\omega(h-r+s)} = e^{-i\omega h} e^{-i\omega s} e^{i\omega r}. \tag{25}$$

Nach Substitution von (25) in (24) folgt

$$\begin{aligned} g_y(e^{-i\omega}) &= \sum_{r=-\infty}^{\infty} b_r e^{i\omega r} \sum_{s=-\infty}^{\infty} b_s e^{-i\omega s} \sum_{h=-\infty}^{\infty} c_x(h) e^{-i\omega h} + g_\varepsilon(e^{-i\omega}) \\ &= B(e^{i\omega}) B(e^{-i\omega}) g_x(e^{-i\omega}) + g_\varepsilon(e^{-i\omega}), \end{aligned}$$

bzw.

$$g_y(e^{-i\omega}) = |B(e^{-i\omega})|^2 g_x(e^{-i\omega}) + g_\varepsilon(e^{-i\omega}). \tag{26}$$

Dies ist eine wichtige Formel. Sie zeigt, wie das Spektrum des „Inputprozesses" $x_t$, multipliziert mit der nichtnegativen reellen Zahl $|B(e^{-i\omega})|^2$ in das Spektrum von $y_t$ eingeht. Formel (26) kann benutzt werden, um die Wirkungen des „Filterns" zu analysieren. Dabei beginnen wir mit einem stationären Prozeß $x_t$ und definieren den neuen Prozeß

$$y_t = B(L) x_t. \tag{27}$$

Formel (26) gilt hier mit $g_\varepsilon(e^{-i\omega}) \equiv 0$. Wir werden den praktischen Wert dieser Formel in verschiedenen Zusammenhängen demonstrieren. Zunächst motiviert uns Formel (27), das Spektrum als ein Konzept zur Zerlegung der Varianz von $y$ nach Frequenzen zu interpretieren. Nehmen wir an, wir können $B(e^{-i\omega})$ wie folgt wählen:

$$B(e^{-i\omega}) = \begin{cases} 1 & \text{für} \quad \omega \in [a, b] \cup [-b, -a], \quad 0 < a < b < \pi, \\ 0 & \text{sonst.} \end{cases} \tag{28}$$

Wir wählen hier einen „Filter", d. h. eine Menge von Koeffizienten $b_j$, die einen Zufallsprozeß $x_t$ nach der Vorschrift (27) in einen Prozeß $y_t$ transformieren. Ein Filter wie der in (28) beschriebene schließt alle Frequenzen aus, die nicht in $[a, b]$ oder $[-b, -a]$ liegen. Zur Bestimmung von Koeffizienten $b_j$, die (28) erfüllen, benützen wir die bereits eingeführte Umkehrformel:

$$\begin{aligned} b_j &= \frac{1}{2\pi} \int_{-\pi}^{\pi} B(e^{-i\omega}) e^{+i\omega j} \, d\omega = \frac{1}{2\pi} \int_{-b}^{-a} e^{i\omega j} \, d\omega + \frac{1}{2\pi} \int_a^b e^{i\omega j} \, d\omega \\ &= \frac{1}{2\pi} \int_a^b (e^{i\omega j} + e^{-i\omega j}) \, d\omega = \frac{1}{2\pi} \int_a^b 2 \cos \omega j \, d\omega \\ &= \frac{1}{\pi} \frac{1}{j} \sin \omega j \Big]_a^b \\ &= \frac{1}{\pi} \left( \frac{\sin jb - \sin ja}{j} \right), \qquad \text{für alle ganzzahligen } j. \end{aligned} \tag{29}$$

Wir haben $b_j = b_{-j}$. Die Varianz des Prozesses

$$y_t = \sum_{j=-\infty}^{\infty} b_j x_{t-j},$$

dessen Koeffizienten $b_j$ entsprechend Gleichung (29) bestimmt sind, realisiert sich in den Frequenzbändern $\omega \in [a, b]$ und $\omega \in [-b, -a]$. Sie ist durch

$$\frac{1}{2\pi}\int_{-\pi}^{\pi} g_y(e^{-i\omega})\,d\omega = \frac{1}{2\pi}\int_{-b}^{-a} g_x(e^{-i\omega})\,d\omega + \frac{1}{2\pi}\int_{a}^{b} g_x(e^{-i\omega})\,d\omega \text{ gegeben.}$$

In diesem Sinne dient $g_x(e^{-i\omega})$ dazu, die Varianz von $x$ nach Frequenzen zu zerlegen. Der Anteil der Varianz, der sich in einem gegebenen Frequenzband realisiert, wird gefunden, indem man das Spektrum über dieses Band integriert und durch $2\pi$ dividiert. Wenn wir das Spektrum von $-\pi$ bis $\pi$ integrieren, erhalten wir, wie bereits angemerkt, die Varianz von $x$ multipliziert mit $2\pi$. Wir werden nun zeigen, daß die Zerlegung der Varianz von $x$ nach Frequenzen mit Hilfe des Spektrums die Eigenschaft besitzt, daß die Komponenten (der Zerlegung), die zu verschiedenen Frequenzen gehören, orthogonal sind. Speziell gilt, daß zwei Komponenten, die wir durch Anwendung von zwei Filtern vom Typ (28) mit disjunkten Frequenzbändern erhalten, gegenseitig für alle Verzögerungen orthogonal sind.

Als Nebenergebnis halten wir fest, daß die vorangehenden Überlegungen dazu dienen können, die Nichtnegativität des Spektrums zu beweisen. Dazu wählen wir die Strategie des Widerspruchsbeweises und nehmen an, das Spektrum $g_x(e^{-i\omega})$ sei in einem schmalen Frequenzband negativ. Wir wählen einen Filter, der alle Varianz außerhalb dieses Bandes ausschließt. Damit entsteht ein neuer Zufallsprozeß mit negativer Varianz. Dies ist ein Widerspruch. Das Spektrum muß daher auf nichtnegative Werte beschränkt sein.

Wir untersuchen nun die Spektren einiger einfacher Prozesse. Als ersten betrachten wir den reinen Zufallsprozeß $y_t = \varepsilon_t$ mit $c_y(0) = \sigma_\varepsilon^2$, $c_y(h) = 0$ für $h \neq 0$.

Die kovarianzerzeugende Funktion dieses Prozesses ist $g_y(z) = \sigma_\varepsilon^2$, das Spektrum folglich

$$g_y(e^{-i\omega}) = \sigma_\varepsilon^2, \qquad -\pi \leq \omega \leq \pi.$$

Das Spektrum ist konstant gleich $\sigma_\varepsilon^2$ für jede Frequenz. Wie erwartet gilt

$$\int_{-\pi}^{\pi} g_y(e^{-i\omega})\,d\omega = 2\pi\sigma_\varepsilon^2$$

Der reine Zufallsprozeß besitzt ein konstantes Spektrum. Dies bedeutet, daß alle Frequenzen zwischen $-\pi$ und $\pi$ mit gleichem Gewicht zu seiner Varianz beitragen.

Als nächsten betrachten wir den Prozeß erster Ordnung

$$y_t = B(L)\varepsilon_t = \frac{1}{1-\lambda L}\varepsilon_t, \qquad -1 < \lambda < 1.$$

Die kovarianzerzeugende Funktion dieses Prozesses ist

$$g_y(z) = \left(\frac{1}{1-\lambda z}\right)\left(\frac{1}{1-\lambda z^{-1}}\right)\sigma_\varepsilon^2.$$

Das Spektrum kann geschrieben werden

$$g_y(e^{-i\omega}) = \left(\frac{1}{1-\lambda e^{-i\omega}}\right)\left(\frac{1}{1-\lambda e^{i\omega}}\right)\sigma_\varepsilon^2 = \frac{1}{1-\lambda(e^{i\omega}+e^{-i\omega})+\lambda^2}\sigma_\varepsilon^2$$
$$= \frac{1}{1-2\lambda\cos\omega+\lambda^2}\sigma_\varepsilon^2$$

Es gilt:

$$\frac{dg_y(e^{-i\omega})}{d\omega} = -(1 - 2\lambda \cos \omega + \lambda^2)^{-2}(2\lambda \sin \omega)\sigma_\varepsilon{}^2.$$

Der erste Klammerausdruck ist positiv. Da $\sin \omega > 0$ für $0 < \omega < \pi$, stimmt das Vorzeichen des zweiten Ausdrucks im Intervall $(0, \pi)$ mit dem von $\lambda$ überein. Daher nimmt das Spektrum über $(0, \pi)$ mit wachsendem $\omega$ ab (zu), falls $\lambda > 0$ $(< 0)$. Das bedeutet, daß für die Zusammensetzung der Varianz von $y$ niedrige (hohe) Frequenzen relativ wichtig sind, falls $\lambda > 0$ $(< 0)$. Man kann leicht zeigen, daß das Spektrum umso „steiler" ist, je größer der absolute Wert von $\lambda$ ist. Das Spektrum des Prozesses erster Ordnung erreicht einen „Gipfel" (Maximum) nur am Rande, d. h. bei $\omega = 0$ oder $\omega = \pm\pi$. Ein Gipfel bei $\omega = \pi$ entspricht einer Periodizität von $2\pi/\omega = 2\pi/\pi = 2$ Perioden. Ein Gipfel bei $\omega = 0$ entspricht einem Zyklus mit „unendlicher" Periodizität, einem unbeobachtbaren Grenzfall.

Bei Vierteljahresdaten entspricht ein Konjunkturzyklus einem Gipfel im Spektrum bei einer Periodizität von etwa 12 Quartalen. Ein Prozeß erster Ordnung kann einen Gipfel nur für zwei oder für unendlich viele Quartale erreichen und kann daher nicht dazu dienen, einen Konjunkturzyklus im Sinne eines Gipfels des Spektrums bei etwa 12 Quartalen zu erklären. Er kann auch, wie wir oben bereits gesehen haben, nur eine Kovarianzfunktion mit einer Periodizität von zwei Perioden (bzw. ohne Zyklen) implizieren. Daher kann er nicht einen Konjunkturzyklus, definiert im Sinne einer oszillierenden Kovarianzfunktion, erklären, wenn Quartalsdaten verwendet werden.

Ein Prozeß zweiter Ordnung kann einen Gipfel seines Spektrums bei inneren Werten des Intervalls $(0, \pi)$ besitzen. Wir schreiben diesen Prozeß in der Form

$$y_t = \frac{1}{1 - t_1 L - t_2 L^2}\varepsilon_t.$$

$\varepsilon_t$ steht für einen reinen Zufallsprozeß. Für die kovarianzerzeugende Funktion erhalten wir

$$g_y(z) = \left(\frac{1}{1 - t_1 z - t_2 z^2}\right)\left(\frac{1}{1 - t_1 z^{-1} - t_2 z^{-2}}\right)\sigma_\varepsilon{}^2$$

und für das Spektrum folglich

$$\begin{aligned} g_y(e^{-i\omega}) &= \left(\frac{1}{1 - t_1 e^{-i\omega} - t_2 e^{-2i\omega}}\right)\left(\frac{1}{1 - t_1 e^{i\omega} - t_2 e^{2i\omega}}\right)\sigma_\varepsilon{}^2 \\ &= \frac{\sigma_\varepsilon{}^2}{1 + t_1{}^2 + t_2{}^2 + (t_2 t_1 - t_1)(e_{i\omega} + e^{-i\omega}) - t_2(e^{-2i\omega} + e^{2i\omega})} \\ &= \frac{\sigma_\varepsilon{}^2}{1 + t_1{}^2 + t_2{}^2 - 2t_1(1 - t_2)\cos\omega - 2t_2\cos 2\omega} = \frac{\sigma_\varepsilon{}^2}{h(\omega)}. \end{aligned}$$

Die erste Ableitung bezüglich $\omega$ lautet:

$$\begin{aligned} \frac{dg_y(e^{-i\omega})}{d\omega} &= -\sigma_\varepsilon{}^2 h(\omega)^{-2}(2t_1(1 - t_2)\sin\omega + 4t_2 \sin 2\omega) \\ &= -\sigma_\varepsilon{}^2 h(\omega)^{-2}((2\sin\omega)[t_1(1 - t_2) + 4t_2\cos\omega]). \end{aligned}$$

$h(\omega)^2$ ist positiv. Um Nullstellen der Ableitung im Intervall $(0, \pi)$ zu finden müssen wir den Klammerausdruck gleich Null setzen:

$$t_1(1 - t_2) + 4t_2 \cos \omega = 0 \quad \text{bzw.} \quad \cos \omega = \frac{-t_1(1 - t_2)}{4t_2}, \tag{30}$$

d. h.

$$\omega = \cos^{-1}\left(\frac{-t_1(1 - t_2)}{4t_2}\right). \tag{31}$$

Gleichung (31) ist nur lösbar, falls

$$\left|\frac{-t_1(1 - t_2)}{4t_2}\right| < 1, \tag{32}$$

da $|\cos x| \leqq 1$ für alle $x$. Die Untersuchung der zweiten Ableitung von $g_y(e^{-i\omega})$ bezüglich $\omega$ erbringt, daß das Spektrum bei dem durch (31) bestimmten $\omega$ ein Maximum annimmt, falls $t_2 < 0$, bzw. ein Minimum, falls $t_2 > 0$. Die Bedingung (32) ist etwas „stärker" als die Bedingung komplexer Wurzeln der charakteristischen Gleichung, die Oszillationen der Kovarianzfunktion garantiert. Wir schreiben (32) in der Form

$$-1 < -t_1(1 - t_2)/4t_2 < 1. \tag{33}$$

Die Grenzen der dadurch beschriebenen Region (in der $(t_1, t_2)$-Ebene) sind gegeben durch

$$-t_1(1 - t_2) = 4t_2 \tag{34}$$

und

$$-t_1(1 - t_2) = -4t_2. \tag{35}$$

Beide Grenzen enthalten den Punkt $(t_1, t_2) = (0, 0)$. Der Punkt $(2, -1)$ liegt auf (34), der Punkt $(-2, -1)$ auf (35). Wir differenzieren (34) implizit bezüglich $t_1$ und erhalten

$$dt_2/dt_1 = (t_2 - 1)/(4 - t_1),$$

sowie speziell

$$\left.\frac{dt_2}{dt_1}\right|_{t_1 = t_2 = 0} = -\frac{1}{4}$$

und

$$\left.\frac{dt_2}{dt_1}\right|_{t_1 = 2, t_2 = -1} = -1.$$

In analoger Weise verfahren wir mit (35):

$$dt_2/dt_1 = (1 - t_2)/(4 + t_1),$$

sowie speziell

$$\left.\frac{dt_2}{dt_1}\right|_{t_1 = t_2 = 0} = \frac{1}{4}, \quad \left.\frac{dt_2}{dt_1}\right|_{t_1 = -2, t_2 = -1} = 1.$$

Solche Berechnungen zeigen die Lage der Grenzen der Region (33) wie sie in Abbil-

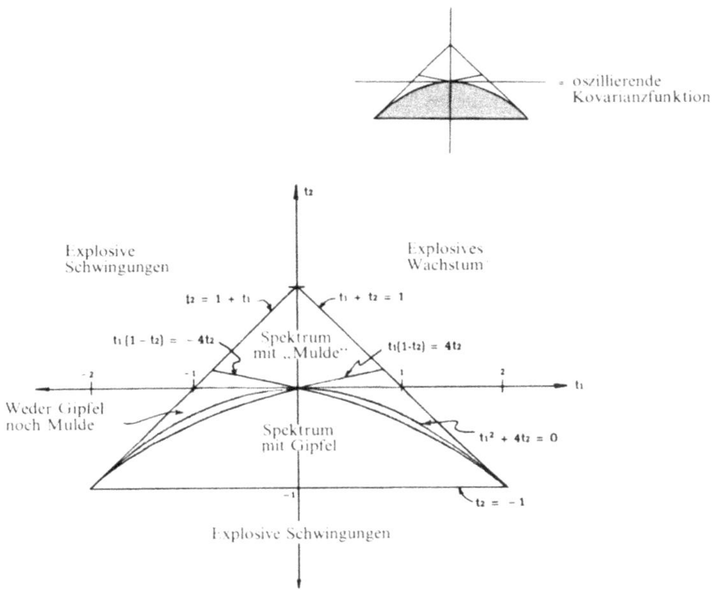


**Abb. 3** (Quelle: Jenkins, G. M., und Watts, D. G. *Spectral Analysis and Its Applications*, S. 229, San Francisco: Holden-Day, 1969.)

dung 3 dargestellt sind. Parameterkombinationen in Region (33) mit $t_2 < 1$ (eine Bedingung der schwachen Stationarität) implizieren, daß die Wurzeln der entsprechenden charakteristischen Gleichung komplex sind. Die Umkehrung gilt jedoch nicht. Folglich sind die Bedingungen für Oszillationen der Kovarianzfunktion nicht völlig äquivalent zu denen, die ein Maximum des Spektrums sicherstellen.

Die Abbildungen 2a und 2b zeigen Simulationsergebnisse von stochastischen Differenzengleichungen erster und zweiter Ordnung, um die „Fähigkeit“ solcher Gleichungen niedriger Ordnung zu demonstrieren, „realistische“ Zeitreihen zu erzeugen. Abbildung 2c zeigt die Lösung des deterministischen Teiles derselben Differenzengleichung zweiter Ordnung mit den Anfangsbedingungen $y_0 = y_1 = 1$. Selbst die stochastische Differenzengleichung erster Ordnung

$$y_t = 0.9y_{t-1} + \varepsilon_t,$$

wobei $\varepsilon_t$ eine seriell unkorrelierte Zufallsvariable bezeichnet, erzeugt in etwa abwechselnde Perioden von Auf- und Abschwung. Wir sehen daraus, daß stochastische Differenzengleichungen Prozesse erzeugen können, die wie Konjunkturzyklen aussehen, selbst wenn ihre Spektren keine Maxima im Intervall $(0, \pi)$ besitzen und ihre Kovarianzfunktionen nicht oszillieren.

## 6. Das Kreuzspektrum

Das Kreuzspektrum ermöglicht eine alternative Darstellung der Kreuzkovarianzfunktion. Die kreuzkovarianzerzeugende Funktion der stationär korrelierten Prozesse $y$ und $x$ ist definiert durch

$$g_{yx}(z) = \sum_{k=-\infty}^{\infty} c_{yx}(k) z^k.$$

Wenn wir $g_{yx}(z)$ an der Stelle $z = e^{-i\omega}$ bestimmen, erhalten wir das Kreuzspektrum von $y$ und $x$

$$g_{yx}(e^{-i\omega}) = \sum_{k=-\infty}^{\infty} c_{yx}(k) e^{-i\omega k},$$

interpretiert als eine Funktion der Frequenz $\omega$.

Selbstverständlich ist das Kreuzspektrum eine kreuzkovarianzerzeugende Funktion. Wenn $g_{yx}(e^{-i\omega})$ gegeben ist, können wir die Kreuzkovarianzen aus der folgenden Umkehrformel gewinnen:

$$c_{yx}(k) = \frac{1}{2\pi} \int_{-\pi}^{\pi} g_{yx}(e^{-i\omega}) e^{i\omega k} \, d\omega.$$

Die Gültigkeit dieser Umkehrformel kann analog zu unserem Vorgehen im Falle der Umkehrformel des Spektrums überprüft werden.

Im Gegensatz zum Spektrum nimmt das Kreuzspektrum im allgemeinen komplexe Werte für jede Frequenz an. Dies ergibt sich aus der Tatsache, daß $c_{yx}(k)$ im allgemeinen nicht symmetrisch ist im allgemeinen $(c_{yx}(k) \neq c_{yx}(-k))$. Anstelle der Symmetrie können wir eine andere Eigenschaft nachweisen:

$$g_{xy}(e^{-i\omega}) = \overline{g_{yx}(e^{-i\omega})} = g_{yx}(e^{+i\omega}). \tag{36}$$

Der Querstrich bezeichnet komplexe Konjugation,

$$g_{xy}(e^{-i\omega}) = \sum_{k=-\infty}^{\infty} c_{xy}(k) e^{-i\omega k},$$

und für $c_{xy}(k) := E x_t y_{t-k}$ gilt: $c_{xy}(k) = c_{yx}(-k)$.

Wir nehmen an, daß zwischen dem stationären Prozeß $y_t$ und den Prozessen $x_t$ und $\varepsilon_t$ folgende Beziehung besteht:

$$y_t = \sum_{j=-\infty}^{\infty} h_j x_{t-j} + \varepsilon_t. \tag{37}$$

Dabei soll gelten: $E\varepsilon_t = Ex_t = 0$ und $E\varepsilon_t x_{t-s} = 0$ für alle $s$. Diese Orthogonalitätsbedingung kennzeichnet $\sum h_j x_{t-j}$ als die Projektion von $y_t$ auf den von $\{x_{t-\infty}, \ldots, x_0, \ldots, x_{t+\infty}\}$ aufgespannten Raum. Wie wir bereits festgestellt haben, genügt das Spektrum von $y$ der Bedingung

$$g_y(e^{-i\omega}) = |h(e^{-i\omega})|^2 g_x(e^{-i\omega}) + g_\varepsilon(e^{-i\omega}),$$

mit

$$h(e^{-i\omega}) = \sum_{j=-\infty}^{\infty} h_j e^{-i\omega j}.$$

Um das Kreuzspektrum von $y$ und $x$ zu finden, berechnen wir zunächst die Kovarianz $k$-ter Ordnung mit Hilfe von (37):

$$Ey_t x_{t-k} = \sum_{j=-\infty}^{\infty} h_j E(x_{t-j} x_{t-k}), \qquad c_{yx}(k) = \sum_{j=-\infty}^{\infty} h_j c_x(k-j).$$

Die Kreuzkovarianzfunktion von $y$ und $x$ kann dargestellt werden als Faltung der Folgen $\{h_j\}$ und $c_x(j)$. Daher können wir unmittelbar

$$g_{yx}(e^{-i\omega}) = h(e^{-i\omega}) g_x(e^{-i\omega})$$

schreiben, da die Fouriertransformierte der Faltung zweier Folgen gleich dem Produkt der Fouriertransformierten der beiden Folgen ist. Wir können diese Beziehung ableiten, indem wir auf beiden Seiten die Fouriertransformierte bilden (d. h. wir multiplizieren mit $e^{-i\omega k}$ und summieren über $k$):

$$\sum_{k=-\infty}^{\infty} c_{yx}(k) e^{-i\omega k} = \sum_{j=-\infty}^{\infty} \sum_{k=-\infty}^{\infty} h_j c_x(k-j) e^{-i\omega k}.$$

Da $e^{-i\omega k} = e^{-i\omega(k-j)} e^{-i\omega j}$ können wir auch schreiben:

$$g_{yx}(e^{-i\omega}) = \sum_{j=-\infty}^{\infty} h_j e^{-i\omega j} \sum_{k=-\infty}^{\infty} c_x(k-j) e^{-i\omega(k-j)}$$

bzw.

$$g_{yx}(e^{-i\omega}) = h(e^{-i\omega}) g_x(e^{-i\omega}). \tag{38}$$

Die Kreuzkovarianz von $y$ und $x$ erhalten wir aus der Umkehrformel

$$c_{yx}(k) = \frac{1}{2\pi} \int_{-\pi}^{\pi} h(e^{-i\omega}) g_x(e^{-i\omega}) e^{i\omega k}\, d\omega.$$

Falls $g_{yx}(e^{-i\omega})$ und $g_x(e^{-i\omega})$ gegeben sind, können wir die $h_k$ mit Hilfe der Formel

$$h_k = \frac{1}{2\pi} \int_{-\pi}^{\pi} \frac{g_{yx}(e^{-i\omega})}{g_x(e^{-i\omega})} e^{i\omega k}\, d\omega$$

bestimmen. Wenn dabei Schätzfunktionen für $g_{yx}(e^{-i\omega})$ und $g_x(e^{-i\omega})$ benützt werden, wird der Ausdruck für $h_k$ Hannans ineffizienter Schätzer genannt.

Wir betrachten ein Beispiel. Der stationär korrelierte Prozeß $(y, x)$ sei durch folgende kovarianzerzeugende Funktionen charakterisiert:

$$g_x(z) = \sigma_\varepsilon^2 \left(\frac{1}{1-0.9z}\right)\left(\frac{1}{1-0.9z^{-1}}\right), \qquad g_y(z) = \sigma_u^2 (1-0.8z)(1-0.8z^{-1}),$$

$$g_{yx}(z) = \sigma_{u\varepsilon}(1-0.8z)(1+0.5z^{-1}).$$

Dies ist äquivalent zu

$$g_x(e^{-i\omega}) = \sigma_\varepsilon^2 \frac{1}{(1-0.9e^{-i\omega})(1-0.9e^{+i\omega})} = \frac{\sigma_\varepsilon^2}{1.81 - 1.8\cos\omega},$$

$$g_y(e^{-i\omega}) = \sigma_u^2(1.64 - 1.6\cos\omega),$$

$$g_{yx}(e^{-i\omega}) = \sigma_{u\varepsilon}(0.6 - 0.8e^{-i\omega} + 0.5e^{+i\omega}).$$

Wir benützen Formel (38), um die koeffizientenerzeugende Funktion $h(z)$ für die Projektion von $y_t$ auf den ganzen $x$-Prozeß zu bestimmen. Nach Substitution von $z = e^{-i\omega}$ gilt:

$$h(z) = g_{yx}(z)/g_x(z).$$

Auf unser Beispiel übertragen bedeutet dies

$$g_{yx}(z)/g_x(z) = (\sigma_{u\varepsilon}/\sigma_\varepsilon^2)(1-0.8z)(1+0.5z^{-1})(1-0.9z^{-1})(1-0.9z).$$

Wenn wir dieses Polynom in $z$ ausmultiplizieren, finden wir, daß $h_j = 0$ für $|j| > 2$ und $h_j \neq 0$ für $j = -2, -1, 0, 1, 2$. Im allgemeinen ist $h(z)$ „zweiseitig", d. h. die Koeffizienten bei negativen Potenzen von $z$ sind von Null verschieden.

Als nächstes bestimmen wir die Koeffizienten der Projektion von $x_t$ auf den ganzen $y$-Prozeß:

$$x_t = \sum_{j=-\infty}^{\infty} f_j y_{t-j} + u_t.$$

Dabei gilt: $Eu_t y_{t-j} = 0$ für alle $j$. Wir wenden Formel (38) mit $y$ und $x$ vertauscht an und erhalten

$$f(z) = g_{xy}(z)/g_y(z) = g_{yx}(z^{-1})/g_y(z).$$

In unserem Beispiel ergibt sich

$$f(z) = \frac{\sigma_{u\varepsilon}(1-0.8z^{-1})(1+0.5z)}{\sigma_u^2(1-0.8z^{-1})(1-0.8z)} = \frac{\sigma_{u\varepsilon}}{\sigma_u^2}\frac{(1+0.5z)}{(1-0.8z)}.$$

Es zeigt sich sofort, daß $f_j = 0$ für $j < 0$, d. h. $f(z)$ bezieht sich „einseitig" auf Vergangenheit und Gegenwart. Wir werden weiter unten die Bedingungen analysieren, unter denen Projektionen von $y$ auf $x$ bzw. $x$ auf $y$ „einseitig" bzw. „zweiseitig" sind.

Gleichung (16) kann wie folgt verallgemeinert werden. Wir spezifizieren zwei Prozesse:

$$y_{1t} = B_1(L)x_t, \qquad y_{2t} = B_2(L)x_t. \tag{39}$$

$x_t$ ist ein stationärer Prozeß und $B_1(L)$ bzw. $B_2(L)$ sind die lag-erzeugenden Funktionen für quadratisch summierbare Verzögerungsverteilungen. Dann gilt:

$$g_{y_1y_2}(e^{-i\omega}) = B_1(e^{-i\omega})B_2(e^{+i\omega})g_x(e^{-i\omega}). \tag{40}$$

Der Leser kann diese Formel überprüfen, indem er mittels (39) $Ey_{1t}y_{2t-k}$ berechnet, mit $e^{-i\omega k}$ multipliziert und über $k$ summiert. Die Ableitung entspricht der Ableitung von Gleichung (16).[9]

[9] Alternativ können wir $x_t$ als gleitenden Durchschnitt $x_t = c(L)\eta_t$ schreiben mit $g_x(z) = \sigma_\eta^2 c(z)c(z^{-1})$. Dann wenden wir (16) auf das System $y_{1t} = B_1(L)c(L)\eta_t$, $y_{2t} = B_2(L)c(L)\eta_t$ an.

Wir benützen nun Gleichung (40) um zu zeigen, daß das Spektrum eine Zerlegung von $x_t$ in Prozesse beinhaltet, die orthogonal sind, wenn sie für disjunkte Frequenzbänder definiert sind. Wir wählen $B_1(L)$ und $B_2(L)$ in (39) so, daß sie folgenden Bedingungen genügen:

$$B_1(e^{-i\omega}) = \begin{cases} 1, & \omega \in [-b, -a] \cup [a, b], \\ 0, & \omega \notin [-b, -a] \cup [a, b]; \end{cases}$$

$$B_2(e^{-i\omega}) = \begin{cases} 1, & \omega \in [-d, -c] \cup [c, d], \\ 0, & \omega \notin [-d, -c] \cup [c, d]. \end{cases}$$

Mit Hilfe von Gleichung (29) können die einzelnen Verzögerungskoeffizienten $b_{1j}$, $b_{2j}$ bestimmt werden.

Wenn die beiden Frequenzteilmengen $[-b, -a] \cup [a, b]$ und $[-d, -c] \cup [c, d]$ disjunkt sind, erhalten wir $B_1(e^{-i\omega}) B_2(e^{i\omega}) = 0$ für alle $\omega$ und damit $g_{y_1 y_2}(e^{-i\omega}) = 0$. Dies impliziert, daß die Prozesse $y_1$ und $y_2$ orthogonal (unkorreliert) für alle Verzögerungen sind, wie man direkt aus der Umkehrformel ersehen kann. In diesem Sinne „zerlegt" das Spektrum $g_x(e^{-i\omega})$ die Varianz von $x$ in eine Menge von wechselseitig orthogonalen Prozessen, definiert über der Menge der Frequenzen.

Das Kreuzspektrum ist eine komplexe Größe, die mittels reeller Zahlen in verschiedener Weise charakterisiert werden kann. Die Darstellung mittels Realteil und Imaginärteil lautet

$$g_{yx}(e^{-i\omega}) = \mathrm{co}(\omega) + i\,\mathrm{qu}(\omega).$$

$co(\omega)$ nennen wir das Kospektrum, $qu(\omega)$ das Quadraturspektrum. Gebräuchlicher ist die Schreibweise in Polarform:

$$g_{yx}(e^{-i\omega}) = r(\omega) e^{i\theta(\omega)}, \tag{41}$$

mit

$$r(\omega) = \sqrt{\mathrm{co}(\omega)^2 + \mathrm{qu}(\omega)^2}, \qquad \theta(\omega) = \tan^{-1}\left[\frac{\mathrm{qu}(\omega)}{\mathrm{co}(\omega)}\right].$$

$r(\omega)$ bezeichnen wir als **Kreuzamplitudenspektrum**, $\theta(\omega)$ als **Phasenspektrum** oder Phasenwinkel.* $\theta(\omega)$ gibt die Phasenverschiebung zwischen den beiden Prozessen $y$ und $x$ für jede Frequenz $\omega$ an. $r(\omega)$ verknüpft als multiplikativer Faktor die Amplitude des Prozesses $x$ bei der Frequenz $\omega$ mit der von $y$ bei derselben Frequenz. Eine weitere interessante Größe ist die **Kohärenz**:

$$\mathrm{coh}(\omega) = |g_{yx}(e^{-i\omega})|^2 / g_x(e^{-i\omega}) g_y(e^{-i\omega}).$$

Wir können sie im wesentlichen als Quotient einer quadrierten Kovarianz und des Produktes zweier Varianzen betrachten und damit als analoge Größe zum Bestimmtheitsmaß $R^2$. Sie zeigt uns den Anteil der Varianz einer Reihe „bei der Frequenz $\omega$" an, der durch die Variation der anderen Reihe „bei derselben Frequenz" „erklärt" wird.

* Dieser Satz, mit dem wir die im deutschen Sprachgebrauch üblichen Fachbegriffe einführen, wird hier um der Klarheit willen eingefügt. Th. Sargent verwendet im amerikanischen Original die Ausdrücke "gain" bzw. "phase statistic".

Aus Gleichung (38) und der Tatsache, daß das Spektrum $g_x(e^{-i\omega})$ reellwertig ist, ersehen wir, daß der Phasenwinkel des Kreuzspektrums gleich ist dem Phasenwinkel von $h(e^{-i\omega}) = \sum h_j e^{-i\omega j}$, der Fouriertransformierten der $h_j$. Wir benützen (38) und (41) und schreiben

$$r(\omega)e^{i\theta(\omega)} = g_{yx}(e^{-i\omega}) = h(e^{-i\omega})g_x(e^{-i\omega}),$$

bzw.

$$h(e^{-i\omega}) = \frac{r(\omega)}{g_x(e^{-i\omega})}\, e^{i\theta(\omega)}.$$

Daraus geht hervor, daß die Phasenwinkel von $g_{yx}(e^{-i\omega})$ und von $h(e^{-i\omega})$ identisch sind. Schließlich geben wir $h(e^{-i\omega})$ in der Polarform an:

$$h(e^{-i\omega}) = s(\omega)e^{i\theta(\omega)},$$

mit

$$s(\omega) = r(\omega)/g_x(e^{-i\omega}).$$

Im folgenden entwickeln wir eine heuristische Interpretation der Größe $\theta(\omega)$. Wir spezifizieren den Prozeß $y_t = \sum_{j=-\infty}^{\infty} h_j x_{t-j}$ wobei wir als Input $x_t$ eine reine Kosinusschwingung mit Frequenz $\omega$ wählen:

$$x_t = 2\cos\omega t = e^{i\omega t} + e^{-i\omega t}.$$

Daher erhalten wir für $y_t$:

$$y_t = \sum h_j[e^{i\omega(t-j)} + e^{-i\omega(t-j)}] = e^{i\omega t}\sum h_j e^{-i\omega j} + e^{-i\omega t}\sum h_j e^{+i\omega j}.$$

Es gilt $\sum h_j e^{-i\omega j} = s(\omega)e^{i\theta(\omega)}$ sowie (für die zu $\sum h_j e^{-i\omega j}$ konjugierte Zahl) $\sum h_j e^{i\omega j} = s(\omega)e^{-i\theta(\omega)}$. Infolgedessen können wir schreiben:

$$\begin{aligned} y_t = e^{i\omega t}s(\omega)e^{i\theta(\omega)} + e^{-i\omega t}s(\omega)e^{-i\theta(\omega)} &= s(\omega)[e^{i(\omega t + \theta(\omega))} + e^{-i(\omega t + \theta(\omega))}] \\ &= s(\omega)2\cos(\omega t + \theta(\omega)). \end{aligned}$$

Als Reaktion auf einen „Input" in Form einer Kosinusschwingung mit Frequenz $\omega$ erhalten wir eine Kosinusschwingung derselben Frequenz jedoch um $\theta(\omega)$ phasenverschoben. Die Amplituden unterscheiden sich durch den Faktor $s(\omega)$. Die Eingangsschwingung $x_t$ erreicht ihren oberen Wendepunkt bei $t = 0$, die Ausgangsschwingung $y_t$ für $\omega t + \theta(\omega) = 0$ bzw. bei $t = -\theta(\omega)/\omega$ Zeiteinheiten. Für $\theta(\omega) > 0$ eilt $y_t$ der Schwingung $x_t$ um $-\theta(\omega)/\omega$ Zeiteinheiten voraus. (Wir beschränken, wie üblich, $\theta(\omega)$ auf Werte zwischen $-\pi$ und $\pi$, damit die Funktion arctan wohldefiniert (einwertig) ist.)

Diese Interpretation des Phasenwinkels ist nützlich. Sie muß jedoch mit Vorsicht „gehandhabt" werden. Die hier analysierten, stochastischen Differenzengleichungen erzeugen Zufallsprozesse, deren Spektren kontinuierlich über Frequenzen zwischen $-\pi$ und $\pi$ verteilt sind. Positive Beiträge zur Varianz realisieren sich nur über **Frequenzbändern.** Eingangsschwingungen in Form reiner Kosinusschwingungen kommen bei diesen Prozessen genaugenommen nicht vor. Man kann eine solche Situation jedoch approximieren, falls die Spektraldichte bei einer bestimmten Frequenz einen sehr hohen Wert annimmt. Es gibt auch Prozesse, bei denen für Frequenzwerte (statt -bänder) definierte Komponenten in Form von Sinus- bzw. Kosinusschwingungen zur Varianz beitragen. Jedoch werden solche Prozesse nicht von stochastischen Differenzengleichungen der Art erzeugt, wie wir sie hier analysieren (vgl. S. 266–268).

Im Zusammenhang mit $h(e^{-i\omega})$ notieren wir zwei interessante Ergebnisse. Zunächst folgt aus der Definition von

$$h(e^{-i\omega}) = \sum_j h_j e^{-i\omega j},$$

daß $h(e^{-i\omega})$ an der Stelle $\omega = 0$ gleich ist der Summe der Lag-Gewichte, d. h.

$$h(e^{-i0}) = \sum h_j.$$

Wegen

$$\sum h_j e^{-i\omega j} = \sum h_j \cos \omega j - i \sum h_j \sin \omega j,$$

und weil $\sin 0 = 0$, gilt auch

$$h(e^{-i0}) = s(0) = \sum h_j.$$

Schließlich nimmt $h(e^{-i\omega})$ für $\omega = 0$ einen reellen Wert an. Der Phasenwinkel ist daher Null für $\omega = 0$, vorausgesetzt $\sum h_j \neq 0$:

$$\theta(\omega) = \tan^{-1}[-\sum h_j \sin \omega j / \sum h_j \cos \omega j], \qquad \theta(0) = \tan^{-1}[0] = 0. \quad (42)$$

Weiterhin läßt sich zeigen, daß die Ableitung des Phasenwinkels bezüglich $\omega$ an der Stelle $\omega = 0$ gleich ist der negativen mittleren Verzögerung. Wir benötigen dazu die Ableitung der arctan-Funktion:

$$\frac{d}{dx} \tan^{-1} u = \frac{1}{1 + u^2} \frac{du}{dx}.$$

Angewandt auf (42) ergibt sich

$$\theta'(\omega) = \frac{1}{1 + [-\sum h_j \sin \omega j / \sum h_j \cos \omega j]^2} \times \left\{ \frac{-\sum h_j \cos \omega j \sum h_j j \cos \omega j - \sum h_j j \sin \omega j \sum h_j \sin \omega j}{(\sum h_j \cos \omega j)^2} \right\}.$$

Wir bestimmen diesen Ausdruck für $\omega = 0$ und erhalten (unter Berücksichtigung von $\cos 0 = 1$, $\sin 0 = 0$)

$$\theta'(0) = -\sum h_j j / \sum h_j.$$

Die rechte Seite dieser Gleichung gibt den negativen Wert der „mittleren Verzögerung" der Verzögerungsverteilung $\{h_j\}$ an. Diese Maßzahl erscheint häufig in ökonometrischen Studien, die sich mit der Schätzung verteilter Verzögerungen befassen.

## 7. Ein Exkurs über Konjunkturindikatoren

Seit Jahren verwendet das National Bureau of Economic Research (NBER) eine Anzahl heuristischer Techniken, um „vorauseilende Indikatoren"* von Konjunkturbewegungen herauszufinden.[10] Vermutlich soll dies bei der Früherkennung und Vorhersage zyklischer Bewegungen helfen. In unserer Terminologie ist ein guter Indikator dadurch gekennzeichnet, daß er bei den niedrigen Konjunkturzyklusfrequenzen eine erhebliche Phasenvorverschiebung aufweist gegenüber einigen wichtigen Meßgrößen des Konjunkturzyklus wie z. B. der Arbeitslosenquote oder dem Bruttosozialprodukt. (Die Kohärenz zwischen dem Indikator und diesen Zyklusmeßgrößen soll ebenfalls große Werte annehmen, damit die Phasenverschiebung nicht nur im Durchschnitt groß ist, sondern regelmäßig auftritt.) Zweifellos kann die Suche nach Indikatoren eine wichtige Hilfe bei der Systematisierung von Daten sein. Jedoch sollte man sich darüber im klaren sein, daß eine Reihe $y_t$, die bei den wichtigsten Konjunkturzyklusfrequenzen eine ausgeprägte Phasenvorschiebung gegenüber einer anderen Reihe $x_t$ aufweist, nicht notwendigerweise bei der Prognose von $x$-Werten von größerem Nutzen ist als Verfahren, die sich nur auf realisierte $x$-Werte der Vergangenheit stützen. Wir belegen diese Aussage mit Hilfe von zwei Beispielen.

Zunächst nehmen wir folgendes System an:

$$x_t = \lambda x_{t-1} + u_t, \quad |\lambda| < 1, \qquad y_t = h_0 x_t + h_1 x_{t-1} + \varepsilon_t. \tag{43}$$

Es soll gelten: $Eu_t = E\varepsilon_t = Eu_t\varepsilon_{t-s} = 0$ für alle $t$ und $s$, $u$ und $\varepsilon$ sind seriell unkorreliert. Für das Kreuzspektrum zwischen $y$ und $x$ erhalten wir

$$\begin{aligned} g_{yx}(e^{-i\omega}) = (h_0 + h_1 e^{-i\omega}) g_x(e^{-i\omega}) &= (h_0 + h_1 \cos\omega - ih_1 \sin\omega) g_x(e^{-i\omega}) \\ &= r(\omega) e^{i\theta(\omega)} g_x(e^{-i\omega}), \end{aligned}$$

mit

$$r(\omega) = \sqrt{(h_0 + h_1 \cos\omega)^2 + (h_1 \sin\omega)^2}, \qquad \theta(\omega) = \tan^{-1}\left[\frac{-h_1 \sin\omega}{h_0 + h_1 \cos\omega}\right].$$

Durch geeignete Wahl der $h_0$ und $h_1$ können wir den Phasenwinkel $\theta(\omega)$ für gegebene Frequenzen beliebige Werte im Intervall $(-\pi, \pi)$ annehmen lassen. Dies ist möglich, obwohl das Modell (43) impliziert, daß $y_t$ keinen Beitrag leisten kann bei der Prognose von $x_t$, das einem reinen autoregressiven Prozeß folgt, d. h. nur verzögert von sich selbst sowie von der Zufallsgröße $u_t$ abhängt. Folglich kann uns $y_t$, selbst wenn es $x_t$ im Bereich der niedrigen Konjunkturzyklusfrequenzen „vorauseilt", bei der Prognose von $x_t$ nicht helfen.

Um unser Beispiel noch genauer zu spezifizieren, nehmen wir an:

$$x_t = \lambda x_{t-1} + u_t, \qquad y_t = (x_t - x_{t-1}) + \varepsilon_t.$$

Wie oben bezeichnen $u$ und $\varepsilon$ wechselseitig (für alle Zeitperioden) orthogonale RZ-

* Da wir es in diesem Abschnitt stets mit „vorauseilenden" Indikatoren zu tun haben, lassen wir das Adjektiv weg, wenn dadurch keine Mißverständnisse entstehen können.

[10] Vorauseilende Indikatoren werden vom Department of Commerce in Business Conditions Digest publiziert.

Prozesse. Für $h(e^{-i\omega})$ erhalten wir:

$$\begin{aligned} h(e^{-i\omega}) &= 1 - e^{-i\omega} = e^{-i\omega/2}(e^{i\omega/2} - e^{-i\omega/2}) \\ &= e^{-i\omega/2} 2i \sin(\omega/2) = 2e^{-i\omega/2} e^{i\pi/2} \sin(\omega/2) \\ &= 2e^{i(\pi/2 - \omega/2)} \sin(\omega/2). \end{aligned}$$

Im Intervall $0 < \omega < \pi$ ist der Phasenwinkel positiv, d. h. der Prozeß $y$ eilt $x$ für alle Frequenzen zwischen Null und $\pi$ voraus. Trotzdem nützt uns $y$ nichts für die Prognose von $x$, wenn wir vergangene Realisationen von $x$ zur Verfügung haben.

Als zweites Beispiel betrachten wir das System

$$y_t = \sum_{j=-\infty}^{\infty} h_j x_{t-j} + \varepsilon_t, \qquad y_t = \lambda y_{t-1} + u_t,$$

mit $E\varepsilon_t x_s = 0$ für alle $t$, $s$ und $Eu_t = 0$. $u_t$ ist ein RZ-Prozeß. Weiterhin soll gelten:

$$h_j = h_{-j} \quad \text{für alle} \quad j \geq 1.$$

Wir bestimmen das Kreuzspektrum zwischen $y$ und $x$:

$$\begin{aligned} g_{yx}(e^{-i\omega}) &= \{h_0 + h_1(e^{i\omega} + e^{-i\omega}) + h_2(e^{2i\omega} + e^{-2i\omega}) + \cdots\} g_x(e^{-i\omega}) \\ &= \left(h_0 + 2\sum_{j=1}^{\infty} h_j \cos \omega j\right) g_x(e^{-i\omega}). \end{aligned}$$

Es nimmt für alle $\omega$ **reelle** Werte an. Daher ist die Phasenverschiebung $\theta(\omega) = 0$ für alle $\omega$, d. h. $y$ und $x$ verlaufen vollkommen „phasengleich". Trotzdem können wir mit Hilfe eines Theorems von Sims (vgl. S. 284–295) zeigen, daß vergangene $y$-Werte bei der Prognose von $x$ hilfreich sind, selbst wenn wir die vergangene Entwicklung der $x$-Reihe kennen. Dies folgt aus der „Doppelseitigkeit" der Verzögerungsverteilung $\{h_j\}$ sowie aus dem zweiten Theorem von Sims, das wir noch ausführlich erläutern werden.

Zusammengenommen zeigen unsere Beispiele, daß ein Phasenvorlauf weder notwendig noch hinreichend für die Eignung einer Reihe ist, zur Prognose von Werten einer anderen Reihe beizutragen.

## 8. Analyse einiger Filter: Der Slutsky-Effekt und die Transformationen von Kuznets

Gleichung (26) kann zur Darstellung des berühmten „Slutsky-Effekts" (1937) benützt werden. Slutsky konstruierte eine Reihe, indem er ausgehend von einem reinen Zufallsprozeß $\varepsilon_t$ $n$-mal eine zweiperiodige gleitende Summe bildete und anschließend $m$-mal die Operation der (ersten) Differenzenbildung anwandte:

$$Z_t = (1 + L)(1 + L) \cdots (1 + L)\varepsilon_t = (1 + L)^n \varepsilon_t$$

und

$$y_t = (1 - L)(1 - L) \cdots (1 - L) Z_t = (1 - L)^m Z_t = (1 + L)^n (1 - L)^m \varepsilon_t. \quad (44)$$

Wenn wir (26) auf den Prozeß (44) anwenden, erhalten wir

$$\begin{aligned} g_y(e^{-i\omega}) &= (1 + e^{i\omega})^n(1 + e^{-i\omega})^n(1 - e^{i\omega})^m(1 - e^{-i\omega})^m\sigma_\varepsilon^2 \\ &= [(1 + e^{i\omega})(1 + e^{-i\omega})]^n[(1 - e^{-i\omega})(1 - e^{i\omega})]^m\sigma_\varepsilon^2 \\ &= [2 + (e^{i\omega} + e^{-i\omega})]^n[2 - (e^{i\omega} + e^{-i\omega})]^m\sigma_\varepsilon^2 \\ &= \sigma_\varepsilon^2 2^n[1 + \cos\omega]^n 2^m[1 - \cos\omega]^m. \end{aligned} \tag{45}$$

Der erste Spezialfall ergibt sich für $m = n$. (45) reduziert sich zu

$$g_y(e^{-i\omega}) = \sigma_\varepsilon^2 4^n[1 - \cos^2\omega]^n = \sigma_\varepsilon^2 4^n[\sin^2\omega]^n. \tag{46}$$

Das Spektrum von $y$ besitzt im Intervall $(0, \pi)$ ein Maximum bei $\omega = \pi/2$, da $\sin\pi/2 = 1$. Wegen $\sin\omega \leqq 1$, folgt aus (45), daß die „Spitze" des Spektrums bei $\pi/2$ mit wachsendem $n$ immer ausgeprägter wird. Im Grenzübergang, für $n \to \infty$ nimmt das Spektrum die Form eines unendlich langen „Dorns" bei $\pi/2$ an. $y$ verhält sich dann wie eine Kosinusschwingung mit Frequenz $\pi/2$.

Ähnliche Resultate ergeben sich, wenn $m/n$ fixiert wird ($m \neq n$) und $n$ größer wird. Wir bilden die Ableitung von $g_y(e^{-i\omega})$ bezüglich $\omega$ unter Verwendung von (45):

$$\begin{aligned} dg_y/d\omega &= \sigma_\varepsilon^2 2^{m+n}\{n[1 - \cos\omega]^m[1 + \cos\omega]^{n-1}(-\sin\omega) \\ &\quad + m(1 - \cos\omega)^{m-1}(\sin\omega)[1 + \cos\omega]^n\} \\ &= \sigma_\varepsilon^2 2^{m+n}\sin\omega\{(1 - \cos\omega)^{m-1}(1 + \cos\omega)^{n-1} \\ &\quad \cdot [m(1 + \cos\omega) - n(1 - \cos\omega)]\}. \end{aligned}$$

Um das Maximum des Spektrums zu finden, setzen wir diesen Ausdruck gleich Null. Dies erfordert für $\omega \in (0, \pi)$, daß

$$m(1 + \cos\omega) - n(1 - \cos\omega) = 0,$$

und damit

$$\cos\omega = \frac{1 - (m/n)}{1 + (m/n)}, \quad \text{bzw.} \quad \omega = \cos^{-1}\left(\frac{1 - (m/n)}{1 + (m/n)}\right).$$

Damit wissen wir, bei welcher Frequenz das Spektrum einen „Gipfel" erreicht. Wenn wir $m/n$ fixieren, nimmt das Spektrum an dieser Stelle im Grenzübergang $n \to \infty$ die Form eines „Dorns" an. Das bedeutet, daß $y$ mit wachsendem $n$ mehr und mehr wie eine Kosinusschwingung mit Frequenz $\cos^{-1}((1 - m/n)/(1 + m/n))$ aussieht.

Slutsky zeigte also, daß wir eine „zyklische" Reihe erhalten, wenn wir einen reinen Zufallsprozeß $\varepsilon_t$ durch sukzessive Summen- und Differenzenbildung transformieren.

Eine weitere Anwendung von Gleichung (26) findet sich in der Analyse von Datentransformationen. Howreys (1968) Analyse der von Kuznets verwendeten Transformationen bildet ein Beispiel. Von Kuznets aufbereitete Daten werden herangezogen, um die Existenz etwa 20 Jahre langer Zyklen im Wirtschaftsgeschehen zu bestätigen. Vor der Analyse nahm Kuznets jedoch zwei Datentransformationen vor.

Zuerst bildete er einen gleitenden Durchschnitt über fünf Jahre:

$$Z_t = \tfrac{1}{5}[L^{-2} + L^{-1} + 1 + L + L^2]X_t \equiv A(L)X_t.$$

Dann berechnete er die zentrierte erste Differenz von sich überlappenden Fünfjahresdurchschnitten:

$$y_t = Z_{t+5} - Z_{t-5} = [L^{-5} - L^5]Z_t = B(L)Z_t.$$

Die $y$-Reihe steht in folgendem Zusammenhang zu der ursprünglichen $X$-Reihe:

$$y_t = \tfrac{1}{5}[L^{-5} - L^5][L^{-2} + L^{-1} + 1 + L + L^2]X_t = A(L)B(L)X_t.$$

Die Spektren von $y$ und $X$ sind verknüpft durch

$$g_y(e^{-i\omega}) = A(e^{-i\omega})A(e^{i\omega})B(e^{-i\omega})B(e^{i\omega})g_x(e^{-i\omega}). \tag{47}$$

Es gilt

$$A(e^{-i\omega}) = \frac{1}{5}\sum_{j=-2}^{2} e^{-i\omega j} = \frac{1}{5}\frac{e^{i\omega 2} - e^{-i\omega 3}}{1 - e^{-i\omega}},$$

und daher

$$\begin{aligned} A(e^{-i\omega})A(e^{i\omega}) &= \frac{(\frac{1}{5})^2(e^{i\omega 2} - e^{-i\omega 3})(e^{-i\omega 2} - e^{i\omega 3})}{(1 - e^{-i\omega})(1 - e^{i\omega})} \\ &= \frac{(\frac{1}{5})^2(2 - (e^{i\omega 5} + e^{-i\omega 5}))}{2 - (e^{i\omega} + e^{-i\omega})} \\ &= \frac{(\frac{1}{5})^2 2(1 - \cos 5\omega)}{2(1 - \cos\omega)} = \frac{(\frac{1}{5})^2(1 - \cos 5\omega)}{1 - \cos\omega}. \end{aligned}$$

Weiterhin haben wir

$$B(e^{-i\omega}) = (e^{+i\omega 5} - e^{-i\omega 5}),$$

und daher

$$\begin{aligned} B(e^{i\omega})B(e^{-i\omega}) &= (e^{i\omega 5} - e^{-i\omega 5})(e^{-i\omega 5} - e^{i\omega 5}) \\ &= (2 - (e^{i\omega 10} + e^{-i\omega 10})) = 2(1 - \cos 10\omega). \end{aligned}$$

Also können wir schreiben

$$g_y(e^{-i\omega}) = \frac{(\frac{1}{5})^2(1 - \cos 5\omega)2}{(1 - \cos\omega)}(1 - \cos 10\omega)g_x(e^{-i\omega}) = G(\omega)g_x(e^{-i\omega}),$$

mit

$$G(\omega) = 2[(\tfrac{1}{5})^2(1 - \cos 5\omega)(1 - \cos 10\omega)/(1 - \cos\omega)].$$

$G(\omega)$ ist in Abbildung 4 dargestellt. Nullstellen von $G(\omega)$ ergeben sich für $\cos(5\omega) = 1$ und $\cos(10\omega) = 1$. Die erste Bedingung ist im Intervall $[o, \pi]$ erfüllt für

$$5\omega = 0,\ 2\pi,\ 4\pi, \qquad \omega = 0,\ \tfrac{2}{5}\pi,\ \tfrac{4}{5}\pi.$$

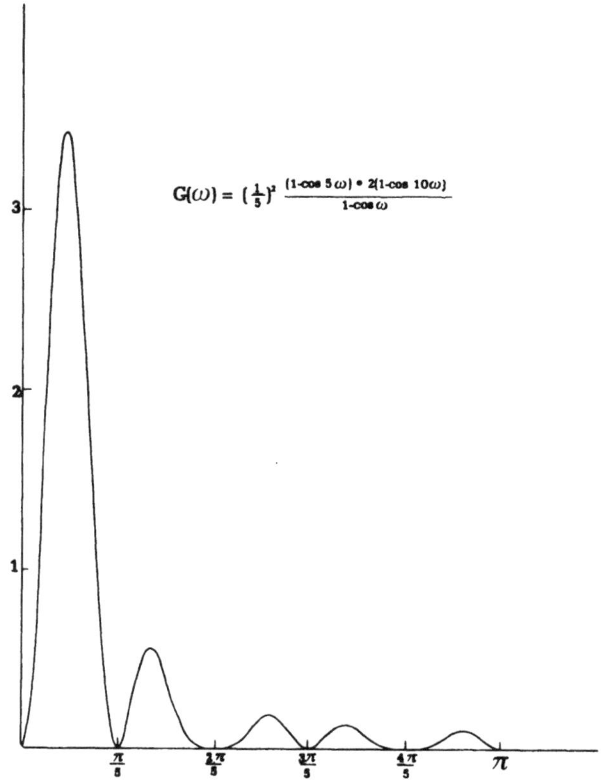


**Abb. 4**

Die Bedingung $\cos(10\omega) = 1$ ist im gleichen Intervall erfüllt für

$$10\omega = 0,\ 2\pi,\ 4\pi,\ 6\pi,\ 8\pi,\ 10\pi \quad \text{bzw.} \quad \omega = 0,\ \tfrac{1}{5}\pi,\ \tfrac{2}{5}\pi,\ \tfrac{3}{5}\pi,\ \tfrac{4}{5}\pi,\ \pi.$$

Die Nullstellen liegen folglich bei

$$\omega = 0, \tfrac{1}{5}\pi, \tfrac{2}{5}\pi, \tfrac{3}{5}\pi, \tfrac{4}{5}\pi, \text{ und } \pi.$$

Aus der Abbildung von $G(\omega)$ ergibt sich, daß eine $y$-Reihe, erzeugt durch Anwendung von Kuznets' Transformationen, einen hohen „Gipfel" bei einer niedrigen Frequenz besitzen wird, d. h. scheinbar durch „lange Wellen" gekennzeichnet ist. Dies gilt sogar, wenn $X_t$ ein reiner Zufallsprozeß ist. Diese langen Wellen sind offensichtlich ein statistisches Kunstprodukt, d. h. sie zeigen sich in den Daten infolge der angewandten Transformation und nicht als ein Merkmal des Wirtschaftssystems. Mit Jahresdaten entspricht der höchste „Gipfel" in Abb. 4 einem Zyklus von etwa $20^1/_4$ Jahren. Dies liegt nahe bei dem von Kuznets gefundenen 20-Jahre-Zyklus. Howreys Resultate werfen Fragen auf bezüglich der „Echtheit" der langen Wellen, die aus Kuznets' Daten herausgelesen werden.

## Eine kleine Grundausstattung mit Filtern

Um die Intuition für die Wirkung verschiedener, häufig benützter Filter zu schulen, werden in Abb. 5 Kreuzamplitudenspektrum und Phasenspektrum von $h(e^{-i\omega})$ für verschiedene $h(L)$-Verzögerungsverteilungen dargestellt.

Für $h(L) = 1 - L$ haben wir bereits berechnet, daß

$$h(e^{-i\omega}) = 2e^{i(\pi/2 - \omega/2)} \sin(\omega/2).$$

Dies wird durch die entsprechenden Graphen bestätigt. Für $h(L) = 1 + L$ ergibt sich

$$h(e^{-i\omega}) = 1 + e^{-i\omega} = e^{-i\omega/2}(e^{+i\omega/2} + e^{-i\omega/2}) = 2e^{-i\omega/2} \cos(\omega/2).$$

Auch dies stimmt mit der graphischen Darstellung überein. Für $h(L) = (1 - t_1 L - t_2 L^2)^{-1}$ haben wir $(t_1, t_2)$ aus den Bereichen unserer Abb. 3 gewählt, für die sich Spektren mit Gipfel ergeben. Entsprechend ist $h(e^{-i\omega})$ durch Gipfel gekennzeichnet (vgl. Abb. 3).

### 10. Alternative Definitionen des Konjunkturzyklus

Wir haben bereits zwei Zyklusdefinitionen für eine Reihe kennengelernt, die durch eine stochastische Differenzengleichung erzeugt wird. Nach der ersten Definition liegt ein Zyklus mit einer bestimmten Frequenz vor, wenn die Kovarianzfunktion des Prozesses gedämpfte Schwingungen dieser Frequenz aufweist. Dies ist äquivalent zu der Bedingung, daß für den nichtstochastischen Teil der Differenzengleichung ein Paar komplexer Wurzeln existiert, deren Argument ($\theta$ in der polaren Form der Wurzel $re^{i\theta}$) gleich dieser Frequenz ist. Wir nennen den Zyklus in einer einzelnen Reihe einen **Konjunkturzyklus,** wenn die Zyklusdauer zwischen etwa zwei bis vier Jahren („kleinere Zyklen" entsprechend der NBER-Klassifikation) oder bei ungefähr acht Jahren („große Zyklen" im Sinne des NBER) liegt.

Eine zweite Zyklusdefinition für einzelne Reihen stellt darauf ab, ob die Spektraldichte der jeweiligen Reihe einen Gipfel besitzt. Wir haben gesehen, daß diese beiden Definitionen nicht äquivalent sind, aber üblicherweise Zyklen in ähnlicher Weise erfassen.

Vermutlich trifft keine dieser beiden Definitionen die Basis dessen, was sich die meisten Fachleute unter dem Konjunkturzyklus vorstellen. In der Tat besitzen die meisten ökonomischen Aggregate Spektraldichten ohne ausgeprägte Gipfel in dem für Konjunkturzyklen relevanten Frequenzbereich. Die Gipfel, die in diesem Bereich auftreten, sind tendenziell breit und mäßig hoch. Das dominierende Merkmal der Spektren der meisten ökonomischen Zeitreihen besteht darin, daß das Spektrum mit zunehmender Frequenz drastisch abnimmt. Die „Masse" unter der Spektraldichtefunktion ist konzentriert im Bereich niedriger Frequenzen bzw. langer Zyklusdauer. Granger (1966) nannte diese Form die „typische Spektralform" ökonomischer Variablen. In Abb. 1 wird sie durch die logarithmischen Spektraldichten des realen Sozialprodukts, der Arbeitslosenquote, des Reallohns, des Zinssatzes und des realen Ausstoßes pro Arbeitsstunde dargestellt. Das im allgemeinen abnehmende Spektrum ist charakteristisch für eine Kovarianzstruktur, in der positive, hohe Reihenkorrelation niedriger Ordnung dominiert. Die Inflationsrate und die Wachstumsrate der realen Geldmenge besitzen nicht die typische Spektralform. Dies hätten wir bereits aus unserer Analyse der Wirkungen des „Differenzenfilters"

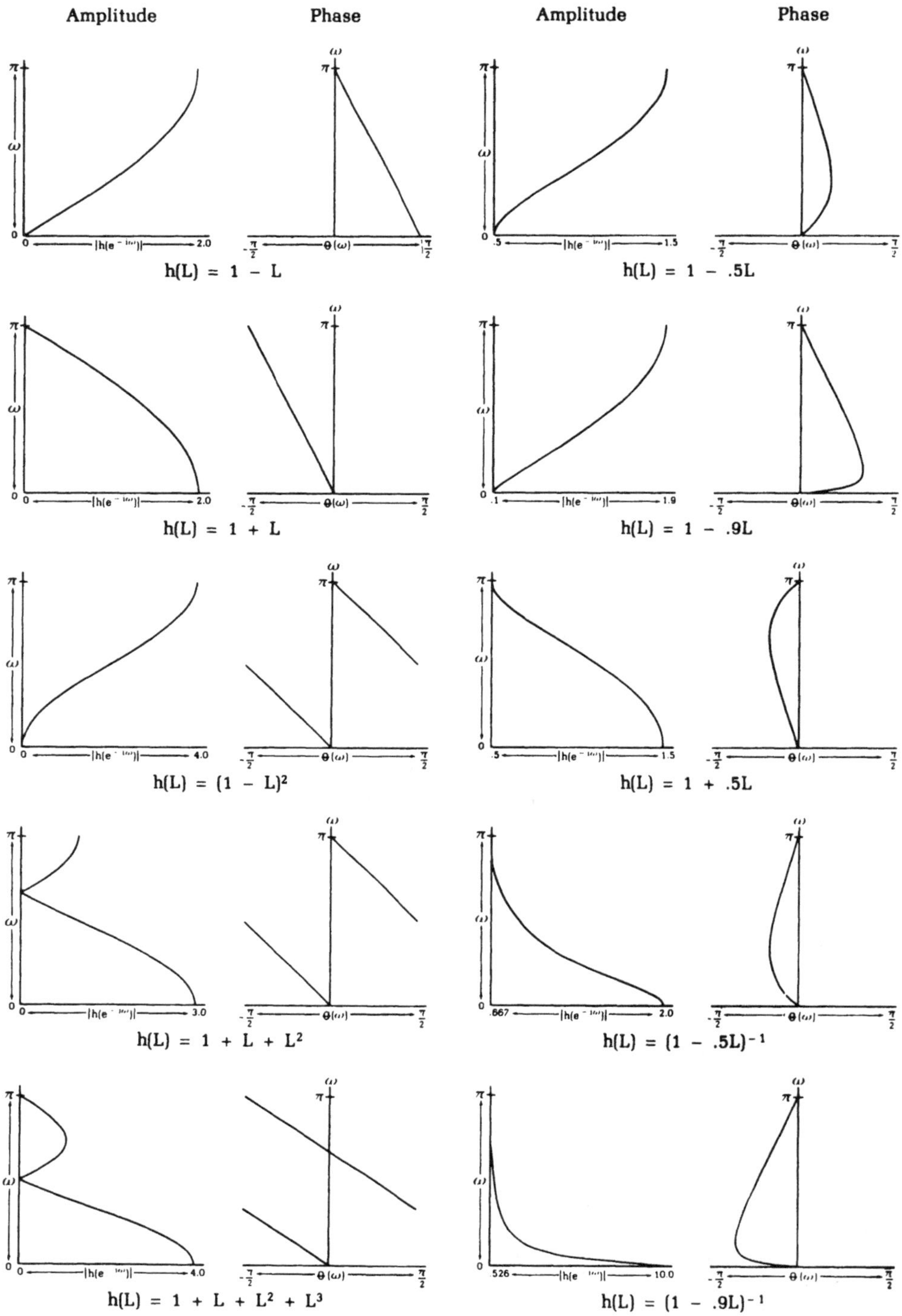


**Abb. 5** Frequenzantwortfunktionen

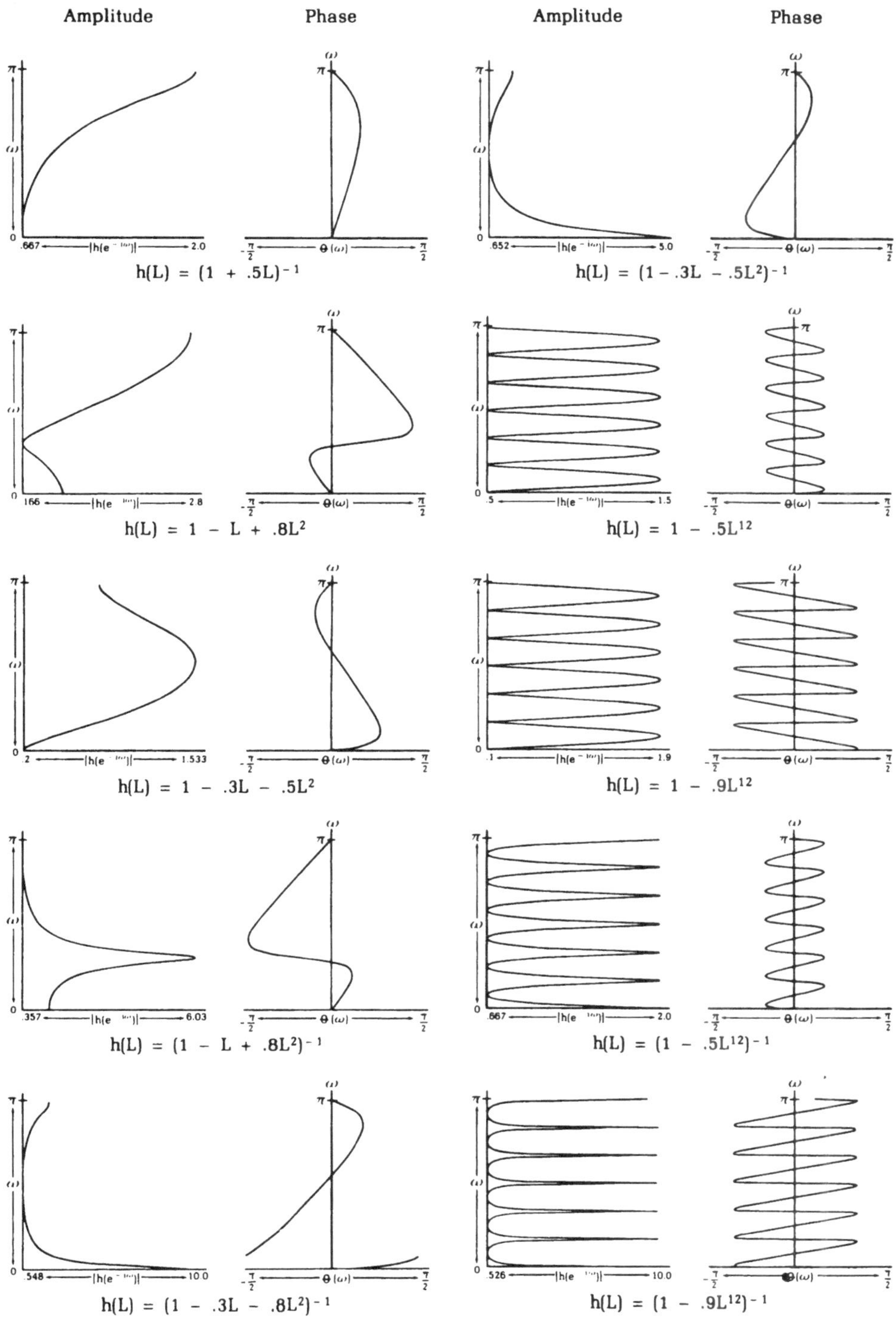


**Abb. 5** (Fortsetzung)

$1 - L$ schließen können. Alle Reihen mit Ausnahme der Arbeitslosenquote, die saisonbereinigt wurde, weisen „Spektralgipfel" bei etwa vier und zwei Quartalen auf. Dies deutet auf saisonale Struktur der Reihenkorrelation hin. „Saisonbereinigung" besteht darin, daß wir auf eine Reihe einen Filter $h(L)$ anwenden, der geeignet ist, die saisonalen Frequenzen bei vier und zwei Quartalen zu reduzieren und dabei die übrigen Frequenzen möglichst unverändert läßt. Offensichtlich war dieses Verfahren bei der Arbeitslosenquote „erfolgreich". Ihr Spektrum ist durch „Mulden" bei vier und zwei Quartalen gekennzeichnet.

Wir beobachten, daß das reale Sozialprodukt keinen Spektralgipfel im Konjunkturzyklusbereich besitzt. Auch beim Ausstoß pro Arbeitsstunde und bei der Arbeitslosenrate finden wir nur mäßig hohe Gipfel. Andererseits zeichnet sich in den Stichprobenreihen aller drei Variablen „der Konjunkturzyklus" ab. Wir erwähnten bereits, daß das Fehlen eines Spektralgipfels im Bereich der Konjunkturzyklusfrequenzen nicht als ein Zeichen dafür interpretiert werden sollte, daß die betreffende Reihe keinerlei Fluktuationen im Zusammenhang mit dem Konjunkturzyklus unterlag. Im Gegenteil ersehen wir aus Abb. 2a, daß eine Reihe sehr wohl im Einklang mit der allgemeinen Konjunkturentwicklung (wie sie z. B. durch das NBER indentifiziert wird) variieren kann und dennoch keinen Spektralgipfel auf dem offenen Intervall $(0, \pi)$ besitzt. Dieses Beispiel mahnt zur Vorsicht bei der Interpretation des Spektrums.

Mehr noch, das Beispiel deutet daraufhin, daß unsere zwei vorläufigen, möglichen Definitionen des Konjunkturzyklus nicht ausreichend sind. Die folgende Definition scheint das zu erfassen, was Fachleute unter dem Konjunkturzyklus verstehen: Der Konjunkturzyklus ist eine Erscheinung einer Anzahl wichtiger, ökonomischer Aggregate (wie z. B. das Sozialprodukt, die Arbeitslosenquote etc.), die durch hohe, paarweise Kohärenzen im Bereich der niedrigen Konjunkturzyklusfrequenzen gekennzeichnet sind. Dies sind genau die Frequenzen, bei denen die meisten Aggregate, wenn sie „typische" Spektralformen besitzen, den größten Teil ihrer „Spektralmasse" konzentrieren. Diese Definition erfaßt den Begriff des Konjunkturzyklus als Ausdruck für die gemeinsame Entwicklung einer Anzahl von aggregierten Größen. In Abb. 6 sind geschätzte Kohärenzen für die sechs Variablen dargestellt, deren Verlauf im Zeitraum 1948 I–1976 IV in Abb. 1 gezeigt wird. Bemerkenswert sind die hohen, paarweisen Kohärenzen zwischen der Arbeitslosenquote, dem realen Sozialprodukt und dem Ausstoß pro Arbeitsstunde im Bereich der niedrigen Konjunkturzyklusfrequenzen.

## 11. Repräsentationstheorie

Bisher begannen wir im allgemeinen mit dem RZ-Prozeß $\varepsilon_t$ als Baustein und konstruierten einen stochastischen Prozeß $x_t$ mit Hilfe der Transformation

$$x_t = B(L)\varepsilon_t.$$

In diesem Abschnitt kehren wir dieses Verfahren um und nehmen an, daß ein (schwach) stationärer Prozeß $x_t$ mit Kovarianzfunktion $c(\tau)$ gegeben ist. Wir zeigen, daß es zu jedem derartigen Prozeß einen RZ-Prozeß gibt, der als dessen Grundbaustein betrachtet werden kann. Ein Zweck dieses Vorgehens liegt darin, deutlich zu machen, in welchem Sinne die bisher untersuchten Modelle als recht allgemein innerhalb der Klasse der (schwach) stationären Prozesse gelten können.

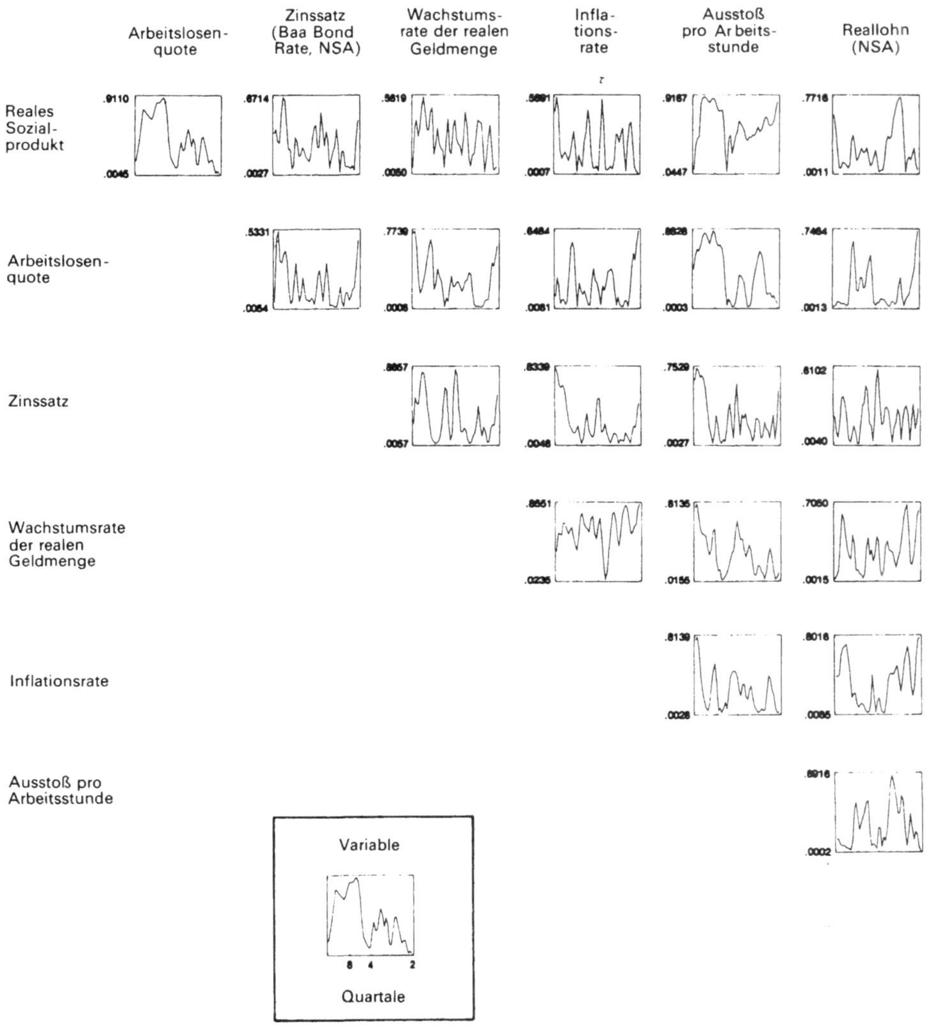


**Abb. 6** Kohärenzen

Wir betrachten einen stationären Prozeß $x_t$ mit Kovarianzfunktion $c(\tau)$ und Mittelwert von Null. Wenn wir $x_t$ auf eine Anzahl vergangener $x$-Variablen $\{x_{t-1}, x_{t-2}, \ldots, x_{t-n}\}$ projizieren, können wir eine Folge solcher linearer Kleinstquadratprojektionen von $x_t$ erhalten:

$$\hat{x}_t^n = \sum_{i=1}^{n} a_i^n x_{t-i} = P[x_t | x_{t-1}, \ldots, x_{t-n}] \quad \text{bzw.} \quad x_t = \hat{x}_t^n + \varepsilon_t^n.$$

Wegen dem Orthogonalitätsprinzip gilt: $E\varepsilon_t^n x_{t-i} = 0$ für $i = 1, \ldots, n$. Diese Orthogonalitätsbedingungen legen die Projektion $\hat{x}_t^n = \sum_{i=1}^n a_i^n x_{t-i}$. eindeutig fest. Die Kovarianzfunktion $c(\tau)$ enthält alle notwendige Information, um die $a_i^n$

aus den Kleinstquadratnormalgleichungen zu berechnen.[11] Wir können zeigen, daß für $n \to \infty$ die Folge der Projektionen $\{\hat{x}_t^n\}$ „im quadratischen Mittel" gegen eine Zufallsvariable $\hat{x}_t$ konvergiert,[12] d. h.

$$\lim_{n\to\infty} E(\hat{x}_t - \hat{x}_t^n)^2 = 0.$$

Dies bedeutet, daß wir für ein beliebiges $\delta > 0$ ein $N(\delta)$ finden können, so daß gilt:

$$E(\hat{x}_t - \hat{x}_t^m)^2 < \delta$$

für alle $m > N(\delta)$. In diesem Sinne können wir die Projektion von $x_t$ auf den durch die unendliche Menge verzögerter $x$-Variablen aufgespannten Raum beliebig gut approximieren durch die Projektion auf eine geeignete endliche Menge verzögerter $x$-Variablen.[13] Wir schreiben die Projektion von $x_t$ auf den durch die unendliche Menge $\{x_{t-1}, x_{t-2}, \ldots\}$ aufgespannten Raum in der Form

$$\hat{x}_t = P[x_t | x_{t-1}, x_{t-2}, \ldots].$$

Für $x_t$ erhalten wir die Zerlegung

$$x_t = P[x_t | x_{t-1}, x_{t-2}, \ldots] + \varepsilon_t. \tag{48}$$

Dabei ist $\varepsilon_t$ ein Kleinstquadratresiduum für das die Orthogonalitätsbedingung $E\varepsilon_t x_{t-i} = 0$ für alle $i \geqq 1$ gilt. Im Sinne der „Konvergenz im quadratischen Mittel" ist $\varepsilon_t$ der Grenzwert der Folge $\{\varepsilon_t^n\}$, d. h.

$$\lim_{n\to\infty} E(\varepsilon_t - \varepsilon_t^n)^2 = 0.$$

Wir können nun ein wichtiges Zerlegungstheorem von Wold[14] formulieren.

**Theorem:** $\{x_t\}$ sei ein beliebiger, schwach stationärer, stochastischer Prozeß mit $Ex_t = 0$. Dann kann er in der Form

$$x_t = \sum_{j=0}^{\infty} d_j \varepsilon_{t-j} + \eta_t$$

geschrieben werden. Dabei gilt: $d_0 = 1$, $\sum_{j=0}^{\infty} d_j^2 < \infty$, $E\varepsilon_t^2 = \sigma^2 \geqq 0$, $E\varepsilon_t\varepsilon_s = 0$ für $t \neq s$ (d. h. $\{\varepsilon_t\}$ ist seriell unkorreliert), $E\varepsilon_t = 0$ und $E\eta_t\varepsilon_s = 0$ für alle $t$ und $s$ (d. h. $\{\varepsilon\}$ und $\{\eta\}$ sind Prozesse, die für alle Verzögerungen orthogonal sind). $\{\eta_t\}$ ist ein Prozeß, der beliebig gut vorhergesagt werden kann mit Hilfe einer linearen Funktion, die nur vergangene Werte von $x_t$ als Argumente hat, d. h. $\eta_t$ ist linear deterministisch. Weiterhin gilt:

$$\varepsilon_t = x_t - P[x_t | x_{t-1}, x_{t-2}, \ldots].$$

---

[11] Die $a_i^n$ sind nur dann eindeutig bestimmt, wenn zwischen den $x_{t-i}$ keine linearen Abhängigkeiten bestehen. Die Projektion von $x_t$ auf den durch $\{x_{t-1}, \ldots, x_{t-n}\}$ aufgespannten Raum ist sogar ohne diese Bedingung eindeutig.

[12] Es gilt nur, daß sukzessive $\hat{x}_t^n$ für wachsendes $n \to \infty$ enger beieinander und bei $\hat{x}_t$ liegen; entsprechendes gilt nicht notwendigerweise für das Grenzverhalten der $a_i^n$.

[13] Ein Beweis findet sich bei Anderson (1971, S. 419).

[14] Vgl. Wold (1938). Der hier verwendete Beweis entspricht dem von Anderson (1971). Lesern, die mit Hilbert-Räumen vertraut sind, wird empfohlen, die entsprechende Stelle bei Anderson nachzulesen.

**Beweis:** Wir wählen $\varepsilon_t$ entsprechend Gleichung (48), d. h.

$$\varepsilon_t = x_t - P[x_t | x_{t-1}, x_{t-2}, \ldots].$$

$\varepsilon_t$ ist der Prognosefehler bzw. die „Innovation", wenn wir $x_t$ auf der Basis vergangener $x$-Werte vorhersagen. Wegen des Orthogonalitätsprinzips ist $\varepsilon_t$ orthogonal zu $\{x_{t-1}, x_{t-2}, \ldots, \}$. $\varepsilon_{t-s}$ ist eine Linearkombination verzögerter $x$-Variablen:

$$\varepsilon_{t-s} = x_{t-s} - P[x_{t-s} | x_{t-s-1}, \ldots].$$

Deshalb gilt: $E\varepsilon_t\varepsilon_{t-s} = 0$ für alle $t$ und $s$. Damit haben wir gezeigt, daß $\{\varepsilon_t\}$ ein seriell unkorrelierter Prozeß ist. Nun projizieren wir $x_t$ sukzessive auf Mengen $\{\varepsilon_t, \varepsilon_{t-1}, \ldots, \varepsilon_{t-m}\}$ für wachsendes $m$. Eine typische Projektion dieser Art ist

$$\hat{x}_t^m = \sum_{j=0}^{m} d_j \varepsilon_{t-j}.$$

Da die $\varepsilon_{t-j}$ gegenseitig orthogonal sind, bestimmen sich die $d_j$ nach der Formel

$$d_j = (Ex_t\varepsilon_{t-j})/\sigma^2, \qquad \sigma^2 = E\varepsilon_t^2.$$

Wegen $\varepsilon_t = x_t - P[x_t|x_{t-1}, x_{t-2}, \ldots]$ und weil $E\varepsilon_t x_{t-i} = 0$ für alle $i \geqq 1$, erhalten wir $E\varepsilon_t^2 = Ex_t\varepsilon_t$. Folglich gilt: $d_0 = Ex_t\varepsilon_t / E\varepsilon_t^2 = 1$.
Da die $\varepsilon_{t-j}$ orthogonal sind, hängen die $d_j$ nicht von $m$ ab. Wir bestimmen die Varianz des Prognosefehlers:

$$\begin{aligned} E\left(x_t - \sum_{j=0}^{m} d_j\varepsilon_{t-j}\right)^2 &= Ex_t^2 - 2\sum_{j=0}^{m} d_j Ex_t\varepsilon_{t-j} + E\left(\sum_{j=0}^{m} d_j^2\varepsilon_{t-j}^2\right) \\ &= Ex_t^2 - 2\sigma^2 \sum_{j=0}^{m}\left(\frac{Ex_t\varepsilon_{t-j}}{\sigma^2}\right)^2 + \sigma^2\sum_{j=0}^{m}\left(\frac{Ex_t\varepsilon_{t-j}}{\sigma^2}\right)^2 \\ &= Ex_t^2 - \sigma^2\sum_{j=0}^{m} d_j^2 \geq 0. \end{aligned}$$

Die Ungleichung gilt, weil die Varianz nicht negativ sein kann. Aus ihr folgt, daß für alle $m$

$$\sigma^2 \sum_{j=0}^{m} d_j^2 < Ex_t^2.$$

Weil $Ex_t^2 < \infty$ gilt daher $\sum_{j=0}^{\infty} d_j^2 < \infty$. Folglich ist $\sum_{j=0}^{\infty} d_j\varepsilon_{t-j}$ wohl definiert, d. h. die Reihe konvergiert „im quadratischen Mittel".[15]

[15] *Die Folge* $\sum_{i=0}^{m} d_i\varepsilon_{t-i}$ ist eine Cauchy-Folge. Insbesondere gilt für $n > m$

$$E\left(\sum_{j=0}^{m} d_j\varepsilon_{t-j} - \sum_{j=0}^{n} d_j\varepsilon_{t-j}\right)^2 = E\left(\sum_{j=m+1}^{n} d_j^2\varepsilon_{t+j}^2\right) = \sigma^2\sum_{j=m+1}^{n} d_j^2.$$

Da $\sum_{j=0}^{\infty} d_j^2 < \infty$ können wir $m$ groß genug wählen, um $\sigma^2 \sum_{j=m+1}^{\infty} d_j^2$ beliebig an Null anzunähern.

Wir definieren den Prozeß $\eta_t$ durch

$$\eta_t = x_t - \sum_{j=0}^{\infty} d_j \varepsilon_{t-j}.$$

Für $s \leq t$ erhalten wir

$$\begin{aligned} E\eta_t \varepsilon_s &= Ex_t \varepsilon_s - E \sum_{j=0}^{\infty} d_j \varepsilon_s \varepsilon_{t-j} = Ex_t \varepsilon_s - d_{t-s} E\varepsilon_s^2 \\ &= Ex_t \varepsilon_s - Ex_t \varepsilon_s = 0. \end{aligned}$$

Überdies haben wir $E\eta_t\varepsilon_s = 0$ für alle $s > t$, weil $\varepsilon_s$ orthogonal zu allen „vor $s$ datierten" $x$-Variablen ist und $\eta_t$ definitionsgemäß in dem Raum liegt, der von $x$-Variablen, datiert in $t$ und vor $t$, aufgespannt wird. Daher ist der ganze $\{\varepsilon\}$-Prozeß orthogonal zu dem ganzen $\{\eta\}$-Prozeß (d. h. für beliebige Zeitpunkte).

Aus dieser Orthogonalität ergibt sich, daß $\eta_t$ in dem von $\{x_{t-1}, x_{t-2}, \ldots\}$ aufgespannten Raum liegen muß. Man kann zeigen, daß der Raum **aller** zu $\varepsilon_t$ orthogonaler Zufallsvariablen aus quadratisch summierbaren[16] Linearkombinationen von $\{x_{t-1}, x_{t-2}, \ldots\}$ besteht.[17] Dies impliziert, daß $\eta_t$ vollkommen aus verzögerten $x$-Variablen vorhergesagt werden kann. Um dies genauer zu sehen, projizieren wir $\eta_t = x_t - \sum_{j=0}^{\infty} d_j\varepsilon_{t-j}$ auf $\{x_{t-1}, x_{t-2}, \ldots\}$ und erhalten

$$P[\eta_t | x_{t-1}, \ldots] = P[x_t | x_{t-1}, \ldots] - \sum_{j=1}^{\infty} d_j \varepsilon_{t-j}.$$

weil $P[\varepsilon_t | x_{t-1}, \ldots] = 0$ und $P[\varepsilon_{t-k} | x_{t-1}, \ldots] = \varepsilon_{t-k}$ für $k \geqq 1$. Wir subtrahieren diese Gleichung von der Definitionsgleichung von $\eta_t$:

$$\eta_t - P[\eta_t | x_{t-1}, \ldots] = (x_t - P[x_t | x_{t-1}, \ldots]) - d_0 \varepsilon_t = 0.$$

Der „Ein-Perioden-Prognosefehler" für $x_t$ ist $\varepsilon_t$ (und $d_0 = 1$).

Also gilt $\eta_t = P[\eta_t | x_{t-1}, \ldots]$, d. h. $\eta_t$ kann beliebig gut (im Sinne der mittleren quadratischen Abweichung) auf der Basis von vergangenen $x$-Werten vorhergesagt werden. Allgemeiner können wir schreiben:

$$P[\eta_t | x_{t-k}, x_{t-k-1}, \ldots] = P[x_t | x_{t-k}, \ldots] - \sum_{j=k}^{\infty} d_j \varepsilon_{t-j}$$

Wenn wir diese Gleichung von der Definitionsgleichung von $\eta_t$ subtrahieren, erhalten wir

$$\eta_t - P[\eta_t | x_{t-k}, \ldots] = (x_t - P[x_t | x_{t-k}, \ldots]) - \sum_{j=0}^{k-1} d_j \varepsilon_{t-j} = 0.$$

$\sum_{j=0}^{k-1} d_j\varepsilon_{t-j}$ ist der „$k$-Perioden-Prognosefehler", der sich ergibt, wenn wir $x_t$ mit Hilfe der Projektion $P[x_t | x_{t-k}, \ldots]$ vorhersagen wollen. Wir haben also gezeigt, daß $\eta_t$ (linear) deterministisch ist in dem Sinne, daß es beliebig gut und beliebig weit in die

---

[16] Dies sind jene Linearkombinationen $\sum_{j=1}^{\infty} f_j x_{t-j}$ für die gilt: $\sum_{j=1}^{\infty} f_j^2 < \infty$; d. h. die Varianz der Reihe ist endlich.

[17] Dies ist eine Implikation des Orthogonalitätsprinzips. Vgl. Anderson (1971).

Zukunft allein auf der Basis vergangener $x$-Werte vorhergesagt werden kann. Damit ist Wolds Theorem vollständig bewiesen.

Der $\eta_t$-Prozeß wird der (linear) deterministische Teil von $x_t$ genannt. $\sum_{j=0}^{\infty} d_j \varepsilon_{t-j}$ heißt der (linear) nichtdeterministische Teil. Die Charakterisierung „linear" verweist darauf, daß die Zerlegung auf linearen Projektionen beruht.

Wolds Theorem ist wichtig für uns, weil es verdeutlicht, in welchem Sinne stochastische Differenzengleichungen ein allgemeines Modell für den nichtdeterministischen Teil eines beliebigen, univariaten stationären Prozesses darstellen. Außerdem zeigt es, wie dieser nichtdeterministische Teil von $x_t$ mit Hilfe eines spezifischen RZ-Prozesses $\varepsilon_t$ aufgebaut werden kann. Es überrascht nicht, daß das Theorem auf multivariate stochastische Prozesse ausgedehnt werden kann. Für diese Fälle gibt es eine entsprechende orthogonale Zerlegung, in der die deterministischen und die nichtdeterministischen Teile Vektoren sind.

Wir betrachten ein spezielles Beispiel eines Prozesses, der Wolds Zerlegungstheorem entsprechend dargestellt werden kann:

$$x_t = \sum_{j=0}^{\infty} d_j \varepsilon_{t-j} + \sum_{i=1}^{n} (a_i \cos \lambda_i t + b_i \sin \lambda_i t).$$

$\varepsilon_t$ ist ein stationärer, seriell unkorrelierter Prozeß mit einem Mittelwert von Null und der Varianz $\sigma_\varepsilon^2$. Weiterhin soll gelten: $\sum_{j=0}^{\infty} d_j^2 < \infty$; $a_i$ und $b_i$ sind Zufallsvariablen, die zum ganzen $\varepsilon$-Prozeß orthogonal sind und die Gleichungen $Ea_i = Eb_i = Ea_i b_j = 0$ für alle $i, j$, $Ea_i a_j = Eb_i b_j = 0$ für alle $i \neq j$ sowie $Ea_i^2 = Eb_i^2 = \sigma_i^2$ erfüllen; die $\lambda_i$ sind Konstante aus dem Intervall $[-\pi, \pi]$. Der Prozeß $\sum_{i=1}^{n} (a_i \cos \lambda_i t + b_i \sin \lambda_i t)$ ist deterministisch; er ist zu dem Prozeß $\sum d_j \varepsilon_{t-j}$ für alle Verzögerungen orthogonal und besitzt – wie man leicht zeigen kann[18] – eine Kovarianzfunktion der Form $\sum_{i=1}^{n} \sigma_i^2 \cos \lambda_i \tau$. Wir haben bereits gesehen, daß zu der Kovarianzfunktion von $\sum_{j=0}^{\infty} d_j \varepsilon_{t-j}$ die erzeugende Funktion $\sigma_\varepsilon^2 d(z) d(z^{-1})$ gehört. Dagegen stellt sich heraus, daß die Spektraldichte des deterministischen Teils nicht wohldefiniert im Sinne einer gewöhnlichen Funktion ist. Dies zeigt sich, wenn wir die gewöhnliche Fouriertransformierte der Kovarianzfunktion $\sigma^2 \cos \lambda \tau$ betrachten:

[18] Wir nehmen z. B. $x(t) = a \cos \lambda t + b \sin \lambda t$ mit $Ea = Eab = Eb = 0$, $Ea^2 = Eb^2 = \sigma^2$. Dann gilt:

$$\begin{aligned} Ex(t_1)x(t_2) &= E\{a^2 \cos \lambda t_1 \cos \lambda t_2 + ab(\cos \lambda t_2 \cos \lambda t_1 + \sin \lambda t_2 \sin \lambda t_1) \\ &\quad + b^2 \sin \lambda t_1 \sin \lambda t_2\} \\ &= \sigma^2 \{\cos \lambda t_1 \cos \lambda t_2 + \sin \lambda t_1 \sin \lambda t_2\}. \end{aligned}$$

Da $\cos(\alpha - \beta) = \cos \alpha \cos \beta + \sin \alpha \sin \beta$, erhalten wir

$$Ex(t_1)x(t_2) = \sigma^2 \cos \lambda(t_1 - t_2) \quad \text{bzw.} \quad Ex(t)x(t - T) = \sigma^2 \cos \lambda T.$$

Diese Berechnungen können leicht so erweitert werden, daß die im Text aufgestellte Behauptung bewiesen wird.

$$\sigma^2 \sum_{\tau=-\infty}^{\infty} \cos \lambda\tau e^{-i\omega\tau} = \sigma^2 \sum_{\tau=-\infty}^{\infty} \left(\frac{e^{i\lambda\tau} + e^{-i\lambda\tau}}{2}\right) e^{-i\omega\tau}$$

$$= \sigma^2 \sum_{\tau=-\infty}^{\infty} \left(\frac{e^{i(\lambda-\omega)\tau} + e^{-i(\lambda+\omega)\tau}}{2}\right).$$

Der erste Teil des Ausdrucks kann wie folgt umgeformt werden:

$$\sum_{\tau=-\infty}^{\infty} e^{i(\lambda-\omega)\tau} = 1 + \sum_{\tau=1}^{\infty} (e^{i(\lambda-\omega)\tau} + e^{-i(\lambda-\omega)\tau}) = 1 + 2\sum_{\tau=1}^{\infty} \cos(\lambda - \omega)\tau.$$

Die Reihe $\sum_{\tau=1}^{\infty} \cos(\lambda - \omega)\tau$ ist **nicht** konvergent. Also ist das Spektrum des deterministischen Teiles unseres Prozesses durch die übliche Fouriertransformation nicht wohldefiniert. Jedoch läßt sich zeigen, daß dieses Spektrum in einem anderen Sinne existiert, nämlich im Sinne einer verallgemeinerten Funktion oder „Distribution". Insbesondere bezeichnen wir mit $\delta(\omega)$ die Deltafunktion, die bei $\omega = 0$ „unendlich hoch ist und die Masse Eins besitzt" und für alle anderen $\omega$ den Wert Null annimmt. Sie ist definiert durch den Ausdruck

$$\int_{-\infty}^{\infty} \delta(\omega) g(\omega)\, d\omega = g(0),$$

der für alle „Testfunktionen" $g(\omega)$, die bei $\omega = 0$ stetig sind, erfüllt sein muß. Die Spektraldichte eines Prozesses mit der Kovarianzfunktion $\sigma^2 \cos\lambda\tau$ läßt sich jetzt definieren als

$$f(\omega) = 2\pi(\tfrac{1}{2}\sigma^2\delta(\omega - \lambda) + \tfrac{1}{2}\sigma^2\delta(\omega + \lambda)).$$

Bei Verwendung dieser Definition behält die Umkehrformel ihre Gültigkeit, d. h.

$$c(\tau) = \frac{1}{2\pi}\int_{-\infty}^{\infty} f(\omega) e^{i\omega\tau}\, d\omega = \frac{\sigma^2}{2}\left(\int_{-\infty}^{\infty} \delta(\omega - \lambda) e^{i\omega\tau}\, d\omega + \int_{-\infty}^{\infty} \delta(\omega + \lambda) e^{i\omega\tau}\, d\omega\right)$$

$$= \sigma^2\left(\frac{e^{i\lambda\tau} + e^{-i\lambda\tau}}{2}\right) = \sigma^2 \cos \lambda\tau.$$

Die Spektraldichte des deterministischen Teils unseres Prozesses lautet entsprechend:

$$2\pi\sum_{i=1}^{n} \sigma_i^2\left(\frac{\delta(\omega - \lambda_i)}{2} + \frac{\delta(\omega + \lambda_i)}{2}\right).$$

Folglich besitzt die Spektraldichtefunktion des deterministischen Teils den Wert Null für alle $\omega$ mit Ausnahme der Punkte $\omega = \pm\lambda_i$, $i = 1, \ldots, n$. An diesen Punkten hat die Spektraldichtefunktion die Gestalt aufgestellter „Dornen"[19] mit der „Spektralmasse" von jeweils $\sigma_i^2/2$.

[19] Es gibt im wesentlichen zwei Fälle, in denen ein Prozeß deterministisch sein kann. Einer besteht darin, daß die Spektraldichte des Prozesses nur aus einer Anzahl von „Dornen" bzw. Deltafunktionen besteht. Eine andere Möglichkeit liegt vor, wenn die Spektraldichte zwar keine „Dornen" besitzt, jedoch auf einem Frequenzintervall positiver Länge den

## 12. Lineare Kleinstquadratprognosen[20]

Unter Ökonomen ist es üblich anzunehmen, daß $x_t$ ein reiner (linear) nichtdeterministischer Prozeß ist. Dies bedeutet, daß entweder $\eta_t = 0$ für alle $t$, oder daß $\eta_t$ von dem Prozeß eliminiert wurde.[21] Wolds Theorem besagt, daß **jeder** nichtdeterministische, stationäre stochastische Prozeß $x_t$ folgende Darstellung als **gleitender Durchschnitt** besitzt

$$x_t = \sum_{j=0}^{\infty} d_j \varepsilon_{t-j}$$

bzw.

$$x_t = d(L)\varepsilon_t, \qquad d(L) = \sum_{j=0}^{\infty} d_j L^j \tag{49}$$

Dabei bezeichnet $\{\varepsilon_t\}$ die Folge der linearen „Ein-Perioden-Prognosefehler" (nach der KQ-Methode), die entstehen, wenn $x_t$ mit Hilfe einer linearen Funktion von $\{x_{t-1}, x_{t-2}, \ldots\}$ prognostiziert wird, d. h. $\varepsilon_t = x_t - P[x_t|x_{t-1}, x_{t-2}, \ldots]$. (Es liegt nahe, $d(L)$ so zu normieren, daß $d_0 = 1$. Dann ist $\sigma^2 = E\varepsilon_t^2$ die Varianz des Ein-Perioden-Prognosefehlers.)

Wir nehmen an, daß $d(L)$ eine Inverse besitzt, in der nur nichtnegative Potenzen von $L$ auftreten, d. h. die Inverse ist „einseitig". Falls $d(L) = \sum_{j=0}^{n} d_j L^j$, besteht eine notwendige und hinreichende Bedingung für die Existenz einer einseitigen Inversen darin, daß die Wurzeln $\mu$ des Ausdrucks $\sum_{j=0}^{n} d_j \mu^j = 0$ alle außerhalb des Einheitskreises liegen, d. h. absolute Werte größer als Eins annehmen. Eine Inverse $a(L) = d(L)^{-1}$ von $d(L)$ erfüllt die Gleichungen $a(L)d(L) = d(L)a(L) = I$, wobei $I$ den Identitätsoperator $I = 1 + OL + OL^2 + \ldots$ bezeichnet. Wenn wir $a(L) = d(L)^{-1}$ auf beide Seiten von (49) anwenden, erhalten wir

$$a(L)x_t = \varepsilon_t, \qquad a(L) = a_0 - \sum_{j=1}^{\infty} a_j L^j, \tag{50}$$

bzw.

$$a_0 x_t = a_1 x_{t-1} + a_2 x_{t-2} + \cdots + \varepsilon_t.$$

Wegen $d_0 = 1$ gilt auch $a_0 = 1$. Gleichung (50) heißt die autoregressive Darstellung des Prozesses $x_t$. Zwar besitzt jeder linear nichtdeterministische, stationäre Prozeß eine Darstellung als gleitender Durchschnitt, jedoch nicht alle diese Prozesse können in der autoregressiven Form geschrieben werden.

Die Klasse der Prozesse, für die beide Darstellungsweisen möglich sind, ist jedoch

---

Wert Null annimmt bzw. „zu nahe bei Null" ist. Einen heuristischen Hinweis auf diesen zweiten Fall können wir Kolmogorovs Formel für die Varianz des Ein-Perioden-Prognosefehlers entnehmen

$$\sigma_r^2 = exp[(2\pi)^{-1} \int_{-\pi}^{\pi} lng(e^{-i\omega})d\omega],$$

wobei $g(e^{-i\omega})$ die Spektraldichte bezeichnet. Vgl. Whittle, (1963, S. 26).

[20] Eine wichtige Quelle für das Thema dieses Abschnitts ist das Buch von Whittle (1963).

[21] Dies kann z. B. durch geeignete Trend- bzw. Saisonbereinigung geschehen.

recht umfangreich. Im weiteren werden wir annehmen, daß die behandelten Prozesse dieser Klasse angehören.[22]

Wir leiten nun einige Formeln für lineare Kleinstquadratprognosen ab, die auf Wiener und Kolmogorov zurückgehen. $P_{t-j}x_t$ definieren wir als die lineare KQ-Projektion von $x_t$ auf den durch $\{x_{t-j}, x_{t-j-1}, \ldots\}$ aufgespannten Raum, d. h.

$$P_{t-j}x_t \equiv P[x_t | x_{t-j}, x_{t-j-1}, \ldots].$$

Wir projizieren beide Seiten von (49) auf $\{x_{t-1}, x_{t-2}, \ldots\}$ und erhalten

$$P_{t-1}x_t = \sum_{j=0}^{\infty} d_j P_{t-1}\varepsilon_{t-j} = \sum_{j=1}^{\infty} d_j \varepsilon_{t-j}.$$

$P_{t-1}\varepsilon_t = 0$ weil $\varepsilon_t$ orthogonal zu den verzögerten $x$-Variablen ist; $P_{t-1}\varepsilon_{t-j} = \varepsilon_{t-j}$ für alle $j \geqq 1$, weil $\varepsilon_{t-j}$ in dem von $\{x_{t-1}, x_{t-2}, \ldots\}$ aufgespannten Raum liegt. Wir schreiben die obige Gleichung in der Form

$$P_{t-1}x_t = (d(L)/L)_+ \varepsilon_{t-1}.$$

Dabei bedeutet $(\ )_+$, daß negative Potenzen von $L$ ignoriert werden, d. h. $(\sum_{j=-\infty}^{\infty} h_j L^j)_+ \equiv \sum_{j=0}^{\infty} h_j L^j$. Unter der Annahme, daß $x_t$ in autoregressiver Form dargestellt werden kann, können wir schreiben: $\varepsilon_{t-1} = a(L)x_{t-1} = d(L)^{-1}x_{t-1}$. Nach Einsetzen in unsere Projektionsgleichung erhalten wir

$$P_{t-1}x_t = \left(\frac{d(L)}{L}\right)_+ \frac{1}{d(L)} x_{t-1}. \tag{51}$$

Dies ist eine kompakte Formel für die lineare Ein-Perioden-KQ-Prognose von $x_t$ auf der Basis vergangener $x$-Werte. Zur Ableitung der Formel für die allgemeine, lineare $k$-Perioden-KQ-Prognose projizieren wir beide Seiten von (49) auf $\{x_{t-k}, x_{t-k-1}, \ldots\}$ und erhalten

$$P_{t-k}x_t = \sum_{j=k}^{\infty} d_j \varepsilon_{t-j} = (d(L)/L^k)_+ \varepsilon_{t-k},$$

bzw.

$$P_{t-k}x_t = \left(\frac{d(L)}{L^k}\right)_+ \frac{1}{d(L)} x_{t-k}. \tag{52}$$

Dies verallgemeinert die Formel (51). Gleichung (52) ist die Wiener-Kolmogorov-Formel für $k$-Perioden-KQ-Prognosen.

[22] Wir wiesen weiter oben darauf hin, daß die Folge der $a_j^n$ in

$$P[x_t | x_{t-1}, \ldots, x_{t-n}] = \sum_{j=1}^{n} a_j^n x_{t-j}$$

im allgemeinen nicht konvergiert, wenn $n \to \infty$. Wenn das im Text erwähnte Wurzelkriterium erfüllt ist, konvergieren die $a_j^n$ und zwar zu den $a_j$ der Gleichung (50), d. h. $\lim_{n\to\infty} a_j^n = a_j$ für alle $j = 1, 2, \ldots$.

## A. Einige Beispiele[23]

**Markov-Prozeß erster Ordnung:** Wir betrachten den autoregressiven Prozeß erster Ordnung $(1-\lambda L)x_t = \varepsilon_t$. $\varepsilon_t$ ist ein RZ-Prozeß und es gilt $\varepsilon_t = x_t - P[x_t|x_{t-1}, \ldots]$; $|\lambda| < 1$. Wir können $x_t = (1/(1-\lambda L))\varepsilon_t$ schreiben und erhalten die Projektionsformel

$$\begin{aligned} P_{t-1}x_t &= [L^{-1}(1+\lambda L+\lambda^2L^2+\cdots)]_+(1-\lambda L)x_{t-1} \\ &= (\lambda+\lambda^2L+\cdots)(1-\lambda L)x_{t-1} \\ &= \left(\frac{\lambda}{1-\lambda L}\right)(1-\lambda L)x_{t-1} = \lambda x_{t-1}. \end{aligned}$$

Allgemeiner gilt:

$$P_{t-k}x_t = [L^{-k}(1+\lambda L+\cdots)]_+(1-\lambda L)x_{t-k} = \lambda^k x_{t-k},$$

bzw.

$$P_t x_{t+k} = \lambda^k x_t.$$

**Gleitender Durchschnitt erster Ordnung:** Wir nehmen den Prozeß $x_t = (1+\beta L)\varepsilon_t$ mit $|\beta| < 1$ und dem RZ-Prozeß $\varepsilon_t = x_t - P[x_t|x_{t-1}, \ldots]$. Als Projektion erhalten wir

$$P_{t-1}x_t = [L^{-1}(1+\beta L)]_+\left(\frac{1}{1+\beta L}\right)x_{t-1}, \qquad P_{t-1}x_t = \frac{\beta}{1+\beta L}x_{t-1}.$$

Für $k \geqq 2$ ergibt sich

$$P_{t-k}x_t = [L^{-k}(1+\beta L)]_+\left(\frac{1}{1+\beta L}\right)x_{t-k} = 0.$$

Dies ist direkt ersichtlich, wenn wir beide Seiten von $x_t = (1+\beta L)\varepsilon_t$ auf $\{x_{t-k}, x_{t-k-1}, \ldots\}$ projizieren.

**Autoregressiver gleitender Durchschnitt erster Ordnung:** Wir nehmen den Prozeß $x_t = ((1+aL)/(1-\beta L))\varepsilon_t$ mit $|a| < 1$, $|\beta| < 1$ und dem RZ-Prozeß

$$\varepsilon_t = x_t - P[x_t|x_{t-1}, \ldots].$$

Als Projektion erhalten wir

$$\begin{aligned} P_{t-1}x_t &= \left(\frac{L^{-1}(1+aL)}{(1-\beta L)}\right)_+\left(\frac{1-\beta L}{1+aL}\right)x_{t-1} \\ &= \left(\frac{L^{-1}}{1-\beta L}+\frac{a}{1-\beta L}\right)_+\left(\frac{1-\beta L}{1+aL}\right)x_{t-1} \end{aligned}$$

$$P_{t-1}x_t = \left(\frac{\beta+a}{1-\beta L}\right)\left(\frac{1-\beta L}{1+aL}\right)x_{t-1}, \qquad P_{t-1}x_t = \left\{\frac{a+\beta}{1+aL}\right\}x_{t-1}.$$

[23] In diesen Beispielen nehmen wir wieder an, daß $Ex_t = E\varepsilon_t = 0$. Die Formeln können ohne weiteres durch die Hinzufügung konstanter Terme für den Fall modifiziert werden, daß $Ex_t \neq 0$.

Die Prognose von $x_t$ wird ausgedrückt als geometrisch gewichtete Summe vergangener $x$-Werte. Der gemischte Prozeß erster Ordnung kann daher als Rationalisierung für das bekannte Modell der „adaptiven Erwartungen" dienen. Wenn wir $\beta$ gegen Eins gehen lassen (von „unten", damit die Wurzelbedingung $|\beta| < 1$ erfüllt ist), ergibt sich als Grenzwert für $P_{t-1}x_t$ die Formel

$$P_{t-1}x_t = \{(1 + a)/(1 + aL)\}x_{t-1}.$$

Diese stimmt für $a < 0$ mit Cagans (1956) Modell adaptiver Erwartungen überein:

$$P_{t-1}x_t = \{(1 - \lambda)/(1 - \lambda L)\}x_{t-1},$$

wobei wir $a = -\lambda$ setzen. Wenn $\beta$ von unten gegen Eins geht, läßt sich der Prozeß (im Grenzübergang) als $(1 - L)x_t = (1 + aL)\varepsilon_t$ schreiben. Das bedeutet, daß die ersten Differenzen von $x_t$ einem gleitenden Durchschnitt erster Ordnung folgen. Der Parameter $a$ muß negativ sein, damit $\lambda > 0$ gilt.

Für den allgemeinen Fall mit $k \geqq 1$ erhalten wir

$$\begin{aligned} P_{t-k}x_t &= \left(\frac{L^{-k}(1 + aL)}{1 - \beta L}\right)_+ \left(\frac{1 - \beta L}{1 + aL}\right)x_{t-k} \\ &= \left(\frac{L^{-k}}{1 - \beta L} + \frac{aL^{-k+1}}{1 - \beta L}\right)_+ \left(\frac{1 - \beta L}{1 + aL}\right)x_{t-k} \\ &= \left(\frac{\beta^k}{1 - \beta L} + \frac{a\beta^{k-1}}{1 - \beta L}\right)\left(\frac{1 - \beta L}{1 + aL}\right)x_{t-k} = \frac{\beta^{k-1}(\beta + a)}{(1 + aL)}x_{t-k}. \end{aligned}$$

Alternativ können wir schreiben:

$$P_t x_{t+k} = (\beta^{k-1}(\beta + a)/(1 + aL))x_t.$$

Für $\beta \to 1$ gilt die Formel

$$P_t x_{t+k} = ((1 + a)/(1 + aL))x_t,$$

d. h. dieselbe Prognose wird für alle künftigen Perioden $t + k$ mit $k \geqq 1$ gemacht. In diesem Sinne ist die Vorstellung einer „permanent erwarteten $x$-Variablen" wohldefiniert. Darauf wies als erster in der ökonomischen Literatur Muth (1960) hin, indem er zeigte, daß die Hypothese rationaler Erwartungen in Verbindung mit dem Einkommensmodell $(1 - L)x_t = (1 + aL)\varepsilon_t$ als Rationalisierung sowohl für das Konzept des permanenten Einkommens dienen kann als auch für die geometrisch verteilte Verzögerung, mit deren Hilfe Friedman das permanente Einkommen empirisch geschätzt hatte.

## 13. Ableitung einer Prozeßdarstellung als gleitender Durchschnitt

Die oben entwickelten univariaten Prognoseformeln gehen davon aus, daß der stationäre Prozeß $\{x_t\}$ mit $Ex_t = 0$ in Form eines gleitenden Durchschnitts gegeben ist. Oft besitzt man nur die Kovarianzfunktion $c(\tau)$, aus der die geeignete Darstellung als gleitender Durchschnitt abgeleitet werden muß. Wir illustrieren mit Hilfe

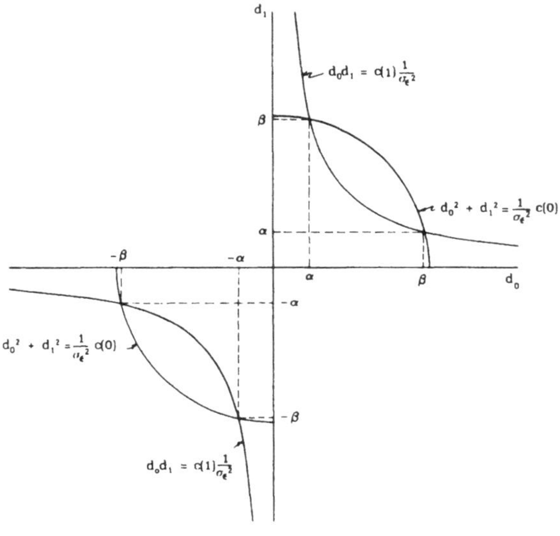

**Abb. 7**

eines Beispiels eine Methode, um die Koeffizienten des gleitenden Durchschnitts zu bestimmen. Gegeben sei ein Prozeß $x_t$ mit der Kovarianzfunktion $c(\tau)$, wobei $c(0) \neq 0$, $c(1) \neq 0$ und $c(\tau) = 0$ für $|\tau| > 1$. Offensichtlich kann $x_t$ als gleitender Durchschnitt erster Ordnung geschrieben werden:

$$x_t = d_0 \varepsilon_t + d_1 \varepsilon_{t-1}. \tag{53}$$

$d_0$ und $d_1$ müssen bestimmt werden. $\varepsilon_t$ muß ein RZ-Prozeß von Prognosefehlern sein. Es wird sich zeigen, daß die letztere Bedingung erforderlich ist, um die $d$-Koeffizienten zu bestimmen. Wenn $\sigma_\varepsilon^2$ die Varianz von $\varepsilon_t$ bezeichnet, können wir aus (53) ohne weiteres $c(0)$ und $c(1)$ berechnen:

$$c(0) = (d_0{}^2 + d_1{}^2)\sigma_\varepsilon{}^2, \qquad c(1) = (d_0 d_1)\sigma_\varepsilon{}^2. \tag{54}$$

Da wir die Werte von $c(0)$ und $c(1)$ annahmegemäß kennen, haben wir zwei (nichtlineare) Gleichungen vor uns, die für $d_0$ und $d_1$ in Abhängigkeit von $\sigma_\varepsilon^2$ gelöst werden können. In Abb. 7 sind die Gleichungen graphisch dargestellt für gegebenes $\sigma_\varepsilon^2$ und $c(1) > 0$. Im allgemeinen besitzen die Gleichungen zwei Lösungspaare der Form $d_0 = \alpha > \beta = d_1$ bzw. $d_1 = \alpha > \beta = d_0$. $\alpha$ und $\beta$ sind die positiven Skalare aus Abb. 7. Das zweite Paar ist das Spiegelbild des ersten Paares im negativen Quadranten. Die Lösungen $d_0$ und $d_1$ variieren mit $\sigma_\varepsilon^2$ in einer Weise, die aus der Abbildung leicht ersichtlich ist. Die Lösungen im negativen Quadranten können wir vernachlässigen, da wir aus unserer Diskussion von Wolds Theorem wissen, daß $d_0 = 1$ normiert werden sollte. (Diese Normierung können wir durch geeignete Wahl von $\sigma_\varepsilon^2$ erreichen.) Welche der zwei Lösungen mit $d_0 > 0$ sollte gewählt werden? Die Antwort läßt sich mit Hilfe der Bedingung finden, daß der abgeleitete $\varepsilon_t$-Prozeß als konvergente Reihe von gegenwärtigen und verzögerten $x$-Variablen dargestellt werden kann. Betrachten wir z. B. die Lösung mit $d_1 > d_0$. Wir können schreiben:

$$x_t = d_0 \varepsilon_t + d_1 \varepsilon_{t-1} \quad \text{bzw.} \quad \varepsilon_t = (1/d_0)x_t - (d_1/d_0)\varepsilon_{t-1}. \tag{55}$$

$\varepsilon_t$ kann nicht als konvergente Reihe verzögerter $x$-Variablen ausgedrückt werden. Die „Rückwärtslösung" der obigen Gleichung

$$\varepsilon_t = \frac{1}{d_0} \sum_{j=0}^{\infty} \left(\frac{-d_1}{d_0}\right)^j x_{t-j}$$

ist nicht konvergent, weil $|-d_1/d_0| > 1$. Dagegen ist die „Vorwärtslösung" der Differenzengleichung (55) „stabil" wenn $d_1 > d_0$. Wie wir weiter oben sahen, können wir schreiben:

$$\varepsilon_t = \frac{1}{d_0 + d_1 L} x_t = \left(\frac{(1/d_1)L^{-1}}{1 + (d_0/d_1)L^{-1}}\right) x_t,$$

und daher

$$\varepsilon_t = \frac{1}{d_1} \sum_{j=1}^{\infty} \left(\frac{d_0}{d_1}\right)^{j-1} x_{t+j}.$$

Für $|d_0| < |d_1|$ wird $\varepsilon_t$ hier als konvergente (im Sinne quadratischer Summierbarkeit) Reihe **künftiger** $x$-Variablen ausgedrückt. Anders formuliert: Für $d_1 > d_0$ liegt das entsprechende $\varepsilon_t$ nicht in dem durch gegenwärtige und vergangene $x$-Variablen aufgespannten Raum. Falls jedoch $d_0 > d_1$ liegt der damit verbundene $\varepsilon_t$-Prozeß in diesem Raum.[24] Dies ist also die Bedingung, die immer die Wahl der richtigen Lösungen von (54) sicherstellt. Das allgemeine Prinzip läßt sich folgendermaßen formulieren: Wähle aus den Folgen $\{d_0, d_1, d_2, \ldots\}$, die sich als Lösungen aus den (gegenüber (54)) verallgemeinerten Bestimmungsgleichungen ergeben, diejenige aus, für die $d_0^2 \sigma_\varepsilon^2$ maximiert wird. Diese Wahl ist eindeutig. Sie bewirkt, daß $d_0 \varepsilon_t$ der Ein-Perioden-Prognosefehler ist, der aus einer linearen KQ-Prognose von $x_t$ auf der Basis vergangener $x$-Werte resultiert. Der $\varepsilon_t$-Prozeß mit dieser Eigenschaft wird der **fundamentale** RZ-Prozeß für $x_t$ genannt. Üblicherweise wählen wir $\sigma_\varepsilon^2$ so, daß $d_0 = 1$ normiert wird. Dann ist $\varepsilon_t$ der Ein-Perioden-Prognosefehler von $x_t$.

Als praktische Aufgabe gesehen kann die Lösung von Gleichungen der Form (54) sehr mühsam sein, insbesondere wegen ihrer Nichtlinearität. Wir können eine Approximation an die Darstellung als gleitender Durchschnitt finden, indem wir mit Hilfe der Kovarianzfunktion $c(\tau)$ eine autoregressive Darstellung der Ordnung $n$ bestimmen. Dabei setzen wir die Kovarianzen in die KQ-Normalgleichungen ein, aus denen sich die $a_i^n$ in

$$x_t = \sum_{i=1}^{n} a_i^n x_{t-i} + \varepsilon_t^n$$

berechnen lassen. Dabei gilt: $E\varepsilon_t^n x_{t-1} = 0$ für $i = 1, \ldots, n$. Als Approximation für die Verteilungsformel des gleitenden Durchschnitts, $d(L)$, erhalten wir

$$d^n(L) = \left(1 - \sum_{i=1}^{n} a_i^n L^i\right)^{-1}.$$

Mit wachsendem $n$ können wir damit $d(L)$ beliebig gut[25] approximieren.

[24] Mit Hilfe eines geeigneten Grenzwertarguments kann gezeigt werden, daß $\varepsilon_t$ auch für $d_0 = d_1$ in diesem Raum liegt.

[25] „Beliebig gut" bedeutet hier, daß die Varianz des $\varepsilon_t^n$-Prozesses mit wachsendem $n$ beliebig gut an die Varianz von $\varepsilon_t$ angenähert werden kann.

## 14. Die Kettenregel der Prognose

Das Gesetz der iterierten Projektionen impliziert eine rekursive Beziehung, die im Zusammenhang mit Prognosen gelegentlich sehr nützlich ist. Diese Beziehung ist als Wolds „Kettenregel der Prognose" bekannt. Sie zeigt, wie Projektionen $P_t x_{t+k}$ für alle $k \geqq 2$ bestimmt werden können, wenn allein die Form von $P_t x_{t+1}$ bekannt ist.[26]

Wir betrachten einen linear nichtdeterministischen, stationären stochastischen Prozeß $\{x_t\}$ für den gilt:

$$P_t x_{t+1} = \sum_{j=0}^{\infty} h_j x_{t-j}, \qquad \sum_{j=0}^{\infty} h_j^2 < \infty.$$

Daraus folgt:

$$P_{t+k} x_{t+k+1} = h_0 x_{t+k} + h_1 x_{t+k-1} + \cdots + h_k x_t + h_{k+1} x_{t-1} + \cdots.$$

Wenn wir beide Seiten dieser Gleichung auf $\{x_t, x_{t-1}, \ldots\}$ projizieren, erhalten wir nach Anwendung des Gesetzes der iterierten Projektionen folgende Formel:

$$P_t x_{t+k+1} = h_0 P_t x_{t+k} + h_1 P_t x_{t+k-1} + \cdots + h_{k-1} P_t x_{t+1} + \sum_{i=0}^{\infty} h_{k+i} x_{t-i}. \tag{56}$$

Diese rekursive Beziehung ist die „Kettenregel der Prognose". Mit ihrer Hilfe kann man Projektionen von $x_t$ beliebig weit in die Zukunft sukzessive aufbauen.

Als Beispiel betrachten wir einen Markov-Prozeß erster Ordnung, für den gilt:

$$P_t x_{t+1} = \lambda x_t, \qquad |\lambda| < 1.$$

Aus der Anwendung von (56) folgt, daß $P_t x_{t+j} = \lambda^j x_t, j \geq 1$.

## 15. Einige Anwendungen auf Modelle mit rationalen Erwartungen

Wir greifen wieder das Beispiel von Cagans Portfoliomodell auf. Diesmal nehmen wir jedoch an, daß $m_t$ einem stationären stochastischen Prozeß folgt und daß das heute für die nächste Periode **erwartete** Preisniveau (logarithmisch gemessen) gleich der linearen KQ-Projektion von $p_{t+1}$ auf zum Zeitpunkt $t$ verfügbare Information ist. Dann erhalten wir die Differenzengleichung

$$m_t - p_t = \alpha P_t p_{t+1} - \alpha p_t, \qquad \alpha < 0. \tag{57}$$

$P_t p_{t+1}$ bezeichnet die lineare KQ-Prognose von $p_{t+1}$ auf der Basis von Information, die zum Zeitpunkt $t$ verfügbar ist. Wir projizieren die obige Gleichung auf Information, verfügbar in der Periode $t-1$, und erhalten

$$P_{t-1} m_t = \alpha P_{t-1} p_{t+1} + (1-\alpha) P_{t-1} p_t,$$

bzw.

$$\left(B^{-1} + \frac{1-\alpha}{\alpha}\right) P_{t-1} p_t = \frac{1}{\alpha} P_{t-1} m_t.$$

[26] Interessante Anwendungen der Kettenregel der Prognose finden sich bei Shiller (1972).

Dabei gelten folgende Definitionen für den Operator B:

$$BP_{t-1}x_{t+j} \equiv P_{t-1}x_{t+j-1} \quad \text{und} \quad B^{-1}P_{t-1}x_{t+j} \equiv P_{t-1}x_{t+j+1}.$$

Nach Anwendung des Operators B auf die letzte Gleichung ergibt sich

$$\left(1 - \frac{\alpha - 1}{\alpha} B\right) P_{t-1}p_t = \frac{1}{\alpha} P_{t-1}m_{t-1}.$$

Wegen $\alpha < 0$ und $(\alpha - 1)/\alpha > 1$ sollten wir diese Gleichung „vorwärts" lösen. Wir gehen analog zu unseren früheren Berechnungen vor und erhalten die Lösung

$$P_{t-1}p_t = \frac{1}{1-\alpha}\left(\sum_{j=0}^{\infty}\left(\frac{\alpha}{\alpha-1}\right)^j B^{-j}\right)P_{t-1}m_t = \frac{1}{1-\alpha}\sum_{j=0}^{\infty}\left(\frac{\alpha}{\alpha-1}\right)^j P_{t-1}m_{t+j}.$$

Sie ist identisch mit unserer früheren Lösung, wobei $\{x_t\}$ überall durch $P_{t-1}\{x_t\}$ ersetzt wird.

Wie man direkt überprüfen kann, folgt dann als Lösung der stochastischen Differenzengleichung (57)[27]

$$p_t = \frac{1}{1-\alpha}\sum_{j=0}^{\infty}\left(\frac{\alpha}{\alpha-1}\right)^j P_t m_{t+j}.$$

Wir nehmen an, daß $m_t$ als gleitender Durchschnitt dargestellt werden kann:

$$m_t = \sum_{j=0}^{\infty} d_j \varepsilon_{t-j}.$$

Dabei gilt: $\sum_{j=0}^{\infty} d_j^2 < \infty$ und $\varepsilon_t$ ist fundamental für $m$. Nach Anwendung von (52) erhalten wir

$$\begin{aligned} p_t &= \frac{1}{1-\alpha}\sum_{j=0}^{\infty}\left(\frac{\alpha}{\alpha-1}\right)^j \left[\frac{d(L)}{L^j}\right]_+ \varepsilon_t \\ &= \frac{1}{1-\alpha}\left[d(L) + \frac{d(L)}{L}\left(\frac{\alpha}{1-\alpha}\right) + \frac{d(L)}{L^2}\left(\frac{\alpha}{1-\alpha}\right)^2 + \cdots\right]_+ \varepsilon_t \\ &= \frac{1}{1-\alpha}\left[\sum_{j=0}^{\infty}\left(\frac{\alpha}{1-\alpha}\right)^j \frac{d(L)}{L^j}\right]_+ \frac{1}{d(L)} m_t. \end{aligned}$$

Diese Formel stellt den stochastischen Prozeß $p_t$ als Funktion des exogenen stochastischen Prozesses $m_t$ dar.

Als nächstes betrachten wir das Angebot-Nachfrage-Beispiel aus Kapitel IX. $x_t$ bezeichnet jetzt einen stationären, nichtdeterministischen Zufallsprozeß mit Erwartungswert Null. Er kann als gleitender Durchschnitt $x_t = d(L)\varepsilon_t$ dargestellt werden. Unser modifiziertes Gleichungssystem hat die Form

---

[27] In diesem und dem folgenden Beispiel eliminieren wir „vergängliche Terme" der Form $c\lambda^t$, da wir an Lösungen interessiert sind, die stationären Prozessen folgen.

$$
\begin{aligned}
C_t &= -\beta p_t, & \beta > 0\\
Y_t &= \gamma P_{t-1}p_t + x_t, & \gamma > 0\\
I_t &= \alpha(P_t p_{t+1} - p_t), & \alpha > 0\\
Y_t &= C_t + I_t - I_{t-1}.
\end{aligned}
$$

Dabei steht $Y_t$ für die produzierte Menge, $C_t$ für die Konsumnachfrage und $I_t$ für Lagerhaltung. Wir substituieren die ersten drei Gleichungen in die vierte und erhalten

$$(\gamma + \alpha)P_{t-1}p_t + (\alpha + \beta)p_t = \alpha P_t p_{t+1} + \alpha p_{t-1} - x_t. \tag{58}$$

Nun projizieren wir beide Seiten der Gleichung auf Information, die in der Periode $t-1$ verfügbar ist. Dies führt zu

$$\alpha P_{t-1}p_{t+1} - (\gamma + \beta + 2\alpha)P_{t-1}p_t + \alpha P_{t-1}p_{t-1} = P_{t-1}x_t$$

bzw.

$$(B^{-1} - \phi + B)P_{t-1}p_t = \alpha^{-1}P_{t-1}x_t.$$

Dabei ist der Operator B wie oben definiert und es gilt: $\phi = ((\beta + \gamma)/\alpha) + 2 > 0$. Nach Anwendung von B auf die Gleichung haben wir

$$(1 - \phi B + B^2)P_{t-1}p_t = \alpha^{-1}P_{t-1}x_{t-1}$$

bzw.

$$(1 - \lambda^{-1}B)(1 - \lambda B)P_{t-1}p_t = \alpha^{-1}P_{t-1}x_{t-1}. \tag{59}$$

$|\lambda| < 1$ genügt der Bedingung $\lambda + \lambda^{-1} = \phi$. Damit die Lösung stationär ist, müssen wir fordern, daß alle Verzögerungsverteilungen quadratisch summierbar sind. Wir multiplizieren beide Seiten von (59) mit der „Vorwärts-Inversen" von $(1 - \lambda^{-1}B)$ und erhalten

$$(1 - \lambda B)P_{t-1}p_t = \frac{-\lambda\alpha^{-1}}{1 - \lambda B^{-1}}P_{t-1}x_t$$

bzw.

$$P_{t-1}p_t - \lambda p_{t-1} = \frac{-\lambda}{\alpha}\sum_{i=0}^{\infty}\lambda^i P_{t-1}x_{t+i}.$$

Diese Lösung für $P_{t-1}p_t$ wird in Gleichung (58) substituiert:

$$p_t = \lambda\, p_{t-1} + \frac{1}{\alpha + \beta - \alpha}\left[\alpha^{-1}\lambda\,(\delta + \alpha) \quad \sum_{i=0}^{\infty} \lambda^i P_{t-1}x_{t+i} - \sum_{i=0}^{\infty} \lambda^i P_t x_{t+i}\right]. \tag{60}$$

Wir eliminieren $P_t x_{t+i}$ und $P_{t-1}x_{t+i}$ mit Hilfe der Wiener-Kolmogorov-Formel. Dies führt zu

$$p_t = \lambda\, p_{t-1} + \frac{1}{\alpha + \beta - \alpha\lambda}\left\{\alpha^{-1}\lambda\,(\delta + \alpha)\left[\frac{d(L)\,L^{-1}}{1 - \lambda L^{-1}}\right]_+ \frac{1}{d(C)}\,x_{t-1} - \left[\frac{d(L)}{1 - \lambda L^{-1}}\right]_+ \frac{1}{d(L)}\,x_t\right\}.$$

Damit haben wir die Lösung der stochastischen Differenzengleichung (58). $p_t$ kann geschrieben werden als eine Funktion gegenwärtiger und verzögerter $x$- und $p$-Variablen. Der $p_t$-Prozeß ist schwach stationär.

## 16. Stochastische Vektordifferenzengleichungen

Wir betrachten einen stationären, stochastischen $(n \times 1)$-Vektorprozeß $x_t$, der durch die Matrixdifferenzengleichung

$$C(L)x_t = \varepsilon_t \tag{61}$$

beschrieben wird. $\varepsilon_t$ bezeichnet einen $(n \times 1)$-Vektor, dessen Elemente RZ-Prozesse mit Erwartungswert Null sind. Zu $\varepsilon_t$ gehört die „gleichzeitige" Kovarianzmatrix $E\varepsilon_t\varepsilon_t' = V$, eine $(n \times n)$-Matrix. Weiter nehmen wir an, daß $E\varepsilon_t\varepsilon_{t-s}' = 0_{n \times n}$ für alle $s \neq 0$. $C(L)$ ist eine $(n \times n)$-Matrix von Lag-Polynomen (endlicher Ordnung):

$$C(L) = \begin{bmatrix} C_{11}(L) & C_{12}(L) & \cdots & C_{1n}(L) \\ \vdots & & & \\ C_{n1}(L) & & \cdots & C_{nn}(L) \end{bmatrix}.$$

Wir nehmen an, daß die Matrix $C(L)$ eine Inverse $C(L)^{-1} \equiv B(L)$ besitzt, d. h. $C(L)$ erfüllt per Definition die Gleichung

$$C(L)^{-1}C(L) = I_{n \times n}.$$

Dabei steht $I_{n \times n}$ für die $(n \times n)$-Einheitsmatrix. $C(L)^{-1}$ kann folgendermaßen bestimmt werden. Wir schreiben die Matrix-Z-Transformierte $C(z)$ für $z = e^{-i\omega}$. Die Matrix $C(e^{-i\omega})$ invertieren wir für jede Frequenz und erhalten $C(e^{-i\omega})^{-1}$. Schließlich lassen sich die Matrixkoeffizienten $C(L)^{-1} = B(L) = \sum_{j=0}^{\infty} B_j L^j$, wobei $B_j$ eine $(n \times n)$-Matrix ist, mit Hilfe der Umkehrformel

$$B_j = \frac{1}{2\pi} \int_{-\pi}^{\pi} C(e^{-i\omega})^{-1} e^{i\omega j}\, d\omega$$

finden. Die Integration einer Matrix verstehen wir im Sinne der elementweisen Integration.

Die Lösung von(61) ergibt sich, wenn wir von links mit $B(L)$ multiplizieren:

$$x_t = B(L)\varepsilon_t. \tag{62}$$

Die stochastische Vektordifferenzengleichung $C(L)x_t = \varepsilon_t$ nennen wir die **autoregressive** Darstellung des Vektorprozesses $x_t$. Die Lösung $x_t = B(L)\varepsilon_t$ ist eine vektorielle Darstellung des Prozesses $x_t$ als **gleitender Durchschnitt**. Die Kreuzspektraldichtematrix des $x_t$-Prozesses (deren $(i, j)$-Element das Kreuzspektrum zwischen der $i$-ten und der $j$-ten Komponente von $x$ ist) läßt sich in der Form

$$g_{xx}(e^{-i\omega}) = B(e^{-i\omega})VB(e^{+i\omega})' \tag{63}$$

schreiben. Das Zeichen „'" bedeutet Transposition. Formel (63) entspricht der

Gleichung (5) des univariaten Falles und kann mit vergleichbaren Methoden abgeleitet werden. Dies ist eine sehr kompakte Formel zur Bestimmung der Kreuzspektren des $(n \times 1)$-$x_t$-Prozesses in Abhängigkeit von den fundamentalen Parametern, der Kovarianzmatrix $V$ und den Koeffizienten in $C(L)$ bzw. $B(L)$. Gleichung (61) ist eine recht allgemeine Darstellung und flexibel genug, um **exogene** Variablen und seriell korrelierte RZ-Prozesse einzubeziehen.

Eine Variable $x_{it}$ in Gleichung (61) wird exogen genannt, wenn $C_{ij}(L) = 0$ für alle $j \neq i$. Dies bedeutet, daß die $x_{it}$ entsprechende Zeile von (61) die Form $C_{ii}(L)x_{it} = \varepsilon_{it}$ hat, so daß $x_{it}$ nur von seiner eigenen „Vergangenheit" sowie der Zufallsgröße $\varepsilon_{it}$ bestimmt wird. In diesem Sinne wird die Entwicklung von $x_{it}$ nicht durch andere Elemente des Vektors $x_t$ beeinflußt. Das heißt jedoch nicht, daß $x_{it}$ unkorreliert mit anderen Komponenten von $x_t$ ist, weil $\varepsilon_{it}$ in derselben Periode $t$ mit anderen Elementen von $\varepsilon_t$ korreliert sein kann (d. h. $V$ muß keine Diagonalmatrix sein). Es wird sich zeigen, daß die hier formulierte Definition der Exogenität genau mit derjenigen übereinstimmt, die von Ökonometrikern im Zusammenhang mit Zeitreihen verwendet wird (vgl. Abschnitt 18).

Serielle Korrelation der Prognosefehler $\varepsilon_{it}$ kann man berücksichtigen, indem man letztere in geeigneter Weise als Komponenten von $x_t$ umdefiniert und sie dann wie exogene Prozesse modelliert, die andere Komponenten von $x_t$ beeinflussen, aber selbst von diesen nicht beeinflußt werden.

### A. Eine kompakte Schreibweise

Es ist immer möglich, eine Differenzengleichung $m$-ter Ordnung als Vektorgleichung erster Ordnung zu schreiben. Als Beispiel betrachten wir das bivariate System

$$\begin{aligned} x_{1,t+1} &= \alpha_1 x_{1,t} + \cdots + \alpha_m x_{1,t-m+1} + \alpha_{m+1} x_{2,t} + \cdots \\ &\quad + \alpha_{2m} x_{2,t-m+1} + \varepsilon_{1,t+1} \\ x_{2,t+1} &= \beta_1 x_{1,t} + \cdots + \beta_m x_{1,t-m+1} + \beta_{m+1} x_{2,t} + \cdots \\ &\quad + \beta_{2m} x_{2,t-m+1} + \varepsilon_{2,t+1}. \end{aligned} \tag{64}$$

$(\varepsilon_{1,t+1}, \varepsilon_{2,t+1})$ sind zwei seriell unkorrelierte RZ-Prozesse. Gleichung (64) kann in der Form

$$x_{t+1} = Ax_t + \varepsilon_{t+1} \text{ geschrieben werden} \tag{65}$$

$$\text{mit } A = \begin{bmatrix} \alpha_1 & \alpha_2 & \cdots & \alpha_m & \alpha_{m+1} & & \cdots & \alpha_{2m} \\ 1 & 0 & \cdots & 0 & 0 & & \cdots & 0 \\ \vdots & & & & & & & \\ 0 & 0 & 1 & 0 & 0 & & \cdots & 0 \\ \beta_1 & \beta_2 & \cdots & \beta_m & \beta_{m+1} & & \cdots & \beta_{2m} \\ 0 & 0 & & 0 & 1 & 0 & \cdots & 0 \\ \vdots & & & & & & & \\ 0 & 0 & & 0 & 0 & \cdots 0 & 1 & 0 \end{bmatrix} \leftarrow (m+1)\text{te Zeile}$$

$\uparrow (m+1)$te Spalte

$$x_{t+1} = \begin{bmatrix} x_{1,t+1} \\ x_{1,t} \\ \vdots \\ x_{1,t-m+2} \\ x_{2,t+1} \\ x_{2,t} \\ \vdots \\ x_{2,t-m+2} \end{bmatrix}, \qquad \varepsilon_{t+1} = \begin{bmatrix} \varepsilon_{1,t+1} \\ 0 \\ 0 \\ \vdots \\ 0 \\ \varepsilon_{2,t+1} \\ 0 \\ 0 \\ \vdots \\ 0 \end{bmatrix} \begin{matrix} \\ \\ \\ \\ \\ \leftarrow (m+1)\text{te Zeile.} \\ \\ \\ \\ \\ \end{matrix}$$

Als Lösung der Vektordifferenzengleichung ergibt sich

$$x_{t+\tau} = A^{\tau}x(t) + \varepsilon(t+\tau) + A\varepsilon(t+\tau-1) + \cdots + A^{\tau-1}\varepsilon(t+1). \qquad (66)$$

Es gilt: $E\varepsilon(t+\tau)x(t)' = 0_{2m \times 2m}$ für alle $\tau \geqq 1$ Wenn wir die Gleichung (66) mit $x(t)'$ durchmultiplizieren und den Erwartungswert bilden, erhalten wir die Matrix-Yule-Walker-Gleichung:

$$Ex_{t+\tau}x_t' = A^{\tau}Ex_t x_t', \quad \tau \geq 1, \qquad \text{bzw.} \qquad C_x(\tau) = A^{\tau}C_x(0), \quad \tau \geq 1. \qquad (67)$$

Damit haben wir wieder das uns vertraute Resultat, daß die Kovarianzfunktion (hier in Matrixform) durch den deterministischen Teil der Differenzengleichung beschrieben wird Die Anfangsbedingungen sind durch die in $C_x(0)$ enthaltenen verzögerten Kovarianzen gegeben

Mit Hilfe der kompakten Schreibweise (65) können wir leicht zeigen, daß die Kreuzspektraldichtematrix $\Omega(e^{-i\omega})$ des Vektorprozesses $x$ folgende Gestalt besitzt

$$\Omega(e^{-i\omega}) = (e^{i\omega}I - A)^{-1}V(Ie^{-i\omega} - A')^{-1}, \qquad (68)$$

mit $V = E\varepsilon_t\varepsilon_t'$ Wir nehmen an, daß der Prozeß stationär ist, d h die Eigenwerte von $A$ müssen dem Betrage nach kleiner Eins sein

Unter der Annahme nichtidentischer Eigenwerte können wir $A$ in der Form $A = P\Lambda P^{-1}$ darstellen Dabei sind die Spalten von $P$ die Eigenvektoren von $A$ und $\Lambda$ ist eine Diagonalmatrix mit den Eigenwerten von $A$ als Diagonalelementen Dann gilt:

$$A^{\tau} = P\Lambda^{\tau}P^{-1},$$

und statt (67) können wir schreiben

$$C_x(\tau) = P\Lambda^{\tau}P^{-1}C_x(0).$$

Dieser Ausdruck zeigt, wie die Eigenwerte von $A$ die Form der Lösung bestimmen Man sieht, wie eine Erhöhung der Anzahl der Variablen des Systems oder der Anzahl der Verzögerungen in einer der Gleichungen die „Ordnung“ der Matrix $A$ erhöht Dadurch können kompliziertere Kovarianzfunktionen erzeugt werden Zum Beispiel kann eine Differenzengleichung erster Ordnung in **einer** Variablen nur eine Kovarianzfunktion erzeugen, die Schwingungen mit einer Zyklusdauer von zwei Perioden aufweist (falls die einzige Wurzel negativ ist) Dagegen kann eine multivariate Vektorgleichung erster Ordnung komplexe Wurzeln besitzen und daher oszillierende Kovarianzfunktionen verschiedener Periodizitäten erzeugen

Die Gleichungen (63) bzw (68) werden für die Analyse und Zusammenfassung der stochastischen Eigenschaften linearer makroökonometrischer Modelle benützt Interessante Beispiele solcher Arbeiten findet der Leser in Artikeln von Chow und Levitan (1969) und von Howrey (1971)

### B. Optimale Prognose: Eine kompakte Schreibweise

Wenn wir berücksichtigen, daß $\varepsilon_t$ in (65) ein seriell unkorrelierter Vektorprozeß ist, können wir aus Gleichung (66) die Projektion von $x_{t+\tau}$ auf $x_t$ ableiten

$$P[x_{t+\tau} \mid x_t] = A^\tau x_t \tag{69}$$

Dies ist eine kompakte Formel linearer KQ-Prognosen für einen Vektorprozeß, der einer stochastischen Differenzengleichung endlicher Ordnung folgt

Unter der Annahme nichtidentischer Eigenwerte können wir schreiben

$$P[x_{t+\tau} \mid x_t] = P\Lambda^\tau P^{-1} x_t \tag{70}$$

Dabei sind $P$ und $\Lambda$ wie oben definiert

Wir zeigen die Anwendung dieser Formel anhand unseres Portfoliobeispiels (57) Als Lösung für das Preisniveau erhielten wir

$$p_t = \frac{1}{1-\alpha} \sum_{j=0}^{\infty} \left(\frac{\alpha}{\alpha - 1}\right)^j P_t m_{t+j},$$

wobei $m_t$ das Geldangebot (logarithmiert) bezeichnet Wir nehmen nun an, daß $m_t$ durch einen Markov-Prozeß zweiter Ordnung beschrieben wird

$$m_t = \omega_0 + \omega_1 m_{t-1} + \omega_2 m_{t-2} + \zeta_t$$

Dabei gilt $P_{t-1}\zeta_t = 0$ Wir definieren

$$x_t = \begin{bmatrix} m_t \\ m_{t-1} \\ 1 \end{bmatrix}, \qquad A = \begin{bmatrix} \omega_1 & \omega_2 & \omega_0 \\ 1 & 0 & 0 \\ 0 & 0 & 1 \end{bmatrix}, \qquad \varepsilon_t = \begin{bmatrix} \zeta_t \\ 0 \\ 0 \end{bmatrix},$$

so daß $x_t = Ax_{t-1} + \varepsilon_t$ Wir führen den Zeilenvektor $c = (1, 0, 0)$ ein und schreiben $m_t = cx_t$

Nun substituieren wir (70) in die Lösungsgleichung für $p_t$ und erhalten

$$\begin{aligned} p_t &= \frac{1}{1-\alpha} \sum_{j=0}^{\infty} \left(\frac{\alpha}{1-\alpha}\right)^j cP\Lambda^j P^{-1} x_t \\ &= c\,\frac{1}{1-\alpha} P\left[\frac{1}{1-(\alpha/(1-\alpha))\lambda_i}\right]_{ii} P^{-1} x_t \end{aligned}$$

Die Matrix in eckigen Klammern ist eine Diagonalmatrix mit $(1-(\alpha/(1-\alpha))\lambda_i)^{-1}$ als $(i, i)$-Element. Die Ableitung setzt voraus daß $\max_i|(\alpha/(1-\alpha))\lambda_i| < 1$. Diese Bedingung ist erfüllt, wenn $\max_i|\lambda_i| < 1$.[28] Wir haben damit eine kompakte Darstellung der Lösung für $p_t$. Dabei entspricht die Anzahl der Verzögerungen von $m$ in der Gleichung für $p_t$ der Ordnung des Markov-Prozesses von $m$.

## 17. Eine optimale Filterformel

Es ist oft praktisch, wenn wir eine Formel für die Projektion einer Zufallsvariablen $y_t$ auf gegenwärtige und vergangene Werte eines stationären, nichtdeterministischen Prozesses $x_t$ haben. Wir nehmen an, daß $y_t$ und $x_t$ stationär korrelierte, nichtdeterministische Prozesse mit Erwartungswert gleich Null sind. Gesucht sind die Koeffizienten $h_j$, die die einseitige Projektion

$$y_t = \sum_{j=0}^{\infty} h_j x_{t-j} + u_t \tag{71}$$

charakterisieren. Dabei gilt: $Ex_{t-j}u_t = 0$ für alle $j \geqq 0$. Der Prozeß $x_t$ kann annahmegemäß als gleitender Durchschnitt dargestellt werden:

$$x_t = d(L)\varepsilon_t, \qquad d(L) = \sum_{j=0}^{\infty} d_j L^j.$$

$\{\varepsilon_t\}$ ist ein seriell unkorrelierter Prozeß von Prognosefehlern des $x$-Prozesses, d. h. $\varepsilon_t$ ist fundamental für $x$. Zunächst projizieren wir $y_t$ auf gegenwärtige und vergangene $\varepsilon$-Werte:[29]

$$y_t = \sum_{j=0}^{\infty} \phi_j \varepsilon_{t-j} + u_t. \tag{72}$$

Dabei gilt $Eu_t\varepsilon_{t-j} = 0$ für alle $j \geq 0$. Wir nehmen weiter an, daß für $x_t$ auch eine autoregressive Darstellung existiert. Dann gilt offensichtlich, daß $\{x_t, x_{t-1}, \ldots\}$ und $\{\varepsilon_t, \varepsilon_{t-1}, \ldots\}$ denselben Raum aufspannen. Aus diesem Grund sind die $u_t$ in (71) und (72) identisch. Da die $\varepsilon_t$ einen orthogonalen Prozeß bilden, sind die $\phi_j$ einfache KQ-Koeffizienten der Form

$$\phi_j = Ey_t\varepsilon_{t-j}/E\varepsilon_t^2 = Ey_t\varepsilon_{t-j}/\sigma^2.$$

Wir können schreiben:

$$\phi(L) = \sum_{j=0}^{\infty} \phi_j L^j, \qquad \phi(L) = \sigma^{-2}[g_{y\varepsilon}(L)]_+. \tag{73}$$

$[\ ]_+$ bedeutet wieder, daß negative Potenzen von $L$ ignoriert werden. $g_{y\varepsilon}(L)$ ist die kreuzkovarianzerzeugende Funktion

$$g_{y\varepsilon}(L) = \sum_{k=-\infty}^{\infty} E(y_t\varepsilon_{t-k})L^k.$$

[28] Auch wenn $\{m_t\}$ nichtstationär ist in dem Sinne, daß $\max|\lambda_i| > 1$, gilt die vorgeschlagene Lösung solange die Bedingung $\max_i|(\alpha/(1-\alpha))\lambda_i| < 1$ erfüllt ist.

[29] Dies ist die Methode mit der Kolmogorov die uns interessierende Formel ableitete. Vgl. Whittle (1963, S. 42).

Wir können $g_{y\varepsilon}(L)$ zu der kreuzkovarianzerzeugenden Funktion $g_{yx}(L)$ wie folgt in Beziehung setzen:

$$\begin{aligned}
g_{yx}(z) &= \sum_k (Ey_t x_{t-k}) z^k \\
&= \sum_k (Ey_t\, d(L)\varepsilon_{t-k}) z^k \\
&= \sum_k (Ey_t(d_0 \varepsilon_{t-k} + d_1 \varepsilon_{t-k-1} + \cdots)) z^k \\
&= d_0 \sum_k (Ey_t \varepsilon_{t-k}) z^k + d_1 \sum_k (Ey_t \varepsilon_{t-k-1}) z^k + d_2 \sum_k (Ey_t \varepsilon_{t-k-2}) z^k + \cdots \\
&= d_0 g_{y\varepsilon}(z) + d_1 z^{-1} g_{y\varepsilon}(z) + d_2 z^{-2} g_{y\varepsilon}(z) + \cdots \\
&= d(z^{-1}) g_{y\varepsilon}(z).
\end{aligned}$$

Also gilt: $g_{y\varepsilon}(z) = g_{yx}(z)/d(z^{-1})$. Wir substituieren dies in (73) und erhalten

$$\phi(L) = \frac{1}{\sigma^2}\left(\frac{g_{yx}(L)}{d(L^{-1})}\right)_+ .$$

Damit ergibt sich für $y_t$ der Ausdruck

$$\begin{aligned}
y_t &= \frac{1}{\sigma^2}\left(\frac{g_{yx}(L)}{d(L^{-1})}\right)_+ \varepsilon_t + u_t \\
&= \frac{1}{\sigma^2}\left(\frac{g_{yx}(L)}{d(L^{-1})}\right)_+ \frac{1}{d(L)} x_t + u_t,
\end{aligned} \tag{74}$$

und für das Lag-Polynom $h(L)$ in (71) finden wir die Formel

$$h(L) = \frac{1}{\sigma^2}\left(\frac{g_{yx}(L)}{d(L^{-1})}\right)_+ \frac{1}{d(L)}. \tag{75}$$

Eine klassische Anwendung dieser Formel verdanken wir Muth (1960). In seinem Beispiel entwickelt sich eine Einkommensvariable entsprechend der Beziehung $x_t = y_t + \varepsilon_t$ mit $y_t = \varrho y_{t-1} + u_t$ und $|\varrho| < 1$. $u_t$ und $\varepsilon_t$ sind seriell unkorreliert und gegenseitig orthogonal für alle Verzögerungen. $x_t$ bezeichnet das gemessene Einkommen, $y_t$ das „systematische" bzw. permanente Einkommen. Der Konsument beobachtet nur $x_t, x_{t-1}, \ldots$ und möchte das systematische Einkommen $y_t$ mit einer linearen Funktion von $x_t, x_{t-1}, \ldots$ schätzen. Annahmegemäß kennt der Konsument alle relevanten Momente. Dieses Problem, das wir dem Leser empfehlen, kann mit Hilfe der Formel (75) schnell gelöst werden. Ein anderer, längerer Lösungsweg wird in Kapitel XII angewandt.

## 18. Die Beziehung zwischen Wiener-Granger-Kausalität und ökonometrischer Exogenität

Wir untersuchen nun die Bedingungen dafür, daß die Projektion von $y_t$ auf den ganzen $x$-Prozeß mit der Projektion von $y_t$ auf gegenwärtige und alle vergangenen $x$-Werte identisch ist, d. h. die Bedingungen dafür, daß gilt:

$$g_{yx}(z)/g_x(z) = [g_{yx}(z)/d(z^{-1})]_+(1/d(z)\sigma^2),$$

mit $g_x(z) = \sigma^2 d(z) D(z^{-1})$. Sims (1972a) bewies das wichtige Resultat, daß diese zwei Projektionen genau dann identisch sind, wenn – bei gegebenen, verzögerten $x$-Werten – verzögerte $y$-Werte nichts zu einer linearen Prognose von $x$ beitragen.

Wir werden zunächst Sims' Resultat auf eine von seinem Vorgehen abweichende Weise beweisen. Unsere Methode ähnelt Wieners Ableitung der Wiener-Kolmogorov-Prognoseformel. Sie besitzt gewisse Vorteile beim Durcharbeiten der Übungsaufgaben 6–13.

Wir betrachten einen stationär korrelierten stochastischen Prozeß $\{y_t, x_t\}$ mit $Ex_t = Ey_t = 0$ und mit den kovarianzerzeugenden Funktionen $g_x(z)$, $g_y(z)$, $g_{yx}(z)$. Weiter nehmen wir an, daß $x$ eine autoregressive Darstellung besitzt und daß $y$ und $x$ linear nichtdeterministisch sind. Nun formen wir die Projektion von $x_t$ auf vergangene Werte von $x$ und von $y$:

$$x_t = \sum_{j=1}^{\infty} h_j x_{t-j} + \sum_{j=1}^{\infty} v_j y_{t-j} + u_t. \tag{76}$$

Das KQ-Residuum $u_t$ genügt den Orthogonalitätsbedingungen $Eu_t x_{t-\tau} = Eu_t y_{t-\tau} = 0$ für $\tau = 1, 2, \ldots$. Wir lösen (76) nach $u_t$ auf und schreiben die Orthogonalitätsbedingungen in der Form von Normalgleichungen

$$E\left\{\left(x_t - \sum_{j=1}^{\infty} h_j x_{t-j} - \sum_{j=1}^{\infty} v_j y_{t-j}\right) x_{t-\tau}\right\} = 0, \qquad \tau = 1, 2, \ldots$$

$$E\left\{\left(x_t - \sum_{j=1}^{\infty} h_j x_{t-j} - \sum_{j=1}^{\infty} v_j y_{t-j}\right) y_{t-\tau}\right\} = 0, \qquad \tau = 1, 2, \ldots,$$

bzw. unter Verwendung der entsprechenden Kovarianzen

$$c_x(\tau) = \sum_{j=1}^{\infty} h_j c_x(\tau - j) + \sum_{j=1}^{\infty} v_j c_{yx}(\tau - j), \tag{77}$$

$$c_{xy}(\tau) = \sum_{j=1}^{\infty} h_j c_{xy}(\tau - j) + \sum_{j=1}^{\infty} v_j c_y(\tau - j). \tag{78}$$

Diese Gleichungen dürfen **nur für positive Zahlen** $\tau = 1, 2, \ldots$ erfüllt sein. Wenn wir beide Seiten von (77) und (78) mit $z^\tau$ multiplizieren und über *alle* $\tau$ summieren erhalten wir folgende Gleichungen in den $z$-Transformierten:

$$g_x(z) + m(z) = h(z) g_x(z) + v(z) g_{yx}(z), \tag{79}$$

$$g_{xy}(z) + n(z) = h(z) g_{xy}(z) + v(z) g_y(z). \tag{80}$$

$m(z)$ und $n(z)$ sind unbekannte Reihen, die nur nichtpositive Potenzen von $z$ enthalten. Das Auftreten dieser Reihen in (79) und (80) ist äquivalent zu der Bedingung, daß (77) und (78) nur für positive $\tau$ erfüllt sein dürfen. Die Gleichungen (79) und (80) werden als Normalgleichungen für $h(z)$ und $v(z)$ bezeichnet.

In Anlehnung an Wiener schlug Granger (1969) folgende Sprachregelung vor: „$y$ verursacht $x$", wenn $v(z)$ von Null verschieden ist, d. h. wenn vergangene Werte von $y$ – bei Kenntnis aller vergangenen Werte von $x$ – dazu beitragen, $x$ zu prognostizieren. Es zeigt sich, daß die Bedingungen dafür, daß $v(z)$ gleich bzw. ungleich Null ist, von beträchtlichem Interesse für Ökonometriker und Makroökonomen sind. Daher verdient dieses Kausalitätskonzept Aufmerksamkeit.

Wir betrachten die Projektion von $y_t$ auf den ganzen $x$-Prozeß

$$y_t = \sum_{j=-\infty}^{\infty} b_j x_{t-j} + \varepsilon_t$$

mit $E\varepsilon_t x_{t-j} = 0$ für alle $j$. Unter welchen Bedingungen ist die Verzögerungsverteilung $\{b_j\}$ einseitig auf Gegenwart und Vergangenheit beschränkt, so daß $b_j = 0$ für $j < 0$? Von Formel (38) wissen wir, daß

$$b(z) = g_{yx}(z)/g_x(z). \tag{81}$$

Wir schreiben $x_t$ nach Wold als gleitenden Durchschnitt:

$$x_t = d(L)\eta_t, \qquad \eta_t = x_t - P[x_t|x_{t-1}, \ldots], \qquad \sum_{j=0}^{\infty} d_j^2 < \infty.$$

Dann gilt:

$$g_x(z) = \sigma_\eta^2\, d(z)\, d(z^{-1}). \tag{82}$$

Aus unserer Annahme, daß $x$ in autoregressiver Form dargestellt werden kann, folgt, daß $[d(z)]^{-1}$ „halbseitig" und quadratisch summierbar in nichtnegativen Potenzen von $z$ ist. Es ist immer möglich, die kreuzkovarianzerzeugende Funktion auf genau eine Weise wie folgt zu faktorisieren:

$$g_{yx}(z) = a(z)\phi(z^{-1}). \tag{83}$$

Dabei sind $a(z)$ und $\phi(z)$ halbseitig in nichtnegativen Potenzen von $z$.[30] Wir substituieren (83) und (82) in (81):

$$b(z) = a(z)\phi(z^{-1})/\sigma_\eta^2\, d(z)\, d(z^{-1}).$$

Offensichtlich ist $b(z)$ halbseitig in nichtnegativen Potenzen von $z$ genau dann, wenn $\phi(z^{-1}) = kd(z^{-1})$, wobei $k$ eine Konstante ist.[31] Unter dieser Bedingung

[30] Dies kann mit Hilfe der Methode von Whittle (1963, S. 26) gezeigt werden.

[31] Von der optimalen Filterformel (74) wissen wir, daß die $z$-Transformierte $f(z)$ der Koeffizienten $f_j$ aus der Projektion von $y$ auf gegenwärtige und vergangene $x$-Werte in der Form

$$f(z) = \frac{1}{\sigma_\eta^2}\left[\frac{a(z)\phi(z^{-1})}{d(z^{-1})}\right]_+ \frac{1}{d(z)}$$

gegeben ist. Offensichtlich gilt $f(z) = b(z)$ genau dann, wenn $\phi(z^{-1}) = kd(z^{-1})$.

erhalten wir für (81) $b(z) = ka(z)/\sigma_\eta^2 d(z)$. Wir nehmen an, daß $a(z)$ eine Inverse besitzt, die halbseitig in nichtnegativen Potenzen von $z$ ist.

Wir können nun das folgende wichtige Theorem von Sims beweisen.

**Theorem:** $v(z) = 0$ genau dann, wenn $b(z)$ halbseitig in nichtnegativen Potenzen von $z$ ist.

**Beweis:** Nehmen wir zunächst an, daß $b(z)$ halbseitig in nichtnegativen Potenzen von $z$ ist. Dann gilt: $g_{yx}(z) = ka(z)d(z^{-1})$. Wir müssen zeigen, daß (79) und (80) mit $v(z) = 0$ erfüllt sind. Für $v(z) = 0$ lautet (79):

$$\sigma_\eta^2\, d(z)\, d(z^{-1}) + m(z) = h(z)\sigma_\eta^2\, d(z)\, d(z^{-1}).$$

Wir teilen beide Seiten durch $z$ und erhalten

$$\sigma_\eta^2 \frac{d(z)\, d(z^{-1})}{z} + \frac{m(z)}{z} = \frac{h(z)}{z} \sigma_\eta^2\, d(z)\, d(z^{-1}).$$

$m(z)/z$ ist eine Reihe strikt negativer Potenzen von $z$. Nach Division beider Seiten durch $\sigma_\eta^2\, d(z^{-1})$ ergibt sich

$$\frac{d(z)}{z} + \frac{m(z)}{\sigma_\eta^2 z\, d(z^{-1})} = \frac{h(z)}{z} d(z).$$

Der Term $m(z)/zd(z^{-1})$ enthält nur negative Potenzen von $z$, der Term $h(z)d(z)/z$ dagegen nur nichtnegative Potenzen von $z$. Deshalb gilt:

$$\left[\frac{d(z)}{z}\right]_+ = \frac{h(z)}{z} d(z) \qquad \text{bzw.} \qquad z\left[\frac{d(z)}{z}\right]_+ \frac{1}{d(z)} = h(z). \tag{84}$$

Dies ist die Wiener-Kolmogorov-Formel. Die Ableitung hier entspricht der von Wiener. Nun betrachten wir Gleichung (80) für $v(z) = 0$ und $g_{yx}(z) = ka(z)d(z^{-1})$. Wir erhalten

$$ka(z^{-1})\, d(z) + n(z) = h(z)ka(z^{-1})\, d(z).$$

Diese Gleichung formulieren wir um zu

$$\frac{d(z)}{z} + \frac{n(z)}{zka(z^{-1})} = \frac{h(z)}{z} d(z). \tag{85}$$

Da $n(z)/zka(z^{-1})$ nur negative Potenzen von $z$ enthält, erhalten wir als Lösung dieser Gleichung wieder die Wiener-Kolmogorov-Formel (52). Als vorläufiges Ergebnis halten wir fest: Wenn $b(z)$ halbseitig in nichtnegativen Potenzen von $z$ ist, sind die Normalgleichungen (79) und (80) erfüllt für $v(z) = 0$ und

$$h(z) = z[d(z)/z]_+\, d(z)^{-1}.$$

Zum Beweis der Umkehrung gehen wir davon aus, daß die Gleichungen (79) und (80) erfüllt sind mit $v(z) = 0$. Aus Gleichung (80) folgt

$$\phi(z)a(z^{-1}) + n(z) = z\left[\frac{d(z)}{z}\right]_+ \frac{1}{d(z)} a(z^{-1})\phi(z).$$

Wir teilen beide Seiten durch $za(z^{-1})$ und erhalten

$$\frac{\phi(z)}{z} + \frac{n(z)}{za(z^{-1})} = \left[\frac{d(z)}{z}\right]_+ \frac{\phi(z)}{d(z)}. \tag{86}$$

$n(z)/za(z^{-1})$ enthält nur negative Potenzen von $z$. Da auf der rechten Seite nur nichtnegative Potenzen von $z$ auftreten, bleibt sie unverändert, wenn wir die Operation $[\ ]_+$ anwenden.

Aus (86) folgt damit

$$d(z)[\phi(z)/z]_+ = [d(z)/z]_+ \phi(z).$$

Diese Gleichung erfordert, daß $\phi(z) = kd(z)$, wobei $k$ eine konstante ist. Damit ist der Beweis vollständig.

Wir fassen zusammen: Das Theorem von Sims besagt, daß die Projektion von $y$ auf den ganzen $x$-Prozeß gleich ist der Projektion von $y$ auf gegenwärtige und vergangene $x$-Werte genau dann, wenn $y$ **nicht** kausal (im Sinne von Granger) für $x$ ist (d. h. nicht zur Prognose von $x$ beiträgt).

**Beispiel:** Wir nehmen an, daß

$$g_x(z) = (1 + 0.4z)(1 + 0.4z^{-1}), \qquad g_y(z) = (1 - 0.2z)(1 - 0.2z^{-1}),$$

$$g_{yx}(z) = \frac{(1 - 0.2z)}{1 - 0.9z^{-1}}.$$

Die Projektion von $y$ auf den ganzen $x$-Prozeß hat folgende koeffizientenerzeugende Funktion:

$$\frac{g_{yx}(z)}{g_x(z)} = \frac{1 - 0.2z}{(1 - 0.9z^{-1})(1 + 0.4z)(1 + 0.4z^{-1})}.$$

Negative Potenzen von $z$ haben von Null verschiedene Koeffizienten. (Dies kann durch Partialbruchzerlegung des Polynoms in $z$ gezeigt werden.) Daher ist $y$ kausal (i. S. v. Granger) für $x$. Die Projektion von $x$ auf den ganzen $y$-Prozeß besitzt die koeffizientenerzeugende Funktion:

$$\frac{g_{xy}(z)}{g_y(z)} = \frac{g_{yx}(z^{-1})}{g_y(z)} = \frac{1 - 0.2z^{-1}}{(1 - 0.9z)(1 - 0.2z^{-1})(1 - 0.2z)}$$
$$= \frac{1}{(1 - 0.9z)(1 - 0.2z)}.$$

Hier treten nur nichtnegative Potenzen von $z$ auf. Daher ist $x$ nicht kausal für $y$ (d. h. $x$ trägt – bei gegebenen verzögerten $y$-Werten – nicht zur Prognose von $y$ bei).

Um weitere Einsichten in das Theorem von Sims zu erhalten, werden wir im folgenden den Originalbeweis von Sims darstellen. Damit soll nicht nur die Bedeutung des Theorems betont werden. Darüberhinaus bietet sein Beweis Gelegenheit, die Anwendung von Projektionen zu üben und nützliche Einsichten in bivariate Wold-Repräsentationen zu gewinnen.

Wir betrachten einen bivariaten, stationär korrelierten stochastischen Prozeß

$\begin{bmatrix} x_t \\ y_t \end{bmatrix}$ mit Erwartungswert Null. Dieser Prozeß sei strikt linear nichtdeterministisch. Die bivariate Version von Wolds Theorem besagt, daß unter diesen Annahmen folgende Darstellung des Prozesses $(x_t, y_t)$ als gleitender Durchschnitt existiert:

$$\begin{bmatrix} x_t \\ y_t \end{bmatrix} = \begin{bmatrix} c^{11}(L) & c^{12}(L) \\ c^{21}(L) & c^{22}(L) \end{bmatrix} \begin{bmatrix} \varepsilon_t \\ u_t \end{bmatrix}.$$

Dabei sind die $c^{ij}(L) = \sum_{k=0}^{\infty} c_k^{ij} L^k$ quadratisch summierbare, „halbseitige" Polynome in dem Lag-Operator $L$. $\varepsilon_t$ und $u_t$ sind seriell unkorrelierte Prozesse mit $Eu_t\varepsilon_s = 0$ für alle $t$, $s$. Für ihre Varianzen schreiben wir $E\varepsilon_t^2 = \sigma_\varepsilon^2$, $Eu_t^2 = \sigma_u^2$. Die Ein-Perioden-Prognosefehler haben die Form

$$x_t - P[x_t | x_{t-1}, \ldots, y_{t-1}, \ldots] = c_0^{11}\varepsilon_t + c_0^{12}u_t,$$

$$y_t - P[y_t | x_{t-1}, \ldots, y_{t-1}, \ldots] = c_0^{21}\varepsilon_t + c_0^{22}u_t,$$

d. h. $\varepsilon$ und $u$ sind „gemeinsam fundamental für $x$ und $y$".[32]

Wolds Theorem zeigt, in welchem Sinne ein vektorieller gleitender Durchschnitt als allgemeine Darstellung eines nichtdeterministischen, stationären Vektorprozesses betrachtet werden kann. Das Theorem kann analog zu unserem Vorgehen bei der univariaten Version bewiesen werden. Weiter unten werden wir zeigen, wie eine Wold-Darstellung konstruiert werden kann, wenn wir die Kovarianzfunktionen von $x$ und $y$ sowie die Kreuzkovarianzfunktion kennen.

Wir nehmen nun an, daß der $(x_t, y_t)$-Prozeß in autoregressiver Form geschrieben werden kann. Insbesondere stellen wir uns vor, eine Folge von Projektionen zu formen:

$$\begin{bmatrix} x_t \\ y_t \end{bmatrix} = F_1^n \begin{bmatrix} x_{t-1} \\ y_{t-1} \end{bmatrix} + \cdots + F_n^n \begin{bmatrix} x_{t-n} \\ y_{t-n} \end{bmatrix} + \begin{bmatrix} a_{xt}^n \\ a_{yt}^n \end{bmatrix}. \tag{87}$$

Dabei sind die $F_1^n, \ldots, F_n^n$ $(2 \times 2)$-Matrizen von KQ-Koeffizienten. Die entsprechenden Orthogonalitätsbedingungen

$$E\begin{bmatrix} x_{t-j} \\ y_{t-j} \end{bmatrix} [a_{xt}^n \quad a_{yt}^n] = \begin{bmatrix} 0 & 0 \\ 0 & 0 \end{bmatrix}$$

sind erfüllt für $j = 1, \ldots, n$. Wir nehmen an, daß mit $n \to \infty$ die $F_j^n$ gegen $F_j$ (für alle $j$) konvergieren. Diese Annahme garantiert die Existenz einer autoregressiven Darstellung für $(x_t, y_t)$. Sie ist stärker als die Bedingungen unter denen $(x_t, y_t)$ als vektorieller gleitender Durchschnitt geschrieben werden kann. Die autoregressive

[32] Die Formulierung „$\{\varepsilon_t\}$ und $\{u_t\}$ sind gemeinsam fundamental für $\{x_t, y_t\}$" drückt aus, daß die Einperiodenprognosefehler, die sich ergeben, wenn wir $(x_t, y_t)$ auf der Basis vergangener $x$- und $y$-Werte vorhersagen, Linearkombinationen von $\varepsilon_t$ und $u_t$ sind.

Darstellung lautet:

$$\begin{bmatrix} x_t \\ y_t \end{bmatrix} = \sum_{j=1}^{\infty} F_j \begin{bmatrix} x_{t-j} \\ y_{t-j} \end{bmatrix} + \begin{bmatrix} a_{xt} \\ a_{yt} \end{bmatrix}$$

$$= F(L) \begin{bmatrix} x_{t-1} \\ y_{t-1} \end{bmatrix} + \begin{bmatrix} a_{xt} \\ a_{yt} \end{bmatrix}, \qquad F(L) = \sum_{j=1}^{\infty} F_j L^{j-1}.$$

Die Zufallsvariablen $(a_{xt}, a_{yt})$ genügen den KQ-Orthogonalitätsbedingungen

$$E \begin{bmatrix} x_{t-j} \\ y_{t-j} \end{bmatrix} [a_{xt} \quad a_{yt}] = \begin{bmatrix} 0 & 0 \\ 0 & 0 \end{bmatrix}$$

für alle $j \geq 1$. $(a_{xt}, a_{yt})$ sind die Ein-Perioden-Prognosefehler, die sich ergeben, wenn wir $(x_t, y_t)$ auf der Basis aller vergangenen $x$- und $y$-Werte vorhersagen.

Als nächsten Schritt betrachten wir die folgende Darstellung des $(x_t, y_t)$-Prozesses:

$$A(L) \begin{bmatrix} x_t \\ y_t \end{bmatrix} = \begin{bmatrix} \varepsilon_t \\ u_t \end{bmatrix} \quad \text{bzw.} \quad (A_0 - A_1 L - A_2 L^2 \cdots) \begin{bmatrix} x_t \\ y_t \end{bmatrix} = \begin{bmatrix} \varepsilon_t \\ u_t \end{bmatrix}. \tag{88}$$

Dabei ist $A_j$ eine $(2 \times 2)$-Matrix für jedes $j$. $A_0$ soll eine untere Dreiecksmatrix sein und $\begin{bmatrix} \varepsilon_t \\ u_t \end{bmatrix}$ sollen seriell unkorrelierte, paarweise orthogonale Prozesse sein. Können wir sicher sein, daß eine Darstellung mit diesen Eigenschaften existiert? Die Antwort ist i. a. positiv[33], wie wir im folgenden zeigen werden. Wir projizieren $x_t$ auf alle verzögerten $x$- und $y$-Variablen. Damit haben wir die erste Zeile von $A(L)$. Das KQ-Residuum $\varepsilon_t$ ist konstruktionsgemäß zu allen verzögerten $x$- und $y$-Variablen orthogonal. Nun projizieren wir $y_t$ auf $x_t$ sowie alle verzögerten $x$- und $y$-Variablen. Dies liefert die zweite Zeile von $A(L)$. Der Residualprozeß $u_t$ ist konstruktionsgemäß zu $x_t$ sowie zu allen verzögerten $x$- und $y$-Variablen orthogonal. Also liefert dieses Verfahren eine untere Dreiecksmatrix $A_0$ wie gefordert. Da $\varepsilon_t$ orthogonal zu allen verzögerten $x$- und $y$-Variablen ist, und da wir gemäß (88) verzögerte $\varepsilon$- und $u$-Variablen als Linearkombinationen verzögerter $x$- und $y$-Variablen ausdrücken können, folgt, daß $\varepsilon_t$ orthogonal zu verzögerten $\varepsilon$- und $u$-Variablen ist. Analog können wir zeigen, daß $u_t$ orthogonal zu verzögerten $\varepsilon$- und $u$-Variablen ist. Schließlich sind auch $u_t$ und $\varepsilon_t$ orthogonal, da $\varepsilon_t$ definitionsgemäß eine Linearkombination von $x_t$ sowie verzögerten $x$- und $y$-Variablen ist und $u_t$ konstruktionsgemäß zu diesen Variablen orthogonal ist.

---

[33] Wir haben früher bereits darauf hingewiesen, daß die Darstellung des Vektorprozesses $z_t$ als vektorieller gleitender Durchschnitt, $z_t = C(L)n_t$, sehr allgemein ist. $n_t$ bezeichnet dabei einen Vektor von gegenseitig orthogonalen RZ-Prozessen. Eine autoregressive Darstellung für $z_t$ erhalten wir, wenn wir diese Vektorgleichung von links mit der Inversen von $C(L)$, $A(L) = C(L)^{-1}$ durchmultiplizieren: $A(L)z_t = n_t$. Die Inversion ist definiert bezüglich der Transformierten: $A(e^{-i\omega}) = C(e^{-i\omega})^{-1}$ für alle $\omega$ aus $[-\pi, \pi]$. Die autoregressive Darstellung existiert, falls $C(e^{-i\omega})$ in diesem Intervall invertierbar ist. Diese Bedingung stellt eine Restriktion dar. Bei der empirischen Arbeit kann man üblicherweise davon ausgehen, daß sie erfüllt ist. (Eine Verletzung dieser Bedingung liegt bei dem univariaten Beispiel $C(e^{-i\omega}) = 1 - e^{-i\omega}$ vor. Diese Transformierte des Differenzenoperators $1 - L$ besitzt den Wert Null bei $\omega = 0$ und ist dort nicht invertierbar.)

Der Leser kann sein Verständnis dieser Konstruktion überprüfen, indem er zeigt, daß $A_0$ auch als obere Dreiecksmatrix spezifiziert werden könnte mit einem neuen und i. a. unterschiedlichen Prozeß $\begin{bmatrix} u'_t \\ \hline \varepsilon'_t \end{bmatrix}$, der denselben Bedingungen für die Momente zweiter Ordnung genügt wie der $\begin{bmatrix} u \\ \varepsilon \end{bmatrix}$-Prozeß.

Wir multiplizieren (88) von links mit $A_0^{-1}$, um eine für Prognosen nützliche Form zu erhalten:[34]

$$A_0^{-1}A(L)\begin{bmatrix} x_t \\ y_t \end{bmatrix} = A_0^{-1}\begin{bmatrix} \varepsilon_t \\ u_t \end{bmatrix}$$

bzw.

$$\begin{aligned}\begin{bmatrix} x_t \\ y_t \end{bmatrix} &= A_0^{-1}[A_1L + A_2L^2 + \cdots]\begin{bmatrix} x_t \\ y_t \end{bmatrix} + A_0^{-1}\begin{bmatrix} \varepsilon_t \\ u_t \end{bmatrix} \\ &= A_0^{-1}H(L)\begin{bmatrix} x_t \\ y_t \end{bmatrix} + A_0^{-1}\begin{bmatrix} \varepsilon_t \\ u_t \end{bmatrix},\end{aligned} \tag{89}$$

mit $H(L) = A_1L + A_2L^2 + \ldots$. Die lineare KQ-Prognose des $\begin{bmatrix} x_t \\ y_t \end{bmatrix}$-Prozesses auf der Basis aller verzögerten $x$- und $y$-Variablen lautet:

$$P_{t-1}\begin{bmatrix} x_t \\ y_t \end{bmatrix} = A_0^{-1}H(L)\begin{bmatrix} x_t \\ y_t \end{bmatrix} = F(L)L\begin{bmatrix} x_t \\ y_t \end{bmatrix}.$$

Konstruktionsgemäß gilt: $P_{t-1}\begin{bmatrix} \varepsilon_t \\ u_t \end{bmatrix} = 0$. Die Ein-Perioden-Prognosefehler sind gegeben durch

$$A_0^{-1}\begin{bmatrix} \varepsilon_t \\ u_t \end{bmatrix}.$$

Wenn $A_0$ keine Diagonalmatrix ist, sind die zu $x$ bzw. $y$ gehörigen Prognosefehler (derselben Periode) korreliert. Mit $A_0$ ist auch die Inverse $A_0^{-1}$ eine untere Dreiecksmatrix. Daher haben wir als Ein-Perioden-Prognosefehler des $x$-Prozesses die Variable $\varepsilon_t$. Dies ist keine Überraschung, wenn wir an die Definition des $\varepsilon_t$-Prozesses denken.

Wir betrachten nun den Fall, daß $A_0^{-1}A(L)$ eine untere Dreiecksmatrix ist (d. h. die zu jeder Potenz von $L$ gehörige Koeffizientenmatrix ist eine untere Dreiecksmatrix). Dann tragen verzögerte $y$-Variablen – bei gegebenen verzögerte $x$-Variablen – nicht zur Prognose von $x_t$ bei. Mit $A_0^{-1}A(L)$ ist auch $A_0^{-1}H(L)$ eine untere Dreiecksmatrix. Folglich enthält $P_{t-1}x_t$ in diesem Fall nur verzögerte $x$-Variablen (die Koeffizienten verzögerter $y$-Variablen sind gleich Null). Entsprechend der Ter-

[34] Offensichtlich ist (89) identisch mit (87) für $n = \infty$. Also muß gelten:

$$F_j = A_0^{-1}A_j, \quad \begin{pmatrix} a_{xt} \\ a_{yt} \end{pmatrix} = A_0^{-1}\begin{pmatrix} \varepsilon_t \\ u_t \end{pmatrix}.$$

Die Residuen $(a_{xt}, a_{yt})$ sind wegen der Orthogonalitätsbedingungen seriell unkorreliert und gegenseitig für alle Verzögerungen unkorreliert.

minologie von Wiener und Granger definierten wir oben: „$y$ verursacht $x$“, wenn – bei gegebenen verzögerten $x$-Variablen – verzögerte $y$-Variablen zur Prognose von $x_t$ beitragen. Daher können wir festhalten: $A_0^{-1}A(L)$ ist eine untere Dreiecksmatrix genau dann, wenn $y$ **nicht** $x$ verursacht (i. S. v. Wiener-Granger).

Annahmegemäß ist $A_0^{-1}$ eine untere Dreiecksmatrix. Wir behaupten nun: $A_0^{-1}A(L)$ ist genau dann eine untere Dreiecksmatrix, wenn auch $A(L)^{-1}$ diese Form besitzt. Zum Beweis gehen wir zunächst davon aus, daß $A_0^{-1}A(L)$ eine untere Dreiecksmatrix ist. Es gilt:

$$A(L)^{-1} = A(L)^{-1}A_0A_0^{-1}.$$

Die Matrix $A(L)^{-1}A_0$ ist die Inverse von $A_0^{-1}A(L)$ und daher eine untere Dreiecksmatrix. Auch $A_0^{-1}$ besitzt diese Form. Da das Produkt von zwei unteren Dreiecksmatrizen wieder eine untere Dreiecksmatrix ist, haben wir damit den ersten Teil der Behauptung bewiesen.[35] Nun nehmen wir an, daß $A(L)^{-1}$ eine untere Dreiecksmatrix ist. Da auch $A_0$ diese Form besitzt, folgt analog zu oben, daß $A_0^{-1}A(L)$ eine untere Dreiecksmatrix ist. Damit ist der Beweis vollständig.

Wir können (88) „invertieren“ und erhalten die Vektordarstellung als gleitenden Durchschnitt:

$$\begin{bmatrix} x_t \\ y_t \end{bmatrix} = C(L)\begin{bmatrix} \varepsilon_t \\ u_t \end{bmatrix}. \tag{90}$$

Dabei gilt: $A(L)^{-1} = C(L) = C_0 + C_1L + C_2L^2 + \ldots$. Die $C_j$ sind $(2 \times 2)$-Matrizen. Wenn $A_0^{-1}A(L)$ eine untere Dreiecksmatrix ist ($y$ „verursacht“ $x$ **nicht**), besitzt auch $A(L)^{-1}$, d. h. $C(L)$, diese Form. Wir erinnern an die Orthogonalitätsbedingungen, denen die $\varepsilon$ und $u$ genügen. Insbesondere sind die beiden Prozesse für alle Verzögerungen und innerhalb jeder Periode orthogonal.[36]

---

[35] Wir können das Argument für gewöhnliche Matrizen formulieren. Es gilt: $A(e^{-i\omega})^{-1} = A(e^{-i\omega})^{-1}A_0A_0^{-1}$. $A(e^{-i\omega})^{-1}A_0$ ist die Inverse der unteren Dreiecksmatrix $A_0^{-1}A(e^{-i\omega})$ für jede Frequenz $\omega$ und besitzt daher ebenfalls diese Form. Folglich ist $A(e^{-i\omega})^{-1}$ eine untere Dreiecksmatrix (für jedes $\omega$), da sie als Produkt zweier derartiger Matrizen geschrieben werden kann. Weiterhin folgt, daß die

$$A_j^{-1} = (1/2\pi)\int_{-\pi}^{\pi} A(e^{-i\omega})^{-1}e^{i\omega j}\,d\omega,$$

$j = 0, 1, 2, \ldots$, untere Dreiecksmatrizen sind.

[36] Unter der Annahme, daß die Varianzen von $\varepsilon$ und $u$ auf eins normiert werden, erhalten wir für die Spektraldichtematrix des $(x, y)$-Prozesses in (90) folgenden Ausdruck:

$$S(e^{-i\omega}) = C(e^{-i\omega})IC(e^{-i\omega})'.$$

Das Zeichen „'“ steht für komplexe Konjugation **und** Transposition. Nun sei $U$ eine unitäre $(2 \times 2)$-Matrix, d. h. eine Matrix für die gilt: $UU' = U'U = I$. Dann können wir für $S(e^{-i\omega})$ schreiben:

$$\begin{aligned} S(e^{-i\omega}) = C(e^{-i\omega})UIU'C(e^{-i\omega})' &= [C(e^{-i\omega})U]I[C(e^{-i\omega})U]' \\ &= D(e^{-i\omega})ID(e^{-i\omega})', \end{aligned}$$

mit $D(e^{-i\omega}) = C(e^{-i\omega})U$. Damit haben wir eine andere Darstellung als gleitender Durchschnitt abgeleitet, in der die Störvariablen innerhalb jeder Periode orthogonal sind. Wir haben somit bewiesen, daß Darstellungen als gleitender Durchschnitt bis auf Multiplikationen mit unitären Matrizen eindeutig sind. Wenn wir eine untere Dreiecksmatrix $C(e^{-i\omega})$ mit $U$ multiplizieren, wird das Produkt i. a. nicht diese Form besitzen.

Wenn wir andererseits von einem gleitenden Durchschnitt wie in (90) ausgehen, wobei $C(L)$ eine untere Dreiecksmatrix sei und $\varepsilon_t$, $u_t$ seriell unkorrelierte Prozesse mit $E\varepsilon_t u_s = 0$ für alle $t$, $s$, bezeichnen, dann können wir – unter der Annahme daß $C(L)^{-1} = A(L)$ existiert – folgende autoregressive Darstellung ableiten:

$$C(L)^{-1}\begin{bmatrix} x_t \\ y_t \end{bmatrix} = \begin{bmatrix} \varepsilon_t \\ u_t \end{bmatrix} \quad \text{bzw.} \quad A(L)\begin{bmatrix} x_t \\ y_t \end{bmatrix} = \begin{bmatrix} \varepsilon_t \\ u_t \end{bmatrix},$$

wobei $A(L)$ eine untere Dreiecksmatrix ist und nur nichtnegative Potenzen von $L$ enthält (d. h. $A(L)$ ist „halbseitig"). Dies ist gleichbedeutend damit, daß $y$ **nicht** $x$ verursacht.

Damit haben wir das wichtige **erste Theorem von Sims** bewiesen. Wir fassen es in folgender Formulierung zusammen:

$(x_t, y_t)$ sei ein stationär korrelierter, strikt nichtdeterministischer Prozeß mit Erwartungswert Null. $y_t$ verursacht $x_t$ **nicht** (i. S. v. Wiener-Granger) genau dann, wenn der Vektorprozeß wie folgt als gleitender Durchschnitt dargestellt werden kann:

$$\begin{bmatrix} x_t \\ y_t \end{bmatrix} = \begin{bmatrix} C^{11}(L) & 0 \\ C^{21}(L) & C^{22}(L) \end{bmatrix}\begin{bmatrix} \varepsilon_t \\ u_t \end{bmatrix}.$$

Dabei sind $\varepsilon_t$ und $u_t$ seriell unkorrelierte Prozesse mit Erwartungswerten von Null, und $E\varepsilon_t u_s = 0$ für alle $t$ und $s$. Die Ein-Perioden-Prognosefehler $(x_t - P[x_t|x_{t-1}, \ldots, y_{t-1}, \ldots])$ und $(y_t - P[y_t|x_{t-1}, \ldots, y_{t-1}, \ldots])$ sind Linearkombinationen von $\varepsilon_t$ und $u_t$ (Sims, 1972a).

Wir sind nun in der Lage, ein zweites Theorem von Sims zu formulieren, das eine Beziehung zwischen dem Konzept strikter ökonometrischer Exogenität und der Wiener-Granger-Definition der Kausalität herstellt. Das **Theorem** lautet:

$x$ ist strikt (ökonometrisch) exogen bezüglich $y$ genau dann, wenn $y$ **nicht** $x$ verursacht.

Die strikte Exogenität definieren wir wie folgt: Wenn $y$ als gewichtete Summe (verteilte Verzögerung!) gegenwärtiger und vergangener $x$-Werte ausgedrückt werden kann mit einem „Störprozeß", der zu vergangenen, gegenwärtigen **und** zukünftigen $x$-Variablen orthogonal ist, dann nennen wir $x$ strikt (ökonometrisch) exogen bezüglich $y$. Dies entspricht der Bedingung, daß die Verteilung $\{h_j\}$ (vgl. Gleichung (81)) halbseitig ist, d. h. nur Gegenwart und Vergangenheit erfaßt. Bei empirischer Arbeit ist es wichtig, Tests bezüglich der Exogenität von Variablen durchzuführen, da die guten Eigenschaften mancher Schätzfunktionen davon abhängen, ob die Spezifikation bestimmter Variablen als exogen korrekt ist. In diesem Zusammenhang ist es interessant zu wissen, daß unter Ingenieuren eine Beziehung, die $y$ als Summe verzögerter $x$-Variablen mit halbseitiger Gewichtsverteilung (bezogen auf Gegenwart und Vergangenheit) ausdrückt, seit langem als „kausale Beziehung" bekannt ist. Dieser traditionelle Gebrauch des Wortes „kausal" fällt hier zusammen mit der Aussage „$y$ ist nicht kausal für $x$ im Sinne von Wiener-Granger".

Zum Beweis des Theorems gehen wir zunächst davon aus, daß $y$ **nicht** $x$ verursacht. Dies ist äquivalent dazu, daß $A_0^{-1}A(L)$ eine untere Dreiecksmatrix ist. Folglich besitzt auch $C(L)$ in (90) diese Form, d. h. wir können schreiben:

$$x_t = C^{11}(L)\varepsilon_t, \tag{91}$$

$$y_t = C^{21}(L)\varepsilon_t + C^{22}(L)u_t. \tag{92}$$

Alle Polynome in $L$ enthalten nur nichtnegative Potenzen von $L$. Wir invertieren (91) und substituieren den Ausdruck in (92):[37]

$$y_t = C^{21}(L)C^{11}(L)^{-1}x_t + C^{22}(L)u_t.$$

$y_t$ wird als Summe verzögerter $x$-Variablen mit halbseitiger Gewichtsverteilung (d. h. negative Potenzen von $L$ treten nicht auf) ausgedrückt. Der Prozeß der Störgrößen $u_t$ ist orthogonal zu $\varepsilon_t$ und daher zu $x_t$ für alle Verzögerungen. Damit ist der erste Teil der Behauptung bewiesen.

Zum Beweis des zweiten Teils gehen wir davon aus, daß $x_t$ als gleitender Durchschnitt dargestellt werden kann und $y_t$ als Summe verzögerter $x$-Variablen mit halbseitiger Gewichtsverteilung:

$$y_t = h(L)x_t + \eta_t, \qquad x_t = a(L)\varepsilon_t.$$

Konstuktionsgemäß ist $\eta$ orthogonal zu $x$ und daher zu $\varepsilon$ für alle Verzögerungen. Auch $\eta_t$ kann als gleitender Durchschnitt geschrieben werden: $\eta_t = m(L)u_t$, mit $Eu_t\varepsilon_s = 0$ für alle $t$ und $s$. Damit können wir den Vektorprozeß $(x_t, y_t)$ als gleitenden Durchschnitt darstellen:

$$y_t = h(L)a(L)\varepsilon_t + m(L)u_t, \qquad x_t = a(L)\varepsilon_t,$$

bzw.

$$\begin{bmatrix} x_t \\ y_t \end{bmatrix} = C(L)\begin{bmatrix} \varepsilon_t \\ u_t \end{bmatrix},$$

wobei $C(L)$ eine untere Dreiecksmatrix ist. Unter der Annahme, daß $C(L)^{-1}$ existiert, erhalten wir

$$C(L)^{-1}\begin{bmatrix} x_t \\ y_t \end{bmatrix} = \begin{bmatrix} \varepsilon_t \\ u_t \end{bmatrix}.$$

$C(L)^{-1} \equiv A(L)$ ist ebenfalls eine untere Dreiecksmatrix. Wir multiplizieren von links mit der unteren Dreiecksmatrix $A_0^{-1}$ und erhalten

$$A_0^{-1}A(L)\begin{bmatrix} x_t \\ y_t \end{bmatrix} = A_0^{-1}\begin{bmatrix} \varepsilon_t \\ u_t \end{bmatrix}$$

bzw.

$$[I - A_0^{-1}A_1L - A_0^{-1}A_2L^2 - \cdots]\begin{bmatrix} x_t \\ y_t \end{bmatrix} = A_0^{-1}\begin{bmatrix} \varepsilon_t \\ u_t \end{bmatrix}.$$

Da die Koeffizientenmatrizen alle untere Dreiecksmatrizen sind und wegen der Orthogonalitätseigenschaften der $\varepsilon$ und $u$ folgt, daß $y$ **nicht** $x$ (i. S. v. Wiener-Gran-

[37] Die Annahme, daß $(x_t, y_t)$ in autoregressiver Form geschrieben werden kann, schließt ein, daß $C^{11}(L)$ eine Inverse besitzt, die halbseitig in nichtnegativen Potenzen von $L$ ist.

ger) verursacht, d. h. $y$ trägt – bei gegebenen verzögerten $x$-Werten – nicht zur Prognose von $x$ bei. Damit ist der Beweis des zweiten Theorems von Sims vollständig.

## 19. Sims' Anwendung auf Geldmenge und Einkommen

Ökonomen in der Federal Reserve Bank von St. Louis (Anderson und Jordan, 1968) schätzten Regressionen des (logarithmierten) Nominaleinkommens ($y_t$) auf halbseitig verteilte Verzögerungen der (logarithmierten) Geldmenge ($m_t$):

$$y_t = \sum_{j=0}^{\infty} h_j m_{t-j} + \eta_t, \tag{93}$$

mit $E\eta_t m_{t-j} = 0$, für $j = 0, 1, 2, \ldots$. Anderson und Jordan empfehlen, die $h_j$ ernst zu nehmen und sie als Darstellung der Reaktion des Nominaleinkommens auf exogene Bewegungen der Geldmenge zu interpretieren. Keynesianer dagegen tendieren dazu, die $h_j$ nicht als gute Schätzungen dieses Reaktionsmusters (bzw. der „dynamischen Multiplikatoren") zwischen Nominaleinkommen und Geldmenge zu betrachten. Ihre Argumentation besteht aus zwei Teilen.

Selbst wenn die Geldmenge exogen bezüglich des Nominaleinkommens ist, ergibt sich in keynesianischen makroökonometrischen Modellen für das Nominaleinkommen eine „finale Form", in der auf der rechten Seite viele zusätzliche Variablen auftreten, die in (93) nicht berücksichtigt werden:

$$y_t = \sum_{j=0}^{\infty} v_j m_{t-j} + \sum_{j=0}^{\infty} w_j z_{t-j} + \varepsilon_t. \tag{94}$$

$z_t$ ist ein Vektor stochastischer Prozesse, unter dessen Elementen sich Steuer- und Ausgabenparameter des Staates befinden. $w_j$ ist ein $z_t$ entsprechender Koeffizientenvektor. Die Störvariable $\varepsilon_t$ folgt einem stationären stochastischen Prozeß und genügt den Orthogonalitätsbedingungen

$$E\varepsilon_t m_{t-j} = E\varepsilon_t z_{t-j} = 0 \text{ für } j = 0, \pm 1, \pm 2, \ldots.$$

Die strengen Orthogonalitätsbedingungen für $\varepsilon$ entsprechen der Forderung, daß $m$ und $z$ in Gleichung (94) „strikt ökonometrisch exogen sind bezüglich $y$". Diese Bedingungen kennzeichnen (94) als eine „finale Form". Die $v_j$-Koeffizienten in (94) sind dynamische Geldmengenmultiplikatoren, die die durchschnittliche Reaktion von $y_t$ auf einen Anstoß (normiert auf Eins) in $m$ bei konstanten $z$ beschreiben. Wir wenden das Gesetz der iterierten Projektionen auf (94) an:

$$P[y_t | m_t, m_{t-1}, \ldots] = \sum_{j=0}^{\infty} v_j m_{t-j} + \sum_{k=0}^{\infty} w_k P[z_{t-k} | m_t, m_{t-1}, \ldots].$$

Wenn wir $P[z_{t-k} | m_t, m_{t-1}, \ldots] = \sum_{j=0}^{\infty} \alpha_{kj} m_{t-j}$ schreiben, erhalten wir[38]

[38] Dies ist eine Version von Theils Theorem bzgl. ausgeschlossener Variablen. Vgl. Theil (1971, S. 548–550).

$$P[y_t | m_t, m_{t-1}, \ldots] = \sum_{j=0}^{\infty} v_j m_{t-j} + \sum_{k=0}^{\infty} w_k \sum_{j=0}^{\infty} \alpha_{kj} m_{t-j}$$

bzw.

$$y_t = \sum_{j=0}^{\infty} \left( v_j + \sum_{k=0}^{\infty} w_k \alpha_{kj} \right) m_{t-j} + \eta_t. \tag{95}$$

Aus dem Orthogonalitätsprinzip folgt, daß $E\eta_t m_{t-j} = 0$ für $j = 0, 1, 2, \ldots$. Gleichung (95) stimmt mit (93) überein. Daher gilt für die Koeffizienten:

$$h_j = v_j + \sum_{k=0}^{\infty} w_k \alpha_{kj}.$$

Die $h_j$ sind i. a. nicht identisch mit den Geldmengenmultiplikatoren $v_j$ Vielmehr sind die $h_j$ „Mischkoeffizienten", die nicht die typische durchschnittliche Reaktion von $y$ auf exogene Anstöße in $m$ bei konstantgehaltenen $z$ beschreiben. Aus diesem Grund kann man nach Meinung der Keynesianer keine befriedigenden Schätzungen der dynamischen Multiplikatoren $v_j$ aus Gleichung (93) erhalten.

Wir projizieren nun Gleichung (94) auf die ganze Folge $\{m_{t-j}\}_{j=-\infty}^{\infty}$:

$$y_t = \sum_{j=0}^{\infty} h_j m_{t-j} + \sum_{k=0}^{\infty} w_k \sum_{j=-\infty}^{\infty} \gamma_{kj} m_{t-j} + \xi_t. \tag{96}$$

Dabei gilt: $E\xi_t m_{t-j} = 0$ für alle $j$ und

$$P(z_{t-k} | \{m_{t-j}\}_{j=-\infty}^{\infty}) = \sum_{j=-\infty}^{\infty} \gamma_{kj} m_{t-j},$$

wobei $\gamma_{kj}$ einen Koeffizientenvektor bezeichnet. Wir können (96) in der Form

$$P(y_t | \{m_{t-j}\}_{j=-\infty}^{\infty}) = \sum_{j=-\infty}^{\infty} d_j m_{t-j}$$

schreiben mit

$$d_j = \begin{cases} h_j + \sum_{k=0}^{\infty} w_k \gamma_{kj}, & j \geq 0, \\ \sum_{k=0}^{\infty} w_k \gamma_{kj}, & j < 0. \end{cases}$$

Wenn die Prozesse $m_t$ und $z_t$ korreliert sind (was wir annehmen wollen da sonst die St. Louis-$h_j$ keine „Mischkoeffizienten" sind), sind die $\gamma_{kj}$ und daher die $d_j$ i. a. von Null verschieden für einige $j < 0$. Künftige $m$-Variable werden i. a. zur „Erklärung" gegenwärtiger und verzögerter $z$-Variablen beitragen.[39] Daher muß die Projektion von $y_t$ auf den $m$-Prozeß „zweiseitig" sein, jedenfalls solange die $w_k$ in der finalen Form (94) von Null verschieden sind und die $z$-Variablen damit $y_t$ beeinflus-

[39] Dies gilt nicht, wenn $m_t$ strikt exogen bezüglich des Vektors $z_t$ ist, bzw. die äquivalente Aussage „$z_t$ verursacht $m_t$ i. S. v. Wiener-Granger **nicht**" zutrifft.

sen. Aus diesem Zusammenhang läßt sich ein Test für die Nullhypothese „ die $w_k$ in (94) sind gleich Null“ gewinnen, indem wir die Nullhypothese „die Projektion von $y_t$ auf den **ganzen** $m$-Prozeß ist halbseitig (d. h. gleich der Projektion von $y_t$ auf $m_t$ und verzögerte $m$-Variablen)“ prüfen. Wir erinnern daran, daß gerade die Behauptung, die $w_k$ seien von Null verschieden, die Grundlage des keynesianischen Einspruchs gegen die Interpretation der St. Louis-$h_j$ als Schätzungen der dynamischen Geldmengenmultiplikatoren bildet. Also können wir die Nullhypothese „die St. Louis-Gleichung ist ‚korrekt spezifiziert‘“ testen, indem wir die zweiseitige Projektion

$$y_t = \sum_{j=-\infty}^{\infty} \delta_j m_{t-j} + \hat{\eta}_t \tag{97}$$

berechnen – wobei $E\hat{\eta}_t m_{t-j} = 0$ für alle $j$ – und die Nullhypothese „$\delta_j = 0$ für alle $j < 0$“ überprüfen.

Sims schätzte Gleichung (97) für U. S. Daten aus der Periode nach 1945 und führte den angegebenen Test durch. Er konnte die Hypothese „künftige $m$-Variablen besitzen Koeffizienten gleich Null in (97)“ bei hoher Sicherheitswahrscheinlichkeit nicht zurückweisen. Falls der keynesianische Einwand gegen die St. Louis-Gleichung korrekt wäre, würde man i. a. bei hinreichend großen Stichproben erwarten, daß die von Sims getestete Hypothese zurückgewiesen werden könnte. Die spezifischen statistischen Ergebnisse von Sims haben zu beträchtlichen Kontroversen geführt. Da seine Tests die üblichen statistischen Fehler vom Typ I und Typ II nicht ausschließen, sind unterschiedliche Urteile darüber möglich, inwieweit seine Resultate den St. Louis-Ansatz bestätigen. Dessen ungeachtet sollte man die Bedeutung des Beitrags anerkennen, den Sims durch die Bereitstellung eines formalen statistischen Verfahrens leistete, mit dessen Hilfe die keynesianischen Einwände gegen den St. Louis-Ansatz prinzipiell statistisch überprüft werden können. Vor Sims' Arbeit beruhten diese Einwände ausschließlich auf a-priori-Überlegungen. Zwar wurden sie wiederholt vorgebracht, jedoch niemals empirisch getestet.

Es zeigt sich, daß Sims' Test auch bei der Überprüfung einer weiteren Hypothese nützlich ist, derzufolge die St. Louis-Gleichung (93) keine legitime finale Form ist (d. h. eine Störgröße besitzt, die nicht orthogonal zu dem ganzen Prozeß $\{m_{t-j}\}_{j=-\infty}^{\infty}$ ist). Nach dieser Hypothese ist die Geldmenge nicht exogen in (93), weil die geldpolitische Instanz $m_t$ mittels einer Rückkopplungsregel, die verzögerte $y$-Variablen einbezieht, steuert. Es wird z. B. oft behauptet, daß sich das Federal Reserve System „gegen den Wind stemmt“, indem es die Geldmenge in der Rezession schneller, im Aufschwung langsamer erhöht. Falls dies zutrifft, könnte die Projektion (93) von $y$ auf $m$ zum Teil diese Rückkopplung von verzögerten $y$ auf $m$ beschreiben neben den Wirkungen von $m$ auf $y$. Ferner würden wir in diesem Fall i. a. erwarten, daß die Projektion von $y$ auf den ganzen $m$-Prozeß verschieden ist von der Projektion von $y$ auf $m_t$ und verzögerte $m$-Variablen. Die $\eta_t$ in (93) würden dann nicht den Restriktionen $E\eta_t m_{t-s} = 0$ für alle $s$ genügen, d. h. (93) wäre keine finale Form.

Falls die Projektion von $y_t$ auf $\{m_{t-j}\}_{j=-\infty}^{\infty}$ halbseitig bezüglich Gegenwart und Vergangenheit ist (eine Hypothese, die Sims nicht zurückweisen konnte) existiert – wie wir von Sims' Theorem wissen – eine Darstellung (die folglich mit den Daten verträglich ist)

$$m_t = C^{11}(L)\varepsilon_t, \qquad y_t = d(L)m_t + C^{22}(L)u_t,$$

wobei $Eu_t\varepsilon_s = 0$ für alle $t$, $s$. $d(L)$, $C^{11}(L)$ und $C^{22}(L)$ sind halbseitig bezüglich

Gegenwart und Vergangenheit. In dieser Darstellung gibt es keine Rückkopplung von $y$ auf $m$. Folglich sind die Resultate von Sims konsistent mit der Aussage (ohne sie notwendigerweise zu implizieren), daß es keine systematische Rückkopplung von $y$ auf $m$ in der untersuchten Periode gab.

Sims' Arbeiten über Geldmenge und Einkommen sind wichtig, weil sie für die empirische Überprüfung von häufig erhobenen Einwänden gegen die Interpretation der St. Louis-Gleichungen als finale Formen einen geeigneten Rahmen bereitstellen.

## 20. Multivariate Prognoseformeln

Wir nehmen an, daß $(x_t, y_t)$ ein stationär korrelierter, strikt nichtdeterministischer Prozeß ist, der als gleitender Durchschnitt

$$\begin{bmatrix} x_t \\ y_t \end{bmatrix} = \begin{bmatrix} C^{11}(L) & C^{12}(L) \\ C^{21}(L) & C^{22}(L) \end{bmatrix} \begin{bmatrix} \varepsilon_t \\ u_t \end{bmatrix} = C(L) \begin{bmatrix} \varepsilon_t \\ u_t \end{bmatrix}$$

dargestellt werden kann, mit $E\varepsilon_t u_s = 0$ für alle $t$, $s$. $\{\varepsilon_t, u_t\}$ sind gemeinsam fundamental für $(x_t, y_t)$. Weiterhin postulieren wir, daß $C(L)^{-1}$ existiert und halbseitig sowie konvergent in nichtnegativen Potenzen von $L$ ist. Folglich besitzt $(x_t, y_t)$ eine autoregressive Darstellung

$$C(L)^{-1} \begin{bmatrix} x_t \\ y_t \end{bmatrix} = \begin{bmatrix} \varepsilon_t \\ u_t \end{bmatrix} \quad \text{bzw.} \quad A(L) \begin{bmatrix} x_t \\ y_t \end{bmatrix} = \begin{bmatrix} \varepsilon_t \\ u_t \end{bmatrix},$$

mit $A(L) \equiv C(L)^{-1}$. Wir können analog zu unseren Ableitungen im univariaten Fall die Projektion von $(x_{t+1}, y_{t+1})$ auf $\{x_t, x_{t-1}, \ldots, y_t, y_{t-1}, \ldots\}$ bestimmen:

$$P_t \begin{bmatrix} x_{t+1} \\ y_{t+1} \end{bmatrix} = \left( \frac{C(L)}{L} \right)_+ \begin{bmatrix} \varepsilon_t \\ u_t \end{bmatrix} = \left( \frac{C(L)}{L} \right)_+ A(L) \begin{bmatrix} x_t \\ y_t \end{bmatrix}.$$

Die allgemeinere Formel lautet:

$$P_t \begin{bmatrix} x_{t+j} \\ y_{t+j} \end{bmatrix} = \left( \frac{C(L)}{L^j} \right)_+ A(L) \begin{bmatrix} x_t \\ y_t \end{bmatrix}.$$

Diese Resultate lassen sich ohne weiteres auf $n$-dimensionale stochastische Prozesse ausdehnen. Falls $\{y_t\}$ ein $n$-dimensionaler, stationär korrelierter, strikt nichtdeterministischer stochastischer Prozeß mit Erwartungswert Null ist, gibt es – vermöge der $n$-variaten Version von Wolds Theorem – eine Darstellung als gleitender Durchschnitt

$$y_t = C(L)\varepsilon_t, \tag{98}$$

mit $C(L) = C_0 + C_1 L + \ldots$. Die $C_j$ sind $(n \times n)$-Matrizen und ihre Folge ist quadratisch summierbar. $\varepsilon_t$ ist ein stochastischer $(n \times 1)$-Vektorprozeß, dessen Komponenten $\varepsilon_{it}$ seriell unkorreliert und wechselseitig (für alle Verzögerungen) orthogonal sind, d. h. $E\varepsilon_{it}\varepsilon_{js} = 0$ für alle $t$, $s$ mit $i \neq j$. Die $\varepsilon_{it}$ sind „gemeinsam fundamental für $y_t$", d. h. für alle $i$ gilt: $y_{it} - P[y_{it} | y_{t-1}, y_{t-2}, \ldots]$ ist eine Linearkombination der $\varepsilon_{jt}$, $j = 1, \ldots, n$. Für den Prozeß (98) ergibt sich die Prognoseformel

$$P_t y_{t+j} = [C(L)/L^j]_+ \varepsilon_t,$$

mit $P_t(x) \equiv P(x|y_t, y_{t-1}, \ldots)$. Falls $C(L)^{-1}$ existiert, kann $y_t$ auch in autoregressiver Form geschrieben werden, und wir erhalten die Prognoseformel

$$P_t y_{t+j} = [C(L)/L^j]_+ C(L)^{-1} y_t.$$

Ein illustratives Beispiel entnehmen wir der Erwartungstheorie der Zinsstruktur. $R_{nt}$ bezeichne die Rendite von $n$-Perioden-Schuldverschreibungen. Wir nehmen an, daß für $(R_{nt}, R_{1t})$ folgende Darstellung als gleitender Durchschnitt gilt:

$$R_{nt} = \alpha(L)\varepsilon_t + \beta(L)u_t, \quad n > 1, \qquad R_{1t} = \gamma(L)\varepsilon_t + \delta(L)u_t. \tag{99}$$

Alle Lag-Operatoren sind halbseitig bezüglich Gegenwart und Vergangenheit. Für die Prognosefehler gilt:

$$R_{nt} - P_{t-1}R_{nt} = \alpha_0 \varepsilon_t + \beta_0 u_t, \qquad R_{1t} - P_{t-1}R_{1t} = \gamma_0 \varepsilon_t + \delta_0 u_t.$$

Die Theorie rationaler Erwartungen behauptet, daß[40]

$$\begin{aligned} R_{nt} &= \frac{1}{n}[R_{1t} + P_t R_{1t+1} + \cdots + P_t R_{1t+n-1}] \\ &= \frac{1}{n}\left[\gamma(L) + \frac{\gamma(L)}{L} + \cdots + \frac{\gamma(L)}{L^{n-1}}\right]_+ \varepsilon_t \\ &\quad + \frac{1}{n}\left[\delta(L) + \frac{\delta(L)}{L} + \cdots + \frac{\delta(L)}{L^{n-1}}\right]_+ u_t \end{aligned}$$

bzw.

$$R_{nt} = \frac{1}{n}\left[\left[\frac{1 - L^{-n}}{1 - L^{-1}}\right]\gamma(L)\right]_+ \varepsilon_t + \frac{1}{n}\left[\left[\frac{1 - L^{-n}}{1 - L^{-1}}\right]\delta(L)\right]_+ u_t. \tag{100}$$

Wenn wir (99) mit (100) vergleichen, stellen wir fest, daß die Hypothese rationaler Erwartungen, angewandt auf die Zinsstrukturtheorie, folgende Restriktionen für die Darstellung des $(R_{nt}, R_{1t})$-Prozesses als gleitender Durchschnitt impliziert:

$$\alpha(L) = \frac{1}{n}\left[\left[\frac{1 - L^{-n}}{1 - L^{-1}}\right]\gamma(L)\right]_+, \qquad \beta(L) = \frac{1}{n}\left[\left[\frac{1 - L^{-n}}{1 - L^{-1}}\right]\delta(L)\right]_+.$$

Diese Restriktionen verkörpern den Gehalt der Theorie. Sie können überprüft werden.

[40] Unter der Annahme, daß die Prognose von $R_{1t+j}$ nur auf gegenwärtige und vergangene $R_{1t}$ und $R_{nt}$ gestützt wird.

## Übungsaufgaben

**1. (Sims' Formel der Fehlerapproximation)** $(y_t, x_t)$ sei ein stationär korrelierter Prozeß mit Erwartungswert Null. Die Projektion von $y_t$ auf den $x$-Prozeß ist gegeben durch

$$\sum_{j=-\infty}^{\infty} b_j{}^0 x_{t-j}.$$

Wir nehmen an, daß ein Forscher mittels der KQ-Methode die Form

$$y_t = \sum_{t=-\infty}^{\infty} b_j{}^1 x_{t-j} + u_t$$

schätzt, wobei $u_t$ eine Störgröße ist. $\{b_j^1\}$ ist eine beschränkte Parameterisierung, so daß $b_j^1$ nicht für alle $j$ gleich $b_j^0$ sein kann. Folgende Arten der beschränkten Parameterisierung findet man häufig vor:

(i) Lag-Verkürzung: $b_j^1 = 0$ für $|j| > m$, wobei $m$ eine gegebene natürliche Zahl ist;

(ii) Approximation durch Polynome: $b_j^1 = \alpha_0 + \alpha_1 j + \ldots + \alpha_m j^m$, wobei $m$ eine gegeben natürliche Zahl ist und die $\alpha_j$ zu bestimmen sind;

(iii) Verteilte Verzögerungen vom Pascal-Typ (Solow):

$$b^1(L) = \frac{1}{(1 - \lambda L)^r},$$

wobei $r$ eine gegebene natürliche Zahl ist und $|\lambda| < 1$.

Leiten Sie Sims' Formel ab, derzufolge die KQ-Methode – angewandt auf die Grundgesamtheit – die $b_j^1$ so auswählt, daß

$$\int_{-\pi}^{\pi} |b^0(e^{-i\omega}) - b^1(e^{-i\omega})|^2 g_x(e^{-i\omega})\, d\omega$$

minimiert wird.

*Hinweise:*

a) Schreiben Sie $y_t$ in der Form

$$y_t = \sum_{j=-\infty}^{\infty} b_j{}^0 x_{t-j} + \varepsilon_t,$$

mit $E\varepsilon_t x_{t-j} = 0$ für alle $j$. Zeigen Sie, daß

$$E\left(y_t - \sum_{j=-\infty}^{\infty} b_j{}^1 x_{t-j}\right)^2 = E(z_t{}^2),$$

mit

$$z_t = \sum_{j=-\infty}^{\infty} (b_j{}^0 - b_j{}^1) x_{t-j} + \varepsilon_t.$$

b) Wenden Sie zur Berechnung des Spektrums von $z_t$ Formel (26) an.

c) Wenden Sie zur Berechnung der Varianz von $z_t$ Formel (20) an (vgl. Sims, 1972b).

**2. („Optimale" Saisonbereinigung mittels Signalentnahme).** Nehmen Sie an, ein Forscher sei interessiert, $x_t$ zu schätzen. Er beobachtet nur $X_t = x_t + u_t$ mit $Ex_t u_s = 0$ für alle $t$ und $s$. $x_t$ und $u_t$ sind stationäre stochastische Prozesse mit Erwartungswert Null. Ihre kovarianzerzeugenden Funktionen $g_x(z)$ und $g_u(z)$ sind dem Forscher bekannt. Es gilt $g_u(e^{-i\omega}) > 0$ für alle $\omega$, jedoch soll die Spektralmasse von $u$ zum größten Teil bei saisonalen Frequenzen konzentriert sein. Der Forscher schätzt $x_t$ mit Hilfe der Projektion

$$\hat{x}_t = \sum_{j=-\infty}^{\infty} h_j X_{t-j},$$

d. h. der Projektion des unbekannten $x_t$ auf den $X_t$-Prozeß.

A. Leiten Sie eine Formel für die $h_j$ ab (verwenden Sie (38)).

B. Beweisen Sie, daß $g_{\hat{x}}(e^{-i\omega}) < g_x(e^{-i\omega})$ für alle $\omega$.

C. Beweisen Sie folgende Aussage: Wenn $g_x(e^{-i\omega})$ relativ „glatt" für saisonale und nichtsaisonale Frequenzen verläuft, dann folgt – weil $g_u(e^{-i\omega})$ hohe Gipfel bei den saisonalen Frequenzen aufweist – daß $g_{\hat{x}}(e^{-i\omega})$ durch substantielle „Mulden" bei den saisonalen Frequenzen gekennzeichnet ist.

**3.** $x_t$ sei ein beliebiger, stationärer stochastischer Prozeß mit $Ex_t = 0$.

A. Beweisen Sie, daß folgende Darstellung existiert:

$$x_t = \sum_{j=0}^{\infty} c_j u_{t+j} + \theta_t,$$

wobei $c_0 = \sum c_j^2 < \infty$, $Eu_t^2 \geqq 0$, $Eu_t u_s = 0$ für $t \neq s$ und $E\theta_t u_s = 0$ für alle $t$ und $s$. $\theta_t$ ist ein Prozeß, der beliebig gut durch eine lineare Funktion (nur) künftiger $x$-Werte prognostiziert werden kann. Für $u_t$ gilt: $u_t = x_t - P[x_t | x_{t+1}, x_{t+2}, \ldots]$.

B. Beweisen Sie, daß $c_j = d_j$ für die $d_j$ aus Wolds Theorem.

C. Können wir $u_t$ identisch setzen mit dem $\varepsilon_t$ aus Wolds Theorem? Gilt $Eu_t^2 = E\varepsilon_t^2$?

D. Ist $\theta_t$ mit $\eta_t$ aus Wolds Theorem identisch?

**4.** Betrachten Sie den „explosiven" Markov-Prozeß erster Ordnung $y_t = \lambda y_{t-1} + \varepsilon_t$, $t = 1, 2, \ldots, \lambda > 1$, wobei $\varepsilon_t$ ein RZ-Prozeß mit Erwartungswert Null und Varianz $\sigma_\varepsilon^2$ ist. $y_0$ sei gegeben.

A. Beweisen Sie, daß der $y_t$-Prozeß für jede Realisation $(\varepsilon_1, \varepsilon_2, \ldots,)$ die Darstellung

$$y_t = \lambda^t \eta_0 + \frac{1}{1 - \lambda^{-1} L} u_t$$

besitzt, wobei $u_t$ ein RZ-Prozeß ist. Stellen Sie Formeln für $\eta_0$ und $u_t$ in Abhängigkeit von den $\varepsilon$, $\lambda$, und $y_0$ auf. (Hinweis: Lösen Sie die Differenzengleichung „vorwärts" und verwenden Sie die Anfangsbedingung).

B. Ist der $u_t$-Prozeß „fundamental" für $y_t$?

**5.** Betrachten Sie den univariaten, autoregressiven gleitenden Durchschnitt erster Ordnung $z_t = \lambda z_{t-1} + a_t - \beta a_{t-1}$, wobei $a_t$ ein fundamentaler RZ-Prozeß für $z$ ist und $0 < \beta < 1, 0 < \lambda < 1$.

A. Schreiben Sie den Prozeß in der Form (65). (Hinweis: Versuchen Sie es mit $x_t := (z_t, a_t)'$ und $\varepsilon_t := (a_t, a_t)'$).

B. Verwenden Sie die Formel (70), um eine Formel für $P[z_{t+2} | z_t, z_{t-1}, \ldots]$ abzuleiten. Verwenden Sie alternativ die Wiener-Kolmogorov-Formel (52) und verifizieren Sie, daß die Resultate in beiden Fällen übereinstimmen.

**6.** Untersuchen Sie für die angegebenen Prozesse, ob $x$ im Sinne von Granger $y$ verursacht oder umgekehrt.

A. $$g_x(z) = \sigma_\varepsilon^2 \frac{1}{1 - 0.9z} \frac{1}{1 - 0.9z^{-1}}, \qquad g_y(z) = \sigma_u^2 (1 - 0.8z)(1 - 0.8z^{-1}),$$

$$g_{yx}(z) = \sigma_{u\varepsilon}(1 - 0.8z)(1 + 0.5z^{-1}).$$

B.

$$g_x(z) = \sigma_\varepsilon^2 (1 + 0.99z)(1 + 0.99z^{-1}), \qquad g_y(z) = \sigma_u^2 \left(\frac{1}{1 - 0.7z + 0.3z^2}\right)\left(\frac{1}{1 - 0.7z^{-1} + 0.3z^{-2}}\right),$$

$$g_{yx}(z) = \sigma_{u\varepsilon}(1 + 0.2z)(1 + 0.99z^{-1}).$$

C.
$$g_x(z) = \sigma_\varepsilon^2\left(\frac{1}{1-0.7z}\right)\left(\frac{1}{1-0.7z^{-1}}\right), \qquad g_y(z) = \sigma_u^2\left(\frac{1}{1-0.8z}\right)\left(\frac{1}{1-0.8z^{-1}}\right),$$
$$g_{yx}(z) = \sigma_{u\varepsilon}\left(\frac{1}{1-0.8z}\right)\left(\frac{1}{1-0.7z^{-1}}\right).$$

**7.** Betrachten Sie das einfache keynesianische Makromodell

$$c_t = \sum_{j=0}^{\infty} b_j Y_{t-j} + \varepsilon_t, \qquad \sum_{j=0}^{\infty} b_j^2 < \infty, \qquad c_t + I_t = Y_t, \tag{*}$$

wobei $c_t$ den Konsum, $Y_t$ das Sozialprodukt und $I_t$ die Investition bezeichnet. Alle Variablen werden als Abweichungen von ihren Mittelwerten gemessen. $\varepsilon_t$ ist ein stationärer Störprozeß, der den Bedingungen $E\varepsilon_t \cdot I_s = E\varepsilon_t = 0$ für alle $t$ und $s$ genügt. $I_s$ ist ein stationärer stochastischer Prozeß. Nehmen Sie an, daß $(1 - b(L))$ eine halbseitige, quadratisch summierbare Inverse in nichtnegativen Potenzen von $L$ besitzt.

A. Entscheiden Sie, ob $Y$ im Sinne von Granger $I$ verursacht.

B. Untersuchen Sie, ob $c$ i. S. v. $G$. $Y$ verursacht und ob $Y$ $c$ verursacht. (Hinweis: Lösen Sie auf nach $c_t$ und $Y_t$ als reduzierte Formen von $I$ und $\varepsilon$. Wenden Sie Formel (18) an, um das Kreuzspektrum zu bestimmen und untersuchen sie bzgl. Granger-Kausalität mit Hilfe von (38)).

C. Ist die Konsumfunktion (*) eine Projektion (Regression)?

**8.** Betrachten Sie einen $(y, x)$-Prozeß, der nach Wold als gleitender Durchschnitt

$$y_t = a(L)\varepsilon_t + ka(L)u_t, \qquad x_t = c(L)\varepsilon_t$$

dargestellt werden kann. $k$ ist eine Konstante, $a(L)$ und $c(L)$ sind halbseitig (bzgl. Gegenwart und Vergangenheit) und quadratisch summierbar. Es gilt $Eu_t = E\varepsilon_t = Eu_t\varepsilon_s = 0$ für alle $t$ und $s$. $\varepsilon_t$ und $u_t$ sind gemeinsam fundamental für $y$ und $x$. Nehmen Sie an, daß $a(L)$ und $c(L)$ invertierbar sind, d. h. quadratisch summierbare Inverse besitzen, die halbseitig in nichtnegativen Potenzen von $L$ sind.

A. Untersuchen Sie, ob $y$ i. S. v. $G$. $x$ verursacht oder umgekehrt.

B. Bestimmen Sie die koeffizientenerzeugende Funktion für die Projektion von $y$ auf den ganzen $x$-Prozeß.

C. Wie B. mit $y$ und $x$ vertauscht.

D. Leiten Sie eine alternative Wold-Darstellung für den $(y, x)$-Prozeß ab. (Hinweis: Wählen Sie einen RZ-Prozeß als $\eta_{1t} := \varepsilon_t + ku_t$ und den anderen, $\eta_{2t}$, als das Residuum in der Projektion von $\varepsilon_t$ auf $(\varepsilon_t + ku_t)$, d.h. $\varepsilon_t = \varrho(ku_t + \varepsilon_t) + \eta_{2t}$ mit $\eta_{2t}$ als KQ-Fehler.)

**9.** Betrachten Sie Lucas' aggregierte Angebotskurve

$$y_t = \gamma(p_t - P[p_t|\Omega_{t-1}]) + \lambda y_{t-1} + u_t, \qquad 0 < |\lambda| < 1, \quad \gamma > 0. \tag{*}$$

Dabei bezeichnet $y$ das (logarithmierte) reale Sozialprodukt, $p$ das (logarithmierte) Preisniveau und $u_t$ einen stationären Störprozeß. Nehmen Sie an, daß $p_t$ dem Markov-Prozeß

$$p_t = \sum_{i=1}^{n} w_i p_{t-i} + \varepsilon_t \tag{†}$$

folgt mit $P[\varepsilon_t|\Omega_{t-1}] = 0$. $\Omega_{t-1}$ ist eine Informationsmenge, die **zumindest** verzögerte $y$- und $p$-Werte einschließt.

A. $u_t$ sei seriell unkorreliert. Beweisen Sie, daß $p$ nicht $y$ i. S. v. G. verursacht. (Dies kann für beliebige $p_t$-Prozesse gezeigt werden und hängt nicht ab von der Spezifikation (†)).

B. Nehmen Sie nun an, daß (†) gilt und daß $u_t$ seriell korreliert ist mit der Spezifikation

$$u_t = \rho u_{t-1} + \xi_t, \qquad 0 < |\rho| < 1$$

wobei $P[\xi_t|\Omega_{t-1}] = 0$. Zeigen Sie, daß $p$ i. S. v. G. $y$ verursacht, indem Sie die Projektion

$$P[y_t|y_{t-1}, y_{t-2}, \ldots, p_{t-1}, p_{t-2}, \ldots]$$

bestimmen.

**10.** Betrachten Sie zwei nicht saisonbereinigte Prozesse $y$ und $x$ und nehmen Sie an, daß $y_t$ i. S. v. G. $x_t$ nicht verursacht. Ein Forscher analysiert saisonbereinigte Prozesse $y_t^a$ und $x_t^a$ (vgl. Sims, 1974):

$$y_t^a = f(L)y_t, \qquad x_t^a = g(L)x_t.$$

Dabei sind $f(L)$ und $g(L)$ endliche, zweiseitig-symmetrische ($f_j = f_{-j}$, $g_j = g_{-j}$) Saisonbereinigungsfilter, die so gewählt wurden, daß $y_t^a$ und $x_t^a$ bei den saisonalen Frequenzen weniger Spektralmasse als die entsprechenden Prozesse $y_t$ und $x_t$ aufweisen. Nehmen Sie an, daß $y_t^a$ und $x_t^a$ ebenso wie $y_t$ und $x_t$ strikt linear nichtdeterministische Prozesse sind.

Zeigen Sie, daß für $f(L) \neq g(L)$ $y_t^a$ im allgemeinen $x_t^a$ i. S. v. G. verursacht. (Hinweis: Bestimmen Sie zunächst die koeffizientenerzeugende Funktion für die Projektion von $y_t$ auf den $x$-Prozeß, dann die koeffizientenerzeugende Funktion für die Projektion von $y_t^a$ auf den $x^a$-Prozeß.)

**11.** In einer neueren Studie wird behauptet, daß das permanente Einkommen $Y_{pt}$ theoretisch einem „random walk" folgt, d. h.

$$P_t Y_{pt+1} = Y_{pt}. \qquad (*)$$

Dabei definieren wir $P_t Y_{pt+1} := P Y_{pt+1}|\Omega_t$ mit $\Omega_t \supset Y_{pt}$. Nehmen Sie an, $Y_{pt}$ sei durch folgenden Ausdruck definiert:

$$Y_{pt} = (1 - \beta) \sum_{j=0}^{\infty} \beta^j P_t Y_{t+j}, \qquad 0 < \beta < 1. \qquad (\dagger)$$

Es gelte: $\Omega_t \supset \Omega_{t-1} \supset \Omega_{t-2} \supset \ldots$.

A. Ist (*) im allgemeinen eine Implikation von ( † )? (Hinweis: Wenden Sie das Gesetz der iterierten Projektionen an.)

B. Können Sie den $\{Y_t\}$-Prozeß so spezifizieren, daß (*) in diesem speziellen Fall aus ( † ) folgt?

**12.** In einem kürzlich erschienenen Artikel berichtete ein Makroökonom über eine Regression des (logarithmierten) Preisniveaus ($p_t$) auf gegenwärtige und vergangene Werte der (logarithmierten) Geldmenge ($m_t$):

$$p_t = a + \sum_{j=0}^{\infty} h_j m_{t-j} + \varepsilon_t, \qquad E\varepsilon_t m_{t-j} = 0 \quad \text{für } j \geq 0, \qquad (*)$$
$$E\varepsilon_t = 0.$$

$\varepsilon_t$ ist ein Störterm. Es zeigte sich, daß die $h_j$ für viele $j$ ungleich Null waren. Er folgerte, daß Preise zu „träge" sind, um durch ein Gleichgewichtsmodell erklärt zu werden. Nach Meinung dieses Ökonomen impliziert die „klassische Makrotheorie", daß $h_0 = 1$ und $h_j = 0$ für $j \neq 0$.

Betrachten Sie dagegen folgendes „klassische" Modell:

$$m_t - p_t = \alpha(P_t p_{t+1} - p_t) + y_t + u_t \quad \text{(Portfoliogleichgewichtsbeziehung)}.$$

$y_t$ sei konstant (extreme klassische Vollbeschäftigungsannahme) und $\alpha < 0$. $u_t$ ist ein stationärer Zufallsprozeß für den gilt:

$$Eu_t m_s = 0 \text{ für alle } t, s, \; Eu_t = 0.$$

Das Geldangebot ist exogen und kann als gleitender Durchschnitt dargestellt werden:

$$m_t = d(L)e_t, \qquad e_t = m_t - Pm_t|m_{t-1}, m_{t-2}, \ldots \qquad \text{und} \qquad \sum_{j=0}^{\infty} d_j^2 < \infty.$$

Leiten Sie eine Formel ab, die $h(L) = \sum_{j=0}^{\infty} h_j L^j$ in (*) als Funktion von $\alpha$ und $d(L)$ angibt. Erweist sich die Ansicht unseres Makroökonomen über die Implikationen der klassischen Theorie als korrekt?

**13.** Nehmen Sie als Portfoliogleichgewichtsbeziehung Cagans Gleichung

$$\mu_t - x_t = \alpha(P_t x_{t+1} - P_{t-1} x_t) + \eta_t. \qquad (*)$$

Dabei bezeichnen $\mu_t$ die Wachstumsrate der Geldmenge, $x_t$ die Inflationsrate und $\eta_t$ einen Prozeß, der der Bedingung $P_{t-1}\eta_t = 0$ genügt. Der Projektionsoperator $P_t[y]$ ist für beliebige Zufallsvariablen $y$ wie folgt definiert:

$$P_t[y] \equiv P[y|\mu_t, \mu_{t-1}, \ldots, x_t, x_{t-1}, \ldots].$$

(Gleichung (*) geht aus Gleichung (57) im Text hervor, wenn wir die ersten Differenzen von (57) bilden).

A. Zeigen Sie, daß eine Lösung von (*) folgende Form annimmt:

$$P_t x_{t+1} = \frac{1}{1-\alpha} \sum_{j=1}^{\infty} \left(\frac{-\alpha}{1-\alpha}\right)^{j-1} P_t \mu_{t+j}. \qquad (\dagger)$$

B. Nehmen Sie an, daß $(x_t, \mu_t)$ folgende bivariate, gemischte Vektordarstellung besitzt:

$$\begin{pmatrix} x_t \\ \mu_t \end{pmatrix} = \begin{pmatrix} 1 & 0 \\ 1-\lambda & \lambda \end{pmatrix} \begin{pmatrix} x_{t-1} \\ \mu_{t-1} \end{pmatrix} + \begin{pmatrix} a_{1t} - \lambda a_{1t-1} \\ a_{2t} - \lambda a_{2t-1} \end{pmatrix}.$$

Dabei gilt: $a_{1t} = x_t - P_{t-1}x_t$, $a_{2t} = \mu_t - P_{t-1}\mu_t$, $|\lambda| < 1$. $a_{1t}$ und $a_{2t}$ haben endliche Varianzen und eine Kovarianz ungleich Null. Zeigen Sie, daß Cagans Formel für die erwartete Inflationsrate $\pi$

$$\pi_t = \frac{1-\lambda}{1-\lambda L} x_t$$

eine Implikation der Hypothese rationaler Erwartungen ist, d. h. sich unter Verwendung von ( † ) ergibt.

C. Zeigen Sie, daß $\mu$ i. S. v. G. nicht $x$ verursacht.

D. Bestimmen Sie die Koeffizienten der Projektion von $\mu_t - x_t$ auf den $x_t$-Prozeß. Ist diese Projektionsgleichung identisch mit Cagans Gleichung

$$\mu_t - x_t = [\alpha(1-\lambda)/(1-\lambda L)](1-L)x_t + \xi_t, \qquad (\S)$$

wobei $\xi_t$ eine Zufallsgröße ist? Falls nicht, bestimmen Sie die Verzerrungen, die resultieren würden, wenn Cagans Gleichung (§) fälschlicherweise als eine Projektionsgleichung interpretiert würde.

## Literaturhinweise


Allen, R. G. D. (1960). *Mathematical Economics*, 2nd ed., New York: Macmillan.

Andersen, L. C., and Jordan, J. L. (1968). "Monetary and fiscal actions: A test of their relative importance in economic stabilization." *Federal Reserve of St. Louis Review*, Vol. 50, No. 11, pp. 11–23.

Anderson, T. W. (1971). *The Statistical Analysis of Time Series*, New York: Wiley.

Apostol, T. M. (1974). *Mathematical Analysis*, 2nd ed., Reading, Massachusetts: Addison-Wesley.

Cagan, P. (1956). "The monetary dynamics of hyperinflation." *Studies in the Quantity Theory of Money* (M. Friedman, ed.), Chicago, Illinois: University of Chicago Press.

Chow, G. C., and Levitan, R. E. (1969). "Nature of business cycles implicit in a linear economic model." *The Quarterly Journal of Economics*, Vol. LXXXIII, No. 3, pp. 504–517.

Frisch, R. (1933). *Economic Essays in Honor of Gustav Gassel*, London: Allen and Unwin.

Granger, C. W. J. (1966). "The typical spectral shape of an economic variable." *Econometrica*, Vol. 34, No. 1, pp. 150–161.

Granger, C. W. J. (1969). "Investigating causal relations by econometric models and cross-spectral methods." *Econometrica,* Vol. 37, No. 3, pp. 424–438.

Howrey, E. P. (1968). "A spectrum analysis of the long-swing hypothesis." *International Economic Review,* Vol. 9, No. 2, pp. 228–260.

Howrey, E. P. (1971). "Stochastic properties of the Klein–Goldberger model." *Econometrica,* Vol. 39, No. 1, pp. 73–88.

Muth, J. F. (1960). "Optimal properties of exponentially weighted forecasts." *Journal of the American Statistical Association,* Vol. 55, No. 290, pp. 299–306.

Naylor, A. W., and Sell, G. R. (1971). *Linear Operator Theory in Engineering and Science,* New York: Holt.

Shiller, R. (1972). "Rational Expectations and the Structure of Interest Rates," unpublished Ph.D. Thesis, Cambridge, Massachusetts: M.I.T.

Sims, C. A. (1972a). "Money, income, and causality." *The American Economic Review,* Vol. LXII, No. 4, pp. 540–552.

Sims, C. A. (1972b). "Approximate prior restrictions in distributed lag estimation." *Journal of the American statistical Association,* Vol. 67, No. 337, pp. 169–175.

Sims, C. A. "Seasonality in regression." *Journal of the American Statistical Association,* Vol. 69, No. 347, pp. 618–626.

Slutzky, E. (1937). "The summation of random causes as the source of cyclic processes." *Econometrica,* Vol. 5, pp. 105–146.

Theil, H. (1971). *Principles of Econometrics,* pp. 548–550, New York: Wiley.

Whittle, P. (1963). *Prediction and Regulation by Linear Least-Square Methods,* Princeton, New Jersey: Van Nostrand-Reinhold.

Wold, H. (1938). *The Analysis of Stationary Time Series,* 1st ed., Uppsala: Almquist and Wicksell.

# Kapitel XII
## Die Konsumfunktion

Die Literatur über die Konsumfunktion beschäftigt sich vorwiegend mit der Erklärung dreier empirischer Entdeckungen, die aus den anfänglichen Bemühungen herrühren, die einfache, lineare keynesianische Konsumfunktion

$$C = a + bY \tag{1}$$

auf beobachtete Daten anzuwenden.

Querschnittsschätzungen von (1), bei denen die Daten für $C$ und $Y$ aus $n$ Beobachtungen für den Konsum und das Einkommen von $n$ Haushalten über eine kurze Zeitspanne gewonnen werden, sind typischerweise durch $a > 0$ charakterisiert. Die durchschnittliche Konsumneigung ($APC$) ist folglich höher als die marginale ($MPC$). Ähnlich ergeben auch Schätzungen von (1) mit aggregierten Zeitreihenregressionen, bei denen die Daten für $C$ und $Y$ dem jeweils jährlichen volkswirtschaftlichen Gesamtkonsum und -einkommen entsprechen, daß $a > 0$ und $APC > MPC$. Für Jahresdaten der Vereinigten Staaten schätzte Ackley (1960, S. 225) die Konsumfunktion für die Periode 1929–1941 mit

$$C_t = 26.5 + 0.75 Y_t.$$

Dabei bezeichnet $C_t$ die Konsumausgaben und $Y_t$ das verfügbare Einkommen.

Kuznets trug dagegen für den aggregierten Konsum und das aggregierte verfügbare Einkommen Daten für den Zeitraum 1869–1938 zusammen und bildete (sich überlappende) Zehnjahresdurchschnitte. Die damit erzielten Schätzungen von (1) widersprachen dem obigen Ergebnis, da sie Werte für $b$ bzw. $a$ in Höhe von ungefähr 0,9 bzw. 0 ergaben. Diese Daten wurden als Zeichen dafür interpretiert, daß sich der Konsum mit dem Einkommen langfristig proportional entwickelt und daß langfristig $APC = MPC$. Die Aufgaben der Literatur über die Konsumfunktion bestanden hauptsächlich darin:

(a) die Diskrepanz zwischen für kurze Zeiträume durchgeführten Zeitreihenregressionen mit $APC > MPC$ und den proportionalen Konsumfunktionen ($APC = MPC$), die mit Kuznets' Daten für sehr lange Perioden geschätzt wurden aufzulösen und

(b) die Querschnittsregressionen mit $APC > MPC$ und die Implikationen aus Kuznets' Daten in Einklang zu bringen.

Dieses Kapitel beschreibt Elemente der berühmten Erklärung dieses empirischen Paradoxons durch Milton Friedman (1956). Die Darstellung hier steht im Einklang mit Friedman's Arbeit, geht jedoch in einigen Punkten über eine bloße Wiedergabe hinaus.

Die Basis der Friedman'schen Theorie besteht in der Hypothese, daß sich der Konsum proportional zu dem geeignet gemessenen Einkommen entwickelt. Wir wollen jetzt untersuchen, ob die sich aus Kuznets' Daten ergebende Proportionalität zwischen Konsum und Einkommen eine Bestätigung für diese Hypothese darstellt oder nicht. Tatsächlich sind Kuznets' Daten oft als Unterstützung der Hypothese interpretiert worden, daß die „wahre", langfristige Beziehung zwischen Konsum und Einkommen proportional verläuft.

Friedman begann mit der Theorie von Irving Fisher über das Sparverhalten der Konsumenten. In Anlehnung an Fisher postulierte er, daß der repräsentative Haushalt seinen Nutzen $U$ zu maximieren sucht, wobei

$$U = U(C_0, C_1, \ldots, C_n).$$

$U(\ )$ ist streng konkav und genügt $U_i > 0$. Es wird unterstellt, daß der Haushalt jede gewünschte Summe für $i$ Perioden zum Marktzinssatz $R_i$ der Periode $i$ leihen und verleihen kann. Der Haushalt maximiere seinen Nutzen $U(\ )$ annahmegemäß unter der Nebenbedingung

$$C_0 + \sum_{i=1}^{n} \frac{C_i}{(1 + R_i)^i} = Y_0 + \sum_{i=1}^{n} \frac{Y_i}{(1 + R_i)^i}.$$

$Y_i$ ist dabei das Einkommen des Haushalts in der Periode $i$. Damit besagt diese Beschränkung, daß der Gegenwartswert des intertemporalen Konsumplans des Haushalts dem Gegenwartswert seines Einkommensstroms, d.h. seinem Vermögen entsprechen muß.

Aus der Annahme, daß die Nutzenfunktion bezüglich des Konsums zu verschiedenen Zeitpunkten homothetisch ist, leitete Friedman die Proportionalität zwischen dem laufenden Konsum und dem Vermögen ab. Der Proportionalitätsfaktor $k$ hängt dabei neben anderen Größen vom Zins ab.

$$C = k(\quad)W. \tag{2}$$

Dabei ist $W = Y_0 + \sum_{i=1}^{n} Y_i/(1 + R_i)^i$. Aus mehreren guten Gründen wurde das Modell an diesem Punkt von Friedman durch die Einführung des Konzepts des permanenten Einkommens weiterentwickelt. Das permanente Einkommen ist als das durchschnittliche Einkommen definiert, das der Konsument für den Rest seines Lebens erwartet. Das permanente Einkommen ist damit – wie auch das Vermögen oder der Gegenwartswert – ein Konzept, das einen erwarteten, zukünftigen Einkommensstrom in einer einzigen Maßzahl zusammenfaßt. Das permanente Einkommen tritt daher an die Stelle des Vermögens in Gleichung (2), die dadurch modifiziert wird:

$$C = \beta(\quad)Y_p. \tag{3}$$

Um (3) für Zwecke der empirischen Anwendung brauchbar zu machen, wird die Abhängigkeit von $\beta$ vom Zins und anderen Determinanten wenigstens für die Untersuchung der hier diskutierten Frage nicht berücksichtigt. Die Abhängigkeit von $\beta$ von anderen Variablen spielte aber in Friedmans Untersuchungen anderer Fragestellungen eine wichtige Rolle.

### 1. Exkurs über das Problem von Haavelmo

Haavelmo betonte (1943), daß die Konsumfunktion im Kontext eines einfachen keynesianischen Modells keine Regressionsgleichung darstellt, d.h. ihre Störvariable ist nicht orthogonal zum verfügbaren Einkommen. Eine Version des Modells von Haavelmo lautet:

$$C_t = a + bY_t + \varepsilon_t \tag{4}$$

$$C_t + I_t = Y_t. \tag{5}$$

Dabei stellen $I_t$ und $\varepsilon_t$ Zufallsvariablen dar, die $E\varepsilon_t = E\varepsilon_t\, I_t = 0$; $EI_t^2 < \infty$; $E\varepsilon_t^2 < \infty$ genügen. $C_t$ bezeichnet hier den Konsum, $I_t$ die Investitionen oder auch die „autonomen Ausgaben" und $Y_t$ das Einkommen.

Wenn man aus diesen zwei Gleichungen die reduzierten Formen des Konsums und des Einkommens bildet, erhält man:

$$Y_t = \frac{a}{1-b} + \frac{1}{1-b} I_t + \frac{1}{1-b} \varepsilon_t, \tag{6}$$

$$C_t = \frac{a}{1-b} + \frac{b}{1-b} I_t + \frac{1}{1-b} \varepsilon_t. \tag{7}$$

Betrachten wir die Kleinstquadratprojektion von $C_t$ auf $Y_t$:

$$P[C_t | 1, Y_t] = \alpha + \beta Y_t.$$

Dabei ist $\beta = E(C_t - EC_t)(Y_t - EY_t)/E(Y_t - EY_t)^2$. Aus (6) und (7) ergibt sich:

$$Y_t - EY_t = \frac{1}{1-b}(I_t - EI_t) + \frac{1}{1-b}\varepsilon_t,$$

$$C_t - EC_t = \frac{b}{1-b}(I_t - EI_t) + \frac{1}{1-b}\varepsilon_t.$$

Damit erhalten wir:

$$\beta = \frac{E((1/(1-b))(I_t - EI_t) + (1/(1-b))\varepsilon_t)((b/(1-b))(I_t - EI_t) + (1/(1-b))\varepsilon_t)}{E((1/(1-b))(I_t - EI_t) + (1/(1-b))\varepsilon_t)^2}.$$

Für $E\varepsilon_t I_t = 0$ lautet dieser Ausdruck:

$$\beta = \frac{bE(I_t - EI_t)^2 + E\varepsilon_t^2}{E(I_t - EI_t)^2 + E\varepsilon_t^2}$$

oder

$$\beta = \frac{b + (E\varepsilon_t^2/E(I_t - EI_t)^2)}{1 + (E\varepsilon_t^2/E(I_t - EI_t)^2)} \geq b. \tag{8}$$

Der Ausdruck (8) zeigt, daß der Wert des Regressionskoeffizienten* $\beta$ im allgemeinen größer ist als die marginale Konsumneigung.

Es ist zu beachten, daß $\beta \to 1$, wenn

$$E\varepsilon_t^2/E(I_t - EI_t)^2 \to \infty.$$

Wenn die Varianz des Einkommens größtenteils auf die Störvariable in der Konsumfunktion zurückzuführen ist, decken sich Kleinstquadrat-Schätzungen tendenziell mit der Identitätsgleichung des Volkseinkommens (5), d.h. die geschätzte *MPC* geht gegen 1. Auf der anderen Seite wird unser $b$ durch $\beta$ gut approximiert, wenn $E\varepsilon_t^2/E(I_t - EI_t)^2$ klein ist.

* Regressionen und Regressionskoeffizienten beziehen sich, wenn nicht eigens auf Stichproben verwiesen wird, stets auf die jeweilige Grundgesamtheit.

Im Kontext keynesianischer Modelle wie dem in unserem kleinen Beispiel (4) und (5), ist die Kleinstquadratregression im allgemeinen **nicht** geeignet, die Konsumfunktion zu schätzen. Selbst im Falle großer Stichproben (d.h. wenn wir die Momente der Grundgesamtheit nicht schätzen müßten sondern sie kennen würden) liefert die Methode der kleinsten Quadrate verzerrte Schätzungen für *MPC*. Die Ursache dafür kann man in der Gleichung der reduzierten Form für das Einkommen (6) sehen. Für $E\varepsilon_t I_t = 0$ besagt die Gleichung (6), daß $E\varepsilon_t Y_t \neq 0$. Die Konsumfunktion (4) ist damit keine Regressionsgleichung, d.h. ihr Störterm genügt nicht der Orthogonalitätsbedingung, die die Methode der kleinsten Quadrate impliziert.

Kleinstquadratschätzungen von $b$ können jedoch – geschickt angewandt – bei großen Stichproben immer noch „gut" sein. Dies können wir sehen, wenn wir beachten, daß jede der reduzierten Formgleichungen für $Y$ und $C$, (6) und (7), jeweils eine Regressionsgleichung darstellt. Die Projektionen von $C$ und $Y$ auf $I$ lauten somit:

$$P[Y_t|1, I_t] = \frac{a}{1-b} + \frac{1}{1-b} I_t, \qquad P[C_t|1, I_t] = \frac{a}{1-b} + \frac{b}{1-b} I_t.$$

Jede der zwei Projektionen kann zur Schätzung (einer Funktion) von $b$ herangezogen werden, d.h. $1/(1-b)$ oder $b(1-b)$, die dann eine Schätzung von $b$ ergeben. Diese Technik bezeichnet man als „indirekte Kleinstquadratmethode.

Ob die Konsumfunktion als Regressionsgleichung betrachtet werden kann oder nicht, hängt davon ab, wie das die Konsumfunktion beinhaltende makroökonomische Modell vervollständigt wird. In der eben erfolgten Herleitung war zum Beispiel entscheidend, daß wir $E\varepsilon_t I_t = 0$ festlegten. Es existieren aber alternative makroökonomische Spezifikationen, in denen die Konsumfunktion als Regressionsgleichung betrachtet werden kann. Nehmen wir zum Beispiel eine Version eines klassischen Modells, in dem die Beschäftigung und das Einkommen durch den Arbeitsmarkt bestimmt werden und gegenüber dem laufenden Konsum prädeterminiert sind. In solch einem Modell erscheint es angebracht, $E\varepsilon_t Y_t$ mit Null und $E\varepsilon_t I_t$ als von Null verschieden festzusetzen. Dies illustriert einen allgemeineren Punkt: In einem stochastischem Modell wie dem in (4) und (5), hängt das Ergebnis wesentlich von den unterstellten Kovarianzen der Zufallsvariablen ab. Es ist im wesentlichen die Festlegung von $E\varepsilon_t I_t = 0$, die (4) und (5) zu einem keynesianischen Modell macht. Sie besagt, daß die Investitionen im Durchschnitt bezüglich der Zufallsschocks, die auf die Konsumfunktion einwirken, bereits vorherbestimmt sind. (Die Investitionen sind exogen bezüglich $\varepsilon_t$.)

In den folgenden Teilen dieses Kapitels werden wir das Haavelmoproblem unberücksichtigt lassen. Wir folgen vielmehr der Literatur, die die aggregierte Konsumfunktion als Regressionsgleichung betrachtet. Diese Wahl wird vor allem deswegen getroffen, um komplizierte Berechnungen, möglichst einfach zu halten. Sie ließe sich aber auch formal im Rahmen einer makroökonomischen Theorie rechtfertigen, in der die Konsumfunktion eine Regressionsgleichung darstellt.

## 2. Querschnittsanalysen

Für Querschnittsanalysen schlug Friedman das Modell

$$C_i = \beta Y_{pi} + u_i, \tag{9}$$

$$Y_i = Y_{pi} + Y_{Ti} \tag{10}$$

vor. Hierbei stellt $C_i$ den gemessen Konsum des $i$-ten Haushalts und $Y_i$ dessen gemessenes Einkommen dar. $Y_{Ti}$ ist das transitorische Einkommen des $i$-ten Haushalts; $u_i$ ist der nichtsystematische oder transitorische Teil des Konsums des $i$-ten Haushalts. Friedman nahm an, daß sowohl der Erwartungswert von $Y_{Ti}$ als auch der von $u_i$ Null ist:

$$EY_{Ti} = Eu_i = 0. \tag{11}$$

Weiterhin unterstellte er die folgenden Orthogonalitätsbedingungen:

$$E(Y_{Ti}u_i) = 0, \tag{12}$$

$$E(Y_{Ti}Y_{pi}) = 0, \tag{13}$$

$$E(u_i Y_{pi}) = 0. \tag{14}$$

Gleichung (14) besagt, daß Gleichung (9) eine Regressionsgleichung darstellt, d.h. die Störgröße $u_i$ in (9) gehorcht der Orthogonalitätsbedingung $Eu_i Y_{pi} = 0$. Wie bereits früher gezeigt wurde, charakterisiert diese Bedingung eindeutig eine lineare Kleinstquadratregression von $C_i$ auf $Y_{pi}$. Bedingung (12) besagt, daß das transitorische Einkommen und der transitorische Konsum unkorreliert sind, d.h. zwischen ihnen besteht im Durchschnitt keine (lineare) Beziehung. Bedingung (13) enthält die Annahme, daß das permanente Einkommen und das transitorische Einkommen unkorreliert sind. Es wird unterstellt, daß das transitorische Einkommen bezüglich des permanenten Einkommens zufällig verteilt ist, und zwar in dem Sinne, daß die Wahrscheinlichkeit ein hohes (niedriges) transitorisches Einkommen zu erhalten für arme, wie für reiche Leute gleich groß ist.

Wenn Daten für $Y_{pi}$ zur Verfügung stünden, könnte (9) wegen der Orthogonalitätsbedingung (14) mittels einer Kleinstquadratregression gut geschätzt werden. Der lineare Regressionskoeffizient von $C_i$ auf $Y_{pi}$ und 1 (bezogen auf die Grundgesamtheit) ist durch

$$b = \frac{E\{(C_i - EC_i)(Y_{pi} - EY_{pi})\}}{E[(Y_{pi} - EY_{pi})^2]} = \frac{E\{(\beta(Y_{pi} - EY_{pi}) + u_i)(Y_{pi} - EY_{pi})\}}{E[(Y_{pi} - EY_{pi})^2]}$$

$$= \frac{\beta \operatorname{var} Y_{pi} + Eu_i(Y_{pi} - EY_{pi})}{\operatorname{var} Y_{pi}} = \beta$$

gegeben, und zwar aufgrund der Orthogonalitätsbedingung (14) und der Bedingung (11) über den Erwartungswert von $u_i$. Damit ist $\beta$ der Regressionskoeffizient von $C_i$ auf $Y_{pi}$ und 1.

Daten über $Y_{pi}$ sind aber üblicherweise nicht verfügbar. Welches sind die Konsequenzen einer Regression von $C_i$ auf beobachtete $Y_i$ – wie das in Querschnittsuntersuchungen praktiziert wurde – wenn angenommen wird, daß das aus (9)–(14) bestehende Modell korrekt ist? Der Regressionskoeffizient von $C_i$ auf $Y_i$ und 1 lautet:

$$h = \frac{E[(C_i - EC_i)(Y_i - EY_i)]}{E[(Y_i - EY_i)^2]} = \frac{\operatorname{cov}(C_i, Y_i)}{\operatorname{var} Y_i}.$$

Es gilt:

$$\operatorname{var} Y_i = \operatorname{var} Y_{pi} + \operatorname{var} Y_{Ti},$$

da die Varianz einer Summe zweier unkorrelierter Zufallsvariablen der Summe ihrer Varianzen entspricht. Mit (9) und (10) erhalten wir:

$$\begin{aligned}\operatorname{cov}(C_i, Y_i) &= E\{(C_i - EC)(Y_i - EY_i)\}\\ &= E\{\beta(Y_{pi} - EY_p)((Y_{pi} - EY_{pi}) + Y_{Ti})\}\\ &= \beta \operatorname{var} Y_p,\end{aligned}$$

weil $E(Y_{pi} - EY_p)\, Y_{Ti} = 0$ wegen der Annahmen (11) und (13).

Daraus folgt, daß

$$h = \beta \operatorname{var} Y_{pi}/(\operatorname{var} Y_{pi} + \operatorname{var} Y_{Ti}). \tag{15}$$

Für Var $Y_T > 0$ ist daher $h < \beta$. Gemäß Gleichung (15) ist der Wert des linearen Regressionskoeffizienten $h$ nach unten verzerrt, wenn er als Schätzung für $\beta$, die marginale Konsumneigung aus dem permanenten Einkommen, herangezogen wird. Wir können die Konstante in der Regression von $C_i$ auf $Y_i$ wie folgt bestimmen. Die lineare Regressionslinie verläuft immer durch die Erwartungswerte der Variablen, so daß gilt:

$$EC_i = k + hEY_i \quad \text{bzw.} \quad k = EC_i - hEY_i = \beta EY_{pi} - hEY_{pi},$$

$$k = EY_{pi}(\beta - h). \tag{16}$$

Da $\beta - h > 0$ und $EY_{pi} > 0$ ist $k > 0$. Friedmans Modell (1956) sagt somit voraus, daß Querschnittsregressionen einen positiven Achsenabschnitt haben werden und eine geschätzte marginale Konsumneigung, die kleiner ist als die Konsumneigung aus dem permanenten Einkommen.

Man kann sich das, was hier passiert wie folgt vorstellen: $P[x/1, z]$ sei die lineare Projektion einer Zufallsvariablen $x$ auf eine Konstante und die Zufallsvariable $z$; damit kennzeichnet $P[x/1, z]$ genau die lineare Regression von $x$ auf $z$. Durch (9) und die Orthogonalitätsbedingung (14) erhalten wir zum Beispiel

$$P[C_i | 1, Y_{pi}] = \beta Y_{pi},$$

da $P[u_i/1, Y_{pi}] = 0$. Der Projektionsoperator ist in dem Sinne linear, daß

$$P[x_i + S_i | 1, z_i] = P[x_i | 1, z_i] + P[S_i | 1, z_i]$$

und

$$P[\alpha x_i | 1, z_i] = \alpha P[x_i | 1, z_i]$$

gilt. Dabei ist $\alpha$ ein Skalar. Mit Hilfe dieser Linearitätseigenschaften des Regressions- oder Projektionsoperators läßt sich aus (9) ableiten, daß die Regression von $C_i$ auf $Y_i$ der Gleichung

$$P[C_i | 1, Y_i] = \beta P[Y_{pi} | 1, Y_i] + P[u_i | 1, Y_i]. \tag{17}$$

genügen muß. Nun ist aber $P[u_i/1, Y_i]$ aufgrund der Orthogonalitätsbedingungen (12) und (14) gleich Null. Dies kann man zeigen, wenn man beachtet, daß

$$P[u_i | 1, Y_i] = b_0 + b_1 Y_i,$$

wobei

$$b_1 = E\{(Y_i - EY_i)(u_i)\}/E\{(Y_i - Y_i)^2\}, \qquad b_0 = Eu_i - b_1 EY_i.$$

Es gilt aber:

$$\begin{aligned} E\{(Y_i - EY_i)(u_i)\} &= E\{[(Y_{pi} - EY_{pi}) + Y_{Ti}]u_i\} \\ &= E\{(Y_{pi} - EY_{pi})u_i\} + EY_{Ti}u_i = 0. \end{aligned}$$

Daher ist $b_1 = b_0 = 0$. Damit gilt

$$P[u_i | 1, Y_i] = 0. \tag{18}$$

Um (17) zu vervollständigen, müssen wir

$$P[Y_{pi} | 1, Y_i] = \alpha_0 + \alpha_1 Y_i$$

berechnen, mit

$$\begin{aligned} \alpha_1 &= \frac{E\{(Y_i - EY_i)(Y_{pi} - EY_{pi})\}}{E\{(Y_i - EY_i)^2\}}, \\ \alpha_0 &= EY_{pi} - \alpha_1 EY_i. \end{aligned}$$

Wir erhalten

$$\begin{aligned} \alpha_1 &= \frac{E\{((Y_{pi} - EY_{pi}) + Y_{Ti})(Y_{pi} - EY_{pi})\}}{E\{((Y_{pi} - EY_{pi}) + Y_{Ti})^2\}} \\ &= \frac{\text{var } Y_{pi}}{\text{var } Y_{pi} + \text{var } Y_{Ti}}, \\ \alpha_0 &= EY_{pi} - \frac{\text{var } Y_{pi}}{\text{var } Y_{pi} + \text{var } Y_{Ti}} EY_i \\ &= EY_{pi}\left(1 - \frac{\text{var } Y_{pi}}{\text{var } Y_{pi} + \text{var } Y_{Ti}}\right) = EY_{pi}\left(\frac{\text{var } Y_{Ti}}{\text{var } Y_i}\right). \end{aligned}$$

Damit gilt:

$$P[Y_{pi} | 1, Y_i] = \left(EY_{pi} - \frac{\text{var } Y_{pi}}{\text{var } Y_{Ti} + \text{var } Y_{pi}} EY_i\right) + \frac{\text{var } Y_{pi}}{\text{var } Y_{pi} + \text{var } Y_{Ti}} Y_i. \tag{19}$$

Wenn wir (18) und (19) in (17) einsetzen, erhalten wir unsere früheren Formeln (15) und (16). Unter Bezugnahme auf (17) zeigt sich, daß die Regression von $C_i$ auf $Y_i$ eine Steigung besitzt, die kleiner als $\beta$ ist, weil die Regression des relevanten Einkommenskonzepts $Y_{pi}$ auf die fehlerbehaftete Variable $Y_i$ einen Regressionskoeffizienten kleiner als 1 ergibt. (solange Var $Y_T > 0$).

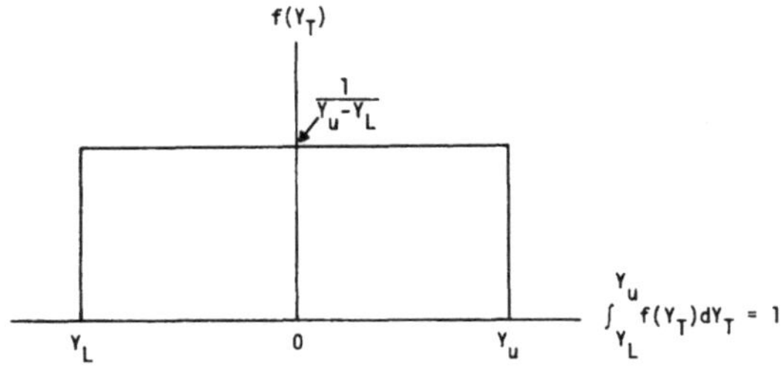


**Abb. 1**

Nehmen wir zum Beispiel für $Y_{Ti}$ die folgende Gleichverteilung an:

$$\begin{aligned} \text{Prob}[Y_{Ti} < X] &= \frac{X - Y_L}{Y_U - Y_L} && \text{für} \quad Y_L \leq X \leq Y_U \\ &= 1 && X > Y_U \\ &= 0 && X < Y_L \\ Y_L = -Y_U, & \quad Y_U > 0. \end{aligned}$$

Die für $Y_{fi}$ unterstellte, konstante Wahrscheinlichkeitsdichte wird in Abbildung 1 gezeigt. In Abb. 2 wird die Verteilung von $Y_i$ und $Y_{pi}$ gezeigt. Es ist zu beachten, daß die Gleichung (10) des Friedman'schen Modells,

$$Y_i = Y_{pi} + Y_{Ti}, \tag{10}$$

eine Regressionsgleichung darstellt, weil die „Störgröße" $Y_{fi}$ orthogonal zum „Regressor" $Y_{pi}$ ist. Dies bedeutet, daß der Kleinstquadratkoeffizient von $Y_i$ auf $Y_{pi}$ – wie auch in (10) – 1 ist. Wenn wir jedoch (10) zu

$$Y_{pi} = Y_i - Y_{Ti},$$

umstellen, liegt keine Regressionsgleichung mehr vor, da die „Störgröße" $-Y_{Ti}$ mit dem „Regressor" $Y_i$ korreliert ist. Der Kleinstquadratregressionskoeffizient einer Regression von $Y_{pi}$ auf $Y_i$ wird – wie wir gesehen haben – von 1 verschieden sein, was anhand Abbildung 3 intuitiv einsichtig wird. Abbildung 3 zeigt auch in der Tat deutlich, daß die Steigung der Regressionslinie von $Y_{pi}$ auf $Y_i$ für var $Y_T$/var $Y_p \to \infty$ gegen Null geht, wie dies aus der Formel (19) hervorgeht. In diesem Falle kann

**Abb. 2**

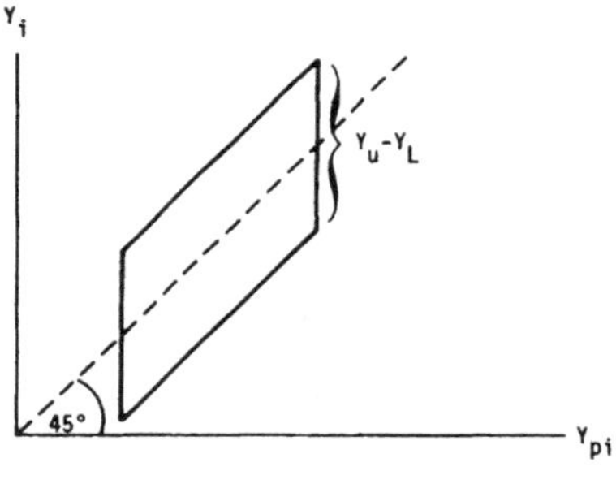

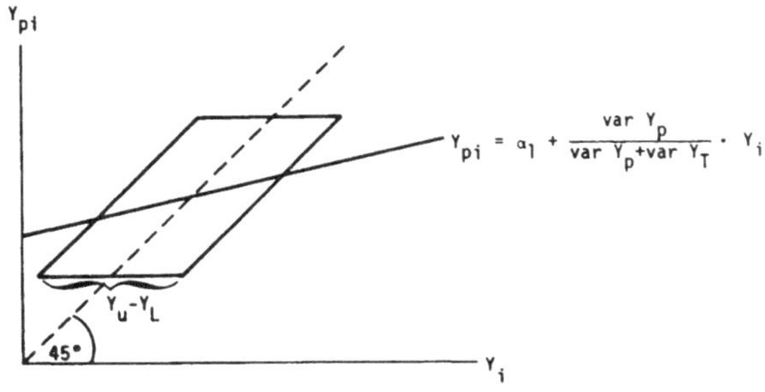


**Abb. 3**

nämlich nur ein geringer Teil der Schwankungen von $Y_i$ auf Variationen von $Y_{pi}$ zurückgeführt werden.

Wir wollen nun alles zusammenfassen: Ein Konsument mit einem gemessenen Einkommen in Höhe von $Y_i$ wird im Durchschnitt ein permanentes Einkommen von

$$P[Y_{pi}|1, Y_i] = EY_{pi} \cdot \left(\frac{\text{var } Y_{Ti}}{\text{var } Y_i}\right) + \frac{\text{var } Y_p}{\text{var } Y_p + Y_T} Y_i \tag{20}$$

haben. Sein transitorisches Einkommen muß daher im Durchschnitt

$$P[Y_{Ti}|1, Y_i] = -EY_{pi}\left(\frac{\text{var } Y_{Ti}}{\text{var } Y_i}\right) + \frac{\text{var } Y_T}{\text{var } Y_p + \text{var } Y_T} Y_i \tag{21}$$

betragen.[1] Da der Konsument seinen Konsum im Durchschnitt nach seinem permanenten Einkommen ausrichtet, wird er eine Konsumhöhe von im Durchschnitt

$$\beta P[Y_{pi}|1, Y_i] = \beta[Y_i - P[Y_{Ti}|1, Y_i]]$$

haben. Diese Situation wird in Abbildung 4 illustriert. Das untere Feld zeigt $P[Y_{Ti}/1, Y_i]$ als eine lineare Funktion, die durch den Punkt $(EY_i, EY_{Ti})$ verläuft, da beide Erwartungswerte auf der Regressionsgeraden liegen. Die Steigung der Regressionsgeraden ist positiv, da im Durchschnitt das transitorische Einkommen zunimmt, wenn sich das gemessene Einkommen erhöht. Konsumenten mit dem gemessenen Einkommen $Y_i^0 > E(Y_i)$ haben damit im Durchschnitt ein positives transitorisches Einkommen $(Y_{Ti}^0 > 0)$. Folglich beträgt ihr Konsum $C_i^0 = \beta\ (Y_i^0 - Y_{Ti}^0) = \beta Y_{pi}^0$. Die Beobachtung $(C_i^0, Y_i^0)$ liegt daher unter der „wahren" Konsumfunktion, die einen Zusammenhang zwischen dem Konsum und dem permanenten Einkommen herstellt. Andererseits ist das transitorische Einkommen für $Y_i < EY_i$ im Durchschnitt negativ. Deswegen unterschreitet das gemessene Einkommen im Durchschnitt das permanente. Der beobachtete Konsum und das gemessene Einkommen werden infolgedessen für $EY_i > Y_i$ im Durchschnitt über der „wahren" Konsumfunktion liegen. Im Ergebnis wird daher die Konsumfunktion, die den

[1] Wir leiteten (21) von (20) ab, indem wir die folgenden Zusammenhänge benützten:

$$Y_{Ti} + Y_{pi} = Y_i \quad \text{und} \quad P[Y_{Ti}|1, Y_i] + P[Y_{pi}|1, Y_i] = Y_i.$$

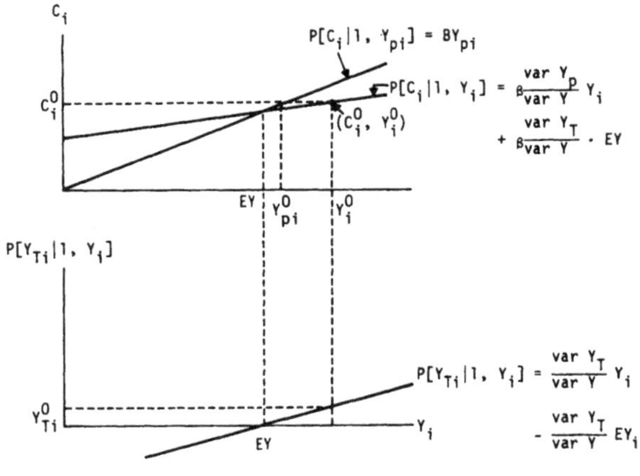

**Abb. 4**

Konsum mit dem gemessenen Einkommen verbindet abgeflacht. Auf diese Weise bringt das Modell von Friedman geschätzte Querschnittskonsumfunktionen mit der Hypothese in Einklang, daß sich der Konsum proportional zu dem permanenten Einkommen entwickelt.

### 3. Zeitreihenanalysen

Für Zeitreihen postulierte Friedman das folgende Modell:

$$C_t = \beta Y_{pt} + U_t . \tag{22}$$

Dabei ist $Y_{pt}$ das aggregierte permanente Einkommen zum Zeitpunkt $t$, $C_t$ der aggregierte Konsum, $\beta$ die marginale Konsumneigung bezüglich des permanenten Einkommen und $U_t$ eine Zufallsvariable mit dem Erwartungswert Null und endlicher Varianz. Es wird unterstellt, daß der Störterm für alle ganzzahligen $t$ und $s$ der Bedingung

$$EU_t Y_{ps} = 0$$

genügt. Dies bedeutet, daß (22) eine Regressionsgleichung ist. $Y_{pt}$ ist nicht direkt beobachtbar. Um (22) operational zu machen, bedarf es eines Modells, das das permanente Einkommen mit beobachtbaren Daten verbindet. Wir beginnen mit der Annahme

$$Y_{pt} = n^{-1}[\hat{Y}_{t+1} + \hat{Y}_{t+2} + \cdots + \hat{Y}_{t+n}] \tag{23}$$

$\hat{Y}_{t+j}$ ist das für den Zeitpunkt $t+j$ erwartete Einkommen des privaten Sektors. Die Erwartungen basieren dabei auf Informationen, die zum Zeitpunkt $t$ zur Verfügung stehen. Um das Modell zu vervollständigen, bedarf es einer Theorie darüber, wie der private Sektor seine Voraussagen $\hat{Y}_{t+j}$ bildet. Zu diesem Zweck übernehmen wir die Hypothese der rationalen Erwartungen zusammen mit einem spezifischen statistischen Modell für den Einkommensprozeß, das – wie Muth (1960) gezeigt hat – mit den Annahmen von Friedman über die Erwartungsbildung vereinbart ist.

Es wird unterstellt, daß das Einkommen durch das folgende Modell beschrieben wird:

$$Y_{1t} = Y_{1t-1} + w_t + a, \tag{24}$$

$$Y_t = Y_{1t} + Y_{Tt}, \tag{25}$$

$$Ew_t = 0 \qquad \text{für alle } t, \tag{26}$$

$$EY_{Tt} = 0 \qquad \text{für alle } t, \tag{27}$$

$$Ew_t w_s = \begin{cases} \sigma_w^2, & t = s, \\ 0, & t \neq s, \end{cases} \tag{28}$$

$$EY_{Tt} Y_{Ts} = \begin{cases} \sigma_T^2, & t = s, \\ 0, & t \neq s, \end{cases} \tag{29}$$

$$EY_{Tt} \cdot w_s = 0 \qquad \text{für alle } t, s. \tag{30}$$

Hierbei stellt $Y_t$ das gemessene und $Y_{Tt}$ das transitorische Einkommen dar. Der Prozeß $w_t$ ist ein stationärer, seriell unkorrelierter Zufallsprozeß (Gleichung 28) mit dem Erwartungswert Null und endlicher Varianz; $a$ ist eine Konstante, die den Wachstumstrend des Einkommens darstellt; $Y_{Tt}$ ist ein stationärer, unkorrelierter Zufallsprozeß (Gleichung 29) mit Erwartungswert von Null und endlicher Varianz. Die Prozesse $w$ und $Y_T$ sind für alle Lags orthogonal (Gleichung 30). Gemäß (24) folgt das „beständige" Einkommen $Y_{1t}$ einem „random walk" mit dem „Trend" $a$. Das gemessene Einkommen entspricht dem „beständigen" Einkommen plus dem reinem Zufallsprozeß $Y_{Tt}$.

Mit dem statistischen Modell (24)–(30) sind wir nun in der Lage, (23) einen Inhalt zu geben. Gemäß (23) sind die prognostizierten künftigen Einkommensbeträge ein Bestandteil der Konsumfunktion. Nach Muths Hypothese der „rationalen Erwartungen" wird postuliert, daß diese Erwartungen die optimalen Voraussagen der ökonomischen und statistischen Theorie sind. Muths Hypothese stellt eine Anwendung der Hypothese optimierenden Verhaltens dar. Ihre Verwendung erfordert die Spezifikation eines statistischen Modells, einer Menge von Informationen, die annahmegemäß der private Sektor besitzt, und eines Optimierungskriteriums für Prognosen. Die Gleichungen (24)–(30) stellen unser statistisches Modell dar. Wir werden unterstellen, daß die Wirtschaftssubjekte die Werte des laufenden und der vergangenen gemessenen Einkommen als Grundlage ihrer Prognose zukünftiger Einkommen heranziehen. Weiterhin wird unterstellt, daß die Wirtschaftssubjekte Kleinstquadratprognosen bilden, d.h. Prognosen, die den mittleren quadrierten Prognosefehler minimieren. Kurz gesagt wir nehmen an, daß die Wirtschaftssubjekte ihr zukünftiges Einkommen zum Zeitpunkt $t+j$ durch die Projektion von $Y_{t+j}$ auf laufende und vergangene $Y$-Werte schätzen:

$$P[Y_{t+j} | 1, Y_t, Y_{t-1}, \ldots].$$

Mit Hilfe von (24) können wir schreiben:

$$\begin{aligned} Y_{1t+1} &= Y_{1t} + a + w_{t+1}, \\ Y_{1t+2} &= Y_{1t} + 2a + w_{t+1} + w_{t+2}, \\ &\vdots \\ Y_{1t+j} &= Y_{1t} + ja + w_{t+1} + w_{t+2} + \cdots + w_{t+j}. \end{aligned}$$

Da $Y_t = Y_{1t} + Y_{Tt}$, gilt:

$$
\begin{aligned}
Y_{t+1} &= Y_{1t} + a + w_{t+1} + Y_{Tt+1}, \\
&\vdots \\
Y_{t+j} &= Y_{1t} + ja + w_{t+1} + w_{t+2} + \cdots + w_{t+j} + Y_{Tt+j}.
\end{aligned} \tag{31}
$$

Da sowohl $w_t$ als auch $Y_{Tt}$ unkorrelierte Prozesse sind und – wie wir sehen werden – $Y_t$ einfach eine Linearkombination der laufenden und vergangenen $w$'s und $Y_T$'s darstellt, folgt, daß

$$
\begin{aligned}
P[w_{t+j} | 1, Y_t, Y_{t-1}, \ldots] &= 0, \qquad j \geq 1; \\
P[Y_{Tt+j} | 1, Y_t, Y_{t-1}, \ldots] &= 0, \qquad j \geq 1.
\end{aligned}
$$

Wenn man diese zwei Ausdrücke in die Projektion beider Seiten von Gleichung (31) auf $(Y_t, Y_{t-1}, Y_{t-2}, \ldots)$ einsetzt, erhält man:

$$
P[Y_{t+j} | 1, Y_t, Y_{t-1}, \ldots] = P[Y_{1t} | 1, Y_t, Y_{t-1}, \ldots] + ja \qquad \text{für alle} \quad j \geq 1. \tag{32}
$$

Gemäß Gleichung (32) ist die optimale Prognose von $Y_{t+j}$ auf der Grundlage der laufenden und vergangenen $Y_t$ – abgesehen vom Trendterm $ja$ – für alle $j \geqq 1$ gleich. Die Übereinstimmung aller Prognosen (abgesehen vom Trendterm) über alle Zeithorizonte $j$ ruft die Vorstellung der Schätzung eines „permanenten" Einkommens hervor. In diesem Sinne liefert Muths Modell eine tiefe rationale Begründung der Friedman'schen Vorstellung eines permanenten Einkommens.

Wir müssen nun eine explizite Formel für die Projektion $P[Y_{1t} | Y_t, Y_{t-1} \ldots]$ finden, wozu ein wenig Arbeit erforderlich ist.[2] Wir beginnen damit, daß wir zu beiden Seiten von (24) $Y_{Tt}$ addieren. Wir erhalten dann:

$$
Y_{1t} + Y_{Tt} = (Y_{1t-1} + Y_{Tt-1}) + (Y_{Tt} - Y_{Tt-1}) + w_t + a
$$

oder

$$
Y_t = Y_{t-1} + (Y_{Tt} - Y_{Tt-1}) + w_t + a. \tag{33}
$$

Die Zufallsvariable $Y_{Tt} - Y_{Tt-1} + w_t$ in (33) hat die Varianz

$$
E\{(Y_{Tt} - Y_{Tt-1}) + w_t\}^2 = 2 \operatorname{var} Y_T + \operatorname{var} w.
$$

Die Autokovarianzen der Zufallsvariablen $Y_{Tt} - Y_{Tt-1} + w_t$ lauten:

$$
E[Y_{Tt} - Y_{Tt-1} + w_t, Y_{Tt-j} - Y_{Tt-j-1} + w_{t-j}] = \begin{cases} -\operatorname{var} Y_T & \text{für} \quad j = \pm 1, \\ 0 & \text{für} \quad |j| \geq 2. \end{cases}
$$

Die zusammengesetzte Zufallsvariable $Y_{Tt} - Y_{Tt-1} + w_t$ besitzt damit eine negative Reihenkorrelation erster Ordnung. Die zweiten Momente dieses zusammengesetz-

---

[2] Die hier gezeigte Ableitung ist zwar formal korrekt, läßt aber aus Gründen der Darstellungsvereinfachung eine technische Schwierigkeit außer acht, die deswegen entsteht, weil unser $Y_t$-Prozeß nichtstationär ist (borderline, nonstationary). Da im besonderen die Varianz von $Y$ nicht endlich ist, wird die Anwendung der Theorie der Kleinstquadratprojektion eine heikle Sache. Es läßt sich aber zeigen, daß die Formeln im Text richtig sind, wenn eine entsprechende Grenzwertbetrachtung herangezogen wird. Der interessierte Leser sei an Whittle (1963) verwiesen.

Abb. 5

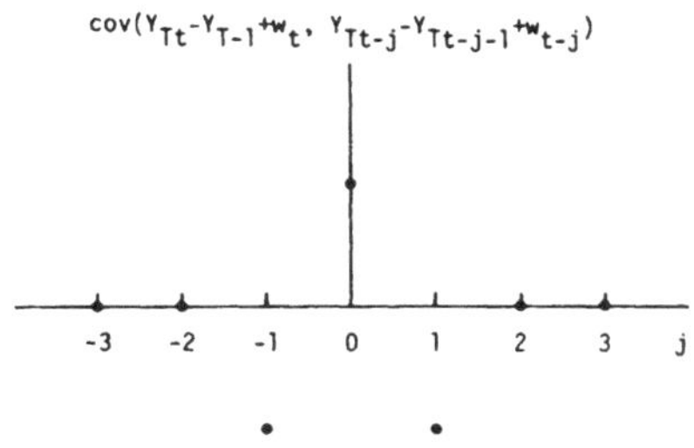


ten Prozesses werden vollständig durch seine Kovarianzfunktion charakterisiert. Wir haben gezeigt, daß die Kovarianz der zusammengesetzten Variablen folgende Form besitzt:

$$\operatorname{cov}(Y_{Tt} - Y_{Tt-1} + w_t, Y_{Tt-j} - Y_{Tt-j-1} + w_{t-j})$$

$$= \begin{cases} 2 \operatorname{var} Y_T + \operatorname{var} w, & j = 0 \\ -\operatorname{var} Y_T, & |j| = 1 \\ 0, & |j| \geq 2. \end{cases}$$

Die Kovarianzfunktion wird in Abbildung 5 dargestellt.

Es ist praktisch, den zusammengesetzten Zufallsprozeß $Y_{Tt} - Y_{Tt-1} + w_t$ durch einen einzigen Zufallsprozeß zu ersetzen, der diesem entspricht. Infolgedessen muß der neue Prozeß die gleichen ersten Momente und die gleiche Kovarianzfunktion besitzen wie der zusammengesetzte Zufallsprozeß. Insbesondere können wir wegen eines Theorems von Wold davon ausgehen, daß eine Zufallsvariable $\varepsilon_t$ existiert, die definiert ist als:

$$\varepsilon_t - \lambda\varepsilon_{t-1} = Y_{Tt} - Y_{Tt-1} + w_t. \tag{34}$$

Dabei ist $\varepsilon_t$ ein stationärer, seriell-unkorrelierter Zufallsprozeß mit dem Erwartungswert Null und der Varianz $\operatorname{var}\varepsilon$; $\lambda$ und $\operatorname{var}\varepsilon$ sind Parameter, die wie folgt bestimmt werden: Die Varianz von $\varepsilon_t - \lambda\varepsilon_{t-1}$ lautet $\operatorname{var}\varepsilon(1 + \lambda^2)$; die Kovarianz zwischen $\varepsilon_t - \lambda\varepsilon_{t-1}$ und deren verzögerten Werten beträgt:

$$E\{(\varepsilon_t - \lambda\varepsilon_{t-1})(\varepsilon_{t-j} - \lambda\varepsilon_{t-j-1})\} = \begin{cases} \operatorname{var} \varepsilon(1 + \lambda^2), & j = 0 \\ -\lambda \operatorname{var} \varepsilon, & |j| = 1 \\ 0, & |j| \geq 2. \end{cases}$$

Die Parameter $\lambda$ und $\operatorname{var}\varepsilon$ sind so definiert, daß die Kovarianzfunktion von $\varepsilon_t - \lambda\varepsilon_{t-1}$ mit der des zusammengesetzten Prozesses $Y_{Tt} - Y_{Tt-1} + w_t$ übereinstimmt. Daher muß gelten:

$$2 \operatorname{var} Y_T + \operatorname{var} w = \operatorname{var} \varepsilon(1 + \lambda^2),$$
$$-\operatorname{var} Y_T = -\lambda \operatorname{var} \varepsilon.$$

Diese zwei Gleichungen können nach $\lambda$ und $\operatorname{var}\varepsilon$ als Funktion von $\operatorname{var} w$ und $\operatorname{var} Y_T$ aufgelöst werden. Die Lösung für $\lambda$ ergibt sich dabei als

$$\lambda = 1 + \frac{1}{2}\left(\frac{\operatorname{var} w}{\operatorname{var} Y_T}\right) - \sqrt{\frac{\operatorname{var} w}{\operatorname{var} Y_T}\left(1 + \frac{1}{4}\frac{\operatorname{var} w}{\operatorname{var} Y_T}\right)},$$

wobei $0 \leqq \lambda \leqq 1$.

Wenn man (34) in (33) einsetzt erhält man:

$$Y_t = Y_{t-1} + \varepsilon_t - \lambda\varepsilon_{t-1} + a, \tag{35}$$

was mit Hilfe des Verzögerungs-Operators als

$$(1 - L)Y_t = (1 - \lambda L)\varepsilon_t + a$$

geschrieben werden kann.

Wenn man auf diese Gleichung $(1 - \lambda L)^{-1}$ anwendet, erhält man

$$\frac{1 - L}{1 - \lambda L} Y_t = \varepsilon_t + \frac{a}{1 - \lambda}. \tag{36}$$

Die linke Seite dieser Gleichung können wir folgendermaßen umformulieren:

$$\begin{aligned}\frac{1}{1 - \lambda L} Y_t - \frac{L}{1 - \lambda L} Y_t &= Y_t + \lambda Y_{t-1} + \lambda^2 Y_{t-2} + \cdots - Y_{t-1} - \lambda Y_{t-2} - \cdots \\ &= Y_t - (1 - \lambda)Y_{t-1} - (1 - \lambda)\lambda Y_{t-2} - \cdots \\ &= Y_t - \frac{1 - \lambda}{1 - \lambda L} Y_{t-1}.\end{aligned}$$

Damit läßt sich (36) schreiben als:

$$\begin{aligned}Y_t &= \frac{1 - \lambda}{1 - \lambda L} Y_{t-1} + \frac{a}{1 - \lambda} + \varepsilon_t \\ &= (1 - \lambda)(Y_{t-1} + \lambda Y_{t-2} + \lambda^2 Y_{t-3} + \cdots) + \frac{a}{1 - \lambda} + \varepsilon_t.\end{aligned}$$

Da $\varepsilon_t$ in Bezug auf $Y_{t-1}, Y_{t-2}, \ldots$ und 1 orthogonal ist, gilt:

$$P[Y_t | 1, Y_{t-1}, Y_{t-2}, \ldots] = \frac{1 - \lambda}{1 - \lambda L} Y_{t-1} + \frac{a}{1 - \lambda},$$

oder aber, nach zeitlicher Verschiebung,

$$P[Y_{t+1} | 1, Y_t, Y_{t-1}, \ldots] = \frac{1 - \lambda}{1 - \lambda L} Y_t + \frac{a}{1 - \lambda}. \tag{38}$$

Zusammen mit Gleichung (32) erhalten wir:

$$P[Y_{1t} | 1, Y_t, Y_{t-1}, \ldots] = \frac{1 - \lambda}{1 - \lambda L} Y_t + \frac{a}{1 - \lambda} - a. \tag{39}$$

(39) und (32) ergeben zusammen:

$$P[Y_{t+j} | 1, Y_t, Y_{t-1}, \ldots] = \frac{1 - \lambda}{1 - \lambda L} Y_t + \frac{a}{1 - \lambda} + (j - 1)a. \tag{40}$$

(40) beschreibt die Annahme, wie die Wirtschaftssubjekte ihr Einkommen über jeden Zeithorizont vorausschätzen. Da wir rationale Erwartungen angenommen haben, entsprechen die in (23) auftretenden $\hat{Y}_{t+j}$ dem Ausdruck $P[Y_{t+j}/1, Y_t, Y_{t-1}, \ldots]$. Aus (23) und (40) folgt damit, daß

$$Y_{pt} = \frac{1-\lambda}{1-\lambda L} Y_t + \frac{a}{1-\lambda} + \frac{a}{n}(1 + 2 + \cdots + n - 1)$$

oder

$$Y_{pt} = \frac{1-\lambda}{1-\lambda L} Y_t + \frac{a}{1-\lambda} + \frac{a(n-1)}{2}. \tag{41}$$

(41) in (22) eingesetzt ergibt:

$$C_t = \beta\left[\frac{a}{1-\lambda} + \frac{a(n-1)}{2}\right] + \frac{\beta(1-\lambda)}{1-\lambda L} Y_t + U_t. \tag{42}$$

Dies ist im wesentlichen das von Friedman geschätzte Zeitreihenmodell. Es sollte betont werden, daß wir ein Modell des verbundenen $(C, Y)$-Prozesses vorliegen haben, das durch die Gleichungen (42) und (35) in kompakter Form wiedergegeben werden kann:

$$C_t = \beta\left[\frac{a}{1-\lambda} + \frac{a(n-1)}{2}\right] + \frac{\beta(1-\lambda)}{1-\lambda L} Y_t + U_t, \tag{42}$$

$$(1 - L)Y_t = (1 - \lambda L)\varepsilon_t + a. \tag{35}$$

In einem Modell wie dem von Friedman (Gleichung (22) und (23)), in dem rationale Erwartungen unterstellt werden, hängt die Konsum-Einkommensregression – dargestellt durch (42) – von der Art des unterstellten stochastischen Prozesses für $Y$ ab. Dies können wir daran sehen, daß die Parameter $a$ und $\lambda$ des $Y$-Prozesses (35) in der Konsum-Einkommensregression auftreten. Gemäß der Theorie der rationalen Erwartungen wird sich die Konsum-Einkommensregression (42) bei einer Variation des $Y$-Prozesses ändern; dies wird zum Beispiel dann eintreten, wenn sich $\lambda$ oder $a$ in (35) verändern. Natürlich ließe sich diese Variation von $\lambda$ selbst wiederum auf eine Veränderung des Verhältnisses zwischen der Varianz von $w$ und der von $Y_T$ zurückführen.

## 4. Simulation des Modells

### A. Die Reaktion auf eine unerwartete Erhöhung des Einkommens

Unterstellen wir einmal, daß die Prozesse (42) und (35) Gültigkeit besitzen, wobei $a$ und $\lambda$ fest sind. Es läßt sich eine aufschlußreiche Simulation des Modells durchführen, indem die Reaktion des Konsums und des Einkommens auf eine unerwartete Änderung des Einkommens (eine „Innovation“ des Einkommens) untersucht wird. Der unerwartete Teil des Einkommens ist einfach $\varepsilon_t$. Dies sehen wir, wenn wir uns daran erinnern, daß

$$Y_t = \frac{1-\lambda}{1-\lambda L} Y_{t-1} + \frac{a}{1-\lambda} + \varepsilon_t$$

und

$$P[Y_t|1, Y_{t-1}, \ldots] = \frac{1-\lambda}{1-\lambda L} Y_{t-1} + \frac{a}{1-\lambda}.$$

Deswegen gilt:

$$Y_t - P[Y_t|1, Y_{t-1}, \ldots] = \varepsilon_t.$$

Aus Vereinfachungsgründen unterstellen wir, daß $a = 0$. (35) und (42) lauten damit folgendermaßen:

$$Y_t = \frac{1-\lambda L}{1-L} \varepsilon_t,$$

$$C_t = \frac{\beta(1-\lambda)}{1-\lambda L} Y_t + U_t = \frac{\beta(1-\lambda)}{1-\lambda L} \frac{1-\lambda L}{1-L} \varepsilon_t + U_t$$

$$= \frac{\beta(1-\lambda)}{1-L} \varepsilon_t + U_t.$$

Schreibt man diese Ausdrücke für $C_t$ und $Y_t$ aus, erhält man:

$$Y_t = \varepsilon_t + (1-\lambda)\varepsilon_{t-1} + (1-\lambda)\varepsilon_{t-2} + \cdots, \tag{43}$$

$$C_t = \beta(1-\lambda)(\varepsilon_t + \varepsilon_{t-1} + \varepsilon_{t-2} + \cdots) + U_t. \tag{44}$$

Gleichung (43) zeigt, daß ein „zufälliger", unerwarteter Einkommensbetrag von $\varepsilon_t$ $Y_t$ in gleicher Höhe ansteigen läßt. Ferner kann davon ausgegangen werden, daß sich $Y$ in **jeder** nachfolgenden Periode um $(1-\lambda)\varepsilon_t$ erhöht. Eine unerwartete Einkommenserhöhung um $\varepsilon_t$ bewirkt damit eine Zunahme des permanenten Einkommens in Höhe von $(1-\lambda)\varepsilon_t$. Gleichung (44) besagt, daß $C_t$ aufgrund der Einkommenserhöhung um $\varepsilon_t$ um den Betrag $\beta(1-\lambda)\varepsilon_t$ zunimmt. Dieser Ausdruck entspricht dem Produkt aus $\beta$ und der Zunahme des permanenten Einkommens. Gleichung (44) weist darauf hin, daß der Konsum in allen nachfolgenden Perioden um $\beta(1-\lambda)\varepsilon_t$ steigen wird. Folglich kann davon ausgegangen werden, daß eine unerwartete Veränderung des Einkommens in Höhe von $\varepsilon_t$ eine **permanente** Veränderung des Konsums von $\beta(1-\lambda)\varepsilon_t$ auslöst.

Die vorangegangene Diskussion zeigt, daß $\lambda$ den Teil einer unerwarteten Einkommensveränderung mißt, den der private Sektor dem transitorischen Einkommen $Y_{Tt}$ zuschreibt. $(1-\lambda)$ spiegelt hingegen den Teil wider, der dem „beständigen" Einkommen $Y_{1t}$ zugerechnet wird. Unsere Formel für $\lambda$ lautet:

$$\lambda = 1 + \frac{1}{2}\left(\frac{\text{var } w}{\text{var } Y_T}\right) - \sqrt{\frac{\text{var } w}{\text{var } Y_T}\left(1 + \frac{1}{4}\frac{\text{var } w}{\text{var } Y_T}\right)}.$$

Wenn dieser Ausdruck nach var $w$/var $Y_T$ differenziert wird, sieht man, daß $\lambda$ eine abnehmende Funktion von var $w$/var $Y_T$ ist. Nähert sich var $w$/var $T_T$ Null, strebt $\lambda$ gegen 1. Dies stimmt mit unserer Aussage überein, daß $\lambda$ der Teil einer unerwarteten Einkommensänderung ist, den rationale Wirtschaftssubjekte dem transitorischen Einkommen zurechnen.

Man beachte, daß wir bei der „Modellsimulation" darauf achteten, die stochastische Struktur, die sich aus dem aus (42)–(35) zusammengesetzten Modell ergibt zu bewahren, indem wir nämlich Zufallsanstöße entsprechend der die $\varepsilon$'s bestimmenden Verteilung betrachteten. Wir verfuhren **nicht** so, daß wir einen beliebigen Einkommensprozeß zugrunde legten und (42) trotz der impliziten Veränderung des $Y$-Prozesses fixierten.

Derartige Simulationen, die die Abhängigkeit der Parameter in (42) von den Parametern des Einkommensprozesses (35) unberücksichtigt lassen, werden gewöhnlich herangezogen, um Friedmans Modell zu untersuchen. Aber diese Vorgehensweise ist natürlich falsch. Dieser Punkt wurde von Lucas (1976) nachdrücklich betont.

### B. Die Reaktion auf eine Veränderung des Wachstumstrends des Einkommens

Angenommen, daß zu einem bestimmten Zeitpunkt eine überall bekannte, einmalige Veränderung des Wachstumstrends des Einkommens stattfindet. Sie äußert sich in einer Veränderung von $a$, wobei $\lambda$ und die Varianz von $\varepsilon$ gegeben sind. In diesem Falle werden sich die Achsenabschnitte in (42) und (35) einmalig verschieben; andere Änderungen finden nicht statt.

### C. Eine Veränderung des Einkommensprozesses:

Angenommen der Staat beschließt eine neue fiskalpolitische Rückkoppelungsregel, die zur Folge hat, daß das Einkommen dem neuen stochastischen Prozeß

$$Y_t = \rho Y_{t-1} + \varepsilon_t, \qquad |\rho| < 1 \tag{35'}$$

folgt. Dabei stellt $\varepsilon_t$ nach wie vor einen reinen Zufallsprozeß dar, der $P[\varepsilon_t/1, Y_{t-1}, Y_{t-2} \ldots] = 0$ genügt. Der neue Einkommensprozeß folgt nun (35') anstelle von (35). Das aus (22) und (23) bestehende Modell impliziert, daß (42) keine Gültigkeit mehr besitzt. Aus (35') läßt sich ableiten, daß beim neuen Einkommensprozeß für $Y_t$, $P[Y_{t+j}/1, Y_t, Y_{t-1}, \ldots] = \rho^j Y_t$ gilt. Mit Hilfe von (22) und (23) erhalten wir anstelle von (42) den Ausdruck

$$C_t = \beta \frac{1}{n} \left[ \frac{\rho - \rho^{n+1}}{1 - \rho} \right] Y_t + U_t. \tag{42'}$$

Dieses Beispiel zeigt folgendes: Unterstellt man die Hypothese der „rationalen Erwartungen" und das aus (22) und (23) bestehende Modell, wird sich die Konsumfunktion – sie entspricht (42) bzw. (42') – mit jeder Unterbrechung des stochastischen Prozesses, der das Einkommen bestimmt verändern. Die Theorie besagt damit, daß es unmöglich ist, eine Konsumfunktion (Entscheidungsregel) der Form $C_t = f(Y_t, Y_{t-1} \ldots) + U_t$ zu finden, die für jeden **beliebigen** stochastischen Einkommensprozeß gültig ist. Dies ist so, weil im Modell die Art, in der der Konsum vom vergangenen Einkommen abhängt, ihrerseits bestimmt ist durch die Methode, mittels derer die Wirtschaftssubjekte auf der Basis ihres vergangenen Einkommens ihr zukünftiges Einkommen schätzen. Jeder stochastische Einkommensprozeß ist mit einer jeweils optimalen Methode verbunden, die Zukunft mit Hilfe der Vergangenheit vorherzusagen. Dieser Sachverhalt wurde von Lucas (1976) betont, der die damit verbundenen weitreichenden Implikationen für die ökonometrische Einschätzung von Wirtschaftspolitik untersuchte.

## 5. Zur Verträglichkeit des Modells von Friedman mit Zeitreihen-Regressionen

Im Friedman'schen Modell sieht man allgemein die Auflösung des Widerspruches zwischen Konsum-Einkommens-Regressionen für jährliche Daten und für die Daten von Kuznets, die als Durchschnitte von sich überlappenden Zehnjahresperioden berechnet wurden.

Die „Proportionalität" der Regressionen auf der Basis der Daten von Kuznets wird in der Tat oft als Beweis für die Hypothese von Friedman betrachtet, daß die wahre Beziehung zwischen Konsum und permanentem Einkommen proportional ist. Darüber hinaus scheint die Regressionssteigung, die auf der Basis dieser Daten gewonnen wird, als gute Schätzung für die marginale Konsumneigung aus dem permanenten Einkommen oder die „langfristige" marginale Konsumneigung zu gelten. Wir wollen hier untersuchen, ob das aus (35) und (42) bestehende Modell die verschiedenen Zeitreihen-Konsumfunktionen wirklich miteinander in Einklang bringt. Die dazu gewählte Methode ist direkt: Wir unterstellen, daß (35) und (42) gültig sind und berechnen dann sowohl für jährliche Daten als auch für Zehnjahresdurchschnittswerte die implizierten einfachen Regressionen des Konsums auf das Einkommen.

In Tabelle 1 sind die sich überlappenden Zehnjahresdurchschnittswerte von Kuznets für den Konsum und das Einkommen dargestellt. Tabelle 2 gibt die Kleinstquadratregressionen für den durchschnittlichen Konsum und das durchschnittliche Einkommen wieder, und zwar sowohl unter Berücksichtigung als auch ohne Berücksichtigung eines Trend. Ebenso wurden in einem Falle die letzten Beobachtungswerte, die dem Jahrzehnt der großen Depression entsprechen mit aufgenommen, im anderen Falle nicht. Der Koeffizient von $\bar{Y}_t$ in den Regressionen ohne Trendterm wird dabei allgemein als gute Schätzung für $\beta$ betrachtet. Wir geben aber auch die Regressionen mit Trendterm wieder, um damit zu zeigen, daß der Aus-

**Tab. 1**

Kuznets Daten*

| Jahrzehnt | Volkseinkommen (in Milliarden Dollar; Basis 1929) | Konsumausgaben (in Milliarden Dollar; Basis 1929) |
|---|---|---|
| 1869–1878 | 9.3 | 8.1 |
| 1874–1883 | 13.6 | 11.6 |
| 1879–1885 | 17.9 | 15.3 |
| 1884–1893 | 21.0 | 17.7 |
| 1889–1898 | 24.2 | 20.2 |
| 1894–1903 | 29.8 | 25.4 |
| 1899–1908 | 37.3 | 32.3 |
| 1904–1913 | 45.0 | 39.1 |
| 1909–1918 | 50.6 | 44.0 |
| 1914–1923 | 57.3 | 50.7 |
| 1919–1928 | 69.0 | 62.0 |
| 1924–1933 | 73.3 | 68.9 |
| 1929–1938 | 72.0 | 71.0 |

* Aus (Kuznets, 1946, S. 119).

**Tab. 2**

Regressionen mit den Daten von Kuznets

Die Regressionen (1) und (2) schließen die Beobachtungswerte für 1929–1938 aus.

(1) $\bar{C}_t = -1.72 + 0.928\bar{Y}_t,$ d.w. = 0.77, $\bar{R}^2 = 0.997$
$\quad\quad(.67)\quad(.016)$

(2) $\bar{C}_t = -1.28 + 1.137\bar{Y}_t - 1.27t,$ d.w. = 1.65, $\bar{R}^2 = 0.998$
$\quad\quad(.57)\quad(.082)\quad(.49)$

Die Regressionen (3) und (4) beinhalten die Beobachtungswerte für 1929–1938.

(3) $\bar{C}_t = -2.48 + 0.958\bar{Y}_t$ d.w. = 0.53, $\bar{R}^2 = 0.993$
$\quad\quad(1.09)\quad(0.024)$

(4) $\bar{C}_t = -2.43 + 0.989\bar{Y}_t - 0.18t$ d.w. = 0.57, $\bar{R}^2 = 0.992$
$\quad\quad(1.17)\quad(0.172)\quad(1.01)$

schluß des Trendterms notwendig ist, um einen Koeffizient von $\bar{Y}_t$ zu erhalten, der eine annehmbare Schätzung von $\beta$ darstellen könnte. Die weiter unten durchgeführten Berechnungen lassen erwarten, daß die Regressionen ohne Trendterm eine bessere Schätzung von $\beta$ liefern. Sie weisen jedoch auch darauf hin, daß die Regressionen einschließlich des Trendterms $\beta$ wahrscheinlich unterschätzen, wenn das Konsum-Einkommensmodell von Friedman, welches aus den Gleichungen (35) und (42) besteht, korrekt ist. Die Punktschätzungen in Tabelle 2 stimmen aber mit dieser Voraussage nicht überein.

Die Berechnungen in diesem Teil sollen beispielhaft eine präzise Methode vorstellen, mit deren Hilfe man deskriptive Interpretationen wie die folgende von Daniel Suits bewerten kann:

„In den Diskussionen über lang- und kurzfristige Effekte werden hin und wieder zwei Dinge durcheinandergebracht: die Art des untersuchten Problems und die Art der dazu benützten Daten. Sehr langfristige Konsumfunktionen lassen sich mit Vierteljahresdaten untersuchen. Die Daten geben eine untere Grenze für die Fristigkeit vor, die untersucht werden kann, – die Kuznets-Schätzungen für Jahrzehnte können nicht zur Untersuchung vierteljährlicher Konsumvariationen herangezogen werden – doch wird durch sie keine obere Grenze festgelegt. Eine Regression für den Zeitraum zwischen 1865 bis zur Gegenwart auf der Basis jährlicher, vierteljährlicher oder gar monatlicher Daten würde keine wesentlich anderen Ergebnisse hervorbringen wie eine Regression, die auf den Durchschnittswerten von jeweils 10 Jahren basiert. Bei Zeiträumen von nahezu hundert Jahren reagieren Regressionsanalysen vor allem auf umwälzende Veränderungen und den in den Daten repräsentierten allgemeinen Trend, jedoch nicht auf die relativ kleinen Differenzen zwischen aufeinanderfolgenden Jahren" (Suits, 1963, S. 34–35).

Wir berechnen nun den einfachen Regressionskoeffizienten, der sich aus Daten für den Durchschnittswert von $n$ Perioden ergeben würde, falls das aus den Gleichungen (35) und (42) bestehende Modell von Friedman gültig ist. Um die Rechnungen zu vereinfachen, arbeiten wir mit ersten Differenzen. Gleichung (35) und (42) haben damit folgendes Aussehen:

$$y_t = (1 - \lambda L)\varepsilon_t + a, \tag{45}$$

$$c_t = \frac{\beta(1 - \lambda)}{1 - \lambda L} y_t + u_t,$$

oder

$$c_t = \beta(1 - \lambda)\varepsilon_t + \beta a + u_t. \tag{46}$$

Dabei gilt: $c_t = C_t - C_{t-1}$, $y_t = Y_t - Y_{t-1}$, $u_t = U_t - U_{t-1}$. Wir bilden nun für $y_t$ und $c_t$ die gleitenden Durchschnittswerte für $n$ Perioden:

$$\bar{y}_t = (1/n)(1 + L + \cdots + L^{n-1})y_t, \qquad \bar{c}_t = (1/n)(1 + L + \cdots + L^{n-1})c_t.$$

Wenn man gleitende Durchschnittswerte für $n$ Perioden auf beiden Seiten von (45) und (46) formt, erhält man:

$$\begin{aligned}\bar{y}_t &= a + (1/n)(\varepsilon_t + \cdots + \varepsilon_{t-n+1} - \lambda\varepsilon_{t-1} - \cdots - \lambda\varepsilon_{t-n})\\ &= a + (1/n)(\varepsilon_t + (1 - \lambda)\varepsilon_{t-1} + \cdots + (1 - \lambda)\varepsilon_{t-n+1} - \lambda\varepsilon_{t-n}) \qquad (45')\end{aligned}$$

$$\bar{c}_t = \beta a + (\beta(1 - \lambda)/n)[\varepsilon_t + \varepsilon_{t-1} + \cdots + \varepsilon_{t-n+1}] + \bar{u}_t. \tag{46'}$$

Da aufeinanderfolgende $\varepsilon$'s orthogonal sind, ergibt sich aus (45′) die Varianz von $\bar{y}_t$ wie folgt:

$$\begin{aligned}\sigma_{\bar{y}}^2 &= (\sigma_\varepsilon^2/n^2)[1 + \lambda^2 + (n - 1)(1 - \lambda)^2]\\ &= (\sigma_\varepsilon^2/n^2)[1 + \lambda^2 + (n - 1)(1 - 2\lambda + \lambda^2)]\\ &= (\sigma_\varepsilon^2/n^2)[n(1 + \lambda^2) - 2\lambda(n - 1)].\end{aligned}$$

Die Kovarianz zwischen $\bar{y}_t$ und $\bar{c}_t$ erhält man, indem man mit Hilfe von (45′) und (46′) $\bar{y}_t - E\bar{y}_t$ und $\bar{c}_t - E\bar{c}_t$ berechnet, diese zwei Ausdrücke multipliziert und den Erwartungswert bildet:

$$\begin{aligned}\sigma_{c\bar{y}} &= \sigma_\varepsilon^2(\beta(1 - \lambda)/n^2)[1 + (n - 1)(1 - \lambda)]\\ \sigma_{\bar{c}\bar{y}} &= \sigma_\varepsilon^2[\beta(1 - \lambda)/n^2][n - (n - 1)\lambda].\end{aligned}$$

Die Studien, die Kuznets' Zehnjahresdurchschnittsdaten benützten, berechneten de facto eine einfache Regression von $\bar{c}_t$ auf $\bar{y}_t$ durch den Ursprung mit $n = 10$ (für jährliche Daten). Diese Regression läßt sich schreiben als

$$\bar{c}_t = \gamma\bar{y}_t + \text{Residualgröße}. \tag{47}$$

Da wir hier mit ersten Differenzen arbeiten, entspricht diese Regression durch den Ursprung einer Regression des durchschnittlichen Konsumniveaus auf das durchschnittliche Einkommensniveau und einen konstanten Term ohne Trend.[3] Bevor

---

[3] Angenommen, daß für die Niveauvariablen gilt:

$$x_t = a + bt + cz_t + r_t.$$

Dabei ist $r$ eine Residualgröße, die für alle Verzögerungen zu $z$ orthogonal ist. Die ersten Differenzen ergeben:

$$x_t - x_{t-1} = b(t - t + 1) + c(z_t - z_{t-1}) + (r_t - r_{t-1})$$

oder

$$x_t - x_{t-1} = b + c(z_t - z_{t-1}) + (r_t - r_{r-1}).$$

Die Steigung $c$ der Regression bleibt unverändert, während der Koeffizient des Trendterms zum konstanten Term in der Regression der ersten Differenzen wird.

**Tab. 3**

| $\lambda$ | $(1-\lambda)\dfrac{10-9\lambda}{(1+\lambda^2)10-2\lambda\cdot 9}$ |
|---|---|
| 0 | 1.0 |
| 0.1 | 0.987 |
| 0.2 | 0.965 |
| 0.3 | 0.929 |
| 0.4 | 0.873 |
| 0.5 | 0.786 |
| 0.6 | 0.657 |
| 0.7 | 0.483 |
| 0.8 | 0.280 |
| 0.9 | 0.100 |
| 1.0 | 0.0 |

wir die Regression (47) betrachten, ist es aufschlußreich, die Regression mit einem konstanten Glied zu betrachten:

$$\bar{c}_t = \delta \bar{y}_t + \text{Konstante} + \text{Residualgröße}. \tag{48}$$

Das Gegenstück zu (48) ist eine Regression des durchschnittlichen Konsumniveaus auf das durchschnittliche Einkommensniveau, eine Konstante und einen Trend. Der Wert von $\delta$ lautet:

$$\delta = \sigma_{\bar{c}\bar{y}}/\sigma_{\bar{y}}^2.$$

Mit Hilfe unserer Formeln für $\sigma_{\bar{c}\bar{y}}$ und $\sigma_{\bar{y}}^2$ erhalten wir:

$$\delta = \beta(1-\lambda)(n-\lambda(n-1))/[(1+\lambda^2)n - 2\lambda(n-1)]. \tag{49}$$

Wie gut approximiert $\delta$ den Koeffizienten $\beta$? Wenn $n$ genügend groß ist, stellt $\delta$ eine gute Annäherung für $\beta$ dar, weil

$$\lim_{n\to\infty} (n-\lambda(n-1))/[(1+\lambda^2)n - 2\lambda(n-1)] = \lim_{n\to\infty} \frac{(1-\lambda((n-1)/n))}{(1+\lambda^2) - 2\lambda((n-1)/n)}$$
$$= \frac{1-\lambda}{1+\lambda^2-2\lambda} = \frac{1}{1-\lambda}.$$

Damit erhalten wir:

$$\lim_{n\to\infty} \delta = \beta.$$

Für $n = 10$ und verschiedene Werte von $\lambda$ gibt Tabelle 3 den Verzerrungsfaktor

$$(1-\lambda)\left(\frac{n-\lambda(n-1)}{(1+\lambda^2)n - 2\lambda(n-1)}\right)$$

wieder, der sich bei einer Schätzung von $\beta$ durch $\delta$ ergibt. Für $\lambda = 0{,}3$ – dies entspricht dem Wert, den Friedman auf der Basis jährlicher Daten gefunden hat – ist der Verzerrungsfaktor 0,929. Dies ist ein erheblicher Wert.

Regressionen für Niveauvariablen ohne Trend entsprechen dem Modell (47), das mit ersten Differenzen arbeitet. Der Wert des Steigungskoeffizienten $\gamma$ ist gegeben durch

$$\gamma = (\sigma_{\bar{c}\bar{y}} + E(\bar{c})E(\bar{y}))/(\sigma_{\bar{y}}^2 + (E(\bar{y}))^2).$$

Aus (45) und (46) wissen wir, daß $Ey_t = a$ und $Ec_t = \beta a$. Da die Erwartungswerte sich nicht ändern, wenn gleitende Durchschnitte gebildet werden, erhalten wir:

$$E\bar{y}_t = a, \qquad E\bar{c}_t = \beta a.$$

Infolgedessen genügt der Parameter $\gamma$ der Gleichung

$$\gamma = \frac{\sigma_{\bar{c}\bar{y}} + \beta a^2}{\sigma_{\bar{y}}^2 + a^2} = \frac{(\sigma_{\bar{c}\bar{y}}/a^2) + \beta}{(\sigma_{\bar{y}}^2/a^2) + 1}.$$

Für feste Werte von $\sigma_{\bar{c}\bar{y}}$ und $\sigma_{\bar{y}}^2$ gilt:

$$\lim_{a^2 \to \infty} \gamma = \beta,$$

d.h. wenn der Trendterm $a$ relativ an Gewicht gewinnt, strebt $\gamma$ gegen $\beta$. Mit Hilfe unserer Ausdrücke für $\sigma_{\bar{c}\bar{y}}$ und $\sigma_{\bar{y}}^2$ läßt sich $\gamma$ ausdrücken als

$$\gamma = \frac{(\sigma_\varepsilon^2/n^2)[\beta(1-\lambda)[n - \lambda(n-1)]] + \beta a^2}{(\sigma_\varepsilon^2/n^2)[(1+\lambda^2)n - 2\lambda(n-1)] + a^2}$$

oder

$$\gamma = \frac{\dfrac{\beta(1-\lambda)(1-\lambda((n-1)/n))}{(1+\lambda^2 - 2\lambda((n-1)/n))} + \dfrac{n\beta a^2}{\sigma_\varepsilon^2(1+\lambda^2 - 2\lambda((n-1)/n))}}{1 + \dfrac{na^2}{\sigma_\varepsilon^2(1+\lambda^2 - 2\lambda((n-1)/n))}} \tag{50}$$

$$= \frac{\delta + \dfrac{n\beta a^2}{\sigma_\varepsilon^2(1+\lambda^2 - 2\lambda((n-1)/n))}}{1 + \dfrac{na^2}{\sigma_\varepsilon^2(1+\lambda^2 - 2\lambda((n-1)/n))}}.$$

Bei festem $\beta$, $\lambda$, $\sigma_\varepsilon^2$ und $a$ gilt:

$$\lim_{n\to\infty} \gamma = \frac{\dfrac{\beta(1-\lambda)(1-\lambda)}{(1-\lambda)^2} + \dfrac{n\beta a^2}{\sigma_\varepsilon^2(1-\lambda)^2}}{1 + \dfrac{na^2}{\sigma_\varepsilon^2(1-\lambda)^2}} = \frac{\beta\left(1 + \dfrac{na^2}{\sigma_\varepsilon^2(1-\lambda)^2}\right)}{1 + \dfrac{na^2}{\sigma_\varepsilon^2(1-\lambda)^2}} = \beta,$$

d.h. wenn die Periode der Durchschnittsbildung ausreichend lang ist, wird $\beta$ durch die Steigung $\gamma$ gut approximiert. Gleichung (50) zeigt, daß $\gamma$ umso besser $\beta$ approximiert, je größer $n$ und $a$ und je kleiner $\sigma_\varepsilon^2$ ist.

Der Vergleich zwischen (49) und (50) für $n = 1$ und $n = 10$ erlaubt uns, die zuvor zitierte Passage von Suits zu beurteilen. Für $n = 1$ ergibt (49):

$$\delta = \beta(1-\lambda)/(1+\lambda^2).$$

Diese Gleichung stellt den $Y$-Koeffizienten einer Regression des einperiodigen Konsumniveaus $C_t$ auf das einperiodige Einkommensniveau $Y_t$, eine Konstante und einen Trendterm dar. Man beachte, daß dieser Wert von $\delta$ für $\lambda > 0$ kleiner als $\beta(1-\lambda)$ ist, ein Ausdruck, der oft als einperiodige marginale Konsumneigung interpretiert wird. Für $n = 1$ lautet (50):

$$\gamma = [\beta(1 - \lambda)\sigma_\varepsilon{}^2 + \beta a^2]/[\sigma_\varepsilon{}^2(1 + \lambda^2) + a^2].$$

Diese Gleichung stellt die Steigung der Regression des einperiodigen Konsumniveaus $C_t$ auf das Niveau von $Y_t$ und eine Konstante dar.

Natürlich ist $\delta$ bei einigermaßen großen Werten von $\lambda$ für $n = 1$ viel kleiner als für $n = 10$. Ob die Werte von $\gamma$ für $n = 1$ und $n = 10$ nahe beieinander liegen, hängt im wesentlichen vom Verhältnis zwischen der Störgrößenvarianz $\sigma_\varepsilon^2$ zu dem Trendparameter $a$ des Einkommens ab. Je kleiner dieses Verhältnis ist, desto näher liegt der Wert von $\gamma$ für $n = 1$ an dem Wert von $\beta$ und an $\gamma$ für $n = 10$. Die Bemerkungen von Suits sind deshalb nur unter bestimmten Restriktionen für $\sigma_\varepsilon^2$ und $a$ annäherungsweise gültig. Darüber hinaus können sie nur zutreffen, wenn der Trendterm aus der entsprechenden Regression ausgeschlossen wird.

Die vorangegangenen Berechnungen liefern exakte Kriterien zur Prüfung des Anspruchs, daß die Regressionen auf der Basis der Kuznets-Daten die marginale Konsumneigung aus dem permanenten Einkommen schätzen. Die Berechnungen zeigen, daß – für einigermaßen große $\lambda$ – ein starker Trend im Einkommen (ein großes $a$) und der Ausschluß eines Trendterms in den Regressionen, die auf Kuznets Daten beruhen, wesentliche Voraussetzungen für eine gute Schätzung für $\beta$ sind.

Es ist vielleicht immer noch eine offene Frage, ob der Trendterm $a$ im Vergleich zur Varianz des „unerwarteten Einkommens" $\sigma_\varepsilon^2$ groß genug ist, damit $\gamma$ eine gute Approximation für $\beta$ auf der Basis von Zehnperiodendurchschnittsdaten darstellt.

Es ist aufschlußreich, sich daran zu erinnern, daß wir für $\delta$ in einperiodigen Regressionen der Form (48) den Wert $\beta(1 - \lambda)/(1 + \lambda^2)$ ermittelten. Die Konstante $k$ in dieser Regression wird für positives $\lambda$, $a$, $\beta$ folgendes Aussehen haben:

$$k = Ec_t - \delta Ey_t = \beta a - \delta a = a(\beta - \beta(1 - \lambda)/(1 + \lambda^2)),$$
$$k = a\beta[\lambda(1 + \lambda)/(1 + \lambda^2)] > 0.$$

Aus dem Modell läßt sich für $a > 0$ deshalb ableiten, daß eine Jahresdatenregression des Konsums auf das laufende Einkommen, eine Konstante und einen Trendterm einen positiven Trendkoeffizienten aufweisen wird. Für hinreichend große Werte von $\lambda$ wird die sich ergebende marginale Konsumneigung $\beta(1 - \lambda)/(1 + \lambda^2)$ sehr viel kleiner sein als $\beta$. Die Konsumfunktion wird aber einen zeitlichen Aufwärtstrend aufweisen:

$$C_t = k_0 + kt + \frac{\beta(1 - \lambda)}{1 + \lambda^2} Y_t + \text{Residualgröße}_t.$$

Interessanterweise benützte Smithies eine Regression dieser Form in einer der frühesten Studien über Zeitreihen-Konsumfunktionen. Er ermittelte dabei ein statistisch signifikantes positives $k$.[4]

Bei der Frage, ob das Modell von Friedman mit den Zeitreihen im Einklang steht, bleiben manche Probleme ungelöst; insbesondere, ob das Modell (35), (42) mit den Schätzungen kompatibel ist, die auf den Daten von Kuznets beruhen. Um das Modell (35), (42) jedoch in einer statistisch wirkungsvollen Weise zu testen, erscheint es nicht angebracht, gleichsam stückweise nachzuprüfen, ob das Modell Regressionen bestätigen und begründen kann, die verschiedene Forscher auf der Basis verschiedener Zeitreihendaten berechnet haben. Wir schließen unsere Überlegungen über Konsumfunktionen mit kurzen Hinweisen darüber ab, wie das Modell (35), (42) getestet werden könnte.

## 6. Ein Test des Modells

Das durch (35) und (42) beschriebene Modell besitzt drei Aspekte des Konsum-Einkommens-Prozesses, die getestet werden müßten: Erstens, ob das Modell (35) der Zeitreihe der Einkommensvariablen entspricht; zweitens, ob die Restriktionen über die gemeinsamen Parameter von (35) und (42) gelten, d. h. (35) und (42) stehen unter der Restriktion, daß beide die Parameter $a$ und $\lambda$ aufweisen. Drittens muß man die Annahme $E U_t Y_s = 0$ für alle $t$, $s$, d. h. die strenge ökonometrische Exogenität von $Y$ in (42) prüfen.

Um kurz einen gangbaren Weg vorzustellen, sei darauf hingewiesen, daß (42) und (35) einen Spezialfall des Modells

$$\begin{aligned} C_t &= k_0 + \sum_{i=-\infty}^{\infty} h_i Y_{t-i} + U_t \\ Y_t &= \alpha + \sum_{i=1}^{\infty} v_i Y_{t-i} + \sum_{i=1}^{\infty} w_i C_{t-i} + \varepsilon_t \end{aligned} \tag{51}$$

darstellen, einen Spezialfall, der bestimmte Restriktionen für $h_i$, $v_i$ und $w_i$ aufweist. Eine vernünftige Vorgehensweise besteht darin, zuerst (51) mittels der Maximum-Likelihood-Methode zu schätzen, wobei die dem Spezialfall (35) und (42) auferlegten Beschränkungen gelten sollen. Danach sollte eine Maximum-Likelihood-Schätzung unter einer weniger restriktiven Parameterspezifikation durchgeführt werden, d. h. die Wahl von $v_i$, $h_i$ und $w_i$ sollte weit genug gefaßt werden, um (42) und (35) als Spezialfall zu beinhalten. Einem asymptotisch gültigen Test für die Angemessenheit der Spezifikation (35) und (42) erhält man durch eine Likelihood-Testvariable, die aus den Werten der Likelihoodfunktion berechnet werden kann, die unter den zwei Parameterfestlegungen gewonnen wurden. Dadurch kann jeder der drei oben erwähnten Aspekte getestet werden.

Derartige Tests wurden bisher für Friedmans Konsum-Einkommensmodell noch nicht durchgeführt.

[4] Smithies schlug eine Erklärung vor, warum $k$ positiv sein könnte, die von der aus Modell (35), (42) sehr verschieden ist. Letztere impliziert $k > 0$ wenn $a > 0$. (Smithies (1945))

### Übungsaufgabe

Angenommen, daß der Konsum und das Einkommen nach Subtraktion zeitlicher Trends folgende Beziehungen aufweisen:

$$c_t = \beta y_{pt} \qquad 0 < \beta < 1$$

$$y_{pt} = (1 - \alpha)E_t(y_t + \alpha y_{t+1} + \alpha^2 y_{t+2} + \cdots), \qquad 0 < \alpha < 1$$

$$y_t = \varepsilon_t + b\varepsilon_{t-1}, \qquad \varepsilon_t \sim \mathcal{N}(0, \sigma_\varepsilon^2), \text{ i.i.d.}, \quad 0 < b < 1.$$

$c_t$ stellt dabei den Konsum, $y_{pt}$ das permanente Einkommen und $\{\varepsilon_t\}$ eine Folge von voneinander unabhängig und identisch normalverteilten Zufallsvariablen mit dem Erwartungswert Null und der Varianz $\sigma_\varepsilon^2$ dar.

$E_t\{x\}$ ist hier der mathematische Erwartungswert von $x$ bedingt durch $\{y_t, y_{t-1} \ldots\}$.

A. Leiten Sie eine lineare Entscheidungsregel für $c_t$ ab (d.h. eine beobachtbare Konsumfunktion) mit der Form

$$c_t = \sum_{j=0}^{\infty} h_j y_{t-j}.$$

Geben Sie dabei explizite Ausdrücke für $h_j$ an.

B. Führen Sie eine „Modellsimulation" durch, indem Sie die zeitlichen Reaktionen von $\{c_s\}$ und $\{y_s\}$ auf eine unerwartete Einkommenserhöhung ableiten, die zum Zeitpunkt $t = \bar{t}$ erfolgt. Achten Sie dabei darauf, daß Sie das unerwartete Einkommen so definieren, daß es mit dem Modell konsistent ist.

### Literaturhinweise


Ackley, G. (1960). *Macroeconomic Theory*, New York: Macmillan.

Friedman, M. (1956). *A Theory of the Consumption Function*, Princeton, New Jersey: Princeton University Press.

Haavelmo, T. (1943). „The statistical implications of a system of simultaneous equations." *Econometrica*, Vol. 11, No. 1, pp. 1–12.

Kuznets, S. (1946). *National Product Since 1869* (assisted by L. Epstein and E. Zenks), New York: National Bureau of Economic Research.

Lucas, R.E., Jr. (1976). „Econometric policy evaluation: A critique." *The Phillips Curve and the Labor Market* (K. Brunner and A. Meltzer, ed.), Vol. 1 of Carnegie-Rochester Conferences in Public Policy, a supplementary series to the *Journal of Monetary Economics*, Amsterdam: North-Holland Publ.

Muth, J.F. (1960). „Optimal Properties of Exponentially Weighted Forecasts". *Journal of the American Statistical Association*, Vol. 55, No. 290, pp. 299–306.

Suits, D.B. (1963). „The Determinants of Consumer Expenditure: A Review of Present Knowledge", *Impacts of Monetary Policy*, prepared for the Commission on Money and Credit, Englewood Cliffs, New Jersey: Prentice-Hall.

Smithies, A. (1945). „Forecasting postwar demand: I." *Econometrica*, Vol. 13, No. 1, pp. 1–14.

Whittle, P. (1963). *Prediction and Regulation by Linear Least-Square Methods*, Princeton, New Jersey: Van Nostrand-Reinhold.

# Kapitel XIII
# Die Phillips-Kurve

Der Begriff „Phillips-Kurve" umschreibt eine negative Korrelation zwischen Lohninflation und Arbeitslosigkeit. Vielfach wird angenommen, daß Phillips in seiner statistischen Studie mit den Daten für Großbritannien als erster auf diese Beziehung hingewiesen hat, obwohl dieser funktionale Zusammenhang schon früher in Arbeiten von Irving Fisher, Konjunkturforschern des National Bureau of Economic Research und anderen Autoren auftaucht. Aus der Blickrichtung des nichtstochastischen klassischen Modells stellt die empirisch beobachtete Phillips-Kurve ein Paradox dar, da diesem Modell zufolge Inflationsursachen wie wachsende Defizite und eine hohe Geldschöpfungsquote auf die „realen" Variablen des Modells wie Arbeitslosigkeit und reales Bruttosozialprodukt keinen Einfluß haben. Jeder empirische Befund für einen Wirkungszusammenhang zwischen einer höheren gesamtwirtschaftlichen Nachfrage, einem höheren realen BSP und einer niedrigeren Arbeitslosenquote (statt nur einem höheren Preisniveau) scheint dem von uns formulierten, klassischen Modell zu widersprechen. Generell scheinen diese Beobachtungen jedem allgemeinen Gleichgewichtsmodell zuwiderzulaufen, in dem die Entscheidungen der Wirtschaftseinheiten über reale ökonomische Variablen bezüglich nominaler Größen homogen vom Grade Null sind. Genau dies wird aber in vielen ökonomischen Theorien angenommen.

Die Makroökonomen reagierten auf die Ergebnisse von Phillips zuerst so, daß sie die von ihm entdeckte Beziehung akzeptierten und als passende Erweiterung in makroökonometrische Modelle einbauten (was angesichts einer fehlenden theoretischen Fundierung dieser Beziehung einen gewagten Schritt darstellte). Die Phillips-Kurve als Veränderungsrate des Nominallohns in Abhängigkeit von der Arbeitslosenrate paßte sehr gut in das keynesianische Modell, da sie als geeignetes Instrument zur Endogenisierung der Löhne im Zeitablauf in diesem Modell erschien, wobei die Löhne für jeden einzelnen Zeitpunkt fix sein können (man stellte sich die Phillips-Kurve als kontinuierliche Funktion der Zeit vor, mit $\dot{w}/w = f(U)$, so daß $\dot{w}$ in jedem Moment endogen ist, auch wenn das Niveau von $w$ fixiert ist). Die Phillips-Kurve wurde häufig als Veranschaulichung einer Tauschbeziehung zwischen Inflation und Arbeitslosigkeit interpretiert, in dem Sinne, daß die politischen Entscheidungsträger durch geeignete Geld- und Fiskalpolitik jeden gewünschten Punkt auf ihr realisieren können.

Im letzten Jahrzehnt ist die Unzufriedenheit über diese Interpretation der Phillips-Kurve immer stärker geworden. Diese Unzufriedenheit resultierte im Grunde aus der mangelnden Stabilität der geschätzten Phillips-Kurven im Zeitverlauf. Die offensichtliche Konfliktbeziehung zwischen Inflation und Arbeitslosigkeit wurde in den letzten zehn Jahren in den meisten westlichen Ländern bei steigenden Inflationsraten immer mehr verschlechtert.[1] Als Reaktion auf dieses Phänomen entstand eine große Anzahl an theoretischen Arbeiten, die den Versuch machten, die

---

[1] R.J. Gordon belegt diese Tatsache für die Vereinigten Staaten in einer Reihe von Aufsätzen, die bis in das Jahr 1970 zurückreichen. (Vgl. Brookings Papers on Economic Activity, Hrsg.: Perry und Okun (1970, 71, 77).)

Entstehung der Phillips-Kurve zu erklären. Ferner versuchten diese Arbeiten herauszufinden, inwieweit eine Tauschbeziehung bestand, die politische Entscheidungsträger nutzen können. Friedman (1968), Phelps u.a. (1970) sowie Lucas und Prescott (1974) haben auf diesem Gebiet wichtige Beiträge geliefert.

## 1. Das Modell von Lucas

Der folgende Abschnitt behandelt Lucas' Modell der Phillips-Kurve (vgl. Lucas, 1973). Das Modell von Lucas und andere Arbeiten auf diesem Gebiet verwenden die Hypothese der „natürlichen Arbeitslosenrate", was gleichbedeutend mit der Annahme ist, daß die Wirtschaftseinheiten Entscheidungen nur in Abhängigkeit von den relativen Preisen fällen. Will man mittels einer solchen Hypothese erklären, warum eine hohe Inflation und eine hohe gesamtwirtschaftliche nominale Nachfrage ein hohes gesamtwirtschaftliches Angebot induzieren, ist es nötig, ein operationales Modell der „Geldillusion" zu konstruieren. Lucas entwickelte ein einfaches Modell der „Geldillusion", das mit rationalem Optimierungsverhalten vereinbar ist. Hierzu schreibt Lucas: „Alle Fassungen der Hypothese der natürlichen Arbeitslosenrate setzen rationale Wirtschaftssubjekte voraus. Ihre Entscheidungen hängen nur von den relativen Preisen ab, allerdings befinden sie sich in einer ökonomischen Situation, in der man relative Preisänderungen nicht von Änderungen des Preisniveaus unterscheiden kann."

Lucas nimmt an, daß die Anbieter eines einzelnen Gutes auf eine große Zahl völlig getrennter Konkurrenzmärkte verteilt seien. Die Nachfrage ist ungleich über die Märkte verteilt, so daß die Preise des einen Gutes auf den einzelnen Märkten verschieden hoch sind; das Gut sei kurzlebig und nicht zwischen den einzelnen Märkten handelbar. Die Verhaltensparameter sind auf allen Märkten gleich. Der **Zustand** eines Marktes unterscheidet sich von den anderen nur durch zwei Dinge. Einmal gibt es auf jedem Markt im Zeitpunkt $t$ einen relativen Nachfrageschub $z_t$, der seriell unabhängig ist und den Mittelwert Null sowie eine endliche Varianz besitzt. Die Variable $z_t$ hat die Dichte $g(z_t)$, und die Folge $(z_t, z_{t-1}, \ldots)$ hat aufgrund der Annahme der seriellen Unabhängigkeit von $z_t$ die Gesamtdichte $g(z_t)\,g(z_{t-1}) \ldots$.

Zum zweiten hat jeder Markt einen anderen Wert für das um eine Periode verzögerte Angebot $y_{t-1}$. Dieses ist selbst wieder eine Funktion der verzögerten $z$-Werte, die auf dem Markt aufgetreten sind. Da die $z_t$ seriell unabhängig sind, wird sich herausstellen, daß $y_{t-1}$ vom gegenwärtigen $z_t$ statistisch unabhängig ist. Wir nehmen an, $y_{t-1}$ habe die Wahrscheinlichkeitsdichtefunktion $f(y_{t-1})$. Die Gesamtdichte von $y_{t-1}$ und $z_t$ ist dann $f(y_{t-1})\,g(z_t)$. (Die statistische Unabhängigkeit von $y_{t-1}$ und $z_t$ wird später noch bewiesen.)

Da $z_t$ und $y_{t-1}$ die einzigen Zustandsmerkmale sind, die von Markt zu Markt verschieden sind, können wir die Märkte durch ihre $(z_t, y_{t-1})$-Werte im Zeitpunkt $t$ charakterisieren. Wenn auf zwei Märkten das gleiche $(z_t, y_{t-1})$ „gezogen" wird, sind beide identisch.

Die Wirtschaftssubjekte mögen die ersten und zweiten Momente aller Wahrscheinlichkeitsverteilungen kennen. Mit Hilfe dieser Information sind sie in der Lage, mit den ihnen bekannten Zufallsvariablen lineare Projektionen nach der Methode der kleinsten Quadrate für die Zufallsvariablen anzustellen, die sie nicht kennen. Die Hypothese rationaler Erwartungen führen wir ein, indem wir unterstellen, daß die Erwartungen der Wirtschaftseinheiten bezüglich der unbekannten Zufallsvariablen gleich den linearen Kleinstquadratprojektionen auf der noch zu spezifizierenden Menge von sicheren Informationen sind.

Wir nehmen an, das Angebot auf dem Markt $(z_t, y_{t-1})$ gehorche folgender Bedingung:

$$y_t(z_t, y_{t-1}) = \gamma(p_t(z) - P[p_t | I_t(z)]) + \lambda y_{t-1}, \qquad \gamma > 0, \quad 0 < \lambda < 1, \quad (1)$$

wobei

| | | |
|---|---|---|
| $y_t(z_t, y_{t-1})$ | = | Logarithmus des Angebots auf Markt $(z_t, y_{t-1})$, |
| $p_t(z)$ | = | Logarithmus des Preises auf dem Markt mit dem Nachfrageschock $z$ (dieser sei für die Anbieter, die Mengenanpasser sind, gegeben) |
| $p_t$ | = | durchschnittlicher, gesamtwirtschaftlicher Logarithmus des Preises, der Durchschnitt von $p_t(z)$ über alle Märkte, |
| $P[p_t \mid I_t(z)]$ | = | die Projektion von $p_t$ aufgrund der zum Zeitpunkt $t$ auf dem Markt $(z_t, y_{t-1})$ verfügbaren Information, |
| $I_t(z)$ | = | die im Zeitpunkt $t$ auf dem Markt $(z_t, y_{t-1})$ verfügbare Information. Der Einfachheit halber gehen wir hier wie Lucas vor und indizieren die Informationsmenge nur mit $z$, obwohl sie im allgemeinen auch von $y_{t-1}$ abhängt. |

Gemäß Gleichung (1) hängt das Angebot auf Markt $(z_t, y_{t-1})$ direkt ab von der Lücke zwischen dem gegenwärtigen Preis auf Markt $(z_t, y_{t-1})$ und der Prognose $P[p_t | I_t(z)]$, die die Wirtschaftseinheiten auf Markt $(z_t, y_{t-1})$ für den durchschnittlichen, gesamtwirtschaftlichen Preis machen. Wir nehmen an, daß die Wirtschaftseinheiten $p_t$ nicht kennen. In Periode $t$ sei ihnen nur der Preis $p_t(z)$ auf ihrem eigenen Markt bekannt. Aus diesem Grund sind sie gezwungen, $p_t$ aus den vorhandenen Informationen zu schätzen (die Zusammensetzung der Informationsmenge wird noch kurz zu erörtern sein). Gemäß Gleichung (1) reagieren die Wirtschaftssubjekte auf von ihnen wahrgenommene Änderungen des relativen Preises $p_t(z) - P[p_t | I_t(z)]$. Sie reagieren nicht auf Änderungen, die ihnen als allgemeine Preisänderungen erscheinen, d. h. Preisänderungen, die $p_t(z) - P[p_t | I_t(z)]$ unverändert lassen. Schließlich wird noch der Term $\lambda y_{t-1}$ hinzugefügt, um die Möglichkeit zu berücksichtigen, daß das Angebot auch auf eine um eine Periode verzögerte, relative Preisänderung reagiert. Wir werden auf diese Annahme noch zurückkommen.

Zur Vervollständigung unseres Modells müssen wir nun noch die Informationsmenge $I_t(z)$ genauer spezifizieren. Vorerst nehmen wir an, $I_t(z)$ bestehe aus zwei Komponenten. Erstens enthält $I_t(z)$ natürlich $p_t(z)$, also den Preis, der für die Wirtschaftseinheiten auf Markt $(z_t, y_{t-1})$ im Zeitpunkt $t$ gilt. Dieser sei die einzige aktuelle Information, die das Wirtschaftssubjekt erhält. Zweitens beinhaltet $I_t(z)$ eine Menge $\Omega_{t-1}$ mit Informationen über eine Reihe von Variablen der Perioden $t-1$ und früher. $\Omega_{t-1}$ kann auf vielerlei Arten spezifiziert werden. Beispielsweise nahm Lucas an, daß $\Omega_{t-1}$ alle verzögerten Werte von $p_t(z)$ und verzögerte Werte von $y_t$ auf allen Märkten enthielte.[2] Natürlich kann man sich genauso gut weniger umfassende Definitionen von $\Omega_{t-1}$ vorstellen. Wir werden noch sehen, daß die Definition von $\Omega_{t-1}$ einige wichtige Konsequenzen hat. Momentan schließen wir uns aber der

[2] Diese Annahme impliziert, daß sich die Informationsmengen auf den verschiedenen Märkten nur durch unterschiedliche „Ziehungen" von $z_t$ unterscheiden, nicht aber durch verschiedene $y_{t-1}$, da jeder Markt die $y_{t-1}$-Werte aller anderen Märkte beobachten kann. Aus diesem Grund indizierte Lucas die Informationsmenge nur mit $z_t$.

Analyse von Lucas an und betrachten $\Omega_{t-1}$ als eine umfassende Liste von Variablen einschließlich verzögerter Outputs und Preise auf allen Märkten. Wir indizieren $\Omega_{t-1}$ weder mit $z$ noch mit $y_{t-1}$, da wir annehmen, daß auf allen Märkten die gleiche Information $\Omega_{t-1}$ zur Verfügung steht.

Damit ist $I_t(z) = (\Omega_{t-1}, p_t(z))$. Es erweist sich als bequem, die rekursive Projektionsformel zu verwenden, um zu einem Ausdruck für $P[p_t | I_t(z)]$ zu gelangen. Um dies zu erreichen, bilden wir zuerst die Zerlegung

$$p_t = P[p_t | \Omega_{t-1}] + \xi_t, \tag{2}$$

wobei $\xi_t$ eine Zufallsvariable (eine Kleinstquadrat-Störvariable) ist, die nach dem Orthogonalitätsprinzip den Bedingungen $E(\xi_t P[p_t | \Omega_{t-1}]) = 0$ und $E\xi_t = 0$ gehorcht. Die Varianz von $\xi_t$ bezeichnen wir mit $E\xi_t^2 = \sigma^2$. Die Störvariable $\xi_t$ ist der Überraschungteil" des gesamtwirtschaftlichen Preisniveaus, der mit der Information $\Omega_{t-1}$ nicht vorhergesagt werden kann.

Nun nehmen wir an, die Nachfrage sei so verteilt, daß

$$p_t(z) = p_t + z_t, \tag{3}$$

wobei $Ez_t p_t = 0$, $Ez_t \xi_t = 0$ und $Ez_t z_s = 0$ für $t \neq s$. Wir setzen voraus, daß $z_t$ bezüglich aller Variablen in $\Omega_{t-1}$ orthogonal ist. Gleichung (3) drückt $p_t(z)$ aus als Summe des gesamtwirtschaftlichen Preises $p_t$ und eines Zufallsterms $z_t$, der sowohl mit $p_t$ als auch mit früherer Information unkorreliert ist und der relative Preisbewegungen mißt. Es sei vorausgesetzt, daß $Ez_t = 0$ und $Ez_t^2 = \tau^2$. Die Annahme $Ez_t = 0$ bedeutet lediglich, daß sich die relativen Preisbewegungen im Durchschnitt über alle Märkte ausgleichen.

Setzt man (2) in (3) ein, ergibt sich

$$p_t(z) = P[p_t | \Omega_{t-1}] + \xi_t + z_t. \tag{4}$$

Wiederum ist $E\xi_t z_t = 0$, so daß $E\{(\xi_t + z_t)^2\} = \sigma^2 + \tau^2$. Was ist nun die Prognose für $p_t(z)$ nach der Methode der kleinsten Quadrate bei gegebenem $\Omega_{t-1}$? Wir haben $\xi_t$ so konstruiert, daß es bezüglich $\Omega_{t-1}$ orthogonal ist, und außerdem nahmen wir an, $z_t$ sei orthogonal bezüglich $\Omega_{t-1}$. Damit ist (4) eine Projektionsgleichung mit dem Störterm $\xi_t + z_t$, so daß gilt

$$P[p_t(z) | \Omega_{t-1}] = P[p_t | \Omega_{t-1}]. \tag{5}$$

Wir sind nun in der Lage mit der rekursiven Projektionsformel einen Ausdruck für $P[p_t | I_t(z)]$ zu gewinnen:

$$\begin{aligned} &P[p_t | \Omega_{t-1}, p_t(z)] \\ &\quad = P[p_t | \Omega_{t-1}] + P[(p_t - P[p_t | \Omega_{t-1}]) | (p_t(z) - P[p_t(z) | \Omega_{t-1}])]. \end{aligned} \tag{6}$$

Aus (2), (4) und (5) wissen wir, daß

$$p_t - P[p_t | \Omega_{t-1}] = \xi_t, \qquad p_t(z) - P[p_t(z) | \Omega_{t-1}] = \xi_t + z_t,$$

und auch, daß $E\xi_t z_t = 0$. Die Projektion von $p_t - P[p_t | \Omega_{t-1}]$ auf $p_t(z) - P[p_t(z) | \Omega_{t-1}]$ ist daher gegeben durch

$$\phi(p_t(z) - P[p_t(z) | \Omega_{t-1}]).$$

Der Kleinstquadratregressionskoeffizient $\phi$ in dieser Gleichung ist gegeben durch

$$\phi = E\xi_t(\xi_t + z_t)/E[(\xi_t + z_t)^2] = \sigma^2/(\sigma^2 + \tau^2).$$

Wir verwenden diesen Ausdruck und erinnern uns außerdem daran, daß $P[p_t(z)|\Omega_{t-1}] = P[p_t|\Omega_{t-1}]$. Dann läßt sich (6) schreiben als

$$P[p_t|I_t(z)] = P[p_t|\Omega_{t-1}] + (\sigma^2/(\sigma^2 + \tau^2))[p_t(z) - P[p_t|\Omega_{t-1}]],$$

oder

$$P[p_t|I_t(z)] = \theta P[p_t|\Omega_{t-1}] + (1 - \theta)p_t(z), \tag{7}$$

wobei $\theta = \tau^2/(\tau^2 + \sigma^2)$ und $1 - \theta = \sigma^2/(\tau^2 + \sigma^2)$. Der Parameter $\theta$ ist der Anteil der bedingten Varianz von $p_t(z)$, der durch Änderung des relativen Preises verursacht wird. Je größer dieser Anteil ist, desto kleiner ist die gewichtete Korrektur von $P[p_t|\Omega_{t-1}]$, die durch $p_t(z)$ bei der Bildung von $P[p_t|I_t(z)]$ verursacht wird. Dies leuchtet unmittelbar ein, denn je größer $\theta$ ist, um so wahrscheinlicher ist es, daß eine Änderung von $p_t(z)$ eine relative statt eine allgemeine Preisänderung widerspiegelt.

Wir setzen (7) in (1) ein und erhalten

$$y_t(z_t, y_{t-1}) = \gamma[p_t(z) - \theta P[p_t|\Omega_{t-1}] - (1 - \theta)p_t(z)] + \lambda y_{t-1},$$

oder

$$y_t(z_t, y_{t-1}) = \gamma\theta(p_t(z) - P[p_t|\Omega_{t-1}]) + \lambda y_{t-1}. \tag{8}$$

Wie wir schon wissen, ist $g(z_t)f(y_{t-1})$ die Gesamtdichte von $z_t, y_{t-1}$. Ein Index für den durchschnittlichen Ausstoß ist folglich gegeben durch

$$\bar{y}_t = \iint y_t(z_t, y_{t-1})g(z_t)f(y_{t-1})\,dz_t\,dy_{t-1}.$$

Dies ist einfach der Mittelwert der Verteilung von $y_t(z_t, y_{t-1})$. Das durchschnittliche Preisniveau ist gegeben durch

$$p_t = \int p_t(z)g(z)\,dz.$$

Nun werden beide Seiten von (8) hinsichtlich $g(z_t)f(y_{t-1})dz_t dy_{t-1}$ integriert (d.h. man bildet den Durchschnitt von (8) über alle Märkte), und man erhält[3]

$$\iint y_t(z_t, y_{t-1})g(z_t)f(y_{t-1})\,dz_t\,dy_{t-1}$$
$$= \gamma\theta\left(\int p_t(z)g(z)\,dz - P[p_t|\Omega_{t-1}]\int g(z)\,dz\right)\int f(y_{t-1})\,dy_{t-1}$$
$$+ \lambda\int y_{t-1}f(y_{t-1})\,dy_{t-1}\int g(z_t)\,dz_t,$$

oder

$$\bar{y}_t = \gamma\theta(p_t - P[p_t|\Omega_{t-1}]) + \lambda\bar{y}_{t-1}. \tag{9}$$

[3] Es sei daran erinnert, daß $\int g(z)dz = \int f(y_{t-1})dy_{t-1} = 1$, da $g(.)$ und $f(.)$ Wahrscheinlichkeitsdichten sind.

Da $\gamma > 0$ und $0 < \theta = \tau^2/(\sigma^2 + \tau^2) < 1$, ist Gleichung (9) eine Variante einer Phillips-Kurve, in der der Output direkt von der Lücke zwischen durchschnittlichem Preisniveau $p_t$ und der früheren Prognose der Wirtschaftssubjekte für das Preisniveau $P[p_t|\Omega_{t-1}]$ abhängt. Um (9) auf andere Weise schreiben zu können, lösen wir (9) nach $p_t - P[p_t|\Omega_{t-1}]$ auf und erhalten

$$p_t - P[p_t|\Omega_{t-1}] = (\gamma\theta)^{-1}\bar{y}_t - \lambda(\gamma\theta)^{-1}\bar{y}_{t-1}.$$

Wir addieren und subtrahieren $p_{t-1}$, und es ergibt sich

$$p_t - p_{t-1} = (\gamma\theta)^{-1}\bar{y}_t - \lambda(\gamma\theta)^{-1}\bar{y}_{t-1} + (P[p_t|\Omega_{t-1}] - p_{t-1}). \tag{10}$$

Dies ist die Standardform einer Phillips-Kurve unter Einbeziehung der Hypothese der natürlichen Arbeitslosenrate, die eine direkte Beziehung zwischen Inflation $p_t - p_{t-1}$ und Output sowie erwarteter Inflation $P[p_t|\Omega_{t-1}] - p_{t-1}$ herstellt. Gemäß (10) verschiebt sich die Phillips-Kurve in der $(p_t - p_{t-1}, \bar{y}_t)$-Ebene um den gleichen Betrag nach oben, um den die erwartete Inflation $P[p_t|\Omega_{t-1}] - p_{t-1}$ gestiegen ist. Diese Eigenschaft von (10) wird häufig als das Kennzeichen der Hypothese über die natürliche Arbeitslosenquote interpretiert. Sie scheint eine Erklärung dafür anzubieten, warum sich die Konfliktbeziehung der Phillips-Kurve mit der Steigerung der durchschnittlichen Inflationsrate vieler westlicher Staaten in den letzten zehn Jahren ständig verschlechtert hat.

Es gilt zu beachten, daß wegen $p_t(z) - P[p_t|\Omega_{t-1}] = \xi_t + z_t$ Gleichung (8) geschrieben werden kann als

$$y_t(z_t, y_{t-1}) = \gamma\theta(\xi_t + z_t) + \lambda y_{t-1},$$

oder

$$y_t = \gamma\theta \sum_{i=0}^{\infty} \lambda^i(\xi_{t-i} + z_{t-i}). \tag{8'}$$

Gleichung (8′) zeigt wie $y_t$ vom gegenwärtigen und allen früheren Werten des relativen Nachfrageschubs $z_t$ und vom „gesamtwirtschaftlichen Nachfrageschub" $\xi_t$ abhängt.[4] Daraus folgt unmittelbar, daß $y_{t-1}$ (wegen der seriellen Unabhängigkeit von $z_t$) von $z_t$ statistisch unabhängig ist. Diese Behauptung hatten wir schon früher aufgestellt. Die Gleichung (9) kann auch noch auf alternative Weise hergeleitet werden, indem man (8′) bezüglich $g(z_t)g(z_{t-1})\dots dz_t dz_{t-1}\dots$ integriert. Man erhält dann

$$\bar{y}_t = \gamma\theta \sum_{i=0}^{\infty} \lambda^i \xi_{t-i}. \tag{9'}$$

Dieser Ausdruck ist äquivalent mit (9). Somit können also die Märkte entweder durch die Folge $(z_t, z_{t-1}, \dots)$ oder durch das Paar $(z_t, y_{t-1})$ indiziert werden, wie wir das getan haben.

Weiter gilt zu beachten, daß der Steigungsparameter $\gamma\theta$ in (9) vom Verhältnis der Varianzen der beiden Zufallsvariablen $\xi_t$ und $z_t$ abhängt, da $\theta = \tau^2/(\sigma^2 + \tau^2)$. Je größer die Varianz von $z_t$ ($Ez_t^2 = \tau^2$) im Vergleich zur Varianz von $\xi_t$ ($E\xi_t^2 = \sigma^2$) ist, um so größer ist $\theta$ und damit $\theta\gamma$. Je größer also die Schwankungen von $z_t$ verglichen

[4] Das heißt, $\xi_t$ ist der Teil des durchschnittlichen Preisniveaus, der mit Daten aus der Vergangenheit nicht prognostiziert werden kann.

mit denen von $\xi_t$ sind, um so größer ist die Reaktion des gesamtwirtschaftlichen Angebots $y_t$ auf unerwartete Änderungen des gesamtwirtschaftlichen Preisniveaus $(p_t - P[p_t|\Omega_{t-1}])$. Das heißt, je größer die Varianz von $z_t$ im Vergleich zu der von $\xi_t$ ist, eine um so größere Tendenz besteht, daß rational handelnde Wirtschaftssubjekte eine gegebene unerwartete Preiserhöhung als relative Preisänderung betrachten, auf die eine Anpassung ihres Angebots erfolgen muß.

Eine Implikation der Abhängigkeit der Steigung von (9) vom Verhältnis der Varianzen von relativen zu aggregierten Preisbewegungen ist, daß (9) **nicht** als konstant vorhergesagt werden kann, wenn es verschiedene gesamtwirtschaftliche Nachfragekonstellationen gibt. Das heißt, ein „günstiger" Trade-off zwischen Angebot und unerwarteter Inflation (wenn $\gamma\theta$ einen großen Wert annimmt) besteht nur dann, wenn $\sigma^2$ im Vergleich zu $\tau^2$ klein ist. Wenn die wirtschaftspolitischen Instanzen versuchen, diese Tauschbeziehung durch eine Änderung der gesamtwirtschaftlichen Nachfragekonstellation noch weiter auszunutzen, wird sich die Varianz $\sigma^2$ im Vergleich zu $\tau^2$ wahrscheinlich vergrößern und damit die Steigung $\gamma\theta$ ändern. Wir haben hier ein weiteres Beispiel dafür, wie sich die optimalen Entscheidungsregeln der Wirtschaftssubjekte wandeln, wenn es bei den Zufallsprozessen jener exogenen Variablen, auf die sich ihre Entscheidungen stützen, zu Veränderungen kommt.

Zur empirischen Untermauerung seines Modells hat Lucas ausführlich nachgewiesen, daß der Steigungsparameter in (9) bei Konstellationen mit sehr großer Varianz der nominalen gesamtwirtschaftlichen Nachfrage tatsächlich sehr viel kleiner zu sein scheint, als bei Konstellationen, bei denen die Varianz der nominalen gesamtwirtschaftlichen Nachfrage nur gering ist.

## 2. Reihenkorrelation des Outputs

Es ist eine Tatsache, daß die Arbeitslosenquote und die Trendabweichungen des realen BSP eine sehr hohe Reihenkorrelation aufweisen, d.h. sie sind stark und positiv mit ihren Werten aus vergangenen Perioden korreliert. Wie kann man nun dieser Tatsache im Rahmen des soeben beschriebenen Modells Rechnung tragen? Die Antwort auf diese Frage hängt von der Definition der Informationsmenge $\Omega_{t-1}$ ab. Zunächst stellen wir uns einmal vor, $\Omega_{t-1}$ enthalte für die Wirtschaftseinheiten genügend Information, um die verzögerten Werte des gesamtwirtschaftlichen Preisindices $p_{t-1}, p_{t-2}, \ldots$ zu kennen. Diese Information könnten die Wirtschaftssubjekte dadurch erhalten, daß die verzögerten Werte des Preisindices veröffentlicht werden. Man kann sich aber auch vorstellen, daß die Wirtschaftseinheiten von allen anderen Märkten die Preise der Vorperioden erfahren, und dann $p_{t-1}$, $p_{t-2}, \ldots$ selbst berechnen. Überdies stellt auch die Annahme, daß die Information der Wirtschaftssubjekte ihre eigenen früheren Prognosen $P[p_{t-1}|\Omega_{t-2}]$, $P[p_{t-2}|\Omega_{t-3}], \ldots$ miteinschließt, offensichtlich keinerlei Beschränkung dar. Da $\Omega_{t-1}$ definitionsgemäß sowohl frühere Prognosen als auch Preise der Vorperioden enthält, folgt daraus sofort, daß auch die Prognosefehler früherer Prognosen

$$p_{t-1} - P[p_{t-1}|\Omega_{t-2}], \quad p_{t-2} - P[p_{t-2}|\Omega_{t-3}], \quad \ldots$$

in $\Omega_{t-1}$ miteingeschlossen sind. Die Orthogonalitätsbedingung der Kleinstquadratmethode impliziert dann, daß

$$E\{(p_t - P[p_t|\Omega_{t-1}])(p_{t-j} - P[p_{t-j}|\Omega_{t-j-1}])\} = 0 \tag{11}$$

für alle $j \geqq 1$, da $p_{t-j} - P[p_{t-j} | \Omega_{t-j-1}]$ in $\Omega_{t-1}$ enthalten ist (an dieser Stelle sei nochmals an das Orthogonalitätsprinzip erinnert: Die Kleinstquadratprojektion $P[p_t | \Omega_{t-1}]$ wird eindeutig durch die Bedingung determiniert, daß der Schätzfehler bezüglich aller Komponenten von $\Omega_{t-1}$ orthogonal ist). Gemäß Gleichung (11) ist der Schätzfehler nicht mit seinen eigenen früheren Werten korreliert, d.h. es besteht keine Reihenkorrelation. Dies ist eine direkte Schlußfolgerung aus unserer Annahme, daß die $p$-Werte der Vorperioden in $\Omega_{t-1}$ enthalten sind.

Betrachten wir nun die Bedeutung von (11) für Gleichung (9): für $\lambda = 0$ ist auch $\bar{y}_t$ nicht mit seinen früheren Werten korreliert, da $\bar{y}_t$ dann gleich dem Skalar $\gamma\theta$ mal dem Schätzfehler $p_t - P[p_t | \Omega_{t-1}]$ ist, und der Schätzfehler ebenfalls mit seinen früheren Werten unkorreliert ist. Ist jedoch $\lambda > 0$, so sind zwar die Prognosefehler immer noch mit ihren Werten früherer Perioden unkorreliert, aber gleichzeitig besteht nun für die $y_t$ eine Reihenkorrelation. Da aber $y_t$ in Wirklichkeit sehr hoch seriell korreliert ist, ist es notwendig, für $\lambda$ positive (und zwar relativ große) Werte zuzulassen, wenn Gleichung (9) zur Erklärung der empirischen Fakten dienen soll. Gegen dieses Verfahren wird der Einwand vorgebracht (vgl. Modigliani, 1977), es sei eine ad hoc-Lösung, die nicht aus einer explizit formulierten Theorie abgeleitet ist. Aufgrund der bisherigen Diskussion unseres Ansatzes ist klar, daß der theoretische Gehalt von Gleichung (9) vollständig durch den relativen Preisparameter $\gamma$ und dem Signalentnahmeparameter $\theta$ repräsentiert wird. In Kapitel XVI wird gezeigt werden, wie Anpassungskosten das mögliche Auftreten von verzögerten $\bar{y}$-Werten in (9) erklären können.

Reihenkorrelation des Outputs unter Beibehaltung von (9) kann auch noch auf andere Weise erklärt werden, wenn man die Annahme aufhebt, daß $\Omega_{t-1}$ gesamtwirtschaftliche Preisniveauwerte aus früheren Perioden enthält. Wenn $\Omega_{t-1}$ keine verzögerten $p$-Werte einschließt, folgt aus der Orthogonalitätsbedingung nicht mehr (11), so daß auch die Schätzfehler seriell korreliert sein können und damit selbst bei $\lambda = 0$ eine Reihenkorrelation des Outputs in (9) begründen können. Den Ausschluß von $p$-Werten vergangener Perioden in $\Omega_{t-1}$ kann man sich durch die Annahme plausibel machen, daß die für die Entscheidungen der Wirtschaftseinheiten relevanten Preisindices niemals gesammelt werden, und die veröffentlichten Preisindices daher mit Fehlern behaftet sind. Ein anderer Lösungsansatz stammt von Lucas (1975). Er schlägt vor, während der ganzen Analyse $p_t$ nicht als Preis, sondern als „nominale gesamtwirtschaftliche Nachfrage" zu interpretieren, die sich wie oben aus relativen und absoluten Bewegungen zusammensetzt. Wenn die Wirtschaftseinheiten nie die nominale gesamtwirtschaftliche Nachfrage beobachten können, aber deren Momente zweiter Ordnung kennen, so daß sie in der Lage sind, die oben untersuchten Kleinstquadratprojektionen zu berechnen, dann kann eine Reihenkorrelation des Outputs mit einen Ansatz wie (9) erklärt werden, wobei $\lambda = 0$.

## Übungsaufgabe

Auf einem einzelnen Markt, auf dem ein relativer Nachfrageschub $z_t$ auftritt, gelte für das Angebot:

$$y_t(z) = \gamma(p_t(z) - Ep_t | I_t(z)), \qquad \gamma > 0,$$

wobei $p_t(z) = p_t + z_t$,

$$p_t = \sum_{j=0}^{\infty} v_j \varepsilon_{t-j} = \int p_t(z) g(z_t)\, dz_t, \qquad v_0 = 1, \quad \sum_{j=0}^{\infty} v_j^2 < \infty,$$

$Ez_t\varepsilon_s = 0$ für alle $t$ und $s$; außerdem seien $\varepsilon$ und $z$ seriell unabhängige Prozesse mit einem

Mittelwert von Null. Dabei sei $y_t(z)$ das logarithmierte Angebot auf dem Markt $z$, $p_t(z)$ der logarithmierte Preis auf dem Markt $z$, $p_t$ das durchschnittliche logarithmierte Preisniveau und $g(z_t)$ die Wahrscheinlichkeitsdichte von $z_t$. Weiter sei unterstellt, daß $z$ und $\varepsilon$ jeweils normalverteilte Zufallsvariablen mit einem Mittelwert von Null sind. Die Information $I_t(z)$ auf Markt $z$ bestehe aus den folgenden drei Elementen: $\Omega_{t-1}$, d.h. Beobachtungen über alle verzögerten Preise und Mengen auf allen Märkten; der Preis der laufenden Periode auf Markt $z$, $p_t(z)$; und schließlich der laufende Preis $p_t(z')$ auf einem anderen Markt. Für die verschiedenen Märkte seien die Variablen $z$ statistisch unabhängig und identisch verteilt.

a. Es ist eine Phillips-Kurve der Form

$$y_t = \phi(p_t - Ep_t | \Omega_{t-1})$$

abzuleiten, wobei $y_t = \int y_t(z_t) g(z_t) dz_t$. Drücken sie $\phi$ durch $\gamma$ und die Varianzen von $\varepsilon_t$ und $z_t$ aus.

b. Ist der in Aufgabe a. ermittelte Wert für $\phi$ größer oder kleiner als der, den Lucas ableitet, indem er annimmt, daß $I_t(z)$ nur aus den beiden Informationsteilen $\Omega_{t-1}$ und $p_t(z_t)$ besteht? Welche Auswirkungen ergäben sich vermutlich auf die Steigung $\phi$, wenn man es zuließe, daß die Wirtschaftseinheiten auf Markt $z$ die gegenwärtigen Preise auf $n$ Märkten kennen würden, und $n$ immer größer würde? Erklären Sie heuristisch, wie die Steigung $\phi$ hier beeinflußt wird.

## Literaturhinweise


Friedman, M. (1968). „The Role of Monetary Policy." *The American Economic Review*, Vol. LVIII, No. 1, S. 1–17.

Gordon, R. J. (1970). „The Recent Acceleration of Inflation and Its Lessons for the Future." *Brookings Papers on Economic Activity* (Hrsg.: G. Perry und A. Okun), No. 1, S. 8–41.

Gordon, R. J. (1971). „Inflation in Recession and Recovery." *Brookings Papers on Economic Activity* (Hrsg.: G. Perry und A. Okun), No. 1, S. 105–158.

Gordon, R. J. (1977). „Can the Inflation of the 1970's be Explained?" *Brookings Papers on Economic Activity* (Hrsg.: G. Perry und A. Okun), No. 1, S. 253–276.

Lucas, R. E. Jr. (1973). „Some international evidence on output-inflation tradeoffs." *The American Economic Review*, Vol. LXIII, No. 3, S. 326–334.

Lucas, R. E. Jr. (1975). „An equilibrium model of the business cycle." *Journal of Political Economy*, Vol. 83, No. 6, S. 1113–1144.

Lucas, R. E. Jr. und Prescott, E. C. (1974). „Equilibrium search and unemployment." *Journal of Economic Theory*, Vol. 7, No. 2, S. 188–209.

Modigliani, F. (1977). „The Monetarist Controversy or, Should We Foresake Stabilization Policies?" *The American Economic Review*, Vol. 67, No. 2, S. 1–19.

Phelps, E. S. u. a. (1970). *Microeconomic Foundations of Employment and Inflation Theory*, New York: Norton.

# Kapitel XIV
# Investition unter Unsicherheit

In diesem Kapitel werden wir Aspekte des Kapitalakkumulationsprozesses für solche Ansätze untersuchen, in denen die Unternehmen unsichere Zukunftserwartungen haben. Zunächst stellt sich dabei die Aufgabe, unsere früheren quadratischen dynamischen Optimierungsprobleme auf die Fälle zu übertragen, in denen bei den Akteuren hinsichtlich der zukünftigen Werte exogener Prozesse Unsicherheit herrscht. Im Anschluß daran wird eine einfache Version des Modells von Lucas und Prescott über das Investitionsverhalten der Unternehmen in einer Branche mit vollkommener Konkurrenz vorgestellt. Im Laufe der Analyse wird es uns dann möglich sein, genaue Bedingungen für das Konzept des Gleichgewichts bei rationalen Erwartungen zu formulieren.

## 1. Optimale Entscheidungsregeln bei einer quadratischen Zielfunktion[1]

Wir gehen von folgendem Problem aus: Maximiere (zu jedem Zeitpunkt $t$) den abdiskontierten Gegenwartswert von

$$v_t = E_t \sum_{j=0}^{\infty} b^j g(n_{t+j-1}, n_{t+j}, z_{t+j}) \tag{1}$$

für stochastische Prozesse von $\{n_{t+j}\}_{j=0}^{\infty}$ in Abhängigkeit von $n_{t-1} = \bar{n}_{t-1}$, welches gegeben ist. Hier ist $E_t(x) = Ex|\Omega_t$, wobei $E$ der mathematische Erwartungsoperator und $\Omega_t$ eine noch näher zu spezifizierende Informationsmenge ist. Der Diskontierungsfaktor $b$ sei kleiner als eins, und $g(n_{t+j-1}, n_{t+j}, z_{t+j})$ sei in $n_{t+j-1}$, $n_{t+j}$ konkav. Ferner ist $z_{t+j}$ ein Vektor von Zufallsvariablen, die für den Entscheidungsträger exogen sind. Im Zeitpunkt $t+j$ steht dem Entscheidungsträger eine Informationsmenge $\Omega_{t+j}$ zur Verfügung, auf die er seine Entscheidung aufbaut. Wir nehmen an, daß für alle $t$ $\Omega_t \supset \Omega_{t-1}$. Das Problem für den Entscheidungsträger besteht darin, im Zeitpunkt $t$ $n_t$ festzulegen und eine Strategie für die Festlegung von $n_{t+1}, n_{t+2}, \ldots$ zu entwickeln. Die Werte von $n_{t+1}, n_{t+2}, \ldots$ sind Funktionen der Information, von der er weiß, daß sie ihm in der Zukunft zur Verfügung stehen wird.

Der Entscheidungsträger wählt also, um (1) zu maximieren, simultan $n_t$ und Funktionen $\tilde{n}_{t+1}(.), \tilde{n}_{t+2}(.), \ldots,$ und es ergibt sich $n_{t+1} = \tilde{n}_{t+1}(\Omega_{t+1})$, $n_{t+2} = \tilde{n}_{t+2}(\Omega_{t+2}), \ldots$. Diese Funktionen konstituieren einen kompletten Kontingenzplan zur Festlegung zukünftiger Werte von $\{n_{t+j}\}_{j=1}^{\infty}$ auf der Basis von Informationen, die verfügbar sein werden zu dem Zeitpunkt, in dem $n_{t+j}$ tatsächlich festgelegt werden muß. Die Maximierung von (1) erfolgt bezüglich stochastischer Prozesse

[1] Der in diesem Abschnitt benutzte Ansatz stammt ursprünglich von Holt u.a. (1960). Eine streng formale Behandlung der hier diskutierten Themen findet sich bei Telser und Graves (1972). Das von uns betrachtete System wird von Ingenieuren durch Auflösung einer Matrix von Riccati-Gleichungen gelöst. Vergleiche hierzu Kwakernaak und Sivan (1972); in deren Terminologie sind die von uns untersuchten Systeme nicht „kontrollierbar", aber „stabilisierbar" und „feststellbar" [engl.: detectable], so daß die Konvergenz der Riccati-Gleichungen für Probleme mit unendlichem Zeithorizont gewährleistet ist.

für $\{n_{t+j}\}_{j=1}^{\infty}$, die $n_{t+j}$ in funktionale Beziehung zur Information $\Omega_{t+j}$ bringen. Wir werden stets annehmen, daß $\Omega_{t+j}$ mindestens $\{n_{t+j-1}, n_{t+j-2}, \ldots, z_{t+j}, z_{t+j-1}, \ldots\}$ enthält.

Um die Notation in (1) mit einem für uns interessanten Problem in Einklang zu bringen, schreiben wir

$$g(n_{t-1}, n_t, z_t) = (f_0 + a_t)n_t - \tfrac{1}{2}f_1 n_t^2 - w_t n_t - \tfrac{1}{2}d(n_t - n_{t-1})^2, \qquad (2)$$

wobei $f_0, f_1, d > 0$. Dabei ist $w_t$ der Reallohn, $n_t$ die Beschäftigung, und $a_t$ sei ein zufälliger Anstoß auf die Arbeitsproduktivität. Fassen wir nun $w_t$ und $a_t$ als stochastische Prozesse auf, dann erhalten wir als Lösung von (1) eine stochastische Version der schon im Kapitel IX untersuchten Arbeitsnachfrage.

Setzt man die Ableitung von $v_t$ nach $n_t$ in (1) gleich Null, so erhält man als notwendige Bedingung erster Ordnung für ein Optimum

$$g_2(n_{t-1}, n_t, z_t) + bE_t g_1(n_t, n_{t+1}, z_{t+1}) = 0. \qquad (3)$$

Hierbei sei angenommen, daß sowohl $n_{t-1}$ als auch $z_t$ in $t$ bekannt sind, während $n_{t+1}$ und $z_{t+1}$ noch zufällig sind. Will man (3) für $n_t$ lösen, muß der Kontingenzplan für die Setzung von $n_{t+1}$ bekannt sein, um die Berechnung des in (3) auftretenden bedingten Erwartungswertes zu ermöglichen. Wie bestimmt man $n_{t+1}$? Im Zeitpunkt $t+1$ steht der Entscheidungsträger einem analogen Problem wie (1) gegenüber, wobei $n_t$ und $\Omega_{t+1}$ gegeben sind; er maximiert nämlich

$$v_{t+1} = E_{t+1} \sum_{j=0}^{\infty} b^j g(n_{t+j}, n_{t+j+1}, z_{t+j+1}) \qquad (4)$$

bezüglich eines gegebenen $n_t$. Im Zeitpunkt $t+1$ ist die notwendige Bedingung erster Ordnung für $n_{t+1}$ durch Nullsetzung der Ableitung von (4) bezüglich $n_{t+1}$ gegeben:

$$g_2(n_t, n_{t+1}, z_{t+1}) + bE_{t+1} g_1(n_{t+1}, n_{t+2}, z_{t+2}) = 0. \qquad (5)$$

Wenn wir in dieser Weise fortfahren, stellen wir fest, da $n_{t+j}$ in $t+j$ optimal sein muß, daß der Plan zur Festlegung von $n_t, n_{t+1}, n_{t+2}, \ldots$ einem System von stochastischen Differenzengleichungen genügen muß:

$$g_2(n_{t+j-1}, n_{t+j}, z_{t+j}) + bE_{t+j} g_1(n_{t+j}, n_{t+j+1}, z_{t+j+1}) = 0, \qquad j = 0, 1, 2, \ldots. \qquad (6)$$

Die Gleichungen (6) sind die stochastischen Eulergleichungen.

Wie in Kapitel IX erhält man die Transversalitätsbedingung, wenn wir eine Version von (1) mit endlichem Zeithorizont $T$ betrachten. Man bildet die Bedingung erster Ordnung für $n_{t+T}$ und verwendet den Grenzwert dieser Bedingung für $T \to \infty$. Dies führt zu der Transversalitätsbedingung

$$\lim_{T \to \infty} b^T E_t g_2(n_{T-1}, n_T, z_T) = 0. \qquad (7)$$

Das Ziel besteht nun darin, einen stochastischen Prozeß $\{n_{t+j}\}_{j=0}^{\infty}$ zu finden, der den Eulergleichungen (6) und der Transversalitätsbedingung (7) genügt. Für die meisten Probleme stellt das Auffinden einer expliziten Lösung für (6) und (7) eine anspruchsvolle, wenn nicht sogar unlösbare Aufgabe dar.

In Fällen, in denen die Eulergleichungen und die Transversalitätsbedingung lineare Gleichungen sind, ist es möglich, diese explizit für die optimierende Entscheidungsregel zu lösen. Wir kehren zu unserem Arbeitsnachfrage-Beispiel, in dem $g(.,..,.)$ durch (2) gegeben ist, zurück und skizzieren kurz, wie man zu einer expliziten Lösung gelangen könnte.

Die Unternehmung sucht einen stochastischen Prozeß für die Beschäftigung, um

$$v_t = E_t \sum_{j=0}^{\infty} b^j \{(f_0 + a_{t+j} - w_{t+j})n_{t+j} - \tfrac{1}{2} f_1 n_{t+j}^2 - \tfrac{1}{2} d(n_{t+j} - n_{t+j-1})^2\}$$

für gegebenes $n_{t-1}$ zu maximieren. Es sei angenommen, die Unternehmung stünde exogenen stochastischen Prozessen $\{a_{t+j}\}_{j=0}^{\infty}$ und $\{w_{t+j}\}_{j=0}^{\infty}$ gegenüber, deren exponentielle Ordnung kleiner als 1/b ist. Damit meinen wir, daß es $K$ und $x$ mit $K > 0$ und $1 \leqq x < 1/b$ gibt, so daß gilt

$$|E_t w_{t+j}| < K(x)^{j+t}, \qquad |E_t a_{t+j}| < K(x)^{j+t},$$

für alle $t$ und für alle $j > 0$. Die Eulergleichungen sind

$$f_0 + a_{t+j} - w_{t+j} - f_1 n_{t+j} - d(n_{t+j} - n_{t+j-1}) + dbE_{t+j}(n_{t+j+1} - n_{t+j}) = 0, \qquad j = 0, 1, 2, \ldots,$$

oder

$$bE_{t+j} n_{t+j+1} + \phi n_{t+j} + n_{t+j-1} = d^{-1}(w_{t+j} - a_{t+j} - f_0), \qquad j = 0, 1, 2, \ldots, \tag{8}$$

wobei $\phi = [-f_1 d^{-1} - (1 + b)]$. Als Transversalitätsbedingung erhält man:

$$\lim_{T \to \infty} E_t b^T \{f_0 + a_{t+T} - w_{t+T} - f_1 n_{t+T} - d(n_{t+T} - n_{t+T-1})\} = 0. \tag{9}$$

Man stellt fest, daß die Gleichungen (8) und (9) Verallgemeinerungen der Eulergleichungen beziehungsweise der Transversalitätsbedingung sind, die für den nicht-stochastischen Fall in Kapitel IX untersucht wurden. Im nicht-stochastischen Fall ergibt sich trivialerweise $E_{t+j} n_{t+j+1} = n_{t+j+1}$.

Unser Ziel ist es nun, einen stochastischen Prozeß $\{n_{t+j}\}_{j=0}^{\infty}$ zu finden, der (8) und (9) genügt. Der Einfachheit halber sei $z_{t+j} = d^{-1}(w_{t+j} - a_{t+j} - f_0)$. Im nicht-stochastischen Fall fanden wir folgende Lösung:

$$n_{t+j} = \lambda_1 n_{t+j-1} - \lambda_1 \sum_{i=0}^{\infty} \left(\frac{1}{\lambda_2}\right)^i z_{t+j+i},$$

wobei $\lambda_1 < 1 < \lambda_2$. $\lambda_1$ und $\lambda_2$ sind Lösungen von

$$1 + \frac{\phi}{b} L / \frac{1}{b} L^2 = (1 - \lambda_1 L)(1 - \lambda_2 L).$$

Es ist vielleicht berechtigt anzunehmen, daß eine Lösung für (8) und (9) gegeben ist durch

$$n_{t+j} = \lambda_1 n_{t+j-1} - \lambda_1 \sum_{i=0}^{\infty} \left(\frac{1}{\lambda_2}\right)^i E_{t+j} z_{t+j+i}, \qquad j = 0, 1, 2, \ldots. \tag{10}$$

Daß (10) tatsächlich die Lösung ist, läßt sich direkt bestätigen. Man verschiebt (10) um eine Periode in die Zukunft und benutzt das Gesetz über iterierte mathematische Erwartungen, um beide Seiten von $\Omega_{t+j}$ abhängig zu machen. Es ergibt sich dann

$$E_{t+j}n_{t+j+1} = \lambda_1 n_{t+j} - \lambda_1 \sum_{i=0}^{\infty} \left(\frac{1}{\lambda_2}\right)^i E_{t+j}z_{t+j+1+i}. \tag{11}$$

Man setzt (10) und (11) in die Eulergleichungen (8) ein und erhält

$$b\left\{-\lambda_1 \sum_{i=0}^{\infty} \left(\frac{1}{\lambda_2}\right)^i E_{t+j}z_{t+j+1+i}\right\}$$

$$+ \{b\lambda_1 + \phi\}\left\{\lambda_1 n_{t+j-1} - \lambda_1 \sum_{i=0}^{\infty} \left(\frac{1}{\lambda_2}\right)^i E_{t+j}z_{t+j+i}\right\} + n_{t+j-1} = z_{t+j}.$$

Dieser Ausdruck muß genauso erfüllt sein, falls die vermutete Lösung (10) wirklich den Eulergleichungen genügt. Da aber $-\phi = b(\lambda_1 + \lambda_2)$ und $b\lambda_2 = 1/\lambda_1$, ist $\{b\lambda_1 + \phi\}\lambda_1 = -1$, und damit reduziert sich die vorige Gleichung zu:

$$-\sum_{i=0}^{\infty} \left(\frac{1}{\lambda_2}\right)^{i+1} E_{t+j}z_{t+j+i+1} + \sum_{i=0}^{\infty} \left(\frac{1}{\lambda_2}\right)^i E_{t+j}z_{t+j+i} = z_{t+j}.$$

Diese Gleichung ist stets erfüllt. Damit ist bewiesen, daß die Probelösung der Eulergleichung genügt. Nimmt man an, daß $z_t$ von exponentieller Ordnung kleiner 1/b ist, läßt sich wie im Kapitel IX zeigen, daß die Transversalitätsbedingung ebenfalls erfüllt ist.

Man braucht natürlich gar nicht anzunehmen, daß (10) die korrekte Lösung ist, da sich die Lösung leicht auf konstruktivem Wege finden läßt. Diese Methode beinhaltet die Auflösung der Eulergleichungen für $E_{t+j}n_{t+j+1} \equiv E_s n_{s+1}$ mit $s \equiv t + j$. Man schreibt die Eulergleichungen als

$$bE_{s-1}n_s + \phi n_{s-1} + n_{s-2} = z_{s-1}, \tag{12}$$

wobei $E_{s-1}n_s = En_s/\Omega_{s-1}$ und $\Omega_{s-1} = \Omega_{t+j-1}$. Diese Gleichung wird umformuliert zu

$$\{b + \phi B + B^2\}E_{s-1}n_s = E_{s-1}z_{s-1}.$$

Der Operator $B$ wird definiert durch $B^{-j}E_{s-1}n_s \equiv E_{s-1}n_{s+j}$ für alle ganzzahligen Werte von $j$.[2] Die obige Gleichung ist nun

$$b(1 - \lambda_1 B)(1 - \lambda_2 B)E_{s-1}n_s = E_{s-1}z_{s-1}. \tag{13}$$

[2] Es ist notwendig zwei Operatoren $B$ und $L$ zu unterscheiden. Der Operator $B$ wird definiert durch

$$B^{-1}[Ex_{t+j}|\Omega_{t-1}] = Ex_{t+j+1}|\Omega_{t-1},$$

d. h. durch die Anwendung von $B^{-1}$ wird der Zeitindex der Variablen um eine Periode in die Zukunft verschoben, für die eine bedingte Prognose errechnet wird, allerdings bleibt die Informationsmenge unverändert. Der Lag-Operator $L$ wird definiert durch

$$L^j x_t = x_{t-j}.$$

Hier gilt $1 + \phi b^{-1} B + b^{-1} B^2 = (1 - \lambda_1 B)(1 - \lambda_2 B)$. Dies stellt die gleiche Faktorenzerlegung dar, die wir schon für den nicht-stochastischen Fall in Kapitel IX untersucht haben. Somit ist $\lambda_1 < 1 < 1/b < \lambda_2$. Um die Transversalitätsbedingung (9) zu erfüllen, lösen wir $\lambda_1$ „rückwärts" und $\lambda_2$ „vorwärts" und wenden die Vorwärts-Inverse von $1 - \lambda_2 B$ auf (13) an. Als Lösung erhalten wir dann:[3]

$$E_{s-1} n_s - \lambda_1 E_{s-1} n_{s-1} = -\frac{1}{\lambda_2 b} \frac{1}{1 - \lambda_2^{-1} B^{-1}} E_{s-1} z_s,$$

oder

$$E_{s-1} n_s = \lambda_1 n_{s-1} - \lambda_1 \sum_{i=0}^{\infty} \left(\frac{1}{\lambda_2}\right)^i E_{s-1} z_{s+i}, \tag{14}$$

da $E_{s-1} n_{s-1} = n_{s-1}$ und $\lambda_1 = (\lambda_2 b)^{-1}$. Aus der Transversalitätsbedingung und dem „systematischen Teil" der Eulergleichungen, nämlich (12), folgt als Lösung für $E_{s-1} n_s$ die Gleichung (14). Um zu einer Lösung für $n_s$ zu gelangen, erweitern wir die Informationsmenge in (14) von $\Omega_{s-1}$ auf $\Omega_s$. Dies ist die verfügbare Information, wenn $n_s$ tatsächlich festgelegt wird, und damit ist

$$n_s = \lambda_1 n_{s-1} - \lambda_1 \sum_{i=0}^{\infty} \left(\frac{1}{\lambda_2}\right)^i E_s z_{s+i}.$$

Dieser Ausdruck ist, wie wir schon bewiesen haben, eine Lösung der Eulergleichungen, die die Transversalitätsbedingung erfüllen.[4]

Die Lösung unseres quadratischen Problems hat die besondere Eigenschaft, daß nur die bedingten Mittelwerte der $z_{t+j}$ auftreten und keine Momente höherer Ordnung. Diese Lösung folgt dem „Sicherheitsäquivalenz-" oder „Seperations"-

---

Aus dieser Definition folgt insbesondere, daß

$$L^{-1}(Ex_{t+j} | \Omega_{t-1}) = Ex_{t+j+1} | \Omega_t;$$

damit verschiebt sich also bei Verwendung von $L^{-1}$ sowohl die Zufallsvariable $x$ **als auch** die Informationsmenge $\Omega$ um eine Periode in die Zukunft.

[3] Wir müssen hier vorsichtig sein, da wegen der Eigenschaften von $B$ nur die Vorwärtsinverse von $1 - \lambda_2 B$ zulässig ist, ganz abgesehen von Gründen der Konvergenz. Es ist zulässig auf beide Seiten einer Gleichung Polynome mit nicht-positiven Potenzen von $B$ anzuwenden, die Verwendung von positiven Potenzen hingegen ist unzulässig. Zum Beispiel impliziert $E_t x_{t+1} = E_t y_{t+1}$ **nicht**, daß $B E_t x_{t+1} = B E_t y_{t+1}$, d.h. $x_t = y_t$. Die von uns im Text durchgeführte Operation ist daher zulässig, da nur mit Polynomen mit nicht-positiven Potenzen von $B$ gerechnet wird.

[4] Es läßt sich zeigen, daß ein weiterer stochastischer Prozeß für $\{n_{t+j}\}$, der den Eulergleichungen und der Transversalitätsbedingung genügt, die Lösung bei „vollkommener Voraussicht" ist:

$$n_{t+j} = \lambda_1 n_{t+j-1} - \lambda_1 \sum_{i=0}^{\infty} \left(\frac{1}{\lambda_2}\right)^i z_{t+j+i}. \tag{10'}$$

In dieser Lösung ist $n_{t+j}$ von den tatsächlichen, zukünftigen Werten von $z_{t+j+i}$ abhängig, von denen wir annehmen, sie seien im Zeitpunkt $(t+j)$ nicht beobachtbar. Der stochastische Prozeß (10) ist die interessierende Lösung, da sie „nicht-antizipativ" ist, d.h. bei ihr ist $n_{t+j}$ nur eine Funktion der im Zeitpunkt $(t+j)$ verfügbaren Daten.

Prinzips, welches quadratischen Funktionen $g(\ )$ innewohnt. Das heißt, man kann das Problem in zwei Schritte zerlegen: Zunächst sind Kleinstquadratprognosen für die exogenen $z_t$ durchzuführen, die die bedingten Erwartungswerte $E_t z_{t+j}$ bilden; anschließend ist zum Zeitpunkt $t$ das nicht-stochastische Optimierungsproblem

$$\underset{n_t, n_{t+1}, \ldots}{\text{maximiere}}\ V_t = \sum_{j=0}^{\infty} b^j g(n_{t+j-1}, n_{t+j}, E_t z_{t+j}), \qquad \text{für gegebenes } n_{t-1},$$

zu lösen. Löst man diese getrennten Probleme, erhält man die korrekte Lösung für $n_t$, genauso wie Festsetzungen von $n_{t+j}$ die korrekten Werte für $E_t n_{t+j}$, $(j \geqq 1)$ ergeben. Diese Trennung von Prognose- und Optimierungskalkülen ist rechnerisch sehr bequem, und daraus erklärt sich auch die häufige Verwendung von quadratischen Zielfunktionen in empirischen Arbeiten. Bei allgemeinen Formen der Funktion $g(.,.,.)$ gilt das Sicherheitsäquivalenzprinzip nicht, so daß sich Prognose- und Optimierungsprobleme nicht „trennen" lassen.

## 2. Optimale lineare Strategien

Die Entscheidungsregel (10) bestimmt $n_t$ als lineare Funktion von $n_{t-1}$ sowie von den bedingten Erwartungswerten $E_t w_{t+i}$ und $E_t a_{t+i}$, $i = 0, 1, 2, \ldots$. Im allgemeinen sind jedoch diese Erwartungswerte nicht-lineare Funktionen der Information in $\Omega_t$. Hat man gegebene, spezielle stochastische Prozesse für $w_t$ und $a_t$, dann kann man Gleichung (10) nach einer Entscheidungsregel auflösen, die $n_t$ im allgemeinen als nicht-lineare Funktion von $n_{t-1}$ und $\Omega_t$ abbildet. Dies ist die optimale Entscheidungsregel.

Nehmen wir einmal an, wir möchten $v_t$ maximieren und uns dabei auf die Klasse von Entscheidungsregeln beschränken, die $n_t$ als lineare Funktionen von $n_{t-1}$ und der Information in $\Omega_t$ ausdrücken. Es sei $g(\ )$ gegeben durch (2), so daß die optimale (nicht-lineare) Entscheidungsregel dem Ausdruck (10) gehorcht. Man erhält dann die optimale lineare Regel, indem man die bedingten mathematischen Erwartungswerte in (10) durch die entsprechenden linearen Kleinstquadratprojektionen auf die Informationsmenge $\Omega_t$ ersetzt.

In dem Spezialfall, in dem $\{z_{t+j}\}$ ein multivariater, normalverteilter stochastischer Prozeß ist, sind die bedingten mathematischen Erwartungswerte linear und gleich den entsprechenden linearen Kleinstquadratprojektionen. In diesem Fall sind bei einer quadratischen Zielfunktion lineare Kleinstquadrat-Strategien in der Klasse aller Entscheidungsregeln, bei denen $n_t$ eine Funktion von $n_{t-1}$ und $\Omega_t$ ist, optimal.

Bei Gaußschen (d.h. normalverteilten) exogenen Prozessen $\{w_t\}$ und $\{a_t\}$ würde die Entscheidungsregel $n_t$ im allgemeinen mit positiver Wahrscheinlichkeit gelegentlich negative Werte für die Beschäftigung erfordern. Die Entscheidungsregel (10) umfaßt daher bei Gaußschen $w_t$- und $a_t$-Prozessen die Nichtnegativitätsbedingung $n_{t+j} \geqq 0$ für alle $j$ nicht mit einer Wahrscheinlichkeit von eins. Innerhalb dieses Ansatzes mit Gaußschen Prozessen ist die Annahme üblich, daß die Varianzen von $w_t$ und $a_t$ im Vergleich zu den zugehörigen Konstanten (d.h. $f_0$ und die Konstanten in den stochastischen Prozessen von $w_t$ und $a_t$) hinlänglich klein sind. Damit wären negative Werte der $n$ nur mit einer sehr geringen Wahrscheinlichkeit denkbar. Stattdessen könnte man verschiedene Arten nicht-normalverteilter stochastischer Änderungen von $w_t$ und $a_t$ annehmen, die so „abgeschnitten" sind, daß $\{n_t\}$ mit der Wahrscheinlichkeit eins nichtnegativ wäre. In diesem Falle muß man $E_t w_{t+i}$ und $E_t a_{t+i}$ durch lineare Kleinstquadratprojektionen in (10) ersetzen, um eine lineare Entscheidungsregel beizubehalten.

## 3. Investition

Diese dynamischen Optimierungsmethoden werden nun auf das Modell der Investition unter Unsicherheit von Lucas und Prescott (1971) übertragen. Um unsere einfachen Optimierungsinstrumente anwenden zu können, behandeln wir einen Spezialfall ihres Modells und modifizieren die Annahmen über Nachfrage und Technologie derart, daß die in Frage kommenden Optimierungsprobleme in unseren linear-quadratischen Ansatz passen. In dem Modell von Lucas und Prescott wird das Konzept eines „Gleichgewichts bei rationalen Erwartungen" auf interessante Weise dargestellt. Untersucht werden dabei stochastische Prozesse, die bestimmte Gleichgewichtsbedingungen erfüllen. Das Modell von Lucas und Prescott ist deshalb von praktischem Interesse, da es einen Rahmen zur Durchführung ökonometrischer Schätzungen bereitstellt, mit denen die Wirkungen unterschiedlicher Konstellationen der Steuerpolitik auf die Investitionsrate analysiert werden können.

Es wird dabei so vorgegangen, daß zunächst ein Modell mit „vollkommener Voraussicht" untersucht wird. Darin sind die exogenen Variablen nicht-stochastisch, und folglich kann man sie vernünftigerweise als richtig prognostiziert postulieren. Die Erweiterung zu einem stochastischen Ansatz ist dann relativ einfach: Die exogenen Variablen sind stochastische Prozesse, über die die Akteure bestimmte Arten von Information besitzen.

Wir gehen von einer Industrie mit $n$ identischen, kompetitiven Unternehmen aus, die nur einen Input, nämlich Kapital, zur Produktion eines Produkts verwenden. Die Nachfragekurve für das Industrieprodukt sei im Zeitpunkt $t$ gegeben durch

$$p_t = A_0 - A_1 Y_t + u_t, \qquad A_0, A_1 > 0, \tag{15}$$

wobei $p_t$ der Outputpreis in $t$, $Y_t$ der Output der Industrie und $u_t$ ein Nachfrageschock ist. Der Output jeder einzelnen Unternehmung sei $f_0 k_t$, wobei $k_t$ der Kapitalstock des Unternehmens im Zeitpunkt $t$ und $f_0 > 1$ ist. Der Output der gesamten Industrie ist dann $Y_t = nf_0 k_t$.

Die repräsentative Unternehmung steht sowohl auf dem Produkt- wie auch auf den Faktormärkten im Wettbewerb mit anderen Unternehmungen, ist also folglich ein Preisnehmer bezüglich der Folge der Outputpreise $\{p_{t+j}\}_{j=0}^{\infty}$ und der Folge der Kapitalpreise $\{J_{t+j}\}_{j=0}^{\infty}$. Wir beginnen mit der Analyse des nicht-stochastischen Falls, in dem $\{J_{t+j}\}$ und $\{u_{t+j}\}$ bekannte Folgen von exponentieller Ordnung kleiner als $1/b$ sind. Es wird auch versuchsweise angenommen, daß die Preisfolge $\{p_{t+j}\}$, der die Unternehmung gegenübersteht, von exponentieller Ordnung kleiner als $1/b$ ist, obwohl wir schließlich $\{p_{t+j}\}$ als endogene Folge bestimmen werden. In dem gegenwärtig von uns betrachteten, nichtstochastischen Fall, kennt die repräsentative Unternehmung im Zeitpunkt $t$ die Folgen $\{p_{t+j}\}_{j=0}^{\infty}$, $\{J_{t+j}\}_{j=0}^{\infty}$ und wählt eine Kapitalstockfolge $\{k_{t+j}\}_{j=0}^{\infty}$ um den diskontierten Gegenwartswert

$$v_t = \sum_{j=0}^{\infty} b^j \left\{ p_{t+j}(f_0 k_{t+j}) - J_{t+j}(k_{t+j} - k_{t-1+j}) - \frac{d}{2}(k_{t+j} - k_{t-1+j})^2 \right\}, \quad (16)$$

für ein gegebenes $k_{t-1}$ zu maximieren. Hierbei ist $d > 0$ ein Koeffizient, der die unternehmensinternen Kosten einer raschen Kapitalstockanpassung determiniert. Für den Diskontierungsfaktor $b$ gilt $0 < b < 1$.

Die Eulergleichung für dieses Problem ist

$$p_{t+j} f_0 - J_{t+j} + bJ_{t+j+1} - d(1+b)k_{t+j} + b\,dk_{t+j+1} + dk_{t+j-1} = 0, \qquad j = 0, 1, \ldots . \quad (17)$$

Diese läßt sich umformulieren zu

$$b\left(1 - \left(1 + \frac{1}{b}\right)L + \frac{1}{b}L^2\right)k_{t+j+1} = \frac{1}{d}(J_{t+j} - bJ_{t+j+1} - p_{t+j}f_0),$$

oder

$$b\left(1 - \frac{1}{b}L\right)(1 - L)k_{t+j+1} = \frac{1}{d}(J_{t+j} - bJ_{t+j+1} - p_{t+j}f_0).$$

Als Lösung dieser Differenzengleichung, die der Transversalitätsbedingung[5] genügt, erhält man

$$(1 - L)k_{t+j+1} = \frac{-d^{-1}}{1 - bL^{-1}}(J_{t+j+1} - bJ_{t+j+2} - p_{t+j+1}f_0). \quad (18)$$

In dieser Gleichung ist die Investitionsrate des Unternehmens eine Funktion der zukünftigen Werte des Outputpreises und des Kapitalpreises.

Die repräsentative Unternehmung glaubt, der Outputpreis sei von ihren eigenen Kapitaldispositionen unabhängig. Der Preis wird aber durch die Aktionen aller Unternehmen zusammen beeinflußt, da $p_t$ der Marktnachfragekurve genügt. Wenn alle Unternehmen gleichzeitig ihren Kapitalstock verändern, verändert sich der Marktpreis gemäß $p_t = A_0 - A_1 n f_0 k_t + u_t$. Wir suchen nun ein **Gleichgewichts**paar von Folgen $\{\bar{p}_{t+j}\}_{j=0}^{\infty}$, $\{\bar{k}_{t+j}\}_{j=0}^{\infty}$, die die folgenden beiden Gleichgewichtsbedingungen erfüllen:

(i) Bei gegebener, gleichgewichtiger Kapitalfolge $\{\bar{k}_{t+j}\}_{j=0}^{\infty}$ für die repräsentative Unternehmung, räumen Preise $\{\bar{p}_{t+j}\}_{j=0}^{\infty}$ den Markt, d.h.

$$\bar{p}_{t+j} = A_0 - A_1 Y_{t+j} + u_{t+j} = A_0 - A_1 n f_0 \bar{k}_{t+j} + u_{t+j}.$$

(ii) Steht die repräsentative Unternehmung der Folge $\{\bar{p}_{t+j}\}$ als Preisnehmer gegenüber, so maximiert die Folge $\{\bar{k}_{t+j}\}$ den Gegenwartswert (16).

Wir suchen nach einem Gleichgewicht in dem sich die Unternehmung auf ihrer Kapitalnachfragekurve (18) befindet und der Markt geräumt wird, so daß (15) erfüllt ist.

[5] Die Transversalitätsbedingung wird analog zu der Ableitung in Abschnitt 1 und Kapitel IX hergeleitet.

Um eine gleichgewichtige Kapitalfolge zu finden, wird $A_0 - A_1 f_0 n k_{t+j} + u_{t+j}$ für $p_{t+j}$ in die Eulergleichung (17) eingesetzt, und man erhält

$$A_0 f_0 + f_0 u_{t+j} - J_{t+j} + bJ_{t+j+1} - \{d(1+b) + A_1 f_0^2 n\} k_{t+j} + dk_{t+j-1} + dbk_{t+j+1} = 0. \quad (19)$$

Für diese Gleichung schreibt man

$$bk_{t+j+1} + \phi k_{t+j} + k_{t+j-1} = d^{-1}\{J_{t+j} - bJ_{t+j+1} - f_0 u_{t+j} - A_0 f_0\},$$

wobei

$$\phi = -\left((1+b) + \frac{A_1 f_0^2 n}{d}\right).$$

Wie schon früher kann man diese Gleichung umformulieren zu

$$b\left(1 + \frac{\phi}{b} L + \frac{1}{b} L^2\right) k_{t+j+1} = \frac{1}{d}\{J_{t+j} - bJ_{t+j+1} - f_0 u_{t+j} - A_0 f_0\},$$

oder

$$b(1 - \lambda_1 L)(1 - \lambda_2 L) k_{t+j+1} = d^{-1}\{J_{t+j} - bJ_{t+j+1} - f_0 u_{t+j} - A_0 f_0\},$$

wobei

$$\left(1 + \frac{\phi}{b} L + \frac{1}{b} L^2\right) = (1 - \lambda_1 L)(1 - \lambda_2 L) \qquad \text{und} \qquad \lambda_1 < 1 < \frac{1}{b} < \lambda_2.$$

Die Lösung für $k_{t+j+1}$, welche die Transversalitätsbedingung für das Problem der Unternehmung erfüllt, ist

$$k_{t+j+1} = \lambda_1 k_{t+j} - \frac{\lambda_1 d^{-1}}{1 - \lambda_2^{-1} L^{-1}} \{J_{t+j+1} - bJ_{t+j+2} - f_0 u_{t+j+1} - A_0 f_0\},$$

$$j = -1, 0, 1, 2, \ldots . \quad (20)$$

Damit ist die gleichgewichtige $\{k_{t+j}\}$-Folge als Funktion des ursprünglichen Kapitals $k_{t-1}$ und der zukünftigen Werte des exogenen Nachfrageschocks $u_t$ sowie des Faktorpreises $J_t$ bestimmt.

Um zur gleichgewichtigen Outputpreisfolge zu gelangen, setzt man die gleichgewichtige $k_{t+j}$-Folge in den Ausdruck für die Marktnachfrage ein, und man erhält

$$p_{t+j} = A_0 - A_1 n f_0 k_{t+j} + u_{t+j}. \quad (21)$$

Damit haben wir Folgen $\{k_{t+j}\}$, $\{p_{t+j}\}$ gewonnen, die unsere Gleichgewichtsbedingungen (i) und (ii) erfüllen.

## 4. Exkurs: Zur Beziehung zwischen Gleichgewicht und Optimalität

Betrachten wir einmal die Frage von Lucas und Prescott, ob die Differenzengleichung (19), die die gleichgewichtige Kapitalfolge determiniert, die Eulergleichung eines interessanten Maximierungsproblems ist. Eine positive Antwort scheint hier sehr wahrscheinlich, da (19) die Form einer Eulergleichung besitzt. Es sei folgendes Maximierungsproblem angenommen: Maximiere

$$W_t = \sum_{j=0}^{\infty} b^j\{[A_0 f_0 nk_{t+j} - \tfrac{1}{2}A_1(f_0{}^2 n^2 k_{t+j}^2) + f_0 nu_{t+j} k_{t+j}] \\ - nJ_{t+j}(k_{t+j} - k_{t+j-1}) - \tfrac{1}{2}\, dn(k_{t+j} - k_{t+j-1})^2\} \tag{22}$$

für ein gegebenes $k_{t-1}$. Es läßt sich rasch beweisen, daß (19) genau die Eulergleichung für dieses Problem ist. Der Klammerausdruck ist gleich der Fläche unter der Nachfragekurve für den Output, welcher der Kapitalfolge $\{k_{t+j}\}$ zugeordnet ist. Denn es gilt

$$\int_0^{Y_t} (A_0 - A_1 x + u_t)\, dx = A_0 Y_t - \tfrac{1}{2}A_1 Y_t^2 + Y_t u_t \\ = A_0 f_0 nk_t - \tfrac{1}{2}A_1 f_0{}^2 n^2 k_t{}^2 + f_0 nk_t u_t.$$

Somit maximiert das errechnete Gleichgewicht implizit das soziale Wohlfahrtskriterium oder die „Konsumentenrente“ (22), die gleich der diskontierten Fläche unter der Nachfragekurve minus den diskontierten, gesamten Produktionskosten ist.

Lucas und Prescott haben dieses Ergebnis, daß ein Gleichgewicht implizit ein soziales Wohlfahrtsproblem löst, dazu benutzt, das Gleichgewicht $\{p_{t+j}\}$, $\{k_{t+j}\}$ auch in solchen Situationen zu umschreiben, in denen die direkte Methode zur Herleitung des Gleichgewichts nicht anwendbar ist. Genau die spezielle linear-quadratische Eigenschaft unseres Ansatzes ermöglichte uns eine direkte Herleitung des Gleichgewichts. Das Verfahren von Lucas und Prescott ist in allgemeineren Ansätzen sehr nützlich, da der Modelltheoretiker ein kompliziertes „Fixpunkt“-Problem durch ein Maximierungsproblem ersetzen kann.

### 5. Investition unter Unsicherheit

Wir nehmen an, $\{u_{t+j}\}_{j=0}^{\infty}$ und $\{J_{t+j}\}_{j=0}^{\infty}$ seien exogene, stochastische Prozesse von exponentieller Ordnung kleiner als $1/b$. Das repräsentative Unternehmen ist sowohl bezüglich $\{J_{t+j}\}$ als auch bezüglich des stochastischen Prozesses $\{p_{t+j}\}$ der gleichgewichtigen Preise auf dem Outputmarkt Mengenanpasser. Im Zeitpunkt $t$ verfügt die Unternehmung über eine Informationsmenge $\Omega_t$, welche mindestens aus $\{p_t, p_{t-1}, \ldots, J_t, J_{t-1}, \ldots, k_{t-1}, k_{t-2}, \ldots, u_t, u_{t-1}, \ldots\}$ besteht. Die Unternehmung wählt einen stochastischen Prozeß $\{k_{t+j}\}_{j=0}^{\infty}$, um

$$v_t = E_t \sum_{j=0}^{\infty} b^j \left\{p_{t+j} f_0 k_{t+j} - J_{t+j}(k_{t+j} - k_{t+j-1}) - \frac{d}{2}(k_{t+j} - k_{t+j-1})^2\right\} \tag{23}$$

für ein gegebenes $k_{t-1}$ zu maximieren. Hier ist $E_t(x) \equiv E(x)|\Omega_t$, wobei $E$ der mathematische Erwartungsoperator ist. Entsprechend unserer Analyse in Abschnitt 1 läßt sich einfach zeigen, daß der optimale Plan der Unternehmung die Wahl des folgenden stochastischen Prozesses für Kapital vorsieht:

$$k_{t+j} = k_{t+j-1} - \frac{1}{d}\sum_{i=0}^{\infty} b^i E_{t+j}\{J_{t+j+i} - bJ_{t+j+1+i} - f_0 p_{t+j+i}\}. \tag{24}$$

Ausdruck (24) korrespondiert mit der Lösung (18) für den nicht-stochastischen Fall.

Zwar ist der Preisprozeß $p_t$ für jede einzelne Unternehmung gegeben, nicht jedoch für den Markt insgesamt. Wir suchen nun ein gleichgewichtiges Paar von stochastischen Prozessen $\{\bar{p}_{t+j}\}_{j=0}^{\infty}$ und $\{\bar{k}_{t+j}\}_{j=0}^{\infty}$, die die beiden folgenden Gleichgewichtsbedingungen erfüllen:

(i) Ist der optimale Kontingenzplan (ein stochastischer Prozeß) der repräsentativen Unternehmung zur Setzung von $\{\bar{k}_{t+j}\}$ gegeben, so räumt der stochastische Prozeß für die Preise $\{\bar{p}_{t+j}\}_{j=0}^{\infty}$ den Produktmarkt, d.h.

$$\bar{p}_{t+j} = A_0 - A_1 n f_0 \bar{k}_{t+j} + u_{t+j}.$$

(ii) Steht die repräsentative Unternehmung dem stochastischen Prozeß $\{\bar{p}_{t+j}\}_{j=0}^{\infty}$ als Mengenanpasser gegenüber, dann maximiert der stochastische Prozeß $\{\bar{k}_{t+j}\}_{j=0}^{\infty}$ den erwarteten Gegenwartswert (23).

Ein Gleichgewicht, das (i) und (ii) erfüllt, wird als „Gleichgewicht bei rationalen Erwartungen" bezeichnet, da man unterstellt, die Unternehmen bauen ihre Prognosen der künftigen Outputpreise, die in (24) erscheinen, auf die bedingten, mathematischen Erwartungen hinsichtlich jenes stochastischen Prozesses auf, der die tatsächliche Entwicklung dieser Preise beschreibt.

Wir suchen ein Paar von stochastischen Prozessen $\{k_{t+j}\}$, $\{p_{t+j}\}$, bei dem die Unternehmung ihrem Kontingenzplan (24) folgt und der Markt geräumt wird, so daß (15) erfüllt ist.

Wenn man in völliger Analogie zur nicht-stochastischen Analyse vorgeht, läßt sich einfach zeigen, daß die gleichgewichtigen stochastischen Prozesse für $\{k_{t+j}\}$ und $\{p_{t+j}\}$ gegeben sind durch

$$\begin{aligned} k_{t+j+1} = \lambda_1 k_{t+j} - \frac{\lambda_1}{d} \sum_{i=0}^{\infty} \left(\frac{1}{\lambda_2}\right)^i E_{t+j+1} \{J_{t+j+1+i} \\ - bJ_{t+j+2+i} - f_0 u_{t+j+1+i} - A_0 f_0\}, \quad (25) \end{aligned}$$

$$p_{t+j} = A_0 - A_1 n f_0 k_{t+j} + u_{t+j}. \quad (26)$$

Bei gegebenen, speziellen stochastischen Prozessen für $\{J_{t+j}\}$ und $\{u_{t+j}\}$ kann man Ausdrücke für $E_{t+j} J_{t+j+i}$ und $E_{t+j} u_{t+j+i}$ errechnen[6]. Setzt man diese in (25) ein, so erhält man einen Ausdruck für $k_{t+j} - \lambda_1 k_{t+j-1}$ in Form von beobachtbaren Variablen. Der interessierte Leser sei hierzu auf Übungsaufgabe 1 am Ende dieses Kapitels verwiesen.

## 6. Steuerwirkungen

In dem folgenden sehr einfachen Ansatz sollen einige Grundprobleme dargestellt werden, die sich ergeben, wenn man die Wirkungen von Gewinnsteuern und steuerlichen Erleichterungen für Investitionen auf die Investitionstätigkeit feststellen will. Der relative Preis der Investitionsgüter sei auf eins festgesetzt (oder: Input und Output sei das gleiche Gut). Die Unternehmungen produzieren den Output mit Kapital und tragen (unternehmensintern) die Kosten der schnellen Kapitalanpas-

[6] Beispielsweise durch Verwendung der Wiener-Kolmogorov-Formel in Kapitel XI.

sung. Es existiere eine Gewinnsteuer mit einem marginalen Steuersatz von $\theta_t$ und eine Steuervergünstigung für Investitionen in Höhe von $\phi_t(k_t - k_{t-1})$, die sowohl positiv als auch negativ sein kann. Die Steuerpolitik der Regierung besteht in der Wahl spezieller, stochastischer Prozesse für $\theta_t$ und $\phi_t$. Der Output ist gleich $f_0 k_t$, mit $f_0 > 1$. Das Unternehmen maximiert

$$v_t = E_t \sum_{j=0}^{\infty} b^j \{(1 - \theta_{t+j}) f_0 k_{t+j} - (1 - \theta_{t+j})(k_{t+j} - k_{t+j-1}) + \phi_{t+j}(k_{t+j} - k_{t+j-1}) - \tfrac{1}{2} d(k_{t+j} - k_{t+j-1})^2\}, \tag{27}$$

bei gegebenem $k_{t-1}$, $0 < b < 1$ und $d > 0$. Die Eulergleichung für dieses Problem ist

$$(1 - \theta_{t+j})(f_0 - 1) + E_{t+j} b(1 - \theta_{t+j+1}) + \phi_{t+j} - bE_{t+j}\phi_{t+j+1} - d(1 + b)k_{t+j} + dk_{t+j-1} + dbE_{t+j}k_{t+j+1} = 0, \qquad j = 0, 1, 2, \ldots.$$

Der optimale Kontingenzplan der Unternehmung zur Festsetzung von $k$ ist

$$k_{t+j} - k_{t+j-1} = \frac{1}{d} \sum_{i=0}^{\infty} b^i E_{t+j} \{(1 - \theta_{t+j+i})(f_0 - 1) + b(1 - \theta_{t+j+1+i}) + \phi_{t+j+i} - b\phi_{t+j+1+i}\}. \tag{28}$$

Um eine beobachtbare Investitionsfunktion zu erhalten, sei angenommen, die Regierung spezifiziert die Prozesse $\{\theta_{t+j}\}$, $\{\phi_{t+j}\}$ entsprechend den folgenden Markov-Prozessen:

$$\begin{aligned} E_t \phi_{t+j} &= \mu^j \phi_t, \qquad |\mu| < 1/b, \\ E_t \theta_{t+j} &= \alpha^j \theta_t, \qquad |\alpha| < 1/b. \end{aligned} \tag{29}$$

Nimmt man an, daß die Unternehmen sich der Steuerpolitik (29) bewußt sind, so folgt aus Gleichung (28):

$$\begin{aligned} k_{t+j} - k_{t+j-1} &= \frac{1}{d} \sum_{i=0}^{\infty} b^i \{(f_0 - 1) - (f_0 - 1)\alpha^i \theta_{t+j} + b - b\alpha^{i+1}\theta_{t+j} + \mu^i \phi_{t+j} - b\mu^{i+1}\phi_{t+j}\} \\ &= \frac{1}{d}\left\{\left(\frac{f_0 - 1}{1 - b}\right) - \frac{(f_0 - 1)}{1 - b\alpha}\theta_{t+j} + \frac{b}{1 - b} - \frac{b\alpha}{1 - b\alpha}\theta_{t+j} + \frac{1}{1 - b\mu}\phi_{t+j} - \frac{b\mu}{1 - b\mu}\phi_{t+j}\right\} \\ &= \frac{1}{d}\left\{\left(\frac{f_0 - 1}{1 - b}\right) + \frac{b}{1 - b}\right\} - \frac{1}{d}\left\{\frac{f_0 - 1 + b\alpha}{1 - b\alpha}\right\}\theta_{t+j} + \frac{1}{d}\phi_{t+j}. \end{aligned} \tag{30}$$

Gleichung (30) ist eine beobachtbare Investitionsfunktion, die die gegenwärtige Investitionsrate mit den gegenwärtigen Werten von $\theta$ und $\phi$ verknüpft. Ein Ökonometriker, der Unternehmungen, die unter Bedingungen (29) operieren, untersucht, würde herausfinden, daß sich eine gute Anpassung (genau gesagt, eine vollkommene Anpassung) bei der Schätzung der folgenden Investitionsfunktion ergibt:

$$k_{t+j} - k_{t+j-1} = \beta_0 - \beta_1 \theta_{t+j} + \beta_2 \phi_{t+j}, \tag{31}$$

wobei

$$\beta_0 = \frac{1}{d}\left\{\left(\frac{f_0 - 1}{1 - b}\right) + \frac{b}{1 - b}\right\}, \qquad \beta_1 = \frac{1}{d}\left\{\frac{f_0 - 1 + b\alpha}{1 - b\alpha}\right\}, \qquad \beta_2 = \frac{1}{d}$$

und außerdem $\beta_0, \beta_1, \beta_2 > 0$. Wie könnte man nun, nachdem man über so eine Gleichung verfügt, die Wirkungen bestimmen, die sich bei der Einführung einer neuen Steuerpolitik im Sinne einer Auswahl neuer stochastischer Prozesse für $\{\phi_t\}$ und $\{\theta_t\}$ an Stelle von (29) ergeben? Nimmt man an, die Unternehmen seien sich einer Veränderung der Steuerpolitik bewußt, beispielsweise weil sie dies in der Zeitung lesen, so wäre es **nicht** richtig, einfach den neuen stochastischen Prozeß in Gleichung (31) einzusetzten und dann damit den neuen stochastischen Prozeß für die Investition zu schätzen. Ein derartiges Verfahren unterstellt, die Unternehmen würden ihren alten Regeln für die Prognose von $\theta$ und $\phi$ treu bleiben, also Regeln, die nicht länger optimal sind, wenn neue Prozesse für $\theta$ und $\phi$ in Kraft sind. Wir haben schon früher festgestellt, daß die Annahme, eine Gleichung wie (31) bleibe trotz Änderungen bei den Prozessen von $\{\theta\}$ und $\{\phi\}$ unverändert, bis heute die übliche Vorgehensweise bei der Simulation von makroökonometrischen Modellen darstellt. Die damit verbundene Annahme der Irrationalität der Akteure bei der Aufstellung von Prognosen ist der Kernpunkt der Kritik von Lucas (1976) an ökonometrischen Verfahren zur Bestimmung wirtschaftspolitischer Effekte.

Ein sachgerechter Weg, um die Wirkungen einer veränderten Konstellation der Steuerpolitik zu simulieren, wäre der folgende: Man verwendet frühere Schätzungen der Gleichung (31) **und** der Politik-Prozesse (29) um die Parameter $b$, $d$ und $f_0$ individuell zu bestimmen. Danach benutzt man die Parameter der **neuen**, vorgeschlagenen stochastischen Prozesse für $\{\phi_t\}$ und $\{\theta_t\}$, und leitet mit Hilfe von (28) die neue beobachtbare Investitionsfunktion ab. Der Leser möge dies in den folgenden Übungsaufgaben nachvollziehen.

## Übungsaufgaben

**1.** Es sei

$$J_{t+1} = \alpha J_t + \eta_{t+1}, \qquad |\alpha| < 1/b,$$
$$u_{t+1} = \beta u_t + \varepsilon_{t+1}, \qquad |\beta| < 1/b,$$

wobei $E_t \eta_{t+1} = \bar{\eta}$ und $E_t \varepsilon_{t+1} = \bar{\varepsilon}$. Aus dieser Angabe und aus (25) ist eine „reduzierte Form" der folgenden Art für die Investition zu berechnen:

$$k_{t+j+1} - \lambda_1 k_{t+j} = \gamma_0 + \gamma_1 J_{t+1+j} + \gamma_2 u_{t+1+j}.$$

Für $\gamma_0$, $\gamma_1$ und $\gamma_2$ sollen explizite Formeln in Abhängigkeit von $\lambda_1, d, \lambda_2, \alpha, \beta, \bar{\eta}$ und $\bar{\varepsilon}$ angegeben werden.

**2.** Angenommen, $\phi_t$ und $\theta_t$ werden durch folgende Prozesse charakterisiert:

$$\phi_t = \; = \varepsilon_t - g\varepsilon_{t-1}, \; |g| < 1,$$
$$A_t = u_t - hu_{t-1}, \; h| < 1,$$

wobei $\varepsilon_t = \phi_t - \mathrm{E}[\phi_t | \phi_{t-1}, \phi_{t-2}, \ldots]$; $u_t = \theta_t - E[\theta_t | \theta_{t-1}, \ldots]$. Der optimale Kontingenzplan für $k_t$ möge (28) gehorchen. Es ist eine zu Gleichung (30) analoge, beobachtbare Investitionsfunktion abzuleiten. (Hinweis: Verwenden Sie die Formel von Wiener und Kolmogorov.)

**3.** Angenommen $\phi_t$ und $\theta_t$ folgen den neuen Prozessen

$$\theta_t = \text{konstant} = \bar{\theta} \text{ für alle } t,$$
$$\phi_{t+1} = \alpha y_t + \bar{\phi}, \text{ mit } \bar{\phi} \text{ als Konstante,}$$

wobei $y_t$ das BSP zum Zeitpunkt $t$ ist. Dieses wird der Öffentlichkeit und der Regierung zur gleichen Zeit bekanntgemacht, und zwar bevor die Setzung von $\phi_{t+1}$ publiziert werden muß. Nun unterliege $y_t$ einem stochastischen Prozeß, für den gilt:

$$E_t y_{t+1} = \beta y_t, \quad |\beta| < 1/b.$$

Unter der Annahme, daß der optimale Kontingenzplan für $k_t$ Gleichung (28) gehorcht, ist analog zu Gleichung (30) für die neue Politik eine beobachtbare Investitionsfunktion abzuleiten. Welche Implikationen hat die Lösung für das übliche Vorgehen bei empirischen Arbeiten, bei dem angenommen wird, daß die Erwartungen künftiger Werte von Variablen wie $\phi_t$, nur von deren vergangenen Realisationen abhängen?

**4. (Sicherheitsäquivalenzprinzip)** Es sei $x$ eine Zufallsvariable mit der Wahrscheinlichkeitsdichte $g(x)$, und $\alpha$ sei ein vom Entscheidungsträger zu setzender Parameter. Die Funktion $f(x, \alpha)$ sei konkav und zweimal stetig differenzierbar. Folgende Teilaufgabe 1 ist zu lösen: Es ist ein geeignetes $\alpha$ auszuwählen, um $Ef(x, \alpha) = \int f(x, \alpha)\, g(x)\, d$ zu maximieren.

A. Die für die Wahl von $\alpha$ notwendige Bedingung erster Ordnung ist anzugeben.

B. Angenommen, es sei $f(x, \alpha) = (x, \alpha)\, A\, (x, \alpha)' + (x, \alpha)\, B$.

$B$ ist eine $(2 \times 1)$ Matrix, $(x, \alpha)$ ist ein $1 \times 2$ Vektor und $A$ ist eine $(2 \times 2)$ negativ definite Matrix. Für diesen Spezialfall ist zu zeigen, daß man zur Lösung von Teilaufgabe 1 das gleiche $\alpha$ wählt, wie bei der Lösung der folgenden Teilaufgabe 2: Man wähle $\alpha$ so, daß $f(Ex, \alpha)$ maximiert wird. Die Äquivalenz dieser Antworten im Spezialfall mit einer quadratischen Zielfunktion ist unter dem Ausdruck „Sicherheitsäquivalenz-" oder Seperationsprinzip bekannt.

## Literaturhinweise


Holt, C. C. u. a. (1960). *Planning, Production, Inventories, and Work Force* (with contributions by C. P. Bonini and P. R. Winter), Englewood Cliffs, New Jersey: Prentice-Hall.

Kwakernaak, H. und Sivan, R. (1972). *Linear Optimal Control System*, New York: Wiley (Interscience).

Lucas, R. E. Jr. (1976). "Econometric policy evaluation: A critique." *The Phillips Curve and the Labor Market* (eds.: K. Brunner und A. Meltzer), Vol. 1 of Carnegie-Rochester Conferences in Public Policy, a supplementary series to the *Journal of Monetary Economics*, Amsterdam: North-Holland Publ.

Lucas, R. E. Jr. und Prescott, E. C. (1971). "Investment Under Uncertainty." *Econometrica*, Vol. 39, No. 5, S. 659–681.

Telser, L. G. und Graves, R. L. (1972). *Functional Analysis in Mathematical Economics*, Chicago, Illinois: University of Chicago Press.

# Kapitel XV
# Optimale Geldpolitik

Die Beschaffenheit von optimalen Rückkopplungsregeln für die Setzung von geld- und fiskalpolitischen Instrumenten stellt den zentralen, praktischen Streitpunkt dar, der Keynesianische von Nicht-Keynesianischen Ökonomen unterscheidet. Keynesianische Ökonomen befürworten eine „aktive" Wirtschaftspolitik. Damit verbunden ist eine Rückkopplung zwischen laufenden und früheren Beobachtungen des Zustandes der Wirtschaft und der zukünftigen Festlegung von fiskal- und geldpolitischen Instrumenten (z.B. des Haushaltsdefizits und des Geldangebots). Üblicherweise geht man davon aus, daß diese Rückkopplungsregeln eine Politik implizieren, die sich „gegen den Strom stellen" sollte, die also im Boom Steuererhöhungen und niedrigere Wachstumsraten des Geldangebots, und bei einer sich abzeichnenden Rezession Steuersenkungen und eine höhere Wachstumsrate der Geldmenge erfordern würde.

Andererseits treten Nicht-Keynesianische Ökonomen wie Simons (1936) und Friedman (1948, 1959) dafür ein, daß sich die Regierung bei der Festlegung der Fiskal- und Geldpolitik an Regeln ohne Rückkopplung halten möge. Die Empfehlung von Simons und Friedman für die Regierung setzt sich im wesentlichen aus drei Teilen zusammen. Erstens sollen die Staatsausgaben auf der Grundlage von Kosten-Nutzen-Überlegungen festgelegt werden; dabei soll der Versuch unterbleiben durch Veränderung der Staatsausgaben die Konjunkturschwankungen zu bekämpfen. Zweitens sind die Steuersätze auf einem konstanten Niveau zu halten, so daß bei gegebener Staatsausgabenquote die Wachstumsrate der Staatsschuld über einen Konjunkturzyklus hinweg ein gewünschtes, durchschnittliches Niveau erreicht. Drittens ist das Wachstum des Geldangebots auf eine konstante Rate von $x$ Prozent pro Jahr zu begrenzen, gleichgültig welche allgemeine Konjunkturlage gerade herrscht. Bei der Festlegung von $x$ sollte die angestrebte, durchschnittliche Inflationsrate berücksichtigt werden.

Die Unterschiede zwischen den wirtschaftspolitischen Rezepten dieser beiden Schulen scheinen nicht auf irgendwelchen Unterschieden bei den mit diesen Handlungsstrategien verfolgten wirtschaftpolitischen Zielen zu beruhen. Beide würden die Wirtschaft gerne so nah wie möglich am „Vollbeschäftigungspfad" mit einem hoffentlich stabilen Preisniveau sehen. Auch können die Unterschiede zwischen diesen wirtschaftpolitischen Empfehlungen nicht auf irgendwelche Differenzen darüber zurückgeführt werden, wie denn eine Rückkopplungsregel für ein gegebenes ökonomisches Modell und für eine gegebene Zielfunktion abzuleiten sei: Dies ist im wesentlichen eine technische Frage, und daher kann es hier auch keinen Ansatz für Unstimmigkeiten geben. Meinungsverschiedenheiten resultieren vielmehr aus fundamentalen Unterschieden bei der Beurteilung der Frage, welches das richtige makroökonomische Modell sei. Insbesondere hängt viel von der Frage ab, wie das Verhalten der Akteure bezüglich ihrer Erwartungsbildung für zukünftige Ereignisse modelltheoretisch zu erfassen ist.

In diesem Kapitel werden zunächst die Argumente **für** Rückkopplungsregeln vorgestellt. Sie beruhen auf der Annahme, die Wirtschaft lasse sich durch ein System von stochastischen Differenzengleichungen (d.h. durch ein ökonometrisches Modell) beschreiben, dessen Koeffizienten – wie sie bei einer speziellen Darstellung auftreten – bezüglich alternativer Rückkopplungsregeln (wie sie die wirtschaftspolitische Entscheidungsinstanz anwenden könnte) invariant sind. Es wird sich herausstellen, daß bei Vorgabe eines solchen Ansatzes Regeln mit Rückkopplung solchen ohne Rückkopplung überlegen sind. Dieser Ansatz zeigt die theoretischen Grundlagen der Keynesianischen, „aktiven" wirtschaftspolitischen Strategie auf.

Im Anschluß daran werden wir jene Teile des vorigen Ansatzes untersuchen, die ein Nicht-Keynesianischer Ökonom in Frage stellen würde. Insbesondere wird sich zeigen, daß die Form des Modells, die bezüglich Änderungen der Rückkopplungsregeln invariant sein muß, auch die Formel der Wirtschaftssubjekte zur Prognose zukünftiger Preise umfaßt. Wie wir schon wiederholt festgestellt haben, hängt die Form solcher Prognoseformeln bei optimierenden Akteuren von den Eigenschaften jener exogener, stochastischer Prozesse ab, denen sich die Akteure gegenübersehen. Da Änderungen der Rückkopplungsregeln der Regierung diese Prozesse modifizieren, werden dadurch auch die Prognoseformeln und damit die Modellparameter verändert. Wir werden zeigen, daß eine Verteidigung der Simons-Friedman Regeln ohne Rückkopplung auf diesem Sachverhalt aufgebaut werden kann.

## 1. Optimale Kontrolle bei gegebenen Erwartungen

Wir nehmen an, die Wirtschaft werde durch das folgende, einfache makroökonomische Modell beschrieben:

$$y_t = \gamma(p_t - {}_tp^*_{t-1}) + \lambda y_{t-1} + u_t, \qquad \gamma > 0, \tag{1}$$

$$m_t - p_t = y_t + \varepsilon_t, \tag{2}$$

$${}_tp^*_{t-1} = v(L)p_{t-1} \quad \left(\equiv \sum_{i=0}^{\infty} v_i p_{t-i-1}\right), \tag{3}$$

wobei $y_t$ = log des realen BSP, $p_t$ = log des BSP-Deflators, $m_t$ = log des Geldangebots, und ${}_tp^*_{t-1}$ sei die allgemeine Preisniveauerwartung (logarithmiert) für den Zeitpunkt $t$, die zum Zeitpunkt $t-1$ gebildet wurde. Es seien $u_t$ und $\varepsilon_t$ jeweils seriell unabhängige, stationäre Zufallsprozesse mit Mittelwerten von Null und mit endlichen Varianzen. Der Einfachheit halber wird unterstellt, daß $\varepsilon$ und $u$ unkorreliert sind, also ist $Eu_t\varepsilon_t = 0$. Gleichung (1) stellt eine einfache Phillipskurve dar, in der die Hypothese der natürlichen Arbeitslosenquote enthalten ist, denn es wird postuliert, daß nur unerwartete Preisniveausteigerungen das gesamtwirtschaftliche Angebot in die Höhe treiben können. Gleichung (2) ist eine einfache Portfoliogleichgewichtsbeziehung, in der aus Vereinfachungsgründen kein Zinssatz enthalten ist. In Gleichung (3) wird beschrieben, wie sich Erwartungen als gewichtete Summe vergangener Preise (mit den konstanten Gewichten $v_i$) bilden. Das Modell (1)–(3) determiniert stochastische Prozesse für $y_t$, $p_t$ und ${}_tp^*_{t-1}$, die Funktionen der Störprozesse $u_t$, $\varepsilon_t$ und des Geldangebotsprozesses $m_t$ sind.

Ziel der geldpolitischen Instanzen ist es einen stochastischen Prozeß für das Geldangebot zu wählen, durch den die wirtschaftlichen Resultate in gewisser Weise optimiert werden. Um dieses Problem in einem einfachen Zusammenhang[1] zu verdeutlichen, unterstellen wir zunächst, das Ziel der geldpolitischen Instanz sei die Mini-

[1] Man stelle sich $y_t$ in Abweichungen vom Trend gemessen vor, um Wachstumsfragen vernachlässigen zu können.

mierung der mittleren quadratischen Abweichung* des realen BSP von einem irgendwie festgelegtem Zielniveau $y^*$:

$$\text{M.S.E.} = E(y_t - y^*)^2. \tag{4}$$

Wie wir später noch genauer ausführen werden, eignet sich dieses Kriterium für den Vergleich von Regeln, die schon lange in Kraft sind bzw. für den Vergleich der langfristigen Auswirkungen alternativer Regeln, d. h. nachdem diese für lange Zeit angewandt worden sind. Es erweist sich als bequem, die mittlere quadratische Abweichung wie folgt zu zerlegen:

$$\begin{aligned} E[(y_t - y^*)^2] &= E[((y_t - Ey_t) + (Ey_t - y^*))^2] \\ &= E((y_t - Ey_t)^2) + E((Ey_t - y^*)^2) + 2E(y_t - Ey_t)(Ey_t - y^*). \end{aligned}$$

Da $Ey_t - y^*$ kein Zufallsterm ist, und $E(y_t - Ey_t) = Ey_t - Ey_t = 0$, gelangt man zu der Zerlegung:

$$\text{M.S.E.} = E[(y_t - Ey_t)^2] + (Ey_t - y^*)^2. \tag{5}$$

Die mittlere quadratische Abweichung wird als Summe der Varianz von $y$ und dem „quadrierten systematischen Fehler" um $y^*$ ausgedrückt.

Zur Ableitung einer optimalen Regel für die Geldpolitik empfiehlt es sich, zunächst eine finale Form für $y_t$ anzugeben, in der $y_t$ eine Funktion der gegenwärtigen und verzögerten Werte von $u$, $\varepsilon$ und $m$ ist. Setzt man (3) in (1) ein, erhält man

$$(1 - \lambda L)y_t = \gamma(1 - Lv(L))p_t + u_t.$$

Man löst (2) nach $p_t$ auf, setzt dies in die obige Gleichung ein

$$(1 - \lambda L)y_t = \gamma[1 - Lv(L)](m_t - y_t - \varepsilon_t) + u_t,$$

oder

$$[1 + \gamma - (\lambda + \gamma v(L))L]y_t = \gamma[1 - Lv(L)](m_t - \varepsilon_t) + u_t.$$

Wir nehmen an, der Ausdruck $1 + \gamma - (\lambda + \gamma v(L))L$ besitzt eine stabile Inverse, die einseitig in nichtnegativen Potenzen von $L$ ist. Es ergibt sich damit

$$y_t = \frac{\gamma(1 - Lv(L))}{(1 + \gamma) - (\lambda + \gamma v(L))L}(m_t - \varepsilon_t) + \frac{1}{(1 + \gamma) - (\lambda + \gamma v(L))L}u_t,$$

oder

$$y_t = H(L)m_t + G(L)\varepsilon_t + F(L)u_t, \tag{6}$$

wobei

$$H(L) = \frac{\gamma(1 - Lv(L))}{(1 + \gamma - (\lambda + \gamma v(L))L} = \sum_{i=0}^{\infty} h_i L^i, \qquad G(L) = -H(L) = \sum_{i=0}^{\infty} g_i L^i,$$

$$F(L) = \frac{1}{1 + \gamma - (\lambda + \gamma v(L))L} = \sum_{i=0}^{\infty} f_i L^i.$$

* Das Symbol M.S.E. (= mean squared error) wurde aus dem Originaltext übernommen und bezeichnet die mittlere quadratische Abweichung.

Da $H(L)$, $G(L)$ und $F(L)$ jeweils einseitig sind, ist (6) äquivalent mit

$$y_t = \sum_{i=0}^{\infty} h_i m_{t-i} + \sum_{i=0}^{\infty} g_i \varepsilon_{t-i} + \sum_{i=0}^{\infty} f_i u_{t-i}. \tag{6'}$$

Gleichung (6) ist die finale Form für $y_t$.

Wir nehmen an, die geldpolitische Instanz betrachtet lineare Rückkopplungsregeln folgender Art[2]:

$$m_t = k + A(L)\varepsilon_{t-1} + \beta(L)u_{t-1}, \tag{7}$$

wobei $A(L) = \sum_{i=0}^{\infty} a_i L^i$ und $\beta(L) = \sum_{i=0}^{\infty} b_i L^i$. Gleichung (7) erlaubt der geldpolitischen Instanz, auf unerwartete Änderungen der Wirtschaftslage zu reagieren, die durch die beiden Störterme $u_t$ und $\varepsilon_t$ vollständig beschrieben werden. Wir nehmen an, der geldpolitische Entscheidungsträger kennt die Struktur der Wirtschaft (er kennt die Parameter von (1)–(3) und damit auch von (6)). Ebenso verfügt er über die Daten aller verzögerten Werte von $y_t$, $p_t$ und $m_t$. Mit der Kenntnis der Parameter von (1)–(3) kann er zusammen mit seinen Daten für $p_t$, $y_t$ und $m_t$ die verzögerten Störgrößen $u_t$ und $\varepsilon_t$ berechnen. Die monetäre Instanz muß jedoch $m_t$ setzen, bevor sie Informationen über die gegenwärtigen Werte von $y_t$ und $p_t$ erhält. Dies erklärt, warum nur eine Rückkopplung auf die verzögerten Werte von $\varepsilon$ und $u$ in (7) zulässig ist.

Ziel des monetären Entscheidungsträgers ist es $k$, $A(L)$ und $\beta(L)$ so zu wählen, daß der mittlere quadratische Fehler (5) unter der Nebenbedingung der durch (6) gegebenen Struktur der Wirtschaft minimiert wird. Der Entscheidungsträger nimmt an, daß die Parameterwerte in (6) sich nicht ändern, wenn er die Auswirkungen alternativer Werte der $k$, $a$ und $b$ Koeffizienten in (7) abwägt.

Zur Bestimmung der Wirkungen bei Anwendung der Rückkopplungsregel (7) setzt man (7) in (6) ein und erhält

$$\begin{aligned} y_t &= H(L)[A(L)L\varepsilon_t + \beta(L)Lu_t + k] + G(L)\varepsilon_t + F(L)u_t \\ &= kH(1) + [H(L)A(L)L + G(L)]\varepsilon_t + [H(L)\beta(L)L + F(L)]u_t. \end{aligned} \tag{8}$$

Mit der Substitution von (7) in (6) nehmen wir an, (7) sei bisher ständig gültig gewesen. Der Einfachheit halber sei

$$H(L)A(L)L = \phi(L) = \sum_{i=1}^{\infty} \phi_i L^i, \qquad H(L)\beta(L)L = \psi(L) = \sum_{i=1}^{\infty} \psi_i L^i.$$

Da $E\varepsilon_t = Eu_t = 0$ für alle $t$, gilt, daß

$$Ey_t = kH(1).$$

Der Ausdruck in (5) für den quadrierten systematischen Fehler wird dann minimiert, wenn $k$ so gewählt wird, daß $Ey_t = y^*$:

$$Ey_t = y^* = kH(1).$$

[2] In Fällen in denen die Störvariablen normalverteilt sind, oder die Zielfunktion quadratisch und das Modell linear ist, weiß man, daß lineare Rückkopplungsregeln, die die Form von (7) haben, die optimale Strategie darstellen.

Man ereicht dies, indem man $k = y^*/H(1)$ setzt. Da die Varianz von $y$ nicht von $k$ abhängt, läßt sich die mittlere quadratische Abweichung durch getrennte Minimierung der Varianz und des quadrierten systematischen Fehlers minimieren.

Die Varianz von $y_t$ ergibt sich aus (8) als

$$\operatorname{var} y_t = \operatorname{var} \varepsilon_t \left[ g_0{}^2 + \sum_{j=1}^{\infty} (g_j + \phi_j)^2 \right] + \operatorname{var} u_t \left[ f_0{}^2 + \sum_{j=1}^{\infty} (f_j + \psi_j)^2 \right].$$

Um beispielsweise die Werte von $\phi_i$ für ein Minimum zu finden, muß gelten, daß

$$\partial \operatorname{var} y_t / \partial \phi_i = (\operatorname{var} \varepsilon_t) 2 (g_i + \phi_i) = 0.$$

Wir setzen also $\phi_i = -g_i$ und ebenso $\psi_j = -f_j$. Es läßt sich leicht zeigen, daß die Bedingungen 2. Ordnung für ein Minimum erfüllt sind. Damit wissen wir, daß $\phi(L)$ und $\psi(L)$ so zu setzen sind, daß folgende Bedingungen erfüllt sind:

$$\phi(L) = H(L)A(L)L = -\sum_{i=1}^{\infty} g_i L^i, \qquad \psi(L) = H(L)\beta(L)L = -\sum_{i=1}^{\infty} f_i L^i.$$

Man löst nach $A(L)$ und $\beta(L)$ auf und erhält

$$A(L) = \left( -\sum_{i=1}^{\infty} g_i L^i \right) \Big/ H(L)L, \quad \beta(L) = \left( -\sum_{i=1}^{\infty} f_i L^i \right) \Big/ H(L)L, \quad k = y^*/H(1). \tag{9}$$

Die mittlere quadratische Abweichung von $y_t$ in bezug auf $y^*$ wird minimiert, wenn $A(L)$, $\beta(L)$ und $k$ gemäß (9) gewählt werden. Bei dieser Regel gilt darüber hinaus, daß $H(L)A(L)L + G(L) = g_0$ und $H(L)\beta(L)L + F(L) = f_0$. Damit wird (8) zu

$$y_t = H(1)k + g_0 \varepsilon_t + f_0 u_t = y^* + g_0 \varepsilon_t + f_0 u_t. \tag{10}$$

Gilt die optimale Regel (9) schon seit langer Zeit, dann ist $y_t$ gleich $y^*$ plus einem irreduziblen, seriell unkorrelierten Störglied $f_0 u_t + g_0 \varepsilon_t$. Bei dieser Regel ist die mittlere quadratische Abweichung gleich $g_0^2 \operatorname{var} \varepsilon_t + f_0^2 \operatorname{var} u_t$. Es gilt zu beachten, daß bei der optimalen Regel jede Reihenkorrelation von $y$ eliminiert wurde. Eine starke positive Reihenkorrelation ist aber für die meisten Ökonomen das entscheidende Merkmal des Konjunkturzyklus. Die optimale Regel hat folglich den Konjunkturzyklus eliminiert.

Weil eine Regel existiert, bei der eine Reihenkorrelation des Outputs ausgeschlossen wird, muß nach Keynesianischer Auffassung eine ungeeignete Geld- und Fiskalpolitik für Rezessionen verantwortlich gemacht werden. Diese Argumentation läßt sich natürlich völlig rechtfertigen, wenn man das eben dargestellte Modell zugrundelegt.

Es erscheint nützlich, die optimale Regel für die Geldpolitik unter etwas veränderten Annahmen abzuleiten. Nehmen wir einmal an, daß es im Zeitpunkt $t-1$ wünschenswert erscheint, $m_t$ so festzulegen, daß $E_{t-1}(y_t - y^*)^2$ minimiert wird. Dabei sei $E_{t-1}(.)$ der mathematische Erwartungsoperator, der bezüglich der im Zeitpunkt $t-1$ bekannten Information definiert ist. Die geldpolitische Instanz wünscht die Minimierung von $E_{t-1}(y_t - y^*)^2$ und nimmt dabei die in der Vergangenheit verfolgte (möglicherweise sehr unkluge) Geldpolitik als gegeben hin.

Genau wie oben läßt sich die mittlere quadratische Abweichung wieder zerlegen:

$$E_{t-1}(y_t - y^*)^2 = E_{t-1}((y_t - E_{t-1}y_t)^2) + (E_{t-1}y_t - y^*)^2. \quad (11)$$

Der erste Term ist die bedingte Varianz um den bedingten Mittelwert, und der zweite Term stellt den bedingten, quadrierten systematischen Fehler dar.

Die finale Form (6) läßt sich schreiben als

$$y_t = h_0 m_t + H_1(L)m_{t-1} + g_0 \varepsilon_t + G_1(L)\varepsilon_{t-1} + f_0 u_t + F_1(L)u_{t-1}, \quad (12)$$

wobei

$$H_1(L) = \sum_{i=1}^{\infty} h_i L^{i-1} = \left[\frac{h(L)}{L}\right]_+, \qquad G_1(L) = \sum_{i=1}^{\infty} g_i L^{i-1} = \left[\frac{g(L)}{L}\right]_+,$$

$$F_1(L) = \sum_{i=1}^{\infty} f_i L^{i-1} = \left[\frac{f(L)}{L}\right]_+.$$

Da $\varepsilon_t$ und $u_t$ seriell unabhängig sind, gilt $E_{t-1}u_t = E_{t-1}\varepsilon_t = 0$. Zusammen mit (12) ergibt sich

$$E_{t-1}y_t = h_0 E_{t-1}m_t + H_1(L)m_{t-1} + G_1(L)\varepsilon_{t-1} + F_1(L)u_{t-1}.$$

Um den quadrierten systematischen Fehler zu minimieren, setzen wir $E_{t-1}y_t$ mit $y^*$ gleich und erhalten

$$E_{t-1}m_t = \frac{1}{h_0}y^* - \frac{H_1(L)}{h_0}m_{t-1} - \frac{G_1(L)}{h_0}\varepsilon_{t-1} - \frac{F_1(L)}{h_0}u_{t-1}.$$

Unter jeder beliebigen Regel gilt:

$$y_t - E_{t-1}y_t = h_0(m_t - E_{t-1}m_t) + g_0\varepsilon_t + f_0 u_t.$$

Da $m_t$ unabhängig von $\varepsilon_t$ und $u_t$ festgelegt werden muß (d.h. es muß auf der Basis der Information im Zeitpunkt $t-1$ bestimmt werden), wird die Varianz $E_{t-1}((y_t - E_{t-1}y_t)^2)$ minimiert, wenn man $m_t = E_{t-1}m_t$ setzt. Demzufolge ist die optimale Regel für die Festlegung von $m_t$:

$$m_t = \frac{1}{h_0}y^* - \frac{H_1(L)}{h_0}m_{t-1} - \frac{G_1(L)}{h_0}\varepsilon_{t-1} - \frac{F_1(L)}{h_0}u_{t-1}. \quad (13)$$

Es ist zu beachten, daß bei dieser Regel $y_t$ der Bedingung

$$y_t = y^* + g_0\varepsilon_t + f_0 u_t$$

gehorchen muß. Man findet diese Bedingung durch Einsetzen von (13) in (12). Durch die Anwendung dieser Regel erreicht man also ein $y_t$, welches gleich der Zielgröße $y^*$ plus einem irreduziblen Störterm $g_0\varepsilon_t + f_0 u_t$ ist.

Zur Klärung der Frage, was geschieht, wenn man diese Regel über längere Zeit hinweg anwendet, braucht man nur die Differenzengleichung (13) für einen $m_t$-Prozeß zu lösen, der diese für alle $t$ erfüllt. Dazu schreiben wir für (13):

$$h_0 m_t + H_1(L)m_{t-1} = y^* - G_1(L)\varepsilon_{t-1} - F_1(L)u_{t-1},$$

oder

$$H(L)m_t = y^* - \left(\sum_{i=1}^{\infty} g_i L^i\right)\varepsilon_t - \left(\sum_{i=1}^{\infty} f_i L^i\right)u_t .$$

Wir multiplizieren diese Gleichung mit $H(L)^{-1}$. (An dieser Stelle wird die Annahme, daß die Regel in allen vergangenen Perioden galt, relevant, da durch diese Operation verzögerte $m$-Werte durch die entsprechend verzögerte rechte Seite von (13) ersetzt wurden). Das Resultat

$$m_t = \frac{y^*}{H(1)} - \frac{\sum_{i=1}^{\infty} g_i L^i}{H(L)}\varepsilon_t - \frac{\sum_{i=1}^{\infty} f_i L^i}{H(L)}u_t$$

stimmt genau mit der in (9) formulierten Regel überein.

Zusammenfassend können wir die finale Form von $y_t$ folgendermaßen formulieren:

$$y_t = h_0 m_t + H_1(L)m_{t-1} + g_0\varepsilon_t + G_1(L)\varepsilon_{t-1} + f_0 u_t + F_1(L)u_{t-1}.$$

Wir betrachten Rückkopplungsregeln der Art

$$m_t = k + \alpha(L)\varepsilon_{t-1} + \beta(L)u_{t-1} + \delta(L)m_{t-1},$$

wobei $\alpha(L) = \sum_{j=0}^{\infty} \alpha_j L^j$, $\beta(L) = \sum_{j=0}^{\infty} \beta_j L^j$ und $\delta(L) = \sum_{j=0}^{\infty} \delta_j L^j$. Nach Einsetzen dieser Rückkopplungsregel in die finale Form von $y_t$ und einigen Umstellungen erhält man:

$$\begin{aligned} y_t = h_0 k &+ [H_1(L) + h_0\delta(L)]m_{t-1} + [G_1(L) + h_0\alpha(L)]\varepsilon_{t-1} \\ &+ [F_1(L) + h_0\beta(L)]u_{t-1} + g_0\varepsilon_t + f_0 u_t. \end{aligned}$$

Ist die geldpolitische Regel gegeben (d.h. bei gegebenen Werten von $\alpha$, $\beta$ und $\delta$), dann determiniert diese Gleichung den stochastischen Prozeß für $y_t$. Die geldpolitische Instanz wird dabei die Parameter in der Regel so setzen, daß sich der wünschenswerteste stochastische Prozeß von $y_t$ einstellt, z.B. derjenige bei dem $E_{t-1}(y_t - y^*)^2$ minimiert wird.

Um es nochmals zu wiederholen: Die optimale Regel wurde unter der Annahme abgeleitet, daß die Parameter der finalen Form sich nicht ändern, wenn der Entscheidungsträger die bisherige Regel aufgibt und stattdessen irgendeine neue einführt. Wie wir später sehen werden, stellt diese Annahme für Verfechter eines Ansatzes mit rationalen Erwartungen den zentralen Kritikpunkt an diesem Modell dar.

### A. Ein Beispiel

Wir unterstellen, die Bestimmungsgleichung für das reale BSP habe folgende, reduzierte Form:

$$y_t = \lambda y_{t-1} + b_0 m_t + b_1 m_{t-1} + \varepsilon_t,$$

wobei $\varepsilon_t$ ein seriell unabhängiger Prozeß mit dem Mittelwert Null und einer endlichen Varianz ist. Daraus folgt, daß $E_{t-1}\varepsilon_t = 0$. Die geldpolitische Instanz wünscht $E_{t-1}(y_t - y^*)^2$ zu minimieren. Für die optimale Regel muß gelten:

$$E_{t-1}y_t = y^*,$$

so daß

$$E_{t-1}y_t = \lambda y_{t-1} + b_0 E_{t-1}m_t + b_1 m_{t-1} = y^*.$$

Man löst nach $E_{t-1}m_t$ auf und erhält die optimale Regel

$$E_{t-1}m_t = m_t = \frac{1}{b_0}y^* - \frac{\lambda}{b_0}y_{t-1} - \frac{b_1}{b_0}m_{t-1}.$$

## 2. Das Informationsvariablenproblem

In Anlehnung an Kareken u. a. (1973) betrachten wir folgendes Problem: Der geldpolitische Entscheidungsträger möchte seine Instrumentvariable $m_t$ so setzen, daß $E_{t-1}\big((y_t - y^*)^2\big)$ minimiert wird. Der letzte Ausdruck ist die Projektion von $(y_t - y^*)^2$ auf die im Zeitpunkt $t - 1$ für die Behörde verfügbare Information. Diese Informationsmenge im Zeitpunkt $t - 1$ besteht aus einer Variablenmenge $\Omega_{t-1}$. Da die Behörde fast kontinuierlich Geldpolitik betreibt, muß man sich Zuwächse von $t$ als sehr kleine Zeiteinheiten, wie etwa Tage oder Stunden, vorstellen. Aus diesem Grund ist es wichtig zu wissen, daß die Behörde über einige Variablen sehr viel häufiger Informationen erhält (wie z.B. Zinssätze, über die täglich neue Informationen zur Verfügung stehen) als über andere (z.B. das durchschnittliche, vierteljährliche BSP; hierüber gibt es nur vierteljährlich Daten). Die wirtschaftspolitische Instanz verfüge über ein gesamtwirtschaftliches **Modell**. Eine wichtige Eigenschaft dieses Modells ist es, daß es der geldpolitischen Instanz eine vollständige Übersicht über die ersten und zweiten Momente **aller** für sie wichtigen Variablen liefert, die (egal ob beobachtet oder nicht beobachtet) durch die gegenwärtige oder verzögerte Festsetzungen des Geldangebots bedingt sind. Weiterhin sei das Modell in der Lage, dem geldpolitischen Entscheidungsträger die Wirkung alternativer Festlegungen der Variablen $m_t$ bei gegebenen, vergangenen Zufallvariablen aufzuzeigen. Die Behörde ist also aufgrund der vom Modell bereitgestellten Information in der Lage, eine lineare Kleinstquadratprojektion von $y_t$ auf $m_t$ und $\Omega_{t-1}$ zu schätzen:

$$P[y_t | \Omega_{t-1}, m_t] = \beta m_t + \alpha \Omega_{t-1}, \tag{14}$$

wobei $\alpha$ ein Vektor ist, der mit $\Omega_{t-1}$ vereinbar ist. Die Behörde minimiert $E_{t-1}\{y_t - y^*\}^2$ über der Klasse linearer Entscheidungsregeln, indem sie

$$P[y_t | \Omega_{t-1}, m_t] = y^*$$

oder

$$m_t = \frac{y^*}{\beta} - \frac{\alpha}{\beta}\Omega_{t-1} \tag{15}$$

setzt. Welche Information sollte der Entscheidungsträger nun in bezug auf die optimale Regel (15) bei der Festlegung von $m_t$ berücksichtigen? Im allgemeinen sollte „alles" erfaßt werden. Oder genauer gesagt, es sollte zwischen $m_t$ und all jenen Komponenten von $\Omega_{t-1}$ eine Rückkopplung bestehen, für die die entsprechende Komponente von $\alpha$ ungleich Null ist, d. h. all jene Komponenten von $\Omega_{t-1}$, die zur Prognose der Variablen $y_t$ beitragen. Die wirtschaftspolitische Instanz möchte eben diese Variable $y_t$ steuern können.

### A. Ein Beispiel

Die reduzierte Form für das reale BSP sei

$$y_t = \lambda y_{t-1} + b(L)m_t + c(L)r_{t-1} + \varepsilon_t, \qquad 0 < \lambda < 1, \tag{16}$$

wobei $\varepsilon_t$ ein seriell unabhängiger stationärer Zufallprozeß ist, der den Kleinstquadrat-Orthogonalitätsbedingungen $E\varepsilon_t y_{t-s} = 0$ für $s \geqq 1$ und $E\varepsilon_t m_{t-s} = E\varepsilon_t r_{t-s} = 0$ für **alle** $s$ genügt. Die Lagoperatoren $b(L) = \sum_{i=0}^{\infty} b_i L^i$ und $c(L) = \sum_{i=0}^{\infty} c_i L^i$ sind bezüglich Gegenwart und Vergangenheit einseitig. Aufgrund der Kleinstquadrat-Orthogonalitätsbedingungen ist Gleichung (16) eine Regressionsgleichung. Das Ziel der geldpolitischen Instanz sei wiederum die Minimierung der mittleren quadratischen Abweichung $E_{t-1}((y_t - y^*)^2)$. Die Behörde will zwar auf $y_t$ Einfluß nehmen, erhält aber nie zuverlässige Daten über $y$ oder irgendwelche verzögerten Werte von $y$. Stattdessen besteht ihre Informationsmenge $\Omega_{t-1}$ nur aus verzögerten Werten von $m$ und dem Zinssatz $r$. Für den Entscheidungsträger erweist es sich am besten, derjenigen Regel zu folgen, die sich ergibt, wenn

$$P[y_t | \Omega_{t-1}, m_t] = y^*$$

gesetzt wird. Man gewinnt $P[y_t | \Omega_{t-1}, m_t]$ aus (16), wenn man die verzögerten $y$-Werte in (16) eliminiert:

$$(1 - \lambda L)y_t = b(L)m_t + c(L)r_{t-1} + \varepsilon_t,$$

$$y_t = \frac{b(L)}{1-\lambda L} m_t + \frac{c(L)}{1-\lambda L} r_{t-1} + \frac{1}{1-\lambda L} \varepsilon_t. \tag{17}$$

Wegen der strengen Orthogonalitätsbedingungen, denen $\varepsilon$ unterworfen ist, insbesondere, weil $\varepsilon_t$ in bezug auf $r_s$ und $m_s$ für **alle** $s$ orthogonal ist, folgt, daß auch das zusammengesetzte Störglied $(1 - \lambda L)^{-1} \varepsilon_t$ in (17) bezüglich aller verzögerten Werte von $m_s$ und $r_s$ orthogonal ist. Demzufolge ist (17) eine Regressionsgleichung, und es gilt

$$P[y_t | \Omega_{t-1}, m_t] = \frac{b(L)}{1-\lambda L} m_t + \frac{c(L)}{1-\lambda L} r_{t-1}.$$

Nimmt man an, diese Projektion sei in bezug auf Änderungen der Rückkopplungsregel für $m$ invariant, dann ist die optimale Rückkopplungsregel gegeben durch

$$\frac{b(L)}{1-\lambda L} m_t + \frac{c(L)}{1-\lambda L} r_{t-1} = y^*,$$

oder

$$b_0 m_t = (1 - \lambda)y^* - c(L)r_{t-1} - \left(\sum_{i=1}^{\infty} b_i L^i\right) m_t. \tag{18}$$

Unter der optimalen Regel (18) gehorcht der Output der Beziehung

$$y_t = \lambda y_{t-1} + (1 - \lambda)y^* + \varepsilon_t. \tag{19}$$

Man erhält diese Gleichung durch Einsetzen von (18) in (16). Es gilt hier zu beachten, daß der Output bei der optimalen Regel seriell korreliert ist. Dies ergibt sich als Konsequenz daraus, daß die Informationsmenge keine Daten über verzögerte Werte von $y$ enthält.

In diesem Beispiel sollte jegliche Information, die zur Prognose von $y_t$ beiträgt, in die das Geldangebot bestimmende Rückkopplungsregel eingeschlossen werden. Es verdeutlicht die logische Grundstruktur einer Keynesschen, „aktiven" Geld- und Fiskalpolitik. Die Vorstellung, man könne die Wirtschaft durch ein – vermutlich – großes System stochastischer Differenzengleichungen mit fixen Parametern abbilden, liegt dem Standardeinwand der Keynesianer gegenüber dem Monismus der Monetaristen zugrunde. Die Monetaristen behaupten, die geldpolitische Instanz sollte andere Variablen wie die Zinssätze nicht beachten und sich ausschließlich darauf konzentrieren, das Geldangebot auf einem stetigem Wachstumspfad zu halten. Im Gegensatz dazu beruht die Keynesianische Position, daß der geldpolitische Entscheidungsträger „alle Variablenänderungen beachten (und auf diese reagieren)" sollte – wobei auch die Zinssätze miteinzuschließen sind –, auf folgenden Aussagen[3]: (a) Die Struktur der Wirtschaft wird durch eine extensive Simultaneität gekennzeichnet, so daß Anstöße, die eine Variable wie z. B. einen Zinssatz, berühren, auch einen Einfluß auf die meisten anderen ausüben; (b) da in dem System Verzögerungen existieren, werden die Wirkungen exogener Anstöße auf endogene Variablen im Zeitverlauf verteilt. Diese Wirkungen sind daher seriell korreliert und deswegen in gewisser Weise prognostizierbar. (c) Die Lag-„Struktur" ist im Zeitverlauf konstant und hängt nicht vom Verhalten der geldpolitischen Instanz ab. Aus diesen Sätzen folgt, daß die Variablen, über die die Behörde sehr oft neue Daten erhält (beispielsweise täglich, wie bei den Zinssätzen), Informationen enthalten, die für Korrekturen bei den Prognosen derjenigen zukünftigen Variablenwerte nützlich sind, deren Daten man nicht mit so großer Häufigkeit erhält, wie zum Beispiel das BSP oder die Arbeitslosenquote. Diese Schlußfolgerung ergibt sich, da die gleichen Anstöße sowohl die beobachteten als auch die nicht beobachteten Variablen tangieren, und diese Anstöße Wirkungen auslösen, die fortdauern. Somit folgt aus (c), daß der geldpolitische Entscheidungsträger im allgemeinen die geplanten Parameterwerte seiner wirtschaftspolitischen Instrumente jedesmal dann revidieren sollte, wenn er neue und überraschende Daten über eine Variable erhält, die gleichzeitig mit solchen Variablen determiniert wird, die es zu steuern gilt, wie das BSP oder die Arbeitslosenquote.

Samuelson ist einer derjenigen, die eine simple Regel wie „Wachstum um $x$ Prozent" ablehnen und stattdessen für eine Geldpolitik plädieren, die alle Variablenänderungen in ihr Kalkül einbezieht:

> „Die Erkenntnis, daß ich mich in meinen Schätzungen über die Geschwindigkeit des Geldmengenwachstums in der Zeit von Dezember 1968 bis April 1969 vertan hatte, war nur eine von zwanzig interessanten Informationen, die ich in dieser Woche erhielt. Meine Prognose bezüglich der Stärke der gesamtwirtschaftlichen Nachfrage zum gegenwärtigen Zeitpunkt wurde dadurch nur leicht verbessert. Dies hat ganz einfach den Grund, daß meine Prognosen, um es bildlich zu sagen, nicht auf „ein Geschehen in der Entfernung" gerichtet sind, sondern lose Markov-Prozesse darstellen, in denen ein umfangreicher Vektor von gegenwärtigen Variablen einen „Phasenraum" aufspannt, aus dem sich der Vektor für Morgen entwickelt. (Kurz gesagt, ich begehe hier ganz bewußt das schwerste Verbrechen

[3] Eine ausführliche Diskussion dieser Thesen findet sich bei Kareken u.a. (1973).

aus dem Strafgesetzbuch der Monetaristen: Statt mich nur mit der einzig wichtigen Variablen $\dot{M}/M$ zu beschäftigen, schenke ich auch allen Arten von „Kreditbedingungen" größte Aufmerksamkeit.)

Ich glaube, daß ein kluger Wirtschaftspolitiker oder Wirtschaftsausschuß oft in der Lage ist, die Situation bis zu sechs Monaten oder einem Jahr im voraus zu beurteilen, und mit einiger Überzeugung vorhersagen kann, daß sich die Wirtschaft in einem anderen, als dem durchschnittlichen oder „ergodischen" Zustand befinden wird. Wenn meine Behauptung nicht widerlegt wird, ist keinerlei Anlaß mehr gegeben, eine konstante Wachstumsrate, oder einen engen Wachstumskorridor von $M$ als alleinige Handlungsmaxime für die Geldpolitik vorzugeben.

Diese allgemeinen Annahmen stammen aus unserem Wissen über plausible gesamtwirtschaftliche Modelle und aus Erkenntnissen der Wirtschaftsgeschichte."
[Samuelson (1970)]

### 3. Optimale Kontrolle bei rationalen Erwartungen

Im vorhergehenden Abschnitt behandelten wir eine einfache, aber dennoch vollständige Darstellung der gebräuchlichen Verfahren für makroökonometrische Politikberechnung. Im ersten Schritt wird ein ökonometrisches gesamtwirtschaftliches Modell geschätzt. Im Anschluß daran werden aus dem geschätzten Modell finale Formen in der Art der Gleichung (6) abgeleitet. Diese drücken jede der in die Zielfunktion des Entscheidungsträgers eingehenden endogenen Variablen in Abhängigkeit von wirtschaftspolitischen Instrumenten, sowie laufenden und verzögerten exogenen Variablen und Störvariablen aus. Dabei nimmt man an, diese Gleichungen seien invariant, wenn Politikregeln geändert und die resultierenden Auswirkungen auf die Zielfunktion bestimmt werden.

Ein kritischer Einwand gegen dieses Verfahren betrifft die implizite Annahme, die Entscheidungsregeln der Wirtschaftssubjekte, die man zum Beispiel in der geschätzten Investitions-, Konsumfunktion usw. erfaßt hat, blieben für alternative, durch verschiedene Rückkopplungsregeln implizierte, stochastische Prozesse für die Kontrollvariable unverändert. Wir haben aber schon wiederholt festgestellt, daß optimale Entscheidungsregeln ausnahmslos auf Änderungen derjenigen stochastischen Prozesse reagieren, denen die (für die Wirtschaftssubjekte) exogenen Variablen unterworfen sind. Daher wird die Invarianzannahme, die für die vorangehende Begründung von Rückkopplungsregeln erforderlich war, im allgemeinen nicht zutreffen, wenn Akteure optimale Entscheidungsregeln verwenden. Wir wollen zeigen, wie die Berücksichtigung dieses Sachverhalts zu drastischen Änderungen der implizit optimalen Steuerungsregel führen kann.

Zu diesem Zweck kehren wir zu dem aus Gleichung (1)–(3) bestehenden Modell zurück, ersetzen aber (3) durch die Annahme, die Erwartungen der Wirtschaftssubjekte seien rational, so daß ${}_tp^*_{t-1} = Ep_t|\Omega_{t-1}$, wobei $\Omega_{t-1}$ die Informationsmenge ist, die den Wirtschaftssubjekten zur Verfügung steht. Die Einführung dieser Änderung hat die wichtige Konsequenz, daß die Parameter der finalen Form jetzt von den Parametern der von der geldpolitischen Instanz gewählten Regel abhängen. Oben wurde schon erwähnt, daß solche Abhängigkeiten in den Überlegungen des vorigen Abschnitts nicht berücksichtigt wurden. Wir werden sehen, daß die Tatsache solcher, durch die Annahme rationaler Erwartungen induzierter Abhängigkeiten schwerwiegende Implikationen für die Geldpolitik beinhaltet.

Man erhält bei rationalen Erwartungen folgendes Modell:

$$y_t = \gamma(p_t - {}_tp^*_{t-1}) + \lambda y_{t-1} + u_t, \tag{1}$$

$$m_t - p_t = y_t + \varepsilon_t, \tag{2}$$

$${}_tp^*_{t-1} = E(p_t|\Omega_{t-1}). \tag{3'}$$

Die einzige Modifikation besteht im Austausch der Annahme fixer, autoregressiver Erwartungen in (3) gegen die Hypothese rationaler Erwartungen, die mit (3′) eingeführt wird. Es sei angenommen, daß die Wirtschaftssubjekte und die geldpolitische Instanz über die gleiche Informationsmenge $\Omega_{t-1}$ verfügen, welche (mindestens) verzögerte Werte von $y$, $p$ und $m$ enthält.

Aus (2) und der seriellen Unabhängigkeit von $\varepsilon_t$ folgt, daß

$$Ep_t|\Omega_{t-1} = Em_t|\Omega_{t-1} - Ey_t|\Omega_{t-1}.$$

Darin kommt die Abhängigkeit der die Erwartungsbildung beschreibenden Parameter von den Parametern der geldpolitischen Rückkopplungsregel zum Ausdruck. Wegen (1) gilt

$$Ey_t|\Omega_{t-1} = \lambda y_{t-1}.$$

Die beiden obigen Gleichungen und Gleichung (2) werden in (1) eingesetzt, und es ergibt sich:

$$y_t = \gamma(m_t - y_t - \varepsilon_t - Em_t|\Omega_{t-1} + Ey_t|\Omega_{t-1}) + \lambda y_{t-1} + u_t$$

$$(1 + \gamma)y_t = \gamma(m_t - Em_t|\Omega_{t-1}) - \gamma\varepsilon_t + (\gamma + 1)\lambda y_{t-1} + u_t,$$

oder

$$y_t = \frac{\gamma}{1+\gamma}(m_t - Em_t|\Omega_{t-1}) - \frac{\gamma}{1+\gamma}\varepsilon_t + \frac{1}{1+\gamma}u_t + \lambda y_{t-1}. \tag{20}$$

Gleichung (20) ist das Analogon zu der reduzierten Form der Gleichung (6) in unserem Modell mit ad hoc-Erwartungen. Allerdings treten im Unterschied dazu in (20) die Parameter der Geldmengenkontrollregel explizit auf. Dies läßt sich auf die Existenz des Terms $Em_t|\Omega_{t-1}$ zurückführen.

Um für Gleichung (20) die optimale Regel zu ermitteln, wollen wir uns unserer früheren Vorgehensweise anschließen und $Ey_t|\Omega_{t-1} = y^*$ setzen. Aus (20) wissen wir aber, daß – **ungeachtet** der Parameter der Geldangebotsregel –

$$Ey_t|\Omega_{t-1} = \lambda y_{t-1}.$$

Folglich ist in diesem Modell der quadrierte systematische Fehler von den Parametern der Geldangebotsregel **unabhängig**. Aus (20) folgt, daß die Varianz von $y_t$ um den bedingten Mittelwert $\lambda y_{t-1}$ durch die Bedingung

$$m_t = Em_t|\Omega_{t-1}$$

wie oben minimiert wird. (Ein Ergebnis in diesem und auch schon im vorangegangenen Abschnitt ist somit, daß wirtschaftspolitische Regeln deterministisch aufgebaut sein müssen und keine Überraschungen in sich bergen dürfen.) Wir haben daher folgendes stochastisches Neutralitätstheorem gewonnen, das unser Modell (bzgl. alternativer Politikregeln) kennzeichnet: Eine deterministische Rückkopplungsregel, die auf der sowohl für die Wirtschaftssubjekte wie auch für den Entscheidungsträger verfügbaren Informationsmenge $\Omega_{t-1}$ beruht, ist so gut wie jede andere deterministische Rückkopplungsregel. Das heißt, die mittlere quadratische Abweichung ist keine Funktion derjenigen Parameter, durch die der systematische (prognostizierbare) Teil des Geldangebots bestimmt wird. Die geldpolitische Instanz kann mit deterministischen Rückkopplungsregeln nichts gegen Konjunkturschwankungen (Reihenkorrelation in $y_t$) ausrichten. Dieses Ergebnis steht als Antithese zu unseren früheren Feststellungen, mit denen aktive Keynesianische Politikregeln rational begründet wurden.

Der Leser möge selbst den Beweis führen, daß die Gültigkeit des Neutralitätstheorems nicht von dem jeweiligen Inhalt der angenommenen Informationsmenge abhängt. So lange die Wirtschaftssubjekte und der Entscheidungsträger die gleiche Informationsmenge nutzen, gilt das Theorem für jede beliebige Spezifikation von $\Omega_{t-1}$.

Das bisher Gesagte stellt ein (wenn auch schwaches) Argument zugunsten von Regeln ohne Rückkopplung dar. Einfache, $x$-prozentige Wachstumsregeln sind genauso gut wie irgendwelche deterministischen Rückkopplungsregeln und sind darüber hinaus jeder Regel mit einer stochastischen Komponente überlegen.

Zwei Eigenschaften des durch (1), (2) und (3′) repräsentierten Modells liegen dem Neutralitätsergebnis zugrunde. Zum ersten ist dies die Annahme, die Erwartungen der Wirtschaftssubjekte seien „rational", und sie würden über die gleiche Informationsmenge wie die geldpolitische Instanz verfügen. Die zweite Eigenschaft bezieht sich auf den Einschluß der Hypothese der natürlichen Arbeitslosenrate, das heißt die Angebotsentscheidungen sind in bezug auf Preise und erwartete Preise homogen vom Grade Null. Wenn wir eine dieser beiden Hypothesen aufgeben, lassen sich die Schlußfolgerungen des Neutralitätstheorems nicht mehr ziehen.

## 4. Welcher Standpunkt wird von der Empirie unterstützt?

In den vergangenen Abschnitten wurden zwei in sich logische und konsistente Ansätze beschrieben. Der eine plädiert für Rückkopplungsregeln, der andere behauptet, Rückkopplungsregeln seien nicht besser als Regeln ohne Rückkopplung und sogar schlechter, wenn sie in die Prozeßpolitik etwas einführen, das von Wirtschaftssubjekten aufgrund ihrer Informationsmenge als Störung interpretiert wird. Gibt es empirische Belege, um eine der beiden Ansichten zu wählen? Von Ökonomen werden oft die verschiedensten Arten von naiven Argumenten vorgebracht, die jedoch nicht zur Klärung des Sachverhalts beitragen. Ein Beispiel hierfür ist das oft zitierte Argument, man „wisse" aus empirischen Beobachtungen, daß Steuerherabsetzungen eine hohe antizyklische Wirkung hätten, da zum Beispiel im Anschluß an eine solche Herabsetzung 1964 ein langanhaltender Aufschwung erfolgt sei. Dieses Argument hat keinerlei Erklärungswert, da entsprechend modifizierte Versionen des durch (1), (2) und (3′) gebildeten Modells Abhängigkeiten zwischen Steuersenkungen und nachfolgenden Konjunkturaufschwüngen erklären können.[4] Weiterhin läßt sich ganz allgemein zeigen, daß sowohl „neutrale" als auch „nicht-neutrale" Formen von ökonometrischen Modellen mit buchstäblich jeder beliebigen, beobachteten Korrelationsstruktur in der Datenmatrix vereinbar sind (vgl. Sargent, 1976b).

[4] Ein Beispiel für so ein Modell findet sich bei Sargent (1976a).

Zur Beurteilung der Argumente für eine Politik mit Rückkopplungsregeln ist es unentbehrlich, die für das Konzept entscheidende Invarianzannahme zu verifizieren. Um das Argument unterstützen zu können müßte man zeigen, daß reduzierte Formen von geschätzten makroökonometrischen Modellen in der Art von (6) durch Änderungen der wirtschaftspolitischen Konstellationen in der Vergangenheit nicht beeinflußt wurden. Bisher wurden viel zu wenig Tests in dieser Richtung durchgeführt, aber in ihrer Tendenz weisen die Ergebnisse auf eine Verletzung der Invarianzannahme bei verschiedenen wichtigen Gleichungen in reduzierter Form hin.[5] Zur Klärung dieser Frage müssen jedoch noch weitere Tests in dieser Richtung durchgeführt werden. Auf der anderen Seite läßt sich zeigen, daß das Neutralitätsargument eine Invarianz der Parameter einer anderen Art der reduzierten Form als der in (6) formulierten annimmt. In unserem kleinen Modell enthält Gleichung (20) diese reduzierte Form. Um zu Aussagen über die Relevanz des Neutralitätstheorems zu kommen, müßte man Belege für die Invarianz der in dieser Weise formulierten reduzierten Form besitzen.

Zu diesem Thema existieren aber zum gegenwärtigen Zeitpunkt nur sehr unvollständige und einigermaßen gemischte empirische Beobachtungen.

### 5. Instrumente der Geldpolitik: Zins oder Geldmenge?

Wir betrachten folgendes makroökonomisches Modell:

$$y_t = \gamma(p_t - {}_tp^*_{t-1}) + \lambda y_{t-1} + u_t \quad \text{(Phillipskurve)}, \ \gamma > 0, \tag{21}$$

$$m_t - p_t = y_t + b r_t + \varepsilon_{1t} \quad \text{Portfoliogleichgewichtskurve}, \ b < 0, \tag{22}$$

$$y_t = c(r_t - ({}_{t+1}p^*_{t-1} - p_t)) + \varepsilon_{2t} \quad \text{„IS-Kurve"}, \ c < 0. \tag{23}$$

Hier sei $r_t$ der Zinssatz; $u_t$, $\varepsilon_{1t}$ und $\varepsilon_{2t}$ sind jeweils seriell unabhängige, stationäre Zufallsprozesse mit einem Mittelwert von Null. Damit ist $Eu_t|\Omega_{t-1} = E\varepsilon_{1t}|\Omega_{t-1} = E\varepsilon_{2t}|\Omega_{t-1} = 0$. Es sei angenommen, die Varianzen von $u_t$, $\varepsilon_{1t}$ und $\varepsilon_{2t}$ seien endlich.

Nun hat der geldpolitische Entscheidungsträger die Wahl, ob er eine auf früheren Informationen basierende Rückkopplungsregel zur Festsetzung von $r_t$ verwendet und dabei $m_t$ frei variieren läßt, so daß sich für dieses $r_t$ ein Portfoliogleichgewicht einstellt, oder ob er stattdessen $m_t$ mittels einer auf früherer Information basierenden Rückkopplungsregel setzt und $r_t$ so variieren läßt, daß sich für das System ein Gleichgewicht ergibt. Für welche dieser beiden Alternativen soll sich die wirtschaftspolitische Instanz entscheiden? Für Monetaristen besteht hier die Neigung, die Rückkopplungsregel für $m$ zu empfehlen, während einige (wenn auch nicht alle) Keynesianer für die andere Rückkopplungsregel plädieren. Bei der Analyse der nichtstochastischen Modelle wurde schon festgestellt, daß bei einigen klassischen Modellen eine Festsetzung des Zinssatzes zur Unbestimmtheit des Preisniveaus führt (Beobachtung von Wicksell). In den Keynesianischen Modellen und in den anderen klassischen Modellen mit einer geeigneten Definition des verfügbaren Einkommens konnte der Zinssatz zwar festgelegt werden, aber die Wahl zwischen Zins und Geldmenge hatte keinerlei Konsequenzen für die Höhe des realen BSP. Das heißt, in einem nichtstochastischen Keynesianischen Modell kann ein vorgegebenes

[5] Ein gutes Beispiel für eine Untersuchung dieser Art ist der Aufsatz von Muench u. a. (1974).

Niveau des realen BSP gleichermaßen durch eine geeignete Geldangebotspolitik oder durch eine geeignete Zinspolitik erreicht werden.

Legt man der Analyse jedoch obiges stochastisches Modell zugrunde, dann hat der Entscheidungsträger in der Tat eine Wahlmöglichkeit zwischen den Instrumentvariablen $r$ und $m$. Diese Wahl hat entscheidende Konsequenzen für die Wahrscheinlichkeitsverteilung von $y$. Der Fall mit ad hoc-Erwartungen kann im Detail in Übungsaufgabe 3 am Ende dieses Kapitels ausgearbeitet werden.

Die Wahl von $r$ oder $m$ als Instrumentvariable ist also bei Unsicherheit und bei Erwartungsbildung mit konstanten Gewichten sehr bedeutsam. Wenn hingegen die Varianzen von $u$, $\varepsilon_1$ und $\varepsilon_2$ den Wert Null annehmen wird die Wahl zwischen $r$ und $m$ irrelevant. Dies deckt sich mit den Ergebnissen des früheren nichtstochastischen Keynesianischen Modells.

Wir wenden uns nun der Wahl geldpolitischer Instrumente bei rationalen Erwartungen zu. Wir ergänzen das Modell (21)–(23) durch:

$$ {}_tp^*_{t-1} = E[p_t|\Omega_{t-1}], \tag{24} $$

$$ {}_{t+1}p^*_{t-1} = E[p_{t+1}|\Omega_{t-1}], \tag{25} $$

wobei $\Omega_{t-1}$ die gleichen Variablen wie in der Informationsmenge des Entscheidungsträgers enthält, also alle verzögerten endogenen und exogenen Variablen. Aus (24) und den bedingten Erwartungen in (21) ergibt sich

$$ Ey_t|\Omega_{t-1} = \lambda y_{t-1}. \tag{26} $$

Man bildet die bedingten Erwartungen in (22) und (23) und erhält

$$ Em_t|\Omega_{t-1} - Ep_t|\Omega_{t-1} = Ey_t|\Omega_{t-1} + bEr_t|\Omega_{t-1}, \tag{27} $$

$$ Ey_t|\Omega_{t-1} = c(Er_t|\Omega_{t-1} - E(p_{t+1} - p_t)|\Omega_{t-1}). \tag{28} $$

Bei einer Geldangebotsregel ist $Em_t|\Omega_{t-1}$ gegeben. Man weiß natürlich aus (26), daß in bezug auf die mittlere quadratische Abweichung des Outputs eine deterministische Geldangebotsregel genauso gut wie irgendeine andere ist. Die Geldangebotsregel beeinflußt aber die Verteilung der Preise. Um festzustellen, in welcher Weise dies geschieht, wird (27) und (28) nach $Ep_t|\Omega_{t-1}$ aufgelöst:

$$ Ep_t|\Omega_{t-1} = \frac{1}{1-b} Em_t|\Omega_{t-1} - \frac{1+bc^{-1}}{1-b} Ey_t|\Omega_{t-1} - \frac{b}{1-b} Ep_{t+1}|\Omega_{t-1}. \tag{29} $$

Da $b < 0$, gilt, daß $0 < -b/(1-b) < 1$.

Diese Differenzengleichung läßt sich für $Ep_t|\Omega_{t-1}$ vorwärts lösen:

$$ Ep_t|\Omega_{t-1} = \frac{1}{1-b} \sum_{j=0}^{\infty} \left(\frac{-b}{1-b}\right)^j Em_{t+j}|\Omega_{t-1} - \frac{1+bc^{-1}}{1-b} \sum_{j=0}^{\infty} \left(\frac{-b}{1-b}\right)^j Ey_{t+j}|\Omega_{t-1}. \tag{30} $$

(Man könnte auch $\lambda^{j+1} y_{t-1}$ für $Ey_{t+j}|\Omega_{t-1}$ einsetzen.)

Wir fordern, daß die Endbedingung

$$\lim_{n\to\infty}\left(\frac{-b}{1-b}\right)^n Ep_{t+n}|\Omega_{t-1} = 0$$

erfüllt ist. Damit wird gewährleistet, daß bei konstant gehaltenem Geldangebot von den Wirtschaftssubjekten keine Beschleunigung der Inflation oder Deflation erwartet wird. Vorausgesetzt, daß bei dieser Regel

$$\sum_{j=0}^{\infty}\left(\frac{-b}{1-b}\right)^j Em_{t+j}|\Omega_{t-1}$$

konvergiert, bestimmt Gleichung (30) ein endliches, erwartetes Preisniveau $Ep_t|\Omega_{t-1}$. Dann läßt sich vermutlich die Geldangebotsregel so gestalten, daß $Ep_t|\Omega_{t-1}$ auf einem gewünschten Niveau fixiert werden kann.

Kurz gesagt, man verfügt über eine Geldangebotsregel, mit der man ein endliches (bedingt erwartetes) Preisniveau steuern kann. Von dieser Geldangebotsregel geht zwar keine Wirkung auf die Wahrscheinlichkeitsverteilung des realen Outputs aus (dies folgt wieder aus der Annahme der natürlichen Arbeitslosenquote zusammen mit der Annahme rationaler Erwartungen), dafür aber beeinflußt sie die Verteilung der Preise.

Als nächstes betrachten wir eine Zinssatzregel, die $Er_t|\Omega_{t-1}$ bestimmt. Man weiß aus (21), daß $Ey_t|\Omega_{t-1} = \lambda y_{t-1}$. Damit determiniert (22) $Em_t|\Omega_{t-1} - Ep_t|\Omega_{t-1}$, da sowohl $Er_t|\Omega_{t-1}$ als auch $Ey_t|\Omega_{t-1}$ bestimmt sind. Folglich muß (23) $Ep_t|\Omega_{t-1}$ festlegen. Für den bedingten Erwartungswert von (23) schreibt man

$$Ep_t|\Omega_{t-1} = Ep_{t+1}|\Omega_{t-1} + c^{-1}Ey_t|\Omega_{t-1} - Er_t|\Omega_{t-1}. \qquad (31)$$

Die Lösung dieser Differenzengleichung ist

$$Ep_t|\Omega_{t-1} = \frac{1}{c}\sum_{j=0}^{n} Ey_{t+j}|\Omega_{t-1} - \sum_{j=0}^{n} Er_{t+j}|\Omega_{t-1} + Ep_{t+n+1}|\Omega_{t-1}.$$

Um diese Gleichung für $Ep_t|\Omega_{t-1}$ lösen zu können, braucht man eine Endbedingung in der Form eines exogen gegebenen erwarteten Preisniveaus $Ep_{t+n+1}|\Omega_{t-1}$. Steigt der numerische Wert dieser Endbedingung um eine Einheit, dann steigt auch $Ep_t|\Omega_{t-1}$ um eine Einheit. Damit ist unser Modell unterdeterminiert, und das erwartete Preisniveau $Ep_t|\Omega_{t-1}$ läßt sich nur durch die zusätzliche Einführung einer sehr strengen Endbedingung bestimmen. Das heißt, das Modell, wie es durch (31) beschrieben wird, kann das Preisniveau nicht festlegen, oder anders formuliert: Die zusätzlich einzuführende Endbedingung zur Bestimmung von $Ep_t|\Omega_{t-1}$ bei der Zinssatzregel ist sehr viel strenger, als bei der Geldangebotsregel.

Ökonomisch läßt sich das unterdeterminierte erwartete Preisniveau wie folgt interpretieren: Bei der Zinssatzregel erwarten die Wirtschaftssubjekte richtigerweise, daß die geldpolitische Instanz bei dem festgesetzten Zinssatz die Wirtschaft mit jeder gewünschten Geldmenge versorgt. Die Wirtschaftssubjekte erwarten daher, daß **ceteris paribus** jede Steigerung von $p_t$ durch eine Erhöhung von $m_t$ aufgefangen wird. Rational betrachtet bedeutet dies, daß ein bestimmtes $Ep_t|\Omega_{t-1}$ genauso gut wie jedes andere ist. Damit ist es nicht möglich, ein bestimmtes erwartetes Preisniveau festzulegen. Dies liegt aber nicht einfach daran, daß man ein „falsches" Zinsniveau oder die „falsche" Zinssatzregel gewählt hätte, vielmehr gibt es keine Zinssatzregel, die mit einem bestimmten Preisniveau verbunden wäre.

Diese Ergebnisse entsprechen denen eines nichtstochastischen statischen Vollbeschäftigungsmodells mit sich unendlich schnell anpassenden Löhnen und Preisen. Auch dort war das Preisniveau (bei geeigneten Restriktionen für die IS-Kurve) unbestimmt, wenn die geldpolitische Instanz den Zinssatz als Instrumentvariable verwandte.

## Übungsaufgaben

**1.** In dem Modell, das durch (1), (2) und (3') gebildet wird, werde (1) durch

$$y_t = \gamma(p_t - {}_tp^*_{t-1}) + \lambda y_{t-1} + \alpha({}_tp^*_{t-1} - p_{t-1}) + u_t$$

ersetzt, wobei $\alpha > 0$, und $u_t$ und $\varepsilon_t$ den gleichen Annahmen wie im Text unterworfen seien. Man berechne unter Verwendung der Zielfunktion aus dem Text die optimale Rückkopplungsregel für $m_t$. Man zeige, daß das Neutralitätstheorem nicht gilt.

**2.** Man verwende das gleiche Ausgangsmodell wie in Aufgabe 1, ersetze aber diesmal Gleichung (3') durch

$${}_tp^*_{t-1} = E[p_t | \Omega_{t-1}] + \xi_t,$$

wobei $\xi_t$ ein Term ist, der zufällige Abweichungen von den rationalen Erwartungen ausdrückt, und es gilt: $E[\xi_t | \Omega_{t-1}] = 0$. Die Wirtschaftssubjekte und der wirtschaftspolitische Entscheidungsträger mögen über die gleiche Informationsmenge verfügen. Man suche die optimale Kontrollregel für $m_t$. Gilt das Neutralitätstheorem?

**3.** Man vervollständige das Modell auf Seite 368 und unterstelle folgendes Erwartungsschema mit konstanten Gewichten:

$${}_tp^*_{t-1} = vp_{t-1}, \quad {}_{t+1}p^*_{t-1} = wp_{t-1}.$$

Die Parameter $v$ und $w$ bleiben bei Regeländerungen konstant. Angenommen die Regierung strebe eine Minimierung von $E_{t-1}(y_t - y^*)^2$ durch die Wahl einer Rückkopplungsregel **entweder** in Form von

$$r_t = H\Omega_{t-1}, \text{ **oder** in Form von } m_t = G\Omega_{t-1}$$

an. Dabei sind $H$ und $G$ Vektoren, die mit der Informationsmenge $\Omega_{t-1}$ der Regierung vereinbar sind. Die Informationsmenge bestehe aus Daten über alle **verzögerten** endogenen und exogenen Variablen (und damit auch aus den verzögerten Werten für die Störvariablen, da der Entscheidungsträger das Modell kennt). Außerdem mögen $u_t$, $\varepsilon_{1t}$ und $\varepsilon_{2t}$ paarweise unkorreliert sein. Es ist zu beweisen:

A. Ob die geldpolitische Instanz die Zinssatz- oder die Geldmengenregel verwenden soll, hängt von den Varianzen von $u$, $\varepsilon_1$, $\varepsilon_2$ und den Steigungen der IS- und LM-Kurve ab.

B. Je stabiler und je steiler die IS- im Vergleich zur LM-Kurve ist, um so wahrscheinlicher ist es, daß der Entscheidungsträger den Einsatz des Zinssatz als geldpolitisches Instrument präferiert.

(Eine nützliche Hilfe bei der Lösung dieser Probleme sind die Beiträge von Poole (1970) und Bailey (1971).)

**4.** Es sei $m_t$ der Logarithmus des Geldangebots und $y_t$ die Höhe des realen Outputs. Um zu überprüfen, ob die Hypothese über die Neutralität des Geldes (Geld als „Schleier") auf lange Sicht zutrifft, wird von einem Forscher vorgeschlagen, die finale Form

$$y_t = \sum_{j=0}^{r} h_j m_{t-j} + \text{Residuum}_t$$

zu schätzen und zu testen, ob $\sum_{j=0}^{\infty} h_j = 0$. Ist diese Summe gleich Null, dann soll der Schluß gezogen werden, „Geld sei ein Schleier". Andernfalls soll gefolgert werden, daß auf lange Sicht „Geld eine Rolle spielt". Man diskutiere die Stärken und Schwächen eines solchen Forschungsansatzes vom Standpunkt der ökonomischen Theorie aus. (Sie können für ihre Begründung beliebige Stichprobenmodelle verwenden.)

**5.** Eine Volkswirtschaft werde durch die folgenden Gleichungen beschrieben:

$$C_t = \left(\frac{1.80}{2} - 0.81\right) Y_{t-1} + 100, \qquad I_t = 0.81(Y_{t-1} - Y_{t-2}) + \varepsilon_t + 10,$$

$$Y_t = C_t + I_t + G_t.$$

$C$, $I$, $Y$ und $G$ stehen jeweils für Konsum, Investition, BSP und Staatsausgaben; ferner sei $\{\varepsilon_t\}$ ein RZ-Prozeß mit einem Mittelwert $E[\varepsilon_t] = 0$ und der Varianz $\sigma^2 = E[\varepsilon_t^2]$. Die Zeiteinheit sei ein Quartal. Die Regierung möge $G_t$ jede Periode auf dem konstanten Niveau $\bar{G}$ halten.

A. Kommt es in dieser Volkswirtschaft zu Konjunkturschwankungen? Wie lange ist gegebenenfalls die durchschnittliche Zyklendauer, gemessen durch die Zyklendauer in der Kovarianzfunktion des BSP?

B. Angenommen, $G_t$ werde gemäß einer antizyklischen Fiskalpolitik festgelegt. Beispielsweise verwende die Regierung folgende „Rückkopplungsregel":

$$G_t = 10 - \lambda(Y_{t-1} - Y_{t-2}), \quad \lambda > 0.$$

Es ist zu zeigen, wie Variationen von $\lambda$ die Entwicklung des BSP beeinflussen. Kann $\lambda$ so gewählt werden, daß es zu keinen „Konjunkturschwankungen", definiert als Zyklen in der Kovarianzfunktion des BSP, kommt?

C. Angenommen, die Regierung verwende folgende Rückkopplungsregel:

$$G_t = 10 + \lambda_1 Y_{t-1} + \lambda_2 Y_{t-2}.$$

Für welche Werte von $\lambda_1$ und $\lambda_2$ wird die Varianz des BSP minimiert? (Hinweis: Man schreibe $Y_t$ in der Form

$$Y_t = \text{Konstante} + \sum_{i=0}^{\infty} w_i \varepsilon_{t-1}$$

und prüfe wie die Werte von $w_i$ von $\lambda_1$ und $\lambda_2$ abhängen.)

**6.** Gegeben sei folgendes, makroökonomisches Modell:

$$m_t - p_t = \tau y_t + u_t \quad \text{Portfoliogleichgewicht,}$$

$$y_t = \gamma(p_t - E_{t-1}p_t) + \lambda y_{t-1} + \varepsilon_t \quad \text{gesamtwirtschaftliches Angebot,}$$

$$\gamma > 0, \quad 0 < \lambda < 1,$$

wobei $m$ der Logarithmus der Geldmenge, $p$ der Logarithmus des Preisniveaus, $y$ das reale BSP und $\tau$ gleich eins minus dem marginalen Einkommenssteuersatz ist. Ferner seien $\{u_t\}$ und $\{\varepsilon_t\}$ seriell unkorrelierte, sowie wechselseitig unkorrelierte, schwach stationäre stochastische Prozesse. $E_{t-1}p_t$ ist die lineare Kleinstquadratprojektion von $p_t$ auf verzögerte Werte von $p$, $y$ und $m$.

A. Man zeige für dieses Modell: Die Friedmansche Regel ohne Rückkopplung zur Setzung von $m$ ist bei der Zielfunktion „Minimiere $E_{t-1}(y_t - y^*)^2$ für ein gegebenes $y^*$" genauso gut wie jede andere Regel.

B. Man untersuche, ob der Steuerparameter $\tau$ einen Einfluß auf $E_{t-1}(y_t - y^*)^2$ hat. Wenn ja: Welcher Wert von $\tau$ minimiert die Zielfunktion?

C. Hat der Steuerparameter $\tau$ einen Einfluß auf $E_{t-1}y_t$? Wie würde sich die Antwort ändern, wenn $\tau$ von der Zeit abhängig wäre und beispielsweise durch eine Rückkopplungsregel bestimmt würde?

**7.** Eine Volkswirtschaft werde durch folgendes Gleichungssystem beschrieben:

$$C_t = c_1 Y_{t-1} + u_{1t} \qquad 0 < c_1 < 1$$

$$I_t = a_0 + a_1(Y_{t-1} - Y_{t-2}) + a_2 r_t + u_{2t} \qquad a_1 > 0 > a_2$$

$$m_t = b_1 r_t + b_2 Y_{t-1} + v_t \qquad b_1 < 0,\ b_2 > 0$$

$$C_t + I_t = Y_t,$$

wobei $C_t$ der Konsum zum Zeitpunkt $t$, $I_t$ die Investition, $Y_t$ das BSP, $r_t$ der Zinssatz und $m_t$ das Geldangebot ist; $u_{1t}$, $u_{2t}$ und $v_t$ seien seriell unkorrelierte Zufallsvariablen (RZ-Variablen) die gegenseitig unabhängig sind (d.h. $u_{1t}$, $u_{2t}$ und $v_t$ sind paarweise unkorreliert). Die zugehörigen Varianzen seien $\sigma_{u1}^2$, $\sigma_{u2}^2$ und $\sigma_v^2$.

Der Entscheidungsträger möchte die mittlere quadratische Abweichung $E(Y_t - Y^*)^2$ minimieren, wobei $Y^*$ die Zielgröße für das BSP ist. Um dies zu erreichen erwägt die geldpolitische Instanz zwei alternative Strategien. Die erste besteht in der Steuerung des Geldangebots durch die Rückkopplungsregel

$$m_t = \Lambda_0 + \lambda_1 Y_{t-1} + \lambda_2 Y_{t-2} + \lambda_3 Y_{t-3}, \qquad (*)$$

wobei $\Lambda_0$, $\lambda_1$, $\lambda_2$ und $\lambda_3$ die zu wählenden Parameter sind. Die zweite Alternative beinhaltet die Steuerung des Zinssatzes durch die Rückkopplungsregel:

$$r_t = \Delta_0 + \delta_1 Y_{t-1} + \delta_2 Y_{t-2} + \delta_3 Y_{t-3}. \qquad (\dagger)$$

A. Man berechne die optimalen Werte von $\Lambda_0$, $\lambda_1$, $\lambda_2$ und $\lambda_3$. Welche mittlere quadratische Abweichung erhält man bei dieser Regel?

B. Man berechne die optimalen Werte von $\Delta_0$, $\delta_1$, $\delta_2$ und $\delta_3$ für den Fall der Verwendung der Zinssatzregel ( † ). Welche mittlere quadratische Abweichung erhält man bei dieser Regel?

C. Welche Geldpolitik soll der Entscheidungsträger einschlagen: Steuerung von $r$ oder Steuerung von $m$? Welche Eigenschaft des obigen Modells ist für dieses Ergebnis wesentlich?

## Literaturhinweise


Bailey, M. (1971). *National Income and the Price Level*, 2. Aufl., S. 175–186, McGraw-Hill, New York.

Friedman, M. (1948). "A monetary and fiscal framework for economic stability; *American Economic Review*, Vol. 38, S. 245–264.

Friedman, M. (1959). *A Program for Monetary Stability*, New York: Fordham University Press.

Kareken, J.A., Muench, T., Wallace, N. (1973). "Optimal open market strategy: The use of information variables;" *The American Economic Review*, Vol. LXIII, No. 1, S. 156–172.

Muench, T., Rolnick, A., Wallace, N., Weiler, W. (1974). "Tests for structural change and prediction intervals for the reduced forms of two structural models of the U.S., the FRB-MIT and Michigan Quarterly Models." *Annals of Economic and Social Measurement*, Vol. 3, No. 3, S. 491–520.

Poole, W. (1970). "Optimal choice of monetary policy instruments in a simple stochastic macro model." *Quarterly Journal of Economics*, May, S. 197–216.

Samuelson, P. (1970). "Reflections on recent federal reserve policy." *Journal of Money, Credit and Banking*, Vol. 2, No. 1, S. 33–44.

Sargent, T.J. (1976a). "A classical macroeconomic model for the United States". *Journal of Political Economy*, Vol. 84, No. 2, S. 207–238.

Sargent, T.J. (1976b). "Observational equivalence of natural and unnatural rate theories of macroeconomics." *Journal of Political Economy*, Vol. 84, No. 3.

Simons, H.C. (1936). "Rule versus authorities in monetary policy." *Journal of Political Economy*, Vol. 44, S. 1–30.

# Kapitel XVI
# Elemente der Neuen Klassischen Makroökonomik

## 1. Einführung

Die üblicherweise in Lehrbüchern behandelten klassischen makroökonomischen Modelle werden gewöhnlich als wenig brauchbar bezeichnet, da man die Zeitreihendaten allgemein als nicht vereinbar mit der klassischen Lehre ansieht. Diese unterstellt bekanntlich, daß sich Unternehmen und Arbeiter kontinuierlich auf ihren Angebots- und Nachfragefunktionen bewegen würden. Bekannt sind vor allem die folgenden drei empirischen Beobachtungen, die das klassische Modell angeblich in Frage stellen:[1]

(1) Das Auftreten positiver Output-Preis- und Geldmengen-Output-Korrelationen über alle Konjunkturzyklen hinweg, was offensichtlich den klassischen Neutralitätsaussagen widerspricht;

(2) die Dunlop–Tarshis-Beobachtungen, denen zufolge der Reallohn sich nicht antizyklisch bewegt (im Gegensatz zur Auffassung von Keynes und verschiedener klassischer Ökonomen), und

(3) das prozyklische Verhalten der Arbeitsproduktivität; dies widerspricht offensichtlich dem Gesetz des abnehmenden Ertragszuwachses der Arbeit.

Beobachtungen (2) und (3) wurden oft dahingehend interpretiert, daß sich die Unternehmen nicht immer auf ihrer Arbeitsnachfragefunktion bewegen würden. Beobachtung (1) wurde als Anzeichen dafür gewertet, daß die Daten durch die verbundene Annahme, Arbeitsnachfrage sei immer gleich Arbeitsangebot und Nachfrage wie Angebot hingen vom Reallohn ab, nicht gut beschrieben würden.

Da diese wichtigen Phänomene aus der Blickrichtung der klassischen Lehrbuchmodelle paradox erscheinen mußten, wurde versucht, alternative Modelle zu formulieren. Zum Beispiel wird die Beobachtung von Dunlop–Tarshis über die angeblich geringe antizyklische Anpassung des Reallohns oft von solchen Ökonomen zitiert, die dafür plädieren, die Gleichgewichtstheorien zugunsten von „Ungleichgewichtstheorien“ zu verwerfen.

Zum Beispiel sei hier auf die Arbeiten von Barro und Grossman (1971) sowie auf Solow und Stiglitz (1968) verwiesen. Wie jedoch Phelps (1969) feststellt, sind die ökonometrischen Arbeiten, aus denen die Schlußfolgerungen für die Beschäftigung und die Reallöhne abgeleitet werden, methodisch wenig anspruchsvoll; außerdem enthalten die Gleichgewichtstheorien, die diese empirischen Studien überprüfen wollten, kaum Elemente, die modernen, dynamischen Faktornachfrage- und Faktorangebotstheorien entsprechen.

In diesem Kapitel werden Elemente eines einfachen, dynamischen Gleichgewichtsmodells und seine Bedeutung für die Erklärung obiger Widersprüche beschrieben. Ist einmal der Begriff der Anpassungskosten und der Unsicherheit einge-

[1] Es gibt noch andere Fälle, wie zum Beispiel das Gibson-Paradoxon. Darin wird die Tendenz einer positiven Korrelation zwischen dem Preisniveau und dem Zinssatz für lange Zeitperioden und während des Konjunkturzykluses beschrieben. Keynes sah dies als Widerspruch zu den klassischen Hypothesen von der Neutralität des Geldes an.

führt, so stellt sich als Hauptaufgabe die Schaffung eines Untersuchungsrahmens, innerhalb dessen geprüft werden soll, ob ein Gleichgewichtsmodell für die gesamtwirtschaftliche Beschäftigung und die Reallöhne mit den beobachteten Zeitreihendaten vereinbar ist. Das zu konstruierende Modell ist in eindeutiger Weise ein direkter Abkömmling des klassischen Lehrbuchmodells, denn es ist ein Gleichgewichtsmodell **und** es ergeben sich „klassische" wirtschaftspolitische Schlußfolgerungen daraus. Dieses Modell entstand aus Arbeiten von Lucas und Rapping (1969). Bei der Analyse der Investitionsfunktion, der dynamischen Arbeitsnachfragefunktion und dem Modell der Phillips-Kurve von Lucas haben wir schon einige der Modellelemente kennengelernt.

Bei der Diskussion der Lucasschen Theorie der Phillips-Kurve wurde schon festgestellt, daß diese mit ihrer ursprünglichen Formulierung der Informationsmenge der Wirtschaftssubjekte keine endogene Theorie dafür liefert, warum durch die gesamtwirtschaftliche Nachfrage induzierte Bewegungen von Output und Beschäftigung fortdauern (d. h. seriell korreliert sind). Zwar berücksichtigt dieses Modell solche Bewegungen durch das Vorhandensein des Lag-Terms $\lambda y_{t-1}$ in der Gleichung der Phillips-Kurve, jedoch wird keine Erklärung dafür geliefert, warum dieser Term verwendet wird. In diesem Abschnitt wird beschrieben, wie man durch die Konstruktion eines vollständigeren „klassischen" Modells diese Reihenkorrelation endogen erklären kann. Damit ist es dann möglich, die Berücksichtigung eines Terms wie $\lambda y_{t-1}$ auf der rechten Seite der von Lucas geschätzten Phillips-Beziehung zu begründen.

In diesem Kapitel werden wir wieder auf ein sehr altes Thema in der Konjunkturtheorie stoßen, nämlich die Frage nach dem relativen Wert von „realen" und „monetären" Konjunkturtheorien. Wenn man die Hypothese rationaler Erwartungen in den Ansatz von Lucas und Rapping einbaut, erhält man eine „reale" Konjunkturtheorie in dem Sinn, daß die stochastischen Prozesse für Beschäftigung und Reallohn in bezug auf die stochastischen Prozesse für Geldangebot und Preisniveau vorherbestimmt sind. Insbesondere interessiert uns in diesem Kapitel die Rolle des auf Informationsdifferenzen basierenden Modells der Phillips-Kurve von Lucas bei dem Versuch, wieder einige Wechselwirkungen zwischen den realen und nominalen Teilen des Systems einzuführen.

## 2. Die klassische Arbeitsangebots- und Konsumtheorie

In diesem Abschnitt behandeln wir kurz die klassische Theorie der Haushaltsallokation von Konsum und Arbeit im Zeitverlauf. Begründet wurde diese Theorie durch die Arbeiten von Irving Fisher (1930). Im folgenden schließen wir uns hier der Darstellung von Lucas und Rapping an.

Wir nehmen an, der Haushalt stehe im Zeitpunkt $t$ exogen gegebenen Folgen der Geldlöhne $\{w_{t+j}\}_{j=0}^{\infty}$, der Preise „des" Konsumgutes $\{p_{t+j}\}_{j=0}^{\infty}$ und des Diskontierungsfaktors $\{\beta_{t+j}\}_{j=0}^{\infty}$ gegenüber, wobei $\beta_t = 1$. Für den Haushalt bestehe folgende Budgetbeschränkung:

$$A_t + \sum_{j=0}^{\infty} \beta_{t+j} w_{t+j} n_{t+j} - \sum_{j=0}^{\infty} \beta_{t+j} p_{t+j} c_{t+j} = 0, \tag{1}$$

wobei $A_t$ der gegebene Nominalwert des Vermögens (ohne Humankapital) ist, über das der Haushalt zum Zeitpunkt $t$ verfügt. Unter dieser Budgetbeschränkung wählt der Haushalt die Folgen $\{n_{t+j}\}_{j=0}^{\infty}$, $\{c_{t+j}\}_{j=0}^{\infty}$ seines Arbeitsangebots und seines Konsums, die das Nutzenfunktional $U(\{c_{t+j}\}_{j=0}^{\infty}, \{n_{t+j}\}_{j=0}^{\infty})$ maximieren.[2] Die partielle erste Ableitung für den Konsum in jedem Zeitpunkt $t$ sei größer, die für das Arbeitsangebot sei hingegen kleiner als Null, ferner sei das Funktional $U(.,.)$ konkav. Für den Haushalt ist also in jedem Zeitpunkt $t$ der Grenznutzen des Konsum abnehmend und das Grenzleid der Arbeit zunehmend.

Lucas und Rapping (1969) haben gezeigt, daß man als Ergebnis dieser Optimierung unter Nebenbedingung folgende Gleichungspaare für die Konsum- und Arbeitsangebotspläne erhält:

$$\begin{aligned} n_{t+k} &= \tilde{n}_k(A_t, w_t, \beta_{t+1} w_{t+1}, \beta_{t+2} w_{t+2}, \ldots, p_t, \beta_{t+1} p_{t+1}, \beta_{t+2} p_{t+2}, \ldots), \\ c_{t+k} &= \tilde{c}_k(A_t, w_t, \beta_{t+1} w_{t+1}, \beta_{t+2} w_{t+2}, \ldots, p_t, \beta_{t+1} p_{t+1}, \beta_{t+2} p_{t+2}, \ldots), \\ & k = 0, 1, 2, \ldots, \end{aligned}$$

wobei jede Funktion bezüglich

$$A_t, \qquad \{\beta_{t+j} p_{t+j}\}_{j=0}^{\infty}, \qquad \{\beta_{t+j} w_{t+j}\}_{j=0}^{\infty}$$

homogen vom Grade Null ist. Wegen dieser Null-Homogenität kann man schreiben

$$n_{t+k} = \tilde{n}_k\left(\frac{A_t}{p_t}, \frac{w_t}{p_t}, \beta_{t+1}\frac{w_{t+1}}{p_t}, \beta_{t+2}\frac{w_{t+2}}{p_t}, \ldots, 1, \beta_{t+1}\frac{p_{t+1}}{p_t}, \beta_{t+2}\frac{p_{t+2}}{p_t}, \ldots\right). \tag{2}$$

Wie bei Lucas und Rapping (1969) wird (2) für $k = 0$ logarithmiert:

$$\ln n_t = \alpha_0 + \alpha_1 \ln \frac{A_t}{p_t} + \sum_{j=0}^{\infty} h_j \ln\left(\beta_{t+j}\frac{w_{t+j}}{p_t}\right) + \sum_{j=1}^{\infty} v_j \ln\left(\beta_{t+j}\frac{p_{t+j}}{p_t}\right).$$

Aus der Diskussion über die Fristigkeitsstruktur der Zinssätze wissen wir, daß man den Diskontfaktor wie folgt formulieren kann:

$$\beta_{t+k} = [(1 + r_{1t})(1 + r_{1t+1}) \cdots (1 + r_{1t+k-1})]^{-1},$$

wobei $r_{1t}$ der Zinssatz von Anleihen mit einer Periode Laufzeit von Periode $t$ zu Periode $t+1$ ist. Man verwendet die Näherungsformel (die für kleine $x$ hinreichend genau ist) $\ln(1 + x) = x$ und erhält für $j \geqq 1$:

$$\begin{aligned} & h_j \ln \frac{w_{t+j}}{p_t(1 + r_{1t}) \cdots (1 + r_{1t+j-1})} \\ &= h_j \ln\left[\frac{w_{t+j}}{p_{t+j}} \frac{p_{t+j}}{p_{t+j-1}} \frac{p_{t+j-1}}{p_{t+j-2}} \cdots \frac{p_{t+1}}{p_t} \frac{1}{(1 + r_{1t}) \cdots (1 + r_{1t+j-1})}\right] \\ &= h_j\{\ln w_{t+j} - \ln p_{t+j} + (\ln p_{t+j} - \ln p_{t+j-1} - r_{1t+j-1}) \\ &\quad + (\ln p_{t+j-1} - \ln p_{t+j-2} - r_{1t+j-2}) + \cdots + (\ln p_{t+1} - \ln p_t - r_{1t})\} \\ &= h_j(\ln w_{t+j} - \ln p_{t+j}) + h_j \sum_{k=1}^{j} (\ln p_{t+k} - \ln p_{t+k-1} - r_{1t+k-1}). \end{aligned} \tag{3}$$

[2] $U(\ldots)$ bildet Folgen $\{c_{t+j}\}$, $\{n_{t+j}\}$ auf die Menge der reellen Zahlen ab.

In ähnlicher Weise gilt

$$v_j \ln \frac{p_{t+j}}{p_t} \frac{1}{(1 + r_{1t}) \cdots (1 + r_{1t+j-1})}$$

$$= v_j\{(\ln p_{t+j} - \ln p_{t+j-1} - r_{1t+j-1}) + \cdots + \ln p_{t+1} - \ln p_t - r_{1t}\}. \quad (4)$$

Gleichung (3) und (4) werden in (2) eingesetzt:

$$\ln n_t = \alpha_0 + \alpha_1 \ln\left(\frac{A_t}{p_t}\right) + \sum_{j=0}^{\infty} h_j(\ln w_{t+j} - \ln p_{t+j})$$
$$+ \sum_{j=1}^{\infty} h_j \sum_{k=1}^{j} (\ln p_{t+k} - \ln p_{t+k-1} - r_{1t+k-1})$$
$$+ \sum_{j=1}^{\infty} v_j \sum_{k=1}^{j} (\ln p_{t+k} - \ln p_{t+k-1} - r_{1t+k-1}).$$

Dies läßt sich durch Umstellen noch weiter vereinfachen:

$$\ln n_t = \alpha_0 + \alpha_1 \ln\left(\frac{A_t}{p_t}\right) + \sum_{j=0}^{\infty} h_j(\ln w_{t+j} - \ln p_{t+j}) + \sum_{j=0}^{\infty} z_j(r_{1t+j} - \pi_{t+j}), \quad (5)$$

wobei $\pi_{t+j} = \ln p_{t+j+1} - \ln p_{t+j}$ und

$$z_j = - \sum_{k=j+1}^{\infty} (h_k + v_k).$$

Für die Arbeitsangebotsentscheidung des Haushalts zum Zeitpunkt $t$ läßt sich schließen, daß diese von den gesamten zukünftigen Folgen der Reallöhne und der Realzinssätze (für eine Periode) abhängt.

In einem stochastischen Ansatz wäre

$$\ln n_t = \alpha_0 + \alpha_1 \ln\left(\frac{A_t}{p_t}\right) + \sum_{j=0}^{\infty} h_j E_t\left\{\ln \frac{w_{t+j}}{p_{t+j}}\right\}$$
$$+ \sum_{j=0}^{\infty} z_j E_t\left(r_{1t+j} - \ln \frac{p_{t+j+1}}{p_{t+j}}\right) + \varepsilon_t \quad (6)$$

das „natürliche" Gegenstück zu (5), wobei $\varepsilon_t$ ein Zufallsprozeß und $E_t\{x\}$ die lineare Kleinstquadratprojektion von $x$ auf die im Zeitpunkt $t$ verfügbare Informationsmenge ist. In späteren Abschnitten werden wir auf diese Form der Arbeitsangebotsfunktion zurückgreifen.

Lucas und Rapping (1969) finden es plausibel, daß $h_j$ für niedrige Werte von $j$ positiv, hingegen für hohe Werte von $j$ negativ ist. Mit dieser Annahme wird impliziert, daß der Haushalt auf vorübergehende Reallohnsteigerungen mit einer Steigerung des Arbeitsangebots in der Gegenwart reagiert, hält er jedoch die Reallohnsteigerung für andauernd, so steigt sein Arbeitsangebot in der Gegenwart nicht so stark. Wenn $\sum_{j=0}^{\infty} h_j = 0$, dann reagiert das Arbeitsangebot der Gegenwart nicht auf eine Reallohnsteigerung, die als dauerhaft angesehen wird, so daß das Arbeitsangebot hinsichtlich permanenter Reallohnänderungen vollkommen unelastisch ist. Wenn $\sum h_j < 0$, krümmt sich die Arbeitsangebotsfunktion in bestimmter Weise nach hinten.

Für den Leser dürfte es einsichtig sein, daß man durch die Anwendung der gleichen Folge von Approximationen folgende Konsumfunktion erhält:

$$\ln c_t = \alpha_1 \ln\left(\frac{A_t}{p_t}\right) + \sum_{j=0}^{\infty} h'_j E_t \ln\left\{\frac{w_{t+j}}{p_{t+j}}\right\}$$
$$+ \sum_{j=0}^{\infty} z'_j E_t \left\{r_{1t+j} - \ln \frac{p_{t+j+1}}{p_{t+j}}\right\} + u_t, \tag{7}$$

wobei $u_t$ ein Zufallsprozeß ist. Dies ist eine wirklich „klassische" Konsumfunktion, die im Gegensatz zur Keynesianischen Formulierung steht. Hier betrachten wir einen Haushalt, der sich verschiedenen Folgen (oder, im Falle der Unsicherheit, verschiedenen stochastischen Prozessen) von Löhnen, Preisen und Zinssätzen gegenübersieht, unter denen er wählen kann. Anders bei der Keynesianischen Konsumfunktion: Dort ist das **Einkommen** (als Produkt aus Faktorpreisen und Faktormengen) für die Haushalte exogen gegeben und nicht den Dispositionen der Haushalte unterworfen. Richtigerweise betonen Clower, Barro und Grossman für das Keynesianische Modell die grundlegende Bedeutung der Annahme, daß die Haushalte nicht beliebige Mengen bei bestehenden Preisen und Löhnen handeln können.

### 3. Ein Gleichgewichtsmodell für den Arbeitsmarkt

In diesem Abschnitt wird ein Spezialfall des Modells von Lucas und Rapping (1969) untersucht. Dieser ist einfach genug, um eine explizite Lösung für den Kontingenzplan des Haushalts hinsichtlich seines Arbeitsangebotes ableiten zu können. Dieser Ansatz wird hauptsächlich deshalb gewählt, weil er leicht zu handhaben ist. Zum Teil ist er auch durch die empirischen Ergebnisse von Lucas und Rapping motiviert, die $A_t/p_t$ und die Realzinssätze in (6) als wenig bedeutend erscheinen lassen. Wir schließen den Konsumenten vom Kapitalmarkt aus, so daß er in der laufenden Periode nur in Höhe seines laufenden Einkommens konsumieren kann. Als Ergebnis erhält man dann eine Variante der Arbeitsangebotsfunktion (6), in der die realen Zinssätze und das reale Vermögen $A_t/p_t$ fehlen.

Schließlich ist es das Ziel dieses Abschnitts, die Arbeitsangebotsfunktion des repräsentativen Haushalts mit der schon früher in den Kapiteln IX und XIV untersuchten Arbeitsnachfragefunktion eines repräsentativen Unternehmens zu verbinden. Durch die Forderung, Arbeitsangebot sei immer gleich Arbeitsnachfrage, gelangen wir dann zu einem dynamischen „klassischen" Modell, in dem die stochastischen Prozesse für Beschäftigung und Reallohn bestimmt werden.

## A. Der Haushalt

Dem repräsentativen Haushalt[3] stellt sich das Problem, den Kontingenzplan für sein Arbeitsangebot $n_t$ und seinen Konsum $c_t$ so zu berechnen, daß

$$E_t \sum_{j=0}^{\infty} b^j \left[ u_0 c_{t+j} - [\delta_0 + \varepsilon_{t+j}] n_{t+j} - \frac{\delta_1}{2} n_{t+j}^2 - \frac{\delta_2}{2} (n_{t+j} + \gamma n_{t+j-1})^2 \right] \quad (8)$$

unter Beachtung von

$$c_{t+j} = w_{t+j} n_{t+j} + \Pi_{t+j}, \qquad n_{t-1} \text{ gegeben,}$$

$$u_0, \delta_0, \delta_1, \delta_2 > 0; \qquad 0 < b < 1; \qquad 0 < \gamma < 1,$$

maximiert wird. Hierbei ist $c_t$ der Konsum, $n_t$ die Beschäftigung, $w_t$ der **Real**lohn und $\Pi_t$ die Dividende, die der Haushalt von Unternehmungen im Zeitpunkt $t$ erhält; ferner sei $\varepsilon_t$ ein zufälliger Anstoß auf die Präferenzen.[4] Der Ein-Perioden-Nutzen des Haushalts in $t$ hängt direkt vom Konsum in $t$ und invers vom Arbeitsangebot sowohl in $t$ als auch in $t-1$ ab. Der Ausdruck $\frac{1}{2}\delta_2(n_t + \gamma n_{t-1})^2$ wird vom Ein-Perioden-Nutzen abgezogen, um dem Gedanken Rechnung zu tragen, daß aufeinanderfolgende Perioden mit einer besonders hohen Beschäftigung den Haushalt ermüden und den Ein-Perioden-Nutzen um ein höheres Maß reduzieren, als dies durch die Terme für die laufende Beschäftigung zum Ausdruck kommt. Der repräsentative Haushalt ist ein Mengenanpasser und maximiert (8) bezüglich alternativer Kontingenzpläne für das Arbeitsangebot. Die stochastischen Prozesse $\{w_{t+j}\}_{j=0}^{\infty}$, $\{\Pi_{t+j}\}_{j=0}^{\infty}$ und $\{\varepsilon_{t+j}\}_{j=0}^{\infty}$ sind für ihn exogen gegeben.

Wird $c_t$ unter Verwendung der Nebenbedingung aus (1) eliminiert, stellt sich für den Haushalt das Problem, für $\{n_{t+j}\}$ einen solchen Kontingenzplan auszuwählen, daß

$$E_t \sum_{j=0}^{\infty} b^j \left[ u_0(w_{t+j} n_{t+j} + \Pi_{t+j}) - (\delta_0 + \varepsilon_{t+j}) n_{t+j} - \frac{\delta_1}{2} n_{t+j}^2 - \frac{\delta_2}{2} (n_{t+j} + \gamma n_{t+j-1})^2 \right] \quad (9)$$

für ein gegebenes $n_{t-1}$ maximiert wird. Die Eulergleichung für dieses Problem ist:

$$\begin{aligned} \gamma b \delta_2 E_{t+j} n_{t+j+1} + (\delta_1 + \delta_2 + \delta_2 \gamma^2 b) n_{t+j} + \delta_2 \gamma n_{t+j-1} \\ = u_0 w_{t+j} - \delta_0 - \varepsilon_{t+j}, \qquad j = 0, 1, 2, \ldots, \end{aligned} \quad (10)$$

---

[3] In diesem und im nächsten Abschnitt wird angenommen, daß die exponentielle Ordnung aller exogenen stochastischen Prozesse kleiner als $1/b$ ist.

[4] Die Berücksichtigung der Anzahl der Unternehmen und Haushalte als zusätzliche Parameter wäre hier nur störend, daher wird das Problem wie üblich anhand von „repräsentativen" Wirtschaftssubjekten dargestellt. Der substantielle Aspekt dieses Verfahrens besteht in der damit implizit getroffenen Annahme, daß alle Unternehmen sowie auch alle Haushalte gleichartig sind. Technisch gesprochen ersparen wir uns damit, in der Analyse die jeweilige Anzahl jeder Art von Wirtschaftseinheit berücksichtigen zu müssen. Das schon früher in Kapitel XIV behandelte Investitionsmodell von Lucas und Prescott ist ein Beispiel für die Berücksichtigung der Zahl der Wirtschaftssubjekte. Dem Leser bleibt es natürlich unbenommen, für das gegenwärtige Modell $m_1$ Unternehmen und $m_2$ Haushalte zu unterstellen.

oder

$$[1 + \psi B + b^{-1}B^2]E_{t+j}n_{t+j+1} = (\gamma b\delta_2)^{-1}[u_0 w_{t+j} - \delta_0 - \varepsilon_{t+j}],$$
$$j = 0, 1, 2, \ldots, \quad (11)$$

wobei $\psi = (\delta_1/\gamma\delta_2 b) + (1/\gamma b) + \gamma > 0$ und der Operator $B$ definiert ist als: $BE_t x_{t+j} = E_t x_{t+j-1}$. Wie üblich suchen wir nach einer Faktorenzerlegung

$$1 + \psi B + b^{-1}B^2 = (1 - \lambda_1 B)(1 - \lambda_2 B).$$

Gleichnamige Potenzen von $B$ werden gleichgesetzt und man erhält

$$-(\lambda_1 + \lambda_2) = \psi, \qquad \lambda_1\lambda_2 = 1/b.$$

Damit löst $\lambda_1$ die Gleichung $b\lambda_1 + \lambda_1^{-1} = -b\psi$. Da $\psi > 0$, tauchen die Lösungswerte für $\lambda_1$ und $\lambda_2$ im dritten Quadranten der Abbildung 1 auf und sind negativ. Auf analoge Weise wie in Abschnitt 8 von Kapitel IX läßt sich zeigen, daß der Absolutwert einer Wurzel, z. B. $\lambda_1$, streng kleiner als eins ist, während der Absolutwert der anderen Wurzel, also $\lambda_2$, streng größer als eins ist. Es sei $\delta_1 = 0$, so daß

$$1 + \left(\frac{1}{\gamma b} + \gamma\right)B + \frac{1}{b}B^2 = (1 + \gamma B)\left(1 + \frac{1}{\gamma b}B\right).$$

In diesem Fall ist also $\lambda_1 = -\gamma > -1$ und $\lambda_2 = -1/\gamma b < -1/b < -1$. Wie ein Blick auf Abbildung 1 zeigt, wird durch die Annahme eines streng positiven $\delta_1$ der Wert von $-b\psi$ gesenkt, so daß $\lambda_1$ steigt und $\lambda_2$ fällt und die Schranken $|\lambda_1| < 1 < 1/b < |\lambda_2|$ ihre Gültigkeit behalten.

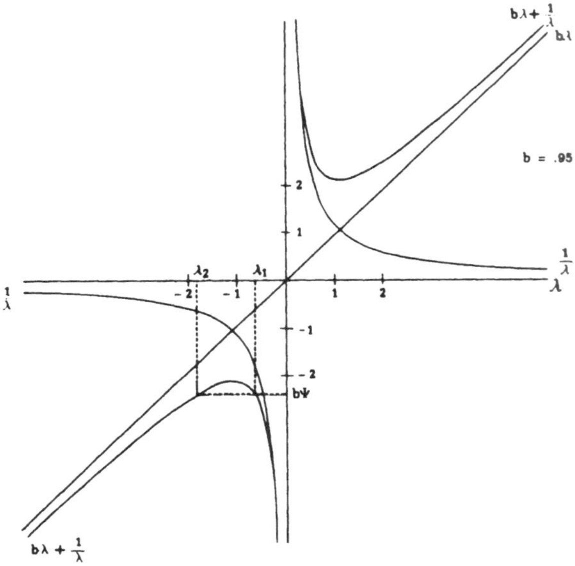


**Abb. 1**

Als Lösung der Eulergleichung, die die Transversalitätsbedingung erfüllt erhält man:

$$n_{t+j+1} = \lambda_1 n_{t+j} - \frac{\lambda_1}{\gamma\delta_2} \sum_{i=0}^{\infty} \left(\frac{1}{\lambda_2}\right)^i \{u_0 E_{t+j+1} w_{t+j+1+i} - E_{t+j+1} \varepsilon_{t+j+1+i} - \delta_0\},$$

$$j = -1, 0, 1, 2, \ldots. \tag{12}$$

Da $\lambda_1$ und $\lambda_2$ negativ sind, sieht der Kontingenzplan des Haushalts eine entgegengesetzte Variation von Beschäftigung und Beschäftigung der jeweiligen Vorperiode, eine gleichgerichtete Veränderung von Beschäftigung und dem Lohn der laufenden Periode, eine entgegengesetzte Variation von Beschäftigung und dem für die kommende Periode erwarteten Lohn usw. vor. Der Kontingenzplan (12) ist das Gegenstück zur Arbeitsangebotsfunktion (6) bei Lucas und Rapping.

### B. Das Unternehmen

Die repräsentative Unternehmung ist mit der in Abschnitt 1 von Kapitel XIV beschriebenen identisch. Die Unternehmung steht in vollkommener Konkurrenz mit anderen Unternehmen und wählt diejenigen stochastischen Prozesse für ihre Beschäftigung $\tilde{n}_t$ aus, die

$$v_t = E_t \sum_{j=0}^{\infty} b^j \Pi_{t+j}, \tag{13}$$

mit

$$\Pi_{t+j} = (f_0 + a_{t+j})\tilde{n}_{t+j} - \frac{f_1}{2}\tilde{n}_{t+j}^2 - \frac{d}{2}(\tilde{n}_{t+j} - \tilde{n}_{t+j-1})^2 - w_{t+j}\tilde{n}_{t+j},$$

maximieren, wobei $f_0, f_1, d > 0$, $\tilde{n}_{t-1}$ gegeben, $\tilde{n}_{t+j}$ die Arbeitsnachfrage der Unternehmung und $\{a_{t+j}\}$ eine Folge von Zufallsanstößen auf die Technologie ist. Die Unternehmung ist ein Mengenanpasser, damit sind die stochastischen Prozesse $\{w_{t+j}\}$ und $\{a_{t+j}\}$ für sie exogen gegeben und entziehen sich ihrem Einflußbereich. Wie früher schon erörtert, erhält man für dieses Problem die Eulergleichung

$$bE_{t+j}\tilde{n}_{t+j+1} + \phi\tilde{n}_{t+j} + \tilde{n}_{t+j-1} = d^{-1}(w_{t+j} - a_{t+j} - f_0), \qquad j = 0, 1, 2, \ldots,$$

wobei $\varphi = -((f_1/d) + (1+b))$. Der optimale Kontingenzplan für die repräsentative Unternehmung ist

$$\tilde{n}_{t+j+1} = \tilde{\lambda}_1 \tilde{n}_{t+j} - \frac{\tilde{\lambda}_1}{d} \sum_{i=0}^{\infty} \left(\frac{1}{\tilde{\lambda}_2}\right)^i \{E_{t+j+1} w_{t+j+1+i}$$

$$- E_{t+j+1} a_{t+j+1+i} - f_0\}, \qquad j = -1, 0, 1, 2, \ldots,$$

wobei

$$\left(1 + \frac{\phi}{b}B + \frac{1}{b}B^2\right) = (1 - \tilde{\lambda}_1 B)(1 - \tilde{\lambda}_2 B) \qquad \text{und} \qquad 0 < \tilde{\lambda}_1 < 1 < \frac{1}{b} < \tilde{\lambda}_2.$$

### C. Gleichgewicht

Bisher wurde eine Arbeitsnachfrage- und eine Arbeitsangebotsfunktion abgeleitet, wobei man für jeden Fall einen vollständigen „Kontingenzplan“ erhielt, in dem die gewünschte Beschäftigung eine Funktion der Anfangsbeschäftigung und der stochastischen Prozesse für den Reallohn war. Nun wird unterstellt, der Arbeitsmarkt würde zu jedem Zeitpunkt geräumt werden. Man kann dann diejenigen stochastischen Prozesse für die Beschäftigung und den Reallohn ermitteln, bei denen der Markt immer geräumt wird. Unser Modell ist somit eine dynamische stochastische Version des in Kapitel I untersuchten, klassischen Arbeitsmarktmodells.

Formal wird ein **Gleichgewicht** durch ein Paar von stochastischen Prozessen

$$\{\bar{w}_{t+j}\}_{j=0}^{\infty}, \qquad \{\bar{n}_{t+j}\}_{j=0}^{\infty}$$

dargestellt, das bei gegebenem $n_{t-1}$ den folgenden Bedingungen genügt:

(i) Betrachtet der repräsentative Haushalt $\{\bar{w}_{t+j}\}_{j=0}^{\infty}$ als gegeben, so maximiert der Prozeß $\{\bar{n}_{t+j}\}_{j=0}^{\infty}$ das Nutzenfunktional (9).

(ii) Betrachtet die repräsentative Unternehmung $\{\bar{w}_{t+j}\}_{j=0}^{\infty}$ als gegeben, so maximiert der Prozeß $\{\bar{n}_{t+j}\}_{j=0}^{\infty}$ den erwarteten Gegenwartswert (13) für die Unternehmung.

Mit anderen Worten ist das Gleichgewicht derjenige stochastische Prozeß für den Reallohn $\{w_{t+j}\}$, bei dem sich der Haushalt immer auf seiner Angebotsfunktion (12), und die Unternehmung sich immer auf ihrer Nachfragefunktion befindet, und bei dem die Arbeitsnachfrage immer gleich dem Arbeitsangebot ist, also

$$n_{t+j} = \bar{n}_{t+j}, \qquad j = 0, 1, 2, \ldots .$$

Zur Ableitung des Gleichgewichts schreibt man für die Eulergleichung des Haushalts:

$$A^c E_{t+j} n_{t+j+1} + B^c n_{t+j} + C^c n_{t+j-1} = w_{t+j} - \frac{\delta_0}{u_0} - \frac{1}{u_0}\varepsilon_{t+j}, \qquad j = 0, 1, 2, \ldots, \tag{14}$$

wobei $A^c = \gamma b \delta_2 / u_0$, $B^c = (\delta_1 + \delta_2 + \delta_2 \gamma^2 b)/u_0$ und $C^c = \delta_2 \gamma / u_0$. Man setzt $\bar{n}_{t+j} = n_{t+j}$ und erhält für die Eulergleichung der Unternehmung

$$A^f E_{t+j} n_{t+j+1} + B^f n_{t+j} + C^f n_{t+j-1} = w_{t+j} - a_{t+j} - f_0, \quad j = 0, 1, 2, \ldots, \tag{15}$$

wobei $A^f = db$, $B^f = -(f_1 + d(1+b))$, $C^f = d$.

Unser Ziel ist es, solche stochastischen Prozesse $\{n_{t+j}\}_{j=0}^{\infty}$ und $\{w_{t+j}\}_{j=0}^{\infty}$ zu finden, die die Transversalitätsbedingungen für das Haushalts- und Unternehmensproblem sowie die Eulergleichungen (14) und (15) erfüllen. Zu diesem Zweck eliminieren wir $w_{t+j}$ durch Subtraktion der Gleichung (15) von Gleichung (14):

$$A^s E_{t+j} n_{t+j+1} + B^s n_{t+j} + C^s n_{t+j-1} = a_{t+j} + f_0 - \frac{\delta_0}{u_0} - \frac{1}{u_0}\varepsilon_{t+j},$$

wobei $A^s = A^c - A^f$, $B^s = B^c - B^f$ und $C^s = C^c - C^f$. Man setzt für $A^s$, $B^s$ und $C^s$ deren Definitionen ein und erhält

$$\begin{aligned} b(u_0 d - \gamma\delta_2) E_{t+j} n_{t+j+1} + (-u_0(f_1 + d(1+b)) - \delta_1 - \delta_2 - \gamma^2 \delta_2 b) n_{t+j} \\ + (u_0 d - \delta_2 \gamma) n_{t+j-1} = \varepsilon_{t+j} + \delta_0 - u_0 f_0 - u_0 a_{t+j}, \end{aligned} \tag{16}$$

oder

$$bE_{t+j}n_{t+j+1} + Wn_{t+j} + n_{t+j-1} = \frac{1}{u_0 d - \delta_2 \gamma} [\varepsilon_{t+j} + \delta_0 - u_0 f_0 - u_0 a_{t+j}], \tag{17}$$

wobei

$$W = (-u_0(f_1 + d(1 + b)) - \delta_1 - \delta_2 - \gamma^2 \delta_2 b)/(u_0 d - \delta_2 \gamma).$$

Aus der Definition von $\psi$ folgt

$$b\psi = \frac{\delta_1 + \delta_2 + \delta_2 \gamma^2 b}{\delta_2 \gamma} = \frac{\psi_n}{\psi_d}.$$

Aus der Definition von $\phi$ folgt

$$\phi = -\frac{u_0(f_1 + d(1 + b))}{u_0 d} = \frac{\phi_n}{\phi_d}.$$

Damit läßt sich $W$ schreiben als

$$W = \frac{W_n}{W_d} = \frac{\phi_n - \psi_n}{\phi_d - \psi_d} = \phi \frac{\phi_d}{\phi_d - \psi_d} - b\psi \frac{\psi_d}{\phi_d - \psi_d}.$$

Da $\phi < 0$, $\psi > 0$, $\psi_d > 0$ und $\phi_d > 0$ folgt, daß

$$|W| \geq \min(|\phi|, |b\psi|) \qquad \text{und} \qquad \text{sign } W = \text{sign}(\psi_d - \phi_d). \tag{18}$$

Bedingung (18) zusammen mit den **vorangegangenen** Überlegungen zu den Gleichungen (14) und (15) anhand Abbildung 1 gewährleistet, daß man die Lösung von Gleichung (16) mit der gleichen Methode gewinnt, die schon bei den Eulergleichungen (14) und (15) benutzt wurde. Außerdem sind dann die Wurzeln des charakteristischen Polynoms reell.

Wir suchen die Faktorenzerlegung

$$1 + \frac{W}{b} B + \frac{1}{b} B^2 = (1 - \mu_1 B)(1 - \mu_2 B).$$

Wenn wir wie in unserer früheren Analyse der Eulergleichungen (14) und (15) vorgehen und zusätzlich die Bedingungen (18) heranziehen, so läßt sich einfach nachweisen, daß $|\mu_1| < 1 < 1/b < |\mu_2|$ ist, falls man $\mu_1$ für den kleineren absoluten Wert setzt. Wegen Bedingung (18) und Abbildung 1 gilt, daß

$$\text{sign } \mu_1 = \text{sign } \mu_2 = \text{sign}(\phi_d - \psi_d) = \text{sign}(u_0 d - \delta_2 \gamma),$$

denn aus Abbildung 1 wissen wir, daß das Vorzeichen der $\mu$-Werte dem Vorzeichen der $W$-Werte entgegengesetzt ist.

Nach der Durchführung dieser Faktorenzerlegung kann man diejenige Lösung von (16) berechnen, die die Transversalitätsbedingung des repräsentativen Unternehmens erfüllt:

$$n_{t+j+1} = \mu_1 n_{t+j} - \frac{\mu_1}{u_0 d - \delta_2 \gamma} \sum_{i=0}^{\infty} \left(\frac{1}{\mu_2}\right)^i E_{t+j+1}\{\varepsilon_{t+j+i+1} + \delta_0 - u_0 f_0 - u_0 a_{t+j+i+1}\}, \quad j = -1, 0, 1, 2, \ldots \tag{19}$$

Gleichung (19) gibt den stochastischen Prozeß $\{n_{t+j}\}_{j=0}^{\infty}$ an, der Gleichung (16) löst. Dieser ist eine Funktion der stochastischen Prozesse der exogenen Anstöße für Präferenzen und Technologie, also von $\{\varepsilon_{t+j}\}$ und $\{a_{t+j}\}$.

Zur Bestimmung des gleichgewichtigen stochastischen Prozesses $\{w_{t+j}\}_{j=0}^{\infty}$ verwendet man die Lösung (19) und eliminiert $E_{t+j}n_{t+j+1}$, $n_{t+j}$ und $n_{t+j-1}$ aus der Eulergleichung (15) der Unternehmung. Als Ergebnis erhält man dann einen stochastischen Prozeß $\{w_{t+j}\}$, der sich durch Konstanten und die exogenen Prozesse $\{a_{t+j}\}$ und $\{\varepsilon_{t+j}\}$ darstellen läßt. (Selbstverständlich könnte man in diesem letzten Schritt bei der Berechnung des $\{w_{t+j}\}_{j=0}^{\infty}$-Prozesses genauso gut die Eulergleichung für den Haushalt verwenden.)

## D. Exkurs: Die Besonderheit langfristiger Verträge

In einigen jüngeren Arbeiten wird die These vertreten, durch die Annahme langfristiger Verträge würden die in einigen Modellen mit rationalen Erwartungen gültigen Ergebnisse bezüglich der stochastischen Neutralität aufgehoben (Fischer, 1977; Modigliani, 1977). Wie wir noch sehen werden, wird das vorliegende Modell sogar noch durch strengere Neutralitätseigenschaften charakterisiert, aber diese haben mit der „Länge" der Verträge per se überhaupt nichts zu tun.

Wir betrachten folgenden gleichgewichtigen Prozeß für den Reallohn:

$$w_{t+j} = f_0 + a_{t+j} - \frac{\mu_1 A^f}{u_0 d - \delta_2 \gamma} \sum_{i=0}^{\infty} \left(\frac{1}{\mu_2}\right)^i E_{t+j} \{\varepsilon_{t+j+i+1}$$
$$+ \delta_0 - u_0 f_0 - u_0 a_{t+j+i+1}\} + [(\mu_1 A^f + B^f) + C^f L] n_{t+j},$$

wobei $\{n_{t+j}\}$ Gleichung (19) gehorcht. Der Reallohn läßt sich in dieser Gleichung auf zweifache Weise interpretieren. Die erste Interpretation entspricht der obigen: Der Reallohn bildet sich auf einem Wettbewerbsarbeitsmarkt, der jede Periode geräumt wird. Eine andere Interpretationsmöglichkeit sollte aus der Analyse der Arrow-Debreu-Zertifikate bekannt sein: Man faßt den Reallohn als Kontingenzplan oder Regel zur Setzung des Reallohns zum Zeitpunkt $t+j$ auf, und dieser ist von allen relevanten Informationen abhängig, die bis zum Zeitpunkt $t+j$ verfügbar werden. Für die Arrow-Debreu-Analyse wäre dies ein Standardanwendungsfall: Man betrachtet obige Gleichung als Regel für die Setzung des Reallohns, die in Periode $t$ in einem unbefristeten Arbeitsvertrag vereinbart und dann immer angewandt wird. Obige Gleichung verkörpert also ein **Modell** eines langfristigen Arbeitsvertrages.

Für viele Wirkungen, die man in jüngeren Literaturbeiträgen den langfristigen Verträgen zuschreibt, sind in Wirklichkeit entweder exogen postulierte Informationsunterschiede bei den verschiedenen Wirtschaftssubjekten oder die Unterstellung suboptimaler Entscheidungsregeln verantwortlich.

## E. Gleichgewicht und Optimalität

Die Analyse des Investitionsmodells von Lucas und Prescott und die Ähnlichkeit von Gleichung (16) mit einer Eulergleichung führt zu der Frage, ob durch das Wettbewerbsgleichgewicht ein interessantes Optimierungsproblem gelöst wird.

Man kann diese Frage bejahen. In Worten ausgedrückt lautet das gesellschaftliche Planungsproblem: Man wähle für die Beschäftigung denjenigen stochastischen Prozeß, der den erwarteten Nutzen des Haushalts in Abhängigkeit von der Technologie der Volkswirtschaft maximiert. Das heißt, der „Planer" maximiert annahmegemäß

$$v_t = E_t \sum_{j=0}^{\infty} b^j \left\{ u_0 c_{t+j} - [\delta_0 + \varepsilon_{t+j}] n_{t+j} - \frac{\delta_1}{2} n_{t+j}^2 - \frac{\delta_2}{2} (n_{t+j} + \gamma n_{t+j-1})^2 \right\}$$

bezüglich (20)

$$c_{t+j} = (f_0 + a_{t+j}) n_{t+j} - \tfrac{1}{2} f_1 n_{t+j}^2 - \tfrac{1}{2} d (n_{t+j} - n_{t+j-1})^2$$

für ein gegebenes $n_{t-1}$. Wenn man die Nebenbedingung dafür verwendet, $c_{t+j}$ aus (20) zu eliminieren, läßt sich sehr einfach zeigen, daß genau (16) die Eulergleichung für dieses Problem ist. Auch entspricht die Transversalitätsbedingung für dieses Problem der für die repräsentative Unternehmung und der für den repräsentativen Haushalt. Daraus folgt, daß der gleichgewichtige Prozeß für die Beschäftigung auf dem Konkurrenzarbeitsmarkt in der Tat das „soziale Wohlfahrtskriterium" (20) maximiert.

Da man in dieses Modell sehr einfach einen Konjunkturzyklus im Sinne von seriell korrelierten Schwankungen der Beschäftigung einbauen kann, ist dieses Ergebnis sehr interessant. Betrachten wir einmal folgendes, einfaches Beispiel: Es seien $\{\varepsilon_{t+j}\}$ und $\{a_{t+j}\}$ seriell unabhängige exogene Prozesse, und daher gilt $E_t \varepsilon_{t+1} = E_t a_{t+1} = 0$ für alle $t$. Die Lösung für (19) ist dann

$$n_{t+j+1} = \mu_1 n_{t+j} - \frac{\mu_1}{u_0 d - \delta_2 \gamma} (\varepsilon_{t+j+1} - u_0 a_{t+j+1}) + \text{Konstante.} \quad (21)$$

Dies bedeutet, daß die Beschäftigung einem Markov-Prozeß erster Ordnung mit der „Verfallsrate" $\mu_1$ folgt.

Im Zusammenhang mit diesem Modell kann man sich leicht ein Steuersystem vorstellen, mit dem eine wirksame Konjunkturpolitik im Sinne einer Verkleinerung sowohl der Varianz als auch der Reihenkorrelation der Beschäftigung möglich ist. Natürlich wird es dann – solange sich die Technologie nicht ändert – bei diesem gleichgewichtigen Prozeß für die Beschäftigung zu sozialen Wohlfahrtsverlusten kommen. Der interessierte Leser kann sich ausführlicher mit diesem Problem in Übungsaufgabe 1 am Schluß dieses Kapitels befassen.

## F. Reihenkorrelation der Beschäftigung und die Phillips-Kurve

In den vorangegangenen Überlegungen wird klar, daß es im Rahmen dieses Modellansatzes möglich ist, seriell korrelierte Schwankungen der Beschäftigung als Reaktion auf seriell unkorrelierte Anstöße zu erzeugen. Aus der Sicht der Gruppe von Gleichgewichtsmodellen, die durch Gleichungen wie (14) und (15) repräsentiert werden, stellt das Auftreten seriell korrelierter Schwankungen der Beschäftigung keinen Widerspruch dar.[5] Jedoch ist das in (14) und (15) formulierte Modell nicht

[5] Um eine Reihenkorrelation des Outputs in einem Gleichgewichtsmodell zu erzeugen, braucht man nicht notwendigerweise Anpassungskosten anzunehmen. Stochastische Versionen des Cass–Koopmans-Modells optimalen Wachstums, die man als Modelle einer

mit der Vorstellung vereinbar, Bewegungen der gesamtwirtschaftlichen Nachfrage oder der Geldmenge seien die auslösenden Faktoren für die auf die Beschäftigung einwirkenden Anstöße. Das heißt, das Modell kann positive Korrelationen zwischen Preis und Beschäftigung und zwischen Geldmenge und Beschäftigung, die auf Einflüsse der gesamtwirtschaftlichen Nachfrage auf die Beschäftigung zurückzuführen sind, nicht erklären. Um dies formal zu zeigen, muß man zunächst beachten, daß die beiden Gleichungen (14) und (15) für die Bestimmung des bivariaten stochastischen Prozesses für $(n_t, w_t)$ völlig hinreichend sind. Dies bedeutet, unser Modell ist ein „reales" Modell der Konjunkturschwankungen und zwar in ganz strengem Sinne: Der stochastische Vektorprozeß für $(n_t, w_t)$ kann analytisch vor dem stochastischen Prozeß für das Preisniveau $p$ bestimmt werden. In diesem Modell hat die Geldpolitik keinerlei Einfluß auf die Beschäftigung. Es wird sogar behauptet, daß selbst unerwartete Geldmengenänderungen keinen Einfluß auf $n_t$ oder $w_t$ haben. Diese starke Betonung realwirtschaftlicher Tatbestände ist eine Konsequenz von zwei Systemmerkmalen. Dies ist zum einen die Spezifikation der Strukturgleichungen (14) und (15), in denen „Geldillusion" ausgeschlossen wird. Ein weiteres Merkmal ist die Annahme rationaler Erwartungen. Dabei wird angenommen, daß die Erwartungen der Wirtschaftssubjekte durch lineare Kleinstquadratprojektionen bezüglich der Wahrscheinlichkeitsverteilung gebildet werden, die durch die Lösung für (14) und (15) generiert wird. Postuliert man hingegen, die Erwartungen der Wirtschaftssubjekte seien arbiträre Funktionen von – beispielsweise – vergangenen Realisationen der betreffenden Variablen, dann werden die starken „Realeigenschaften" nicht vorliegen.

Bei manchen Ökonomen besteht die Neigung, Realmodelle dieses Typs als unvollständig oder falsch anzusehen, da die Konjunkturzyklen für eine lange Zeit durch positive Korrelationen zwischen Output und Preisniveau sowie zwischen Output und Geldmenge gekennzeichnet waren. Damit verbunden war die weitverbreitete Ansicht, diese Korrelationen wären ein Indiz für die Tatsache, daß sowohl das Preisniveau als auch das gesamtwirtschaftliche Angebot durch einen gemeinsamen kausalen Faktor wie „gesamtwirtschaftliche Nachfrage" oder „Geldmenge" determiniert würden. Die meisten Ökonomen wollten die positive Korrelation zwischen Preisniveau und Angebot in einem Modell erklären, in dem Preisniveau und gesamtwirtschaftliches Angebot simultan bestimmt werden; dieser Ansatz muß mit dem hier dargestellten realen Modell verglichen werden, in dem man zu einer vollständigen Beschäftigungs- und Reallohntheorie gelangt, ohne irgendeine Theorie des Preisniveaus entwickelt zu haben.

## 4. Verschiedenartige Informationsmengen

Um eine nachfrageinduzierte Korrelation zwischen Preisniveau und Output zusammen mit der Hypothese rationaler Erwartungen erklären zu können, griff Lucas auf ein Modell mit verstreuten Märkten und Informationsunterschieden zurück. Dieser Ansatz kann in dem bestehenden Modell durch geeignete Modifikationen auf nachfrageinduzierte Korrelationen zwischen Preisniveau und Beschäftigung über-

---

Wettbewerbswirtschaft interpretieren kann, zeigen seriell korrelierten Output. Vgl. hierzu Brock und Mirman (1972). Man prüfe auch die Lösung für Kapital in Übungsaufgabe 5 von Kapitel IX.

tragen werden. Zusätzlich liefert dieser Ansatz eine endogene Theorie für das Fortbestehen der Wirkungen von gesamtwirtschaftlichen Nachfrageschocks.

Man nimmt an, Unternehmen und Haushalte seien über ein Kontinuum von Märkten verstreut. Sowohl Unternehmen wie auch Arbeitern ist es nicht möglich, den Markt, auf dem sie sich im Ausgangszustand befinden, zu verlassen. Durch diese Vereinfachung schließt man interessante Suchprobleme aus. Der Logarithmus des Preises auf einem bestimmten Markt zum Zeitpunkt $t$ gehorcht folgender Bedingung:

$$p_t(z_t, x_t) = p_t + z_t - \alpha x_t, \qquad \alpha > 0, \tag{22}$$

wobei $p_t$ der Logarithmus des gesamtwirtschaftlichen, durchschnittlichen Preisniveaus, $z_t$ ein seriell unabhängiger, stationärer relativer Nachfrageschock mit der Wahrscheinlichkeitsdichtefunktion $g(z_t)$, und $x_t$ ein seriell unabhängiger, stationärer marktspezifischer Technologieschock mit der Wahrscheinlichkeitsdichtefunktion $f(x_t)$ ist. Der durchschnittliche logarithmierte Preis $p_t$ unterliegt einem stochastischen Prozeß, der unten noch beschrieben wird. $Ex_t = Ez_t = 0$ für alle $t$, und alle vergangenen und zukünftigen Werte von $p$, $z$ und $x$ mögen gegenseitig unabhängig sein, so daß der Preis auf einem bestimmten Markt die Summe aus dem durchschnittlichen Preisniveau, einer orthogonalen, marktspezifischen relativen Nachfragekomponente $z_t$ und einem orthogonalen (relativen) Technologieschock $-\alpha x_t$ ist.

Der Zustand auf einem bestimmten Markt im Vergleich zum gesamtwirtschaftlichen Zustand zum Zeitpunkt $t$ wird durch die Folgen der relativen Nachfrageschocks $\{z_t, z_{t-1}, z_{t-2}, \ldots\}$ und der relativen Technologieschocks $\{x_t, x_{t-1}, x_{t-2}, \ldots\}$, die bis zum Zeitpunkt $t$ auf diesem Markt wirksam wurden, vollständig determiniert. Das heißt, alle Märkte sind bezüglich ihrer Verhaltensparameter identisch und unterscheiden sich nur durch unterschiedliche Folgen $\{z_t, z_{t-1}, z_{t-2}, \ldots\}$ und $\{x_t, x_{t-1}, x_{t-2}, \ldots\}$. Damit können wir einzelne Märkte durch die Folgen $\{z_t, z_{t-1}, z_{t-2}, \ldots\}$, $\{x_t, x_{t-1}, x_{t-2}, \ldots\}$ beschreiben: Sind im Laufe der vergangenen Perioden auf zwei Märkten identische Folgen aufgetreten, dann haben sich die beiden Märkte identisch verhalten. Aus den Annahmen über die gegenseitige und serielle Unabhängigkeit von $z_t$ und $x_t$ folgt, daß die Folge $\{z_t, z_{t-1}, \ldots\}$ die gemeinsame Dichtefunktion $g(z_t)g(z_{t-1}) \ldots$, die Folge $\{x_t, x_{t-1}, \ldots\}$ die gemeinsame Dichtefunktion $f(x_t)f(x_{t-1}) \ldots$ und schließlich $(z_t, x_t, z_{t-1}, x_{t-1}, z_{t-2}, x_{t-2}, \ldots)$ die gemeinsame Dichtefunktion $g(z_t)f(x_t)g(z_{t-1})f(x_{t-1}) \ldots$ hat. Wir bezeichnen die Folgen $(z_t, z_{t-1}, \ldots)$ und $(x_t, x_{t-1}, \ldots)$ mit $\bar{z}_t$ bzw. mit $\bar{x}_t$.

Es wird sich zeigen, daß die Beschäftigung und der Geldlohn auf dem Markt $(\bar{z}_t, \bar{x}_t)$ zum Zeitpunkt $t$ sowohl von $(\bar{z}_t, \bar{x}_t)$ als auch von den anderen Zustandsvariablen, die alle Märkte beeinflussen, abhängen. Wir bezeichnen den Logarithmus des gleichgewichtigen Geldlohns und das Niveau der Beschäftigung auf Markt $(\bar{z}_t, \bar{x}_t)$ mit $w_t(\bar{z}_t, \bar{x}_t)$ beziehungsweise mit $n_t(\bar{z}_t, \bar{x}_t)$. Die gesamtwirtschaftlichen Durchschnittswerte von $w_t(\bar{z}_t, \bar{x}_t)$ und $n_t(\bar{z}_t, \bar{x}_t)$ werden mit $\bar{w}_t$ und $\bar{n}_t$ bezeichnet und es gilt:

$$\bar{w}_t = \iint \cdots \int w_t(\bar{z}_t, \bar{x}_t) g(z_t) f(x_t) g(z_{t-1}) f(x_{t-1}) \cdots dz_t\, dx_t\, dz_{t-1}\, dx_{t-1} \ldots,$$

$$\bar{n}_t = \iint \cdots \int n_t(\bar{z}_t, \bar{x}_t) g(z_t) f(x_t) g(z_{t-1}) f(x_{t-1}) \cdots dz_t\, dx_t\, dz_{t-1}\, dx_{t-1} \ldots.$$

Das Beschäftigungsniveau auf dem Markt $(\bar{z}_t, \bar{x}_t)$ im Zeitpunkt $t$ sei $n_t(\bar{z}_t, \bar{x}_t)$, oder kurz $n_t$. Es sei angenommen, daß der Kontingenzplan der repräsentativen Unternehmung auf Markt $(\bar{z}_t, \bar{x}_t)$ für die Festlegung der Beschäftigungshöhe die „Eulergleichung"

$$A^f E n_{t+1} | I_t(\bar{z}_t, \bar{x}_t) + B^f n_t + C^f n_{t-1} = w_t(\bar{z}_t, \bar{x}_t) - p_t(z_t, x_t) + (u_{1t} + x_t) \quad (23)$$

erfüllt, wobei $A^f = bC^f$ und $I_t(\bar{z}_t, \bar{x}_t)$ die unten noch näher zu spezifizierende Information ist, die zum Zeitpunkt $t$ auf dem Markt $(\bar{z}_t, \bar{x}_t)$ verfügbar ist. Der Ausdruck $u_{1t} + x_t$ ist hier ein Anstoß auf die Technologie, der aus einem gesamtwirtschaftlichen Teil $u_{1t}$ und einem marktspezifischen Teil $x_t$ besteht. Der gesamtwirtschaftliche Teil $u_{1t}$ wirkt auf allen Märkten. $E$ ist der Operator der linearen Kleinstquadratprojektion.

Gleichung (23) kann als Variante der Eulergleichung (15) aus Abschnitt 3 *C* angesehen werden. Hier wird der Reallohn durch den Logarithmus des Reallohns auf Markt $(\bar{z}_t, \bar{x}_t)$ ersetzt.[6]

Nun nehmen wir an, der Kontigenzplan des repräsentativen Haushalts auf Markt $(\bar{z}_t, \bar{x}_t)$ zur Festlegung seines Arbeitsangebots $n_t$ genüge der Eulergleichung[7]

$$A^c E n_{t+1} | I_t(\bar{z}_t, \bar{x}_t) + B^c n_t + C^c n_{t-1} = w_t(\bar{z}_t, \bar{x}_t) - E p_t | I_t(\bar{z}_t, \bar{x}_t) + u_{2t}, \quad (24)$$

wobei $A^c = bC^c$, und $u_{2t}$ ein gesamtwirtschaftlicher Zufallsanstoß auf das Arbeitsangebot ist. Gleichung (24) kann als Version der Eulergleichung (14) aus Abschnitt 3C interpretiert werden, wobei hier der Reallohn durch den Logarithmus des Reallohns ersetzt wurde. Gemeint sind hier natürlich die Reallohnvorstellungen der Arbeitsanbieter. Der Geldlohn auf dem Markt $(\bar{z}_t, \bar{x}_t)$ wurde mit dem (erwarteten) durchschnittlichen gesamtwirtschaftlichen Preisniveau deflationiert. Damit ist berücksichtigt, daß den Arbeiter sein voraussichtlicher Lohn gemessen in einem gesamtwirtschaftlichen, durchschnittlichen Güterbündel interessiert, nicht aber, wenn dieser in Gütereinheiten des eigenen Marktes gemessen wird. Genau wie in dem Ansatz von Lucas in Kapitel XIII nehmen wir an, der Arbeitsanbieter arbeite zwar auf einem Markt, konsumiere aber Güter von vielen anderen Märkten. Im

---

[6] Man kann sich das etwa durch die Vorstellung klarmachen, die Einheiten seien so gewählt worden, daß der Reallohn, also $W_t/P_t$, im Durchschnitt gleich eins ist. Dann sei $w_t = \ln W_t$ und $p_t = \ln P_t$, und man verwendet die Approximation

$$W_t/P_t = 1 + \ln(W_t/P_t) = 1 + w_t - p_t.$$

Man gewinnt diese aus den ersten beiden Gliedern der Entwicklung einer Taylorreihe für $exp(\ln(W/P))$ um $W/P = 1$. Da wir ein Modell aufstellen wollen, für das man eine explizite Lösung erhält, wählen wir für die uns interessierenden Variablen lineare Funktionen. Durch den Austausch des Reallohns gegen seinen Logarithmus in (23) opfern wir den Zusammenhang zwischen (23) und dem Maximierungsproblem in Abschnitt 3, dessen Eulergleichung (23) ist. Für die Verwendung der Transversalitätsbedingung zur Auswahl der richtigen oder „stabilen" Lösung von (23) besteht keine formale Rechtfertigung mehr. Trotzdem werden wir weiterhin (23) durch eine Art von Transversalitätsbedingung lösen, und dabei nach „stabilen" Wurzeln vorwärts und nach „instabilen" Wurzeln rückwärts auflösen. Möglicherweise ist das Approximationsargument oben die beste formale Begründung für diese Vorgehensweise.

[7] Die Verwendung des gleichen Symbols $n_t$ für Arbeitsangebot und -nachfrage beinhaltet die Annahme, daß der Markt zu jedem Zeitpunkt $t$ geräumt wird.

folgenden ist $E$ wiederum der Operator der linearen Kleinstquadratprojektion. Die abgeleiteten Entscheidungsregeln sind damit optimale lineare Regeln.

Für die Zwecke dieses Abschnitts sei angenommen, die Anstöße $u_{1t}$ und $u_{2t}$ seien seriell unabhängige sowie wechselseitig unabhängige stochastische Prozesse mit dem Mittelwert Null. Die Prozesse $u_{1t}$ und $u_{2t}$ entsprechen den Prozessen $a_t$ und $\varepsilon_t$ aus dem letzten Abschnitt, multipliziert mit einem konstantem Glied. Auch die Konstanten auf der rechten Seite der Arbeitsnachfrage- und Arbeitsangebotsfunktionen wurden vernachlässigt, da sie am Ergebnis der Analyse nichts ändern.

Um das Modell auf ganz einfache Weise zu vervollständigen, nehmen wir an, $p_t$ unterliege dem exogenen stochastischen Prozeß

$$p_t = v(L)u_{3t}. \tag{25}$$

$v(L)$ bezeichnet ein quadratisch summierbares Lag-Polynom, das einseitig bezüglich Gegenwart und Vergangenheit ist. Ferner seien $u_{1t}$, $u_{2t}$, $u_{3t}$, $z_t$ und $x_t$ seriell unabhängige sowie wechselseitig unabhängige stochastische Prozesse mit Mittelwert Null und endlichen Varianzen, d. h. wir nehmen an, daß $Ex_tu_{js} = Ez_tu_{js} = 0$ für alle $t, j$ und $s$. Weiterhin ist $Eu_{js}u_{kt} = 0$ für alle $j$ und $k$, sowie für alle $t$ und $s$ mit Ausnahme jener Fälle, in denen $j = k$ **und** $t = s$. Somit sind die $u_{jt}$ orthogonal bezüglich aller zukünftigen und vergangenen Werte.

Man verknüpft (22) und (25):

$$p_t(z_t, x_t) = v(L)u_{3t} + z_t - \alpha x_t. \tag{26}$$

Ein **Gleichgewicht** ist eine Lösung der stochastischen Differenzengleichungen (23), (24) und (26). Es ist ein stochastischer Prozeß, der sich als gleitender Durchschnitt darstellen läßt:

$$n_t(\bar{z}_t, \bar{x}_t) = a(L)u_{1t} + b(L)u_{2t} + c(L)u_{3t} + d(L)z_t + r(L)x_t, \tag{27}$$

$$w_t(\bar{z}_t, \bar{x}_t) = e(L)u_{1t} + f(L)u_{2t} + g(L)u_{3t} + k(L)z_t + s(L)x_t. \tag{28}$$

Hierbei sind alle Lag-Polynome quadratisch summierbar und bezüglich Gegenwart und Vergangenheit einseitig. Die Annahme quadratischer Summierbarkeit der Verzögerungsverteilungen bedeutet, daß wir die Transversalitätsbedingung auferlegen. Unser Ziel ist es nun, die Polynome in $L$ zu ermitteln, die in (27) und (28) auftreten.

Vorher muß noch die Informationsmenge $I_t(\bar{z}_t, \bar{x}_t)$ spezifiziert werden. Wir nehmen an, die Wirtschaftssubjekte auf dem Markt $(\bar{z}_t, \bar{x}_t)$ würden im Zeitpunkt $t$ die **verzögerten** Werte aller gesamtwirtschaftlichen Aggregate $u_{1t-1}, u_{1t-2}, \ldots, u_{2t-1}, u_{2t-2}, \ldots, u_{3t-1}, u_{3t-2}, \ldots$, und ebenso alle verzögerten Werte der Variablen auf ihrem eigenen Markt kennen. Die Kenntnis aller verzögerten Werte von $u_1$, $u_2$ und $u_3$ ist mit der Kenntnis aller verzögerten Werte der gesamtwirtschaftlichen Aggregate $\bar{n}$, $\bar{w}$ und $p$ äquivalent. Zusätzlich nehmen wir an, die Wirtschaftssubjekte auf dem Markt $(\bar{z}_t, \bar{x}_t)$ würden über Daten für die laufenden Variablen $p_t(z_t, x_t)$, $w_t(\bar{z}_t, \bar{x}_t)$, $u_{2t}$ und $(u_{1t} + x_t)$ verfügen. Also kennen die Wirtschaftssubjekte auf jedem Markt den Geldlohn auf ihrem Markt, den Anstoß auf die Präferenzen und den Technologieanstoß auf ihrem Markt. Daten über andere gesamtwirtschaftliche Aggregate als $u_{2t}$ sind nur mit einer Periode Verzögerung erhältlich. Es ist nützlich, die Informationsmenge $I_t(\bar{z}_t, \bar{x}_t)$ wie folgt zu zerlegen:

$$I_t(\bar{z}_t, \bar{x}_t) = \{w_t(\bar{z}_t, \bar{x}_t), p_t(z_t, x_t), u_{1t} + x_t, \theta_t\},$$

$$\theta_t = \{u_{1t-1}, u_{1t-2}, \ldots; x_{t-1}, x_{t-2}, \ldots; u_{2t}, u_{2t-1}, \ldots;$$
$$u_{3t-1} u_{3t-2}, \ldots; z_{t-1}, z_{t-2}, \ldots\}.$$

Man schreibt Gleichung (23) und (24) als

$$A^f E_t n_{t+1} + B^f n_t + C^f n_{t-1} = (w_t(\bar{z}_t, \bar{x}_t) - p_t(z_t, x_t)) + u_{1t} + x_t, \quad (29)$$

$$A^c E_t n_{t+1} + B^c n_t + C^c n_{t-1} = (w_t(\bar{z}_t, \bar{x}_t) - p_t(z_t, x_t)) + (p_t(z_t, x_t) - Ep_t | I_t(\bar{z}_t, \bar{x}_t)) + u_{2t}, \quad (30)$$

wobei $E_t x \equiv Ex | I_t(\bar{z}_t, \bar{x}_t)$ Die Gleichung (29) wird von Gleichung (30) subtrahiert

$$A^s E_t n_{t+1} + B^s n_t + C^s n_{t-1} = u_{2t} - u_{1t} - x_t + (p_t(z_t, x_t) - Ep_t | I_t(\bar{z}_t, \bar{x}_t)), \quad (31)$$

wobei $A^s = A^c - A^u$, $B^s = B^c - B^u$ und $C^s = C^c - C^u$ Wir suchen nun einen stochastischen Prozeß $n_t(\bar{z}_t, x_t)$, der der „Eulergleichung" (31) und der „Transversalitätsbedingung" genügt Um die Methoden aus Abschnitt 3 anwenden zu können, braucht man nur $p_t(z_t, x_t) - Ep_t | I_t(\bar{z}_t, \bar{x}_t)$ abhängig von den exogenen Prozessen $u_{1t}$, $u_{2t}$, $u_{3t}$, $z_t$ und $x_t$ zu bestimmen

Bei gegebener Informationsmenge $I_t(\bar{z}_t, \bar{x}_t)$ der Wirtschaftssubjekte, werden deren Erwartungen optimal gebildet Deshalb kann man die Formel für rekursive Projektionen (Kalman Filter) verwenden

$$Ep_t | I_t(\bar{z}_t, \bar{x}_t) = Ep_t | \theta_t + E\{(p_t - Ep_t | \theta_t) | (w_t(\bar{z}_t, \bar{x}_t) - Ew_t(\bar{z}_t, \bar{x}_t) | \theta_t), (p_t(z_t, x_t) - Ep_t | \theta_t), u_{1t} + x_t\}. \quad (32)$$

Aus (26)-(28) folgt dann direkt

$$p_t - Ep_t | \theta_t = v_0 u_{3t},$$
$$w_t(\bar{z}_t, \bar{x}_t) - Ew_t(\bar{z}_t, \bar{x}_t) | \theta_t = e_0 u_{1t} + g_0 u_{3t} + k_0 z_t + s_0 x_t,$$
$$p_t(z_t, x_t) - Ep_t | \theta_t = v_0 u_{3t} + z_t - \alpha x_t$$

Die Regressionsgleichung (32) wird zu

$$Ep_t | I_t(\bar{z}_t, \bar{x}_t) = Ep_t | \theta_t + \phi_1(e_0 u_{1t} + g_0 u_{3t} + k_0 z_t + s_0 x_t) + \phi_2(v_0 u_{3t} + z_t - \alpha x_t) + \phi_3(u_{1t} + x_t), \quad (33)$$

wobei $(\phi_1, \phi_2, \phi_3)$ den Kleinstquadratnormalgleichungen

$$M \begin{bmatrix} \phi_1 \\ \phi_2 \\ \phi_3 \end{bmatrix} = \begin{bmatrix} v_0 g_0 E u_3{}^2 \\ v_0{}^2 E u_3{}^2 \\ 0 \end{bmatrix} \quad (34)$$

genügt Hierbei ist $M$ eine symmetrische $(3 \times 3)$-Matrix, mit $M_{11} = e_0{}^2 Eu_1{}^2 + g_0{}^2 Eu_3{}^2 + k_0{}^2 Ez^2 + s_0{}^2 Ex^2$, $M_{12} = v_0 g_0 Eu_3{}^2 + k_0 Ez^2 - \alpha s_0 Ex^2$, $M_{13} = e_0 Eu_1{}^2 + s_0 Ex^2$, $M_{22} = v_0{}^2 \, Eu_3{}^2 + \alpha^2 Ex^2 + Ez^2$, $M_{23} = -\alpha Ex^2$, $M_{33} = Eu_1{}^2 + Ex^2$

Wir subtrahieren (33) von $p_t(z_t, x_t)$:

$$p_t(z_t, x_t) - Ep_t | I_t(z_t, x_t) = p_t(z_t, x_t) - Ep_t | \theta_t \\ - \phi_1\{e_0 u_{1t} + g_0 u_{3t} + k_0 z_t + s_0 x_t\} \\ - \phi_2\{v_0 u_{3t} + z_t - \alpha x_t\} - \phi_3\{u_{1t} + x_t\}.$$

Man benutzt $p_t(z_t, x_t) - Ep_t|\theta_t = v_0 u_{3t} + z_t - \alpha x_t$ und erhält

$$p_t(z_t, x_t) - Ep_t | I_t(z_t, x_t) = -(\phi_1 e_0 + \phi_3)u_{1t} + (v_0 - \phi_2 v_0 - \phi_1 g_0)u_{3t} \\ + (1 - \phi_1 k_0 - \phi_1)z_t - (\alpha + \phi_1 s_0 - \phi_2 \alpha + \phi_3)x_t. \tag{35}$$

Wir setzen die rechte Seite von (35) für $p_t(z_t, x_t) - Ep_t|I_t(\bar{z}_t, \bar{x}_t)$ in (31) ein:

$$A^s E_t n_{t+1} + B^s n_t + C^s n_{t-1} = -(1 + \phi_1 e_0 + \phi_3)u_{1t} \\ + u_{2t} + (v_0 - \phi_2 v_0 - \phi_1 g_0)u_{3t} \\ + (1 - \phi_1 k_0 - \phi_2)z_t \\ - (1 + \alpha + \phi_1 s_0 + \phi_3 - \phi_2 \alpha)x_t,$$

oder

$$A^s E_t n_{t+1} + B^s n_t + C^s n_{t-1} = \alpha_1 u_{1t} + \alpha_2 u_{2t} + \alpha_3 u_{3t} + \alpha_4 z_t + \alpha_5 x_t, \tag{36}$$

wobei

$$\alpha_1 = -(1 + \phi_1 e_0 + \phi_3), \quad \alpha_2 = 1, \\ \alpha_3 = v_0 - \phi_2 v_0 - \phi_1 g_0, \quad \alpha_4 = 1 - \phi_1 k_0 - \phi_2, \\ \alpha_5 = -(1 + \alpha + \phi_1 s_0 + \phi_3 - \phi_2 \alpha). \tag{37}$$

Wie schon früher, suchen wir die Faktorenzerlegung

$$A^s\left(1 + \frac{B^s}{A^s} L + \frac{C^s}{A^s} L^2\right) = A^s(1 - \lambda_1 L)(1 - \lambda_2 L).$$

Da wir annehmen, daß $A^s$, $B^s$ und $C^s$ die gleichen Parameter wie in Abschnitt 3C sind, muß eine solche Faktorenzerlegung existieren und es muß gelten:

$$|\lambda_1| < 1 < 1/b < |\lambda_2|.$$

Damit folgt als Lösung für (36), welche unsere quadratische Summierbarkeits- oder Transversalitätsbedingung erfüllt:

$$n_t - \lambda_1 n_{t-1} = -\frac{1}{\lambda_2 A^s} \sum_{i=0}^{\infty} \left(\frac{1}{\lambda_2}\right)^i E_t\{\alpha_1 u_{1t+i} + \alpha_2 u_{2t+i} \\ + \alpha_3 u_{3t+i} + \alpha_4 z_{t+i} + \alpha_5 x_{t+i}\}.$$

Da $(u_{1t}, u_{2t}, u_{3t}, z_t, x_t)$ annahmegemäß seriell unabhängig sowie wechselseitig unabhängig für alle Zeitpunkte sind, wird diese Gleichung zu

$$n_t - \lambda_1 n_{t-1} = -\frac{1}{\lambda_2 A^s}(\alpha_1 u_{1t} + \alpha_2 u_{2t} + \alpha_3 u_{3t} + \alpha_4 z_t + \alpha_5 x_t). \tag{38}$$

oder

$$n_t(\bar{z}_t, \bar{x}_t) = -\frac{1}{\lambda_2 A^s}\frac{1}{1-\lambda_1 L}(\alpha_1 u_{1t} + \alpha_2 u_{2t} + \alpha_3 u_{3t} + \alpha_4 z_t + \alpha_5 x_t). \quad (39)$$

Dies ist der stochastische Lösungsprozeß für $n_t(\bar{z}_t, \bar{x}_t)$ ausgedrückt durch $A^s$, $\lambda_1$ und die noch unbestimmten Parameter $\alpha_1$, $\alpha_2$, $\alpha_3$, $\alpha_4$ und $\alpha_5$.

Aus (38) weiß man, daß $E_t n_{t+1} = \lambda_1 n_t$. Dies setzt man in die Eulergleichung (23) der repräsentativen Unternehmung ein:

$$(A^f\lambda_1 + B^f)n_t + C^f n_{t-1} = w_t(\bar{z}_t, \bar{x}_t) - p_t(z_t, x_t) + u_{1t} + x_t,$$

oder

$$\begin{aligned} w_t(\bar{z}_t, \bar{x}_t) &= p_t(z_t, x_t) - u_{1t} - x_t + [(A^f\lambda_1 + B^f) + C^f L]n_t \\ &= v(L)u_{3t} + z_t - \alpha x_t - u_{1t} - x_t \\ &\quad - \frac{1}{\lambda_2 A^s}\left[\frac{D^f + C^f L}{1-\lambda_1 L}\right](\alpha_1 u_{1t} + \alpha_2 u_{2t} + \alpha_3 u_{3t} + \alpha_4 z_t + \alpha_5 x_t), \end{aligned}$$

wobei $D^f \equiv A^f\lambda_1 + B^f$. Gleichartige Glieder werden zusammengefaßt, und man gelangt für $w_t(\bar{z}_t, \bar{x}_t)$ zu folgender Lösung:

$$\begin{aligned} w_t(\bar{z}_t, \bar{x}_t) = &-\left(I + \frac{\alpha_1}{\lambda_2 A^s}\left(\frac{D^f + C^f L}{1-\lambda_1 L}\right)\right)u_{1t} - \frac{\alpha_2}{\lambda_2 A^s}\left(\frac{D^f + C^f L}{1-\lambda_1 L}\right)u_{2t} \\ &+ \left[v(L) - \frac{\alpha_3}{\lambda_2 A^s}\left(\frac{D^f + C^f L}{1-\lambda_1 L}\right)\right]u_{3t} + \left[I - \frac{\alpha_4}{\lambda_2 A^s}\left(\frac{D^f + C^f L}{1-\lambda_1 L}\right)\right]z_t \\ &- \left[(1+\alpha) + \frac{\alpha_5}{\lambda_2 A^s}\left(\frac{D^f + C^f L}{1-\lambda_1 L}\right)\right]x_t. \end{aligned} \quad (40)$$

Man setzt die Anfangskoeffizienten in (28) und (40) gleich und verwendet die Definitionen (37) der $\alpha_j$. Damit ist

$$\begin{aligned} -1 - \frac{\alpha_1}{\lambda_2 A^s}D^f &= -1 + \frac{1 + \phi_1 e_0 + \phi_3}{\lambda_2 A^s}D^f = e_0, \\ -\frac{\alpha_2}{\lambda_2 A^s}D^f &= \frac{-1}{\lambda_2 A^s}D^f = f_0, \\ v_0 - \frac{\alpha_3}{\lambda_2 A^s}D^f &= v_0 - \frac{v_0 - \phi_2 v_0 - \phi_1 g_0}{\lambda_2 A^s}D^f = g_0, \quad (41) \\ 1 - \frac{\alpha_4}{\lambda_2 A^s}D^f &= 1 - \frac{1 - \phi_1 k_0 - \phi_2}{\lambda_2 A^s}D^f = k_0, \\ -(1+\alpha) - \frac{\alpha_5}{\lambda_2 A^s}D^f &= -(1+\alpha) + \frac{1 + \alpha + \phi_1 s_0 + \phi_3 - \phi_2\alpha}{\lambda_2 A^s}D^f = s_0. \end{aligned}$$

Die fünf Gleichungen (41) determinieren für gegebene ($\phi_1$, $\phi_2$, $\phi_3$) die Anfangskoeffiziienten $e_0$, $f_0$, $g_0$, $k_0$ und $s_0$. Die Normalgleichungen (34) und die Gleichungen (41) bilden ein System von acht nichtlinearen Gleichungen für $e_0$, $f_0$, $g_0$, $k_0$, $s_0$, $\phi_1$, $\phi_2$ und $\phi_3$. Ist eine Lösung gegeben, kann man aus den Gleichungen (37) $\alpha_1$, $\alpha_2$, $\alpha_3$, $\alpha_4$ und $\alpha_5$ berechnen, und erhält dann aus Gleichung (38) die Lösung für $n_t(\bar{z}_t, \bar{x}_t)$ sowie aus Gleichung (40) die Lösung für $w_t(\bar{z}_t, \bar{x}_t)$.

Die Lösungen von (34) und (41) wurden für mehrere Konstellationen von Parameterwerten berechnet und in Tabelle 1 dargestellt. Sogar bei $\alpha = 0$ herrscht so große Verwirrung, daß die Wirtschaftssubjekte relative nicht von absoluten Preisänderungen unterscheiden können; es ist $-\alpha_3/\lambda_2 A^s > 0$. Dies bedeutet, daß überraschende Steigerungen des gesamtwirtschaftlichen Preisniveaus zu Beschäftigungssteigerungen führen (vgl. die Lösung für die Beschäftigung (38)). Auf den ersten Blick könnte man meinen, daß die Wirtschaftssubjekte bei $\alpha = 0$ über genug Information verfügen müßten, um $z_t$ und $u_{3t}$ vollkommen unterscheiden zu können. Wir betrachten daher die Projektionsgleichung

$$\begin{aligned} v_0 u_{3t} = {} & \phi_1(e_0 u_{1t} + g_0 u_{3t} + k_0 z_t + s_0 x_t) \\ & + \phi_2(v_0 u_{3t} + z_t - \alpha x_t) + \phi_3(u_{1t} + x_t) + \xi_t, \end{aligned} \tag{42}$$

wobei $\xi_t$ ein Kleinstquadratresiduum ist und die $\phi_i$ die Normalgleichungen (34) erfüllen. Durch Umstellen ergibt sich:

$$\begin{aligned} -\xi_t = {} & (\phi_1 e_0 + \phi_3)u_{1t} + (\phi_1 s_0 + \phi_3 - \phi_2 \alpha)x_t \\ & + (\phi_1 g_0 + \phi_2 v_0 - v_0)u_{3t} + (k_0 \phi_1 + \phi_2)z_t. \end{aligned} \tag{43}$$

Nun prüfen wir, ob man $\phi_1$, $\phi_2$ und $\phi_3$ so wählen kann, daß $\xi_t$ gleich Null wird. Das ist dann der Fall, wenn die Koeffizienten von $u_{1t}$, $u_{3t}$, $x_t$ und $z_t$ in obiger Gleichung gleich Null sind. Wenn $\alpha = 0$ ist, so sehen wir aus (41), daß $e_0 = s_0$ sein muß. D. h., wenn der Koeffizient von $u_{1t}$ in (43) gleich Null wird, dann wird auch der Koeffizient von $x_t$ zu Null. Dies sieht vielversprechend aus, da es im allgemeinen möglich ist die folgenden drei Gleichungen für gegebenes $e_0$, $v_0$, $g_0$ und $k_0$ nach $\phi_1$, $\phi_2$ und $\phi_3$ zu lösen:

$$\begin{aligned} e_0 \phi_1 + \phi_3 &= 0, \\ g_0 \phi_1 + v_0 \phi_2 - v_0 &= 0, \\ k_0 \phi_1 + \phi_2 &= 0. \end{aligned}$$

Jedoch zeigt eine Betrachtung der Gleichungen (41), daß $g_0 = v_0 k_0$, und damit sind die letzten beiden Gleichungen inkonsistent. Daraus folgt, daß es **nicht** möglich ist, Werte von $\phi_1$, $\phi_2$ und $\phi_3$ zu bestimmen, die die drei obigen Gleichungen simultan lösen. Das heißt, selbst bei $\alpha = 0$ ist keine vollkommene Entnahme des „Signals" $v_0 u_{3t}$ auf der Basis der drei Zufallsbeobachtungen, die in (42) auftreten, möglich.

Bei $\alpha = 0$ ist $z$ die einzige „Störquelle". Man betrachte in Tabelle 1 die Steigungswerte von $-\alpha_3/\lambda_2 A^s$ für die Konstellationen 1, 3 und 5 und beachte, daß sich die Parameterwerte der Konstellationen 3 und 5 durch Vergrößerung der Varianz von $x$ nicht ändern. Bei gegebenem $Ex^2 > 0$ trägt jedoch eine Steigerung von $\alpha$ zur Verwirrung bei und erhöht den Parameter $-\alpha_3/\lambda_2 A^s$, wie man durch Vergleich von Konstellation 4 und 5 sieht. Das wichtigste Ergebnis ist aber (bei Konstanthaltung der anderen Parameter) die Zunahme von $-\alpha_3/\lambda_2 A^s$ bei Erhöhung der Varianz des

**Tab. 1** Lösungen der Gleichungen (34) und (41)

| Konstellation | $\alpha$ | $\sigma_x^2$ | $\sigma_z^2$ | $-\frac{\alpha_1}{\lambda_2 A^s}$ | $-\frac{\alpha_2}{\lambda_2 A^s}$ | $-\frac{\alpha_3}{\lambda_2 A^s}$ | $-\frac{\alpha_4}{\lambda_2 A^s}$ | $-\frac{\alpha_5}{\lambda_2 A^s}$ | $e_0$ | $f_0$ | $g_0$ | $k_0$ | $s_0$ | $\phi_1$ | $\phi_2$ | $\phi_3$ |
|---|---|---|---|---|---|---|---|---|---|---|---|---|---|---|---|---|
| 1 | 0 | 0 | 0 | −0.074 | 0.074 | 0 | 0 | −0.074 | −0.052 | −0.948 | 1.000 | 1.000 | −0.052 | 0 | 1.000 | 0 |
| 2 | 0 | 0.2 | 0.2 | −0.074 | 0.074 | 0.0123 | 0.0123 | −0.074 | −0.052 | −0.948 | 0.842 | 0.842 | −0.052 | 0.712 | 0.234 | 0.037 |
| 3 | 0 | 0.5 | 0.5 | −0.074 | 0.074 | 0.0250 | 0.0250 | −0.074 | −0.052 | −0.948 | 0.684 | 0.684 | −0.052 | −34.650 | 24.370 | −1.810 |
| 4 | 0.5 | 0.5 | 0.5 | −0.082 | 0.074 | 0.0270 | 0.0270 | −0.095 | 0.048 | −0.948 | 0.651 | 0.651 | −0.278 | 0.693 | 0.180 | 0.072 |
| 5 | 0 | 0 | 0.5 | −0.074 | 0.074 | 0.0250 | 0.0250 | −0.074 | −0.052 | −0.948 | 0.684 | 0.684 | −0.052 | −15.620 | 11.350 | −0.816 |

Allgemeine Lösungswerte: $\lambda_1 = 0.731$, $\lambda_2 = 1.44$; $1/\lambda_2 A^s = -0.074$; $D^f/\lambda_2 A^s = 0.9478$.

Allgemeine Parameterwerte: $u_0 = 1$; $\delta_1 = 0.25$; $\delta_2 = 0.25$; $\gamma = 0.5$; $f_1 = 0.25$; $d = 10$; $b = 0.95$; $v_0 = 1$; $\sigma_{u_1}^2 = \sigma_{u_s}^2 = 1$.

relativen Nachfrageparameters $z_t$. Dieses Ergebnis konnten wir schon im früher analysierten Phillips-Kurven-Modell von Lucas festhalten.

### 5. Das Verhalten der gesamtwirtschaftlichen Durchschnittswerte

Wir bilden für (27) und (28) den Durchschnitt über alle Märkte (d. h. wir integrieren beide Seiten bezüglich $g(z_t)f(x_t)g(z_{t-1})f(x_{t-1}) \ldots dz_t dx_t dz_{t-1} dx_{t-1} \ldots$):

$$\bar{n}_t = a(L)u_{1t} + b(L)u_{2t} + c(L)u_{3t}, \tag{44}$$

$$\bar{w}_t = e(L)u_{1t} + f(L)u_{2t} + g(L)u_{3t}. \tag{45}$$

Nun subtrahieren wir (25) von (45):

$$(\bar{w}_t - p_t) = e(L)u_{1t} + f(L)u_{2t} + (g(L) - v(L))u_{3t}. \tag{46}$$

In den Gleichungen (44)–(46) werden die gesamtwirtschaftlichen Werte $\bar{n}_t$, $\bar{w}_t$ und $\bar{w}_t - p_t$ als gleitende Durchschnitte dargestellt. Hierbei sind $a(L)$, $b(L)$, $c(L)$, $e(L)$, $f(L)$ und $g(L)$ die gleichen Polynome in $L$, die wir schon bei den Lösungen (27) und (28) für den Fall des Partialmarktes kennengelernt haben.

Aber im Gegensatz zu unseren Ergebnissen in Abschnitt 3, beinhalten die Lösungen (44) und (46) für $\bar{n}_t$ und $\bar{w}_t - p_t$ Polynome in der Überraschungskomponente des Preisniveaus $u_{3t}$, neben Polynomen in den gesamtwirtschaftlichen Arbeitsangebots- und Arbeitsnachfrageanstößen $u_{1t}$ und $u_{2t}$. Diese Tatsache begründet, warum die starke realwirtschaftliche Ausrichtung des Modells von Abschnitt 3 hier nicht gilt. Dies ist ein direktes Ergebnis der Informationsunterschiede im vorliegenden Modell. Das heißt, im Gegensatz zu den Modellergebnissen in Abschnitt 3, wo die stochastischen Prozesse für Beschäftigung und Reallohn bezüglich des stochastischen Prozesses für $p_t$ vollständig vorausbestimmt waren, taucht hier im allgemeinen bei den Lösungen für $\bar{n}_t$ und $\bar{w}_t - p_t$ der Preisniveauanstoß $u_{3t}$ auf.

Man bildet für beide Seiten von (39) den Durchschnitt über alle Märkte:

$$\bar{n}_t = -\frac{1}{\lambda_2 A^s}\frac{1}{1-\lambda_1 L}(\alpha_1 u_{1t} + \alpha_2 u_{2t} + \alpha_3 u_{3t}).$$

Man beachte, daß $v_0 u_{3t} = p_t - Ep_t|\Omega_{t-1} = p_t - Ep_t|p_{t-1}, p_{t-2}, \ldots$ wobei $\Omega_{t-1}$ eine beliebige Informationsmenge ist, die mindestens $\{p_{t-1}, p_{t-2}, p_{t-3}, \ldots\}$ enthält. Obige Gleichung läßt sich damit schreiben als

$$\bar{n}_t = -\frac{\alpha_3}{v_0 \lambda_2 A^s}[p_t - Ep_t|\Omega_{t-1}] + \lambda_1 \bar{n}_{t-1} + \eta_t, \tag{47}$$

wobei $\eta_t \equiv -(1/\lambda_2 A^s)[\alpha_1 u_{1t} + \alpha_2 u_{2t}]$. Gleichung (47) ist mit der gesamtwirtschaftlichen Angebotsfunktion von Lucas identisch. Statt des Outputs wird aber hier die Beschäftigung bestimmt. (Man könnte natürlich sehr leicht eine Annäherung an die Darstellung von Lucas erreichen, indem man durch die Verwendung einer Produktionsfunktion $\bar{n}_t$ in (47) durch den Output ersetzt.) In Kapitel XV wurden schon einige wirtschaftspolitische Implikationen der Angebotsfunktion (47) bei Annahme rationaler Erwartungen untersucht. Unter anderem wurde festgestellt, daß eine systematische antizyklische Geldpolitik unmöglich war, obwohl der Output (oder die Beschäftigung) auf unerwartete Preisniveauänderungen reagierte. Denn unter der Annahme rational handelnder Wirtschaftssubjekte, konnte niemand durch systematische Verschiebungen des gesamtwirtschaftlichen Preisniveaus getäuscht werden. Wir kommen daher zu dem Ergebnis, daß das Modell zwar nicht mehr diese starken realwirtschaftlichen Eigenschaften wie das Modell in Abschnitt 3 aufweist, aber trotzdem immer noch seinem Wesen nach „klassisch" ist, weil es zu der Schlußfolgerung führt, vom Standpunkt der Verteilungsfunktion der gesamtwirtschaftlichen Beschäftigung aus bestehe zwischen den einzelnen Rückkopplungsregeln für das Geldangebot keinerlei Unterschied.

## 6. Das prozyklische Verhalten der „Arbeitsproduktivität" und des „realen Stundenverdienstes"

Am Anfang dieses Kapitels wurde schon auf zwei empirische Beobachtungen hingewiesen, die geeignet scheinen, die klassische Theorie anzuzweifeln. Zum einen wird behauptet, der Quotient aus Arbeit und Kapital würde sich nicht invers zum Reallohn bewegen.[8] Zum zweiten tendieren mittels Zeitreihen geschätzte Produktionsfunktionen dazu, konstante oder leicht wachsende Grenzerträge der Arbeit und gleichzeitig negative oder „auf dem Nullniveau" verharrende Grenzerträge des Kapitals aufzuweisen. Dies ist das allgemein bekannte, prozyklische Verhalten der Arbeitsproduktivität.[9] Lucas (1970) gelang es in einem sehr interessanten Ansatz, diese Beobachtungen mit der klassischen Theorie in Einklang zu bringen. Wir werden in diesem Abschnitt den Erklärungsversuch von Lucas mit einer Modifikation nachvollziehen: Wir unterstellen Anpassungskosten, die mit der Anpassungsgeschwindigkeit der Normalzeitbeschäftigten (quadratisch) zunehmen. Diese Zusatzannahme hat den Vorteil, die Daten mit dem Lucas-Modell interpretieren zu können, wobei in bezug auf die Gestalt der Produktionsfunktion viel schwächere Annahmen erforderlich sind, als im Ansatz von Lucas.[10]

Zur Darstellung des eigentlichen Kerns der Lucasschen Theorie wird in diesem Abschnitt angenommen, der Reallohn sei für das Unternehmen exogen gegeben, außerdem sei der Kapitalstock im Zeitverlauf konstant. Diese Annahmen kann man mit einigen Schwierigkeiten abschwächen.

Für die Unternehmung gelte die momentane Produktionsfunktion

$$y(t+\tau) = f(n(t+\tau), k(t+\tau)), \qquad f_n, f_k, f_{nk} > 0;\ f_{nn}, f_{kk} < 0$$
$$t = 0, 1, 2, 3, \ldots; \qquad \tau \in [0, 1).$$

Hierbei ist $y(t+\tau)$ der Betrag des Outputs pro Zeiteinheit im Augenblick $t+\tau$, $n(t+\tau)$ ist die Zahl der Beschäftigten im Augenblick $t+\tau$, und $k(t+\tau)$ ist der Kapitalstock in $t+\tau$. Die Länge des „Tages" sei 1, so daß der Index $t$ Tage und der Index $\tau$ die Augenblicke innerhalb des Tages angibt. Der Kapitalstock der Unternehmung

[8] Vgl. hierzu Bodkin (1969).

[9] Dieser empirische Zusammenhang wird in den Regressionen von Bodkin und Klein (1967) und von Lucas (1970) knapp zusammengefaßt.

[10] Vgl. hierzu Sargent und Wallace (1974).

sei im Tagesverlauf konstant:

$$k(t+\tau) = k(t) \equiv k_t \qquad \text{für} \qquad \tau \in [0, 1).$$

Weiterhin sei es der Unternehmung möglich für die Tagesschicht (also für die Normalarbeitszeit) mit der konstanten Länge $h_1 < 1$ Arbeiter für den Tag $t$ zum Reallohn $w_t$ anzuwerben. Für die Nachtschicht mit der Länge $h_2 = 1 - h_1$ kann die Unternehmung jede beliebige Zahl an Arbeitskräften für den Tag $t$ zum Reallohn $aw_t$ einstellen, wobei a $\approx$ 1,5 ein Nachtzuschlag ist. Für die ersten $h_1$ Augenblicke des Tages muß also die Unternehmung den Arbeitern einen Reallohn $w_t$ zahlen, während für die restlichen $h_2$ Augenblicke ein Lohn in Höhe von $aw_t$ fällig wird. Bei diesen Marktbedingungen ist es für die Unternehmung optimal einmal $n(t+\tau) = n_{1t}$ für $\tau \in [0, h_1]$ und zum anderen $n(t+\tau) = n_{2t}$ für $\tau \in (h_1, 1)$ zu setzen, d. h. während des Tages $t$ für die Normalarbeitszeit und für die Nachtschicht jeweils ein spezifisches Beschäftigungsniveau $n_{1t}$ und $n_{2t}$ zu wählen.

Als „Tagesproduktion" der Unternehmung erhält man dann

$$y_t = \int_0^1 y(t+\tau)\, d\tau = h_1 f(n_{1t}, k_t) + h_2 f(n_{2t}, k_t).$$

Sowohl auf dem Güter- wie auf dem Arbeitsmarkt herrsche vollkommene Konkurrenz.

Dem Unternehmen mögen tägliche Kosten für die Anpassung seiner Belegschaft in der Normalschicht in Höhe von $(d/2)(n_{1t} - n_{1t-1})^2$ und für die Anpassung der Belegschaft in der Nachtschicht in Höhe von $(e/2(n_{2t} - n_{2t-1})^2$ entstehen. Dabei soll gelten, daß $d \gg e$. Das heißt, es ist wesentlich teurer, die Beschäftigungszahl für die Normalarbeitszeit zu ändern, als für die Zeit der Nachtschicht.

Die Unternehmung wählt solche Kontingenzpläne für $n_{1t}$ und $n_{2t}$, die den erwarteten, realen Gegenwartswert

$$\begin{aligned} v_t = E_t \sum_{j=0}^{\infty} b^j \Bigg[ & (f_0 + a_{t+j} - w_{t+j}) h_1 n_{1t+j} - \frac{f_1}{2} h_1 n_{1t+j}^2 \\ & - \frac{d}{2}(n_{1t+j} - n_{1t+j-1})^2 + (f_0 + a_{t+j} - aw_{t+j}) h_2 n_{2t+j} - \frac{f_1}{2} h_2 n_{2t+j} \\ & - \frac{e}{2}(n_{2t+j} - n_{2t+j-1})^2 \Bigg] \end{aligned}$$

maximieren, wobei $f_0, f_1, d, e > 0, a > 1, 0 < b < 1$ und $n_{1t-1}$ und $n_{2t-1}$ gegeben sind. Hier ist $\{a_t\}$ ein Produktivitätsanstoß. Wie in Kapitel XIV sind $\{w_t\}$ und $\{a_t\}$ für die Unternehmung exogen gegebene, stochastische Prozesse von exponentieller Ordnung kleiner als $1/b$.

Die Eulergleichungen für $n_{1t}$ und $n_{2t}$ sind:

$$bE_{t+j} n_{1t+j+1} + \phi_1 n_{1t+j} + n_{1t+j-1} = \frac{h_1}{d}(w_{t+j} - a_{t+j} - f_0), \qquad j = 0, 1, 2, \ldots$$

$$bE_{t+j} n_{2t+j+1} + \phi_2 n_{2t+j} + n_{2t+j-1} = \frac{h_2}{e}(aw_{t+j} - a_{t+j} - f_0), \qquad j = 0, 1, \ldots,$$

wobei

$$\phi_1 = -\left(\frac{f_1 h_1}{d} + (1 + b)\right), \qquad \phi_2 = -\left(\frac{f_2 h_2}{e} + (1 + b)\right).$$

Man suche nun die Faktorenzerlegungen

$$1 + \frac{\phi_1}{b} L + \frac{1}{b} L^2 = (1 - \lambda_1 L)(1 - \lambda_2 L),$$

$$1 + \frac{\phi_2}{b} L + \frac{1}{b} L^2 = (1 - \mu_1 L)(1 - \mu_2 L).$$

Wenn die Parameter den gleichen Annahmen wie in Kapitel IX und XIV unterliegen, dann existieren Faktorenzerlegungen, für die $0 < \lambda_1 < 1 < 1/b < \lambda_2$ und $0 < \mu_1 < 1 < 1/b < \mu_2$ ist. Nach Durchführung dieser Faktorenzerlegungen ergeben sich wie in Kapitel XIV folgende, optimalen Kontingenzpläne für $n_{1t}$ und $n_{2t}$:

$$n_{1t} = \lambda_1 n_{1t-1} - \frac{\lambda_1 h_1}{d} \sum_{i=0}^{\infty} \left(\frac{1}{\lambda_2}\right)^i E_t(w_{t+i} - a_{t+i} - f_0), \tag{48}$$

$$n_{2t} = \mu_1 n_{2t-1} - \frac{\mu_1 h_2}{e} \sum_{i=0}^{\infty} \left(\frac{1}{\mu_2}\right)^i E_t(aw_{t+i} - a_{t+i} - f_0). \tag{49}$$

Aus $f_1 h_1/d < f_1 h_2/e$ folgt, daß $-\phi_1 < -\phi_2$, und damit ist $\lambda_1 > \mu_1$ und $1/\lambda_2 > 1/\mu_2$ (man vergleiche Abbildung 4 in Kapitel IX). Wenn also der Kostenparameter der Normalarbeitszeitanpassung $d$ hinreichend größer als der Parameter für die Kosten der Nachtschichtanpassung $e$ ist, dann ist es für das Unternehmen optimal, die Beschäftigung der Nachtschicht „schneller“ als die Beschäftigung in der normalen Arbeitszeit an Änderungen des Reallohnes oder der Technologie anzupassen. Dies drückt sich in (48) und (49) in den Bedingungen $\lambda_1 > \mu_1$ und $1/\lambda_2 > 1/\mu_2$ aus.

Nehmen wir beispielsweise einmal an, $\{w_t\}$ folge einem Markov-Prozeß erster Ordnung, für den gilt:

$$E_t w_{t+i} = w_t, \text{ für alle } i \geqq 0.$$

Ferner möge der Technologieanstoß $a_t$ einem Markov-Prozeß erster Ordnung folgen, der zu $w_t$ für alle vergangenen und zukünftigen Werte orthogonal ist. Gleichung (48) wird dann zu

$$n_{1t} = \lambda_1 n_{1t-1} - \frac{\lambda_1 h_1}{d} \left(\frac{1}{1 - (1/\lambda_2)}\right) w_t + \text{Konstante} + \beta_1 a_t,$$

wobei $\beta_1$ eine Konstante ist. Da $\lambda_1 \lambda_2 = 1/b$ (vgl. Kap. IX, Abschn.8) gilt)

$$n_{1t} = \lambda_1 n_{1t-1} - \frac{h_1}{d} \left(\frac{1}{b(\lambda_2 - 1)}\right) w_t + \text{Konstante} + \beta_1 a_t. \tag{50}$$

Genauso gilt, daß

$$n_{2t} = \mu_1 n_{2t-1} - \frac{ah_2}{e} \left(\frac{1}{b(\mu_2 - 1)}\right) w_t + \text{Konstante} + \beta_2 a_t, \tag{51}$$

wobei $\beta_2$ eine Konstante ist. Die Gleichungen (50) und (51) sind infolge der getroffenen Annahmen Regressionsgleichungen. Wenn $d$ im Vergleich zu $e$ hinreichend groß ist, so ist der Steigungsparameter von $w_t$ in (50) kleiner als der in (51).

In diesem Modell produziert die Unternehmung im Bereich abnehmender Skalenerträge sowohl für die Normalarbeitszeit als auch für die Nachtschicht. Bei sinkenden Reallöhnen wird die Unternehmung das Beschäftigtenverhältnis zwischen Tag- und Nachtschicht ändern, indem sie bei genügend hohem $d$ im Durchschnitt relativ mehr Nachtarbeit nachfrägt. Welche Auswirkungen hat dies auf den Output pro Kopf, der als Durchschnitt über den gesamten „Tag" gemessen wird (also wenn die gleiche Meßmethode wie bei Zeitreihendaten angewandt wird)? Der Tagesoutput pro Kopf ist

$$A_t = \frac{h_1 f(n_{1t}, k_t) + h_2 f(n_{2t}, k_t)}{h_1 n_{1t} + h_2 n_{2t}}.$$

Wie verändert sich diese Maßzahl in Abhängigkeit von $h_1 n_{1t} + h_2 n_{2t}$ (tägliche Arbeitsstunden)? Bei sinkendem $w_t$ stellt die Unternehmung im Durchschnitt relativ mehr Arbeiter für die Nacht mit einem hohen Grenzprodukt ein, vorausgesetzt $d$ ist, verglichen mit $e$, relativ groß. Damit ist es möglich, daß die Maßzahl $A_t$ direkt mit den Arbeitsstunden variieren kann, obwohl der Grenzertrag durch die Einstellung zusätzlicher Arbeitskräfte in jeder Schicht zurückgeht. Auf diese Weise gelingt es mit dem Modell von Lucas das prozyklische Verhalten von Output pro Kopf (d. h. die positive Korrelation zwischen $A_t$ und $h_1 n_{1t} + h_2 n_{2t}$) mit sinkenden Grenzerträgen der Arbeit in Einklang zu bringen.

Wir betrachten nun die Maßzahl „durchschnittlicher, realer Stundenverdienst"

$$B_t = \frac{w_t(h_1 n_{1t} + a h_2 n_{2t})}{h_1 n_{1t} + h_2 n_{2t}}.$$

Damit wird in den meisten Arbeiten über die Dunlop–Tarshis-Beobachtungen der Reallohn gemessen. Während aus den Regressionsgleichungen (50) und (51) folgt, daß sowohl $n_{1t}$ als auch $n_{2t}$ entgegengesetzt zu $w_t$ variieren, läßt die Maßzahl $B$ eine **direkte** Abhängigkeit von den „täglichen" Arbeitsstunden $h_1 n_{1t} + h_2 n_{2t}$ zu. Dieser Fall kann dann eintreten, wenn die Unternehmung als Reaktion auf eine Reallohnsenkung die Zusammensetzung der Arbeitsstunden zugunsten der relativ hoch bezahlten Nachtarbeit ändert. Damit wird $B$ trotz der Steigerung der Gesamtarbeitszeit nach oben getrieben. Auf diese Weise ist es der Lucasschen Theorie möglich, die anomalen Beobachtungen von Dunlop (1938) und Tarshis (1939) zu erklären und gleichzeitig die beiden Annahmen beizubehalten, daß sich zum einen die Unternehmen kontinuierlich entsprechend ihren Nachfragefunktionen verhalten, und zweitens der Grenzertrag des Faktors Arbeit sinkt.

Um die Wirkungsweise dieses Modells zu demonstrieren, haben wir fiktive Daten unterstellt und auf deren Basis Regressionen der durchschnittlichen Produktivität auf Maßzahlen für Output und Arbeitszeit geschätzt. Dabei nehmen wir an, die Reallöhne unterliegen folgendem Markov-Prozeß zweiter Ordnung:

$$w_t = 1.6 w_{t-1} - 0.8 w_{t-2} + \alpha + \xi_{1t},$$

wobei $E_{t-1}\xi_{1t} = 0$, und $\alpha$ so gewählt wurde, daß der Mittelwert von $w_t$ gleich 3 wird. Der Prozeß $a_t$ möge folgendem Markov-Prozeß unterliegen:

$$a_t = 0.8a_{t-1} + \xi_{2t},$$

wobei $E_{t-1}\xi_{2t} = 0$, und außerdem seien $\xi_{2t}$ und $\xi_{1t}$ für alle Zeitpunkte statistisch unabhängig. Die Werte der anderen Parameter finden sich in Tabelle 2. Bei diesen Parameterwerten erhält man als optimale Entscheidungsregeln für $n_{1t}$ und $n_{2t}$[11]:

$$n_{1t} = 0.9242n_{1t-1} - 0.0872w_t + 0.0613w_{t-1} + 0.0621a_t + 0.5322,$$

$$n_{2t} = 0.1468n_{2t-1} - 2.7796w_t + 0.3102w_{t-1} + 1.6528a_t + 13.6712.$$

Wie man sieht, reagiert die Nachtbeschäftigung viel stärker auf Reallohnänderungen als die Beschäftigung in der Normalarbeitszeit.

Die folgenden beiden Outputreihen wurden definiert:

$$Y_t = h_1[(f_0 + a_t)n_{1t} - \tfrac{1}{2}f_1 n_{1t}^2] + h_2[(f_0 + a_t)n_{2t} - \tfrac{1}{2}f_1 n_{2t}^2],$$

$$X_t = Y_t - \tfrac{1}{2}d(n_{1t} - n_{1t-1})^2 - \tfrac{1}{2}e(n_{2t} - n_{2t-1})^2.$$

Ebenso wurden die dazugehörigen, durchschnittlichen Produktivitätsvariablen definiert:

$$A_t = Y_t/MH_t, \qquad AA_t = X_t/MH_t,$$

wobei die Arbeitsstunden $MH_t \equiv h_1 n_{1t} + h_2 n_{2t}$. Für eine Simulation der Länge 350 errechneten wir folgende Kleinstquadrat-Regressionsgleichungen. Die geschätzte Standardabweichung steht in Klammern unter jedem Regressionskoeffizienten:

$$\begin{aligned} A_t &= \underset{(0.038)}{4.58} + \underset{(0.0011)}{0.0015}Y_t + \text{Residuum}_t,\\ A_t &= \underset{(0.038)}{4.69} - \underset{(0.0050)}{0.0074}MH_t + \text{Residuum}_t,\\ AA_t &= \underset{(0.0037)}{4.57} + \underset{(0.0011)}{0.0016}X_t + \text{Residuum}_t,\\ AA_t &= \underset{(0.038)}{4.68} - \underset{(0.0051)}{0.0069}MH_t + \text{Residuum}_t. \end{aligned}$$

Aus den fiktiven Daten ergeben sich somit approximativ konstante Grenzerträge der steigenden Beschäftigung. Für ein Modell mit nur einer Schicht hingegen ergäbe sich (man setzt $h_2 = 0$):

$$\frac{Y_t}{MH_t} = (f_0 + a_t) - \frac{f_1}{2}\frac{1}{h_1}(MH_t).$$

Mit den Parameterwerten in Tabelle 2 nimmt der Koeffizient $-1/2f_1(1/h_1)$ den Wert $-0{,}25$ an. Die Differenz zwischen diesem Wert und den Schätzungen in obigen Regressionen (diese sind bis zwei Stellen nach dem Komma Null) mißt die Wirkungen von systematischen Änderungen in der relativen Bedeutung beider Schichten bei Outputvariationen.[12]

---

[11] Es ist für den Leser eine nützliche Übung, zu zeigen, daß dies die richtigen Entscheidungsregeln (48) und (49) sind. Hinweis: Man verwende die Methode aus Kapitel XIV, S. 43f.

[12] In diesem Beispiel ist $h_1 + h_2 = 1.5$, und nicht gleich eins wie oben. Offensichtlich hat diese Normierung keine Auswirkungen auf unsere Schlußfolgerungen.

**Tab. 2**

| | |
|---|---|
| $f_0 = 6.0$ | $a = 1.5$ |
| $f_1 = 0.5$ | $\sqrt{\text{var } w_t} = 0.75$ |
| $b = 0.95$ | $Ew_t = 3$ |
| $h_1 = 1.0$ | $\sqrt{\text{var } a_t} = 0.1$ |
| $h_2 = 0.5$ | $d = 50$ |
| | $e = 0.05$ |

$\xi_{1t}$, $\xi_{2t}$ sind normalverteilte Zufallsabweichungen

## Übungsaufgabe

Man nimmt an, die Regierung würde das Lohneinkommen mit einer marginalen Steuer von $1 - \Gamma_{t+j}$ im Zeitpunkt $(t+j)$ belasten, allerdings fließen die Erlöse $T_{t+j}$ als lump-sum-Transfer anteilmäßig an den repräsentativen Haushalt zurück, so daß der Haushalt seinen Anteil an dieser Rückvergütung für unabhängig von seinen eigenen Dispositionen hält. Der Haushalt maximiert (8) bezüglich

$$c_{t+j} = \Gamma_{t+j} w_{t+j} n_{t+j} + \Pi_{t+j} + T_{t+j},$$

wobei $T_{t+j}$, $\Gamma_{t+j}$ und $w_{t+j}$ für den Haushalt exogen sind. Ferner sei $E_{t-1}\varepsilon_t = E_{t-1}a_t = 0$ für alle $t$, und die Regierung prüft, ob sie $\Gamma_{t+j}$ mittels Rückkopplungsregeln der Form

$$\Gamma_{t+j} = \beta_0 + \beta_1 \bar{n}_{t+j-1}$$

festlegen soll, wobei $\bar{n}_{t+j-1}$ das beobachtete (gleichgewichtige) Beschäftigungsniveau ist.

A. Man bestimme die Werte von $\beta_0$ und $\beta_1$, die die Varianz der Gleichgewichtsbeschäftigung minimieren. Berechnen Sie für diese Regel die Reihenkorrelation erster Ordnung zwischen $n_{t+j}$ und $n_{t+j-1}$.

B. Man bestimme die Werte von $\beta_0$ und $\beta_1$, die die soziale Wohlfahrt (20) maximieren.

## Literaturhinweise


Barro, R. J., and Grossman, H. I. (1971). "A general disequilibrium model of income and employment." *American Economic Review*, Vol. LXI, No. 1, S. 82–93.

Bodkin, R. G. (1969). "Real wages and cyclical variation in employment: A re-examination of the evidence." *The Canadian Journal of Economics*, Vol. II, No. 3, S. 353–374.

Bodkin, R. G., Klein, L. R. (1967). "Nonlinear estimation of aggregate production functions." *Review of Economics and Statistics*, Vol. 49, S. 28–44.

Brock, W. A., Mirman, L. J. (1972). "Optimal economic growth and uncertainty: The discounted case." *Journal of Economic Theory*, Vol. 4, No. 3, S. 479–513.

Clower, R. W. (1965). "The Keynesian counterrevolution: A theoretical appraisal" (Hahn, F. H., Brechling, F. P. R., eds.), *The Theory of Interest Rates*, London und New York: Macmillan und St. Martin's.

Dunlop, J. T. (1938). "The movement of real and money wage rates." *Economic Journal*, Vol. XLVIII, S. 413–434.

Fisher, I. (1930). *Theory of Interest*, New York, Macmillan.

Fischer, S. (1977). "Long-term contracts, rational expectations, and the optimal money supply rule." *Journal of Political Economy*, Vol. 85, No. 1, S. 191–206.

Keynes, J. M. (1939). "Relative movements of real wages and output." *Economic Journal*, Vol. XLIX, S. 34–51.
Lucas, R. E. Jr. (1970). "Capacity, overtime, and empirical production functions." *American Economic Review, Papers and Proceedings*, Vol. LX, No. 2, S. 23–27.
Lucas, R. E. Jr. (1973). "Some international evidence on output-inflation tradeoffs." *American Economic Review*, Vol. 63, S. 326–334.
Lucas, R. E. Jr., Rapping, L. (1969). "Real wages, employment, and inflation." *Journal of Political Economy*, Vol. 77, No. 5, S. 721–754.
Modigliani, F. (1977). "The Monetarist controversy or, should we forsake stabilization policies?" *American Economic Review*, Vol. 67, No. 2, S. 1–19.
Phelps, E. S. (1969). "A note on short-run employment and real wage rate under competitive commodity markets." *International Economic Review*, Vol. 10, S. 220–232.
Sargent, T. J., Wallace, N. (1974). "The elasticity of substitution and cyclical behavior of productivity, wages, and labor's share." *American Economic Review, Papers and Proceedings*, Vol. LXIV, No. 2, S. 257–263.
Solow, R. M., Stiglitz, J. E. (1968). "Output, employment and wages in the short run." *Quarterly Journal of Economics*, Vol. LXXXII, S. 537–560.
Tarshis, L. (1939). "Changes in real and money wage rates." *Economic Journal*, Vol. XLIX, S. 150–154.

## Anhang
## Trigonometrische Formeln

Wir stellen hier kurz alle in den Kapiteln IX und XI verwendeten trigonometrischen Identitäten zusammen. Allens Buch (1956) enthält ein nützliches Kapitel über komplexe Zahlen, auf das der an Details interessierte Leser verwiesen wird.

Wir können die komplexe Zahl $z$ (vgl. Abb. A 1) in den alternativen Formen

$$\begin{aligned} z &= x + iy && \text{(Kartesische Koordinaten)} \\ &= re^{i\theta} && \text{(Polarkoordinaten)} \\ &= r(\cos\theta + i\sin\theta) \end{aligned}$$

schreiben, wobei

$$r = \sqrt{x^2 + y^2}, \qquad \theta = \tan^{-1}\left(\frac{y}{x}\right),$$

$$\cos\theta = \frac{e^{i\theta} + e^{-i\theta}}{2} = \frac{x}{r}, \qquad \sin\theta = \frac{e^{i\theta} - e^{-i\theta}}{2i} = \frac{y}{r}.$$

Wir können de Moivres Theorem unmittelbar aus

$$(re^{i\theta})^n = r^n e^{in\theta} = r^n(\cos n\theta + i\sin n\theta)$$

erhalten. Ebenso gilt

$$(r\cos\theta + ir\sin\theta)^n = r^n(\cos n\theta + i\sin n\theta)$$

und

$$\begin{aligned} 1 = e^{i\theta}e^{-i\theta} &= (\cos\theta + i\sin\theta)(\cos\theta - i\sin\theta) \\ &= \cos^2\theta + \sin^2\theta. \end{aligned}$$

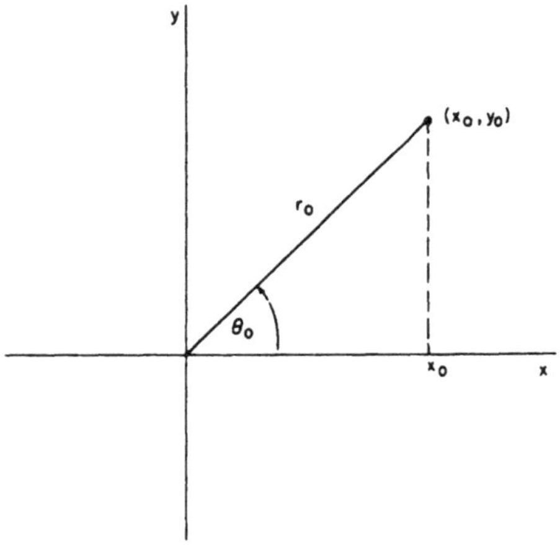


**Abb. A1** Die komplexe Ebene

Dies ist das Theorem von Pythagoras. Wegen $\cos\theta = x/r$ und $\sin\theta = y/r$ können wir die Gleichung umformulieren zu

$$r^2 = x^2 + y^2.$$

Alle benötigten trigonometrischen Identitäten lassen sich ableiten aus

$$e^{i(\theta+\omega)} = e^{i\theta}e^{iw},$$

$$\begin{aligned}\cos(\theta + w) + i\sin(\theta + w) &= (\cos\theta + i\sin\theta)(\cos w + i\sin w)\\ &= (\cos\theta\cos w - \sin w\sin\theta)\\ &\quad + i(\sin\theta\cos w + \sin w\cos\theta).\end{aligned}$$

Deshalb gilt:

$$\cos(\theta + w) = \cos\theta\cos w - \sin w\sin\theta,$$
$$\sin(\theta + w) = \sin\theta\cos w + \sin w\cos\theta.$$

Wegen $\cos(\omega) = \cos(-\omega)$ und $\sin(-\omega) = -\sin(\omega)$ erhalten wir aus den voranstehenden Gleichungen

$$\cos(\theta - w) = \cos\theta\cos w + \sin w\sin\theta,$$
$$\sin(\theta - w) = \sin\theta\cos w - \sin w\sin\theta.$$

Wenn wir geeignete Paare dieser Gleichungen addieren, ergeben sich folgende Beziehungen:

$$\cos(\theta + w) + \cos(\theta - w) = 2\cos\theta\cos w,$$
$$\sin(\theta + w) + \sin(\theta - w) = 2\sin\theta\cos w.$$

Wenn wir schließlich $\theta = \omega$ in diesen Gleichungen setzen, folgt:

$$\cos 2\theta = \cos^2\theta - \sin^2\theta, \qquad \sin 2\theta = 2\sin\theta\cos\theta.$$

## Literaturhinweis

Allen, R. G. D. (1956). *Mathematical Economics*, London: Macmillan.

# Stichwortverzeichnis

www.ingramcontent.com/pod-product-compliance
Lightning Source LLC
LaVergne TN
LVHW081358011026
849161LV00013BA/2849
* 9 7 8 3 4 8 6 2 2 9 6 9 1 *